U0944145

自行弹炮结合防空武器系统

Anti-aircraft Weapon System of Self-propelled Gun and Missile

丁天宝　编著

国防工業出版社

·北京·

图书在版编目(CIP)数据

自行弹炮结合防空武器系统/丁天宝编著.—北京:国防工业出版社,2019.9

ISBN 978-7-118-11905-3

Ⅰ.①自… Ⅱ.①丁… Ⅲ.①防空武器-武器系统
Ⅳ.①E926.4

中国版本图书馆 CIP 数据核字(2019)第 138456 号

※

国防工業出版社 出版发行

(北京市海淀区紫竹院南路 23 号 邮政编码 100048)

三河市腾飞印务有限公司印刷

新华书店经售

*

开本 710×1000 1/16 **印张** 31½ **字数** 600 千字

2019 年 9 月第 1 版第 1 次印刷 **印数** 1—2000 册 **定价** 168.00 元

(本书如有印装错误,我社负责调换)

国防书店:(010)88540777 发行邮购:(010)88540776

发行传真:(010)88540755 发行业务:(010)88540717

致　读　者

本书由中央军委装备发展部**国防科技图书出版基金**资助出版。

为了促进国防科技和武器装备发展，加强社会主义物质文明和精神文明建设，培养优秀科技人才，确保国防科技优秀图书的出版，原国防科工委于1988年初决定每年拨出专款，设立国防科技图书出版基金，成立评审委员会，扶持、审定出版国防科技优秀图书。这是一项具有深远意义的创举。

国防科技图书出版基金资助的对象是：

1. 在国防科学技术领域中，学术水平高，内容有创见，在学科上居领先地位的基础科学理论图书；在工程技术理论方面有突破的应用科学专著。

2. 学术思想新颖，内容具体、实用，对国防科技和武器装备发展具有较大推动作用的专著；密切结合国防现代化和武器装备现代化需要的高新技术内容的专著。

3. 有重要发展前景和有重大开拓使用价值，密切结合国防现代化和武器装备现代化需要的新工艺、新材料内容的专著。

4. 填补目前我国科技领域空白并具有军事应用前景的薄弱学科和边缘学科的科技图书。

国防科技图书出版基金评审委员会在中央军委装备发展部的领导下开展工作，负责掌握出版基金的使用方向，评审受理的图书选题，决定资助的图书选题和资助金额，以及决定中断或取消资助等。经评审给予资助的图书，由中央军委装备发展部国防工业出版社出版发行。

国防科技和武器装备发展已经取得了举世瞩目的成就，国防科技图书承担着记载和弘扬这些成就，积累和传播科技知识的使命。开展好评审工作，使有限的基金发挥出巨大的效能，需要不断摸索、认真总结和及时改进，更需要国防科技和武器装备建设战线广大科技工作者、专家、教授，以及社会各界朋友的热情支持。

让我们携起手来，为祖国昌盛、科技腾飞、出版繁荣而共同奋斗！

国防科技图书出版基金
评审委员会

国防科技图书出版基金
第七届评审委员会组成人员

主任委员　柳荣普

副主任委员　吴有生　傅兴男　赵伯桥

秘书长　赵伯桥

副秘书长　许西安　谢晓阳

委员　才鸿年　马伟明　王小谟　王群书　甘茂治

(按姓氏笔画排序)　甘晓华　卢秉恒　巩水利　刘泽金　孙秀冬

芮筱亭　李言荣　李德仁　李德毅　杨　伟

肖志力　吴宏鑫　张文栋　张信威　陆　军

陈良惠　房建成　赵万生　赵凤起　郭云飞

唐志共　陶西平　韩祖南　傅惠民　魏炳波

序

现代战争是在信息化条件下,陆、海、空、天、电、赛博空间体系与体系对抗的战争。空袭与反空袭首当其冲,在很大程度上决定着战争的胜负。

现代战场空袭武器发生了质的变化,由传统的固定翼飞机发展到导弹、隐身飞机、无人机、武装直升机和精确制导弹药等,具有高速、智能、隐身、小型等特点。自行弹炮结合防空武器系统作为整个防空体系的最后防线,必须突破快速反应、行进间作战和高效毁伤目标等难题。目前,最先进的自行弹炮结合防空武器系统是集空情探测、指挥控制、火力打击、毁伤评估和综合保障于一体的机械化、信息化复合系统。

自行弹炮结合防空武器系统的复杂性决定了其所涉及的科学和技术具有跨领域、跨学科的特点。丁天宝编著的《自行弹炮结合防空武器系统》涵盖了自行弹炮结合防空武器系统总体,信息化,发射动力学,搜索与跟踪,火控,行进间作战,高炮弹药,弹炮结合防空导弹,高炮毁伤概率计算,武器系统效能分析,系统集成与测试,试验、鉴定与评估等,比较全面地总结了国内外自行弹炮结合防空武器系统理论和技术,对于学习自行弹炮结合防空武器系统理论与技术,具有较高的参考价值。

本书作者曾从事牵引高炮武器系统、自行高炮武器系统、弹炮结合防空导弹以及自行弹炮结合防空武器系统技术研究和装备研制,理论功底扎实,工程经验丰富,善于总结提炼并推陈出新。在书中,作者不仅系统地梳理、提炼、总结了自行弹炮结合防空武器系统理论和技术体系,而且对部分繁杂的方法进行了甄选、改进和优化,将使读者大受裨益。此外,本书还结合近程防空武器系统未来发展需求,提出了一些新的方法与技术,这些新方法和技术不仅新颖、实用,而且对读者具有很好的启迪作用。

自行弹炮结合防空武器系统是防空体系不可或缺的重要组成部分,加强其理论与技术研究,对提高此类武器装备研制水平、提升其作战效能具有重要意义。

李魁武

李魁武:中国工程院院士。

前　言

在现代高技术战争条件下,空袭与反空袭已成为战争之初主要战争模式并贯穿始终,决定着战争的胜负。由于空袭兵器的多样性和攻击时机的不确定性,需要综合使用各种防空武器构建一个远、中、近程,高、中、低空合理衔接的火力配系,进行层层拦截、整体抗击,才能达到有效防空的目的。自行弹炮结合防空武器系统是防空体系的最后一道防线,是防空体系不可或缺的重要组成部分。

《自行弹炮结合防空武器系统》涵盖了自行高炮武器系统、弹炮结合防空武器系统、高炮弹药系统、弹炮结合防空导弹和战场保障系统等所涉及的理论与技术。由于我国研制的自行高炮武器系统和弹炮结合防空武器系统各个型号跨越年代较大,所形成的理论与技术比较零散。以某新型自行高炮武器系统和弹炮结合防空武器系统为代表的最新一代近程自行防空武器系统,其研制和相关技术研究将我国自行弹炮结合武器理论与技术发展推向了一个新的高度。以此为契机,将工程技术人员在自行弹炮结合防空武器系统领域的研究成果进行总结,为了使相关技术得到更好地传承和发展,编写一本此领域的理论与技术专著十分必要。

本书以作者多年从事自行高炮武器系统、弹炮结合防空导弹及自行弹炮结合防空武器系统理论探索、技术研究和工程实践中积累的资料为基础,比较全面地介绍了自行弹炮结合防空武器系统理论和技术。希望本书能给读者学习自行弹炮结合防空武器系统理论与技术体系,为工程技术人员解决自行弹炮结合防空武器系统方案论证、技术设计、总装总调和试验中的问题,提高综合能力提供帮助。因篇幅有限,本书力求体现特色,尤其希望在一些涉及自行弹炮结合防空武器系统理论与工程技术方面,给读者提供有价值的参考。

全书共分 15 章。第 1 章自行弹炮结合系统,第 2 章自行弹炮结合武器,第 3 章自行弹炮结合系统信息化,第 4 章信息总线网络,第 5 章发射动力学,第 6 章目标搜索和跟踪,第 7 章火控系统,第 8 章行进间作战,第 9 章高炮弹药系统,第 10 章弹炮结合防空导弹,第 11 章高炮毁伤概率,第 12 章自行弹炮结合系统效能分析,第 13 章系统集成和测试,第 14 章试验和鉴定与评估,第 15 章近程防空武器系统新技术。在本书正文中,“自行弹炮结合防空武器系统”简称“自行弹炮结合系统”,其主作战装备简称为“自行弹炮结合武器”,未包含导弹分系统的自行弹炮结合武器称为“高炮”。

在作者从事近程防空反导武器系统理论探索、技术研究和型号项目研制中，得到了李魁武院士的全方位指导并在百忙之中为本书作序，在此深表谢意！

朵英贤院士、杨绍卿院士给予了指导，并向国防科技图书出版基金评审委员会进行了推荐，在此表示衷心感谢！

甘晓华院士审阅了全书，提出了非常中肯的修改意见，对完善该书产生了重要作用；国防科技图书出版基金评审委员会及办公室给予了指导和推荐，在此特别感谢！

刘怡昕院士、臧克茂院士在本书技术提炼和出版过程中给予了重要指导，在此表示衷心感谢！

还要感谢西北机电工程研究所领导及国防工业出版社给予的支持与帮助！

在本书编写过程中，部分内容参考了相关文献资料，在此对原作者表示感谢！在此，对所有支持、帮助过本书出版的同志一并表示感谢！

由于时间和作者水平所限，书中难免有不当和错漏之处，恳请专家和读者批评指正，不胜感激！

作　者

目　　录

CONTENTS

第 1 章　自行弹炮结合系统

自行弹炮结合系统承担抗击敌中低空、低空、超低空空袭兵器的任务，掩护部队开进、集结、展开和突击时的空中安全，保障地面部队顺利遂行作战任务。同时，在联合反空袭作战中可承担其他重要目标的对空掩护任务。

自行弹炮结合系统主要作战对象是精确制导武器、武装直升机、巡航导弹、战术无人机、强击机、歼轰机等空袭目标。必要时，亦可用高炮射击地面或水面目标。

1.1　自行弹炮结合系统分类与特点

1.1.1　自行弹炮结合系统分类

1.1.1.1　按技术分类

弹炮结合主要有三种形式：弹炮混编、弹炮软结合和弹炮硬结合。

(1) 弹炮混编是指导弹部队和高炮部队混合编制，是一种导弹武器与高炮的松散结合。

(2) 弹炮软结合是将分置的导弹火力系统和高炮火力系统统一在一套指挥控制系统之下，在同一套目标探测、跟踪和指挥系统的指挥、控制和管理下进行作战。一般来说，这种弹炮软结合武器系统战斗展开过程复杂，机动能力不好，不能伴随机械化部队完成防空掩护任务。

(3) 弹炮硬结合通常是将导弹和火炮两种火力有机地集成在一套平台上，实现目标探测、跟踪、指挥和控制系统的资源共享。自行弹炮结合武器(Anti-aircraft Weapon System of Self-propelled Gun and Missile，AWSSGM)是将导弹和火炮两种火力有机地集成在一套自行平台上，机动能力好，可伴随机械化部队完成防空掩护任务。

自行弹炮结合系统是近程、低空、超低空防御的有效武器，具有防御空域广、毁伤概率高、独立作战、快速机动能力强等特点。信息化弹炮结合自行防空武器既可以联合作战、协同作战，亦可以自主作战、主从作战，是各国着力发展的新一代防空武器。

1.1.1.2　按使用分类

1. 按配属部队分类

按照配属部队分类，可分为重型、中型和轻型。

重型自行弹炮结合武器通常战斗全重在30~40t,主要装备于重型机步师、装甲师或装甲旅的防空团、炮兵团防空营或装甲团防空营等。

中型自行弹炮结合武器通常战斗全重在20~30t,主要装备于中型或轻机步师、摩步师属防空团或轻机步旅、摩步旅属防空营。

轻型自行弹炮结合武器通常战斗全重在20t以内,主要装备于轻型高机动旅属防空营,并可装备空降兵部队和即将组建的空中突击旅、山地轻型机械化部队等轻型部队。

2. 按作战距离分类

按照作战距离分类,可分为中近程和近程。

中近程自行弹炮结合武器通常配置中近程防空导弹,最大作战距离可达100km以内,最大作战高度在20km以下。

近程自行弹炮结合武器通常配置近程防空导弹,最大作战距离在30km以内,最大作战高度在10km以下。

3. 按底盘和机动类型分类

按照底盘和机动类型分类,可分为履带式和轮式。

采用履带式装甲底盘的自行弹炮结合武器机动性能好,越壕、越垂直墙能力强,能在各种地域条件下作战;公路最大行驶速度可达70km/h,越野最大行驶速度可达40km/h。

采用轮式装甲底盘的自行弹炮结合武器机动性能较好,越壕、越垂直墙能力中等,机动能力略逊于同吨位的履带式装甲底盘,亦能在很多地域条件下作战,公路最大行驶速度可达100km/h甚至更高,越野最大行驶速度可达50km/h。

1.1.2 自行弹炮结合系统特点

1. 作战空域扩大,可实施多次拦截

一般来说,导弹最大作战距离比高炮远。当目标距离较远时,首先使用导弹进行拦截;当目标距离临近进入高炮作战空域时,还可用高炮进行攻击。实施多次火力拦截,有助于提高全空域杀伤概率;对不具备全向攻击的红外寻的导弹来说,由于有高炮的配合,弥补了攻击空域的盲区,提高了武器的总体作战效能。

2. 高炮和导弹相互取长补短,提高作战效果

高炮射击准备时间短、反应快、弹丸初速大、射速高、能连续射击,近界杀伤概率高,其缺点是射程近、杀伤概率随射程增加而下降;而防空导弹射程远,单发命中概率高,杀伤概率随射程变化小,其缺点是近界死区大、系统较复杂、成本高、反应时间通常比小高炮长。因此,弹炮结合可以取长补短,充分发挥各自的优势。

3. 导弹与多型高炮弹药配合,能抗击多种目标

能够适应未来战争中空袭兵器多样化和作战任务多元化的需求。例如:在掩护机械化部队时,因防空导弹扩大了防御空域,能有效地抗击固定翼飞机和武装直升机;自行弹炮结合武器配备的多束定向预制破片弹可有效抗击巡航导弹和无人机等小目标;多用途榴弹对武装直升机有很好的作战效能;在拦截战术无人机等低成本的空中小目标时,使用高炮作战有更好的效费比。

4. 机动性能好,对阵地要求低

由于现代防空作战纵深大、范围广、突然性强,没有明显的前后方界限,被掩护目标多、战场节奏加快、流动性增大、任务变换频繁,因此,以机动求生存、求主动、求战机的"动态防空"将是今后陆军防空作战的必然选择,符合我军机械化、信息化复合发展方向,适应未来陆军由"区域防卫型"向"全域机动型"转变的发展要求。

5. 作战指挥与后勤保障相对容易

未来防空作战既需要导弹,也需要高炮。自行弹炮结合武器由内置程序自动选择使用导弹或高炮作战,其作战准备、指挥和操作简洁;与弹炮混编和弹炮软结合相比,独立作战能力强,后勤保障方便。

6. 导弹和高炮共用平台资源,作战使用效益高

一般来说,自行弹炮结合武器的导弹和高炮共用设备的成本约占总费用的 80%以上。其对空探测设备既适用于防空导弹攻击距离较远、雷达反射截面(Radar Cross Section,RCS)较大的空袭兵器平台,也适用于高炮拦截距离较近、RCS 较小的空袭小目标,因此使用效益较高。

1.2　自行弹炮结合系统组成

1.2.1　系统组成

自行弹炮结合系统是防空体系的重要成员之一。装备部队时,通常以自行弹炮结合武器连为基本建制,一个连的装备称作一个连套,其组成如图 1-1 所示。

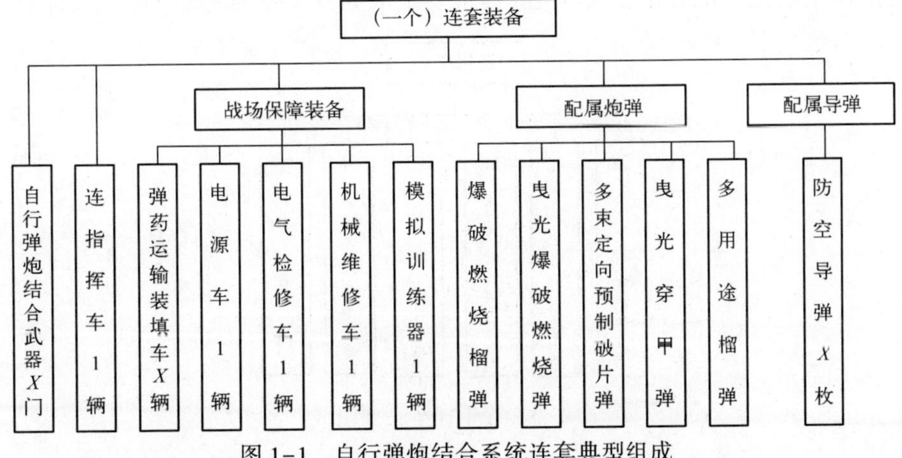

图 1-1　自行弹炮结合系统连套典型组成

在以上产品中,不同弹炮结合系统,其战场保障装备、配用弹药和导弹可能不同。

1.2.2 自行弹炮结合武器组成

自行弹炮结合武器是主要战斗装备,其组成如图 1-2 所示。按照上级指控系统的指令,可实施联合作战;在连指挥车的指挥下,可实施全连协同作战;两门以上自行弹炮结合武器可实施主从作战;单门自行弹炮结合武器可实施自主作战。

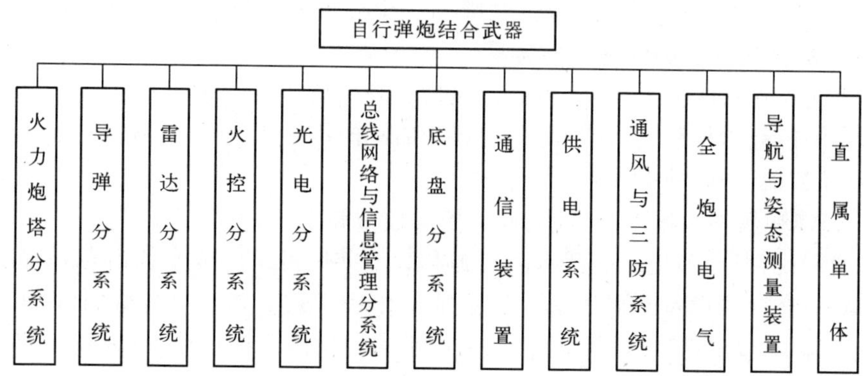

图 1-2 自行弹炮结合武器组成

1.2.3 连指挥车组成

连指挥车是自行弹炮结合系统的战斗装备之一,对上与上级指挥所及防空群指挥所互联互通,接收上级指挥命令、战场态势和空情信息,上报本连状态等,对下与本连自行弹炮结合武器及配套装备互联互通,实施目标分配、作战指挥、状态信息等传递,连指挥车是全连的作战指挥中心,其主要组成如图 1-3 所示。

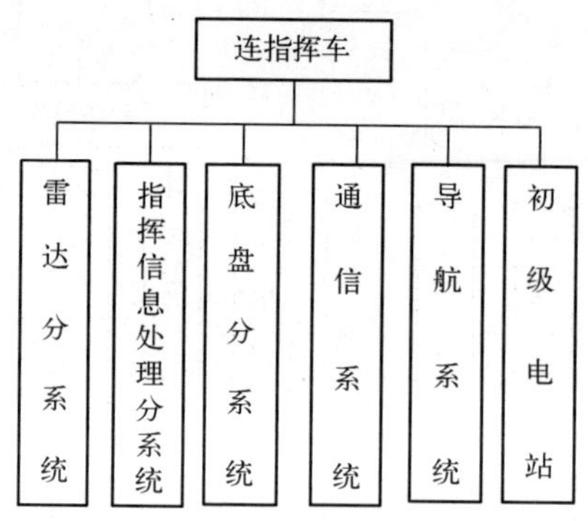

图 1-3 连指挥车主要组成

1.2.4　战场保障系统组成

为了贯彻“成套论证、成套研制、成套生产、成套装备”的方针，提高战场的生存能力和持续作战能力，除战斗装备外，战场保障系统是不可或缺的，以保证战斗装备充分发挥作战效能，其组成如图 1-4 所示。

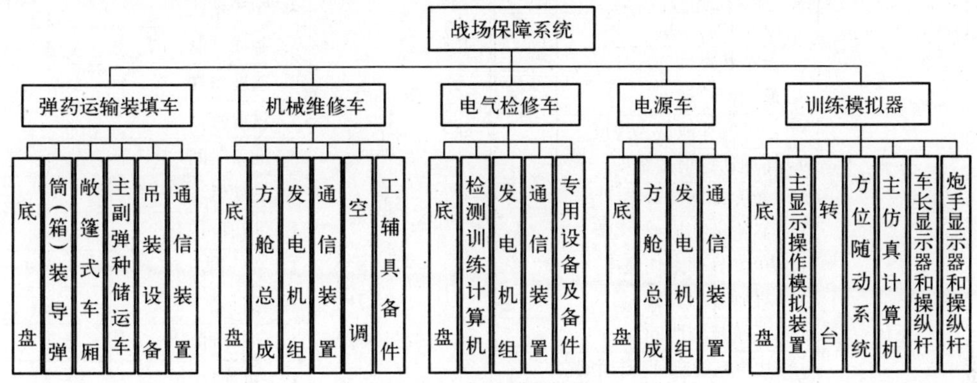

图 1-4　战场保障系统组成

1.3　系统指标体系

1.3.1　自行弹炮结合系统指标体系

自行弹炮结合系统战术技术指标体系见表 1-1。

表 1-1　自行弹炮结合系统战术技术指标体系

名　称	功能/指标		备　注
自行弹炮结合系统	系统信息化要求	1. 空情信息收集能力	
		2. 信息交互能力	
		3. 空情信息处理能力	
		4. 作战指挥能力	
		5. 信息系统反应时间	

1.3.2　自行弹炮结合武器指标体系

自行弹炮结合武器战术技术指标体系见表 1-2。

表 1-2　自行弹炮结合武器战术技术指标体系

名称	功能/指标		备注
自行弹炮结合武器	总体	1. 乘员	
		2. 作战空域(高炮、导弹)	
		3. 射界	
		4. 战斗全重	
		5. 战斗状态外廓尺寸	
		6. 行军状态外廓尺寸	
		7. 最大行军速度	
		8. 行进间作战最大速度	
		9. 高炮动态射击精度	
		10. 激光动态回波率	
		11. 高炮毁伤概率	
		12. 单发导弹杀伤概率	
		13. 导弹发射方式	
		14. 系统反应时间	
		15. 电气系统连续工作时间	
		16. 装甲防护性能	
		17. 环境适应性	
		18. 可靠性	
		19. 维修性	
		20. 电磁兼容性	
		21. 人-机-环境	
		22. 对空搜索方式	
		23. 截获目标方式	
		24. 跟踪方式	
		25. 显控界面	
		26. 实装模拟训练功能	
		27. 容错、防错和安全保护	
	火力炮塔分系统	1. 口径	
		2. 管数	
		3. 初速	
		4. 射速	
		5. 200m 立靶密集度	
		6. 主、副弹种转换时间	
		7. 配用弹种	
		8. 身管寿命	
		9. 自动机寿命	
		10. 弹链可射击使用次数	
		11. 主弹种携弹量	
		12. 副弹种携弹量	
		13. 弹药补充时间	

名称	功能/指标			备注
自行弹炮结合武器	导弹分系统		1. 导弹气动外形和布局	
			2. 质量	
			3. 尺寸	
			4. 制导精度	
			5. 制导体制	
			6. 速度特性	
			7. 过载特性	
			8. 准备时间	
			9. 发动机	
			10. 应答机	
			11. 导引头	
			12. 引信	
			13. 战斗部	
			14. 可靠性	
			15. 长储性	
			16. 运输性	
	雷达分系统	雷达总体	雷达系统截获概率	
		搜索雷达	1. 工作波段	
			2. 威力	
			3. 精度	
			4. 波束修正车体姿态范围	
			5. 天线转速	
			6. 目标容量	
			7. 抗干扰措施	
			8. 工作频点数量	
		跟踪雷达	1. 工作波段	
			2. 跟踪范围	
			3. 跟踪精度	
			4. 波束宽度	
			5. 电子对抗	
			6. 工作频点数量	
		稳定跟踪器	1. 跟踪范围	
			2. 最小稳定跟踪速度	
			3. 最大稳定跟踪速度	
			4. 最大加速度	
		地面询问机	覆盖范围	

（续）

名称			功能/指标	备注
自行弹炮结合武器	光电分系统	激光测距机	1. 最大测量距离	
			2. 最小测量距离	
			3. 测距精度	
			4. 重复频率	
			5. 束散角	
		红外热像仪与视频跟踪器	1. 工作波段	
			2. 制冷方式	
			3. 最大跟踪距离	
			4. 跟踪精度	
			5. 小视场	
			6. 大视场	
		电视摄像机与视频跟踪器	1. 最大跟踪距离	
			2. 跟踪精度	
			3. 小视场	
			4. 中视场	
			5. 大视场	
	火控分系统	火控计算机	1. 平滑时间	
			2. 目标运动假定	
			3. 射击诸元输出精度	
		火炮随动系统	1. 最小随动速度(保精度)	
			2. 最大随动速度(保精度)	
			3. 最大加速度	
			4. 调转时间	
			5. 随动精度	
	综合管理与全炮电气分系统	系统总线	1. 主同步周期	
			2. 同步精度	
		全炮电气	功能要求	
		通信装置	1. 电台型号与性能	
			2. 车通型号与性能	
			3. 有线通信装置型号与性能	
		导航与姿态测量装置	1. 寻北时间	
			2. 寻北精度	
			3. 航向漂移	
			4. 惯导坐标定位误差	
			5. 卫星定位精度	
			6. 姿态测量范围	
			7. 姿态测量精度	
			8. 启动时间	
		初级电站	1. 发电机额定功率	
			2. 稳态电压调整率	
			3. 瞬态电压调整率	
			4. 稳态频率调整率	
			5. 瞬态频率调整率	
	底盘分系统		1. 底盘自重	
			2. 底盘外廓尺寸	
			3. 炮塔座圈平面距地高度	
			4. 车体底平面距地高	
			5. 履带宽	
			6. 最大行驶速度	
			7. 公路行驶平均速度	
			8. 越野平均速度	
			9. 加速时间	
			10. 公路最大行程	
			11. 燃油受油速率	
			12. 最大爬坡度	
			13. 最大侧倾行驶坡度	
			14. 通过垂直墙高	
			15. 越壕宽	
			16. 涉水深	
			17. 最小转弯半径	
			18. 制动	
			19. 夜间行驶	
			20. 三防防护	

1.3.3　连指挥车指标体系

连指挥车战术技术指标体系见表 1-3。

表 1-3 连指挥车战术技术指标体系

名称	功能/指标		备注
连指挥车	总体	1. 乘员	
		2. 全重	
		3. 最大行驶速度	
		4. 底盘	
		5. 战斗状态外廓尺寸	
		6. 行军状态外廓尺寸	
		7. 电气系统连续工作时间	
		8. 装甲防护	
		9. 环境适应性	
		10. 可靠性	
		11. 维修性	
		12. 电磁兼容性	
		13. 人-机-环境	
	目标指示雷达	1. 工作波段	
		2. 威力覆盖范围	
		3. 天线转速	
		4. 探测精度	
		5. 目标容量	
		6. 抗干扰措施	
	地面询问机	覆盖范围	
	指挥信息处理分系统	功能要求	
	通信装置	1. 电台型号与性能	
		2. 车通型号与性能	
		3. 有线通信装置	
	导航装置	1. 寻北时间	
		2. 寻北精度	
		3. 航向漂移	
		4. 惯导坐标定位误差	
		5. 卫星定位精度	
	初级电站	发电机额定功率	

1.3.4 战场保障系统指标体系

战场保障系统战术技术指标体系见表 1-4。

表 1-4　战场保障系统战术技术指标体系

名称	功能/指标	备注
弹药运输装填车	1. 乘员	
	2. 全重	
	3. 外廓尺寸	
	4. 底盘	
	5. 最大行驶速度	
	6. 主弹种携弹量	
	7. 副弹种携弹量	
	8. 导弹携弹量	
	9. 弹药储运箱	
	10. 环境适应性	
	11. 弹药补充时间	
	12. 电台	
	13. 设备、工辅具及备件	
电气检修车	1. 乘员	
	2. 全重	
	3. 外廓尺寸	
	4. 底盘	
	5. 最大行驶速度	
	6. 电气系统连续工作时间	
	7. 环境适应性	
	8. 可靠性	
	9. 维修性	
	10. 电磁兼容性	
	11. 发电机组	
	12. 电台型号和性能	
	13. 设备、工辅具及备件	
	14. 检测、维修使用要求	
机械维修车	1. 乘员	
	2. 全重	
	3. 外廓尺寸	
	4. 底盘	
	5. 最大行驶速度	
	6. 环境适应性	
	7. 发电机组	
	8. 电台型号和性能	
	9. 设备、工辅具及备件	
	10. 检测、维修使用要求	
电源车	1. 乘员	
	2. 全重	
	3. 外廓尺寸	
	4. 底盘	
	5. 最大行驶速度	
	6. 发电机组	
	7. 电气系统连续工作时间	
	8. 环境适应性	
	9. 可靠性	
	10. 维修性	
	11. 电磁兼容性	
	12. 电台型号和性能	
模拟训练器	1. 训练台全重	
	2. 训练台外廓尺寸	
	3. 方位随动	
	4. 控制台全重	
	5. 控制台外廓尺寸	
	6. 电气系统连续工作时间	
	7. 可靠性	
	8. 维修性	
	9. 环境适应性	
	10. 电源体制	
	11. 功能要求	

第2章 自行弹炮结合武器

2.1 总体技术

2.1.1 典型原理设计

自行弹炮结合武器是该自行弹炮结合系统的主作战装备,其工作原理与所选择的防空导弹工作原理密切相关,而防空导弹的工作原理与其制导方式和体制密切相关。下面以选择指令制导导弹的自行弹炮结合武器为例,对其基本工作流程进行简要描述。

自行弹炮结合武器对空作战时,由搜索雷达进行警戒、目标搜索,发现目标后建航并进行敌我识别、威胁判断,车长选择交战目标,跟踪系统对目标进行截获、跟踪。

当选择作战方式为“火炮”方式时,作战流程同自行高炮。当选择作战方式为“弹炮”方式或“导弹”方式时,跟踪系统在跟踪目标的同时,弹炮结合火控计算机根据目标距离、速度和导弹飞行时间判断目标是否即将进入导弹可发射区,并提前数秒赋予导弹发射角。如果目标已进入导弹可发射区,弹炮结合火控计算机赋予随动系统导弹发射角。当随动系统协调到位、目标已进入导弹可发射区后,综合操控显示台向操作手发出允许导弹攻击提示信号,炮手按下击发按钮,实现导弹点火发射。图2-1为自行弹炮结合武器工作原理简图。

图2-1中符号说明:$\Delta\beta_d$ 为制导方位角误差;$\Delta\varepsilon_d$ 为制导高低角误差;R_d 为制导距离误差;β_s 为伺服方位角;ε_s 为伺服高低角;β_d 为制导方位角;ε_d 为制导高低角;β_m 为目标跟踪方位角;ε_m 为目标跟踪高低角;R_m 为目标跟踪距离;$\Delta\beta_m$ 为目标跟踪方位角误差;$\Delta\varepsilon_m$ 为目标跟踪高低角误差;β_{sm}为目标搜索方位角;ε_{sm}为目标搜索高低角;R_{sm}为目标搜索距离;β_t 为火控方位角;ε_t 为火控高低角;β_{tc}为炮塔方位角;v_0 为炮口初速;D 为路程仪里程;K 为水平航向角;Φ 为纵摇角;Θ 为横摇角;ω_β 为方位角速度;ω_ε 为高低角速度;fire-d 为导弹火力模式;fire-p 为火炮火力模式;t_f 为弹丸飞行时间。

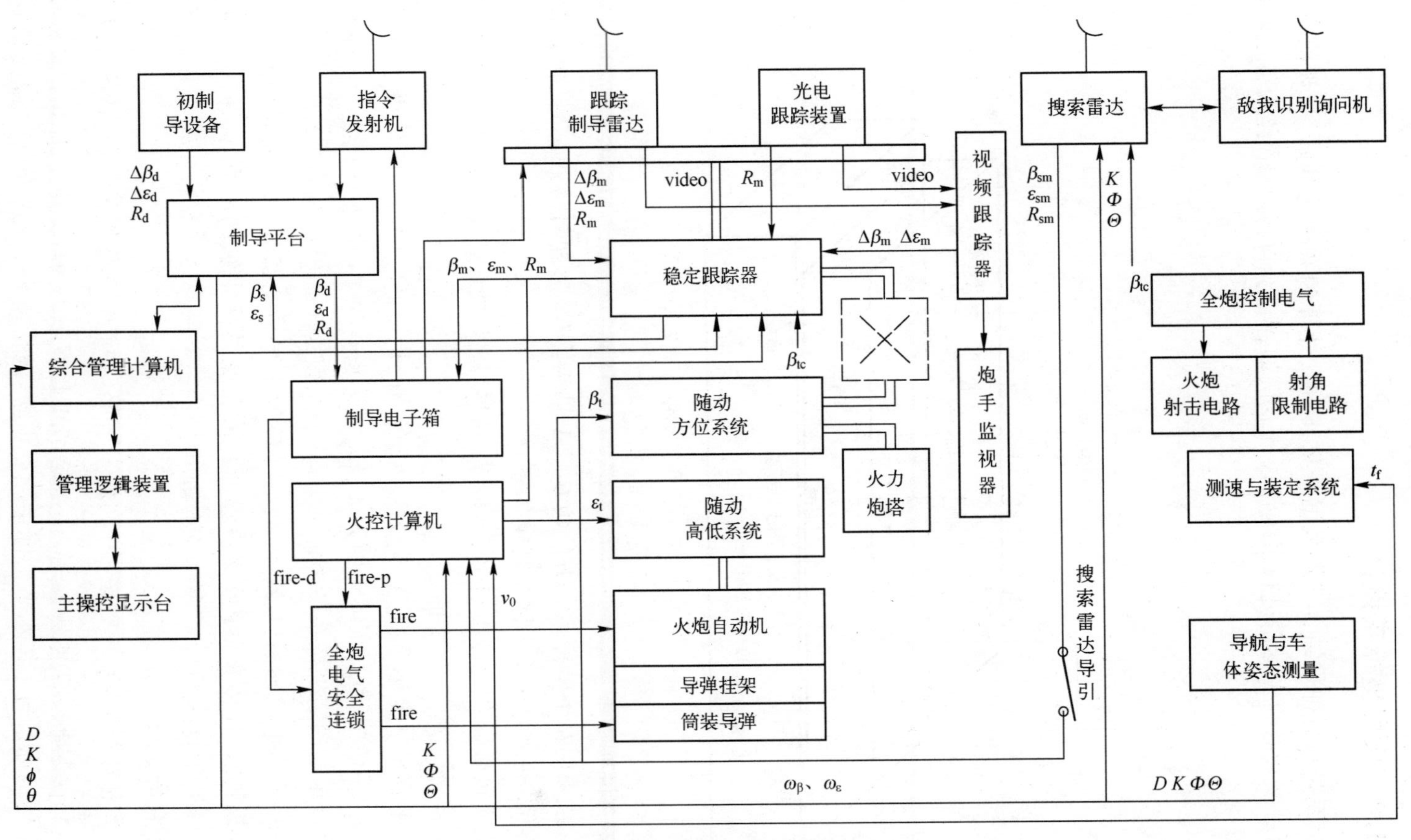

图2-1　自行弹炮结合武器工作原理简图

2.1.2 典型坐标系设计

坐标系是自行弹炮结合武器数据采集、转换、处理和共享的基础，为规范相关方法，必须对该武器的坐标系进行系统性设计。例如，典型自行弹炮结合武器坐标系设计见图 2-2。

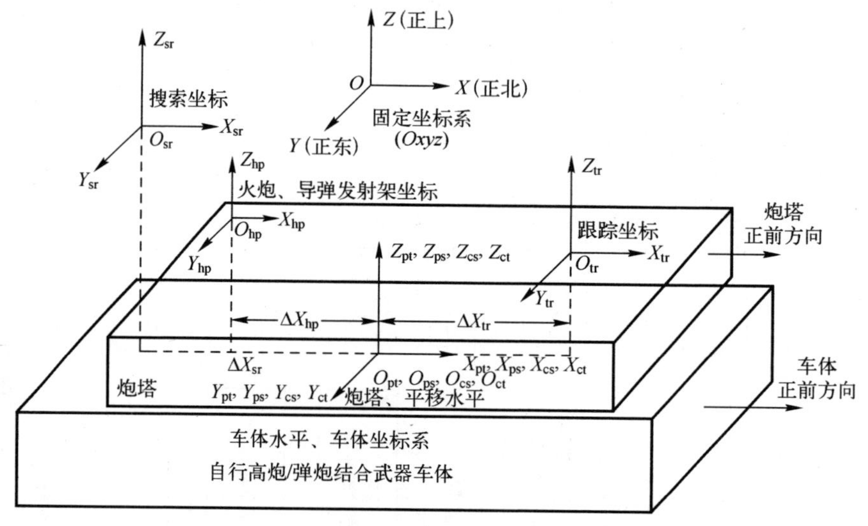

图 2-2　典型自行弹炮结合武器坐标系

图 2-2 说明如下：

坐标系采用左手坐标系。方位角 β 以 X 轴为零位，顺时针为正；高低角 ε 以 XY 平面为零位，向上为正。坐标系规定如下：

（1）固定坐标系 $OXYZ$。固定坐标系 $OXYZ$ 以大地某点为原点 O，正北为 X 轴，正东为 Y 轴，垂直向上为 Z 轴。

（2）平移水平坐标系 $O_{ps}X_{ps}Y_{ps}Z_{ps}$。以车体的炮塔回转中心与车体纵轴线（座圈平面内）交点为原点 O_{ps}，车体正前为 X_{ps} 轴，车体正右为 Y_{ps} 轴，垂直向上为 Z_{ps} 轴。平移水平坐标系与固定坐标系各坐标轴方向一致，仅是坐标原点的平移。

（3）车体水平坐标系 $O_{cs}X_{cs}Y_{cs}Z_{cs}$。车体处于水平状态时，以车体的炮塔回转中心与车体纵轴线（座圈平面内）交点为原点 O_{cs}，车体水平纵向前为 X_{cs} 轴，水平横向正右为 Y_{cs} 轴，垂直向上为 Z_{cs} 轴。车体水平坐标系与平移水平坐标系原点相同，仅相差一个航向角 k。

（4）车体坐标系 $O_{ct}X_{ct}Y_{ct}Z_{ct}$。车体炮塔回转中心与车体纵轴线（座圈平面内）交点为原点 O_{ct}，车体纵向前为 X_{ct} 轴，水平横向正右为正 Y_{ct} 轴，垂直于炮塔平面向上为 Z_{ct} 轴。车体坐标系与车体水平坐标系原点相同，但相差一个横摇角 ϕ 和纵摇角 θ。

(5) 炮塔坐标系 $O_{pt}X_{pt}Y_{pt}Z_{pt}$。以炮塔回转中心向上与车体纵轴线(座圈平面内)交点为原点 O_{pt},炮塔纵向正前为 X_{pt} 轴,炮塔横向正右为 Y_{pt} 轴,垂直于炮塔平面向上为 Z_{pt} 轴。炮塔坐标系与车体坐标系原点相同,仅相差一个炮塔纵轴相对于车体纵轴在炮塔旋转平面上的转角 β_t。

(6) 搜索雷达坐标系 $O_{sr}X_{sr}Y_{sr}Z_{sr}$。以搜索雷达回转中心为原点 O_{sr},炮塔纵向前为 X_{sr} 轴,炮塔横向正右为 Y_{sr} 轴,垂直于炮塔平面向上为 Z_{sr} 轴。

(7) 跟踪雷达坐标系 $O_{tr}X_{tr}Y_{tr}Z_{tr}$。以跟踪雷达回转中心为原点 O_{tr},炮塔纵向为 X_{tr} 轴,炮塔横向正右为 Y_{tr} 轴,垂直于炮塔平面向上为 Z_{tr} 轴。

(8) 火炮坐标系 $O_{hp}X_{hp}Y_{hp}Z_{hp}$。以炮耳轴连线中心为原点 O_{hp},炮塔纵向为 X_{hp} 轴,炮塔横向正右为 Y_{hp} 轴,垂直于炮塔平面向上为 Z_{hp} 轴。

(9) 导弹发射架坐标系 $O_{hp}X_{hp}Y_{hp}Z_{hp}$。对与火炮并架发射的导弹来说,导弹发射架坐标系与火炮坐标系相同,即以炮耳轴连线中心为原点 O_{hp},炮塔纵向前为 X_{hp} 轴,炮塔横向正右为 Y_{hp} 轴,垂直于炮塔平面向上为 Z_{hp} 轴。

坐标系统设计是自行弹炮结合武器总体核心技术,涉及所有理论模型的设计和优化等。

2.2　火力防区分配与控制

自行弹炮结合武器的防空空域是由其总体战术技术指标决定的。一般来说,具体火力防区分配与所选用的高炮、导弹指标密切相关。导弹除迎头防区外还包括尾追防区,其防区如图 2-3 所示。为了确保全空域的有效毁伤概率,尤其不能出现漏空域的情况,一般将其火力防区划分为导弹防区、弹炮结合防区和高炮防区三部分,并使导弹和高炮的火力有一定的重叠。

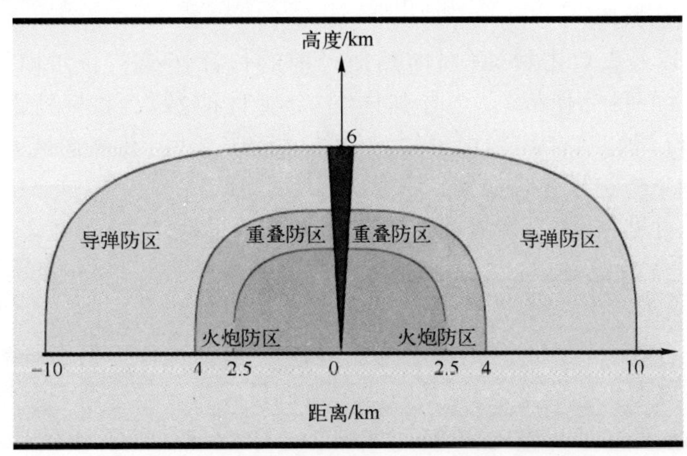

图 2-3　某自行弹炮结合武器火力防区示意图

2.2.1 导弹与高炮火力防区设计

火力防区分配技术采用以高炮毁伤概率、导弹杀伤概率为基础，以自行弹炮结合武器综合毁伤概率最佳为约束条件，按照目标航路条件进行毁伤概率合成计算，进行高炮、导弹作战空域的科学合理分配。

1. 高炮毁伤概率

高炮一般都是迎头攻击目标(对航路捷径前的目标作战)，当目标特性、航路参数与自行弹炮结合武器相对位置及所使用的弹药类型等条件确定之后，其毁伤概率也随之确定。图 2-4 为某典型高炮毁伤概率曲线示意图。

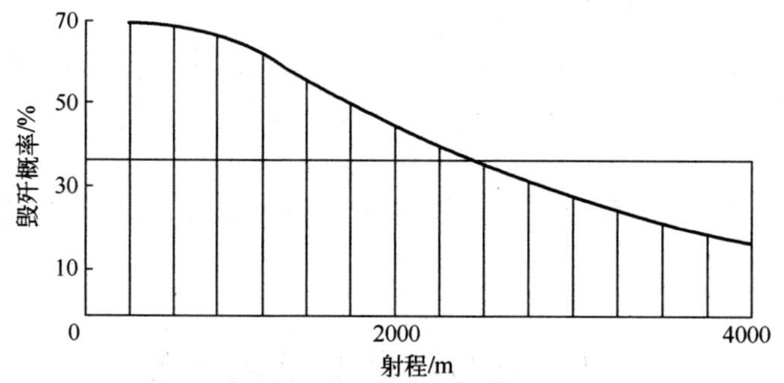

图 2-4　某典型高炮毁伤概率曲线示意图

由图 2-4 可见，高炮毁歼是随着射程增加而减小的，表现为一种复杂的非线性关系。高炮毁伤概率指标一般是指在有效射程之内的平均毁伤概率。所以，当高炮的平均毁伤概率指标确定之后，其攻击区可由它的有效射程、有效射高、最大射角和该航路条件下的射击死界来确定和表征。

2. 导弹杀伤概率

导弹既可以迎头攻击目标(对航路捷径前的目标作战)，也可以尾追攻击目标(对航路捷径后的目标作战)。当导弹体制、导弹性能参数、目标特性、目标航路参数、目标与自行弹炮结合武器相对位置等条件确定之后，其杀伤概率也随之确定。图 2-5 为某两型防空导弹杀伤概率示意图。

由图 2-5 可见，导弹杀伤概率从杀伤近界开始迅速增大，然后随着射程增加而减小，减小的速率比高炮毁伤概率随射程增大减小要平缓一些，亦表现为一种复杂的非线性关系。不同类型导弹杀伤近界不同，一般来说射程越远，杀伤近界越大。导弹杀伤概率指在有效杀伤距离之内的平均杀伤概率，有时也称为毁伤概率。所以，当导弹的平均杀伤概率指标确定之后，其防区可由该目标和航路条件下的作战远界、作战近界、高角死界、低角死界确定和表征，如图 2-6 中“导弹防区”所示。

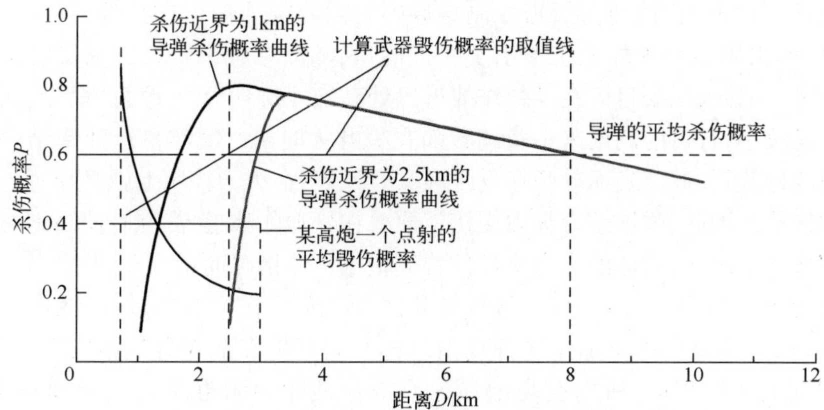

图 2-5　某两型防空导弹杀伤概率示意图

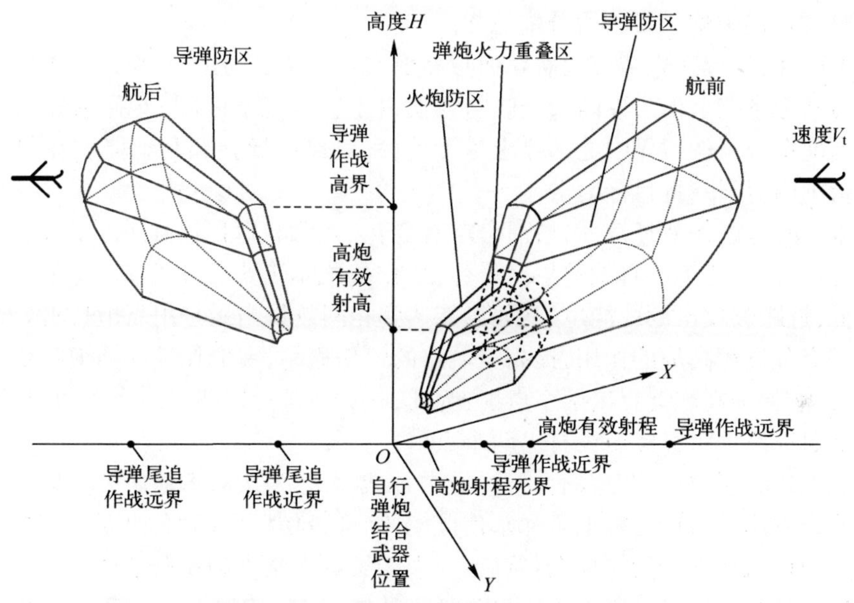

图 2-6　自行弹炮结合武器防区分配示意图

导弹对航前目标的防区由其作战远界、作战近界、作战高界和作战低界确定；对过航目标仍可攻击，防区的高、低界和作战近界不变，但作战远界可能因导弹的体制不同而有所不同。例如：红外导弹在目标过航后，目标的红外特性使导弹的探测距离加大，当导弹的速度和动力射程足够大时，作战远界可大于航前的作战远界；对其他体制导弹来说，至少可达到其航前的作战远界。

3. 火力防区分配与衔接

导弹作战与高炮作战方法有所不同。寻的导弹发射时不需要提前量，只要导弹锁定目标就可以发射;倾斜发射指令制导导弹时需要提前量,与火炮发射提前量情况类似;高炮射击则是在火控系统给出实时提前量,随动系统调转火力到发射角的情况下才能击发。因此,如果目标在导弹作战近界处高炮才接到火力交接的命令,而且导弹作战近界又较小,有可能高炮来不及调转而丧失开火时机。既然自行弹炮结合武器是为了发挥两种武器的优势,而导弹在近距离又有死界,在火力控制上就必须考虑充分发挥高炮的优势。因此,弹炮结合火力交接就要放在导弹作战近界之前,使高炮有充裕的时间发挥作用。因此,具体的火力交接位置应根据具体情况而定。

在导弹作战近界处,由于导弹从近界死区到正常工作区有一过程,故作战效能不稳定,一般在这种情况下不适用导弹攻击目标。而高炮在最大有效作战距离附近,对目标的毁伤概率也较低,所以在高炮最大有效作战距离附近主要用导弹攻击目标。这就基本上构成了弹炮结合火力重叠区的攻击方案:在导弹作战近界一端主要用高炮攻击目标,在高炮最大有效作战距离一端主要用导弹拦截目标,这也是“导弹打远、高炮打近”的弹炮结合火力分配思想。

综上所述,自行弹炮结合武器导弹与高炮火力衔接准则是:导弹系统杀伤区的杀伤概率与高炮系统杀伤边界内的全航路毁伤概率应该基本匹配,导弹系统的杀伤区近界与高炮系统杀伤边界中的远界应尽量重叠,以保证导弹和高炮能够在更大的航路捷径范围内对同一批目标射击。

如果同时考虑作战经济性,情形会略有变化。例如:射程达到 10km 以上的导弹价格都是百万元,若不能有效地拦截目标,从作战成本考虑是不合算的;而高炮的弹药价格低,近距离攻击的效能也好,如果能达到相同效果当然是用高炮打击效费比更高。为了充分发挥高炮的作用,提高全航路的毁伤概率,一般在设计弹炮结合火力交接方案时,应保证高炮能打出两个点射;为此,在火力重叠区要有一个火力交接点,在该点就能保证高炮对目标至少打出两个点射。

根据上述分析,科学合理的自行弹炮结合武器火力防区分配方法以及火力交接位置的确定方法是:首先,根据导弹杀伤概率、高炮毁伤概率模型,建立自行弹炮结合武器合成毁伤概率进行计算模型;然后,代入相关边界条件和初始条件,进行导弹、高炮毁伤概率计算;最后,利用极限边界条件可计算出火力防区边界。也可利用航路动态参数,实时计算导弹、高炮的毁伤概率,对武器火力转换进行动态控制,实现最佳作战效能。计算动态毁伤概率时应考虑以下因素:目标运动特性、类型(可毁伤性);导弹作战近界、飞行速度;火控给出的射击诸元、火力调转的时间;高炮的射击方式、弹丸飞行时间;等等。在复杂算法中,甚至要考虑发射导弹与发射高炮攻击某种特定目标的经济性等。

2.2.2 导弹与高炮火力防区控制

通常,弹炮结合火力防区的控制是由弹炮结合火控系统来实现的。一般情况下,自行弹炮结合武器的火力防区控制如图 2-7 所示。

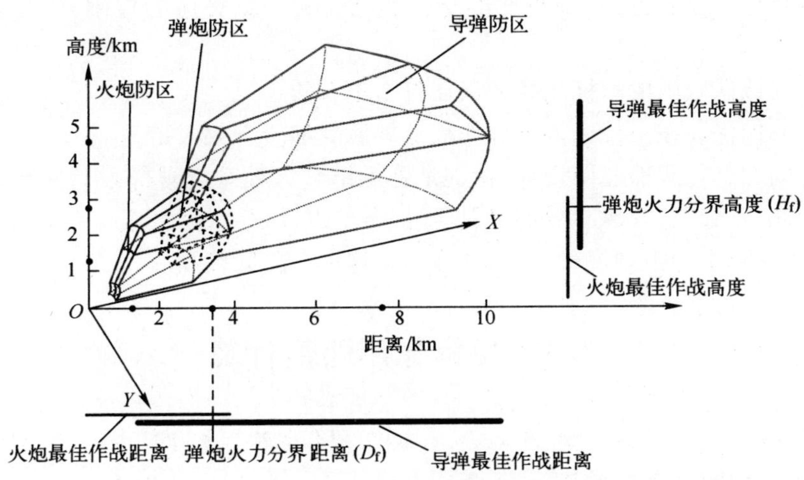

图 2-7　自行弹炮结合武器火力防区的控制示意图

在弹炮结合火力重叠区内有一个弹炮火力分界距离 D_f：当目标距离大于 D_f 时，弹炮结合火控系统就控制导弹发射，禁止高炮射击；当目标距离小于 D_f 时，控制高炮射击，禁止导弹发射。同样，在高度上也有一个弹炮火力分界高度 H_f。当目标高度≥H_f 时，导弹可以发射，而高炮禁止射击；当目标高度小于 H_f 时，若目标距离≥D_f，仍可发射导弹；目标距离小于 D_f 时就用高炮攻击（见图 2-7 和图 2-8）。一般情况，D_f、H_f 是按导弹、高炮的火力范围的有效性确定的，以最大程度地发挥弹炮结合优势为前提，同时考虑两者的互补作用。

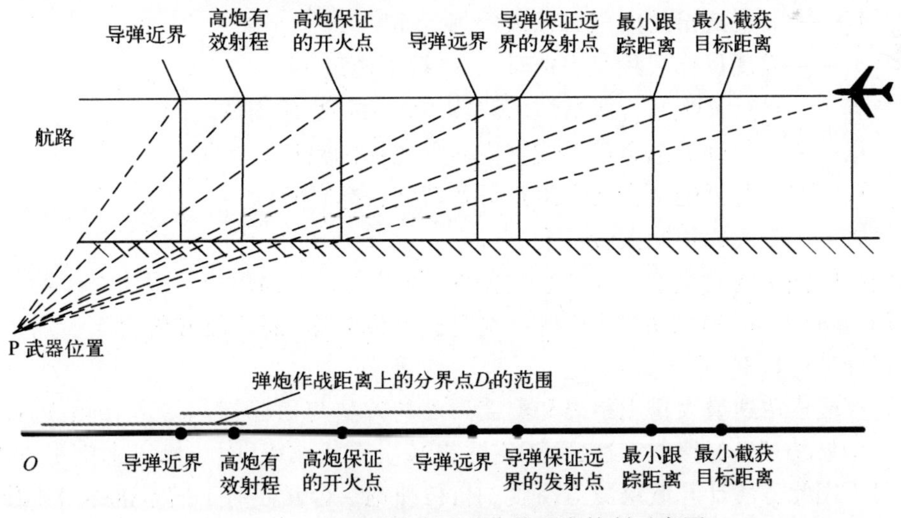

图 2-8　自行弹炮结合武器作战距离控制示意图

在确定最大目标高度或航路捷径时,也要考虑航路条件和目标的机动性等因素。在弹炮结合作战控制方面,最重要的是弹炮结合火力重叠区的控制,主要解决两个问题:

(1) 在该区域内的目标用哪种武器打击更有效;

(2) 如何保证在目标进入导弹作战近界后高炮能有效射击。

这些问题都是武器总体设计,特别是弹炮结合火控系统总体设计应充分考虑的问题。因此,弹炮结合火控系统要根据作战条件以及目标探测、跟踪系统所获得的目标参数,建立科学的控制模式,实施导弹与高炮火力防区控制。

2.3 目标作用距离计算

自行弹炮结合武器对空探测威力(作用距离)主要包括以下指标:目标指示雷达最大作用距离(最小作用距离)、覆盖高度;搜索雷达最大作用距离(最小作用距离)、覆盖高度;跟踪雷达最大作用距离(最小作用距离)、红外跟踪器、电视跟踪器和激光测距机的最大作用距离;等等。

2.3.1 搜索雷达威力

自行弹炮结合武器的搜索雷达的最大作用距离需满足下式:

$$R_S \geqslant R_G + V_T(t_1 + t_Z + t_{FJ} + t_{JH}) + R_\Delta \tag{2-1}$$

式中 R_S——自行弹炮结合武器搜索雷达最大作用距离(m);

R_G——自行弹炮结合武器跟踪设备最大作用距离(m);

V_T——需要抗击的典型目标最大飞行速度(m/s);

t_1——发现目标后敌我识别时间,一般不超过 1s;

t_Z——自行弹炮结合武器炮塔调转 180°后停稳所需的时间(s);

t_{FJ}——自行弹炮结合武器搜索雷达发现目标和建航时间(s);

t_{JH}——自行弹炮结合武器跟踪设备截获目标时间(s);

R_Δ——最大作用距离设计余量(m)。

建航时间主要取决于搜索雷达数据率,即雷达天线的转速。因为对于同一批目标,搜索雷达每转一周(360°)获得一次目标坐标数据,而建航和编批至少需要获得三次目标坐标数据。

计算搜索雷达最大作用距离和覆盖高度的方法与目标指示雷达类同,因此不再赘述。如果是三坐标搜索雷达,则该雷达将采用锥状波束,而非修正余割平方波束,所以可不用此方法计算波束覆盖高度。自行弹炮结合武器对于搜索雷达最小作用距离的要求也比较宽,一般 1~1.5km 就可以了。

2.3.2　地面询问机作用距离

从系统匹配的设计考虑，地面询问机最大敌我识别距离的基本要求是应该大于其配装的目标指示雷达或搜索雷达的最大作用距离。因此，匹配目标指示雷达和匹配搜索雷达的询问机最大敌我识别距离所需性能为

$$\begin{cases} R_{\mathrm{MBIFF}} \geqslant R_{\mathrm{MB}} \\ R_{\mathrm{SIFF}} \geqslant R_{\mathrm{S}} \end{cases} \tag{2-2}$$

式中　R_{MBIFF}——匹配目标指示雷达的询问机最大敌我识别距离（m）；

R_{MB}——目标指示雷达最大作用距离（m）；

R_{SIFF}——匹配目标搜索雷达的询问机最大敌我识别距离（m）；

R_{S}——搜索雷达最大作用距离（m）。

询问机的敌我识别距离由上行询问距离和下行应答距离两个不同的距离方程中较小的一个来确定。一般上行询问距离要小于下行应答距离，这样询问机最大敌我识别距离的设计性能由下式给出：

$$R_{\mathrm{IFF\,max}}^2 = \frac{\lambda_{\mathrm{i}}^2}{(4\pi)^2}\left[\frac{P_{\mathrm{i}} G_{\mathrm{i}} G_{\mathrm{r}}}{S_{\mathrm{r}} L_{\mathrm{i}} L_{\mathrm{a}}}\right] \tag{2-3}$$

式中　$R_{\mathrm{IFF\,max}}$——询问机的最大敌我识别距离（m）；

λ_{i}——询问机工作波长（m）；

P_{i}——询问机发射输出峰值功率（dBW）；

G_{i}——询问机天线增益（dB）；

G_{r}——应答机天线增益（dB）；

S_{r}——应答机需要输入功率（dBW）；

L_{i}——从询问机到天线损耗（dB）；

L_{a}——上行询问路径大气损耗（dB）。

2.3.3　跟踪雷达威力

自行弹炮结合武器的跟踪雷达的最大作用距离需满足：

$$R_{\mathrm{G}} \geqslant R_{\max} + V_{\mathrm{T}}(T_2 + T_{\mathrm{LT}} + T_{\mathrm{DF}}) + R_{\Delta} \tag{2-4}$$

式中　$R_{\max}$——自行弹炮结合武器导弹最大有效杀伤斜距（m）；

T_2——自行弹炮结合武器火控平滑时间（s）；

T_{LT}——从实施发射操作到导弹离开发射架的时间（s）；

T_{DF}——导弹飞行到最大有效杀伤斜距时间（s）；

R_{G}、R_{Δ}、V_{T}——意义同式（2-1）。

跟踪雷达最大作用距离的设计性能由下式给出：

$$R_{\mathrm{G}}^{4}=\frac{P_{\mathrm{t}}G^{2}\lambda^{2}\sigma D}{(4\pi)^{3}P_{\mathrm{rmin}}(S/N)_{\mathrm{Tmin}}L}\mathrm{e}^{-2R\eta} \tag{2-5}$$

式中 R_{G}——跟踪雷达最大作用距离(m);

P_{t}——跟踪雷达发射机输出峰值功率(dBW);

G——跟踪雷达天线增益(dB);

σ——目标等效雷达反射面积(dBm^2);

λ——雷达工作波长(dBm);

R——脉冲压缩改善因子(dB);

P_{rmin}——雷达接收机灵敏度(dBW);

L——跟踪雷达系统损耗(dB);

$(S/N)_{\mathrm{Tmin}}$——进入跟踪所需最小回波信噪比(dB);

η——大气衰减因子(dB/km)。

由于自行弹炮结合武器结构非常紧凑,为在天线尺寸较小的条件下提高跟踪精度,跟踪雷达常使用波长较短的工作波段,所以有必要考虑雷达波受大气衰减的影响。

除作用距离以外,跟踪雷达保精度(即满足战术技术指标中的精度指标要求的)跟踪距离也是一项重要的性能。从作战使用需求看,保精度跟踪距离应大于自行弹炮结合武器配装导弹的最大有效杀伤斜距离 $R_{\max}$。保精度跟踪距离的设计计算公式与式(2-5)类似,唯一不同之处是 $(S/N)_{\mathrm{Tmin}}$ 表示保精度跟踪所需最小回波信噪比,$(S/N)_{\mathrm{Tmin}}$ 由下式给出:

$$\sigma=\frac{\theta_{0.5}}{K_{\mathrm{m}}\sqrt{((S/N)_{\mathrm{Tmin}})}} \tag{2-6}$$

式中 σ——保精度跟踪所需的角精度标准偏差;

K_{m}——单脉冲雷达和差波束归一化斜率;

$\theta_{0.5}$——波段雷达半功率点波束宽度(Hz);

$(S/N)_{\mathrm{Tmin}}$——保精度跟踪所需最小回波信噪比。

自行弹炮结合武器跟踪雷达的最小作用距离通常可取 0.3~0.5km。

2.3.4 红外跟踪器作用距离

红外跟踪器由红外热像仪和视频跟踪器组成。红外跟踪器的最大作用距离要求与跟踪雷达相同,最大作用距离设计可由下式给出:

$$R_{\max}^{2}=\frac{\pi D^{2}\tau_{0}\tau_{\mathrm{a}}D^{*}J_{\Delta\lambda}}{4(S/N)_{\min}\sqrt{A_{\mathrm{d}}\Delta f}} \tag{2-7}$$

式中 $R_{\max}$——红外跟踪器最大作用距离(m);

D——入瞳口径(cm)；

τ_0——光学效率(光学系统的光谱透射比)；

τ_a——大气衰减因子；

D^*——探测度($cm \cdot Hz^{1/2}/W$)；

$J_{\Delta\lambda}$——目标波段辐射强度(W/sr)；

$(S/N)_{min}$——截获、跟踪最小信噪比；

A_d——单元探测面积(cm^2)；

Δf——探测器噪声等效带宽(Hz)。

而大气衰减因子

$$\tau_a = \exp(-\sigma R_{max}) \tag{2-8}$$

式中　σ——平均大气波段衰减系数。

2.3.5　激光测距机作用距离

激光测距机最大作用距离与发射参数、接收参数、目标特性、大气参数等有关。在发射、接收、目标等参数确定的情况下，大气对激光传输的吸收、散射和传流都有较大影响。激光测距机最大作用距离的可由下式给出：

$$R_{max}^4 = \frac{4A_r A_s P_t T_t T_a \rho}{\pi^2 \theta_t^2 P_{rmin}} \tag{2-9}$$

式中　R_{max}——激光测距机最大作用距离(m)；

A_r——光学有效接收口径(m^2)；

A_s——目标有效反射截面(m^2)；

P_t——激光发射峰值功率(MW)；

T_t——光学系统总透过率；

T_a——大气透过率；

ρ——目标反射系数；

θ_t——激光束散射角(mrad)；

P_{rmin}——接收灵敏度(W)。

大气透过率 T_a 的计算公式如下：

$$T_a = \exp\left[-3.192\left(\frac{\lambda}{0.55}\right)^{-1.3}\frac{2L}{V}\right] \tag{2-10}$$

式中　T_a——大气透过率；

λ——激光工作波长(m)；

L——激光传输距离，即 R_{max}(m)；

V——大气能见度(m)。

2.3.6 电视跟踪器作用距离

电视跟踪器由电视摄像机和视频跟踪器组成。电视跟踪器的最大作用距离一般要求与红外跟踪器或跟踪雷达一致。电视跟踪器具有启动快、寿命长、成本低等优点,所以在红外跟踪器尚未大量使用时,作为主要光学探测手段使用。但是,由于大气对可见光的衰减效果更强,且电视跟踪器只能白天使用,没有夜战能力,在已有红外跟踪器的情况再花大成本提高电视跟踪器最大作用距离的意义不大。目前,大部分自行弹炮结合武器的电视跟踪器仅作为训练使用的辅助跟踪设备使用,因此最大作用距离指标可适当降低。

在设计电视跟踪器最大作用距离时,首先计算电视摄像机采用光学系统的视场、焦距,以及摄像管靶面尺寸和分辨力,使在最大作用距离处标准面积的目标成像在摄像管靶面上不少于4像素,以保证该电视跟踪器获得的目标数据可用于自动跟踪。

电视跟踪器对目标的跟踪主要取决于目标背景的对比度,其最小可跟踪的对比度对应于电视跟踪器可进行角度跟踪时的最大可跟踪距离。电视跟踪器最大可跟踪距离的设计计算公式如下:

$$R_{\max}=\frac{1}{\sigma_0}\ln\left(\frac{C_{\mathrm{TF}}C_0}{C_{\mathrm{Tmin}}}\right) \tag{2-11}$$

式中 C_{TF}——电视摄像机光学系统对比传递函数;

C_0——目标与背景固有对比度;

C_{Tmin}——最小可跟踪对比度;

σ_0——地平面大气消光指数。

$$\sigma_0=\frac{3.192}{V} \tag{2-12}$$

式中 V——地面水平能见度(km),一般取20km。

C_0由下式给出:

$$C_0=\frac{|B_0-B|}{B}=\left|\frac{\rho}{\pi}-1\right| \tag{2-13}$$

式中 B_0——目标背景亮度(lm);

B——目标亮度(lm);

ρ——固有对比度因子。

代入相关参数可以计算得到电视跟踪器最大可跟踪距离。如果取C_{Tmin}为最小保精度跟踪对比度,可以计算得到电视跟踪器最大保精度跟踪距离。

上述对于目标指示雷达、搜索雷达、跟踪雷达、红外跟踪器、激光测距机和电视跟踪器对空探测设备的威力覆盖范围设计计算方法仅是基本理论描述,也是最简单的叙述。在实际总体设计中,因所涉及的边界条件较为复杂,实际计算过程要更复杂一些。

2.4　跟踪和测距与伺服精度计算

自行弹炮结合武器主要目标跟踪设备有跟踪雷达、跟踪红外、跟踪电视等。通常,目标跟踪系统的跟踪误差由以下两部分组成:雷达、红外或电视的内环取差误差(瞄准线与跟踪线角度差),以及跟踪装置跟踪误差。

2.4.1　雷达跟踪精度

现代跟踪雷达为了获得对目标在角度、距离上的高精度跟踪,常采用比幅单脉冲体制的角度跟踪,以及数字式距离跟踪系统。影响跟踪雷达测角、测距精度的因素很多,主要有目标类误差(包括目标角闪烁误差、动态滞后误差等)、雷达类误差(包括接收机热噪声、相移误差、幅度不一致误差、耦合误差、零点漂移误差、发射脉冲前沿抖动、伺服噪声等)、转换类误差(包括标定误差、量化误差等)、传播类误差(包括多路径误差、杂波剩余误差等)。

1. 目标角闪烁

目标角闪烁引起跟踪随机误差,该误差由下式给出:

$$0.2d \leqslant \sigma \leqslant 0.35d \tag{2-14}$$

式中　d——目标尺寸对跟踪雷达的张角(mrad)。

如果 $d=L_x/R$(L_x 为目标横向尺寸(m),R 为斜距离(km)),则 σ 为角跟踪随机误差(mrad);如果 $d=L_R/R$(L_R 为目标长度尺寸),则当斜距离 R 较远时 σ 近似为距离跟踪随机误差。

2. 接收机热噪声

接收机热噪声引起的测角跟踪随机误差由下式给出:

$$\sigma = \frac{\theta_{0.5}}{k_{\mathrm{m}}\sqrt{B\tau(S/N)_1(f_0/\beta_{\mathrm{n}})}} \tag{2-15}$$

式中　k_{m}——单脉冲雷达差波束归一化斜率;

$\theta_{0.5}$——雷达半功率点波束宽度(Hz);

B——接收机宽度(s^{-1}),$B\approx 1/\tau$;

τ——雷达发射脉冲宽度(s);

f_0——送给跟踪伺服的数据率;

β_{n}——角度跟踪回路等效噪声宽带(Hz);

$(S/N)_1$——接收机输出的信噪比。

接收机热噪声引起的测距跟踪随机误差由下式给出：

$$\sigma_r = \frac{150\tau}{k_r\sqrt{(S/N)_2(f_0/\beta_m)}} \tag{2-16}$$

式中 τ——单脉发射脉冲宽度(s)；

k_r——距离跟踪回路归一化斜率；

f_0——送到距离跟踪回路的数据率；

β_m——距离跟踪回路等效噪声带宽(Hz)；

$(S/N)_2$——回波信噪比。

由于接收机输入信噪比与目标距离有关,因而热噪声引起的角跟踪误差和距离跟踪误差都是目标距离的函数。

3. 相移误差

跟踪雷达接收机和差两路相移不一致将引起的角跟踪随机误差。该误差由下式给出：

$$\sigma = \frac{\theta_{0.5}\tan\varphi}{k_m\sqrt{G_n}} \tag{2-17}$$

式中 G_n——单脉冲雷达差波束零值深度(mrad)；

φ——接收机和差两路相位一致性标准相移(mrad)。

若 φ 在$\pm15°$内等概率分布,其均方根为 $0.58\times15° = 8.7°$。

4. 幅度不一致误差

跟踪雷达接收机和差两路幅度不一致将会引起跟踪电轴漂移,从而引起的角跟踪随机误差。该误差由下式给出：

$$\sigma = 0.58\Delta A_m K_s \tag{2-18}$$

式中 ΔA_m——和差两路幅度不一致引起的最大误差电压(V)；

K_s——误差斜率。

5. 耦合误差

跟踪雷达中耦合误差是指和路信号耦合到差路所产生的跟踪随机误差,即是和支路与差支路的隔离度不好引起的误差。该误差由下式给出：

$$\sigma = \frac{\theta_{0.5}\cos\varphi}{k_m\sqrt{F}} \tag{2-19}$$

式中 F——和差两支路的隔离度(dB),一般为45dB；

k_m——误差斜率；

φ——和路信号耦合到差路的和信号所产生的相位移(mrad)。

φ 服从[0,360]均匀分布,则 $\cos\varphi$ 的均方根为 0.707。

6. 发射脉冲前沿抖动

发射脉冲前沿抖动所引起距离跟踪系统误差,也引起距离跟踪随机误差。该误差由下式给出：

$$\sigma_r = 150\Delta\tau \tag{2-20}$$

式中　$\Delta\tau$——发射脉冲前沿抖动量(s)。

7. 零点漂移误差

零点漂移是指由于天线电轴温漂(应考虑多频率点电轴漂移的差别)、接收机相检零漂、定向互导零漂等因素产生的误差。在有限实验中,零点漂移一般产生系统误差。

8. 标定误差

角度标定误差是指由雷达电轴与基准光轴的偏差(应考虑多频率点电轴的差别),以及跟踪雷达系统与真值测量系统之间的标定误差。

距离标定误差是指距离跟踪环路的零点误差,一般假定为最低距离效位。

9. 量化误差

测距计数器量化引起距离随机误差。该误差由下式给出：

$$\sigma_r = \frac{150}{\sqrt{3}f_0} \tag{2-21}$$

式中　f_0——距离计数频数(Hz)。

若 $f_0 = 30\text{MHz}$,则 $\sigma_r = 2.87\text{m}$,目标若全距离段按 20km 设计,距离计数器取 14 位,则 $q = 2000 \div (2^{14} - 1) = 1.22\text{m}$,设计的计数器量化单位应满足小于计数器量化误差的条件。

10. 多路径误差

由于多路径效应的存在,因为低仰角下跟踪目标就会产生误差。由旁瓣进入的多路径信号引起的角跟踪误差由下式给出：

$$\sigma = \frac{\theta_{0.5}\rho}{k_m\sqrt{2G_{se}n_e}} \tag{2-22}$$

式中　G_{se}——天线和波束最大增益与差波束副瓣最大增益之比；

ρ——低仰角下的地面反射系数,随仰角变化而不同；

n_e——等效独立脉冲数(一般是频率点数)。

11. 杂波剩余误差

杂波剩余误差是指经多普勒滤波处理后,仍有部分剩余进入目标所在的滤波器,从而影响对目标的跟踪精度,由杂波剩余误引起的角跟踪误差由下式给出：

$$\sigma = \frac{\theta_{0.5}}{k_m\sqrt{2(S/C)_s n_e}} \tag{2-23}$$

式中　$(S/C)_s$——多普勒滤波处理后信杂比；

n_e——等效独立脉冲积累数。

多普勒滤波处理后信杂比由下式给出：

$$(S/C)_s = I_{MTI} - (S/C) \tag{2-24}$$

式中 I_{MTI}——MTI 动目标改善因子(dB)；

(S/C)——脉冲信杂比，一般$(S/C)_s = 15$dB。

上述内容可作为雷达角度跟踪和距离基本的精度分析和设计参考。除了上述主要因素外，还有其他因素会影响雷达跟踪精度，如气象参数、风速方向、再生反馈、目标机动等。

2.4.2 光电跟踪精度

光电跟踪可分为红外跟踪和电视跟踪。如果电视、红外跟踪器与跟踪雷达安装在同一跟踪伺服平台上，跟踪伺服平台精度就会直接影响到电视和红外跟踪精度。通常将包括跟踪伺服平台因素和电视、红外跟踪器自身因素的跟踪精度为外环路跟踪精度，而仅有电视、红外跟踪器自身因素的跟踪精度为内环路跟踪精度。跟踪平台影响精度的主要因素有伺服噪声、伺服机械误差、动态滞后、轴系误差、标定误差等。首先，关注电视跟踪器、红外跟踪器自身的内环路跟踪误差。由于采用凝视焦平面探测器的红外跟踪器与电视跟踪器的内环跟踪误差影响因素的原理相同，所以放在一起叙述，并简称红外跟踪器和电视跟踪器为传感器。

1. 光轴稳定性

传感器结构存在的弹性，以及一些必要的调整环节使传感器光学系统结构中存在微小间隙，所以传感器的运动或振动（尤其是受射击振动影响）会引起光轴的微小变化，带来跟踪随机误差。

温度变化使传感器结构热胀冷缩而带来光轴改变，会引起跟踪系统误差。

2. 瞬时视场分辨力

当通过技术设计，使视频跟踪器解算精度与传感器的角分辨力相当时，因为传感器的敏感器件靶场分成离散的行，每行又分成离散的像素点，仍然会引起跟踪的随机误差。该误差如下：

$$\begin{cases}\Delta\alpha = \alpha/N_W \\ \Delta\beta = \beta/N_H \\ \alpha = \arctan(W/2f) \\ \beta = \arctan(H/2f)\end{cases} \tag{2-25}$$

式中 $\Delta\alpha$——方位误差(mrad)；

$\Delta\beta$——高低误差(mrad)；

α——方位视场(mrad)；

β——高低视场(mrad)；

N_W——敏感器件靶面每行像素点数；

N_H——敏感器件靶面的行数；

W——敏感器件靶面宽度(m)；

H——敏感器件靶面高度(m)；

f——焦距(m)。

3. 视频跟踪器时钟稳定性

由于视频跟踪器传感器的时钟各自独立，视频跟踪器在接收传感器串行送出的拍摄图像数据的同时，还接收传感器送出的帧同步、场同步和行同步激励信号，并与自身时钟比对。因此在视频跟踪器时钟设计上，应采用高稳定度的晶振，确保数据传输不会出现像素点错位或者行错位，引起跟踪随机误差。

4. 画面坐标系目标点定位

以图像中心点跟踪为例，视频跟踪器在处理传感器拍摄和送来的目标图像数据时，有多种相关算法：一是快速算法获得的中心点可能较真实的图像中心点存在误差；二是对目标不同角度拍摄的图像中心点，可能并不是目标上的同一点，所以跟踪的该目标点可能相对画面坐标系晃动，最终引起跟踪随机误差。所以，在设计上对于第一种情况应优化算法提高计算精度，对于第二种情况应采用补偿计算，尽量减小上述随机误差。

5. 相扫同步控制

除以上四种误差因素之外，有些红外热像仪采用红外线阵探测器件，以一维相扫方式工作。对于这样的红外热像仪和视频跟踪器构成的红外跟踪器，一维相扫同步控制精度直接影响该方位(方位或高低)的跟踪精度。所以，在设计上应采取必要技术措施，尽可能获得较高的一维相扫同步控制精度；同时还要能实时精确测量一维相扫位置(这本身是高精度闭环控制的需要)，对于相扫位置误差能够用软件计算的方法实施补偿。

6. 光电轴不匹配误差

光轴不匹配误差指传感器光学系统的光轴与基准光轴的角度偏差。该误差属于轴系误差和外环路误差，由下式给出

$$\sigma_\alpha = 0.707V_\alpha,\quad \sigma_\lambda = 0.707V_\lambda \tag{2-26}$$

式中　V_α——光电轴最大方位不匹配误差(mrad)；

V_λ——光电轴最大高低不匹配误差(mrad)。

2.4.3　激光测距精度

1. 接收机热噪声测距误差

接收机热噪声引起激光测距随机误差如下

$$\sigma_r = \frac{150\Delta\tau}{K_r\sqrt{(S/N)}} \tag{2-27}$$

式中　$\Delta\tau$——发射脉冲宽度(s)；

K_r——测距回路归一化斜率；

(S/N)——回波信噪比。

因为回波信噪比与目标距离有关,热噪声引起的测距误差也是目标距离的函数。

2. 目标闪烁引起的测距误差

目标闪烁引起激光测距随机误差为

$$\sigma_T = 0.2L_r \tag{2-28}$$

式中　L_r——目标纵向长度(m)。

3. 计数器量化误差

计数器量化引起激光测距随机误差为

$$\sigma_R = \frac{R_{LSB}}{2\sqrt{3}} \tag{2-29}$$

式中　R_{LSB}——激光测距最小分辨距离量化(m)。

4. 标定误差

由于标定引起激光测距系统误差为

$$\sigma_R = \frac{R_{LSB}}{2\sqrt{3}} \tag{2-30}$$

式中　R_{LSB}——激光测距最小分辨距离量化(m)。

5. 频率稳定度误差

由于计时晶振频率不够稳定引起的激光测距系统误差为

$$\sigma_f = 2L_{max}\frac{\Delta f}{f} \tag{2-31}$$

式中　L_{max}——激光测距最大量程(m)；

$\frac{\Delta f}{f}$——频率稳定度。

2.4.4　跟踪伺服精度

跟踪伺服系统(别名跟踪伺服装置)有关的误差包括动态滞后、伺服噪声、标定误差、量化误差、跟踪座不水平误差、方位轴与俯仰轴不正交误差以及风引起的力矩误差等。

1. 动态滞后

动态滞后主要是由目标运动加速度产生的误差。滞后误差既有系统误差,也有随机误差。当目标匀速直线水平飞行时,径向、方位角和高低角的滞后误差分别由式

(2-32)给出:

$$
\begin{cases}
\varepsilon_r = a/K_\alpha \\
\varepsilon_\alpha = \omega_\alpha/K_\alpha \\
\varepsilon_\lambda = \omega_\lambda/K_a \\
\omega_m = V/d_j \\
a = -(V^2/R_a)\cos^2\alpha\cos^2\lambda \\
\omega_\alpha = -2\omega_m^2\cos^3\alpha\sin^2\alpha \\
\omega_\lambda = -\omega_m^2\sin\lambda\cos^{-3}\lambda \\
K_a = 2.5\beta_n^2
\end{cases}
\tag{2-32}
$$

式中　a——目标径向加速度(m/s^2);

ω_α——目标方位角加速度($mrad/s^2$);

ω_λ——目标高低角加速度($mrad/s^2$);

ω_m——目标方位角最大角加速度($mrad/s^2$);

ε_r——距离动态滞后误差(mrad);

ε_α——方位角动态滞后误差(mrad);

ε_λ——高低角动态滞后误差(mrad);

V——目标速度(m/s^2);

d_j——目标航路捷径(m);

α——目标方位角(mrad);

λ——目标高低角(mrad);

K_a——伺服系统加速度误差常数;

β_n——伺服系统等效噪声带宽(Hz)。

2. 伺服噪声误差

伺服噪声误差是指由跟踪伺服系统的机械安装与传动间隙、驱动误差、齿轮噪声、电机换向火花、PWN 电路的噪声、电路元器件的不稳定性、外部噪声激励等因素产生的误差。伺服噪声误差一般产生随机误差。

3. 标定误差

标定误差包括雷达电轴与基准光轴的偏差、跟踪伺服系统方位零位与随动装置方位零位的偏差等。这些误差造成系统误差。

4. 量化误差

测量编码器量化引起角度随机误差。例如,取编码器为 14 位,方位角最大范围

360°，仰角最大范围 180°，则由于编码器量化引起的误差为

$$\sigma=\frac{q}{\sqrt{12}} \tag{2-33}$$

其中，方位角最小量化单位 $q=360\div(2^{14}-1)=0.022°$；高低角最小量化单位 $q=180\div(2^{14}-1)=0.011°$。

这样编码器量化引起的误差在方位角上为 0.11mrad，高低角上为 0.05mrad。

5. 跟踪座不水平误差

跟踪座不水平误差即是跟踪伺服系统的方位轴不垂直误差，属于轴系误差。对于自行弹炮结合武器而言，是指跟踪座与炮塔座圈不平行。该误差为

$$\begin{cases}\sigma_{\alpha}=\theta_{M}\sin(\alpha-\alpha_{M})\tan\lambda \\ \sigma_{\lambda}=\theta_{M}\cos(\alpha-\alpha_{M})\end{cases} \tag{2-34}$$

式中 σ_{α}——方位角误差（mrad）；

σ_{λ}——高低角误差（mrad）；

θ_{M}——最大水平误差（mrad）；

α——天线方位角（mrad）；

α_{m}——方位轴不水平方向方位角（mrad）；

λ——天线高低角（mrad）。

考虑到 α 服从[0,360]均匀分布，其正余弦的均方根为 0.707。

6. 方位轴与俯仰轴不正交误差

方位轴与俯仰轴不正交误差属于轴系误差，由下式给出

$$\begin{cases}\sigma_{\alpha}=0.707\delta_{M}\sin\lambda \\ \sigma_{\lambda}=0.707\delta_{M}\tan\lambda\end{cases} \tag{2-35}$$

式中 δ_{M}——最大不正交误差（mrad）。

7. 风引起的力矩误差

风引起的力矩误差主要与跟踪伺服系统的刚度有关，作为扰动来说，它反映了跟踪伺服系统对速度和加速度变化的抗干扰能力。风的影响可分为两部分，稳态风引起的力矩误差是系统误差，阵风引起的力矩误差是随机误差。

2.5 高炮解命中原理与方法

2.5.1 高炮解命中原理

高炮命中目标的基本工作原理是“解相遇三角形”，解相遇过程中必须考虑目标

运动规律、目标坐标形式和解算方法等。

从图 2-9 可看出,由目标现在位置 M、提前位置 M_q 和高炮位置 Z 三点,可以构成一空间三角形,这就是通常所说的空间提前三角形。在这样一个三角形中有三个矢量:目标距离矢量($\boldsymbol{D}$)、提前量矢量($\boldsymbol{S}$)和提前距离矢量($\boldsymbol{D}_q$)。显然,如果知道了矢量 $\boldsymbol{D}_q$,即知道了提前距离的方向和长度,就等于知道了目标的提前位置 M_q。因此,确定提前位置的问题,实际上就是确定矢量 $\boldsymbol{D}_q$。

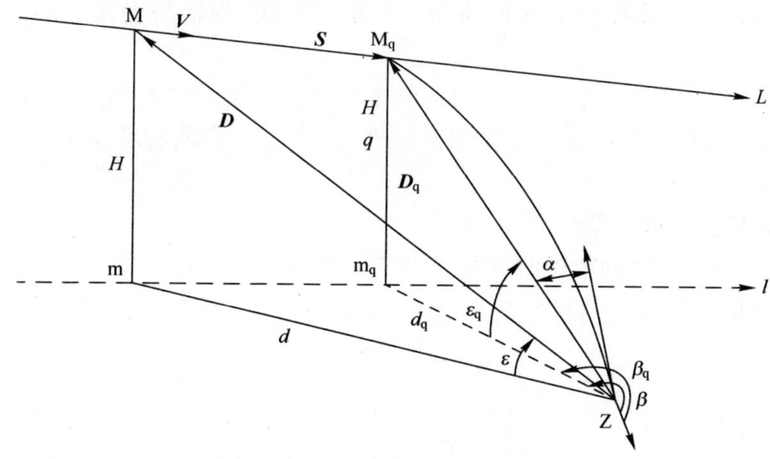

图 2-9　空间提前量三角形

在提前三角形中,根据矢量合成的原理,可得出如下关系式:

$$\boldsymbol{D}_q=\boldsymbol{D}+\boldsymbol{S} \tag{2-36}$$

因为,已假定目标做等速直线飞行,且到 M_q 点提前时间与射弹飞行时间 t_f 相等,因此,提前量 $\boldsymbol{S}$ 可看成是目标速度 $\boldsymbol{V}$ 和射弹飞行时间 t_f 的乘积:$\boldsymbol{S}=\boldsymbol{V}\cdot t_f$。

于是得

$$\boldsymbol{D}_q=\boldsymbol{D}+\boldsymbol{V}\cdot t_f \tag{2-37}$$

式(2-37)叫做解决命中问题的矢量方程。从这个式子可看出,只要知道了矢量 $\boldsymbol{D}$、$\boldsymbol{V}$ 和射弹飞行时间 t_f,就可求出 $\boldsymbol{D}_q$,从而就确定了目标的提前位置,并为计算射击诸元提供了条件。

需要指出,一般高炮并不是直接求解上述矢量方程式,而是将矢量方程式变换为数量方程式,来解决命中问题的。

2.5.2　高炮解命中方法

自行弹炮结合武器火控计算机解算高炮射击诸元的过程,可分为如下四大步骤。

1. 计算目标现在坐标

由图 2-9 可以看出,知道了距离矢量($\boldsymbol{D}$),也就确定了目标现在位置 M。而 $\boldsymbol{D}$

可用现在方位角 β、现在高低角 ε 及现在距离 D 表示。其中角坐标 β、ε 表示矢量 $\boldsymbol{D}$ 的方向，线坐标 D 则代表矢量 $\boldsymbol{D}$ 的长度。

目标现在坐标(β、ε、D)可由跟踪雷达或者光电跟踪器、激光测距机测出。半自动瞄准时，距离也可根据装定高度 H 与测定的高低角按下式换算：

$$D=\frac{H}{\sin\varepsilon} \tag{2-38}$$

式(2-38)可参照图 2-9，按照直角三角形中对边、斜边与夹角之间的正弦函数关系得出。

目标现在坐标是随着目标运动而不断变化的：自动跟踪时其测量精度取决于跟踪精度；半自动跟踪时，还取决于操作手水平，并直接影响求取目标速度分量和提前坐标的精度。

2. 计算目标速度分量

由图 2-9 可知，要确定提前量 $\boldsymbol{S}$，必须首先确定目标速度矢量 $\boldsymbol{V}$，因为 $\boldsymbol{S}=\boldsymbol{V}\cdot t_{\mathrm{f}}$，在火控计算机上，$\boldsymbol{V}$ 是用目标东西分速 $\boldsymbol{V}_x$、南北分速 $\boldsymbol{V}_y$ 和垂直分速 $\boldsymbol{V}_H$(图 2-10)来表示的。

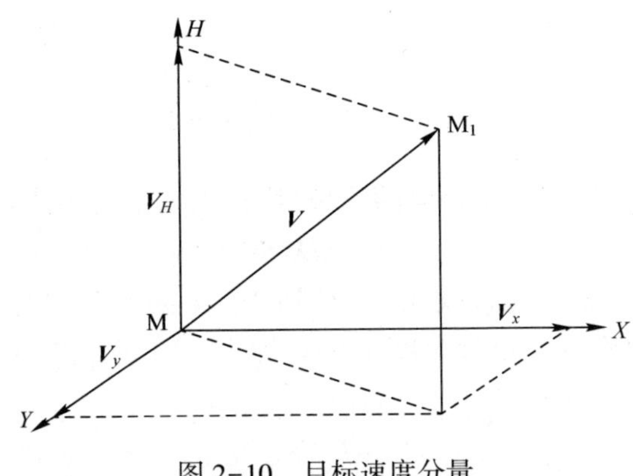

图 2-10　目标速度分量

根据矢量分解与合成法则：

$$\boldsymbol{V}=\boldsymbol{V}_x+\boldsymbol{V}_y+\boldsymbol{V}_H \tag{2-39}$$

但是，分速 $\boldsymbol{V}_x$、$\boldsymbol{V}_y$、$\boldsymbol{V}_H$ 也不能直接测出。它们是根据目标现在坐标(β、ε、D)及其变化速度($\omega\beta$、$\omega\varepsilon$、V_{D})，按照关系公式计算的。

3. 计算提前点坐标

火控计算机确定目标提前位置所采用的坐标是：提前方位角(β_{q})、提前高低角(ε_{q})和提前距离(D_{q})。有了这三个坐标，提前距离矢量($\boldsymbol{D}_{\mathrm{q}}$)也就被具体地确定下来了。这同用 β、ε、D 确定矢量 $\boldsymbol{D}$ 的道理是完全一样的。

不过，在火控计算机中为了计算简便，不单独求取提前距离 D_{q}，而是用求取射弹

飞行时间 t_f 来代替 D_q。事实上，D_q 与 t_f 是互相对应的。在提前高低角已经确定的条件下，距离越远，射弹飞行时间越长，反之，距离越近，射弹飞行时间越短。所以，求出了射弹飞行时间，提前距离即可知道。

上述提前坐标（β_q、ε_q、t_f）是根据目标现在坐标（β、ε、D）、目标速度分量（V_x、V_y、V_H）以及射击条件偏差修正量，通过解联立方程式的办法计算出来的。

4. 计算射击诸元

通常自行弹炮结合武器火控计算机计算两个射击诸元：提前方位角 β_q 和射角 φ，这与传统中小口径高炮（例如 57mm 高炮）计算射击诸元的方法相同。在老式的大口径高炮（例如 100mm 高炮）上，还要求计算第三个射击诸元，即引信（Y）。将射击诸元传输给火炮随动系统后，可控制高炮适时射击。

综上所述，火控计算机解决命中问题的一般过程，可归纳为如图 2-11 所示的过程。

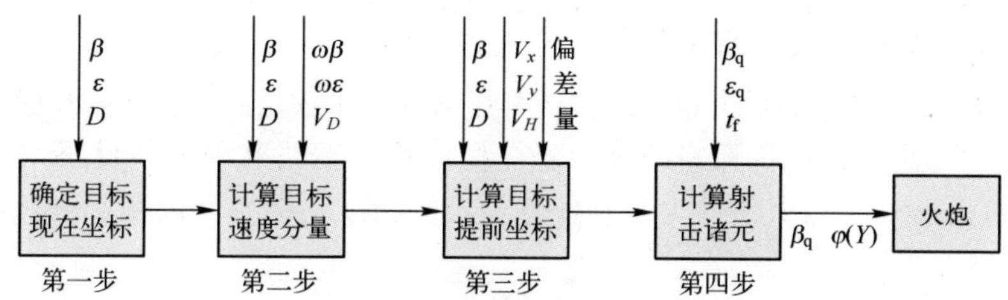

图 2-11　高炮解命中问题的过程

通常，自行弹炮结合武器得到空情通报时，由雷达或光学设备搜索、跟踪，并不断地将测定的目标坐标值传给火控计算机。火控计算机根据目标的坐标、按照预定的目标运动假定，用坐标求取的目标运动参数、弹道函数以及弹道和气象条件变化引起的弹道偏差等，连续计算射击诸元（目标提前位置的方位角、射角及使用时间引信时的引信值），并同步将射击诸元传送给火炮，控制火炮射击。

早期的指挥仪或火控计算机采用的工作假定是：假定目标在提前时间内沿着一个平面做等速直线运动。也就是说，假定目标在提前时间内，沿着任意一水平面或倾斜面，做方向、速度都不变化的直线运动。这一假定，对于因实施轰炸、侦查、过航而取水平面飞行，爬高、下滑及小角度俯冲的敌机，是基本适用的。当目标运动的规律符合上述所采用的工作假定时，计算的射击诸元比较精确，射击效果很好。当目标运动的规律不符合上述所采用的工作假定时，计算的射击诸元就有误差，射击时就会造成射弹偏差，这种偏差称为假定误差。实战中，当目标在提前时间内做俯冲、环绕或其他形式的反高射机动飞行时，这种假定误差都是存在的。假定误差对射击命中概率有比较大的影响，应采取措施加以修正，这正是现代高炮火控系统需要重点解决的问题之一。

2.6 高炮总体精度

2.6.1 总体精度指标体系

高炮主要总体精度指标有：

(1) 高炮全系统动态精度(系统误差 a_{ZT}、随机误差 σ_{ZT})。

(2) 高炮 200m 立靶密集度 $\sigma_{\Phi}\times\sigma_{\beta}$(中间误差)。

(3) 高炮 毁伤概率 ρ(停止间射击 ρ_t、行进间射击 ρ_x)。

2.6.2 总体精度指标分配方法

精度指标分配的目的是根据总体精度指标,分解出火控、火力部分的精度指标,作为火控、火力系统的设计要求。

按 GJB/Z90—97《高炮武器系统精度分配导则》,高炮精度分配的依据为射击效率指标的下限,此处为自行弹炮结合武器在指标规定航路和射击条件下对规定的目标的平均毁伤概率。约束条件为研制任务规定的精度指标。下面按照可行原则进行高炮精度分配。

1. 误差符号定义

1) 射击误差的系统误差

$a_{\Phi ZT}$为高炮高低系统误差(mrad);$a_{\beta qZT}$为高炮方位系统误差(mrad);$a_{\Phi HK}$为火控高低系统误差(mrad);$a_{\beta qHK}$为火控方位系统误差(mrad);$a_{\Phi HL}$为火力高低系统误差(mrad);$a_{\beta qHL}$为火力方位系统误差(mrad)。

2) 射击误差的均方差

$\sigma_{\Phi ZT}$为高炮高低误差的均方差(mrad);$\sigma_{\beta qZT}$为高炮方位误差的均方差(mrad);$\sigma_{\Phi HK}$为火控高低误差的均方差(mrad);$\sigma_{\beta qHK}$为火控方位误差的均方差(mrad);$\sigma_{\Phi HL}$为火力高低误差的均方差(mrad);$\sigma_{\beta qHL}$为火力方位误差的均方差(mrad)。

2. 误差关系

高炮精度指标与火力、火控的精度指标间的关系如下。

1) 随机误差均方差

$$\sigma_{\Phi ZT2}=\sigma_{\Phi HK2}+\sigma_{\Phi HL2};$$

$$\sigma_{\beta qZT2}=\sigma_{\beta qHK2}+\sigma_{\beta qHL2};$$

2) 系统误差

$$a_{\Phi ZT}=a_{\Phi HK}+a_{\Phi HL};$$

$$a_{\beta qZT}=a_{\beta qHK}+a_{\beta qHL}。$$

根据 GJB/Z90—97,射击效率指标表达式为

$$W=f(a_{\Phi ZT},a_{\beta qZT},\sigma_{\Phi HK},\sigma_{\beta qHK},\sigma_{\Phi HL},\sigma_{\beta qHL})$$

在研究精度对毁伤概率指标的影响时,把除精度指标以外的所有变量都作为已知量,因此毁伤概率指标只是精度指标的函数。例如,某高炮毁伤概率计算中所选定的目标类型、航路和射击条件等参数作为已知量时,可采用如下典型数据。

F-16 的三向面积：　$46m^2,20m^2,5m^2$

航路参数：

高度　200m

航路捷径　500m

射击距离　800~3000m

目标速度　250m/s

目标运动假定　水平直线飞行

火炮射速　550 发/min

点射长度　2s

毁伤目标所需平均命中弹数　1.34 发

3. 以毁伤概率作为约束条件的精度分配

对某自行弹炮结合武器,分别取下列精度进行停止间射击毁伤概率计算：

$$a=a_{\Phi ZT}=a_{\beta qZT}=1.2,1.4,\cdots,2.8\text{mrad}$$

$$\sigma_r=\sigma_{\Phi HK}=\sigma_{\beta qHK}=1.6,1.8,\cdots,3.6\text{mrad}$$

则满足毁伤概率不小于指标值(例如 40%)的火力随机误差的均方差 $\sigma_b=\sigma_{\Phi HL}=\sigma_{\beta qHL}$ 见表 2-1。

表 2-1　火力随机误差与系统误差和火控随机误差的关系(mrad)

σ_r \ a	1.20	1.40	1.60	1.80	2.00	2.20	2.40	2.60	2.80
1.60	4.23	4.16	4.07	3.96	3.83	3.65	3.41	3.01	
1.80	4.15	4.07	3.97	3.86	3.71	3.53	3.26	2.70	
2.00	4.04	3.96	3.87	3.74	3.58	3.37	3.05		
2.20	3.92	3.84	3.73	3.60	3.43	3.19	2.78		
2.40	3.79	3.70	3.58	3.43	3.24	2.95	2.29		
2.60	3.63	3.53	3.40	**3.23**	**3.00**	**2.65**	2.29		
2.80	3.45	3.34	3.19	**2.99**	**2.70**	**1.96**			
3.00	3.23	3.10	2.93	**2.69**	**2.25**				
3.20	2.96	2.81	2.60	2.23					
3.40	2.65	2.44	2.10						
3.60	2.18	1.81							
3.80	1.15								

用表 2-1 的所得结果做三维图形，如图 2-12 所示，a 轴表示系统误差，σ_r 轴表示火控随机误差均方差，σ_b 轴表示火力随机误差均方差。

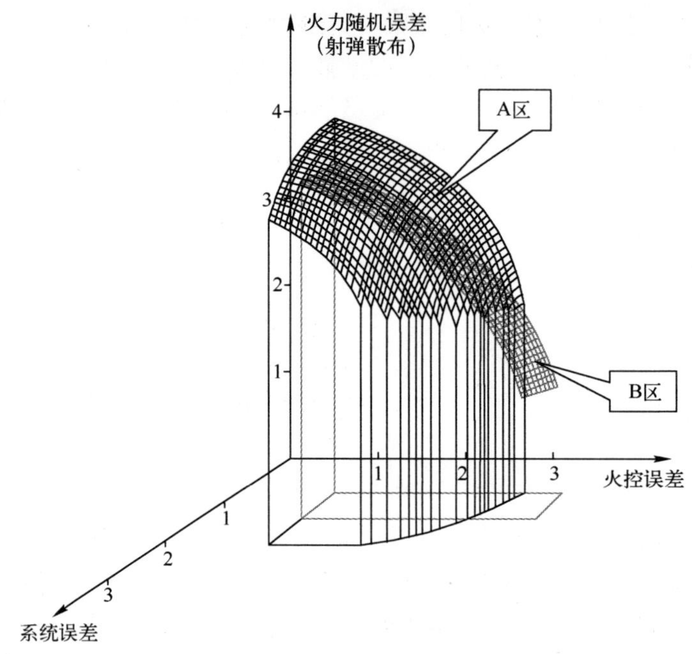

图 2-12 自行弹炮结合武器高炮误差匹配图

从图 2-12 中可以看出，在所取精度范围内，由曲面 A 以下和 $a = 1.2$ 密位、$\sigma_r = 1.6$mrad 所围成的空间中的每一个点都满足毁伤概率不小于 40%，因此，按射击效率指标平均值下限的要求，这些点所对应的精度值就是可选的分配方案。

系统误差、火控随机误差均方差、火力随机误差均方差对毁伤概率的影响见表 2-2 和图 2-13。

表 2-2 系统精度对高炮毁伤概率的影响

系统误差影响		火控随机误差影响		火力随机误差影响	
a/mrad	毁伤概率/%	σ_r/mrad	毁伤概率/%	σ_b/mrad	毁伤概率/%
1.2	44.9	2.0	45.5	1.9	42.3
1.4	44.0	2.2	44.3	2.1	42.0
1.6	42.9	2.4	43.0	2.3	41.6
1.8	41.7	2.6	41.7	2.5	41.1
2.0	40.4	2.8	40.4	2.7	40.4
2.2	39.0	3.0	39.1	2.9	39.7
2.4	37.5	3.2	37.9	3.1	38.8

（续）

系统误差影响		火控随机误差影响		火力随机误差影响	
a/mrad	毁伤概率/%	σ_r/mrad	毁伤概率/%	σ_b/mrad	毁伤概率/%
2.6	36.0	3.4	36.6	3.3	37.9
2.8	34.3	3.6	35.4	3.5	37.0
3.0	32.6	3.8	34.2	3.7	36.1
3.2	30.9	4.0	33.1	3.9	35.1

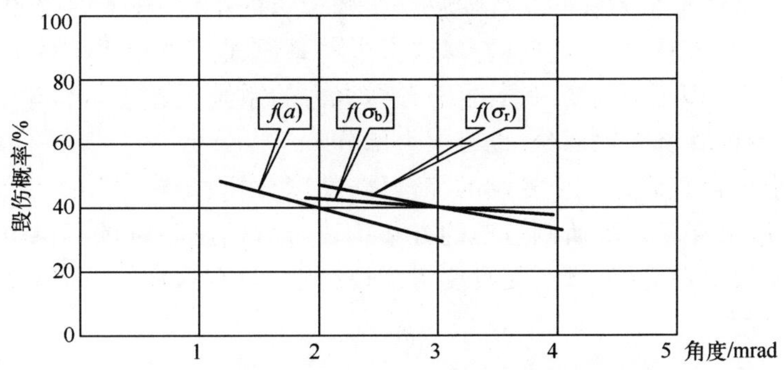

图 2-13　相关误差对高炮毁伤概率的影响曲线

对上面的计算结果分析可发现，精度对毁伤概率影响程度是不同的，系统误差影响最大，火控随机误差均方差影响次之，火力随机误差均方差的影响最小。

因此，控制系统误差和火控随机误差（均方差）是保证自行弹炮结合武器作战效果的最关键因素。同时应控制系统误差、火控随机误差均方差和火力随机误差均方差之间的匹配，以保证武器具有最佳的作战效能。

4. 以全系统精度值作为约束条件的精度分配

如果用某高炮精度值作为约束条件，例如系统误差 $a_{ZT} \leqslant 2$mrad、随机误差均方差 $\sigma_{ZT} \leqslant 4$mrad，来进行精度分配，所能选择的方案点就在图 2-12 中的 B 曲面以下。它是 $a=1.2$mrad、$a=2$mrad、$\sigma_r=1.6$mrad 及 $(\sigma_{r2}+\sigma_{b2})0.5 \leqslant 4$mrad 围成的区域，它与 Λ 区域相交所围成的区域就是进行精度分配的可行区域。当火力随机误差的均方差 $\sigma_b \leqslant 1.8/0.6745=2.67$mrad 给定后，实际所能选择的方案点又去掉了一部分。最终，能够满足要求的区域是 $a \leqslant 2$mrad、$\sigma_b \leqslant 2.67$mrad 和 $(\sigma_{r2}+\sigma_{b2})0.5 \leqslant 4$mrad 所包围的空间。

若 $a=2$mrad，$\sigma_b=2.67$mrad，则 $\sigma_r=(16-\sigma_{b2})0.5=2.98$mrad。这时有

$$W=f(2,2,2.98,2.98,2.67,2.67)<40\%$$

这点（2，2.98，2.67）就代表了精度分配取极大值情况，按该点分配某高炮的精度是不符合要求的。

要使系统毁伤概率满足指标要求，上述三种误差（系统误差 a、火控随机误差均

方差 σ_r 和火力随机误差均方差 σ_b)中,至少有一项应小于上述取值,如系统误差 $a \leqslant 1.8$mrad 或火控随机误差均方差 $\sigma_r \leqslant 2.8$mrad 或火力随机误差均方差 $\sigma_b \leqslant 2.25$mrad(中间误差 1.5mrad)。

系统误差 a 和火力随机误差均方差 σ_b 已在全系统精度指标中做了明确规定,若要毁伤概率满足指标要求,只能控制火控随机误差均方差,即 $\sigma_r \leqslant 2.8$mrad。

对于系统精度较低的弹炮结合防空武器或高炮(含牵引、自行),由于全系统的系统误差较大,例如,苏 4-23 自行高炮为 8mrad,某自行高炮也达 6mrad,火力的系统误差比较起来是低于全系统的系统误差一个数量级的小量,按 GJB/Z90—97 把它忽略不计是可行的。如果对高精度的高炮,火力的系统误差占全系统的系统误差比例较大(例如占 20%以上),那么就不能不考虑火力的系统误差了。科学、合理的精度指标体系中,应该既有火控部分,也有火力部分。

自行弹炮结合武器是一个复杂的综合体,精度分析、分配是一个反复调整、逐步优化的过程,应贯穿于系统研制过程的方案论证、设计、总装调试和科研摸底试验的各个阶段。不仅要考虑科学性,而且要考虑可行性,只有这样,指标体系才会更加科学、合理和可行。

第3章 自行弹炮结合系统信息化

3.1 系统信息化技术

3.1.1 信息拓扑

自行弹炮结合系统作为防空体系的重要组成部分，其信息系统也是 C^4ISR 系统的重要节点之一。从信息系统层次看，信息系统可分为三个层次：

第一层，联合作战指挥信息系统；

第二层，连内协同作战指挥信息系统；

第三层，作战装备内部信息系统。

自行弹炮结合武器内部信息综合管理直接影响到其对敌方目标的搜索、识别、跟踪、射击诸元解算、射击等过程。连指挥车内部信息综合管理直接影响到其对敌方目标的搜索、识别、指示、目标分配、作战指挥等过程。不仅如此，通过信息融合及综合管理，还要解决缩短系统反应时间，提高跟踪稳定性、射击精度，以及解决系统集成性、测试性、诊断性、可靠性、维修性、使用性和安全性等问题，使其成为适应信息化战争要求的自行弹炮结合系统，如图 3-1 所示。

自行弹炮结合武器的信息综合管理系统，实现了自行弹炮结合武器以火力控制为核心，向以多传感器、多源信息信息综合管理和控制为核心的跨越；连指挥车信息综合控制系统，实现了连指挥车以目标探测、指示为核心，向以连作战指挥中枢为核心的跨越。

3.1.2 系统通信

连指挥车对上级、对连内均可采用无线或有线方式进行通信，如图 3-2 所示。

为实现全连信息共享、组网作战，需要雷达组网以及有线、无线通信组网功能。通过执行一体化指挥平台和战术互联网的有关规范，可实现自行弹炮结合系统的信息收集能力、信息交互能力、情报信息处理能力、作战指挥能力、信息系统反应能力等。

系统指控部分功能包括：空情信息接收；系统信息处理；指挥中枢控制；语音通信。

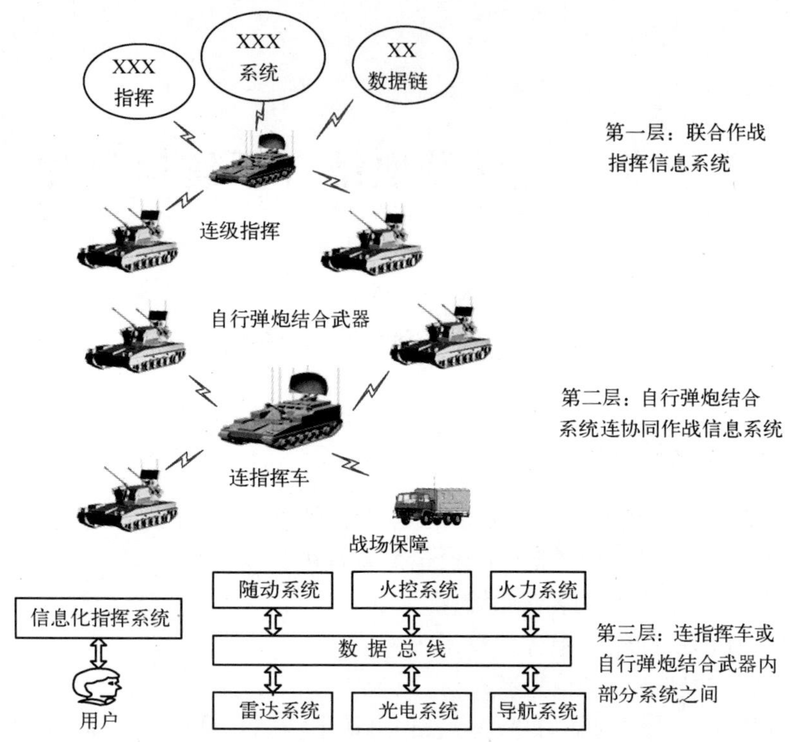

图 3-1　自行弹炮结合系统信息层次示意图

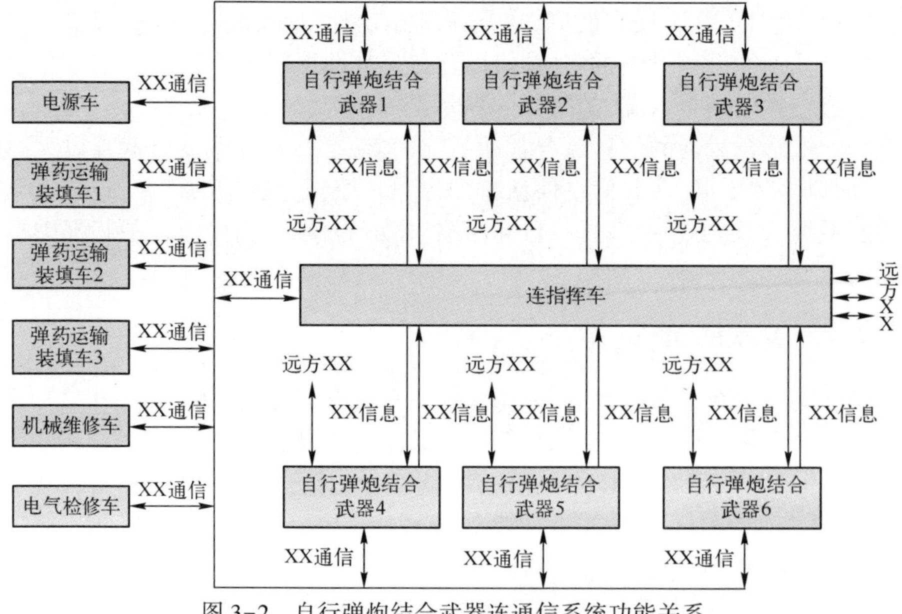

图 3-2　自行弹炮结合武器连通信系统功能关系

3.2　信息综合管理技术

信息综合管理系统以总线网络为主要信息传输通道,使自行弹炮结合武器主要分系统和单体之间大量的数据、命令和状态信息均通过总线网络交换;在总线网络的拓扑结构方面,则按照各类信息的传输速率、流量和实时性要求,对信息进行分类,使不同类型的信息使用不同的总线网络,形成多层网络体系架构。采用总线网络后,改变了传统的信息流向的单一性和封闭性,使武器平台信息流分配更加科学合理。

信息综合管理系统作为自行弹炮结合武器的信息管理和控制中心,通过对主要内部、外部信息的采集、处理、融合、共享、传输等过程进行管理和控制,综合利用其各类信息资源,以经济、高效的方式实现武器平台各类工作模式控制、工作流程控制、人机信息交互、战场信息交换等功能。综合信息管理技术主要包括信息处理技术、信息交互技术和目标信息模拟技术。

3.2.1　信息处理技术

3.2.1.1　航迹处理

为了获得全面、准确的目标信息,将多部自行弹炮结合武器获得的目标信息进行有机融合。与传统的防空武器相比,自行弹炮结合武器目标航迹信息处理技术提升了探测性能,降低了系统信息的不确定性,提高了系统的健壮性和生存能力。

综合信息管理系统的目标信息来源由多部分组成,一般为上级空情信息、本车探测目标信息和友邻空情目标信息。综合信息管理系统接收到多种目标信息源的航迹信息,结合本车状态、姿态、航向和同步等信息,对目标进行航迹滤波、航迹关联和航迹融合等处理,经对融合后的目标威胁度判断、辅助决策等过程,完成对作战目标的科学合理分配,有效地提高了自行弹炮结合系统的整体作战性能。

3.2.1.2　航迹滤波

经过半个多世纪的发展,卡尔曼(Kalman)算法及扩展算法被广泛运用到图像处理、雷达跟踪、机器人、导航、最优控制等多个领域。对于有限观测间隔的线性高斯系统,卡尔曼滤波能够提供最优的递归贝叶斯估计,其基本思想是递归无偏最小均方误差估计。对目标过去的运动状态进行平滑,递归估计出目标现在的运动状态,并对目标未来的滤波状态进行预测。

1. 卡尔曼滤波的模型

卡尔曼滤波器适用于有限观测间隔的线性高斯问题,适合于计算机计算的递归计算。

状态估计 $X(k)$ 的均方误差估计定义为

$$\hat{X}(k/k)=E[X(k)\,|Z_{1:k}] \tag{3-1}$$

状态估计 $X(k)$ 的协方差矩阵为

$$P(k/k)=E[(X(k)-\hat{X}(k/k)(X(k)-\hat{X}(k/k)^{\mathrm{T}}))\,|Z_{1:k}] \tag{3-2}$$

目标的状态转移方程为

$$X(k)=\Phi_k(X(k-1))+W(k) \tag{3-3}$$

目标的观测方程

$$Z(k)=H_k(X(k))+V(k) \tag{3-4}$$

其中,状态过程噪声 $W(k)$ 和观测噪声 $V(k)$ 是高斯白噪声,$W(k)$ 为 $N(0,Q(k))$,$V(k)$ 为 $N(0,R(k))$,初始状态 $X(0)$ 服从高斯分布,$X(0)$ 为 $N(\overline{X}_0,P_0)$。其中 $\overline{X}_0$ 为 $\hat{X}(0,0)$,P_0 为 $P(0,0)$。

从上面的公式中得到以下结论:状态估计的更新只与前一次的状态估计值和新的目标测量值有关;卡尔曼滤波是基于最小均方误差准则下的最优的递归贝叶斯状态估计。

2. 卡尔曼滤波器初始化

卡尔曼滤波初始化问题是运用卡尔曼滤波的一个重要前提条件,只有进行了初始化,才可以利用卡尔曼滤波对目标进行处理,根据工程中的实际情况,采用卡尔曼滤波两点差分法进行初始化。假设目标处于匀速直线运动状态情况时,利用目标的前两个时间的测量状态信息对目标进行初始化,如果目标的初始点迹的测量值为 $Z(0)$,第二个点迹的测量值为 $Z(1)$,假设目标的运动状态信息为 $\hat{X}(k)=(x,\dot{x},y,\dot{y},z,\dot{z})'$,由于目标处于匀速直线运动,如果沿平面坐标轴做直线运动,目标的运动状态信息 $\hat{X}(k)=(x,\dot{x})'$,根据上面公式其初始化状态 $\hat{X}(1/1)$ 和初始方差 $P(1/1)$ 分别为

$$\hat{\boldsymbol{X}}(1/1)=\begin{bmatrix} X(1/1) \\ \dot{X}(1/1) \end{bmatrix}=\begin{bmatrix} Z(1) \\ [Z(1)-Z(0)]/T \end{bmatrix} \tag{3-5}$$

$$\boldsymbol{P}(1/1)=\begin{bmatrix} r & r/T \\ r/T & 2r/T^2 \end{bmatrix} \tag{3-6}$$

式(3-6)中,T——采样间隔时间(s);

r——测量噪声方差。

测量噪声与过程噪声相互独立,滤波器从 $k=2$ 时开始工作。

如果是两坐标传感器对匀速直线运动目标的滤波问题,如目标的运动状态信 $\hat{\boldsymbol{X}}(k)=(x,\dot{x},y,\dot{y})'$,测量值是

$$\boldsymbol{Z}(k)=\begin{bmatrix} z_1(k) \\ z_2(k) \end{bmatrix}=\begin{bmatrix} x(k) \\ y(k) \end{bmatrix}=\begin{bmatrix} \rho\cos\theta \\ \rho\sin\theta \end{bmatrix}$$

其中,ρ 和 θ 分别是极坐标下的传感器测量的目标径向距离和方位角测量数

据，则

$$\hat{\boldsymbol{X}}(1/1)=\begin{bmatrix} z_1(1) & \dfrac{z_1(1)-z_1(0)}{T} & z_2(1) & \dfrac{z_2(1)-z_2(0)}{T} \end{bmatrix} \tag{3-7}$$

$$\boldsymbol{P}(1/1)=\begin{bmatrix} r_{11} & r_{11}/T & r_{12} & r_{12}/T \\ r_{11}/T & 2r_{11}/T^2 & r_{12}/T & 2r_{12}/T^2 \\ r_{12} & r_{12}/T & r_{22} & r_{22}/T \\ r_{12}/T & 2r_{12}/T^2 & r_{22}/T & 2r_{22}/T^2 \end{bmatrix} \tag{3-8}$$

式中　T——采样间隔时间。

k 时刻的测量噪声方差为

$$\boldsymbol{R}(k)=\begin{bmatrix} r_{11} & r_{12} \\ r_{12} & r_{22} \end{bmatrix}=\begin{bmatrix} \cos\theta & -\rho\sin\theta \\ \sin\theta & \rho\cos\theta \end{bmatrix}\begin{bmatrix} \sigma_\rho^2 & 0 \\ 0 & \sigma_\theta^2 \end{bmatrix}\begin{bmatrix} \cos\theta & -\rho\sin\theta \\ \sin\theta & \rho\cos\theta \end{bmatrix}$$

与过程噪声相互独立，滤波器从 $k=2$ 时开始工作。

3. 卡尔曼滤波器过程

卡尔曼滤波器的递归过程如下：

状态估计的一步预测方程为

$$\begin{aligned} \hat{X}(k+1/k) &= E[X(k+1)\,|Z_{1:k}] \\ &= E[\Phi_k(X(k/k))+W(k+1)\,|Z_{1:k}]=\Phi_k E(X(k/k)) \end{aligned} \tag{3-9}$$

预测误差为

$$\widetilde{X}(k+1/k)=X(k+1)-\hat{X}(k+1/k)=\Phi_k\widetilde{X}(k)+W(k) \tag{3-10}$$

一步预测的协方差为

$$\begin{aligned} P(k+1/k) &= E[\widetilde{X}(k+1/k)\widetilde{X}(k+1/k)'] \\ &= E[(\Phi_k\widetilde{X}(k)+W(k))(\Phi_k\widetilde{X}(k)+W(k))'\,|Z_{1:k}] \\ &= \Phi_k P(k/k)\Phi_k'+Q(k) \end{aligned} \tag{3-11}$$

式中　$P(k/k)$——状态估计误差协方差。

$$P(k/k)=E[\widetilde{X}(k/k)\widetilde{X}(k/k)'\,|Z_{1:k}] \tag{3-12}$$

类似地，预测的观测 ***向量***为

$$\widetilde{Z}(k+1/k)=H_{k+1}\hat{X}(k+1/k) \tag{3-13}$$

进而，可求得测量的预测值与观测值之间的差值为

$$\begin{aligned} S(k+1) &= E[\widetilde{Z}(k+1/k)\widetilde{Z}(k+1/k)'\,|Z_{1:k}] \\ &= H_{k+1}P(k+1/k)H_{k+1}+R(k+1) \end{aligned} \tag{3-14}$$

注意：新息协方差 $S(k+1)$ 是用来衡量新息的不确定性的，新息协方差越小，说明测量值越精确。

状态和观测值之间的协方差为

$$E[\widetilde{X}(k+1/k)\widetilde{Z}(k+1/k)\,|Z_{1:k}]=\Phi_k\widetilde{P}(k+1/k)H_{k+1} \tag{3-15}$$

增益为

$$K(k+1)=P(k+1/k)H'_{k+1}S^{-1}(k+1) \tag{3-16}$$

这样,可以得到 $k+1$ 时刻的状态估计(状态更新方程)为

$$\hat{X}(k+1/k+1)=\hat{X}(k+1/k)+K(k+1)v(k+1) \tag{3-17}$$

式中的新息或观测值残差 $v(k+1)$ 为

$$v(k+1)=\widetilde{Z}(k+1/k)=Z(k+1)-\hat{Z}(k+1/k) \tag{3-18}$$

式中说明 $k+1$ 时刻的估计 $\hat{X}(k+1/k+1)$ 等于该时刻的预测值 $\hat{X}(k+1/k)$ 再加上一个修正项,而这个修正项与增益 $K(k+1)$ 和新息相关。

同样,状态协方差更新方程可表示为

$$\begin{aligned}P(k+1/k+1)&=E[\widetilde{X}(k+1/k+1)\widetilde{X}(k+1/k+1)']\\&=P(k+1/k)-P(k+1/k)H'_{k+1}S^{-1}(k+1)H(k+1)P(k+1/k)\end{aligned} \tag{3-19}$$

式(3-15)~式(3-19)构成了卡尔曼滤波算法预测和状态的基本方程。根据式(3-19)状态更新方程,滤波增益反映预测状态相对测量值的精度,预测越精确的 $P(k+1/k)$ 越小,而测量值不太精确的(S 较大),增益就越小,在相反的情况,增益将越大。此外,在进行第一次更新时,重要的是与初始估计相伴的协方差反映其精度的真实度,如果协方差高度精确,则初始估计中的大误差将持续很长时间,而新测量值对滤波估计的影响变小。

根据卡尔曼滤波算法所包含的方程及流程,通过卡尔曼滤波对目标过去和现在的状态进行平滑,同时预测目标未来时刻的运动状态,包括目标的位置、速度和加速度等。图 3-3 给出了卡尔曼滤波算法所包含的方程及滤波流程(其中的 $\boldsymbol{Q}$,$\boldsymbol{R}$ 分别为过程噪声和测量噪声的协方差矩阵)。

通过卡尔曼滤波的外推实现了各目标探测雷达数据的时间配准,通过坐标转换实现了各雷达数据的空间配准。时间配准,就是将关于同一目标的各雷达不同步的测量信息同步到同一时刻,例如航迹关联前不同步的信息配准到关联时刻。空间配准,就是将不同雷达的测量信息转化到同一个公共坐标系中。

通过卡尔曼滤波对目标运动数据的过去和现在进行估计和平滑,同时预测目标未来时刻的运动状态,包括目标的位置、速度和加速度等。

3.2.1.3 航迹关联

航迹关联是确定几个不同目标测量传感器的测量信息是否来自同一个目标或者事件。它在信息融合技术中占有极其重要的地位,是提高多传感器信息融合系统的预警能力和实现自动化信息处理的重要途径和关键技术。航迹关联主要应用于分布式融合系统中,其处理过程是:每个传感器根据自身的信息处理系统,对目标进行状

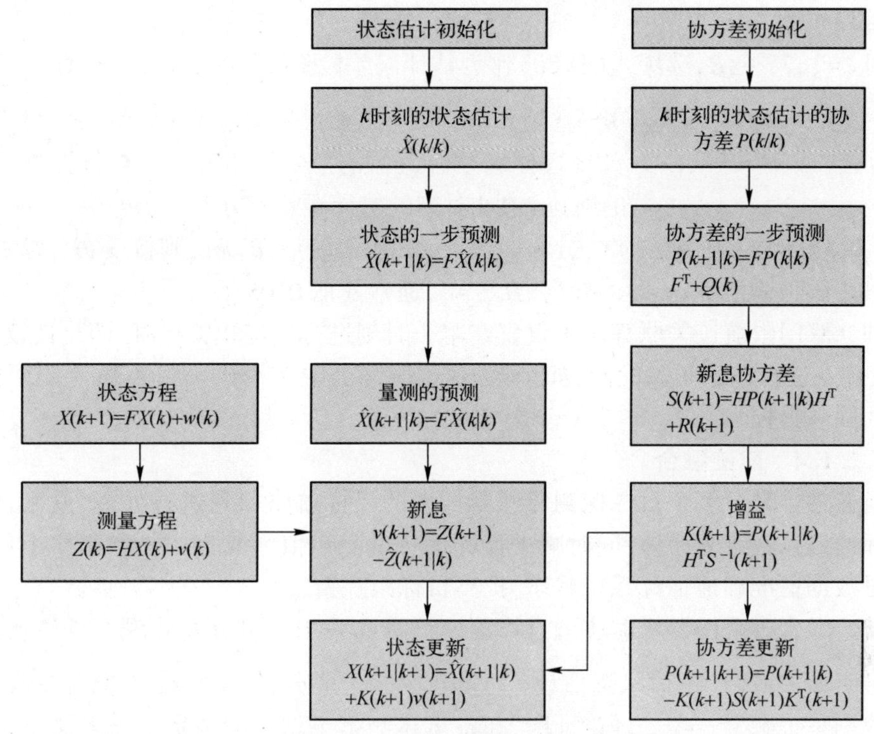

图 3-3　卡尔曼滤波算法流程

态估计,并按照一定的时间间隔,把本传感器的所有航迹的状态送给系统信息处理中心即融合中心,在融合中心经过坐标变换和时空对准,对各局部航迹进行关联判断,形成系统目标航迹。

在自主作战模式下,综合信息管理系统获得了多部雷达的目标数据,其中必然有诸多重复的航迹。因此,一个重要的问题就是判断来自不同雷达中的航迹是否代表同一条航迹,这就是航迹关联问题。航迹关联可采用独立双门限算法。

设 $\hat{X}_i^1(l)$、$\hat{X}_j^2(l)$ 为一台自行弹炮结合武器的航迹 i 和另一台自行弹炮结合武器的航迹 j 在 l 时刻的状态估计,H_0 和 H_1 是下列事件:

H_0——$\hat{X}_i^1(l)$ 和 $\hat{X}_j^2(l)$ 是相同目标的航迹状态估计事件;

H_1——$\hat{X}_i^1(l)$ 和 $\hat{X}_j^2(l)$ 是不同目标的航迹状态估计事件。

这样,航迹相关问题就转换为假设检验问题。H_0 是原假设,H_1 是对立假设。

独立双门限航迹关联是指对于来自两个局部节点的 R 个估计误差样本,首先逐个基于 χ^2 分布门限进行假设检验,若判为接受 H_0,则计数器加 1,否则计数器值不变,然后把计数器所计之值与指定的数 L 进行比较。经过 R 次检验后,如果计数器的输出大于或等于 L,则完成航迹关联判决,否则,判定为不关联航迹。具体方程及判决过程如下：

对 $l=1,2,\cdots,R$，选用式(3-20)作为估计误差检验统计量，并逐点计算：

$$d_{ij}(l)=[\hat{X}_i^1(l)-\hat{X}_j^2(l)]^{\mathrm{T}}[P_i^1(l)+P_j^2(l)]^{-1}[\hat{X}_i^1(l)-\hat{X}_j^2(l)] \tag{3-20}$$

式中 $P_i^1(l)$、$P_j^2(l)$——一台自行弹炮结合武器的航迹 i 和另一台自行弹炮结合武器的航迹 j 在 l 时刻的估计误差协方差。

$d_{ij}(l)$ 服从 n_x 自由度的 χ^2 分布。因此，如果 $d_{ij}(l)\leqslant\delta(k)$，则接受 H_0，否则接受 H_1。其中阈值满足 $P\{d_{ij}(l)>\delta(k)|H_0\}=\alpha$，通常 α 取 0.05。

独立双门限航迹关联算法不仅仅在单一时刻进行航迹相关检测，而是连续对 6~8 个航迹点进行航迹相关检测，如果这 6~8 航迹点中 75%的航迹点落入门限内，才判定为同一目标。

3.2.1.4 航迹融合

航迹融合是对多个目标探测传感器传来的目标航路信息进行处理，使来自同一个目标的信息融合为一体，同时减少目标信息的噪声值。其目的是利用多个传感器的测量数据更准确地估计系统状态，提高目标跟踪精度。

航迹融合可采用异步航迹融合算法。该算法采用序贯分布式融合结构：各雷达航迹带时标的数据(包括状态估计($\hat{X}$)和误差协方差矩阵($\boldsymbol{P}$))送入融合中心，融合中心收到一个融合一个。理论证明，在各雷达测量不相关的情形下该方法是最优融合算法。

对序贯的异步航迹融合算法此处约定：k_i 为当前雷达的航迹滤波点采样时刻，k_j 为上一个雷达的航迹滤波点采样时刻，则

$$P_f^{-1}(k_i|k_i)=P_f^{-1}(k_i|k_j)+P_i^{-1}(k_i|k_i)-P_i^{-1}(k_i|k_i-1) \tag{3-21}$$

式中 $\boldsymbol{P}_i$——当前雷达的航迹协方差矩阵；

$\boldsymbol{P}_f$——融合中心的航迹协方差矩阵。

$$P_f^{-1}(k_i|k_i)\hat{X}_f(k_i|k_i)=P_f^{-1}(k_i|k_j)\hat{X}_f(k_i|k_j)+P_i^{-1}(k_i|k_i)\hat{X}_i(k_i|k_i)-P_i^{-1}(k_i|k_i-1)\hat{X}_i(k_i|k_i-1) \tag{3-22}$$

式中 $\hat{X}_i$——当前雷达的航迹滤波估计值；

$\hat{X}_f$——融合中心的航迹融合值。

式(3-21)和式(3-22)即为异步航迹的分布式序贯融合公式。由于该算法可以从最优的集中式序贯融合算法推导得到，所以其融合性能与集中式序贯融合算法相当。

在异步条件下，雷达的启动可能有先后。若开始一段时间内只有一个雷达工作，则该雷达的局部航迹就是系统目标航迹；当有其他雷达加入融合系统后，即可采用式(3-21)和式(3-22)开始融合，在每个最新的 k_i 时刻得到最优的目标航迹。

例 3.1　在测试时对异步序贯分布式融合算法做了两部雷达仿真实验，雷达参数如表 3-1 所列。表 3-1 中为两部雷达的仿真条件举例。

目标起点：[10000.0, 10000.0, 1000.0]；目标终点：[-500.0, 0.0, 1000.0]；速度：200m/s，可以飞越终点。

表 3-1　雷达航迹仿真条件

编号	高低角噪声 /(°)	方位角噪声 /(°)	斜距离噪声 /m	探测距离 /km	盲区仰角 /(°)	采样周期 /s	扇区数目	开机时间 /s	起始扇区	位置 X /m	位置 Y /m	位置 Z /m
1	1.0	1.0	50	20	2.0	1	128	0	0	0	0	0
2	1.0	1.0	50	20	2.0	1	128	2.37	25	-1500	-1500	0

图 3-4 给出了异步融合的仿真结果：其中 R_1、R_2 分别代表雷达 1、雷达 2 的滤波误差；F 代表融合后的误差。从图 3-4 中可以看出：融合结果在均方意义上优于各单部雷达。

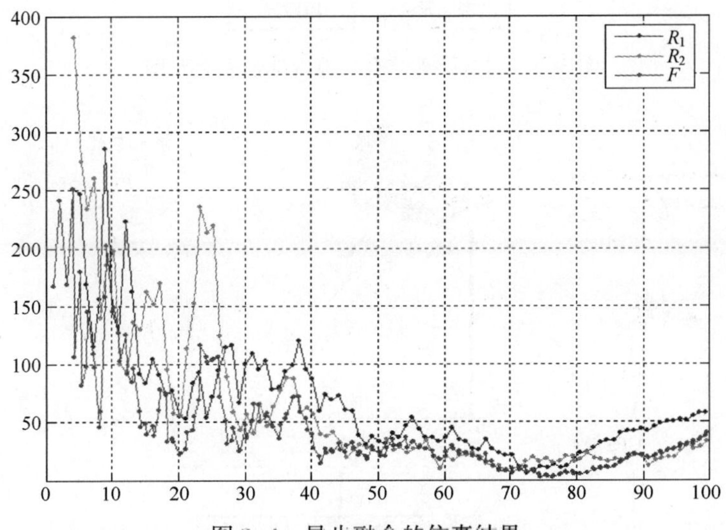

图 3-4　异步融合的仿真结果

3.2.2　信息交互技术

综合信息管理系统依据自行弹炮结合武器平台信息来源分为内部信息和外部信息，内部信息有本车雷达目标信息、各分系统或单体的数据和状态信息，如图 3-5 所示。综合信息管理系统通过数据总线、其他数据接口等多通道实时接收各系统或单体的信息，并对其进行识别、筛选、分类、分时调度处理，形成系统需要的控制信息、显示信息和上报信息等。外部信息有上级空情信息、连级目标信息和命令，如图 3-6

所示。综合信息管理系统通过通信控制设备接收命令、空情信息、气象信息和位置信息等,并上报自身状态、空情和位置信息,同时通过北斗、GPS设备实现定位和授时。

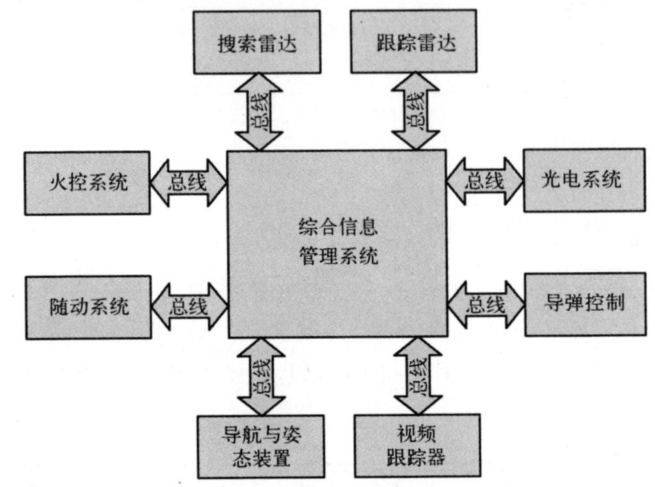

图3-5 自行弹炮结合武器内部信息交互图

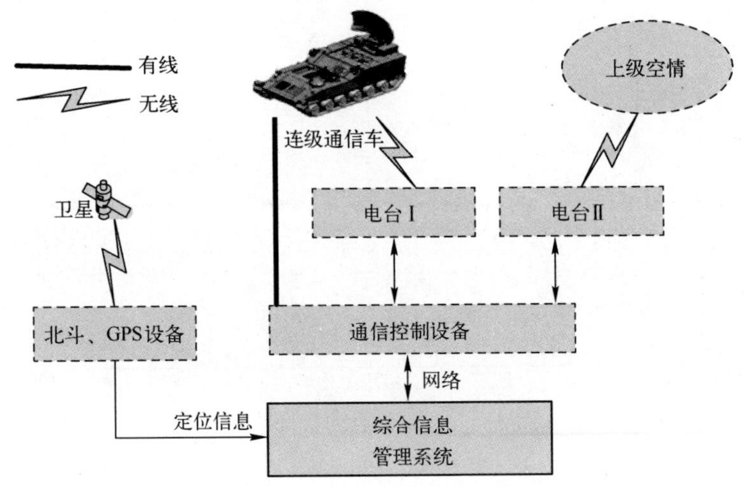

图3-6 自行弹炮结合武器对外信息交互图

3.2.2.1 战斗状态下的信息交互

综合信息管理系统在"战斗"状态下主要完成内容为:上级发送的空情信息、本车的空情信息、状态信息、故障指示信息、位置信息、姿态导航信息等。其中,本车空情信息采用雷达扫描图和文字相结合的方式显示,其他信息采用图形或文字的形式显示。

战斗界面如图3-7所示,具体内容如下:

(1) 上级空情信息主要包括目标距离、方位和高度等参数信息。

(2) 本车空情信息主要为目标距离、方位、高度和威胁度等属性信息。

(3) 状态信息包括搜索、跟踪工作方式、伺服和导航状态。

(4) 故障信息显示主要包括雷达、伺服、激光、视频、随动、电站、电气和导航等工作时的故障指示。

(5) 综合提示信息包括车体姿态信息、火炮(导弹发射架)高低及方位信息和余弹信息等。

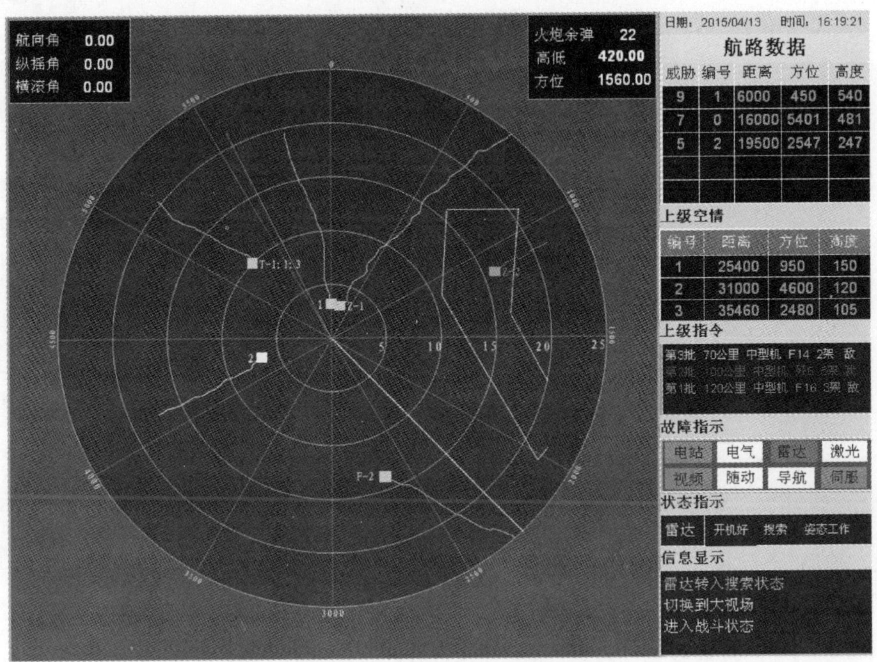

图3-7 自行弹炮结合武器战斗界面信息交互图

3.2.2.2 非战斗状态下的信息交互

1. 行军状态下的信息交互

在行军状态下,综合信息管理系统主要显示内容包括电子地图信息、上级指令信息、软件操作控制和身份等。

行军状态界面如图3-8所示,具体内容如下:

(1) 地图信息,包括地理环境信息、位置信息和战场态势。

(2) 武器平台信息,包括当前身份信息、当前位置信息和导航信息。

(3) 设置与上报,包括状态上报、网络设置、导航设定、上电统计、北斗操作和通信测试信息。

(4) 上级信息,包括上级指令信息、上级空情信息,空情信息用于显示接收上级的目标信息,如目标距离、方位和高度信息。

(5) 其他内容,包括时间信息和网络、导航与北斗及通信设置信息。

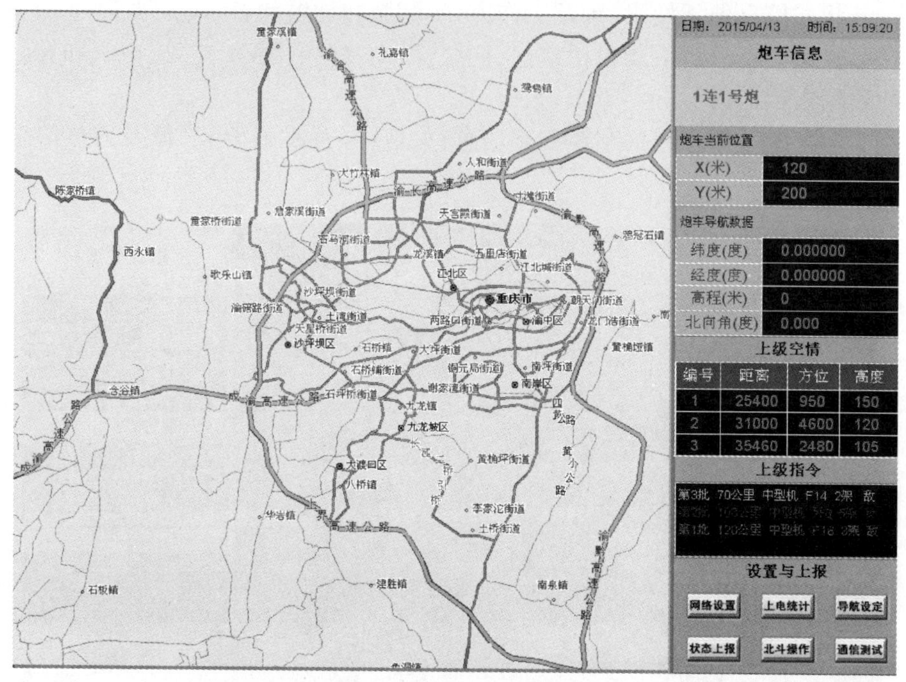

图 3-8 自行弹炮结合武器行军界面信息交互图

2. 故障诊断状态下的信息交互

在故障诊断状态下,信息交互用来显示各部分单体故障定位信息,它是根据单体上报的工作状态信息,用图形方式显示分系统或单体部件是否正常。故障指示的单体包括综合管理、视频跟踪器、导航与姿态、激光测距机、火炮随动、雷达、稳定伺服、全炮电气和初速装定等。

进行主动故障诊断时,选择所需诊断的单体,发出诊断命令;该分单体接收到诊断命令后,进行检测并返回检测信息;综合信息管理系统接收到检测信息后对故障部件进行标记;根据此检测结果对故障部件快速定位,从而缩短维修时间,提高维修效率。

故障诊断交互界面如图 3-9 所示,单体故障诊断区采用标签页面进行切换。

以伺服系统为例,它的故障诊断界面分为 10 种状况,分别为方位陀螺、高低陀螺、方位和高低锁等,通过“检测”按键,在系统通电情况下,可通过指示灯判别伺服系统的工作状况,其余单体的诊断方式与其类似,通过这种方式可快速诊断出单体的故障。故障诊断流程图如图 3-10 所示。

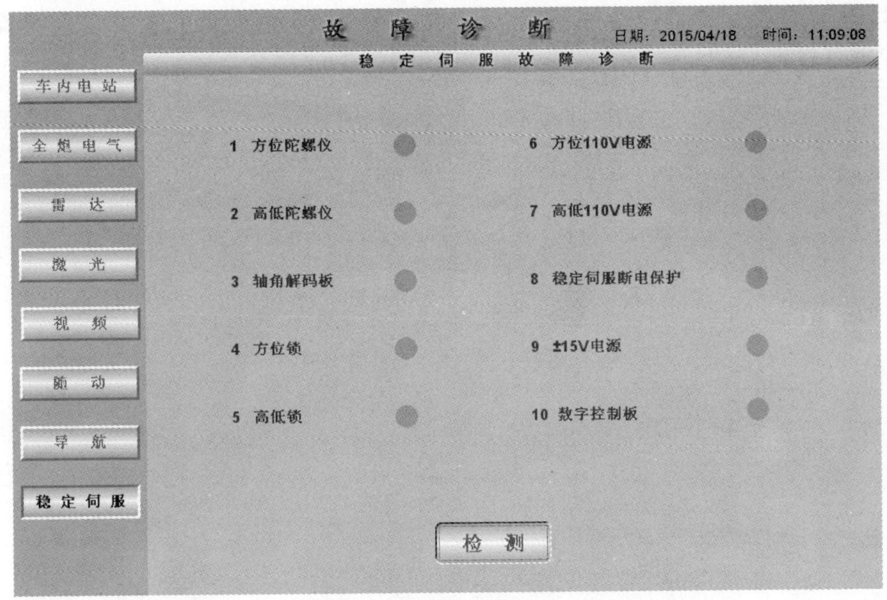

图 3-9　自行弹炮结合武器故障诊断界面信息交互图

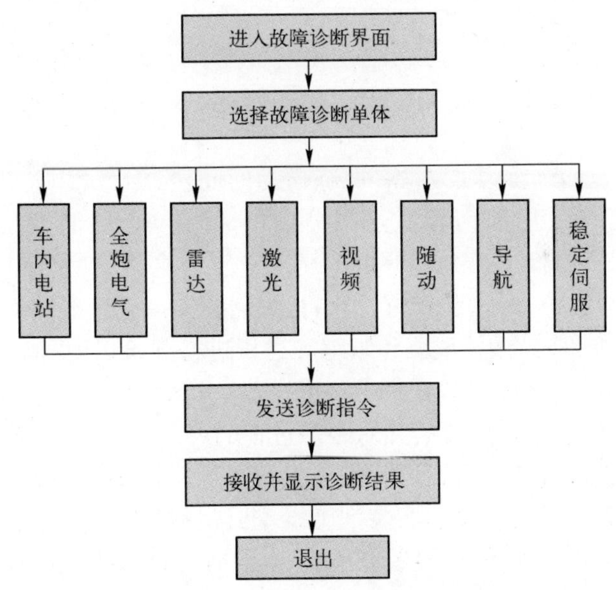

图 3-10　自行弹炮结合武器故障诊断流程

3. 实装训练状态下的信息交互

实装训练主要目的是实现对自行弹炮结合武器的操作训练。实装训练时，雷达、激光、电视、红外、全炮电气火力控制部分不开机，其他单体的状态与实战相同。训练时操作员按“实装训练”按键,综合信息管理转入实装训练界面。实装训练设置界面分为“训练设置”和“训练评价”两个页面,如图3-11所示。

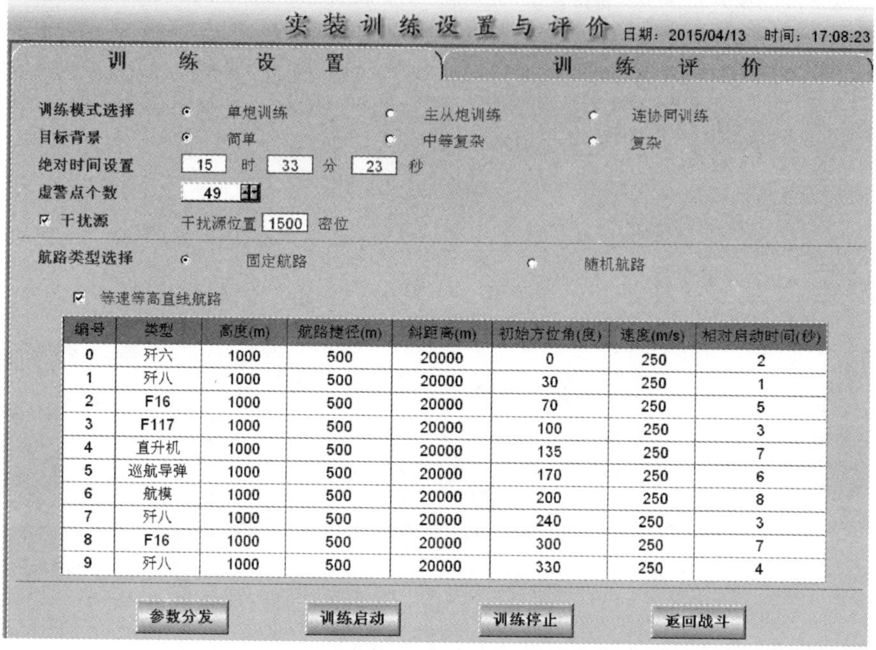

实装训练设置与评价 日期:2015/04/13 时间:17:08:23

训练设置 | 训练评价

训练模式选择 ⊙ 单炮训练 ○ 主从炮训练 ○ 连协同训练
目标背景 ⊙ 简单 ○ 中等复杂 ○ 复杂
绝对时间设置 15 时 33 分 23 秒
虚警点个数 49
☑ 干扰源 干扰源位置 1500 密位
航路类型选择 ⊙ 固定航路 ○ 随机航路
☑ 等速等高直线航路

编号	类型	高度(m)	航路捷径(m)	斜距离(m)	初始方位角(度)	速度(m/s)	相对启动时间(秒)
0	歼六	1000	500	20000	0	250	2
1	歼八	1000	500	20000	30	250	1
2	F16	1000	500	20000	70	250	5
3	F117	1000	500	20000	100	250	3
4	直升机	1000	500	20000	135	250	7
5	巡航导弹	1000	500	20000	170	250	6
6	航模	1000	500	20000	200	250	8
7	歼八	1000	500	20000	240	250	3
8	F16	1000	500	20000	300	250	7
9	歼八	1000	500	20000	330	250	4

参数分发 训练启动 训练停止 返回战斗

图3-11 自行弹炮结合武器实装训练界面信息交互图

“训练设置”包括训练模式选择、训练启动时间、目标背景、航路类型、虚警点设置、干扰源设置等。其中,训练模式选择分为单炮(单车)训练、主从炮(主从车)训练、连协同训练;目标背景分为简单、中等复杂、复杂;航路类型分为固定航路和随机航路。航路参数为目标编号、起点方位角、最大斜距离、高度、航路捷径、速度及机型。

“训练评价”主要对导引、截获和跟踪等过程进行评价。对导引评价考虑导引时间和导引误差;对截获评价考虑截获成功率,即导引到位后是否成功跟踪目标;对跟踪评价主要针对光电半自动跟踪,并对跟踪过程的稳定性、跟踪误差进行统计分析。

实装训练流程为:在行军状态下,操作员按下“实装训练”按键,转入“实装训练设置”界面,综合管理计算机发出实装训练指令,自行弹炮结合武器进入实装训练状态。操作员进行实装训练设置,设置完成后,综合管理计算机发送相关设置指令至实装训练装置,实装训练装置根据设置产生并发送目标的航路数据和点迹数据,综合管理计算机接收目标数据并显示。若导引目标为编号目标,实装训练装置根据导引信息,模拟雷达发出编号目标导引指令和导引信息;若导引目标为点迹目标,综合管理计算机发出点迹导引指令和导引信息。导引到位后,若导引目标为航迹目标,实装训练装置根据目标航路数据、炮塔方位、伺服位置和姿态等信息,计算目标在视场中的位置,并输出目标视频图像。若跟踪方式为雷达跟踪,则实装训练装置模拟雷达跟踪数据并输出。跟踪平稳后,炮手按下“激光发射”按键发射激光,实装训练装置模拟激光测距信息。可根据全系统工作状态进行多次模拟训练,也可取消该次训练。实装训练结束时完成训练数据的处理,给出训练结果评价。实装训练流程如图 3-12 所示。

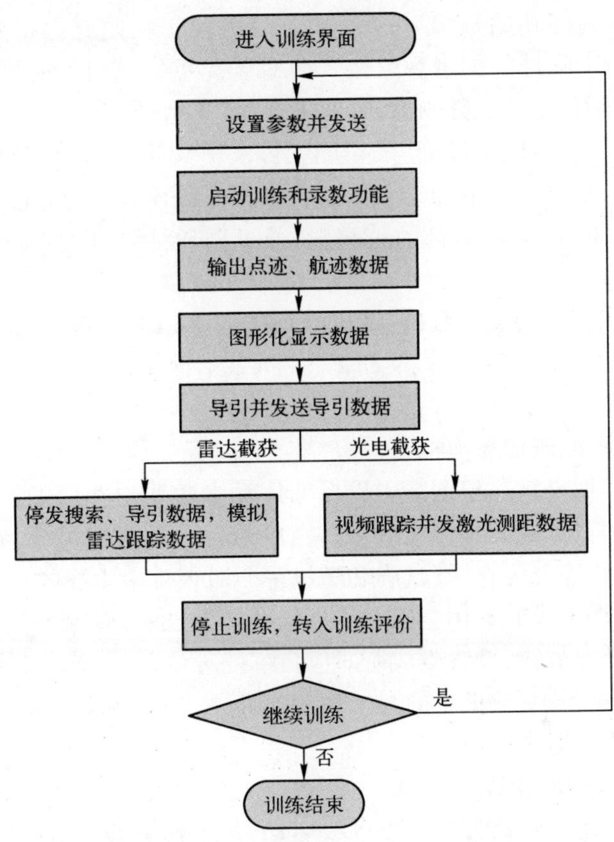

图 3-12　自行弹炮结合武器实装训练流程

3.2.3　目标信息模拟技术

综合信息管理系统的作用不仅仅满足于作战的任务分配和流程控制,同时兼顾操作手模拟训练和系统状态测试,尤其对于操作手的日常模拟训练,操作手通过对自行弹炮结合武器实物进行操作,经点迹、航迹、激光、红外和电视的信息及图像模拟,大大提高了操作手的实际作战技能。

3.2.3.1　目标点迹信息模拟

在实际搜索雷达探测目标时,点迹数据呈现出随机性和无序性,点迹数据这种特点主要与空中目标的物理状态性质有关。所以为了在点迹模拟时更加真实,需要对每个点迹都有不同的随机位置的特性要求。因此在点迹算法中采用无重复随机数生成算法来满足模拟雷达真实情况点迹数据要求。实现方式是利用C语言标准函数库提供随机数生成器rand函数,使它返回0~max之间均匀分布的伪随机整数,但这种情况就是第二次再运行程序时所输出结果仍和第一次一样,不能反映出点迹数据的随机性和无序性。分析此状况,在rand函数生成伪随机数处理时增加一个随机种子(计算伪随机序列的初始数值)才行,如果随机种子相同就会得到相同的序列结果,这个特点常用于软件的加密和解密。而对于无重复随机数的生成,需要指定不同的种子,这样计算出来的随机序列就不会完全相同了。可用Srand函数设置rand产生随机数时的随机数种子,采用如下算法语句生成多个不重复随机数,步骤为:利用时间的不可逆性产生种子,语句为srand(tickGet());通过循环赋值产生n个整数值,n大于m,m、n和w都为正整数;通过循环,随机产生m个不重复随机整数row[w]。

通过上述方式产生的点迹数据,随机分布在雷达PPI内部且无重复的点出现,这和真实点迹数据的数据特性(随机性和无序性)基本保持一致,并且对点迹范围控制灵活、易于实现。

3.2.3.2 目标航迹信息模拟

真实的航迹数据是雷达根据空中目标的运动参数输出相应的雷达航迹数据,它与雷达扫描特性和目标的运动特性有关。空中目标运动方式可分为匀速、匀加速和变加速,目标运动轨迹分为直线、盘旋和随机等。对训练中生成的直线和盘旋航迹数据进行分析,在数据生成时利用空间三维坐标的转换,把目标输入参数数据投影到空间三维坐标系中进行解算,最终生成所对应目标的方位角、高低角和斜距离的航迹数据值,在数据解算过程中,数据量的大小与初始距离、时间间隔有关。下面分别对直线和盘旋航路生成数据进行分析。

1. 直线航路数据的生成

空中目标的运动可以认为是匀速直线运动、匀加速直线运动、加加速直线运动,以及俯冲、拉起、转弯等运动中的一种或几种的组合。建立空间直角坐标系后,对直线航路目标当前点分析可知:已知参数为:D_{max}是最大斜距离,H是目标高度,D_j是航路捷径,V是目标速度,β_0为目标初始方位角。待求参数设为:β为目标方位角,ε为高低角,D为目标斜距离,θ是航向角。目标对象投影示意图如图3-13所示。

在空间坐标系下,目标初始点的投影值如下:

$$\begin{cases} X_0=\sqrt{D_{max}^2-H^2}\cdot\cos(\beta_0) \\ Y_0=\sqrt{D_{max}^2-H^2}\cdot\sin(\beta_0) \end{cases} \tag{3-23}$$

式中　X_0、Y_0——目标初始点在X轴和Y轴上投影点的值。

空间坐标系下的速度分量如下

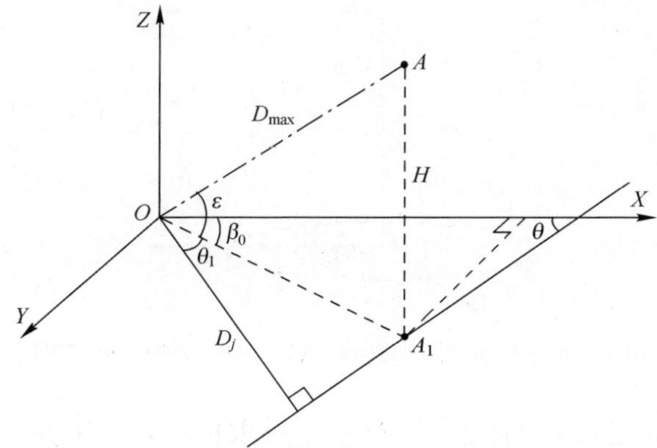

图 3-13　直线航路目标(A)在空间的投影示意图

$$\begin{cases}\theta_1=\arccos\left(\dfrac{D_j}{\sqrt{D_{max}^2-H^2}}\right)\\ \theta=\pi/2-\theta_1-\beta_0\\ V_x=V\cdot\cos(\theta)\\ V_y=V\cdot\sin(\theta)\end{cases}\tag{3-24}$$

式中　V_x、V_y——目标速度在 X 轴和 Y 轴上的投影速度值。

空间坐标系下的距离分量如下：

$$\begin{cases}X=X_0+V_x\cdot t\\ Y=Y_0+V_y\cdot t\end{cases}\tag{3-25}$$

式中　X、Y——目标点在 X 轴和 Y 轴上投影点的值；

t——时间变量。

因此，在空间坐标系下，所求目标直线航路数据方位角 β、高低角 ε 和斜距离 D 如下：

$$\begin{cases}D=\sqrt{H^2+X^2+Y^2}\\ \varepsilon=\arcsin\left(\dfrac{H}{D}\right)\\ \beta=\arctan\left(\dfrac{Y}{X}\right)\end{cases}\tag{3-26}$$

2. 盘旋航路数据的生成

当目标在水平面机动飞行时，典型的动作是盘旋。为简化分析，假设飞行速度及盘旋半径不随时间变化。于是得到如图 3-14 所示的空间几何关系，盘旋航路数据的已知参数设为：D_{ia} 是盘旋半径，H 是目标高度，V 是目标速度，β_0 为目标初始方位角。待求参数设为：β 为目标方位角，ε 为目标高低角，D 为目标斜距离。

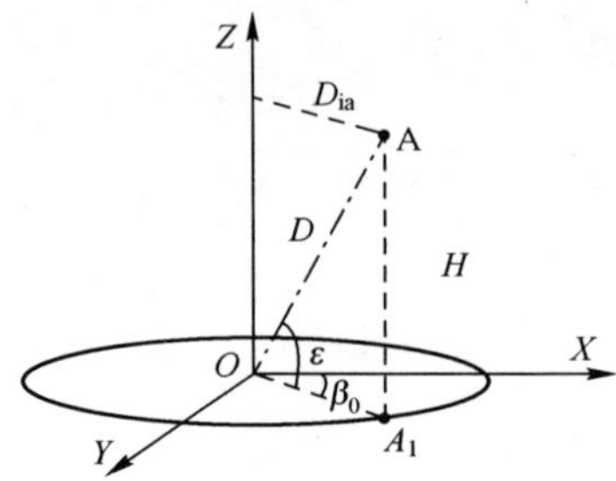

图 3-14　盘旋航路时目标(A)在空间的投影示意图

根据目标投影示意图可知,空间坐标系下所求目标方位角 β、高低角 ε 和斜距离 D 如下

$$\begin{cases} D=\sqrt{H^2+D_{ia}^2} \\ \varepsilon=\arcsin\left(\dfrac{H}{D}\right) \\ \beta=\beta_0+(V\cdot t)/D_{ia} \end{cases} \tag{3-27}$$

式中　t——时间变量。

3.2.3.3　目标光电图像信息模拟

图像模拟技术是一门多学科的综合性技术,以计算机和专用设备为工具,利用仿真模型实现对真实的或者假想的目标进行模拟,常用于自行弹炮结合武器检测和模拟动态试验。综合信息管理系统为了训练的直观性,联调联试的便捷性,对红外、电视三维图像进行模拟。主要完成场景的生成,红外、电视图像建模和成像模拟,图像模拟的数据驱动。

1. 三维场景的生成

三维场景的生成包括观察者的位置、场景内角色和物体的起始状态和位置、场景内灯光和环境的设置、硬件平台的属性配置等参数的初始值,并在程序运行时保持、更新这些参数值。将这些数据信息存储为应用程序定义文件(ADF),这些参数对应用程序产生重要的影响,不同的 ADF 文件可以产生截然不同的仿真效果。创建 ADF 文件是使用 Vega 提供的 LynX 工具,采用点击式的应用程序定义配置并能动态预览效果,主要功能是定义虚拟场景中的元素属性及相互关系,并生成 ADF 文件。在 ADF 文件的基础上,利用 Vega 所提供的应用程序编程接口(API)为仿真程序加入较为复杂的场景交互功能,进而完成复杂多样的三维场景。

2. 红外、电视图像建模和成像模拟

利用 Creator 三维建模工具和视景仿真软件 Vega 的结合,实现红外、电视图像建模和成像模拟。Creator 是一套具有高逼真度、最佳优化的实时三维建模工具,它能够满足视景仿真、交互式仿真以及其他多个应用领域的需求。Vega 是用于实时视景仿真的应用软件,包括友好的图形环境界面、完整的 C 语言应用程序接口和丰富的相关实用库函数。SensorVision 是 Vega 的传感器模块,用于实时、定量的传感器图像可视开发,并能用来计算生成和显示特种环境,使生成的图像更真实,SensorVision 的工作原理如图 3-15 所示。

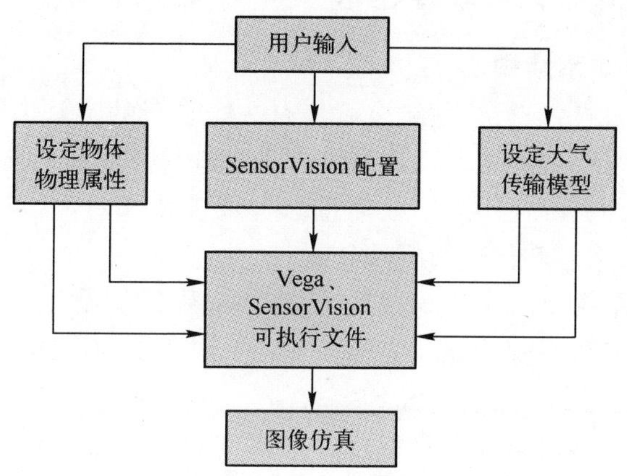

图 3-15　SensorVision 仿真工作流程

3. 图像模拟的数据驱动

通过 Vega 提供的 API 函数把目标加载至场景之后,利用模拟数据对图像的目标运动参数进行实时控制,同时采用外同步进行帧频控制,图像输出时经视频转换为标准的视频信号输出。红外跟踪图像仿真图像如图 3-16 所示。

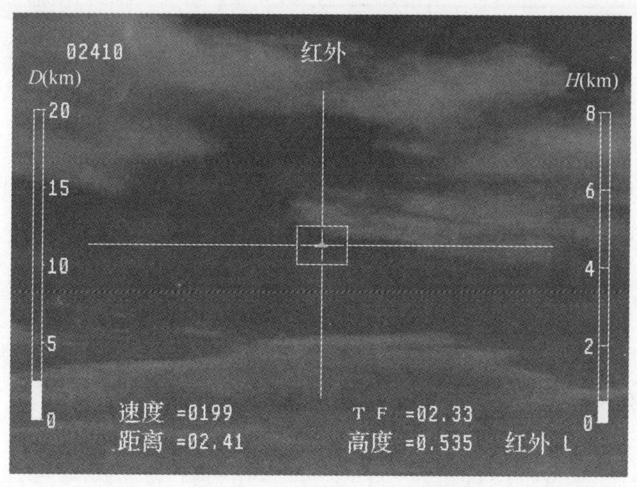

图 3-16　红外跟踪图像仿真图像

在图像模拟的数据驱动中,能够同时输出电视、红外模拟目标以及背景图像,能够对目标图像大小以及对比度进行调整，同时根据接收的目标位置和跟踪位置数据，输出相应的背景区域以及目标在背景中的位置和运动姿态，使目标图像模拟更加逼真。

3.2.4 信息综合管理软件技术

3.2.4.1 软件体系结构

从控制技术层面看，自行弹炮结合武器是一个复杂的实时多任务控制系统，软件是实现系统功能的重要支撑之一。信息综合管理软件作为自行弹炮结合武器最复杂的软件系统，其规模大、源代码多。在信息综合管理软件总体设计中，采用开放式体系结构、用标准化方法对软件进行模块化设计。

信息综合管理系统是一个嵌入式系统，与外部硬件和设备联系紧密，通过信息综合管理软件实现大多数系统功能。与传统的嵌入式系统不同的是，它在具备丰富显示内容的同时，对系统实时性有较高的要求。

自行弹炮结合武器信息综合管理软件采用实时多任务操作系统，采用开放式架构进行软件设计。通常按照三个层次进行软件设计，如图 3-17 所示。

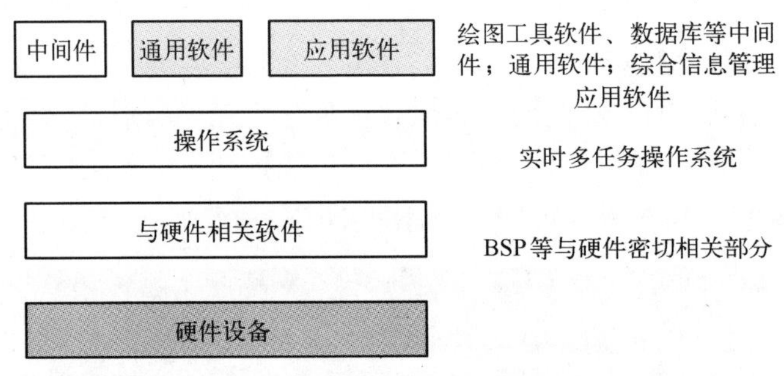

图 3-17 信息综合管理软件分层结构

第一层是 BSP 等与硬件密切相关的软件，由软件硬件共同设计完成。第二层是操作系统，一般使用成熟的嵌入式实时多任务操作系统，如 VxWorks、QNX 等，操作系统结构和实现都针对所面向的应用领域。第三层软件包括三个方面的软件：①实时数据库、绘图工具等软件中间件；②用户规定的标配软件，如嵌入式军事地理态势系统等；③自行弹炮结合武器信息综合管理系统功能涉及到的应用软件。按照分层设计的思想，所有的应用软件与具体硬件无关，它通过标准的接口与其他层次的软件进行通信。

集成了多个功能的应用软件被分成若干个并发任务，每个任务完成相对独立的功能。任务之间通过软件数据总线相互传递数据和激励触发信号，通过任务间的相互激励和数据关联，实现全部软件功能。为了保证每个软件的正确执行，必须严格控制任务的执行时间，同时任务的最长执行时间应当是可以精确预测的。每个任务的运行时间、运行状态都应当是确定的。合理划分任务模块,恰当设置任务的优先级,是嵌入式实时多任务软件的重要环节。

3.2.4.2 应用软件组成和功能

信息综合管理系统大多数功能是通过软件实现的。其主要软件和及其功能模块定义见表3-2,信息综合管理应用软件组成如图3-18所示。

表3-2 信息综合管理应用软件组成

软件分类	软件模块
时间管理	时间管理服务
状态管理	工作状态管理服务、设备状态监控、总线数据管理软件
定位导航姿态	GPS/北斗/INS定位导航模块、姿态
作战控制	空情管理、雷达PPI显示、信息显示控制、作战操控服务、I/O接口管理
战斗准备	参数装定模块、远程警戒、战备值班
通信管理	电台管理服务、战互网通信服务、作战网络配置、数据传输服务
联合作战软件	防空协议编解码模块、空情收发与转换模块、空情融合归一化模块、上级命令处理模块、上级命令响应管理模块、主从车作战模式支持模块、越级作战模块
辅助功能支持	故障诊断模块、实装训练支持模块
基础支撑软件	接口驱动、嵌入式集成调度框架、实时数据(库)管理与维护、嵌入式军事地理信息系统

时间管理软件负责产生和维护作战时间、冲锋时间、天文时间。天文时间从北斗获取,作战时间和冲锋时间由上级指控系统通过勤务类命令分发到自行弹炮结合武器。自行弹炮结合武器在未接收到作战时间冲锋时间指令时,作战时间、冲锋时间、天文时间三者是一致的。在接收到新的时间信息之前,信息综合管理软件负责这些时间线的维护。

状态管理软件负责获取设备的工作状态,管理维护显示屏幕和显示灯阵的显示状态,监控数据总线工作状态。

定位导航姿态软件负责当前自行弹炮结合武器定位信息、车体姿态量数据、车体航向数据的提取、定位信息在地理态势系统中的标识。

作战控制类软件负责与防空作战紧密相关的任务,完成目标跟踪、截获和火力击发控制。主要包括I/O接口管理、空情管理、雷达PPI显示、跟踪视频监控、系统工作模式设置、跟踪模式设置、操纵杆控制、操控面板按键响应、火力击发控制等。

战斗准备软件包括以人工或自动方式进行弹道参数装定、远程警戒、战备值班等。

通信管理软件负责按照通信规划进行电台、通信控制器的参数设置和状态管理,负责按照通信规划进行战术互联网等作战网络的配置,完成作战网络上的数据传输

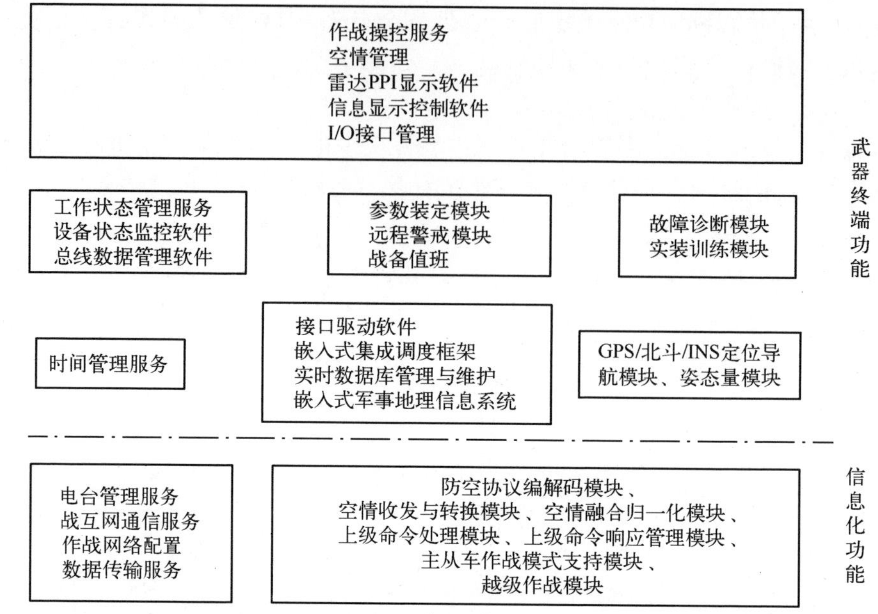

图 3-18　信息综合管理应用软件组成

服务。

联合作战软件负责与信息化联合作战相关的功能。主要包括防空协议编解码模块、空情收发与转换模块、空情融合归一化模块、上级命令处理模块、上级命令响应管理模块、主从车作战模式支持模块、越级作战模块等。

辅助功能支持软件主要负责实现故障诊断、实装训练等非作战功能。

基础支撑软件负责嵌入式集成调度框架、软件模块接口管理、硬件接口驱动、实时数据(库)管理与维护、嵌入式军事地理信息系统。

3.2.4.3　非战斗功能软件

1. 实装训练

在通过模拟训练器的训练后,方可进入实际装备进行操作训练,即实装训练。在自行弹炮结合武器实际装备上对核心工作流程进行训练,包括操作雷达搜索目标、车长确定攻击目标、选定截获方式并实施目标截获、跟踪和射击。操作手根据实际情况介入跟踪过程、调整跟踪模式、实施火力发射等过程。出于成本考虑,不可能为每次训练提供实际空中目标;自行弹炮结合武器将模拟训练器的部分功能简化移植到武器装备上,让操作手在实际装备上完成绝大多数功能的训练。这些功能包括模拟航路、视频跟踪图像等目标探测信号输入,为车长和炮手提供模拟各种外部环境、数据,模拟各种空情,为搜索雷达发现目标产生信号激励。根据当前系统工作状态、身管指向、目标位置,模拟电视、红外等光学探测设备的动态跟踪图像,为跟踪器提供图像激励,同时为炮手显示跟踪图像,还可对操作手的训练效果给出评价。

信息综合管理系统提供了实装训练的人机交互界面和操作控制。

2. 故障诊断

自行弹炮结合武器是一个复杂的综合体,本身工作状态是否正常直接关系到作战功能能否实现。故障诊断功能是嵌入其中的非战斗功能,主要包括两个方面:一是利用内置在各个电气设备内部的检测电路,提取设备工作状况参数;二是对获取的工作状况参数及其之间的相互关系综合分析,分析判断可能存在的故障,并对故障信息以屏幕显示、灯阵告警等方式表示。

自行弹炮结合武器各分系统负责所属设备内部状态监控,信息综合管理系统负责其在线故障诊断的人机交互界面、信息综合判断和故障报警等任务。具体实施过程包括以下几个方面:

(1) 各个电气设备在上电开机时启动自检电路进行自检,判断是否存在故障。

(2) 各电气设备在正常工作期间,其内部检测电路对设备工作状态进行监控,判断设备是否工作正常。

(3) 在自行弹炮结合武器正常工作期间,信息综合管理系统通过对自行弹炮结合武器当前工作模式、各设备输出数据之间的逻辑关系进行实时分析,自动判断系统是否工作正常以及可能的故障部位。

(4) 信息综合管理系统通过车长综合显示器中设置的“故障诊断”界面,通过人工交互方式,对可能有故障的电气设备进行详细诊断。诊断界面为用户选择诊断对象提供交互式菜单,并显示当前故障诊断结果。机械部分的故障诊断主要采用故障诊断专家系统进行。

3.3　人机交互技术

3.3.1　乘员分工与操作控制

自行弹炮结合武器的人机交互操作设计与其乘员数目和分工密切相关。车长负责接受上级指挥,指挥协调各名乘员的操作,完成本炮作战任务。具体负责执行全武器通信系统管理;通过语音和信息短报文形式,接受上级指挥命令信息,向上级汇报本武器工作状态和上级指令的响应情况;负责系统工作模式选择和参数装定;负责观测空情、雷达操作,选择攻击目标,对目标进行截获操作。负责完成非战斗状态下的故障诊断、实装训练等任务。

炮手在车长指挥下,主要负责目标跟踪和火力击发操作。具体负责根据实际工作状况进行雷达/红外/电视跟踪模式的切换;负责在自动截获失败时,通过操纵操纵杆方式辅助完成目标截获;负责对光电系统的设置和调校;负责依据屏幕提示信号适时实施射击操作等。

驾驶员在车长指挥下,负责按照行军路线驾驶车辆;负责自行弹炮结合武器主机发电和辅机发电等操作。

自行弹炮结合武器为车长和炮手分别提供车长工作区和炮手工作区。车长工作区和炮手工作区各自包括一部计算机处理终端、操控面板和一个加固显示器。操控面板上嵌入了操作按键、状态显示灯阵和操纵杆。

自行弹炮结合武器乘员仓的空间比较紧凑,车长工作区和炮手工作区的布置只能依据具体空间情况进行布置。既可以采用统一操作控制台的方式,将车长工作区和炮手工作区可以合并在一起,也可以将两个工作区作为独立设备安装在不同位置。图 3-19 是将两个工作区合并组成一体化操控台的示意图,图 3-20 是两个工作区独立布置的示意图。

图 3-19 一体化操作控制台

信息综合管理系统在车长工作区为车长提供行军与值班界面、战斗界面、实装训练界面、故障诊断界面等四类显示界面;在炮手工作区位炮手提供目标跟踪显示,同时提供雷达、红外或电视等工作状态的字符显示界面。

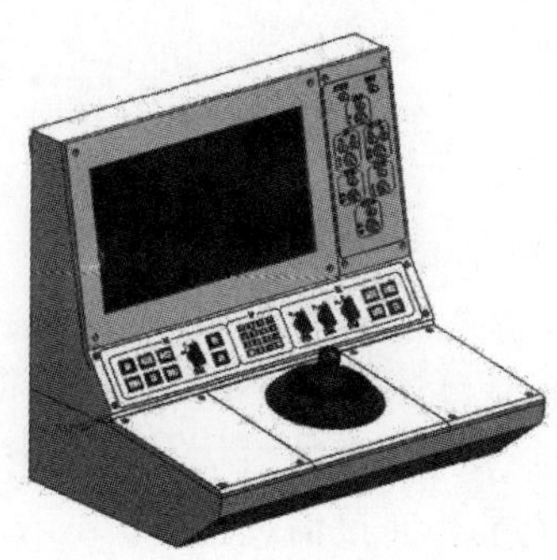
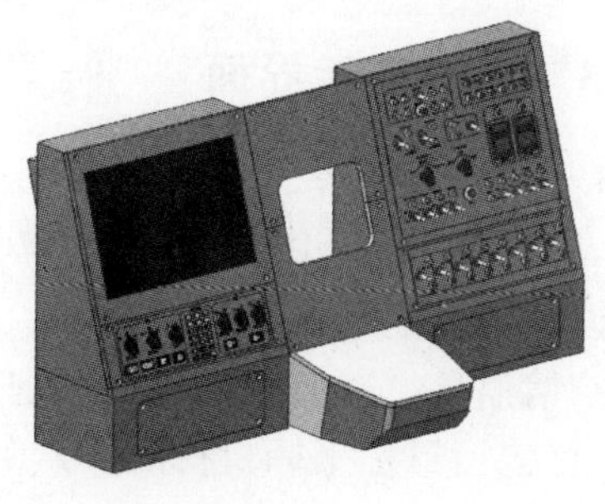

图 3-20　分离式车长、炮手操作控制台

3.3.2　行军与战备值班界面

3.3.2.1　信息显示

行军与值班界面显示自行弹炮结合武器处于行军或战备值班时相关的信息，以及需要在进入战斗状态之前，预先进行的系统参数设置。其显示内容如下：

(1) 通信状态类，包括数据链链路名称、有线/无线网络工作状态等。

(2) 地理信息与态势类，包括电子地图、友邻位置、行军目的地、行军路线等。

(3) 定位定向类信息，包括当前位置坐标、车体姿态数据、车体航向数据等。

(4) 空情信息类，包括数据链通播空情、连指挥车警戒雷达发现并下发的空情、自行弹炮结合武器搜索雷达发现的空情。空情信息包括目标方位、高低、距离、速度、敌我属性等要素等。

(5) 指挥信息类，包括作战准备、作战等。

(6) 时间类，包括作战时间、冲锋时间、天文时间。

(7) 通报类，包括上级通报的警报信息。

(8) 在电子地图上叠加显示当前位置、行军目的地、行军路线、空情标识、友邻部队位置等信息，并以军用图标的形式叠加在电子地图上。

3.3.2.2　设置菜单

行军与值班界面在显示上述诸元的同时，提供若干设置菜单进行完成系统预先设置，这些菜单包括：

(1) 通信网络类设置菜单；

(2) 武器单元身份设置菜单；

(3) 北斗参数设置菜单；

(4) 本武器状态选择上报菜单；

(5) 命令应答选择设置；

(6) 战果战损上报等。

3.3.3 车长显示界面

3.3.3.1 信息显示

战斗界面显示与战斗实施过程中必须显示的信息，主要内容包括：

(1) 搜索雷达 PPI 所有信息。

(2) 空情信息。空情来源包括本炮搜索雷达、连指挥车下发空情、数据链下发空情；空情信息包括目标坐标、目标标号、敌我属性、威胁度、导引状态等要素。

(3) 上级命令与通报信息，包括上级命令记录和通报信息记录。

(4) 上报信息类，包括命令回复、状态回报。

(5) 安全警告类，包括跟踪雷达辐射警示、激光发射警示、激光辐射告警。

(6) 射界限定标志，包括在搜索雷达 PPI 上叠加射界限定标志。

(7) 设备故障状态类，包括显示主要电气设备的工作状态。

图 3-21 为战斗显示界面示意图。

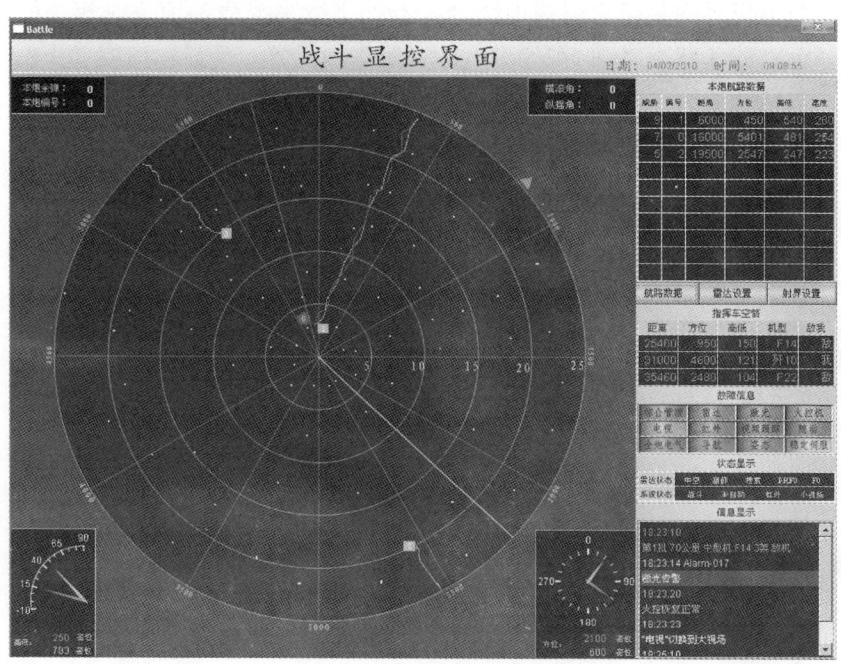

图 3-21 战斗显示界面

3.3.3.2 设置菜单

在战斗界面中，提供设置菜单进行一些必须在战斗状态进行的设置，包括搜索雷达参数设置、射击诸元修正和射界设置等。

3.3.4 炮手显示界面

图 3-22 是炮手显示界面示意图。显示区域分为主显示区域和辅助显示区域。主显示区域采用画中画方式显示光电系统输出的复合视频信号,显示目标视频跟踪信息及火控解算信息。辅助显示区域显示炮手显控装置输出的提示信息,内容包括火力控制信息、导弹状态信息、系统状态信息、系统故障信息、炮塔位置信息、火控参数设置、光电参数设置和三维禁射区设置等。

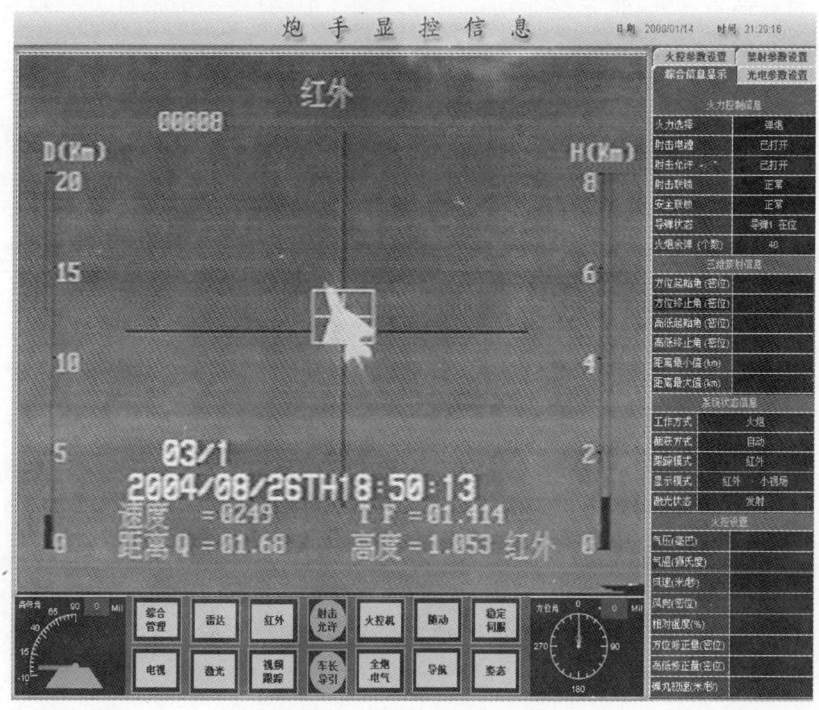

图 3-22　炮手显示界面示意图

3.4 信息综合管理技术发展展望

3.4.1 信息综合管理技术的作用

信息综合管理系统使自行弹炮结合武器的战斗方式和非战斗方式(故障诊断、实装训练、功能测试、性能测试等)以最优方式实现了综合、集成和优化,不仅提高了自行弹炮结合武器总体性能,而且优化了其电气控制系统体系结构,为自行弹炮结合武器的功能扩展、性能升级奠定了良好的基础。信息综合管理系统具有以下作用和特点：

(1) 提高操控自动化程度和武器整体作战效能。信息综合管理系统按照控制流程，将系统的逻辑判断、辅助决策和可能的各种战术组合预先置入信息管理系统，利用从总线网络中得到的相关信息，选择最优控制策略和作战方式，对系统进行自动控制。通过信息的综合利用，使车长、炮手的显示操控界面更加合理、便捷；与自行弹炮结合武器辅助决策、作战控制、状态检测、故障诊断等功能有关信息的采集、处理、传递更易实现，从而大大提高自行弹炮结合武器的整体效能。

(2) 提高信息化程度、系统集成度和可靠性。因为总线传输具有并行传输的高速性和串行传输的简洁性等多种优点，采用总线时，自行弹炮结合武器内各主要分系统通过总线往来传输数据、状态、控制命令时，其信息综合传输速率、信息的利用率也大大提高，系统的集成度也同时提高。由于总线网络在电气设计上具有较强的抗干扰能力，其通信协议中有较为完善的校验措施，从而有利于提高系统可靠性。

(3) 便于系统优化和功能扩展。采用信息综合管理系统后，真正实现了从顶层开始对系统进行总体设计。包括对系统进行信息层次的分类、各信息层次通信协议的制定、通信时序的分配、信息之间逻辑的关系确定等，以及数据、命令和状态量的编码规范、译码规范、信息处理模型、流程等具体的约定等，这种系统设计模式，便于对系统进行优化。

信息综合管理系统的许多功能采用软件系统实现。软件的特点在于其“柔性”：在硬件相对不变的情况下，通过修改软件，可以实现功能扩展和升级；可提高自行弹炮结合武器适应不断变化的信息化战场的能力。由于我军的 C^4I 系统还处在建设之中，这一特点尤其具有重要的现实意义。

(4) 加速研制进程，提高产品质量。采用总线网络后，在系统调试过程中，如果一个新分系统加入总线网络，原总线网络系统中已经调试好的部分受影响较小。加上主要分系统之间的许多信息是共享的，主要信息基本“透明”。这样非常有利于发现存在于分系统内部以及相互之间存在的技术问题。因此，运用总线网络和信息综合管理技术可以加速研制进程，提高产品质量。

3.4.2 信息综合管理技术发展趋势

为了适应自行弹炮结合系统信息化和不断更新换代的新要求，进一步提高信息收集、传输、处理和交互等信息综合管理能力，同时解决总体设计规范性，提高技术继承性等问题，自行弹炮结合武器信息综合管理系统技术可在原有基础上进一步发展。

(1) 采用新一代总线网络技术。新一代总线网络技术信息传输速率更快、带宽更宽、网络拓扑结构更加灵活。采用新一代总线网络技术，信息传输速率更快、效率更高、容量更大，为信息获取、传输奠定了基础。

(2) 采用高速、大容量信息处理技术。采用新型嵌入式、实时、多任务、图形信息处理操作系统;开发可以跨平台、互操作的高效率软件,解决复杂自行弹炮结合系统的信息感知、信息交换、信息融合等关键技术;开发新型综合显控一体化平台技术,在同一硬件平台上,不仅完成实时控制任务,而且同时完成图形信息处理和显示任务;研究信息融合方法,进一步优化人机界面,提高武器平台的总体技术水平;研究信息安全性,提高信息压缩、解压缩,信息加密、解密水平,开发适合武器装备使用的在线能防火墙技术等。

(3) 采用新型综合开发环境。建立火炮综合管理系统技术综合开发环境。在传统的研制流程和设计方法中,面对多学科、多分系统的设计要求,往往是设计离散化,不同的设计师和单位使用不同的设计工具和方法,缺乏统一的设计规范约束和严格的设计需求跟踪手段。因此,通过建立综合开发环境,解决信息化总体研制中的规范性问题。

(4) 采用数据接口控制技术。建立规范的数据接口控制系统。从技术论证、设计、试验和测试等不同阶段,建立与之配套的集成接口控制系统(ICD),促进信息化总体技术的发展。

(5) 采用新型研发流程。应采用更加科学、合理的研发流程。未来的自行弹炮结合武器组成更加复杂、高新技术密集,应该采用以仿真为核心的新型研发流程,适应未来自行弹炮结合系统研制的新要求。

第 4 章　信息总线网络

现场总线技术早期主要应用在控制现场，在测量控制设备之间实现双向、串行、多点通信的数字通信。随着时间的推移，该技术广泛应用于制造业、流程工业、交通、工业控制、汽车等方面的自动化系统中，并正在向很多产业渗透。作为过程自动化、制造自动化等领域智能设备之间的互联通信网络，建立了生产过程现场控制设备之间，以及更高级控制管理层网络之间的联系，为彻底打破自动化系统的信息孤岛创造了条件，适应了工业控制系统向分散化、网络化、智能化发展的方向。基于现场总线的控制系统被称为现场总线控制系统（Fieldbus Control System，FCS）。

4.1　传统信息总线网络技术

现场总线技术就是为了更好地实现设备之间或系统与外界之间的信息交换应运而生的。作为各种智能设备的联系纽带，现场总线将各个智能设备作为网络节点挂接在总线上，从而构成一个自动控制网络。通过这种方式，能够实现控制、补偿计算、参数修改、报警、显示、监控、优化及控管一体化等综合自动化的功能。比较典型的现场总线技术有基金会现场总线（Foudation Fieldbus，FF）、Lonworks、Profibus、HART、1553B、MIC 及控制器局域网（Controller Area Network，CAN），等等。

总线网络技术在航空航天领域发展最为迅猛。总线技术成为第三代、第四代航电技术的核心关键技术。MIL-STD-1553B 总线作为数据交换标准在美军 F16、AH-64A 等战斗机中取得应用，并且更进一步地推广应用到地面装甲武器中。在第四代航空电子技术中，又发展了新一代航空航天数据总线技术，如光纤通道（Fiber Channel）、航空电子全双工以太网（AFDX）、Space Wire、Time-Triggered Protocol（TTP）和 Time-Triggered Ethernet（TTE）等。

根据自行弹炮结合武器的使用要求，考虑先进性、可行性、经济性的综合平衡，自行弹炮结合武器数据通信曾使用过 1553B 总线、CAN 总线等总线技术，现役装备最终选用了 CAN 总线作为骨干总线。因此，本节对 CAN 总线技术重点介绍，对 1553B 总线技术进行简要介绍。

4.1.1　1553B 总线网络

美国军方 1973 年公布了 MIL-STD-1553 标准，1978 年公布了 MIL-STD-1553B 标准，该标准一直沿用至今。它规定了总线的技术要求、多路总线操作方式、总线上信息流格式及电气要求；信号传输调制方式采用了“曼切斯特双极性码”；信号传输及检测方面，采用时分多路复用、命令/响应传输方式。

1553B 总线最初是作为一种命令与控制式总线标准被开发的，主要用于军用机型的双向时分命令响应型总线，采用传统总线结构和连接方式，支持 1Mbit/s 传输速率，一条总线一般最多挂接 31 个终端，1553B 总线实时性较高，并且需要总线控制器进行总线的统一调度，较适用于分系统之间控制指令的传输，不适合分系统间大数据量的传输。1553B 在美陆军装甲武器中也得到广泛的应用。1553B 总线典型应用拓扑结构见图 4-1。

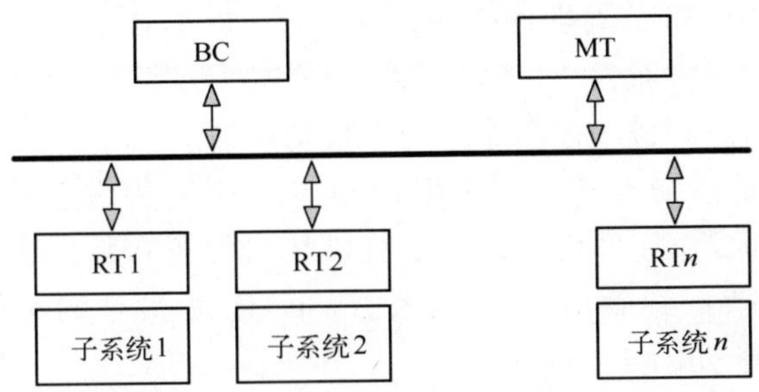

图 4-1　1553B 总线典型应用拓扑结构

相对于 OSI 七层参考模型，1553B 只使用了其中第 1、2 和 7 层协议，省略了网络层、传输层、会话层及表示层。减少了数据传输过程的中间环节。

所有在 1553B 总线上的命令和数据都由唯一的 BC（总线控制器）激活，除了 BC 任何终端无法激活总线通信。BC 的责任是确保它的信息计划表能为所有时间依赖性较强的处理过程，提供合理的任务分配。除了个别事物类型以外，总线终端（RT）可为当前进行的总线事物的成败提供状态指示。

为了实现完整的总线控制模式，1553B 标准尽量要求 RT 在指定的时间间隔内回应 BC 发出的命令。如果回应在标准所指定的时间内未被接收到，BC 判断当前事物正处在“无回应”状态，有权继续进行它的下一个任务过程。这种分配方式意味着可以确保没有总线事物会超过限定时间，否则一个超时的任务会影响其他的总线事物，造成中断或暂停。

4.1.2　MIC 总线网络

MIC 总线是数字信息传输标准之一。与 1553B 总线一样，MIC 总线也是一种串行数据总线。该数据总线主要是对综合电子系统传感器进行分布式控制和数据通信。它有两个功能块:总线控制器和远程模块。

MIC 总线具有以下特性:

(1) 芯片可通过硬跳线配制成总线控制器或远程模块;

(2) 远程模块运行时不需要处理器;

(3) 命令简单/相应通信协议;

(4) 自动的曼彻斯特编码;

(5) 实现了真正数据总线冗余;

(6) 最高 2.0Mbit/s 的串行数据传输率;

(7) 信息帧的长度为 3 位同步位、32 位数据、1 位奇偶校验位;

(8) 每条总线最多可连接 64 个可寻址的远程模块;

(9) 每个模块最多可以连接 32 个可直接寻址的设备;

(10) 可与 16 位、32 位处理器相连;

(11) 可编程的定时器;

(12) 总线控制器和备用控制器之间可自动切换。

MIC 总线采用的传输方式为同步串行方式(SSP),传输速率可达 2.0Mbit/s,并可同时接入 64 个远程工作模块。这些远程模块可设置在传感器或负载的附近。通过串行传输线与总线控制器相连。多数情况下,连接 MIC 的串行连线可使用双股线。MIC 总线连接图如图 4-2 所示。

MIC 总线典型应用是对传感器进行分布式控制。例如,采用 MIC 总线实现武器智能配电管理。由于新武器装备电子控制系统的大量增加,既使得供电容量大幅度增加,又对供配电品质和可靠性提出了更高的要求。尽管供电系统本身不产生战斗力,但它是战斗车辆上电子系统产生战斗力的基本保障,一旦供电系统的供电品质下降或者失去供电能力,具有先进电子控制装置的武器装备将会显著地降低功能或性能,甚至失去战斗力。

电源分配管理系统通过采用 MIC 总线技术,对负载的供配电进行控制和管理,使其能够根据武器装备乘员意图、战场状况及自身的运行状态进行综合判断,自动合理地为用电负载配置有限的电力资源,并能够监测故障、为负载提供用电保护,从而有效提高供电可靠性,改善车辆电磁环境,减轻乘员操作强度,减少操作失误等。例如,采用 MIC 总线及 1553B 系统的典型架构框图如图 4-3 所示。

4.1.3 CAN 总线网络

CAN(Controller Area Network)控制器局域网(简称 CAN 总线)是一种有效支持分布式控制或实时控制的串行通信总线网络。CAN 总线最早是由德国 Bosch 公司为解决现代汽车中众多的控制与测试仪器之间的数据交换而开发的一种串行数据通信

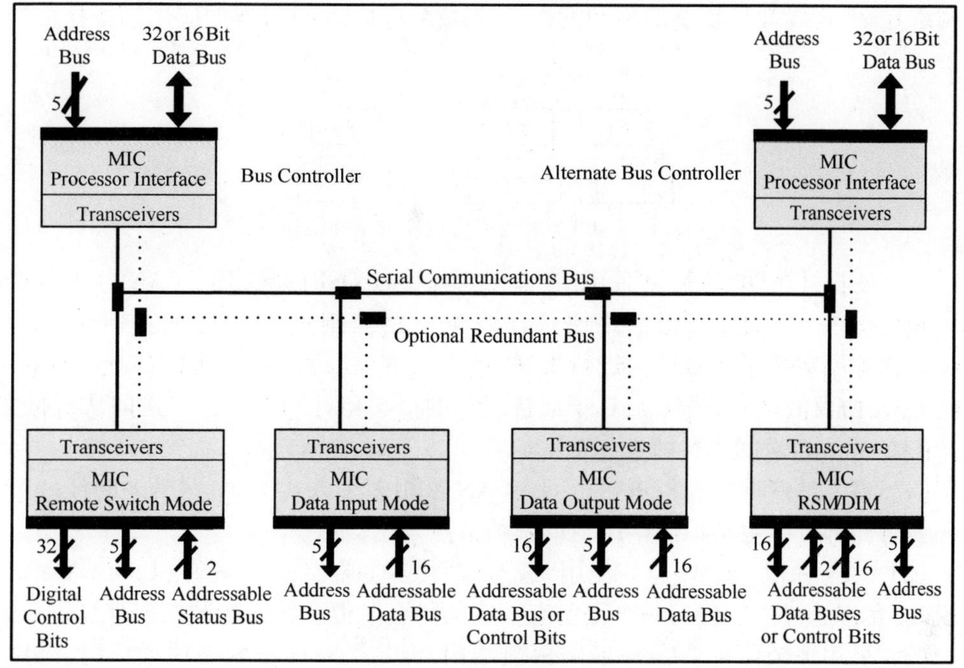

图 4-2 MIC 总线数据关系

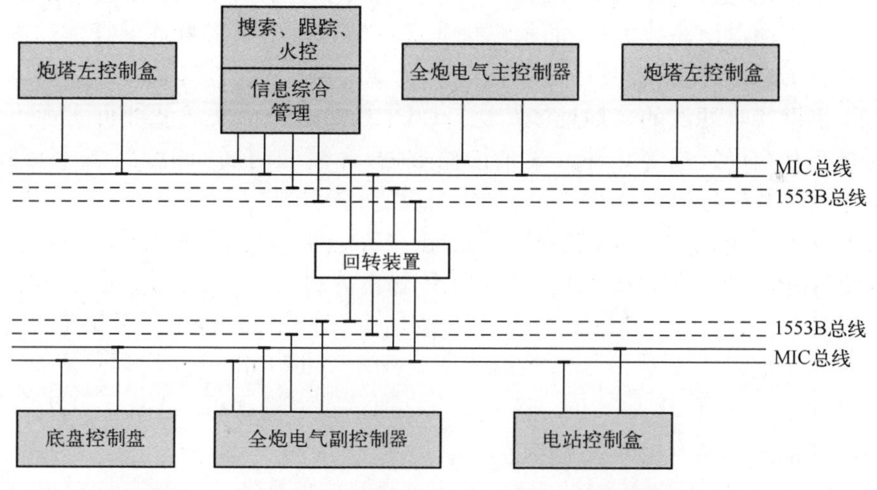

图 4-3 采用 MIC 总线及 1553B 系统的典型架构框图

协议，它是一种多主总线，通信介质可以是双绞线、同轴电缆、光导纤维，通信速率可达 1Mbit/s。CAN 总线通信接口集成了 CAN 协议的物理层、数据链路层功能，可完成对通信数据的成帧处理，包括位填充、数据块编码、循环冗余校验、优先级判别等工作。作为控制局域网，CAN 总线还可以通过网关与其他 CAN 总线网络或其他类型的网络互联，构成大型复杂的控制网络。图 4-4 是 CAN 总线典型应用的拓扑结构。

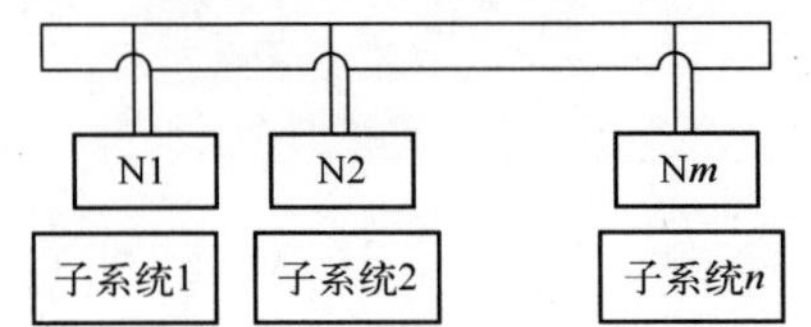

图 4-4　CAN 总线典型应用的拓扑结构

为了使设计透明、执行灵活，CAN 总线遵循 ISO/OSI 标准模型，CAN 分为数据链路层和物理层。其中，数据链路层包含逻辑链路控制子层 LLC 和媒体访问子层 MAC。物理层定义了信号如何进行发送，涉及定时、位编码和同步的描述。MAC 子层是 CAN 协议的核心，描述 LLC 子层接收到的报文和对 LLC 子层发送的认可报文。

CAN 总线技术的主要特点如下：

(1) 多主站依据优先权进行访问。CAN 采用多主方式工作，网络上的任一节点在任何时候都可以主动地向网络上的其他节点发送信息。

(2) CAN 仲裁。CAN 总线使用“载波监测、多主监控/冲突避免(CSMA/CA)”通信模式，允许总线上的任何一个设备有一定的机会取得总线的控制权向外发送信息。

(3) 采用短帧传送。CAN 采用短帧结构，废除了对传统的站地址编码，采用对通信数据进行编码。每帧数据信息为 0~8 个字节，具体长度由用户决定。

(4) 基于优先权的无破坏仲裁。当多个节点同时向总线发送信息时，优先级较低的节点会主动退出总线发送，而最高优先级的节点可不受影响地继续传输数据，从而大大节省了总线冲突时间。

(5) 借助接收滤波的多地址帧传送。CAN 只需通过报文滤波即可实现点对点、一点对多点和全局广播等几种方式来传输数据，无需专门的“调度”；各个接收站依据报文中反映数据性质的标识符过滤报文，决定是否接收。

(6) 强有力的错误控制及错误重发功能。CAN 的每帧信息都有 CRC 校验及其他检错措施，在错误严重的情况下具有自动关闭输出的功能，发送期间若丢失仲裁或由于出错而遭受破坏的帧可自动重新发送，每帧信息中不可检错的概率低于 3×10^{-5}。

(7) 长距离高速率发送。当通信速率处于最高的 1Mbit/s 时，通信距离最长为 40m；当通信速率低于 5Kbit/s 时，CAN 的直接通信距离最远可达 10km。CAN 的通信速率与其通信距离基本呈线性关系。

(8) CAN 总线多负载能力。CAN 上的节点数主要取决于物理总线的驱动电路，其节点数理论上不受限制。

(9) CAN 总线报文。CAN 总线有数据帧、远程帧、出错帧及超载帧等四种不同类型。CAN 报文的优先级隐含在报文标识符中，标准帧标识符长度 11 位，扩展帧标识符长度 29 位。标识符的值越低，优先级越高；标识符的值越高，优先级越低。这种优先级一旦在系统设计时被确定，就不能再被更改。

（10）CAN 总线独特的竞争机制。当总线空闲时，CAN 呈隐性电平，此时任何一个节点都可以向总线发送一个显性电平作为一个帧的开始。如果有两个或两个以上节点同时要发送数据，就产生了对使用总线的竞争。CAN 总线采用按位对标识符进行仲裁的方式处理总线竞争。各发送节点在向总线发送电平的同时，也读取总线上的电平，并与自身发送的电平进行比较。如果电平相同，则继续发送下一位；不同则停止发送，退出总线竞争。剩余的节点则继续上述过程，直到总线上只剩下一个节点发送电平，总线竞争结束。优先级最高的节点获得了总线的使用权，可以进行数据发送，竞争失败的节点重新排队，投入下一轮的竞争。

4.1.4　总线网络优选

CAN 总线和 1553B 总线是比较常用的数据总线，表 4-1 是两种数据总线的对比分析。

表 4-1　CAN 总线和 1553B 总线的比较

比较项目	CAN 总线	1553B 总线
应用领域	汽车电子、工业自动化、航空航天、坦克与装甲车辆、船舶	军用飞机、航天器、导弹、坦克与装甲车辆
通信方式	半双工，可实现点对点、点对多点、广播方式通信	半双工，可实现点对点、广播方式通信
网络结构	多主网络	主从网络
传输距离	与传输速率相关。波特率为 1Mbit/s 时，传输距离约 40m	支线与总线间使用变压器耦合。终端到耦合器的最大传输距离为 6.1m
媒介 访问方式	CSMA/CA（载波侦听多路访问/冲突避免）	TDMA（时分多路访问）
报文长度	标准帧：51bit 协议开销； 扩展帧：72bit 协议开销； 0~8B 有效数据报文	80B
信息 传输速率	信息传输速率最大为 1Mbit/s	信息传输速率最大为 1Mbit/s
通信失败率	极低	极低
节点数目	根据收发器的驱动能力来确定，原则上不受限制	最大 30 个
功耗	芯片功耗小	芯片功耗较大
总线访问 仲裁机载	只要总线空闲，任何节点都可以向总线发送报文，如果有两个或两个以上的节点同时发送报文，通过使用标识位逐位仲裁解决碰撞，保证高优先级数据优先发送	采用命令/响应传输的操作方式，只有当总线控制器发出命令后远程终端才能做出响应
容错机制	可靠的错误处理和检错机制	具有冗余双通道设计，具有可靠的错误处理和检错机制

(续)

比较项目	CAN 总线	1553B 总线
网络可靠性	网络可靠性基本不受电气特性影响。CAN 节点在错误严重的情况下具有自动关闭输出功能,以使总线上其他节点的操作不受影响	具有冗余双通道设计,可在两通道自动切换。节点在故障状态下不影响总线网络
网络利用效率	高。 采用 CSMA/CD 仲裁机制,无需轮询,总线利用率高	较低。 采用命令响应方式,主机需轮询从节点
实时性	实时性较好	实时性好
电气特性	当电平为显性时 CANH 电平为 3.5V,CANL 为 1.5V;当电平为隐性时,CANH 和 CANL 均为 2.5V	输出电平 18~27V
通信机制	事件触发,有仲裁机制	事件触发、指令与响应模式,通信依赖 BC 发起
媒介访问方式	CSMA/CA(载波侦听多路访问/冲突避免)	TDMA(时分多路访问)
时钟同步方式	硬同步与重同步	靠字头同步
链接介质	双绞线	双绞线
拓扑结构	总线型	总线型
冗余结构	无	双通道冗余
冗余机制	无	由应用层来实现
总线错误处理方式	出错先发错误帧,然后自动重发	RT 关闭或者重启
IP 核	有符合协议的 IP 核	有符合协议的 IP 核
协议标准	ISO11898	美国军用标准
开发工具	具有丰富的全流程开发工具	具备测试工具
成本与维护	成本稍高,开发及维护难度小	成本高,开发难度、维护难度小

经过对 CAN 总线技术和 1553B 总线技术的对比,综合考虑各种因素,自行弹炮结合武器可选择 CAN 总线网络作为核心信息网络。

实际上,CAN 总线最初主要用在对实时性要求不高的汽车行业和工业领域。理论分析和试验证明,CAN 总线不能直接用于复杂武器装备,要将 CAN 总线用于武器装备必须克服总线通信“实时性”这个技术瓶颈,同时还要解决在自行弹炮结合武器这个复杂电磁环境下的“抗干扰”难题。对原有 CAN 总线技术进行扩展开发,可大幅度提高网络系统的实时性和可靠性。例如,通过采取 CAN 总线控制器时间触发、开发专用传输介质和总线接口技术、改进 CAN 总线通信协议等措施,解决 CAN 总线实时性和抗干扰等问题,为 CAN 总线成功用于自行弹炮结合武器奠定基础。自行弹炮结合武器总线网络系统技术是复杂武器装备数据通信技术的重大进步，提高了信息传输速率、传输容量、系统可靠性和可测试性。

4.1.5　总线网络技术

4.1.5.1　数据传输应考虑的因素

在总线网络技术出现以前，现代高炮常用的数据传输技术以并行传输和串行传输技术为主，其特点是点对点的传输。此类传输技术比较成熟，可以满足不太复杂的高炮需求。

但是，随着现代火炮系统复杂性增加，这种点对点的传输方式的局限性日渐明显，具体表现在：

（1）随着火炮电气设备数量增加，传输所需的电缆和连接器数量急剧增加，当电气设备增加到一定程度时，数据传输电缆所占据的空间和重量使得系统无法承受，数据传输连接器所占据的空间使得电气设备面板无法承受。

（2）随着高炮攻击的空中目标速度、机动性增加，要求高炮的反应速度提高，使得电气设备之间数据传输速率和数据量大幅度提高，当要求提高到一定程度时，并行传输和串行传输的速率和数据容量不能满足要求。

（3）为提高系统的测试性，需要对单体之间传输的数据进行有效采集。并行传输和串行传输这种点对点的数据通信方式要么无法记录，要么需要增加大量的附属采集设备，因此在工程上的局限性和不足非常明显。

自行弹炮结合武器比高炮的组成更加复杂，已有的并行传输和串行传输技术不能满足其使用要求，因此引入了数据总线概念和技术。通过对各类总线进行筛选，对优选出的总线进行改进，形成了适合自行弹炮结合武器使用的总线网络系统。

4.1.5.2　总线网络数据传输技术

1. 总线网络拓扑结构

自行弹炮结合武器电气控制系统大量采用分布式结构配置，系统中有些数据是与多个设备共同需求的数据，这些数据通常实时性要求高，而有些数据是两个设备之间的专有数据，这些数据往往数据量比较大，发送频率参差不齐。因此，可以建立两种类型总线：一类是主干网络总线，它作为自行弹炮结合系统主要数据传输网络，用于传输各个设备节点都需要共享的数据，或者对系统影响较大的数据；另一类是专用网络总线，用于传输少数节点专有的数据。在自行弹炮结合武器中，采用“主干网络+若干子网络”的网络拓扑结构形式，即建立一个主干网络总线，若干条专用网络总线组成的多层网络体系比较科学合理。

自行弹炮结合武器多层总线网络架构如图 4-5 所示。第一类是 CAN 主干通信网络完成武器核心控制任务；第二类底盘车辆专用网络总线、雷达专用网络总线等专用子网络，以及支持网络火控的以太网络等。第一类网络采用 CAN 总线网络，进行数据即刻传输;第二类采用以太网,进行信息化数据传输。这些网络均可以链接到信息综合管理计算机上。

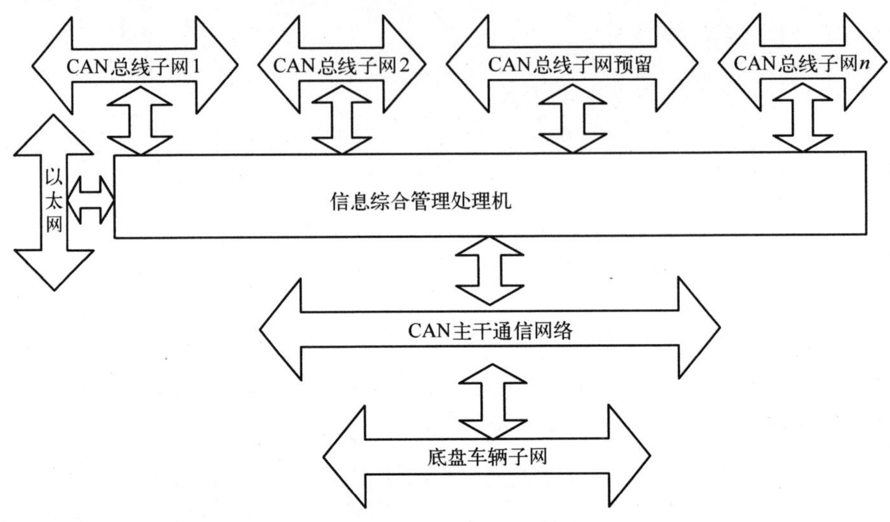

图 4-5　自行弹炮结合武器总线网络架构示意图

2. 总线网络关键技术的解决

自行弹炮结合系统中,一个电气设备输出的数据可能同时是多个电气设备数据的输入,即其他设备要求同时共享这些数据。例如:稳定跟踪系统和火控系统均需要得到导航姿态测量的车体当前纵摇角、横摇角和航向角,分别进行稳定控制解算和部稳定坐标系射击诸元解算;随动系统的误差量要同时发送到火控计算机和目标跟踪系统,分别进行角度控制或位置协调。

上述实际需求决定了自行弹炮结合武器应具备比较高的系统动态响应能力,对数据传输实时性、处理速度、传输速度等提出较高要求。上述要求落实到总线上,不仅要求总线具备较高传输速率,而且要求数据的即达性,从而保证数据的有效性。

CAN 总线数据传输速率最高可达到 1Mbit/s,从流量上完全可以满足自行弹炮结合武器数据流量的要求。但是,在主干通信网络上,连接的节点比较多,如果各个节点按照自己的工作节拍向总线发送数据,会导致产生相当频繁的总线竞争。在此情形下,如果采用 CAN 总线固有的竞争机制,可能造成以下情况的发生:某节点由于总线竞争原因,不能立即获得总线使用权,延迟数据的发送时刻;某节点由于优先级比较低,因为总线竞争,可能无法获得总线使用权,无法发出数据。

例如,如图 4-6 所示,在 t_1 时刻有三个电气设备 n_1、n_2 和 n_3 发出数据发送请求,其报文标识符分别为 30、20 和 10。那么,电气设备 n_3 具备最高优先级、电气设备 n_2 次之,电气设备 n_1 的优先级最低。根据 CAN 总线竞争准则,电气设备 n_3 在 t_1 时刻取得总线使用权,在 t_1 发送出报文,电气设备 n_2、n_1 退出总线竞争,不能发出数据。在 t_2 时刻,如果没有增加新的竞争者,电气设备 n_2、n_1 进行总线竞争,根据 CAN 总线竞争准则,电气设备 n_1 再次竞争失败,退出竞争;电气设备 n_2 获得总线使用权,发送出数据。在 t_3 时刻,如果没有增加新的竞争者,只有电气设备 n_1 有数据发送请求,并获得总线使用权,发送出数据。在这一个过程中,电气设备 n_3 立即获得了总线使用权,成功地在期望的时刻向总线上发送了数据;电气设备 n_2 在延迟 (t_2-t_1) 后将向总线上发送了数据;电气设备 n_1 则在延迟 (t_2-t_1) 后完成数据发送。图 4-6 描述了此种总线竞争情况以及总线数据传输延迟情况。

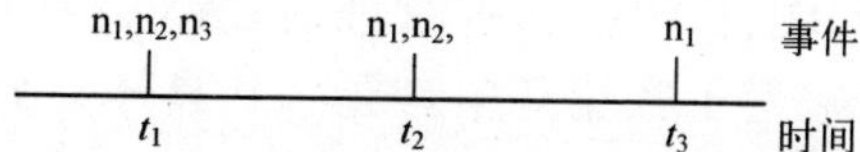

图 4-6　多节点总线数据竞争引起传输延迟示意图

在上例中,如果电气设备 n_2 和 n_3 又在 t_3 时刻重新发生数据发送请求,那么电气设备 n_1、n_2 和 n_3 需要按照根据 CAN 总线竞争准则重新竞争总线使用权。在极端情况下,这种情况周而复始地重复出现,此时如果有新的电气设备加入总线竞争,就使得如果电气设备 n_1 永远无法通过总线竞争准则获得总线使用权,永远无法发出数据。图 4-7 描述了此种总线竞争始终失败的情况。

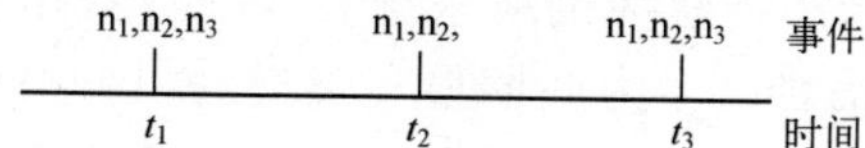

图 4-7　某节点总线竞争失败影响数据发送示意图

第一种情况发生,会造成数据不能按照设计的时刻发送到总线上,不能在规定的时刻到达目的节点,无法满足数据即达性要求。

第二种情况发生,会造成数据不能到达目的节点,无法满足数据传输要求。

在上述两种情况中,任一种情况的发生都会造成数据不能实时到达传送目的地,不能满足自行弹炮结合武器数据传输需求,影响到武器的功能和性能。在此情况下,解决数据不能实时即刻到达传送目的地的方法有两种:一种是提高总线数据传输速度;另一种是彻底消除竞争。

针对提高数据传输速度问题,一方面,通过提高数据传输的绝对速度的方法提高实时性;另一方面,在提高传输速度后,可以减少了其他等待发送数据的等候时间,从而提高实时性和即达性的程度。通常采取如下措施:

(1) 优化控制流程,数据流设计,减少总线上数据传输量和报文长度;

(2) 采用高速信息处理和接口控制电路,提高绝对发送速度;

(3) 尽可能减少软件处理环节,由硬件实现数据搬移,提高系统的总体响应速度;

(4) 设计简约、高效的通信协议,减少接收端负担。

虽然可以在接收端采用主频比较高的计算机提高数据处理部分的速度,但是计算机主频的提高与响应低速 I/O 事件的能力之间没有线性关系。当需要接收的数据较多时,响应这些通信中断的 CPU 资源开销是不能忽略的。

采用提高总线数据传输速度的方法,可以减缓数据实时性和即达性的困难程度,但没有从根本上解决问题。其根本原因是依然存在数据竞争事件,CAN 总线固有的数据竞争体制不能满足自行弹炮结合武器的需求,数据竞争成为使用 CAN 总线进行数据传输的技术瓶颈。

为了解决数据竞争问题,提出了一种改进型 CAN 总线技术的工程应用技术,通过彻底消除竞争的方式,规避了数据竞争难题。其具体方案是,在现有 CAN 总线的基础上,增加时分方式,即总线上各个节点在特定的时间片内进行数据发送,不同的节点对应不同的时间片。这样,当一个节点发送数据时,其他任何节点都不会与之竞争,从而解决总线竞争问题。在此基础上,通过合理设置时间轮转周期和时间片大小,就能保证数据发送的实时性和即达性。

彻底消除总线竞争的方法是在自行弹炮结合武器内部设计一个同步网络总线,使系统中的各个设备通过总线上的同步信号协调工作。具体实施时,以自行弹炮结合武器的同步信号为基准,将每个同步周期划分为若干个片段,每个节点在固定时刻发送数据。自行弹炮结合武器总线网络系统总线节点数据发送与同步时统关系如图 4-8 所示。同步时统信号以 T 为周期重复发送;将每个同步周期划分为 k 段,在每个周期内对应于 k 个时刻;每个时刻对应于唯一的设备节点,该节点在且仅在与之对应的区间内进行数据发送。

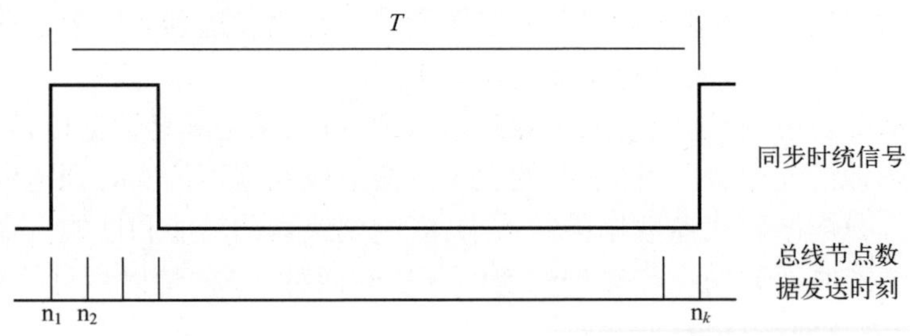

图 4-8　总线数据发送与同步信号关系示意图

自行弹炮结合武器总线网络系统,不需要增加总线控制器,借助武器内部的同步时统,用 CAN 总线实现了复杂武器内部的数据传输。在实际工程设计中,主干通信网络的总线负载控制在 40%以下,工作稳定可靠。同时,也为可能存在消息重试、故障恢复等因素,保留了系统未来扩展空间。

4.2　新型信息总线网络技术综述

随着防空目标特性的变化，未来自行弹炮结合武器对目标信息感知的批数、坐标精度、采样速率等要求更高。无人值守武器、信息化协同作战等新模式的出现，增加了自行弹炮结合系统内部视频数据传输、信息化数据链链接等方面的数据交互程度。因此，现有武器总线的某些性能可能不再能满足未来自行弹炮结合武器的数据交换需求，需要开发新的总线系统。这些新需求包括：报文短小、数据频率较高的控制类数据，大容量视频数据，大容量信息化共享空情数据，协同指挥类数据等各种数据的传输。

表 4-2 对几种武器可用的新一代总线进行了比较。

表 4-2　几种武器可用的新一代高速总线比较

比较项目	FlexRay	AFDX	TTEthernet	EtherTAW
应用	小规模使用	A380 客机	小规模使用	试验性应用
拓扑	总线	星形	星形	星形
带宽/(bit/s)	10	100	100	100
单双工	单工	全双工	全双工	全双工
接口设备	专用	专用	专用	通用
交换设备	N/A	专用	专用	专用
二层技术	专用	兼容 IEEE802. 3	兼容 IEEE802. 3	IEEE802. 3
TCP/IP	N/A	支持	支持	支持
中间件	无	无	无	有
冗余通信	支持	支持	支持	支持
实施成本	高	中	高	中
知识产权	FlexRay 联盟	ARINC-664	TTTech	国产自主

通过对比可以发现：EtherTAW 具有较高的带宽、支持通用网络接口、提供中间件支持等特点；同时，拥有自主知识产权，具有较高的国产化程度和较低的成本，比较适合新一代自行弹炮结合武器数据传输网络系统的需要。

与传统总线相比较，这些新型总线具有如下特点：

(1) 总线带宽提高了一个数量级以上；

(2) 大多采用交换网络结构，架构相对开放；

(3) 容错机制更加灵活和安全；

(4) 兼容性更强，易于扩展；

（5）结构相对复杂，实现难度增加。

F1exRay 网络是一种高传输速率的时间触发（TTP）型网络。该总线技术比较成熟，已经在高档汽车上使用，并在新型复杂武器平台中试用。经过大量的开发研究和试验，结果表明 FlexRay 总线技术也是一种在武器平台中可以推广使用的新型总线技术。

4.3 FlexRay 总线网络技术及应用

FlexRay 是由 FlexRay 共同体（FlexRay Consortium）制定的协议。该共同体为一个企业合作组织，成立于 2000 年。从 2002 年发布的 V1.3 协议规范到 2005 年的 V2.1 协议规范，以及 2010 年的 V3.0.1 协议规范，目前共发布了多达 10 多个版本。

4.3.1 FlexRay 总线网络技术

F1exRay 网络是一种高传输速率时间触发型网络。该总线采用时分多址方式对总线进行访问，具有高度的确定性和容错功能；这些特点能够满足装备控制系统、未来汽车和工业现场的通信要求。

图 4-9 为一个 FlexRay 节点的物理构成示意图。可以看出，一个 FlexRay 节点主要由电源模块、主机、通信控制器、总线监守及总线收发器等组成。电源模块负责给其他模块提供电源。主机提供了 FlexRay 网络中数据链路层协议和应用层协议之间的转换接口，通信控制器则是 FlexRay 数据链路层协议的执行者，主机和通信控制器共同维护整个节点的正常工作流程。总线收发器将节点上的数据转换为差分格式后发送至总线上，同时接收来自总线上的差分信号。总线监守则负责对节点的工作状态进行监控，当某个节点发生故障而不能正常地接收和发送数据时，总线监守会将通信控制器和总线的连接断开，从而不影响其他节点的工作。

一个 FlexRay 总线网络是由若干总线节点（node）组成的。每个节点的主要逻辑处理部件包括主机（host）、通信控制器（Communication Controller，CC）和控制主机接口（Controller-Host Interface，CHI），如图 4-10 所示。在主机中运行着各种应用层的任务，负责接收总线上传入的数据，并对数据进行一定的处理后产生输出数据再发到总线上。当数据发送时，主机将待发数据存入 CHI 的缓存，然后 CC 从 CHI 中将数据读出并传输到总线上；当数据接收时，CC 从总线上接收数据并存入 CHI 的缓存以便主机读取。

FlexRay 网络通信协议主要体现在四个核心机制上：编码与解码（Encoding and decoding）、媒体接入控制（Media Access Control）、数据帧与特征符处理（Frame and Symbol Processing）及时钟同步（Clock Synchronization）。除此之外，控制主机接口为实现这些机制提供数据传输服务。

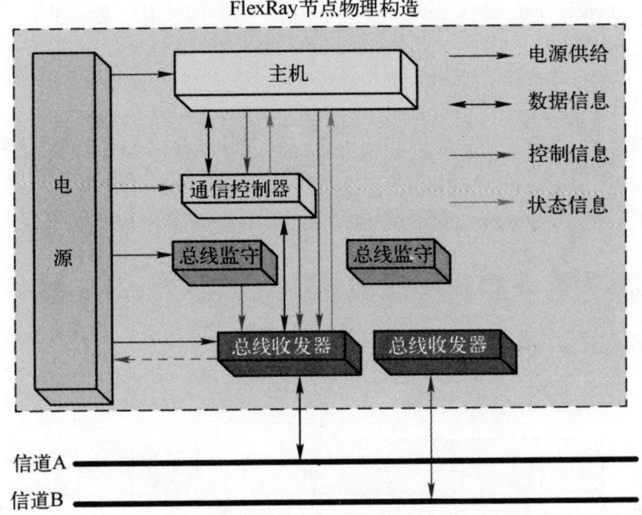

图 4-9　FlexRay 节点的物理构成示意图

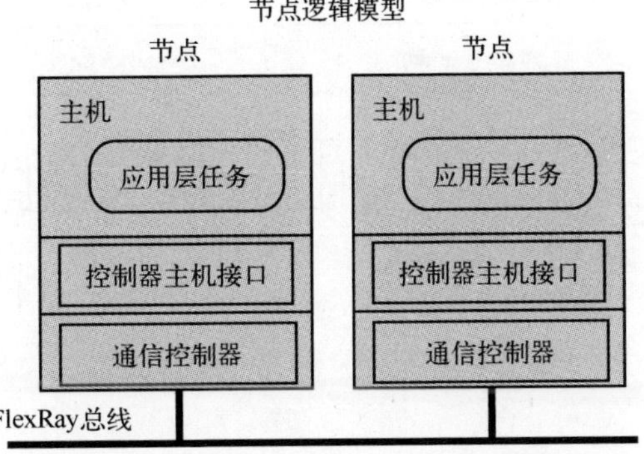

图 4-10　FlexRay 总线节点的逻辑结构

作为一种新型的高性能总线，FlexRay 总线具有以下特点：

（1）传输速率和网络负载率高。FlexRay 支持两个独立通信信道，每个信道的最大通信速率为 10Mbit/s，因而最大传输速率是 CAN 总线的 20 倍。同时，FlexRay 总线的网络负载率可以超过 90%，而 CAN 总线的网络负载率理论上的最大值仅仅为 30%～40%。

（2）实时性好。由于 FlexRay 总线是一种基于时间触发机制的现场总线，整个总线网络的通信是在周期循环中进行的。特定的数据帧在通信周期中持有固定位置，因而可以保证数据通信的实时性。

（3）网络配置灵活。这主要体现在 FlexRay 的两个独立信道支持数据的冗余和非冗余传输，并且网络支持多种拓扑结构等。

(4) 容错性较强。FlexRay 的数据帧提供了 24 位 CRC 校验码,检错能力相对于 CAN 总线有很大的提高。同时,其物理层的独到设计也使得节点的抗干扰能力较 CAN 总线有明显的提升。

(5) 分布式时钟同步。在 FlexRay 总线网络中,各个节点采用了一种中点容错算法(Fault Tolerant Mid-point Algorithm)来保证分布式时钟同步的正常运转,这种算法已经在理论和实验两个方面被证明是一种容错性和适应性很强的时钟同步算法。

4.3.2 FlexRay 总线技术应用系统模型

4.3.2.1 FlexRay 基本通信机制

图 4-11 FlexRay 显示了总线数据通信的时间层次关系。

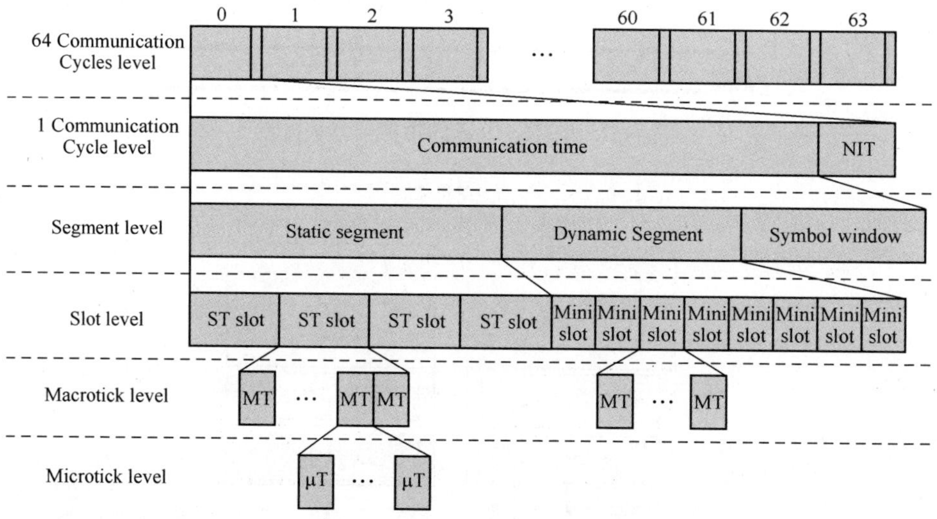

图 4-11 FlexRay 总线的时间层次

FlexRay 是一种基于时间触发和柔性时间触发机制的现场总线,通过通信周期循环的方式传输信息。从图 4-11 中可以看到,FlexRay 协议的时间等级由六层组成,从下到上分别是:微拍层(Microtick, μT),宏拍层(Macrotick, MT),时隙(Slot,包括静态时隙 ST Slot 和微时隙 Minislot),段(Segment,包括静态段 Static Segment 和动态段 Dynamic Segment),单个通信周期(Communication Cycle)和 64 个通信周期组成的最大循环。图 4-12 所示为一个 FlexRay 数据帧的帧结构。一个 FlexRay 数据帧可以分成帧头(Header Segment)、净荷段(Payload Segment)和帧尾(Trailer Segment)三个部分。帧头主要包括帧指示器(ID)、净荷段长度(Payload Length)、帧头循环冗余校验(Header CRC)以及周期计数器(Cycle Count)四个部分。净荷段中则存放有效数据,其长度最大可以达到 254 字节。在一个网络中所有静态帧的净荷段长度均相同,而不同动态帧的净荷段长度可以不同。帧尾部分是由三个字节循环校验码构成,对整个数据帧进行检错。

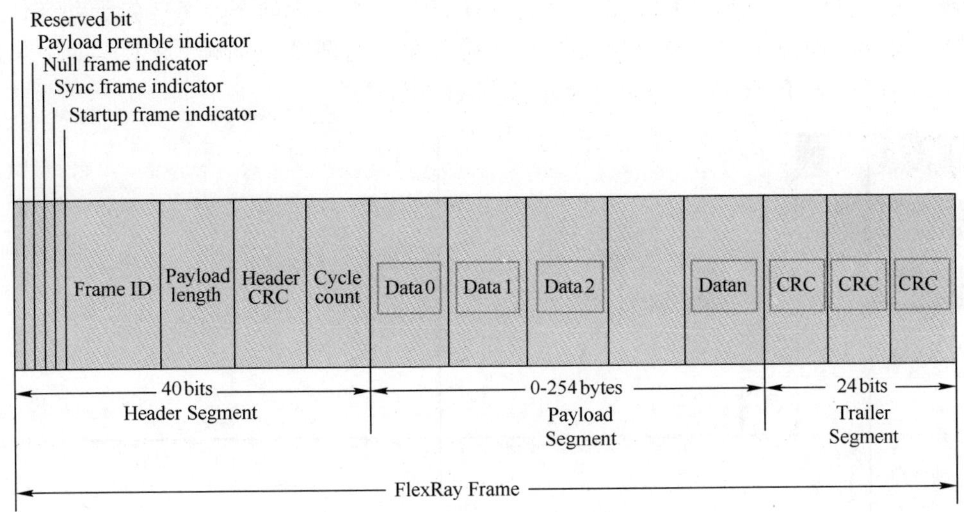

图 4-12　FlexRay 帧结构

当一个节点在发送一个 FlexRay 数据帧之前，需要对这个帧进行编码才能够由收发器发送到总线上。帧编码后，在原始数据帧内容中增加了五个部分，它们分别是传输起始序列（TSS）、帧起始序列（FSS）、字节起始序列（BSS）、帧结束序列（FES），如果是动态帧则还需在最后增加一个动态尾部序列（DTS）。整个编码的过程都是由通信控制器自动完成的。图 4-13 为 FlexRay 的帧编码示意图。在这部分内容中，上述这些帧编码所增加的内容都被视为一种在数据传输中带宽资源的自然损耗。

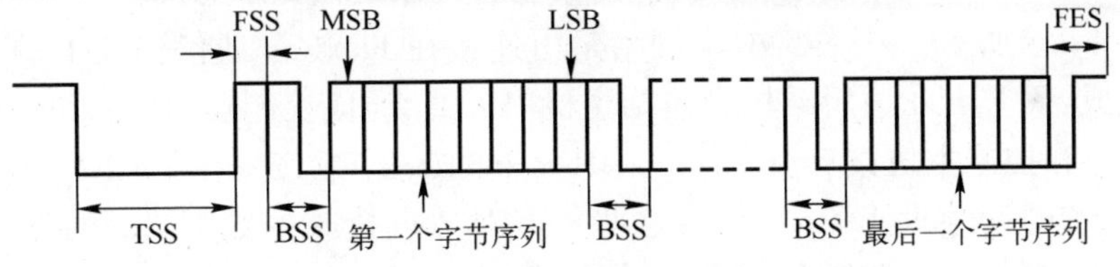

图 4-13　FlexRay 帧编码示意图

图 4-14 为 FlexRay 总线的媒体访问控制（MAC）机制示意图。FlexRay 总线的静态段采用的是时分多址（TDMA）的 MAC 机制，而动态段则是采用柔性时分多址（FT-DMA）的 MAC 机制。在 FlexRay 的 MAC 机制中，最重要的一个规则就是数据帧的 ID 号必须和通信控制器中的时隙计数器值一致。如图 4-14 所示，每个数据帧的发送请求都是在相应的应用任务执行结束时发出的。图中静态任务 2 结束时刻在第 2 时隙开始之前，因此第 1 周期的第 2 时隙将发送 frST2。而尽管静态任务 1 是在第 1 周期中执行的，但相应的 frST1 必须要等到第 2 周期的第 1 时隙才能发送。这是因为静

态任务 1 结束的时刻已经在第 1 时隙开始以后了。动态帧同样需要在其 ID 与动态时隙计数器的值一致时才能发送。如图 4-14 中所示,尽管动态任务 7 先于动态任务 6 执行完毕。但由于动态段的长度不足以同时发送这两个数据帧,第 1 周期中只能发送 frDYN6,而 frDYN7 只能推迟到第 2 周期才能发送。

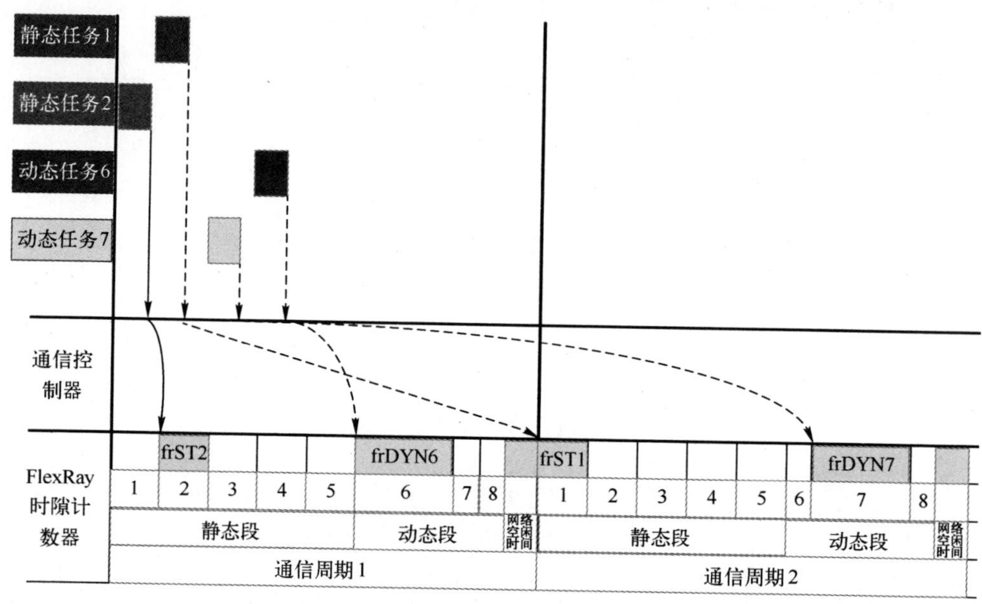

图 4-14 FlexRay 总线媒体访问控制(MAC)机制示意图

4.3.2.2 FlexRay 应用系统模型

图 4-15 所示为一个基于 FlexRay 的典型应用系统模型示意图。

如图 4-15 所示,一个 FlexRay 网络是由连接在 FlexRay 通信信道上的若干节点(node)组成,而节点的逻辑结构中包括主机(Host)、通信控制器(Communication Controller, CC)和控制主机接口(Controller-Host Interface,CHI)。在 FlexRay 节点的主机中,运行着各种各样的任务(Task),这些任务对节点接收的数据进行处理并产生新的待发送的数据。这些任务的整体共同构成一个主机中的应用层软件。一个 FlexRay 网络的应用层协议主要是采用节点上应用层软件的执行来实现的。在主机中,同样需要有某种操作系统来管理和调度在主机中的各种应用层任务,并为这些任务提供与 CC 和 CHI 进行通信的驱动功能。在操作系统与应用层任务之间,通常还需要一个中间件模块,这主要是为了方便在不同类型 FlexRay 节点之间进行应用软件移植而设计的。

根据 FlexRay 应用层(在有些文献中也称为计算层,由主机中执行的各种任务组成)和通信层(由 CHI 和 CC 组成)之间的同步关系来划分,任何一个实际的 FlexRay 总线系统均可分为同步系统和异步系统。

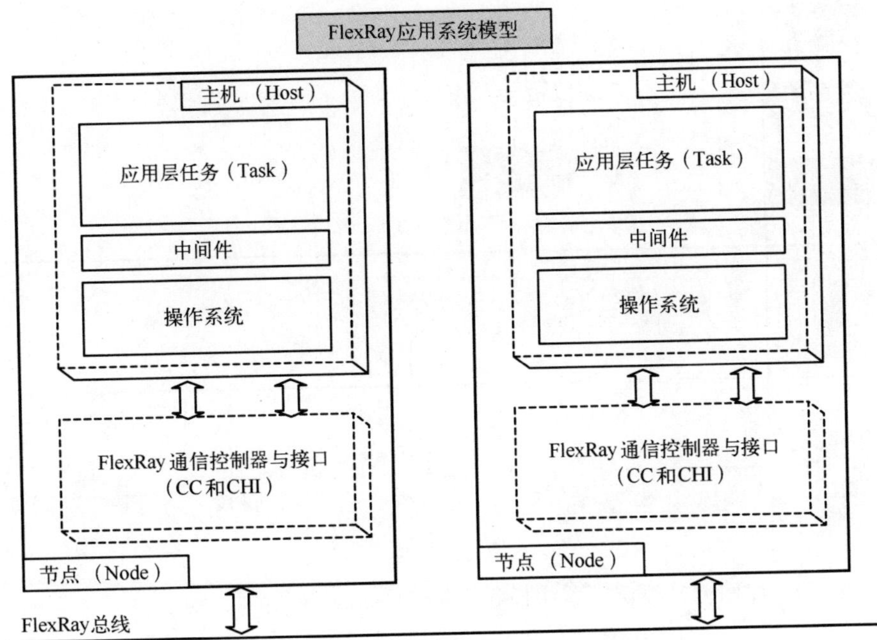

图 4-15　基于 FlexRay 的典型应用系统模型

为了能更加清晰地描述同步系统和异步系统的区别，用一个较为简单的小型 FlexRay 系统来予以说明。在该系统中，包含 2 个 FlexRay 节点、3 个应用层任务和 2 个静态段的信号。图 4-16 为该示例系统的示意图，从该图中可以看到，该实例系统中有 1 个设备节点和 1 个控制节点。设备节点中的应用层运行着传感器任务和执行器任务，控制节点的应用层则运行着控制器任务。

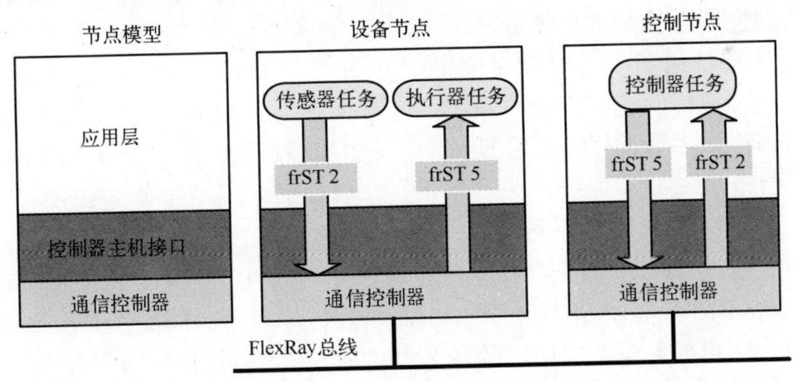

图 4-16　一个 FlexRay 系统范例

对于同步系统而言，每个节点应用层的任务调度和 FlexRay 的通信周期是严格同步的。这种同步过程可以由图 4-17 予以说明。

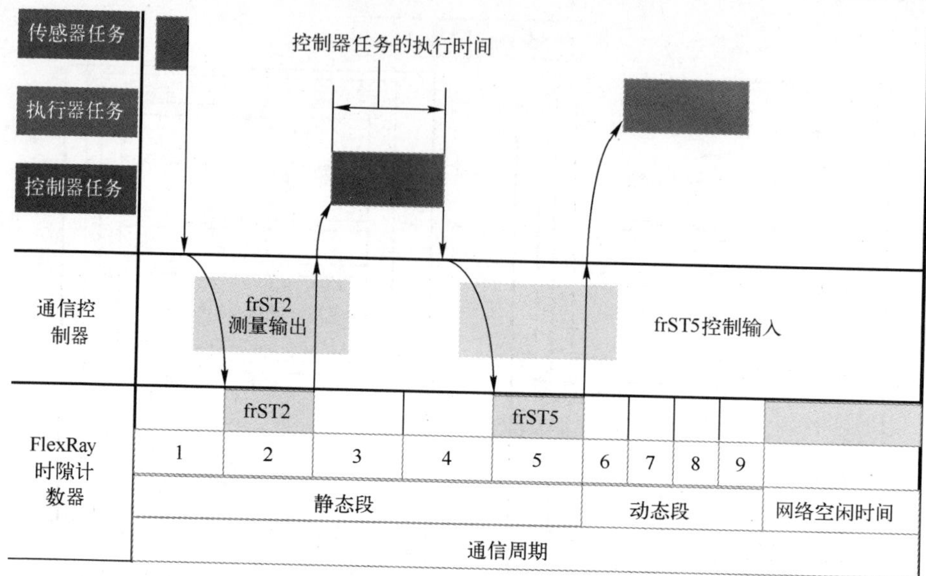

图 4-17　同步系统中任务调度和 FlexRay 通信的时序示意图

如图 4-17 中所示,在每个 FlexRay 通信周期开始的时候,传感器任务就被激活并生成相应的传感器数据。在传感器任务执行完毕后,会向 FlexRay 通信控制器发出发送数据帧 frST2(该数据帧中就包含着传感器任务产生的传感器数据)的请求。由于传感器任务完成的时刻在这个 FlexRay 周期中第 2 静态时隙之前,由 FlexRay 的 MAC 机制可知,此时传感器数据能够在 frST2 中发送。控制器任务通过接收到的 frST2 中的传感器数据来计算控制输入信号,并通过 frST5 发送出去。执行器任务将通过接收到的 frST2 中的控制输入信号来控制执行器的动作。上述过程将在每个 FlexRay 周期中周而复始地重复着。可以发现,同步系统中各种应用层任务的执行时间和 FlexRay 通信周期中的时隙之间的时序关系是非常严格的。这种严格性要求 FlexRay 节点中运行的应用层操作系统的任务调度方式和 FlexRay 总线中 MAC 方式完全一致,即操作系统的任务调度是按照一种时间触发方式进行的。而通常多数嵌入式操作系统(无论是实时的还是非实时的)基本都采用基于优先级的任务调度方式。目前,只有在自驱开放系统架构(Automotive Open System Architechture, AUTOSAR)标准中,扩展部分支持的开放系统及其汽车电子接口(Open System and their Interfaces for the Electronics in Motor Vehicles, OSEK)才属于时间触发类操作系统。

综上所述,同步系统中应用层的任务调度、任务的最长执行时间以及 FlexRay 通信调度都应在整个系统设计阶段完成,并且在系统运行过程中任务调度和通信调度的同步能够得到严格地保证。这种同步特性能保证整个 FlexRay 应用系统具有高度的确定性和稳定性。然而,由于这种系统要求应用层的嵌入式操作系统也是时间触发类的,这会使将一些已有控制系统的应用软件(如一些 CAN 总线应用系统中的软件)移植到基于 FlexRay 的控制系统带来一定的工作量。毕竟,在大多数已有的控制系统中,应用层任务的调度都是采用基于优先级的事件触发方式进行的。

图 4-18 描述了异步系统中应用层任务调度和 FlexRay 通信的时序关系。由于任务调度和 FlexRay 通信调度不再同步,在不同的 FlexRay 周期中每个任务被激活的时刻都会有一定的抖动(Jitter)。因此,在第 1 周期开始的时候传感器任务可能会迟滞一段时间才能被激活。而该任务执行结束的时刻已经在第 2 时隙开始之后了,这样第 1 周期的 frST2 中就不含有传感器数据。第 1 周期的传感器数据就需要等到第 2 周期的 frST2 才能被发送。然而,第 2 周期中传感器任务结束时刻在第 2 时隙开始之前。因此,第 2 周期的 frST2 将传送该周期的传感器数据。这样,一直处于等待状态的第 1 周期传感器数据就无法正常发送,从应用层的角度来说这个数据被“丢失”了。

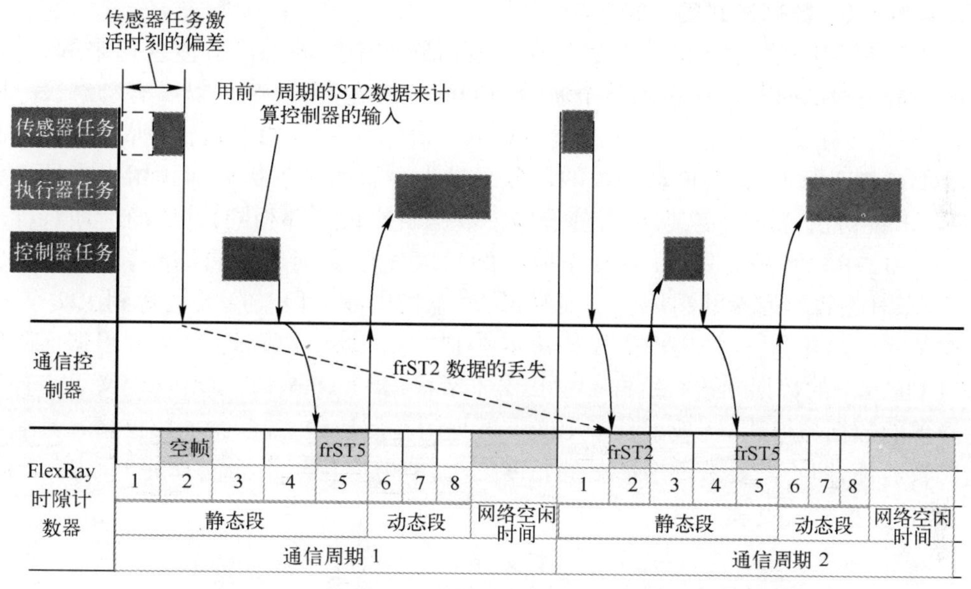

图 4-18　异步系统中任务调度和 FlexRay 通信的时序示意图

对于异步系统而言,应用层和通信层之间不存在同步,二者相互独立。这种异步性可能导致节点之间信号传输的延迟和丢失,进而会劣化整个网络控制系统的性能。然而,这种异步系统能使原有的基于 CAN 的应用软件轻松地移植到基于 FlexRay 的控制系统中,即软件复用的开销很小,因为基于 CAN 的软件系统基本都是和通信协议异步的。反观同步系统,软件复用具有一定的困难需要克服。根据上面的描述,尽管同步系统具有更好的控制性能,但异步系统更加接近实际的需求。

4.3.3 基于 FlexRay 的数据传输协议设计

在 FlexRay 联盟给出的 FlexRay 协议规范中,只包含物理层和媒体接入层的部分。然而,正如其他现场总线(CAN、Profibus)的应用情况一样,在一个 FlexRay 网络不同节点之间中传输一些诸如音频、图像等应用数据,还需要设计相应应用层的数据传输协议。另外,在 FlexRay 网络中的节点只具有对数据帧的检错功能,而并没有针对数据帧发生错误后的补救措施。这对于一个 FlexRay 网络的通信可靠性来说无疑是一个巨大的缺陷。因此,在 FlexRay 技术的实际应用中需要在网络的应用层针对这一缺陷进行相应的设计,从而使 FlexRay 网络中通信的有效性和可靠性都能得到最大限度的保证。基于这种思想,本节举例设计了一个在 FlexRay 总线网络中的数据通信协议,实现了在网络中无差错地进行数据传输的功能。

4.3.3.1 数据格式的定义

由于 FlexRay 最主要的特点都是在其通信周期中的静态段所体现出来的,一般情况下静态段的时长可以占到整个通信周期的 70%左右,甚至可以没有动态段。因而,在数据传输协议的设计中,只考虑 FlexRay 静态段部分的通信,即所有的数据和命令都在静态段中传输,而动态段的部分只是为今后的协议扩展而预留出来的。根据 FlexRay 协议规范的定义,所有静态段中数据帧的长度都相同,其中净荷段长度范围在 0~127B。但在实际应用中,净荷段的长度还会受到通信周期时长、静态段时长、静态时隙数等因素的制约。一般来说,静态帧中净荷段长度无法达到 127 字 B。而在某些应用场合,往往出现需要传输多于 127 字的要求。为此,就需要根据实际需要对 FlexRay 的数据帧进行拆卸和拼接。本节根据 FlexRay 协议规范,定义了一种较为简单的数据帧格式,实现了长于 127 字数据的有效传输。同时,该数据格式具有一定的普适性,即不需要考虑净荷段的长度大小,能够应用于不同配置的 FlexRay 网络中,具体数据格式见表 4-3。

表 4-3 FlexRay 总线数据传输协议中的数据格式

<table>
<tr><th>字节数
帧类型</th><th>1</th><th>2</th><th>3</th><th>4</th><th>5</th><th>…</th><th>M</th></tr>
<tr><td rowspan="2">命令帧</td><td rowspan="2">SYM</td><td rowspan="2">ADD</td><td rowspan="2">FUN</td><td colspan="2">INDEX</td><td rowspan="2">0×00</td><td rowspan="2">0×00</td></tr>
<tr><td>0×00</td><td>0×00</td></tr>
<tr><td>载荷帧</td><td>SYM</td><td>ADD</td><td colspan="2">INDEX</td><td>X</td><td>X</td><td>X</td></tr>
</table>

根据表 4-3 的内容,可以将 1 个 FlexRay 静态帧的数据格式描述如下。首先,将应用层传输的数据分为两类:命令帧和载荷帧。其分别在于净荷段的第 1 字节内容不同,SYM=0×01 表示命令帧,SYM=0×02 表示载荷帧。这里需要解释一下,将原本只需要 1bit 就可以表示的数据类型标识用 1B 来表示是为了最大限度地避免误识别

的发生。命令帧和载荷帧的第 2 字节 ADD 表示目标地址,具体编码规则为:广播信号为 0×FF,第 1 节点为 0×F1, 第 2 节点为 0×F2,第 3 节点为 0×F3,第 4 节点为 0×F4,其后依次类推直至 0×FF。网络中各个节点通过收到的数据帧中目标地址编码来确定是否需要对其进行处理。命令帧的第 3 字节 FUN 表示命令功能码。具体编码如下:通信起始 0×01,通信结束 0×02,起始确认 0×04,结束确认 0×05,数据包确认 0×03。若命令帧的第 3 字节为 0×03,即表示数据包确认时,其第 4 和第 5 两个字节被用来表示接收到的数据包的索引号 INDEX。在其他情况下,命令帧中的其余字节内容均为 0。而对载荷帧而言,第 3 和第 4 字节均被用来表示对应用数据拆分打包处理后生成的数据包的索引号。这里用 2B 来表示数据包的索引号,是为了满足大数据量的传输需求而设计的。表 4-3 中的 M 表示 FlexRay 静态帧中净荷段的字节数。

设计的数据格式可以满足在 1 个 FlexRay 簇(至多 24 个节点)中的点对点和广播两种通信模式,同时能够满足超过 127B 的数据传输要求。另外,所设计的数据格式与净荷段的长度 M 无关(只需保证 $M>5$ 即可),能够在多种不同配置的 FlexRay 网络中使用,应用范围较为广泛。

4.3.3.2　数据传输协议的设计

通信过程的实质在于保证信息传输的效率(即有效性)、准确(即可靠性)。在 FlexRay 协议规范 V2.1 中,只定义了 OSI 参考模型中的物理层和数据链路层。通过这两层提供的服务能够保证在 FlexRay 网络中各种信息传输的有效性。然而,在考虑到信道中各种干扰等因素导致可能出现的误码的情况下,该协议规范本身并不能保证信息传输的可靠性。而实际上,即使在一些较为简单的基于 FlexRay 的分布式应用系统,除了两层基本服务以外,还需要更多的功能才能保证一个应用系统的正常运转。因此,在一个基于 FlexRay 的应用系统中,需要有相应的应用层协议来维持整个系统的正常运转。

若一个简单的协议就可以实现某种应用场合的功能,此时再采用较为复杂的通信协议不仅会造成系统资源的无谓浪费,还可能限制 FlexRay 总线的灵活性。因此应用层协议的设计需要根据不同应用系统的实际需求来进行。本设计案例的通信协议能够实现在一个 FlexRay 网络中各种数据无差错地传输的基本功能,即能够保证数据传输的可靠性。在该协议的基础上,将其进行进一步的扩展就可以满足更多的实际需要。

在本例设计的应用层通信协议当中,可靠的数据发送与接收是其中最重要的一个部分;而且,当通信双方在通信过程中某一参数组的数据大于 254B 时就需要考虑将原始参数组分成多次传输的情况;本例设计的传输协议正是要解决这两个问题。图 4-19 是数据传输协议通信过程的示意图。该协议的主要功能是实现节点之间虚拟连接的建立、消息的拆包和重组、数据包的传输和应答以及虚拟连接的关闭。下面着重介绍数据发送和数据接收部分内容。图 4-20 和图 4-21 所示为网络中节点数据发送和数据接收的流程。图 4-22 和图 4-23 分别介绍了数据接收过程中对命令帧和载荷帧的处理流程。

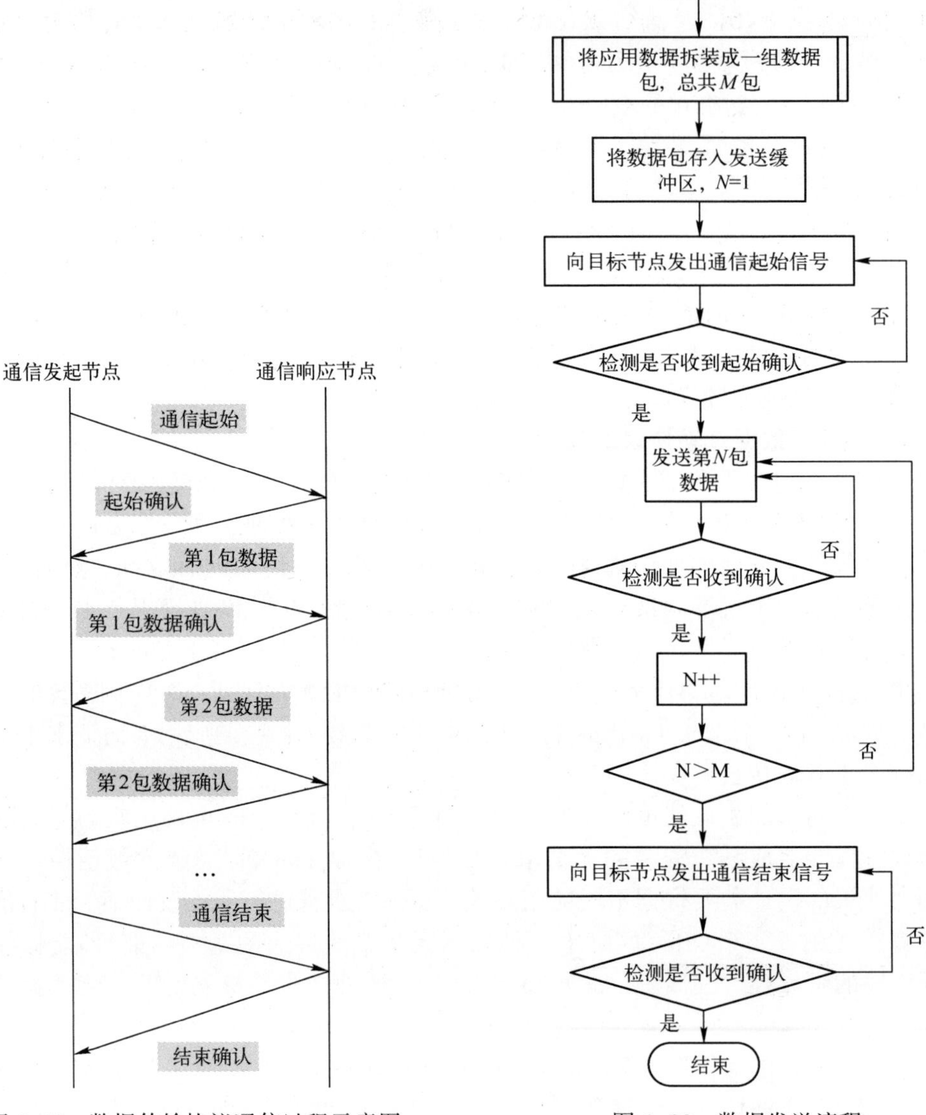

图 4-19　数据传输协议通信过程示意图

图 4-20　数据发送流程

这里所描述的数据发送和数据接收的流程都是针对同一次通信进程而言的。在实际的应用中可能存在这种情况，即某一个节点既是发送节点又是接收节点，这时该节点上将同时运行着数据发送线程和数据接收线程。

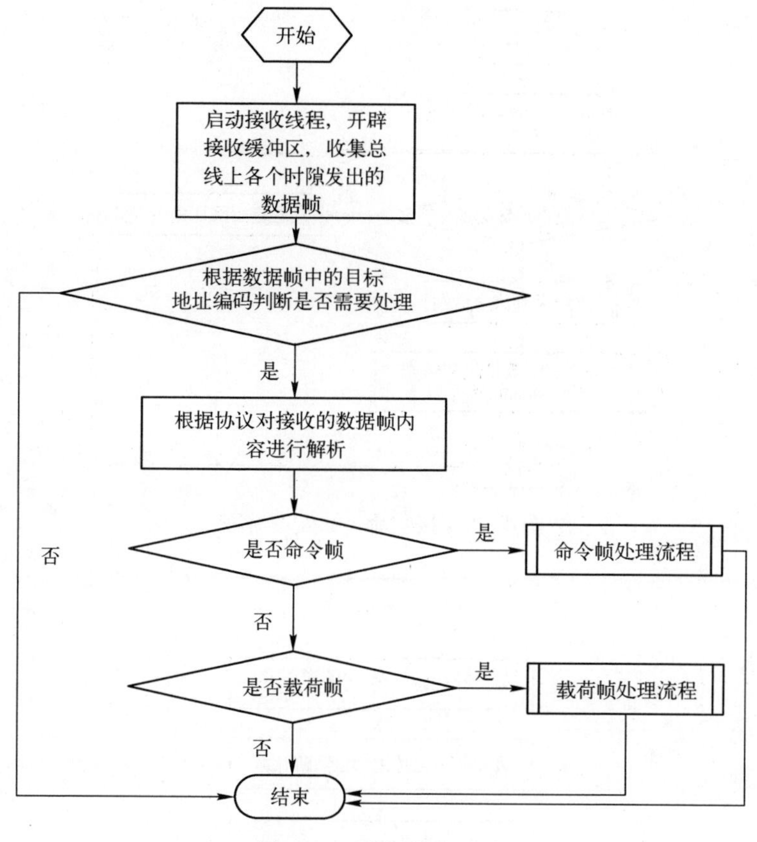

图 4-21　数据接收流程

从图 4-20~图 4-23 中可以看出,在本节设计的数据传输协议中发送节点与接收节点是通过一中“应答-重传”机制来保证各类信息无差错地进行传输。在发送节点向其接收节点发出通信请求之后,若没有收到接收节点的确认信号,则通信起始信号的发送会一直持续下去。同理,在发送了某一个数据包后,发送节点也会等待接收节点相应的确认信号,在收到确认信号后才会发送下一包数据。而在通信结束时的过程也是完全类似的。同时可以发现,这个协议中数据的发送方始终处于主导地位,而接收方则是在不断地对发送方发来的各种信号做出相应的反应。这样既能保证数据稳定、可靠的传输,又不至于使发送方和接收方的系统资源都被大量的消耗。

4.3.4　基于 FlexRay 的武器总线体系设计

当前,信息化是各类复杂武器系统发展的重要趋势之一,在武器中现场总线的应用则是实现其信息化的主要手段之一。CAN 总线在国内现有自行高炮和自行弹炮结合武器上已经得到很好应用,使得相关自行高炮和自行弹炮结合武器在数字化、信

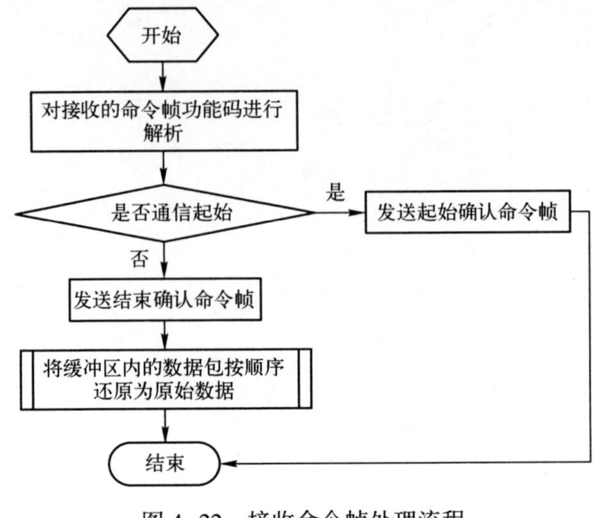

图 4-22　接收命令帧处理流程

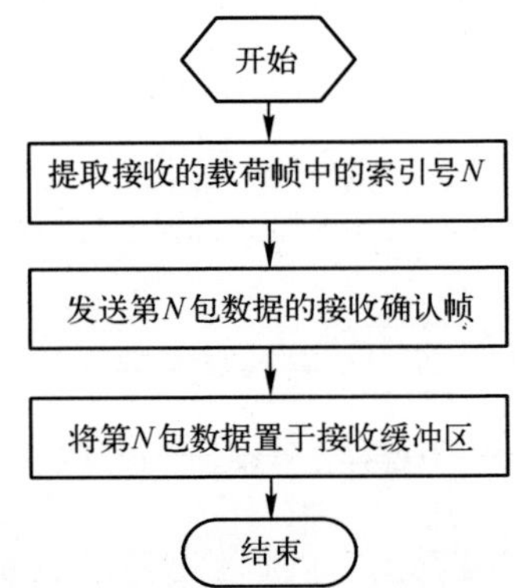

图 4-23　接收载荷帧处理流程

息化等方面达到了较高的水平。然而,以"事件触发"机制为基础的 CAN 总线存在实时性较差和最高传输速率有限,且缺少硬件冗余等固有不足。当武器系统变得更加复杂,特别是增加了诸如信息融合、预警及信息感知等大信息量的节点后,继续采用 CAN 总线将无法满足未来复杂武器系统更高的要求。

FlexRay 总线以"时间触发"通信为主,兼顾"事件触发",可进行同步数据和异步数据的传输,是下一代自行弹炮结合武器总线网络技术的最佳选择之一。

本节提出了一个基于 FlexRay 技术的复杂武器总线体系的思路和技术方案。同时以一类典型的复杂武器系统——自行弹炮结合武器为例,构建了一套完整的总线体系。

4.3.4.1　新型复杂武器总线拓扑结构

在实际应用中,FlexRay 网络的拓扑结构一般有 4 种形式,即总线型式、星型式、星型与总线混合式以及多个星型串接式。由于网络结构的多样化,需要对各种网络拓扑结构进行比较并根据其优缺点进行优化,从而可以提高系统的可靠性,同时降低成本。

此外,FlexRay 网络的拓扑结构还受到协议规定的限制,如一个总线型网络中的最大节点数为 22,主动星型耦合器的数目不超过 2 等。

根据以上拓扑选型原则,在自行弹炮结合武器的 FlexRay 总线体系中,可将全部的 35 个节点分为两个簇,二者之间通过星型耦合器连接。根据 FlexRay 协议内容,物理层信号在传输过程中经过星型耦合器时的延迟会比没有星型耦合器时的要大些。而信号传输延迟的增加会使整个网络的定时精度以及可靠性等性能指标下降,因此可将两簇 FlexRay 网络的拓扑结构都选为总线型拓扑。

4.3.4.2 新型复杂武器总线体系设计

在上节基础上,整个总线体系包括两簇 FlexRay 子网络构成,两个子网络均采用总线型拓扑结构。

具体的技术方案可以用图 4-24 来表示。图 4-24 为某自行弹炮结合武器 FlexRay 主干网络拓扑结构框图,包括同步总线网络和两簇 FlexRay 子网络。其通信线路为双绞线。FlexRay 总线的数据通信速率为 10Mbit/s,以双通道模式进行数据的冗余收发,总线两端的节点加 100Ω 终端电阻。

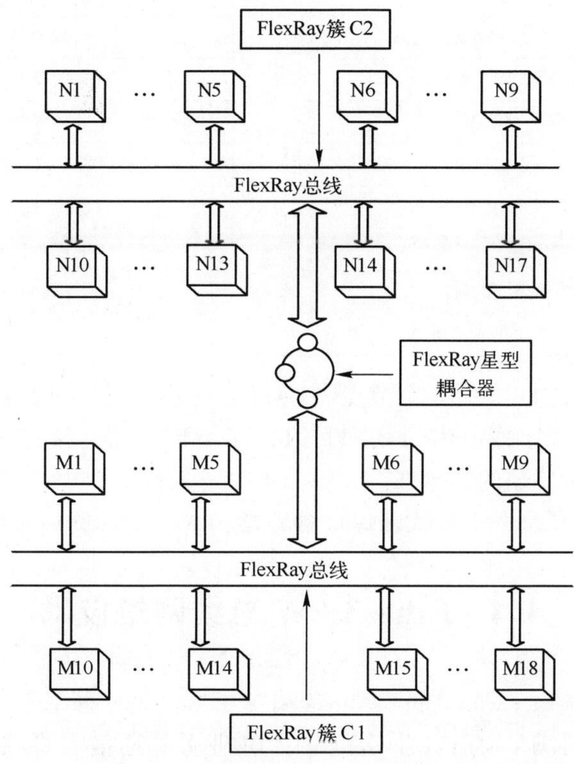

图 4-24 基于 FlexRay 的自行弹炮结合武器总线体系拓扑图

由于网络中节点较多(共35个),根据FlexRay协议对网络中节点数目的规定,将整个FlexRay网络被分成了两个簇C1(18个节点)和C2(17个节点)。其中的各个节点定义如表4-4所列。

表4-4 某自行弹炮结合武器FlexRay总线体系节点

簇名	各节点名称和代号	簇名	各节点名称和代号
C1	红外热像仪 M1	C2	通信装置 N1
	电视摄像机 M2		驾驶员终端 N2
	视频跟踪器 M3		战场态势终端 N3
	搜索雷达 M4		安全联锁及射击控制装置 N4
	跟踪制导雷达 M5		供配电装置 N5
	稳定跟踪器 M6		信息感知装置 N6
	激光测距机 M7		主操控显示台 N7
	防空反导火控计算机 M8		通信网络控制器 N8
	随动系统 M9		底盘分系统 N9
	综合管理计算机 M10		火力炮塔分系统 N10
	同步时统装置 M11		空情预警装置 N11
	寻北导航装置 M12		目标信息融合装置 N12
	制导电子箱 M13		初级电站 N13
	制导平台 M14		炮塔方位角测量装置 14
	雷达测角仪 M15		敌我地面询问机 N15
	光电测角仪 M16		炮控弹药系统 N16
	指令发射机 M17		数据输入终端 N17
	系统测试终端 M18		

需要指出的是,C1中的18个节点M1~M18还要与同步控制总线连接,C1和C2两个簇都采用总线型拓扑结构,通过FlexRay星型耦合器连接在一起。由于总线网络中的35个节点所传输的信息在容错性方面都有较高的要求,因此两个簇C1和C2都使用了双通道的冗余发送模式来保证容错性。

4.4 EtherTAW总线网络技术

EtherTAW(Ethernet with Time-Allocated Window)是一种基于交换式以太网的实时通信网络,可同时满足实时性业务和一般IP业务的通信需要,能够实现武器平台内部控制网络和任务网络的融合。在EtherTAW网络中,交换机与终端节点构成星形网络拓扑,采用全双工方式通信,消除了总线式以太网由于数据“碰撞“所导致的数据到达不确定性。在物理层和数据链路层,EtherTAW 兼容 IEEE 802.3 标准,支持标准 TCP(UDP)/IP 协议集,通过专门设计的实时通信服务满足实时业务的需要。

EtherTAW 终端节点可以选用标准以太网接口卡,通过专用交换机实现对实时通信服务的支持,确保实时业务在时延、确定性和可靠性等服务质量要求。图 4-25 为 EtherTAW 在某系统中的数据传输网络示意图。

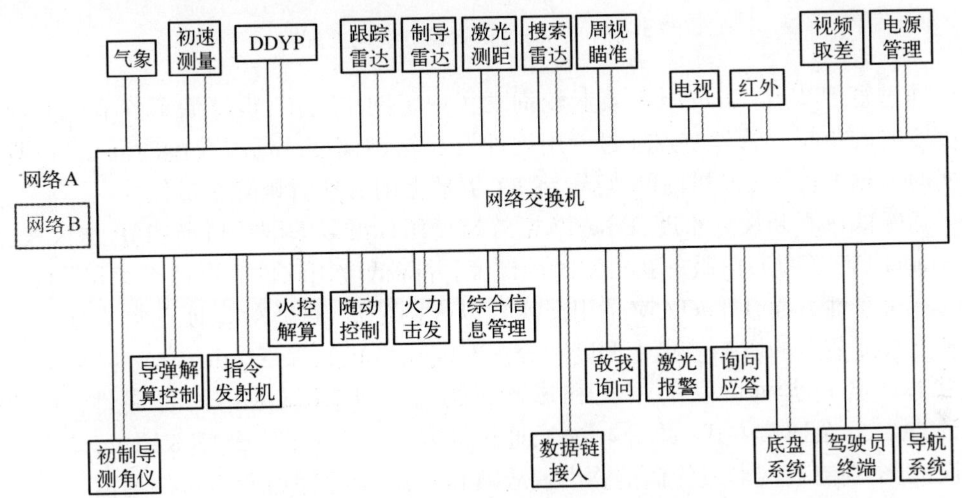

图 4-25　EtherTAW 数据传输网络示意图

EtherTAW 将数据分为四类:实时数据 RT、定速率数据 RC、可靠性数据 RB 以及常规 IP 数据 BE。实时数据包括光电、雷达、温度、压力等各类传感器数据,控制指令、导航定位信息等必须即刻达到的数据;定速率数据包括数字语音、压缩图像数据等流量与速率确定的数据;可靠性数据 RB 包括指挥命令、共享态势信息、电台通信数据等随机产生且必须送达的数据。

EtherTAW 通过采用集中调度和分配时间窗口的方式确保数据传输实时性。EtherTAW 交换机既是数据交换的中心,也是网络的管理节点,它为各终端节点分配通信时间窗口。如图 4-26 所示,在一个通信周期内,管理节点按配置表的定义在网络中广播发起轮询信息 PR,要求特定的节点发布实时数据 RT,并为其分配专用的时间窗口 TW;RT 数据在 TW 内到达交换机后,不需排队直接转发(或组播)至对方节点;在 TW 时间内,其他节点仍可发送 RB、RC 和 BE 类数据,这些数据交换机内进行排队,待 TW 时间结束后再进行转发;对 RC 类数据,交换机根据预定义的优先级和速率参数,动态调整队列;为保证 RB 数据的可靠性,交换机最大程度上保证其进入队列并不被丢弃;BE 数据在信道空闲时转发,以兼容传统 IP 业务,并提高网络利用效率。

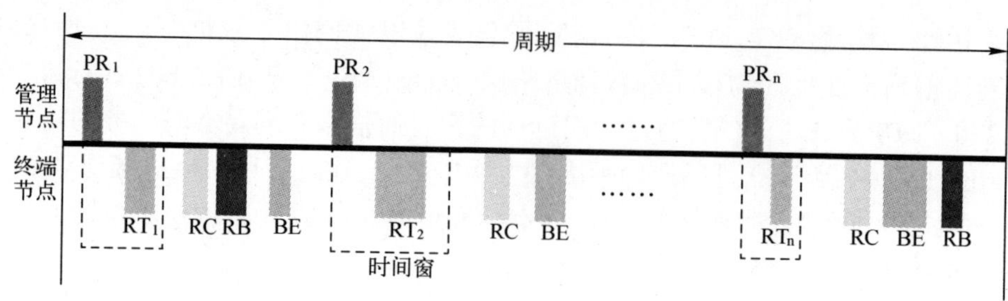

图 4-26　EtherTAW 数据分类调度配置

通过管理节点，EtherTAW 发起轮询既实现了网络同步，也降低了各节点实现高精度定时的负担。管理节点通过专用硬件发起轮询调度。通过分配时间窗口，避免了实时数据 RT 在交换机内部排队，将 RT 类数据的交换时延降至最低。

为降低成本和设计难度，EtherTAW 终端使用标准以太网接口卡和 IP 协议栈，通过 EtherTAW 实时通信服务获得实时性保证，并降低应用软件的设计难度和风险。

在可靠性方面，EtherTAW 采用交换式以太网架构，可有效保证正常节点间的通信不受故障节点的影响。集中调度和分配时间窗口机制保证 EtherTAW 网络不会出现由于节点失步而引发的干扰和影响。为进一步增强网络的可靠性，可采用 EtherTAW 冗余通信方式（见图 4-26），通过部署主从交换机和终端双网卡，即使单个交换机、个别终端网卡或传输链路出现故障和异常，整个系统仍可维持通信。

EtherTAW 采用标准 IEEE802.3 物理层技术，传输介质可采用光纤和屏蔽双绞线，传输线最大长度可达 100m，也可满足自行弹炮结合武器的使用需求。

第5章　发射动力学

自行弹炮结合武器发射动力学分析包括三部分:一是结构刚度和强度有限元分析,结构振动有限元分析;二是机械系统运动学和动力学分析;三是发射过程动力学仿真。

在发射动力学仿真中,多采用多体动力学和有限元分析两种方法。当自行弹炮结合武器构件变形引起的弹性位移远小于机构刚性运动、构件变形引起的弹性位移不会影响机构运动时,采用多体动力学方法;要考虑固有特性及系统各点的应力、应变和动态响应时,常采用有限元方法。

进行有限元分析时,采用 ANSYS 等大型通用有限元分析软件,计算自行弹炮结合武器零部件的强度和刚度,计算结构振动响应,计算结构固有频率和固有振型。结构强度是自行弹炮结合武器结构的基本保证,首先应进行有限元强度校核。当前,ANSYS 等有限元分析软件能很好地仿真自行弹炮结合武器结构在载荷作用下的应力分布和幅值,不管结构多么复杂,其强度计算结果误差可以控制在很小的范围内。在大多数情况下,自行弹炮结合武器高炮密集度问题就是自行弹炮结合武器结构的刚度问题,结构刚度大,其高炮射击密集度就好,反之,结构刚度小,其高炮射击密集度就差。为了满足自行弹炮结合武器高炮射击密集度性能要求,其关键部件的刚度要满足一定的要求。在以往研制中,在结构件加工之前,进行了刚度有限元计算,发现了刚度薄弱部位,进行了结构优化,提高了结构刚度,改善了刚度分布,最终使密集度性能顺利实现。但有时候,由于对力学计算分析的重要性认识不足,忽视了刚度分析;或者虽然进行了结构刚度有限元计算,由于没有掌握结构刚度与射击密集度的相关规律,不能发现刚度薄弱部位;或者人们对刚度有限元计算结果不够重视,使得设计缺陷在靶场试验时最终暴露出来。对于自行弹炮结合武器,其摇架的变形在弹丸出炮口时刻的数值尽管只有 1mm 左右,这样量级的变形如果分散性较大,则会使得自行弹炮结合武器高炮射击密集度性能不能满足设计要求。因此,自行弹炮结合武器结构刚度有限元计算是保证和提高其射击密集度的重要技术措施。自行弹炮结合武器结构振动有限元计算,可以给出载荷激励下的炮口、摇架、炮架等部位的振动响应,包括振动位移、速度和加速度。通过结构有限元计算模态分析,给出结构固有频率和固有振型,可为避免结构共振、引起较大振动响应提供理论依据,对提高射击密集度非常有益。

采用 RecurDyn 等多体动力学分析软件进行机械系统运动学和动力学分析时,可根据自行弹炮结合武器具体结构特点，将其简化为由多个刚体或刚体与柔性体组成的多体系统，进行机构运动学分析，给出各构件之间的运动学关系，也就是各构件之间的位移、速度和加速度之间的关系，进行机构协调性分析、干涉检查等；或进行机构动力学分析，在激励力作用下，研究系统之间的匹配关系，计算系统的运动响应。

自行弹炮结合武器发射过程复杂特殊，其动力学仿真包括内弹道、反后坐装置、高炮振动、导弹发射扰动、起始扰动、外弹道仿真及弹丸落点坐标统计等。因为没有包括高炮发射、导弹发射专用模块，要进行发射过程动力学仿真，像 ANSYS 等这样的商品分析软件常常不能完全满足使用要求。因此，自行弹炮结合武器发射过程动力学仿真，常由自行弹炮结合武器动力学分析人员自行开发专用分析软件，或者在商品软件的基础上进行二次开发。经过高炮发射、导弹发射过程动力学仿真，可以给出各分系统之间的影响关系，各分系统的动力学特性，并预测高炮射击密集度、导弹发射扰动，优化结构设计，评价自行弹炮结合武器设计效果等。

5.1 自行弹炮结合武器稳定性分析

在自行弹炮结合武器总体尺寸与其全重初步确定后，需要计算自行弹炮结合武器稳定性，以便进一步调整自行弹炮结合武器尺寸、质量和后坐力。自行弹炮结合武器的稳定性分析包括静力稳定性和射击稳定性。

5.1.1 静力稳定性

自行弹炮结合武器在最大的纵坡和横坡上行驶的可能性，不仅取决于自行弹炮结合武器牵引力是否足够，还取决于该武器在这种地形上行驶时是否会发生倾覆或滑动。自行弹炮结合武器发生倾覆或滑动的现象，称为自行弹炮结合武器失去稳定。所以自行弹炮结合武器的静力稳定性是指处于运动或静止状态时，在风阻等外力或外力矩作用下，保持原始位置，或在使其离开原始位置的外力或外力矩停止作用后返回原始位置的能力。

当作用于自行弹炮结合武器的外力或外力矩缓慢增加到某一定值时，其所能保持其原始位置的能力称为静力稳定。

假设有一外倾覆力矩 M 作用在自行弹炮结合武器上，如图 5-1 所示。

力矩 M 的作用，使地面法向反作用力 F 的作用点向履带接地段的后方偏移一个距离 x_0，使自行弹炮结合武器重力 Q 与 F 形成的力偶来平衡外加的倾覆力矩 M。显然，当 M 继续增大时，地面法向反作用力 F 的偏移量也愈大。当 $x_0=a$ 时，此时倾覆力矩 M 与自行弹炮结合武器的稳定力矩 Q_a 相等。若 M 继续增大，事实上 x_0 不可能大于 a，所以此时自行弹炮结合武器的稳定力矩已不能与此倾覆力矩相平衡，于是，自行弹炮结合武器将绕通过 A 点的横轴而发生倾覆。

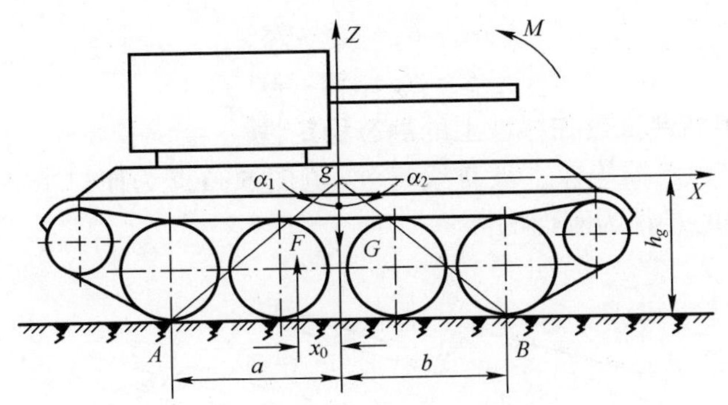

图 5-1　自行弹炮结合武器的纵向稳定角

从以上分析看出，若自行弹炮结合武器的重心高度 h_g 为一定的条件下，履带接地段 a 和 b 的长度愈长，则自行弹炮结合武器的纵向稳定性愈好。但显然，在相同的 a 和 b 的长度下，自行弹炮结合武器重心高度愈高，稳定性愈差。因此，采用自行弹炮结合武器的纵向稳定角 α_1 和 α_2 作为评价自行弹炮结合武器纵向稳定性的参数，即

$$a/h_g = \tan\alpha_1 \tag{5-1}$$

$$b/h_g = \tan\alpha_2 \tag{5-2}$$

式中　α_1、α_2——自行弹炮结合武器纵向稳定角(mrad)；

h_g——自行弹炮结合武器重心的高度(m)；

a、b——前后负重轮着地点到自行弹炮结合武器重心的距离(m)。

同理，评定自行弹炮结合武器的横向稳定性用横向稳定角 β_1 和 β_2 来表示(见图 5-2)。图中 y_0 为地面法向反作用力 F 的横向偏移值。

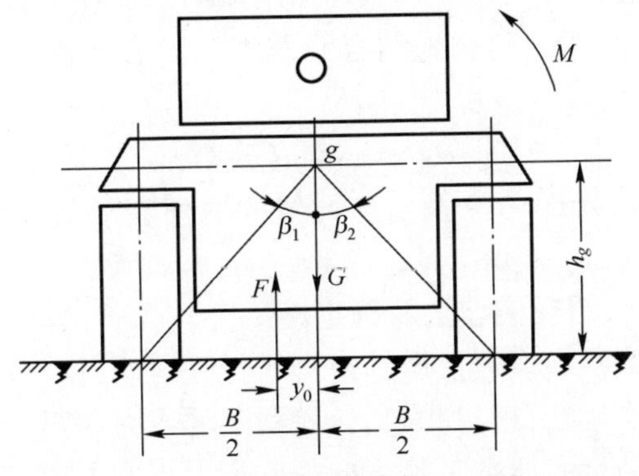

图 5-2　自行弹炮结合武器的横向稳定角

稳定角相等的自行弹炮结合武器，其稳定性也相同。现有的自行弹炮结合武器其稳定角一般取为

$$\alpha_1=\alpha_2=52°\sim75°$$

$$\beta_1=\beta_2=45°\sim60°$$

1. 自行弹炮结合武器在纵坡上的静态稳定性

自行弹炮结合武器等速上坡直线行驶(见图 5-3),为使讨论简化起见,假设自行弹炮结合武器的悬挂为刚性的。

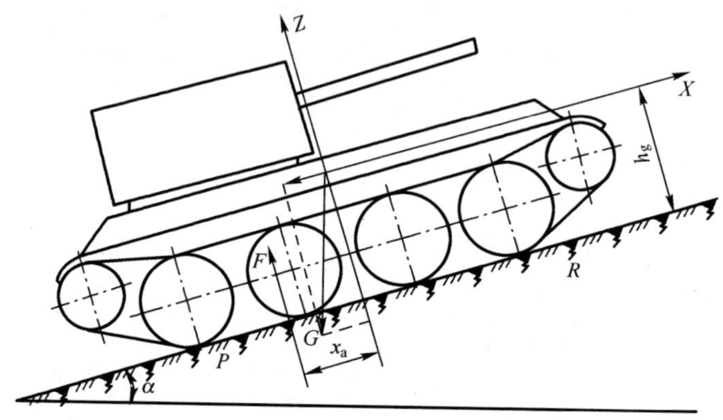

图 5-3 自行弹炮结合武器等速上坡时所受外力

根据作用在自行弹炮结合武器上的外力,可以列出在 X 轴方向的作用力平衡方程式:

$$\sum F_X=P-Q\sin\alpha-R=0$$

或

$$P-\sin\alpha-fQ\cos\alpha=0$$

自行弹炮结合武器能克服的最大坡度极限值,可以由地面的附着条件来决定,即

$$P=P_\mu=\mu Q\cos\alpha$$

将此值代入上式中,得自行弹炮结合武器根据附着条件所能克服上坡的极限坡度角为

$$\alpha_{\max}=\arctan(\mu-f)$$

当地面最大附着系数 $\mu=0.9$ 及对应此值的地面变形阻力系数 $f=0.07$ 时,可以算出上坡的极限坡度角 $\alpha_{\max}\approx40°$。

2. 自行弹炮结合武器在横坡上的稳定性

设自行弹炮结合武器在横坡上做等速直线行驶运动,横坡的坡度角为 β,且不考虑悬挂的弹性。此时作用在自行弹炮结合武器上的各力如图 5-4 所示。

现列出自行弹炮结合武器在 Y 轴方向的作用力平衡方程式,可得

$$\sum F_Y=Q\sin\beta-(s_1+s_2)=0$$

根据地面附着条件,地面横向反作用力 $s_1+s_2=\mu_0F$,μ_0 为横向附着系数,$F=Q\cos\beta$,代入上式可得

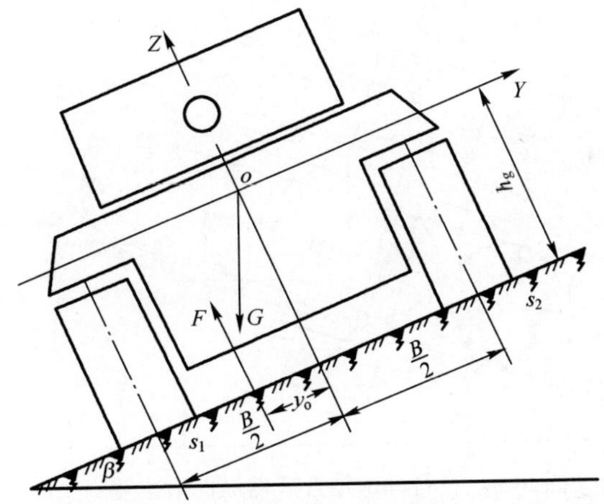

图 5-4　自行弹炮结合武器在横坡上行驶时所受外力

$$\beta = \arctan\mu_0$$

设 $\mu_0 = 1$ 时,此时自行弹炮结合武器根据横向附着条件所能克服的最大横向坡度角为

$$\beta_{max} = \arctan\mu_0 = 45°$$

β_{max}已接近横向稳定角 β_1 的值(一般现有自行弹炮结合武器的横向稳定角 $\beta_1 = \beta_2 = 45° \sim 60°$),所以自行弹炮结合武器应尽量避免在超过 30°以上的横坡上行驶。

3. 全武器重心的选取

综合考虑到纵坡上的静力稳定性使得一般现有自行弹炮结合武器的纵向稳定角 $\alpha_1 = \alpha_2 = 52° \sim 75°$;横坡上的静力稳定性使得一般现有自行弹炮结合武器的横向稳定角 $\beta_1 = \beta_2 = 45° \sim 60°$。综合考虑以上两者的因素后,可以得到静力情况下自行弹炮结合武器的重心。

5.1.2　发射稳定性

自行弹炮结合武器射击稳定性,就是保证自行弹炮结合武器发射时不跳动或移动,它是保证自行弹炮结合武器停止间射击精度的基本条件。

5.1.2.1　自行弹炮结合武器纵向停止间射击稳定性分析

图 5-5 为纵向坡度为 α 时,当自行弹炮结合武器采取液压闭锁和履带制动时,自行弹炮结合武器的纵向射击受力图。

射击时,使自行弹炮结合武器产生水平位移趋势的力为 $R\cos\alpha$,它为地面反作用力 T_c 所平衡。地面反作用力 T_c 的最大值为自行弹炮结合武器的附着力 μQ(履带非制动时,则为履带上的滚动阻力 fQ)。因此,静止条件为

$$R \leqslant \mu Q / \cos\alpha \tag{5-3}$$

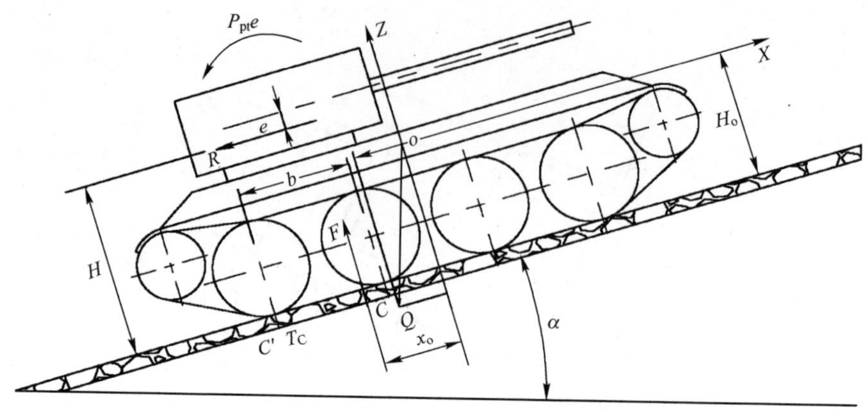

图 5-5　自行弹炮结合武器纵向射击受力图

当 $R=R_{max}$ 时，作用力最大，此时，静止条件为

$$R_{max}\leqslant\mu Q/\cos\alpha \tag{5-4}$$

式中　μ——附着力系数，各种路面的附着力系数和滚动摩擦系数见表 5-1。

表 5-1　路面的附着力系数和滚动摩擦系数

地面性质	μ	f	地面性质	μ	f
柏油路	0.74～0.8	0.03～0.045	草地	1.0	0.7～0.8
卵石路	0.74～0.8	0.05～0.07	割过的草地	0.7～0.95	0.08～0.12
干燥的硬地面	0.6～0.9	0.07～0.10	耕过的田地	0.6～0.7	0.07～0.08
软沙地	0.5～0.8	0.1～0.18	沼泽地	0.3	0.15～0.25
厚沙地	0.5～0.6	0.1～0.15	冰路	0.2～0.3	0.03～0.04
沙地	0.4～0.5	0.1～0.15	碾过的雪地	0.5～0.6	0.05～0.10

俄罗斯沙姆钦科的实验数据表明，当 $R_{max}\geqslant 0.75Q$ 时，自行弹炮结合武器车体即可向后移动。

同样，自行弹炮结合武器车体因发射而跳动的条件是：压力中心有由 C 向 C' 转移的趋势。其稳定条件为

$$P_{pt}e+R_{max}H\leqslant aQ\sin\alpha \tag{5-5}$$

考虑到火炮射击、自动机后坐时，整个自行弹炮结合武器的重心也向后移，a 值随着减小，稳定力矩也随着减小。此时

$$Qa=Qa_0-Q_0\lambda \tag{5-6}$$

式中　Q——战斗全重(kg)；

e——后坐部分质心至炮膛轴线的距离(m，一般规定：当后坐部分质心在炮膛轴线下方时，e 的符号取“+”号，上方时取“-”号)；

P_{pt}——炮膛合力(N);

a_0——发射前全武器重心与 C' 的距离(m);

a——发射过程中全武器重心与 C' 的距离(m);

R_{max}——最大后坐力(N);

Q_0——火炮自动机后坐部分重量(kg);

λ——后坐行程(m);

H——火线高(m)。

从自行弹炮结合武器射击时静止条件和稳定条件公式可以看出:

(1) Q 是保证自行弹炮结合武器射击稳定性的基本因素,增大 Q 有利于提高稳定性。但增大 Q,自行弹炮结合武器的机动性会降低。

(2) 增大 a_0,也是提高稳定性的有效方法,而且增大 a_0 会使车体负重轮数量增多,履带与地面接触长度增加。在履带与地面接触长度一定的情况下,尽量使自行弹炮结合武器的重心在车体的中间。

(3) $P_{pt}e$ 是翻倒力矩的一部分,减小 $P_{pt}e$ 对火炮稳定性有利。在 P_{pt} 一定的条件下,在结构上尽量减小 e,甚至使 $e\approx 0$。

(4) RH 是翻到力矩的主要部分,减小 RH 对改善火炮稳定性非常有利。其中 H 的大小,对稳定性影响很大。

5.1.2.2　自行弹炮结合武器横向停止间射击稳定性分析

图 5-6 为射角为 0°、在斜坡角度为 β 时,自行弹炮结合武器的横向射击受力图。

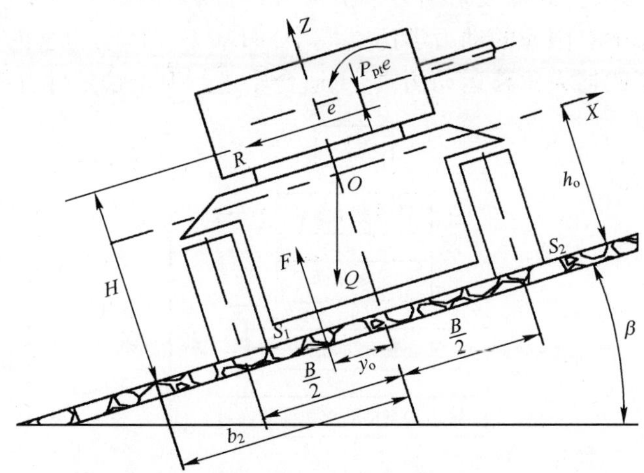

图 5-6　自行弹炮结合武器纵向射击受力图

将自行弹炮结合武器车重分解为 $Q\sin\beta$ 和 $Q\cos\beta$,横向滑动条件和横向跳动条件分别为

$$R+Q\sin\beta\leqslant\mu_0 Q\cos\beta \tag{5-7}$$

$$P_{pt}e+R_{max}H+Q\sin\beta\cdot h_c\leqslant(Qb_{02}-Q_0\lambda)\cos\beta \tag{5-8}$$

由此推出，横向滑动极限安定角β_{1c}和横向跳动极限安定角β_{10}分别为

$$\beta_{1c}=\arccos\frac{R}{Q\sqrt{\mu_0^2+1}}-\arctan\frac{1}{\mu_0} \tag{5-9}$$

$$\beta_{10}=\arccos\frac{RH+P_{pt}e}{Q\sqrt{b_{02}^2+h_C^2+\frac{Q_0^2}{Q^2}\lambda^2-\frac{2Q_0\lambda b_{02}}{Q}}=\arctan\frac{Qh_C}{b_{02}-Q_0\lambda}} \tag{5-10}$$

式中　μ_0——横向履带附着系数，一般为纵向履带附着系数的0.7倍。

由于该值较小，通常$\beta_{1c}<\beta_{10}$。因此，设计时只考虑β_{10}是否满足要求即可。

5.1.3　发射稳定性的动力学仿真分析方法

由于自行弹炮结合武器和地面并不是绝对刚体，如车轮是弹性体，炮架有弹性变形，地面也有弹性和塑性变形，因此即使理论上保证了自行弹炮结合武器的射击稳定性，实际上在发射时自行弹炮结合武器仍会有跳动和移动，这对自行弹炮结合武器原先的瞄准位置有一定的破坏。为了检验所设计的武器在发射时的跳动量和位移量是否符合设计要求，可利用自行弹炮结合武器动力学模型进行全武器发射过程仿真，确定出在各种发射条件下武器的动态移动量和跳动量，评估武器射击稳定性，分析基本流程见图5-7。其中，“武器发射动力学仿真”既可以采用基于多体动力学的仿真模型，也可以采用基于有限元的动力学仿真模型；而基于多体动力学的仿真模型简单、计算量小，适合于武器大位移运动仿真，更适合于进行射击稳定性分析。采用基于动

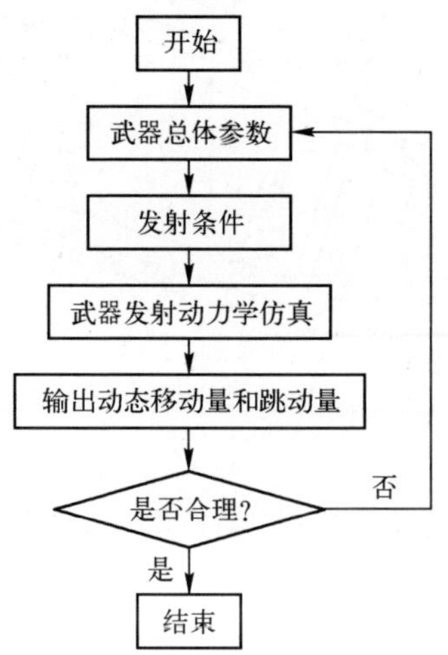

图5-7　自行弹炮结合武器射击稳定性分析基本流程

力学仿真的射击稳定性分析方法可在设计阶段全面评价射击稳定性,优化总体结构,是现代武器研制工程中值得采用的方法。

5.2　自行弹炮结合武器受力分析

自行弹炮结合武器在射击过程中,要承受火药气体的作用力及其产生的后坐力和地面反作用力。在这些载荷作用下,自行弹炮结合武器会产生垂直、俯仰和侧倾等多个自由度的振动,其结果不仅影响自行弹炮结合武器的刚强度,而且影响自行弹炮结合武器的射击精度。这些载荷及其作用均具有强烈的动态性质和瞬态特性,对自行弹炮结合武器发射动力学分析至关重要。

在导弹发射时,对弹炮结合防空武器平台的作用力包括:

(1) 导弹发射瞬间对发射架的后坐力以及对导弹的反作用力;

(2) 导弹发射瞬间,燃气流场及冲击波对临近弹位和其他设备的作用力以及对导弹的反作用力。

5.2.1　火炮炮膛合力

火药气体对火炮身管的作用力称为炮膛合力。在弹丸膛内运动时期,主要由对炮膛压力的总和及弹带对膛线的阻力组成;当弹丸出炮口后,主要由从膛内流出火药气体的反作用力、火药气体对炮口端面压力总和及炮口制退力等组成。

5.2.1.1　弹丸膛内运动时期的炮膛合力

弹丸膛内运动时期的炮膛合力为

$$P_{pt}=Sp_t-r \tag{5-11}$$

式中　S——炮膛断面积(m^2);

p_t——膛压力(Pa);

r——弹带对膛线的阻力(N)。

概略计算时,可以用膛内弹后平均压力 p 代替 p_t 计算。精确计算时,根据内弹道学得知炮膛压力 p_t 与弹底压力 p_d、弹底压力 P_d 与膛内弹后平均压力 P 的关系为

$$p_t=\left(1+\frac{0.5\omega}{\varphi_1 q}\right)p_d \tag{5-12}$$

$$p_d=\frac{\varphi_1}{\varphi}p \tag{5-13}$$

式中　φ_1——弹丸在膛内运动阻力系数,可取 $\varphi_1\approx1.02$;

φ——次要功系数,$\varphi=k+\frac{1}{3}\frac{\omega}{q}(k\approx1.03)$;

q——弹重(kg)；

ω——装药量(kg)。

由式(5-12)和式(5-13)可得炮膛压力 p_t 与膛内弹后平均压力 p 的关系为

$$p_t=\left(\varphi_1+\frac{0.5\omega}{q}\right)\frac{1}{\varphi}p \tag{5-14}$$

弹带对膛线的阻力 r 可由弹丸运动方程 $Sp_d-r=m\frac{dV}{dt}$ 和 $Sp_d=\varphi_1 m\frac{dV}{dt}$ 导出。即

$$r=\left(1-\frac{1}{\varphi_1}\right)Sp_d \tag{5-15}$$

将式(5-13)代入上式得弹带对膛线的阻力与膛内弹后平均压力 p 的关系为

$$r=\frac{1}{\varphi}(\varphi_1-1)Sp \tag{5-16}$$

将式(5-16)和式(5-14)代入式(5-11)得

$$P_{pt}=\left(1+\frac{0.5\omega}{q}\right)\frac{1}{\varphi}Sp \tag{5-17}$$

当弹丸出炮口瞬间，弹带对膛线的阻力消失，则

$$P_{ptg}=\left(\varphi_1+\frac{0.5\omega}{q}\right)\frac{1}{\varphi}Sp_g \tag{5-18}$$

式中 p_g——炮口压力(Pa)。

对比式(5-17)和式(5-18)可知，弹带对膛线的阻力占炮膛合力的2%。

5.2.1.2 后效时期的炮膛合力

弹丸飞离炮口后，火药气体开始从膛内流出，继续对身管发生作用，直到抽壳为止。该时期的炮膛合力主要由火药气体作用在膛的力和作用在药室锥面上的力构成。随着后效期火药气体从膛内高速喷出，炮膛合力从 p_{ptg} 迅速衰减。后效期炮膛合力的计算公式，可以分为经验公式和理论公式两类。

无膛口装置时，常用的经验公式是指数衰减公式：

$$P_{pt}=P_{ptg}e^{-t/b} \tag{5-19}$$

式中 t——从后效期开始为起点的时间(s)；

b——与弹道参数相关的时间常数，它可通过试验数据处理得到，也可根据内弹道冲量相等条件计算得到，$b=\frac{(\beta-0.5)\omega v_g}{gSp_g}$，后效期作用系数 $\beta=\frac{1300}{v_g}$。

后效期炮膛合力计算公式是通过对后效期火药气体流空过程进行分析、简化和建模推导出来的。其基本假设为：①膛内流动为一维准定常；②气体流动过程是等熵的；③火药气体是完全气体；④膛口为临界界面；⑤膛内火药气体均匀分布。由此根据气体动力学理论推导出后效期炮膛合力公式为

$$P_{\mathrm{pt}}=S(\xi_0 p-\varepsilon p^{\frac{k+1}{2k}}) \tag{5-20}$$

$$p=p_{\mathrm{g}}(1+B_0 t)^{-\frac{2k}{k-1}} \tag{5-21}$$

其中，

$$\xi_0=(k+1)\left(\frac{2}{k+1}\right)^{\frac{k}{k-1}}$$

$$\varepsilon=\frac{\sqrt{k}}{2}\left(\frac{2}{k+1}\right)^{\frac{k+1}{2(k-1)}}\sqrt{\frac{\rho_{\mathrm{g}}}{p_{\mathrm{g}}^{1/k}}}v_0$$

$$B_0=S\frac{k-1}{2\omega}\sqrt{k\left(\frac{2}{k+1}\right)^{\frac{k+1}{k-1}}\rho_{\mathrm{g}}p_{\mathrm{g}}}$$

式中　k——火药气体多变指数；

ρ_{g}——弹丸在炮口时膛口火药气体密度($\mathrm{g/m^3}$)；

v_0——弹丸初速(m/s)。

当假定膛内流动为一维准定常时，由气体动力学理论推导出后效期炮膛合力公式为

$$P_{\mathrm{pt}}=S\psi p \tag{5-22}$$

$$p=p_{\mathrm{g}}(1+Bt)^{-\frac{2k}{k-1}} \tag{5-23}$$

其中，

$$B=S\frac{k-1}{2\omega}\sqrt{\frac{k}{1+\frac{3-k}{6}}\rho_{\mathrm{g}}p_{\mathrm{g}}}$$

式中　ψ——火药相对燃烧量。

当有膛口装置时，后效期火药气体流经膛口装置会产生力，影响炮膛合力。根据膛口装置的冲量特征量χ，可以计算有膛口装置时后效期炮膛合力 P_{ptT}为

$$P_{\mathrm{ptT}}=\chi P_{\mathrm{pt}} \tag{5-24}$$

其中，

$$\chi=\frac{I_{\mathrm{hT}}}{I_{\mathrm{h}}}=\frac{\int_0^\tau P_{\mathrm{ptT}}\mathrm{d}t}{\int_0^\tau P_{\mathrm{pt}}\mathrm{d}t}=\frac{\beta_{\mathrm{T}}-0.5}{\beta-0.5}$$

$$\beta_{\mathrm{T}}=\beta\sqrt{1-\eta_{\mathrm{T}}}+\frac{q}{\omega}(\sqrt{1-\eta_{\mathrm{T}}}-1)$$

式中　I_{hT}——有膛口装置时膛内火药气体冲量(N·s)；

I_{h}——无膛口装置时膛内火药气体冲量(N·s)；

η_{T}——膛口制退器效率；

β_T——带膛口装置的后效期作用系数；

其余同前。

5.2.2 火炮自动机后坐力

自行弹炮结合武器在射击过程中，在炮膛合力作用下，炮架（摇架）要承受很大的火炮自动机后坐力，后坐力的大小和变化规律等直接影响自行弹炮结合武器的射击稳定性和射击精度。在炮膛合力给定的条件下，通过设计不同类型的反后坐装置和膛口装置，可有效控制火炮自动机后坐力的大小和运动规律。

根据火炮自动机工作原理的不同，已发展有两种类型的反后坐装置。第一种反后坐装置由驻退机、复进机和复进节制器构成，适于身管短后坐工作原理的火炮自动机，主要对火炮自动机后坐部分的后坐、复进运动和后坐阻力、复进受力规律进行控制，保证火炮的静止性和稳定性，满足炮架承受载荷均匀一致和后坐长度的要求同时，使每一发射击时火炮状态基本保持静止，即火炮自动机后坐部分复进到位速度为0；第二种反后坐装置又称为前冲机或浮动机，它是利用前一发或提前预制的火炮后坐部分的复进能量，来抵消当前发的炮膛合力全冲量，实现定点、定速、定速定点或近似定速定点击发，在规定的后坐长度内，不仅能大幅度减小火炮自动机的后坐阻力，而且还能提高火炮的射击精度。

5.2.2.1 第一类反后坐装置后坐力

使用第一类发后坐装置的火炮自动机的后坐力规律是选定的，常用的后坐阻力 R 如图 5-8 所示。

图 5-8 中，R_0 为初始阻力，等于复进机的初力 $P_0=(2.5\sim3.5)m_0g$，其中 m_0 为火炮自动机的后坐部分质量；t_g 为弹丸在膛内时期的运动时间，R_g 为对应的最大后坐阻力；t_λ 为火炮自动机后坐部分的最大后坐时间。弹丸膛内运动时期的后坐力 $R=R_0+(R_g-R_0)t/t_g$。

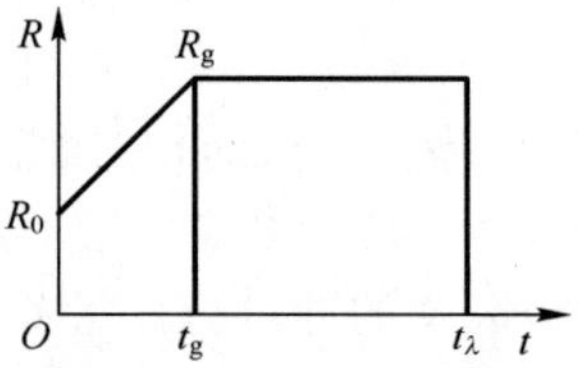

图 5-8 常用的后坐阻力变化规律

后坐阻力由以下部分组成：

$$R=\Phi_0+P_f+R_f-m_0g\sin\varphi+T \tag{5-25}$$

式中 Φ_0——驻退机液压阻力（N），其大小决定于驻退机流液孔面积和后坐速度的大小；

P_f——复进机阻力（N），一般为弹簧结构，刚度度为 k，位移为 x 时，$P_f=P_0+kx$；

R_f——摩擦阻力（N）；

T——火炮后坐部分带动自动机各机构对火炮后坐部分产生的附加阻力（N），根据该类火炮自动机动力学方程，可知

$$T=\sum_{i=1}^{n}\frac{K_i}{\eta_i}F_i+\sum_{i=1}^{n}\frac{K_i^2}{\eta_i}m_i\frac{\mathrm{d}V}{\mathrm{d}t}+\sum_{i=1}^{n}\frac{K_i}{\eta_i}m_i\frac{\mathrm{d}K_i}{\mathrm{d}x}v^2$$

相应的后坐阻力所含各分力如图 5-9 所示。

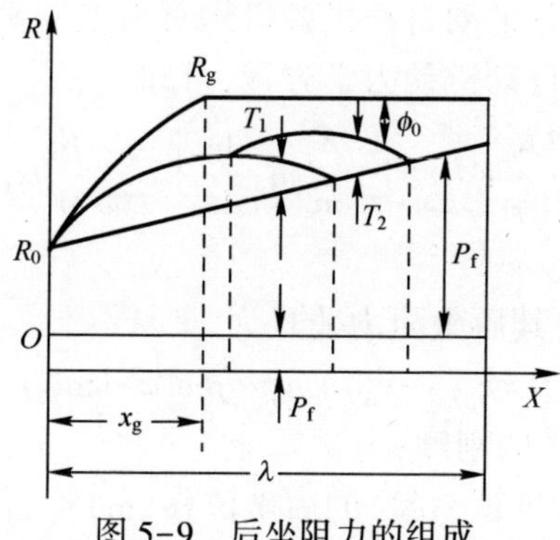

图 5-9　后坐阻力的组成

在火炮自动机、反后坐装置结构方案确定之后，由于 Φ_0 与后坐速度相关，所以为精确求出后坐阻力，需建立火炮自动机后坐部分的运动方程如下：

$$m_0\frac{\mathrm{d}v}{\mathrm{d}t}=P_{\mathrm{pt}}-R \tag{5-26}$$

将式(5-25)与式(5-26)联立得

$$\left(m_0+\sum_{i=1}^{n}\frac{K_i^2}{\eta_i}m_i\right)\frac{\mathrm{d}v}{\mathrm{d}t}=P_{\mathrm{pt}}-P_{\mathrm{f}}-\Phi_0-R_{\mathrm{f}}+m_0g\sin\varphi-\sum_{i=1}^{n}\frac{K_i}{\eta_i}F_i-\sum_{i=1}^{n}\frac{K_i}{\eta_i}m_i\frac{\mathrm{d}K_i}{\mathrm{d}x}v^2$$

$$R=\left(P_{\mathrm{f}}+\Phi_0+R_{\mathrm{f}}-m_0g\sin\varphi+\sum_{i=1}^{n}\frac{K_i}{\eta_i}F_i+\sum_{i=1}^{n}\frac{K_i}{\eta_i}m_i\frac{\mathrm{d}K_i}{\mathrm{d}x}v^2+\sum_{i=1}^{n}\frac{K_i^2}{\eta_i}\frac{m_i}{m_0}P_{\mathrm{pt}}\right)\Big/\left(1+\sum_{i=1}^{n}\frac{K_i^2}{\eta_i}\frac{m_i}{m_0}\right)$$

利用龙格库塔法，解即可得出火炮射击过程的实际的后坐阻力；该值与火炮自动机后坐力大小相等，方向相反。

5.2.2.2　第二类反后坐装置后坐力

第二类反后坐装置主要应用于浮动式火炮自动机，它除了控制火炮自动机炮箱浮动时的后坐、复进运动规律及后坐阻力以外，还要使浮动部分运动与自动机的供弹、输弹、关闩、闭锁及击发机构的动作合理匹配，以保证浮动部分在复进的最大速度附近击发，抵消下发的后坐能量和浮动稳定。

常用的浮动机有弹簧-液压式和摩擦簧（环形弹簧或碟簧）式两种。对于弹簧-液压式浮动机其后坐阻力公式为

$$R=\Phi_0+P_{\mathrm{f}}+F_{\mathrm{c}}+m_0g(f\cos\varphi-\sin\varphi)+T \tag{5-27}$$

式中　Φ_0——浮动机液压阻力(N)，是流液孔面积 a_x、液压阻力系数、后坐速度 v 的函数，与第一类反后坐装置驻退机不同的是流液孔面积 a_x 是固定的；

P_{f}——浮动机弹簧力(N)，$P_{\mathrm{f}}=P_0+k_x$；

F_c——浮动机液压部分紧塞具常数摩擦力(N);

T——火炮后坐部分带动自动机各机构对火炮后坐部分产生的附加阻力,根据该类火炮自动机动力学方程,可知

$$T = \sum_{i=1}^{n} \frac{K_i}{\eta_i}F_i + \sum_{i=1}^{n} \frac{K_i^2}{\eta_i}m_i \frac{\mathrm{d}v}{\mathrm{d}t} + \sum_{i=1}^{n} \frac{K_i}{\eta_i}m_i \frac{\mathrm{d}K_i}{\mathrm{d}x}v^2$$

φ——射角(mrad)。

对于摩擦簧式浮动机,其后坐阻力公式为

$$R=k_b(y-y_0)+m_0g(f\cos\varphi-\sin\varphi) \tag{5-28}$$

式中 k_b——摩擦弹簧的刚度;

y——炮箱(与身管一起)的后坐位移(m)。

与第一类反后坐装置的后坐阻力计算方法相似,需要建立浮动自动机的动力学方程,数值计算射击过程中的运动诸元,从而计算出射击过程中的后坐阻力曲线。其规律与浮动自动机的炮箱(与身管一起)后坐曲线相似。

5.2.3 导弹发射作用力与反作用力

导弹发射时对自行弹炮结合武器的作用力包括:①筒装导弹发射瞬间对发射架的作用力与发射架轨道对导弹的扰动;②筒装导弹发射瞬间,燃气流场及冲击波对临近弹位和其他设备的作用力。

5.2.3.1 发射架的作用力、对导弹的扰动

1. 导弹发射时对发射架的作用力

导弹在导轨上运动承受的外力见图 5-10。假设发射装置为绝对刚体,导轨导向面平直无弯曲,即认为导弹轴线与发射方向平行,同时略去空气阻力。

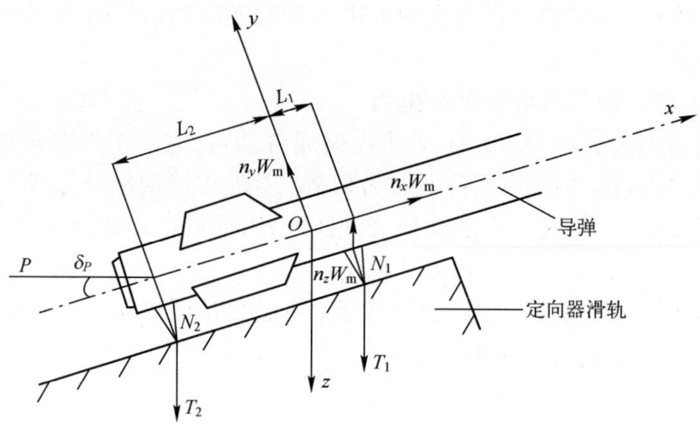

图 5-10 发射时,导弹在导轨上承受的力

作用在导弹上的作用力有,发动机推力(P),导弹重力($W_m=M_mg$),前后定向支

承件的垂直反力(N_1,N_2)和侧向反力(T_1,T_2);摩擦力($\mu(N_1+N_2)$和$\mu(T_1+T_2)$)。由于定向器在方位和俯仰上有旋转跟踪运动,发射装置的运载体有直线或旋转速度和加速度(如舰载武器),因此还应加上运载体运动时的牵连惯性力(n_e+W_m)及哥氏惯性力(n_k+W_m)。

现将三个质量力(重力、牵引惯性力和哥氏力)合成,其过载系数分别为

$$\begin{cases} n_x=n_{ex}+n_{gx} \\ n_y=n_{ky}+n_{ey}+n_{gy} \\ n_z=n_{kz}+n_{ez}+n_{gz} \end{cases}$$

式中　n_x、n_y、n_z——沿发射装置坐标系 x、y、z 轴的过载系数分量;

n_{gx}、n_{gy}、n_{gz}——沿发射装置坐标系 x、y、z 轴的重力过载系数分量;

n_{ex}、n_{ey}、n_{ez}——沿发射装置坐标系 x、y、z 轴的牵连惯性力过载系数分量;

n_{ky}、n_{kz}——沿发射装置坐标系 y、z 轴的哥氏惯性力过载系数分量。

图中 xOy 是固定在发射装置上的坐标系,导弹开始运动时,质心与坐标原点 O 重合,导弹运动的微分方程为

$$M_m\ddot{x}_m=P-n_xW_m-\mu(N_1+N_2+T_1+T_2) \tag{5-29}$$

$$M_m\ddot{y}_m=P\delta_P+n_yW_m-(N_1+T_2) \tag{5-30}$$

$$M_m\ddot{z}_m=n_zW_m-(T_1+T_2) \tag{5-31}$$

式中　x_m、y_m、z_m——导弹质心相对导轨的位移(m);

δ_P——推力偏心角(mrad),它的方向是随机的,分析时按最不利情况,假设偏心出现在 xOy 平面内;

M_m——导弹质量(kg);

W_m——导弹重力(N);

μ——摩擦系数。

式中符号根据实际情况确定,如 n_xW_m 通常与 P 方向相反。

由于假设导轨无弯曲,故 y_m 和 z_m 均为 0,则式(5-30)变为 $N_1+N_2=P\delta_P+n_yW_m$,式(5-31)变为 $T_1+T_2=n_zW_m$,代入(5-29)得

$$M_m\ddot{x}_m=P-n_xW_m-\mu(P\delta_P+n_yW_m+n_zW_m) \tag{5-32}$$

式中的 $P\mu\delta_P$ 为二阶小量,因 δ_P 一般为 5′左右,故可略去,发射时的跟踪速度不大,哥氏力也可忽略,当防空导弹发射时运载体不运动时,牵连惯性力也不存在,则

$$\begin{cases} n_{gz}=0 \\ n_x=n_{gz} \\ n_y=n_{gy} \end{cases}$$

代入式(5-32),得

$$M_{m}\ddot{x}_{m}=P-n_{gx}W_{m}-\mu n_{gy}W_{m}$$

令

$$n'_{x}=n_{gx}+\mu n_{gy}$$

则

$$M_{m}\ddot{x}_{m}=P-n'_{x}W_{m} \tag{5-33}$$

发动机推力曲线与图 5-11 的折线图近似,估算时可忽略导弹质量的变化,近似认为质量不变。当推力等于起动阻力时,有

$$P=P_{0}=n'_{x}W_{m} \tag{5-34}$$

式中 P_0——导弹起动阻力(N)。

导弹开始运动,若以发动机点火瞬间为 0 点,则运动开始时间为

$$t_{0}=\frac{P_{0}}{P_{b}}t_{b}$$

式中 t_0——导弹开始运动时间(s);

P_b——发动机的最大推力(N);

t_b——发动机达到最大推力瞬间的时间(s)。

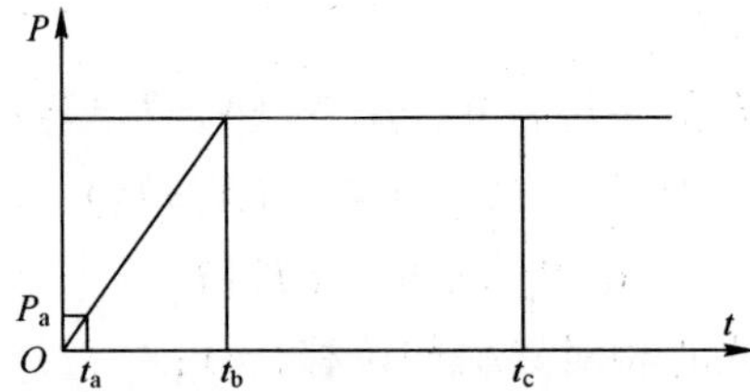

图 5-11 发动机推力变化近似曲线

若定向器有闭锁挡弹器或牵引器时,则 P_0 中应包括闭锁力,如果导弹离轨时间大于发动机推力增长时间 t_b,则

当 $t_0 \leqslant t \leqslant t_b$ 时,有

$$P(t)=P_{b}\frac{t}{t_{b}} \tag{5-35}$$

当 $t_b \leqslant t \leqslant t_c$ 时,$P(t)=P_b=$常数。

推力上升段(即 $t_b \leqslant t \leqslant t_c$)的运动方程为

$$M_{m}\ddot{x}_{m}=\frac{P_{b}}{t_{b}}t-n'_{x}W_{m} \tag{5-36}$$

2. 导弹发射架轨道对导弹的扰动

在导弹发射过程中,发射装置作为一个弹性体,在各种外力作用下产生振动,因而对导弹离轨姿态产生扰动,主要反映在导弹离轨时产生俯仰扰动角位移和俯仰扰动角速度,它影响导弹的发射精度,试验结果分析表明,发射装置对扰动影响的主要因素有三点。

1）定向器结构形式对扰动的影响

用同时滑离定向器发射时，导弹前后支承件同时离轨，没有头部下沉现象发生，此时发射装置与导弹的俯仰扰动角和俯仰扰动角速度相同。不同时滑离定向器发射导弹时，在前定向元件离轨而后定向元件尚未滑离期间，由于导弹头部下沉，导弹相对发射装置附加了俯仰扰动角位移和角速度，因此从减小初始扰动角度出发，不宜采用不同时滑离的发射方式。

2）导轨长度对扰动的影响

定向器导轨长度影响滑离扰动。试验结果表明，导轨长度在一定范围内时，随导轨长度增加，扰动角速度也增大。例如，美国的一种多管导弹发射装置试验结果表明，当导轨长度为 2.5m 左右时，俯仰扰动角速度出现最大值，导轨长度再增加，扰动角速度又开始减小，实用中导轨不会做得太长；因此，从减小初始扰动考虑，不宜采用太长的导轨。但当发动机推力一定时，导轨长度长有利于提高导弹离轨的初速，可增大导弹离轨后的稳定性；因此导轨长度的确定应十分慎重。导弹滑离后进入控制飞行前，飞行弹道的偏差主要由发动机推力偏心、空气动力不对称、强风和滑离时扰动（头部下沉、发射装置振动等）引起，导弹在导轨上约束运动的时间与离轨后无控飞行时间之比，对发射散布有影响；所以可根据要求的约束运动时间，决定导弹滑离长度，这个比值也可由无控外弹道计算得到。如果单独飞行控制系统对发射散布不敏感，则可根据导弹稳定飞行条件计算导轨长度，如要求导弹一离轨就能稳定飞行，则滑离速度必须很大，这点实际上难以实现，所以通常允许滑离后的一段加速时间内，有一定的不稳定度，而后才达到稳定飞行速度，但不稳定飞行产生的角偏差，不得超过舵面能工作的极限值，且应有一定余量，以保证导弹能恢复稳定飞行。

根据允许的飞行不稳定度，通过无控外弹道计算可得出滑离速度，进而确定滑行长度，通常导弹地面设备研制总要求中已给定离轨速度，根据发动机推力曲线即可计算出滑行导轨长度，以及导弹在导轨上的运动时间。

3）发射装置基座刚度和耳轴等效扭转刚度对扰动的影响

试验表明，增大基座刚度可减小导弹离轨时的扰动角；增大耳轴等效扭转刚度，可减小导弹离轨瞬间的扰动角速度。

5.2.3.2　导弹燃气流场及冲击波作用力

发射过程中，当导弹脱离导轨后，发动机燃气流尚作用在发射装置上的期间，但是燃气流对导弹仍产生扰动。这种情况主要发生在采用同时滑离的定向器结构的情况，以及箱式或筒式发射时，在导弹滑离（即以脱离约束）而又未完全出箱的情况，发动机喷出的高速主燃气流和它引发的二次诱导气流混合成湍流，作用在导弹上构成初始扰动的一部分，对发射精度也产生影响，但难以计算，一般用试验法修正。

导弹发动机点火和导弹在导轨上运动，都是引起弹-架系统振动的激励因素。

一般来说,发射装置振动大,就会增加导弹离轨时的扰动。因此,弹-架系统的固有频率应偏离激励的优势频率。但发动机作用的激励频谱很难得到,因此无法明确提出发射装置的结构动力特征参数。有时总体任务书中对发射装置的固有频率提出要求,例如一种超低空导弹系统对发射架提出共振频率要求大于或等于20Hz。

5.2.4 路面激励作用力

自行弹炮结合武器在路面上行驶,路面环境对车体的影响较大。研究表明,履带式自行弹炮结合武器,对路面不平度低频成分影响较小,对高频成分,特别是上限频率有较大影响。履带一方面滤掉了路面不平中比履带节空间频率更高的成分,使履带节的空间频率 n_{T} 成为履带式自行弹炮结合武器路面不平度的上限频率 n_{u};另一方面两块履带板连接处的不平,又在路面不平度中添加了与履带节距相应的周期性激励。节距为 t_{T} 的履带板构成的空间频率 $n_{\mathrm{T}}=1/t_{\mathrm{T}}$,当车速为 u 时,路面不平度的时间频率上限 $f_{\mathrm{u}}=nTu$。

5.2.4.1 路面激励的空间频率谱

路面不平时,路面相对基准平面的高度 q 沿路程 l 的变化 $q(l)$,称路面不平度。路面波的波长为 λ 时,它的空间频率为 $n=1/\lambda$,路面不平度 $q(l)$ 的截断函数 $q_L(l)$ 定义为

$$q_L(l)=\begin{cases} q(l) & \left(|l|\leqslant\dfrac{1}{2}\right) \\ 0 & \left(|l|>\dfrac{1}{2}\right) \end{cases} \tag{5-37}$$

截断函数 $q_L(l)$ 在空间频率 n 的傅里叶变换为

$$Q_{\mathrm{q}}(n)=\int_{-\infty}^{\infty} q_L(l)\,\mathrm{e}^{-2jn\pi}\,\mathrm{d}l \tag{5-38}$$

在线性随机振动系统中,输入与输出之间的传递关系是以谱矩阵的形式给出的,因而,作为车辆振动输入的路面不平度,主要用路面空间频率单边功率谱密度函数从 $G_q(n)$ 描述其统计特性,简称路面谱,即

$$G_q(n)=\lim_{L\to 0}\frac{2}{L}\,|\,Q_L(n)\,|^{2} \tag{5-39}$$

国内外许多测量分析表明,在双对数坐标上,$G_q(n)$ 呈下降斜线。因此,建议路面功率谱密度函数 $G_q(n)$ 用下式作为拟合的表达式:

$$G_q(n)=G_q(n_0)\left(\frac{n}{n_0}\right)^{-\infty} \quad (n_l\leqslant n\leqslant n_u) \tag{5-40}$$

式中 n——空间频率,表示每米长度中包含 n 个波长(m^{-1});

n_u,n_l——表示路面谱的上下限空间频率(m^{-1});

n_0——参考空间频率(m^{-1}),$n_0=0.1m^{-1}$;

$G_q(n_0)$——参考空间频率(m^{-1}),n_0 下的路面谱值,称路面不平度系数(m^2/m^{-1});

W——频率指数,为双对数坐标上斜线斜率的绝对值,它决定路面谱的频率结构,$W=2$。

路面不平度的标准差(均方根值)σ_q 可由下式计算:

$$\sigma_q^2=\int_0^{\infty}G_q(n)\mathrm{d}n=\int_{n_l}^{n_u}G_q(n_0)\left(\frac{n}{n_0}\right)^{-2}\mathrm{d}n=G_q(n_0)n_0^2(n_l^{-1}-n_u^{-1}) \tag{5-41}$$

由此式可以得到路面不平度系数 $G_q(n_0)$ 的估算式为

$$G_q(n_0)=\sigma_q^2 n_0^{-2}(\lambda_u-\lambda_l)^{-1} \tag{5-42}$$

式中　λ_u,λ_l——路面波的最大波长和最小波长,其中 $\lambda_u=n_l^{-1}$,$\lambda_l=n_u^{-1}$。

国际标准提出,用路面不平度系数 $G_q(n_0)$ 将路面分为 8 级,表 5-2 规定了各级路面的 $G_q(n_0)$ 的范围和几何平均值,以及空间 n 在 $0.011m^{-1}\leqslant n\leqslant 2.38m^{-1}$ 范围内对应的路面不平度的标准差 σ_q 值。

表 5-2　路面按路面不平度系数 $G_q(n_0)$ 的分级

路面等级	$G_q(n_0)$			σ_q		
	下限	几何平均	上限	下限	几何平均	上限
A	8	16	32	2.68	3.81	5.38
B	32	64	128	5.38	7.61	10.77
C	128	256	512	10.77	15.23	21.53
D	512	1024	2048	21.53	30.45	43.06
E	2048	4096	8192	43.06	60.90	86.13
F	8192	16384	32768	86.13	121.81	172.26
G	32768	65536	131072	172.26	243.61	344.52
H	131072	262144	524228	344.52	487.22	689.04

对实测的路面不平度数据处理后得到的路面不平度双边谱,可用下式作为拟合曲线:

$$S_q(n)=C_{sp}n^{-W}$$

在双对数坐标上 $S_q(n)$ 也是一条下斜的斜线,系数 C_{sp} 与频率指数 W 有关。上式与国际标准推荐的拟合公式比较,得到

$$G_q(n_0)=2C_{sp}n_0^{-W}$$

表 5-3 是国内实测的四种道路的 W 和 C_{sp} 的值,以及按以上式计算的 $G_q(n_0)$ 值。

表 5-3 国内实测的四种道路路面不平度的统计表

道路种类	W	C_{sp}	$G_q(n_0)$
较平坦公路	2.1	48	120.9
碎石路	2.1	44	1107.9
搓板路	2.4	18	904.3
未铺装的不平路	3.8	54	68143.4

对比表 5-2、表 5-3，可看出，我国大部分公路路面属 B、C 两级。

表 5-4 是俄罗斯对路面不平度的统计资料，并按履带节距 0.125~0.185m，取 $\lambda_1=0.15$m，推算的 $G_q(n_0)$。

表 5-4 俄罗斯给出的路面不平度统计资料

路面类型		不平度标准差 σ_q/m	平均波长 λ_u/m	$G_q(n_0)$
硬路面公路	沥青、水泥	0.013	25~40	424~680
	卵石	0.022	15~20	2438~3259
	砾石	0.017	5~7	4219~5959
不铺路面	用筑路机修筑	0.020	18~30	1340~2241
	中等破损公路	0.040	12~18	8964~13502
乡间土路	路面压实	0.017	11~16	1823~2664
	中等破损	0.028	9~13	6101~8859
	破坏的	0.033	6~9	12305~18615
收割过的田地	耕地	0.030	5~8	11465~18557
	小草地	0.050	8~10	25381~31847
履带车辆驶过	中等破损	0.060	7~12	30380~52555
	已毁坏	0.100	8~16	63.92~127398

俄罗斯对公路不平度的统计资料比较详尽，与我国路面状况有些差别，但也有共同之处，一级公路和高速公路相当于 A 级，其他沥青路、水泥路约相当于 B、C 级；碎石(砾石)路面相当于 D、E 级，用筑路机压实的未铺装的路面和乡间压实的路面相当于 D 级，损坏后逐渐降至 E 级，甚至 F 级，田间野地相当于 F 级；未铺装的不平路和由车辆履带碾压损坏路面相当于 G 级。

5.2.4.2 路面激励的时间频率谱

以平均速度 u 通过 l 路程的时间为 $t=l/u$，以平均速度通过波长 λ 的路面波的时间 $T=\lambda/u$ 称为周期，周期 T 的倒数称为时间频率 $f=1/T=u/\lambda$，简称频率。

空间频率 $n=1/\lambda$，从而得到时间频率与空间频率的关 $f=un$，以及 $ft=nl$。

路面不平度 $q(l)=q(ut)=q_1(t)$，它的截断函数 $q_L(l)=q_{1T}(t)$ 在时间频率上的傅里叶变换为

$$Q_{1T}(f)=\int_{-\infty}^{\infty}q_{1T}(t)\mathrm{e}^{-j2\pi ft}\mathrm{d}t=\int_{-\infty}^{\infty}q_L(l)\mathrm{e}^{-j2\pi ft}\mathrm{d}l \tag{5-43}$$

从而得到路面不平度截断函数在时间频率 f 和空间频率 n 上傅里叶变换的关系为

$$Q_{1T}(f)=\frac{1}{u}Q_L(n) \tag{5-44}$$

它们的共轭为

$$Q_{1T}^*(f)=\frac{1}{u}Q_L^*(n)$$

前面已定义路面不平度的空间频率单边功率谱密度函数为

$$G_q(n)=\lim_{T\to 0}\frac{2}{L}\mid Q_L(n)\mid^2$$

而路面不平度的时间频率单边功率谱密度函数为

$$G_q(f)=\lim_{T\to 0}\frac{2}{T}\mid Q_{1T}(f)\mid^2$$

由于 $T=\dfrac{L}{u}$，故有

$$G_q(f)=\frac{1}{u}G_q(n) \tag{5-45}$$

用国际标准建议路面的空间频率谱 $G_q(n)$ 拟合公式为

$$G_q(n)=G_q(n_0)n_0^W n^{-W} \tag{5-46}$$

且 $n=u^{-1}f$，故得到路面不平度时间频率的单边谱的拟合式为

$$G_q(f)=G_q(n_0)n_0^W n^{(W-1)}f^{-W} \tag{5-47}$$

5.2.4.3　车辆振动作用力的传递

履带车辆行驶时，负重轮胎在履带铺设的轨道上滚动，车轮轴心产生垂直位移，形成对车辆悬挂的激励，即路面输入。准确描述履带和车轮对路面不平度的传递特性，涉及车辆、履带、负重轮与路面相互作用的运动和动力学，是一个复杂的过程。但大致可以看出：它们对路面输入的高频成分影响较大，对低频成分影响较小；而路面谱中，频率越高贡献越小。因此，忽略履带与负重轮对传递特性的影响，不会使悬挂系统对路面激励的动力学分析结果有较大的差异，但可大大简化分析过程。

5.2.4.4　用路面振动谱构造路面激励模型

履带式自行弹炮结合武器的弹性特性和阻尼特性都具有很强的非线性，分析其随机振动时，往往先要在时域中进行，并引入路面不平度 $q(l)$。

路面不平度一般认为是均值为零的各态历经过程，现已知路面不平度功率谱密

度函数 $G_q(n)$，利用有限个离散空间频率 n_k 的三角函数来构造路面不平度 $q(l)$ 这一随机过程。

$$q^d(l)=\sum_{K=1}^{N}a_K\sin(2\pi n_K l+\phi_K) \tag{5-48}$$

式中 l——路程(m)；

ϕ_K——相角(mrad)，为$(0,2\pi)$区间均匀分布的随机变量$(K=1,2,\cdots,N)$，N 个相角相互独立。

由于路面不平度的自功率铺密度函数 $G_q(n)$ 与空间频率 n 的关系，在双对数坐标上接近下降斜线，因此建议用一下拟合：

$$G_q(n)=G(n_0)n_0^W n^{-W} \tag{5-49}$$

式中 W——双对数坐标上斜线斜率的绝对值。

$W=2$，$G_q(n_0)$ 和 n_0 均为常数，可见路面不平度自功率谱 $G_q(n)$ 中低频成分的贡献高于高频成分。为此按对数坐标上等距的方式，来分配空间频率的间隔 Δn，并令 $\lg\Delta n=1/3\lg 2$。

如空间频率分布的区间为(n_u,n_l)，则中心频率数为

$$N=\frac{\lg n_u-\lg n_l}{\frac{1}{3}\lg 2}$$

第 K 个中心频率为

$$n_K=2^{\frac{1}{3}\left(k-\frac{1}{2}\right)}n_l$$

该频率段的上限频率为

$$n_{Ku}=2^{\frac{1}{6}}n_K=2^{\left(\frac{K}{3}\right)}n_l,\ n(K+1)l=n_{Ku}$$

该频率段的下限频率为

$$n_{Kl}=2^{\frac{1}{6}}n_K=2^{\left(\frac{K}{3}\right)}n_l,\ n(K+1)l=n_{Kl}$$

α_K 为幅值，则

$$\alpha_K^2=\int_{n_{Kl}}^{n_{Ku}}G_q(n)\,\mathrm{d}n=G_q(n_0)n_0^W\left(\frac{1}{1-W}\right)\left(n_{Ku}^{(1-W)}-n_{Kl}^{(1-W)}\right)$$

$$\alpha_K\approx 0.51n_0(G_q(n_0)/n_l)^{\frac{1}{2}}(2^{-\frac{K}{6}})$$

对于给定的 $K(1,2,\cdots,N)$，$n_K\alpha_K$ 均可由上面给出的式子计算确定，它们是确定值。只有 ϕ_K 是随机变量，抽取各态历经过程的样本时，先要解决抽取随机变量 ϕ_K 的办法。

上面规定 ϕ_K 为$(0,2\pi)$区间均匀分布的随机变量，它的分布函数为

$$F(\phi_K)=\frac{1}{2\pi}\int_0^{\phi_K}\mathrm{d}x=\frac{\phi_K}{2\pi}=X \tag{5-50}$$

必为(0,1)区间均匀分布的随机变量。当用计算机随机抽取到 X 的一个样本 X_K后,便可得到

$$\phi_K = 2\pi X_K \tag{5-51}$$

现代计算机中一般都装有产生(0,1)区间均匀分布随机变量 X 的各种程序,只要它产生的随机数的样本(不相同)的个数足够使用,经抽样检验合格都可应用。

5.2.5　底盘作用力

自行弹炮结合武器的底盘分为履带和轮式两种。自行弹炮结合武器在射击时,由于底盘的悬挂系统以及履带装置或轮胎将地面传来的激励和自身产生的激励传给弹炮结合武器,使得底盘特性对其性能的影响明显。

5.2.5.1　悬挂系统作用力

自行弹炮结合武器底盘悬挂系统是指将底盘车体和负重轮或轮胎连接起来的所有部件的总称,是底盘的重要组成部分。该系统的功用是把车体和负重轮或轮胎弹性地连接起来,缓和行驶装置(履带和负重轮或轮胎)在路面行驶时产生并传给车体的冲击与振动,改善自行弹炮结合武器乘员在车上的工作的舒适性,提高工作效率;减小其部件和仪器设备承受来自路面的运动冲击,从而保证自行弹炮结合武器在任何路面行驶或射击时都能充分发挥动力-传动装置的最大效能,使自行弹炮结合武器具有良好的机动性、行驶的平顺性和操纵的稳定性。

底盘悬挂系统根据振动控制方式不同,一般分为被动、半主动和主动三种类型。被动式悬挂系统的弹簧刚度和阻尼等参数都是固定的,结构简单、造价低、使用可靠,目前大多数装甲车辆都是该型悬挂系统;最常用被动式悬挂系统有扭杆式、(可调)液-气式和扭杆/(可调)液-气混合式三种,用于自行弹炮结合武器的多为混合式悬挂系统,底盘车体首尾为(可调)液-气式悬挂,中间为扭杆式悬挂。主动式悬挂系统它是在车体上各悬挂支承点上,除作用悬挂力外,在支承点和悬挂元件中间,由外部能源提供控制力,使车辆行驶过程中,各悬挂支承点上的支承力变化不大;一般可通过可调液-气悬挂或混合悬挂改造而成,但由于其结构复杂、成本高、能耗大和可靠性难以保证,其实用性受到极大的限制。半主动式悬挂系统的外能源只用来改变车辆行驶过程中悬挂元件的特性参数,不直接参与系统工作,其结构相对主动悬挂简单、成本低、能耗小,易于实现,是最具发展前景的车辆悬挂系统。

1. 扭杆悬挂特性分析

1) 扭杆的设计特点

目前,履带底盘扭杆悬挂中所用的弹性元件的主要形式为单扭杆,它的转动端(大端)装在平衡肘导管里,另一端(小端)与车体上的支架相连接。为保证各负重轮的初始载荷一致,在扭力杆的两端采用花键结构,以便根据各负重轮的重量调整初始扭转角。扭杆两端花键的模数 m 和压力角 α 相同,模数 m 一般为 $m=1$ 或 1.25,压

力角 $\alpha=45°$，大端的花键齿数 z_1 与小端齿数 z_2 只差 2~4 个齿，即 $z_1=z_2+(2\sim4)$。

扭杆的调整角 θ 为

$$\theta=\left(\frac{M}{z_1}-\frac{N}{z_2}\right)360°=\frac{A(Mz_{20}-Nz_{10})360°}{z_1z_2} \tag{5-52}$$

式中 A——z_1、z_2 的最大共因子，z_{10}、z_{20} 互为质数，从“初等数论”可知 $(Mz_{20}-Nz_{10})$ 的最小值为 1，因此，扭杆的最小调整角 θ 为

$$\theta_{\min}=\frac{360°A}{z_1z_2} \tag{5-53}$$

为便于扭杆穿过平衡肘导管花键孔插入车体上的支架内，小端花键外径应略小于大端花键内径。为弥补其强度上的不足，小端花键节圆直径 D_{g2} 应比扭杆工作直径 d_T 大 1.15~1.35 倍，花键长度 $1\approx(0.7\sim1)d_T$，且长于花键啮合长度。花键与扭杆工作段过渡直径要大于 $R100$，扭杆两端中心孔采用 C 或 B 型。

2）扭杆特性分析

图 5-12 为负重轮、平衡肘、扭杆的连接关系图。

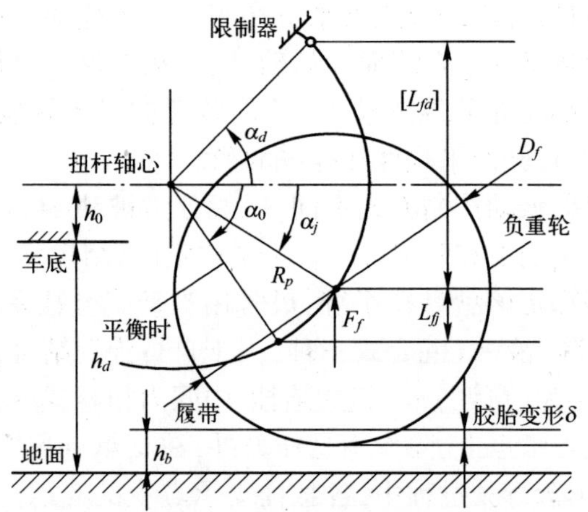

图 5-12 负重轮、平衡肘、扭杆的连接关系图

负重轮离开静平衡位置的垂直位移称负重轮的行程 L_f，它与平衡肘的倾角 α 和平衡肘曲臂半径有关。它们之间的关系为

$$L_f=R_p(\sin\alpha-\sin\alpha_j) \tag{5-54}$$

静倾角 α_j 在行动装置方案确定之后，由下式计算：

$$\alpha_j=\arcsin\left[\frac{1}{R_p}\left(h_b+\frac{D_f}{2}-\delta-h_d-h_0\right)\right] \tag{5-55}$$

式中 h_b——履带板厚度(m)；

D_f——负重轮外径(m)；

δ——负重轮胶胎和履带板胶垫静变形量(m)；

h_d——车底距地高(m)；

h_0——平衡肘轴心距车底高度(m)。

对应于安装角倾角 α_0 和动倾角 α_d 的负重轮静行程 L_{fj} 和动行程 L_{fd} 的公式为

$$L_{fj}=R_p(\sin\alpha_0-\sin\alpha_j) \tag{5-56}$$

$$L_{fd}=R_p(\sin\alpha_d-\sin\alpha_j) \tag{5-57}$$

已知扭杆弹簧的刚度 $k\theta=GJ/l$，扭角 $\theta=\alpha-\alpha_0$，则扭杆悬挂在负重轮轴上的垂直弹性载荷 F_f 为

$$F_f=\frac{T}{R_p\cos\alpha}=\frac{k_\theta\theta}{R_p\cos\alpha}=\frac{GJ\theta}{lR_p\cos\alpha} \tag{5-58}$$

式中　T——扭杆弹簧扭转角为 θ 的扭矩，$J=\pi/32\times d_{T4}$ 为扭杆的极惯性矩；

d_T——扭杆工作直径(m)；

l——扭杆工作长度(m)；

G——扭杆材料的剪切弹性模量(Pa)。

负重轮轴上的垂直弹性载荷 Ff 与车辆静止在水平面上时负重轮轴上的垂直静载荷 F_{fj} 只差称为负重轮轴上的弹性动载荷 $F_{fs}=F_f-F_{fj}$。负重轮轴上的弹性动载荷 F_{fs} 与负重轮行程 L_f 之间的关系称为悬挂特性。

悬挂特性的斜率称为悬挂刚度 k，即

$$k=\frac{dF_{fs}}{dL_f}=\frac{dF_f}{dL_f}=\frac{k_\vartheta}{R_p^2}\ \frac{(1+\theta\tan\alpha)}{\cos^2\alpha}=\frac{F_f\left(\dfrac{1}{\theta}+\tan\alpha\right)}{R_p\cos\alpha} \tag{5-59}$$

其静刚度为

$$k_j=\frac{F_{fj}\left(\dfrac{1}{\theta_j}+\tan\alpha_j\right)}{R_p\cos\alpha_j}=\frac{GJ}{l}\cdot\frac{(1+\theta_j\tan\alpha_j)}{R_p^2\cos^2\alpha_j} \tag{5-60}$$

由式(5-48)可知，虽然扭杆弹簧的刚度为常数，但扭杆悬挂的悬挂刚度要随平衡肘的倾角、负重轮行程 L_f 而变。

2. 液-气悬挂特性分析

1) 液-气悬挂结构原理与特点

履带式自行弹炮结合武器中，应用的液-气悬挂一般为固定缸筒式，一般由储能器、动力缸和减振阀组成，如图 5-13 所示。

储能(压)器是一个密闭气室，向室内充、排液体，改变气体容积，气体压力随之变化，液体是传力和密封介质。储能器内气体的状态参数为：压力 p，容积 V 和(绝对)温度 T，由气体状态方程有

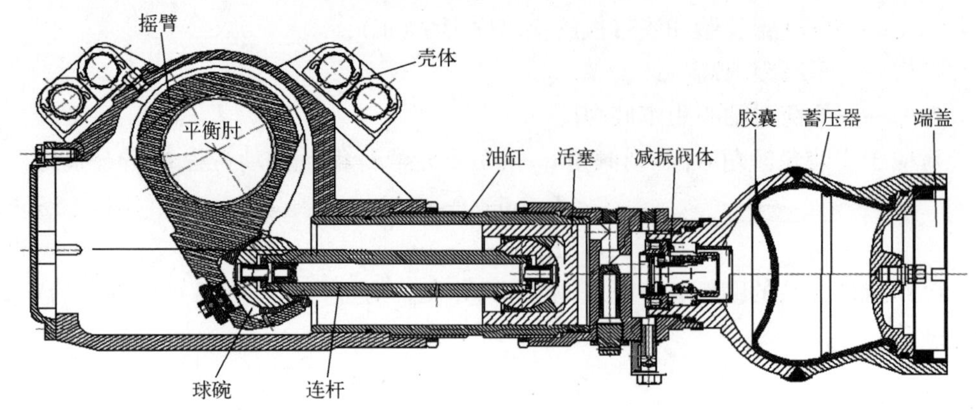

图 5-13　固定缸筒式液-气悬挂结构原理图

$$\frac{pV^n}{T}=\text{常数} \tag{5-61}$$

式中　n——气体多变指数,通常 $n=1.2\sim1.3$。

动力(油)缸是把气体传给液体的压能转变为外作用力的执行机构,用管道与储能器相连,现用活塞式动力缸。当活塞面积 $A_h=\frac{\pi}{4}D_h^2$(D_h 为活塞直径)时,气体弹簧的弹性 F_s 为

$$F_s=(p-p_a)A_h \tag{5-62}$$

油气弹簧工作时,气室内温度变化不大,因而有

$$pV^n=p_jV_j^n \tag{5-63}$$

或以气柱(当量)高度 $H_s=V/A_h$ 表示为

$$pH_s^n=p_jH_{sj}^n \tag{5-64}$$

$$H_s=H_{sj}-L_s \tag{5-65}$$

式中　L_s——与负重轮行程 L_f 对应的动力缸活塞行程。

各参数的下标 j 表示车辆停放的静平衡位置对应。因而有

$$p=p_j\left(1-\frac{L_s}{H_{sj}}\right)^{-n} \tag{5-66}$$

气体弹簧的刚度为

$$k_s=\frac{\mathrm{d}F_2}{\mathrm{d}s}=A_h\frac{\mathrm{d}p}{\mathrm{d}s}=nA_hp_j\left(1-\frac{s}{H_{sj}}\right)^{-n-1}/H_{sj} \tag{5-67}$$

可以看出,气体弹簧的刚度 k_s 不是常数,是行程 s 的函数,即 $k_s=k_s(s)$。

2) 液-气悬挂特性分析

履带式装甲车辆油气弹簧多用固定缸体式动力缸,缸体与车体甲板固定连接,便于管道连接,有利于向车体散热。它是一个曲柄滑块机构,曲柄与平衡肘轴固接,有相同

的转角，总转角 $\theta_M=\alpha_d-\alpha_0$；为减小工作过程中连杆对缸筒轴心线的摆角，减小活塞上的径向力，宜使缸筒轴心线平行于曲柄上下止点的连线，连杆长度 l_R 应大于上述连线长度与活塞轴向长度之和。固定缸体式油气悬挂结构简图如图 5-14 所示。

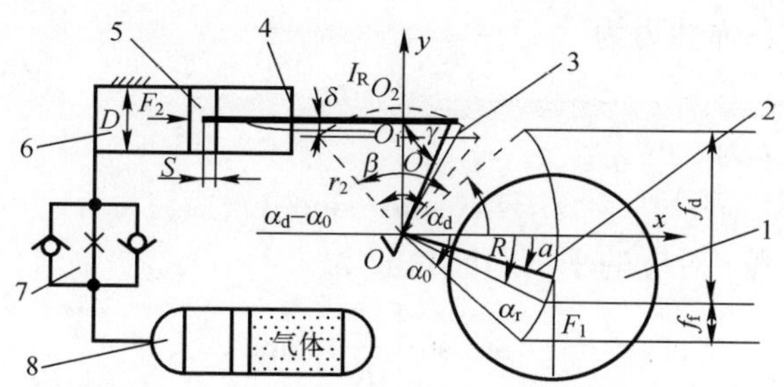

图 5-14　固定缸体式油气悬挂工作原理简图

1—车轮；2—平衡肘；3—曲柄；4—连杆；5—活塞；6—动力缸；7—减振阀；8—贮能器。

设缸筒轴心线距平衡肘轴心的 y 向坐标为 M，平衡肘相对于 x 轴在任意位置的摆角为 α，l_R 为连杆长度，R 为平衡肘长度。设曲柄上下止点连线与 y 轴交点为子坐标原点 o_s，以上述连线为横轴 w，建立 o_syw 的坐标系。其中曲柄在下止点（起点）与 y 轴的夹角为 $-\dfrac{1}{2}\theta_M$，曲柄在任意位置与 y 轴的夹角为

$$\beta=-\frac{1}{2}\theta_M+\theta=\alpha-\frac{1}{2}(\alpha_d+\alpha_0) \tag{5-68}$$

在坐标系 o_syw 中，曲柄与连杆铰链的 y 坐标为

$$y=M-r_s\cos\beta \tag{5-69}$$

连杆与缸筒轴线的夹角：

$$\delta=\arcsin\left(\frac{y}{l_R}\right) \tag{5-70}$$

连杆与活塞铰链点的 w 坐标为

$$w=r_s\sin\beta+l_R\cos\delta \tag{5-71}$$

连杆与曲柄间的夹角为

$$\gamma=\frac{\pi}{2}+\beta-\delta \tag{5-72}$$

气体弹簧的行程 s 即活塞相对于其静平衡位置的位移为

$$s=w-w_j \tag{5-73}$$

由气体弹簧弹性力 F_2 和负重轮轴上弹性力 F_f 对平衡肘轴心 O 的力矩平衡关系有

$$\frac{F_2}{\cos\delta}r_2\sin\gamma=F_fR\cos\alpha \tag{5-74}$$

则：

$$F_f=iF_2$$

式中 i——传动比。

对于固定缸体式液气悬挂为

$$F_2=R\cos\delta\cos\alpha$$

负重轮上的动态弹性力为

$$F_{fs}=F_f-F_{fj} \tag{5-75}$$

负重轮的行程 f 为

$$f=R(\sin\alpha-\sin\alpha_j) \tag{5-76}$$

则与负重轮行程 f 对应的平衡肘倾角 α 为

$$\alpha=\arcsin\left[\frac{f}{R}+\sin\alpha_j\right] \tag{5-77}$$

可逐步计算 β、γ、δ、γ、w、s、F_s、i，从而算出 F_{fs}，建立 $F_{fs}-f$ 的特性曲线。

5.2.5.2 履带系统作用力

履带装置是履带式自行弹炮结合武器的行驶机构，其基本功能是把动力传动装置传来的转矩变成车辆的牵引力，推动其行驶；制动时，传递地面传来的地面制动力实现车辆制动；负重轮支撑车辆的质量；履带为负重轮提供一条连续滚动的轨道，从而使自行弹炮结合武器具有良好的通过性。

在火炮或导弹发射过程中，当履带非制动时，负重轮将在履带上向后转动，车体后坐。当履带制动时，履带张紧力将使车体作弹性后移及回转，最后回到原位。

下面分析火炮或导弹发射时履带对后坐量和回转角的影响。

火炮或导弹发射时，不论履带非制动或制动（张紧）均形成张紧力 T_l，它传递给车体并改变车体的运动诸元。当履带非制动时，张紧力 T_l 的产生决定于与主动轮联系的总传动部分的惯性力，使车体的后坐距离减小，而使车体的回转角增大。当履带制动时，张紧力 T_l 造成后面的负重轮急速地与履带倾斜部分（与水平面成 α_l 夹角）碰贴。张紧力 T_l 的力矩在此情况下使车体回转角增大，这种回转虽然履带沿地面没有滑动，但可能造成车体移动。

取履带的两个断面（见图 5-15），用相互反作用的外力 T_l 来代替每一断面上内力的作用，得到两个反力 T_l 作用在后面的负重轮的轮缘上和一个反力作用在主动轮的轮缘上。后负重轮前面的履带张力与履带同地面的啮合阻力 T_c 成为外力传递给车体。

在没有打滑时，履带的张力小于地面最大的啮合力，车体在封闭的履带中后坐。把张力自后负重轮的外廓移到它的轴上，并将其分解成水平和垂直两个分量，即：水平分力 $T_l\cos\alpha_l$，垂直分力（向下）$T_l\sin\alpha_l$。显然，将张力 T_l 移到车体上，除所指的分力外，对负重轮还有力矩 $T_l r$ 的作用，称为主动轮的反力矩。移到后负重轮轴上的两个力分别为：水平分力 $T_l(1-\cos\alpha_l)$ 和垂直分力（向上）$T_l\sin\alpha_l$。向上的垂直分力与作用在主动轮轴上的向下垂直分力构成力偶 $T_l\sin\alpha_l\cdot C$，使车体的尾部向下转动，其方向与 $T_l\cdot r$ 方向相同。

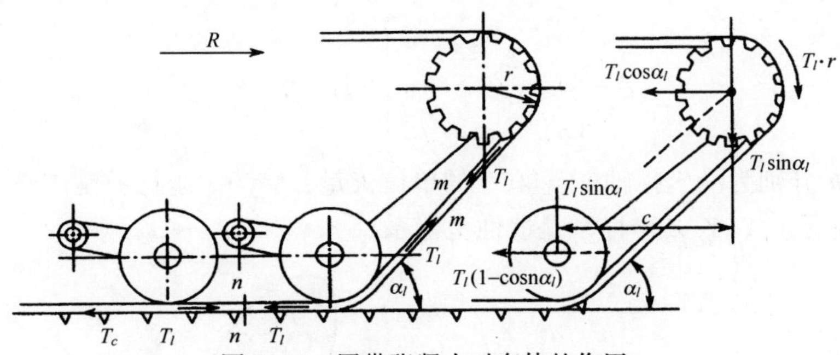

图 5-15　履带张紧力对车体的作用

由于履带的影响使车体的线位移与角位移具有一定的联系，由几何关系分析得出：履带制动时，车体线位移 $\bar{\boldsymbol{\xi}}$ 与车体角位移 $\overline{\Delta \boldsymbol{Q}_l}$ 之间的关系为

$$\bar{\boldsymbol{\xi}}=K\cdot B_1\cdot\Delta \boldsymbol{Q}_l$$

履带非制动时，车体线位移 $\boldsymbol{\xi}$ 与车体角位移 $\Delta \boldsymbol{Q}_l$ 之间的关系为

$$\bar{\boldsymbol{\xi}}=K\cdot B_1\cdot\overline{\Delta \boldsymbol{Q}_l}+r\cdot\overline{\boldsymbol{\gamma}_l}$$

其中，B_1 为武器结构参数有关的参数，等于武器重心至前支履带的垂直距离，当车体尾部抬起时，B_1 为车辆重心至后支履带的垂直距离，见图 5-16；r 为主动轮半径，$\boldsymbol{\gamma}_l$ 为主动轮转角，K——武器结构有关的系数。

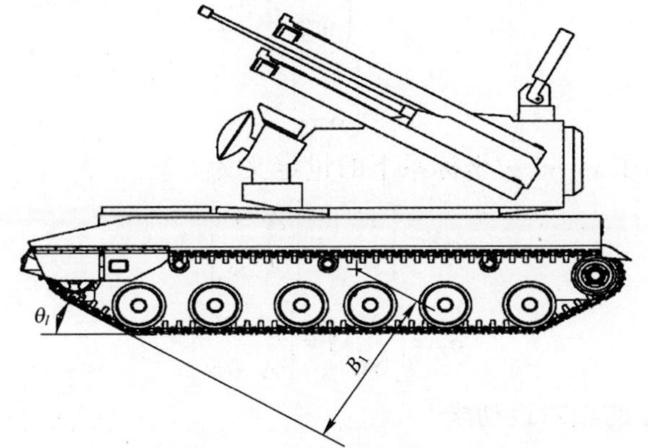

图 5-16　武器重心至前支履带的垂直距离系数 B_1 的值

5.3　基于多体动力学的发射动力学分析

5.3.1　多体系统动力学理论

5.3.1.1　相对坐标下的运动学

1. 坐标系

如图 5-17 所示，一个物体的方位为

$$\boldsymbol{A}=\begin{bmatrix} a_{11} & a_{12} & a_{13} \\ a_{21} & a_{22} & a_{23} \\ a_{31} & a_{32} & a_{33} \end{bmatrix}=[\boldsymbol{f} \quad \boldsymbol{g} \quad \boldsymbol{h}] \tag{5-78}$$

其中,$\boldsymbol{f}$,$\boldsymbol{g}$,$\boldsymbol{h}$ 分别为沿坐标轴 x',y'和 z'的单位矢量,$x'-y'-z'$坐标系是体坐标系(或称为局部坐标系),$X-Y-Z$ 坐标系是惯性坐标系。

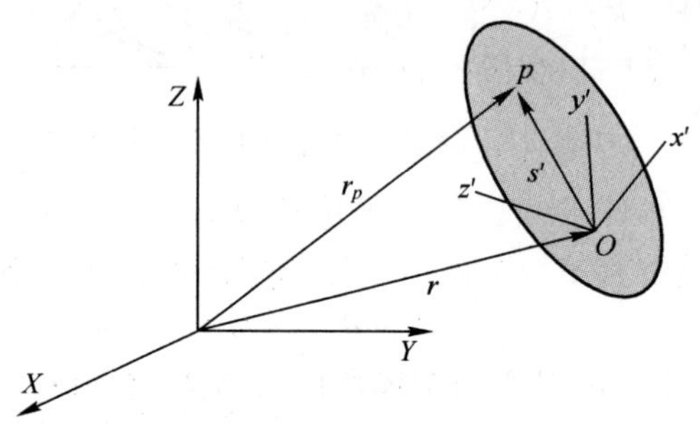

图 5-17 坐标系与一个刚体

$X-Y-Z$ 坐标系中 O 点的速度与虚拟位移定义为

$$\begin{bmatrix} \dot{\boldsymbol{r}} \\ \boldsymbol{w} \end{bmatrix} \tag{5-79}$$

$$\begin{bmatrix} \delta r \\ \delta \pi \end{bmatrix} \tag{5-80}$$

与之相对应的在 $x'-y'-z'$坐标系下的量定义为

$$\boldsymbol{Y}=\begin{bmatrix} \boldsymbol{r}' \\ \boldsymbol{w}' \end{bmatrix}=\begin{bmatrix} \boldsymbol{A}^{\mathrm{T}}\dot{\boldsymbol{r}} \\ \boldsymbol{A}^{\mathrm{T}}\boldsymbol{w} \end{bmatrix} \tag{5-81}$$

$$\delta_Z=\begin{bmatrix} \delta\boldsymbol{r}' \\ \delta\boldsymbol{\pi}' \end{bmatrix}=\begin{bmatrix} \boldsymbol{A}^{\mathrm{T}}\delta\boldsymbol{r} \\ \boldsymbol{A}^{\mathrm{T}}\delta\pi \end{bmatrix} \tag{5-82}$$

2. 相邻两物体的相对运动学

如图 5-18 所示,有一相邻两物体,假定物体$(i-1)$为物体 i 的内侧体。点 $\boldsymbol{O}$ 的位置为

$$\boldsymbol{r}_i=\boldsymbol{r}_{(i-1)}+\boldsymbol{s}_{(i-1)i}+\boldsymbol{d}_{(i-1)i}-\boldsymbol{s}_{i(i-1)} \tag{5-83}$$

参考式(5-81),并定义 $\boldsymbol{A}_{(i-1)i}=\boldsymbol{A}^{\mathrm{T}}_{(i-1)}\boldsymbol{A}$,则在其局部坐标系中,物体 i 的角速度为

$$\boldsymbol{w}'_i=\boldsymbol{A}^{\mathrm{T}}_{(i-1)i}\boldsymbol{w}'_{(i-1)}+\boldsymbol{A}^{\mathrm{T}}_{(i-1)i}\boldsymbol{H}'_{(i-1)i}\dot{\boldsymbol{q}}_{(i-1)i} \tag{5-84}$$

其中 $\boldsymbol{H}'$由旋转轴所确定。

参考式(5-81),则式(5-83)的导数形式为

$$\begin{aligned} \boldsymbol{A}_i\dot{\boldsymbol{r}}_i' &= \boldsymbol{A}_{(i-1)}\dot{\boldsymbol{r}}'_{(i-1)}-\boldsymbol{A}_{(i-1)}\widetilde{\boldsymbol{s}}'_{(i-1)i}\boldsymbol{\omega}'_{(i-1)} \\ &\quad -\boldsymbol{A}_{(i-1)}\widetilde{\boldsymbol{d}}'_{(i-1)i}\boldsymbol{\omega}'_{(i-1)}+\boldsymbol{A}_i\widetilde{\boldsymbol{s}}'_{i(i-1)}\boldsymbol{\omega}'_i \end{aligned}$$

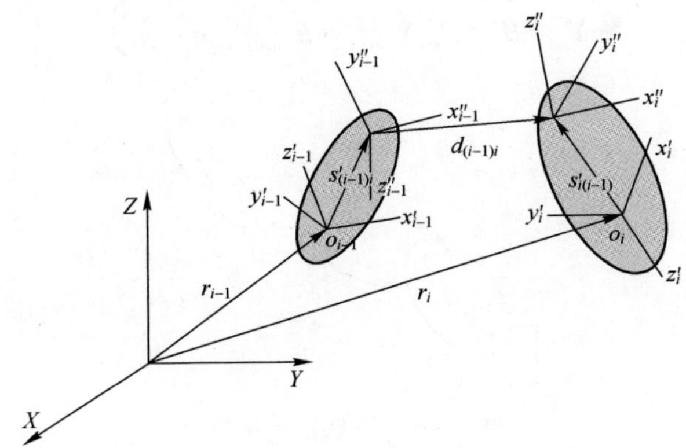

图 5-18　两相邻刚体间的运动学关系

$$+\boldsymbol{A}_{(i-1)}(\boldsymbol{A}^{\mathrm{T}\prime}_{(i-1)i})_{q(i-1)i}\dot{\boldsymbol{q}}_{(i-1)i} \tag{5-85}$$

其中加有波浪符的符号代表斜对称矩阵,包含其矢量元素并实现矢量乘操作,$\boldsymbol{q}_{(i-1)i}$代表相对坐标矢量。将式(5-84)的 ω_i' 代入式(5-85),并在式(5-85)两边同乘以 $\boldsymbol{A}_i^{\mathrm{T}}$,得

$$\begin{aligned}\dot{\boldsymbol{r}}_i{}' =& \boldsymbol{A}^{\mathrm{T}}_{(i-1)i}\dot{\boldsymbol{r}}'_{(i-1)} - \boldsymbol{A}^{\mathrm{T}}(\tilde{\boldsymbol{s}}'_{(i-1)i}+\tilde{\boldsymbol{d}}'_{(i-1)i}-\boldsymbol{A}_{(i-1)i}\tilde{\boldsymbol{s}}'_{i(i-1)}\boldsymbol{A}^{\mathrm{T}}_{(i-1)i})\boldsymbol{\omega}'_{(i-1)}\\&+\boldsymbol{A}^{\mathrm{T}}_{(i-1)i}((\boldsymbol{d}'_{(i-1)i})_{q(i-1)i}+\boldsymbol{A}_{(i-1)i}\tilde{\boldsymbol{s}}_{i(i-1)}\boldsymbol{A}^{\mathrm{T}}_{(i-1)i}\boldsymbol{H}'_{(i-1)i})\dot{\boldsymbol{q}}_{(i-1)i}\end{aligned} \tag{5-86}$$

其中用到了$\dot{\boldsymbol{A}}_i=\boldsymbol{A}_i\,\tilde{\omega}_i'$。联立式(5-84)和式(5-86),得到相邻两物体的速度递归方程为

$$\boldsymbol{Y}_i=\boldsymbol{B}_{(i-1)i1}\boldsymbol{Y}_{(i-1)}+\boldsymbol{B}_{(i-1)i2}\dot{\boldsymbol{q}}_{(i-1)i} \tag{5-87}$$

其中

$$\begin{cases}\boldsymbol{B}_{(i-1)i1}=\begin{bmatrix}\boldsymbol{A}^{\mathrm{T}}_{(i-1)i} & \boldsymbol{0}\\ \boldsymbol{0} & \boldsymbol{A}^{\mathrm{T}}_{(i-1)i}\end{bmatrix}\begin{bmatrix}\boldsymbol{I} & -(\tilde{\boldsymbol{s}}'_{(i-1)i}+\tilde{\boldsymbol{d}}'_{(i-1)i}-\boldsymbol{A}_{(i-1)i}\tilde{\boldsymbol{s}}'_{i(i-1)}\boldsymbol{A}^{\mathrm{T}}_{(i-1)i}\\ \boldsymbol{0} & \boldsymbol{I}\end{bmatrix}\\ \boldsymbol{B}_{(i-1)i2}=\begin{bmatrix}\boldsymbol{A}^{\mathrm{T}}_{(i-1)i} & \boldsymbol{0}\\ \boldsymbol{0} & \boldsymbol{A}^{\mathrm{T}}_{(i-1)i}\end{bmatrix}\begin{bmatrix}(\boldsymbol{d}'_{(i-1)i})_{q(i-1)i}+\boldsymbol{A}_{(i-1)i}\tilde{\boldsymbol{s}}'_{i(i-1)}\boldsymbol{A}^{\mathrm{T}}_{(i-1)i}\boldsymbol{H}'_{(i-1)i}\\ \boldsymbol{H}'_{(i-1)i}\end{bmatrix}\end{cases} \tag{5-88}$$

必须要注意,矩阵 $\boldsymbol{B}_{(i-1)i1}$ 和 $\boldsymbol{B}_{(i-1)i2}$ 是物体$(i-1)$和体 i 之间连接点的相对坐标系的函数。因此,式(5-88)中 $\boldsymbol{B}_{(i-1)i1}$ 和 $\boldsymbol{B}_{(i-1)i2}$ 关于其他 $\boldsymbol{q}_{(i-1)i}$ 的微分为零。这一性质在简化递归方程中起着关键作用。

同样的方法得到递归虚位移关系如下:

$$\delta\boldsymbol{Z}_i=\boldsymbol{B}_{(i-1)i1}\delta\boldsymbol{Z}_{(i-1)}+\boldsymbol{B}_{(i-1)i2}\delta\boldsymbol{q}_{(i-1)i} \tag{5-89}$$

5.3.1.2　广义递归速度方程

在推导广义速度递归方程之前,递归方法和速度变换方法的计算等价性由图 5-19 所示的机械系统表示。由 m 替换式(5-87)中的 i,得到笛卡儿坐标系速度 $\boldsymbol{Y}_{\mathrm{m}}$:

$$\boldsymbol{Y}_m=\boldsymbol{B}_{(m-1)m1}\boldsymbol{Y}_{(m-1)}+\boldsymbol{B}_{(m-1)m2}\dot{\boldsymbol{q}}_{(m-1)m} \tag{5-90}$$

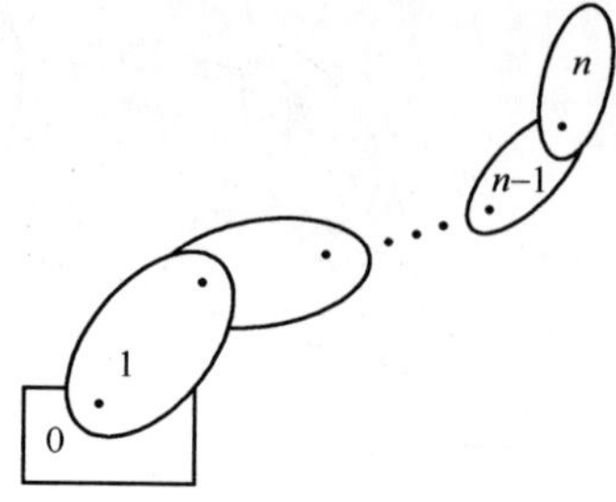

图 5-19　串联链式机构

将 $\boldsymbol{Y}_{(m-1)},\boldsymbol{Y}_{(m-2)},\cdots$,和 $\boldsymbol{Y}_0$ 代入式(5-87),得

$$\boldsymbol{Y}_m=\prod_{k=1}^{m}\boldsymbol{B}_{(-k+m)(-k+m-1)1}\boldsymbol{Y}_0+\prod_{j=1}^{m-1}\left\{\left(\prod_{k=1}^{m-j}\boldsymbol{B}_{(-k+m)(-k+m-1)}\right)\boldsymbol{B}_{(j-1)j2}\,\dot{\boldsymbol{q}}_{(j-1)j}\right\}+\boldsymbol{B}_{(m-1)m2}\,\dot{\boldsymbol{q}}_{(m-1)m} \tag{5-91}$$

这样得到了笛卡儿坐标系下所有物体的速度为

$$\boldsymbol{Y}=\boldsymbol{B}\dot{\boldsymbol{q}} \tag{5-92}$$

其中,$\boldsymbol{B}$ 是$\dot{\boldsymbol{q}}_{(i-1)i}$系数矩阵,而

$$\boldsymbol{Y}=[\boldsymbol{Y}_0^{\mathrm{T}},\boldsymbol{Y}_1^{\mathrm{T}},\boldsymbol{Y}_2^{\mathrm{T}},\cdots,\boldsymbol{Y}_n^{\mathrm{T}}]_{nc\times1}^{\mathrm{T}} \tag{5-93}$$

$$\dot{\boldsymbol{q}}=[\boldsymbol{Y}_0^{\mathrm{T}},\dot{\boldsymbol{q}}_{01}^{\mathrm{T}},\dot{\boldsymbol{q}}_{02}^{\mathrm{T}},\cdots,\dot{\boldsymbol{q}}_{(n-1)n}^{\mathrm{T}}]_{n_r\times1}^{\mathrm{T}} \tag{5-94}$$

其中,n_c 和 n_r 分别代表笛卡儿坐标系和相对坐标系的维数。

借助于给定的$\dot{\boldsymbol{q}}\in\boldsymbol{R}^{n_r}$,笛卡儿坐标速度 $\boldsymbol{Y}\in\boldsymbol{R}^{n_c}$既可以用式(5-82)估算,也可以用式(5-87),并用递归数值代入 $\boldsymbol{Y}_i$ 来求得其值。由于这两个方程给出的结果是一致的,因此,递归数值代入被证明效率更高,且用给定的$\dot{\boldsymbol{q}}$进行矩阵相乘 $\boldsymbol{B}\dot{\boldsymbol{q}}$,可以通过式(5-87)估算。

由于式(5-92)中$\dot{\boldsymbol{q}}$是 $\boldsymbol{R}^{n_r}$中的一个任意矢量,式(5-87)与式(5-92)在计算上是等价的,实际上,它们对任意的矢量 $\boldsymbol{x}\in\boldsymbol{R}^{n_r}$都是有效的,例如:

$$\boldsymbol{X}=\boldsymbol{B}\dot{\boldsymbol{x}} \tag{5-95}$$

和

$$\boldsymbol{X}_i=\boldsymbol{B}_{(i-1)i1}\boldsymbol{X}_{(i-1)}+\boldsymbol{B}_{(i-1)i2}\boldsymbol{x}_{(i-1)i} \tag{5-96}$$

其中 $\boldsymbol{x}\in\boldsymbol{R}^{nc}$是矢量 $\boldsymbol{B}$ 和 $\boldsymbol{x}$ 的乘矢量。这样,用式(5-96),由 $\boldsymbol{x}\in\boldsymbol{R}^{nr}$进行高效的递归计算转化为 $\boldsymbol{Bx}\in\boldsymbol{R}^{nc}$。

5.3.1.3　广义递归力方程

计算中经常需要将 $\boldsymbol{R}^{n_c}$中的矢量 $\boldsymbol{G}$ 转化为 $\boldsymbol{R}^{n_r}$中的矢量 $\boldsymbol{g}=\boldsymbol{B}^{\mathrm{T}}\boldsymbol{G}$,这样的转换可见于由已知笛卡儿坐标系下的力进行铰空间的广义力计算之中。笛卡儿坐标系下的力 $\boldsymbol{Q}\in\boldsymbol{R}^{nc}$所做的虚功为

$$\delta\boldsymbol{W}=\delta\boldsymbol{Z}^{\mathrm{T}}\boldsymbol{Q} \tag{5-97}$$

其中,从运动学考虑,$\delta \boldsymbol{Z}$ 必须满足图 5-18 中所有铰约束条件。

将 $\delta \boldsymbol{Z}=\boldsymbol{B}\delta \boldsymbol{q}$ 代入式(5-97),得

$$\delta \boldsymbol{W}=\delta \boldsymbol{q}^{\mathrm{T}}\boldsymbol{B}^{\mathrm{T}}\boldsymbol{Q}=\delta \boldsymbol{q}^{\mathrm{T}}\boldsymbol{Q}^{*} \tag{5-98}$$

其中,$\boldsymbol{Q}^{*}=\boldsymbol{B}^{\mathrm{T}}\boldsymbol{Q}$。式(5-98)可以写成一个求和形式:

$$\delta \boldsymbol{W}=\sum_{i=0}^{n-1}\delta \boldsymbol{q}_{i(i+1)}^{\mathrm{T}}\boldsymbol{Q}_{i(i+1)}^{*} \tag{5-99}$$

另外,将递归虚拟位移关系式(5-89)代入式(5-97),从图 5-17 中链式系统的物体 n 开始向内侧的物体依次递归计算,可得

$$\delta \boldsymbol{W}=\sum_{i=0}^{n-1}\delta \boldsymbol{q}_{i(i+1)}^{\mathrm{T}}\{\boldsymbol{B}_{i(i+1)2}^{\mathrm{T}}(\boldsymbol{Q}_{i+1}+\boldsymbol{S}_{i+1})\} \tag{5-100}$$

其中,

$$\begin{cases}\boldsymbol{S}_0=\boldsymbol{0}\\ \boldsymbol{S}_{i+1}=\boldsymbol{B}_{(i+1)(i+2)1}^{\mathrm{T}}(\boldsymbol{Q}_{i+2}+\boldsymbol{S}_{i+2})\end{cases} \tag{5-101}$$

式(5-99)与式(5-100)的右边是相等的,由此可以得到 $\boldsymbol{Q}^{*}$ 的递归公式为

$$\boldsymbol{Q}_{i(i+1)}^{\mathrm{T}}\equiv\boldsymbol{B}_{i(i+1)2}^{\mathrm{T}}(\boldsymbol{Q}_{i+1}+\boldsymbol{S}_{i+1}),\quad i=n-1,\cdots,0 \tag{5-102}$$

其中 $\boldsymbol{S}_{i+1}$ 由式(5-101)定义。

由于 $\boldsymbol{Q}$ 是 $\boldsymbol{R}^{n_c}$ 中的任意矢量,因此,式(5-101)和式(5-102)对 $\boldsymbol{R}^{n_c}$ 中的任意矢量 $\boldsymbol{G}$ 都有效。这样,为达到高效计算,矩阵乘积 $\boldsymbol{B}^{\mathrm{T}}\boldsymbol{G}$ 可通过下式来计算:

$$\begin{cases}\boldsymbol{g}_{i(i+1)}=\boldsymbol{B}_{i(i+1)2}^{\mathrm{T}}(\boldsymbol{G}_{i+1}+\boldsymbol{S}_{i+1})\\ \boldsymbol{S}_n=0\\ \boldsymbol{S}_i=\boldsymbol{B}_{i(i+1)1}^{\mathrm{T}}(\boldsymbol{Q}_{i+1}+\boldsymbol{S}_{i+1})\quad i=n-1,\cdots,0\end{cases} \tag{5-103}$$

式中　$\boldsymbol{g}$——$\boldsymbol{B}^{\mathrm{T}}\boldsymbol{G}$ 的结果。

5.3.1.4　机械系统的图示法

在前一节中,链式机构被表述为 $\boldsymbol{Bx}$ 和 $\boldsymbol{B}^{\mathrm{T}}\boldsymbol{G}$,其中 $\boldsymbol{x}\in\boldsymbol{R}^{\mathrm{nr}}$,$\boldsymbol{G}\in\boldsymbol{R}^{n_c}$。一般情况下,一个机械系统可以转化为多种拓扑结构。为了处理多种拓扑结构,从通用程序考虑,需要用相对坐标公式进行自动前处理。该前处理能识别一个受约束机械系统的拓扑结构,以提高计算效率。用图论来表示机械系统中的物体和铰,图中的一个结点和一个边界分别代表一个物体和一个铰。基于图论的前处理给出了路径和距离矩阵,它自动决定给出用于通用程序的执行序列。

5.3.1.5　运动方程及代数微分方程解法

受约束的机械系统的牛顿-欧拉方程的变分形式如下:

$$\delta \boldsymbol{Z}^{\mathrm{T}}(\boldsymbol{M}\dot{\boldsymbol{Y}}+\boldsymbol{\Phi}_{\boldsymbol{Z}}^{\mathrm{T}}\boldsymbol{\lambda}-\boldsymbol{Q})=\boldsymbol{0} \tag{5-104}$$

其中,δZ 必须满足除剪切铰外的所有铰的运动学条件。方程中 $\boldsymbol{\Phi}$ 和 λ 分别代表剪切铰约束及相应的拉格朗日乘子,质量阵 $\boldsymbol{M}$ 及力矢量 $\boldsymbol{Q}$ 定义为

$$\boldsymbol{M}=\operatorname{diag}(\boldsymbol{M}_1,\boldsymbol{M}_2,\cdots,\boldsymbol{M}_{\mathrm{nbd}}) \tag{5-105}$$

$$\boldsymbol{M}_i=\begin{bmatrix} m_i\boldsymbol{I} & \boldsymbol{0} \\ \boldsymbol{0} & \boldsymbol{J}'_i \end{bmatrix} \tag{5-106}$$

$$\boldsymbol{Q}=[\boldsymbol{Q}_1^{\mathrm{T}},\boldsymbol{Q}_2^{\mathrm{T}},\boldsymbol{Q}_3^{\mathrm{T}},\cdots,\boldsymbol{Q}_{\mathrm{nbd}}^{\mathrm{T}}] \tag{5-107}$$

$$\boldsymbol{Q}_i=\begin{bmatrix} \boldsymbol{f}'-m\widetilde{\boldsymbol{\omega}}'\dot{\boldsymbol{r}}' \\ \boldsymbol{n}'-\widetilde{\boldsymbol{\omega}}'\boldsymbol{J}'\boldsymbol{\omega}' \end{bmatrix} \tag{5-108}$$

其中 nbd 代表物体编号，$\boldsymbol{I}$ 代表特征阵，$\boldsymbol{J}'$ 代表转动惯性，$\boldsymbol{f}'$ 代表外力，$\boldsymbol{n}'$ 代表外力矩，将虚位移关系式代入式(5-103)，得

$$\delta\boldsymbol{q}^{\mathrm{T}}\{\boldsymbol{B}^{\mathrm{T}}(\boldsymbol{M}\dot{\boldsymbol{Y}}+\boldsymbol{\Phi}_Z^{\mathrm{T}}\lambda-\boldsymbol{Q})\}=\boldsymbol{0} \tag{5-109}$$

由于 $\delta\boldsymbol{q}$ 是任意矢量，可得到

$$\boldsymbol{F}=\boldsymbol{B}^{\mathrm{T}}(\boldsymbol{M}\dot{\boldsymbol{Y}}+\boldsymbol{\Phi}_Z^{\mathrm{T}}\lambda-\boldsymbol{Q})=\boldsymbol{0} \tag{5-110}$$

运动方程、约束方程、$\dot{\boldsymbol{q}}=\boldsymbol{v}$ 和 $\dot{\boldsymbol{v}}=\boldsymbol{a}$ 组成了下列微分代数方程组：

$$\begin{bmatrix} \boldsymbol{F}(\boldsymbol{q},\boldsymbol{v},\boldsymbol{a},\lambda,t) \\ \boldsymbol{\Phi}(\boldsymbol{q},t) \\ \dot{\boldsymbol{\Phi}}(\boldsymbol{q},\boldsymbol{v},t) \\ \ddot{\boldsymbol{\Phi}}(\boldsymbol{q},\boldsymbol{v},\boldsymbol{a},t) \\ \dot{\boldsymbol{q}}-\boldsymbol{v} \\ \dot{\boldsymbol{v}}-\boldsymbol{a} \end{bmatrix}=\boldsymbol{0} \tag{5-111}$$

应用切向空间法到式(5-111)中，得到以下非线性方程组，该方程在每一时间步都需要求解

$$\boldsymbol{H}(\boldsymbol{p}_n)=\begin{bmatrix} \boldsymbol{F}(\boldsymbol{q}_n,\boldsymbol{v}_n,\boldsymbol{a}_n,\lambda_n,t_n) \\ \boldsymbol{\Phi}(\boldsymbol{q}_n,t_n) \\ \dot{\boldsymbol{\Phi}}(\boldsymbol{q}_n,\boldsymbol{v}_n,t_n) \\ \ddot{\boldsymbol{\Phi}}(\boldsymbol{q}_n,\boldsymbol{v}_n,\boldsymbol{a}_n,t_n) \\ \boldsymbol{U}_0^{\mathrm{T}}(\boldsymbol{q}_n+\beta_0\boldsymbol{v}_a+\beta_1) \\ \boldsymbol{U}_0^{\mathrm{T}}(\boldsymbol{v}_n+\beta_0\boldsymbol{a}_n+\beta_2) \end{bmatrix}=\boldsymbol{0} \tag{5-112}$$

其中 $\boldsymbol{p}_n=[\boldsymbol{q}_n^{\mathrm{T}},\boldsymbol{v}_n^{\mathrm{T}},\boldsymbol{a}_n^{\mathrm{T}},\lambda_n^{\mathrm{T}}]^{\mathrm{T}}$，$\beta_0$，$\beta_1$ 和 β_2 取决于 BDF 的系数，$\boldsymbol{U}_0$ 是 $n_{\mathrm{r}}\times(n_{\mathrm{r}}-n_{\mathrm{cut}})$ 维，而增广稀疏矩阵 $\begin{bmatrix} \boldsymbol{U}^{\mathrm{T}_0} \\ \boldsymbol{\Phi}_q \end{bmatrix}$ 是非奇异的。

运用牛顿法解式(5-112)非线性方程组，得

$$\boldsymbol{H}_{\mathrm{p}}\Delta\boldsymbol{p}=-\boldsymbol{H} \tag{5-113}$$

$$\boldsymbol{p}_n^{i+1}=\boldsymbol{p}_n^i+\Delta\boldsymbol{p},\quad i=1,2,3,\cdots \tag{5-114}$$

其中

$$
\boldsymbol{H}_{\mathrm{p}}=\begin{bmatrix} \boldsymbol{F}_{\mathrm{q}} & \boldsymbol{F}_{\mathrm{q}} & \boldsymbol{F}_{\mathrm{q}} & \boldsymbol{F}_{\mathrm{q}} \\ \boldsymbol{\Phi}_{\mathrm{q}} & \mathbf{0} & \mathbf{0} & \mathbf{0} \\ \dot{\boldsymbol{\Phi}}_{\mathrm{q}} & \dot{\boldsymbol{\Phi}}_{\mathrm{V}} & \mathbf{0} & \mathbf{0} \\ \ddot{\boldsymbol{\Phi}}_{\mathrm{q}} & \ddot{\boldsymbol{\Phi}}_{\mathrm{V}} & \ddot{\boldsymbol{\Phi}}_{a} & \mathbf{0} \\ \boldsymbol{U}_0^{\mathrm{T}} & \beta_0\boldsymbol{U}_0^{\mathrm{T}} & \mathbf{0} & \mathbf{0} \\ \mathbf{0} & \boldsymbol{U}_0^{\mathrm{T}} & \boldsymbol{\beta}_0\boldsymbol{U}_0^{\mathrm{T}} & \mathbf{0} \end{bmatrix} \tag{5-115}
$$

由于 $\boldsymbol{F}$ 和 $\boldsymbol{\Phi}$ 是 $\boldsymbol{q},\boldsymbol{v},\boldsymbol{a}$ 及 λ 的高度非线性函数,必须注意到 $\boldsymbol{H}_{\mathrm{p}}$ 的非零表达式,因此,它们可以高效求解。

5.3.1.6　广义递归方程

观察余量 $\boldsymbol{H}$ 和雅可比矩阵 $\boldsymbol{H}_{\mathrm{p}}$,发现几种必需的递归方程可以分为 $\boldsymbol{Bx}$、$\boldsymbol{B}^{\mathrm{T}}\boldsymbol{G}$、$\dot{\boldsymbol{B}}\boldsymbol{x}$、$(\boldsymbol{Bx})_{\mathrm{q}}$、$(\boldsymbol{B}^{\mathrm{T}}\boldsymbol{G})_{\mathrm{q}}$、$(\dot{\boldsymbol{B}}\boldsymbol{x})_{\mathrm{q}}$ 和$(\dot{\boldsymbol{B}}\boldsymbol{x})_{v}$,其中 $\boldsymbol{x}\in\boldsymbol{R}^{nr}$转化为 $\boldsymbol{G}\in\boldsymbol{R}^{n_c}$为任意常矢量,而 $\boldsymbol{q}$ 为相对坐标。

所有的递归方程若列表给出,发现递归方程都很简单。这是因为利用了局部坐标系下的相对运动学关系,而不是在全局坐标系下。为系统地推导方程,物体被分为四个不相交的集合(与广义坐标 $\boldsymbol{q}_{\mathrm{k}}$ 相关)如下:

Ⅰ$(\boldsymbol{q}_{\mathrm{k}})$= {使矢量 $\boldsymbol{q}_{\mathrm{k}}$ 作为广义坐标铰的外侧体}

Ⅱ$(\boldsymbol{q}_{\mathrm{k}})$= { Ⅰ$(\boldsymbol{q}_{\mathrm{k}})$所有的外侧体}

Ⅲ$(\boldsymbol{q}_{\mathrm{k}})$= { Ⅰ$(\boldsymbol{q}_{\mathrm{k}})$中包括基体和内侧体的所有物体}

Ⅳ$(\boldsymbol{q}_{\mathrm{k}})$= { Ⅰ$(\boldsymbol{q}_{\mathrm{k}})$ ∪ Ⅱ$(\boldsymbol{q}_{\mathrm{k}})$ ∪ Ⅲ$(\boldsymbol{q}_{\mathrm{k}})$的补集}

1. $\dot{\boldsymbol{X}}=\dot{\boldsymbol{B}}\boldsymbol{x}$ 的递归方程

$\dot{\boldsymbol{B}}\boldsymbol{x}\in\boldsymbol{R}^{n_c}$的递归方程可通过对式(5-90)微分而轻松得到:

$$
\dot{\boldsymbol{X}}_i=\dot{\boldsymbol{B}}_{(i-1)i1}\boldsymbol{X}_{i-1}+\boldsymbol{B}_{(i-1)i1}\dot{\boldsymbol{X}}_{i-1}+\dot{\boldsymbol{B}}_{(i-1)i2}\boldsymbol{x}_{(i-1)i} \tag{5-116}
$$

利用此方程,在已知相对速度及加速度时,可以用来计算笛卡儿坐标系下的加速度$\dot{\boldsymbol{Y}}$。

2. $\boldsymbol{X}_{\mathrm{q}}=(\boldsymbol{Bx})_{\mathrm{q}}$ 的递归方程

为了得到$(\boldsymbol{Bx})_{\mathrm{q}}$ 的递归方程,将式(5-96)对 $\boldsymbol{q}_{\mathrm{k}}(k=1,\cdots,n_r)$求偏导数:

$$
(\boldsymbol{X}_i)_{q_{\mathrm{k}}}=(\boldsymbol{B}_{(i-1)i1})_{q_{\mathrm{k}}}\boldsymbol{X}_{i-1}+\boldsymbol{B}_{(i-1)i1}(\boldsymbol{X}_{i-1})_{q_{\mathrm{k}}}+(\boldsymbol{B}_{(i-1)i2})_{q_{\mathrm{k}}}\boldsymbol{x}_{(i-1)i} \tag{5-117}
$$

由于矩阵 $\boldsymbol{B}_{(i-1)i1}$和 $\boldsymbol{B}_{(i-1)i2}$只取决于铰$(i-1)i$ 的相对坐标,因此,除 $\boldsymbol{q}_{(i-1)i1}$外,对广义坐标的偏导数为零。也就是说,如果 $\boldsymbol{q}_{\mathrm{k}}$ 不属于 $\boldsymbol{I}(\boldsymbol{q}_{\mathrm{k}})$,该导数即为零。因此,如果物体 i 是集Ⅱ$(\boldsymbol{q}_{\mathrm{k}})$的元素,则式(5-117)变为

$$
(\boldsymbol{X}_i)_{q_{\mathrm{k}}}=\boldsymbol{B}_{(i-1)i1}(\boldsymbol{X}_{i-1})_{q_{\mathrm{k}}} \tag{5-118}
$$

如果物体 i 属于Ⅲ($\boldsymbol{q}_{\mathrm{k}}$)∪Ⅳ($\boldsymbol{q}_{\mathrm{k}}$),则 $\boldsymbol{X}_i$ 不受 $\boldsymbol{q}_{\mathrm{k}}$ 影响,这样,式(5-118)可进一步简化为

$$(\boldsymbol{X}_i)_{q_{\mathrm{k}}}=\mathbf{0} \tag{5-119}$$

如果物体 i 是Ⅰ($\boldsymbol{q}_{\mathrm{k}}$)集中的元素,则物体($i$-1)自然就是它的内侧物体,属于集合Ⅲ($\boldsymbol{q}_{\mathrm{k}}$)。由式(5-119),则式(5-117)成为

$$(\boldsymbol{X}_i)_{q_{\mathrm{k}}}=(\boldsymbol{B}_{(i-1)i1})_{q_{\mathrm{k}}}\boldsymbol{X}_{i-1}+(\boldsymbol{B}_{(i-1)i2})_{q_{\mathrm{k}}}\boldsymbol{x}_{(i-1)i} \tag{5-120}$$

这一递归方程可用于计算笛卡儿坐标系下速度关于相对坐标 $\boldsymbol{Y}_q$ 的偏导数。

3. $\boldsymbol{g}_q=(\boldsymbol{B}^{\mathrm{T}}\boldsymbol{G})_q$ 的递归方程

由递归方程(5-103)可以得到$(\boldsymbol{B}^{\mathrm{T}}\boldsymbol{G})_q$ 的递归方程。用(i-1)代替 i,式(5-103)可以写为

$$\boldsymbol{g}_{(i-1)i}=\boldsymbol{B}^{\mathrm{T}}_{(i-1)i2}(\boldsymbol{G}_i+\boldsymbol{S}_i)$$
$$\boldsymbol{S}_{i-1}=\boldsymbol{B}^{\mathrm{T}}_{(i-1)i1}(\boldsymbol{G}_i+\boldsymbol{S}_i)$$

上式对 $\boldsymbol{q}_{\mathrm{k}}$ 求偏导可得

$$\begin{cases}(\boldsymbol{g}_{(i-1)i})_{q_{\mathrm{k}}}=(\boldsymbol{B}^{\mathrm{T}}_{(i-1)i2})_{q_{\mathrm{k}}}(\boldsymbol{G}_i+\boldsymbol{S}_i)+(\boldsymbol{B}^{\mathrm{T}}_{(i-1)i2})(\boldsymbol{G}_i+\boldsymbol{S}_i)_{q_{\mathrm{k}}}\\(\boldsymbol{S}_{i-1})_{q_{\mathrm{k}}}=(\boldsymbol{B}^{\mathrm{T}}_{(i-1)i1})_{q_{\mathrm{k}}}(\boldsymbol{G}_i+\boldsymbol{S}_i)+(\boldsymbol{B}^{\mathrm{T}}_{(i-1)i1})(\boldsymbol{G}_i+\boldsymbol{S}_i)_{q_{\mathrm{k}}}\end{cases} \tag{5-121}$$

由于 $\boldsymbol{G}\in\boldsymbol{R}_{\mathrm{nc}}$ 是常矢量,则 $\boldsymbol{G}_{q_{\mathrm{k}}}=\mathbf{0}$。如果 $i\in$ Ⅱ($\boldsymbol{q}_{\mathrm{k}}$)∪Ⅲ($\boldsymbol{q}_{\mathrm{k}}$)∪Ⅳ($\boldsymbol{q}_{\mathrm{k}}$),则 $\boldsymbol{B}_{(i-1)i1}$ 和 $\boldsymbol{B}_{(i-1)i2}$ 不是 $\boldsymbol{q}_{\mathrm{k}}$ 的函数。因此,关于 $\boldsymbol{q}_{\mathrm{k}}$ 的偏导数为零。这样,方程式(5-121)可以被简化为

$$\begin{cases}(\boldsymbol{g}_{(i-1)i})_{q_{\mathrm{k}}}=(\boldsymbol{B}^{\mathrm{T}}_{(i-1)i2})(\boldsymbol{S}_i)_{q_{\mathrm{k}}}\\(\boldsymbol{S}_{i-1})_{q_{\mathrm{k}}}=(\boldsymbol{B}^{\mathrm{T}}_{(i-1)i1})(\boldsymbol{S}_i)_{q_{\mathrm{k}}}\end{cases} \tag{5-122}$$

由于$(\boldsymbol{S}_i)_{q_{\mathrm{k}}}=\mathbf{0}$,它将火炮结构简化成树型拓扑结构,则对于式(5-122)第二项,$i\in$ Ⅱ($\boldsymbol{q}_{\mathrm{k}}$)∪Ⅳ($\boldsymbol{q}_{\mathrm{k}}$)时,$(\boldsymbol{S}_{i-1})_{q_{\mathrm{k}}}=\mathbf{0}$。因此,对于 $i\in$ Ⅱ($\boldsymbol{q}_{\mathrm{k}}$)∪Ⅳ($\boldsymbol{q}_{\mathrm{k}}$),式(5-122)变为

$$(\boldsymbol{g}_{(i-1)i})_{q_{\mathrm{k}}}=\mathbf{0} \tag{5-123}$$

如果 $i\in$ Ⅰ($\boldsymbol{q}_{\mathrm{k}}$),则物体($i$+1)属于集合Ⅱ($\boldsymbol{q}_{\mathrm{k}}$),且$(\boldsymbol{S}_i)_{q_{\mathrm{k}}}=\mathbf{0}$,此时,式(5-121)变为

$$\begin{cases}(\boldsymbol{g}_{(i-1)i})_{q_{\mathrm{k}}}=(\boldsymbol{B}^{\mathrm{T}}_{(i-1)i2})_{q_{\mathrm{k}}}(\boldsymbol{S}_i)\\(\boldsymbol{S}_{i-1})_{q_{\mathrm{k}}}=(\boldsymbol{B}^{\mathrm{T}}_{(i-1)i1})_{q_{\mathrm{k}}}(\boldsymbol{S}_i)\end{cases} \tag{5-124}$$

4. $\dot{\boldsymbol{X}}_{\mathrm{q}}=(\dot{\boldsymbol{B}}\boldsymbol{x})_{\mathrm{q}}$ 和 $\dot{\boldsymbol{X}}_{\mathrm{v}}=(\dot{\boldsymbol{B}}\boldsymbol{x})_{\mathrm{v}}$ 的递归方程

为了得到$(\dot{\boldsymbol{B}}\boldsymbol{x})_{\mathrm{q}}$ 和$(\dot{\boldsymbol{B}}\boldsymbol{x})_{\mathrm{v}}$ 的递归方程,由式(5-116)对 $\boldsymbol{q}_{\mathrm{k}}$ 和 $\boldsymbol{v}_{\mathrm{k}}$ 求导数,其中 $k=1,\cdots,n_{\mathrm{r}}$。

$$\begin{aligned}(\dot{\boldsymbol{X}}_i)_{q_{\mathrm{k}}}=&(\dot{\boldsymbol{B}}_{(i-1)i1})_{q_{\mathrm{k}}}\boldsymbol{X}_{i-1}+(\boldsymbol{B}_{(i-1)i1})_{q_{\mathrm{k}}}\dot{\boldsymbol{X}}_{i-1}\\&+\dot{\boldsymbol{B}}_{(i-1)i1}(\boldsymbol{X}_{i-1})_{q_{\mathrm{k}}}+\boldsymbol{B}_{(i-1)i1}(\dot{\boldsymbol{X}}_{i-1})_{q_{\mathrm{k}}}+(\dot{\boldsymbol{B}}_{(i-1)i2})_{q_{\mathrm{k}}}\boldsymbol{x}_{(i-1)i}\end{aligned} \tag{5-125}$$

$$(\dot{X}_i)_{v_k} = (\dot{B}_{(i-1)i1})_{v_k} X_{i-1} + \dot{B}_{(i-1)i1} (\dot{X}_{i-1})_{v_k} + B_{(i-1)i2} (\dot{X}_{i-1})_{v_k} + (\dot{B}_{(i-1)i2})_{v_k} x_{(i-1)i} \tag{5-126}$$

遵循以上相同的步骤，可以得到$(\dot{B}x)_q$和$(\dot{B}x)_v$的递归方程。

5.3.2 RecurDyn 软件方法

多体系统动力学理论有多种体系，包括 K-H 多体系统理论和方法、相对坐标法、绝对坐标法、传递矩阵法等。据此形成了多种多体系统动力学商用仿真软件，典型软件有 RecurDyn(Recursive Dynamic)、ADAMS、DAS、SIMPACK 等。下面以 RecurDyn 软件方法介绍多体系统动力学方法在自行弹炮结合武器上的应用。

RecurDyn 是由韩国 FunctionBay 公司递归算法开发出的新一代多体系统动力学仿真软件。它采用相对坐标系运动方程理论和完全递归算法，非常适合于求解大规模及复杂接触的多体系统动力学问题，其 RecurDyn 新建模型界面如图 5-20 所示。

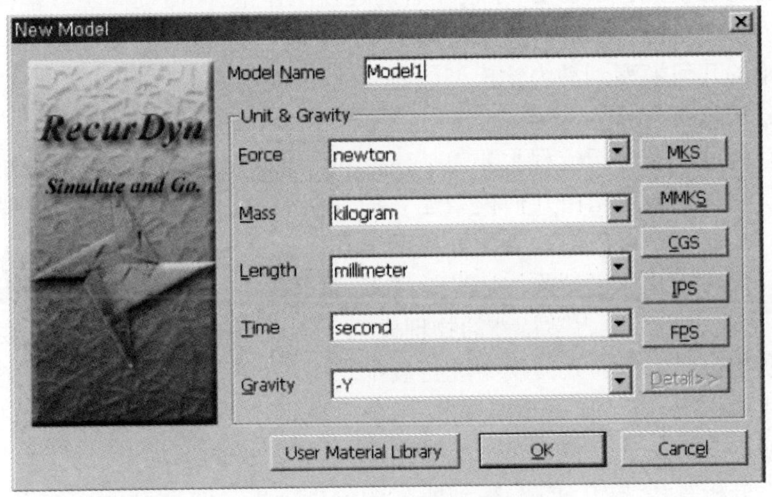

图 5-20　RecurDyn 新建模型界面

与传统的动力学软件相比，多体系统动力学软件 RecurDyn 具有求解效率高、求解稳定性好、专业工具包完备等优点，能够很好地对机构中普遍存在的摩擦、碰撞、接触、疲劳等动力学问题进行分析，更加满足火炮与自行弹炮结合武器研制工程实际的需要。

RecurDyn 采用特有的 MFBD(Multi Flexible Body Dynamics)多柔体系统动力学分析理念，能够对部件在运动中产生的应变、应力及变形进行高效、准确地计算分析。同时，MFBD 技术在分析柔性体非线性变形问题、接触问题(包括柔性体之间及柔性体和刚性体之间)时所取得的理想结果，已被工程领域普遍接受。从技术角度看，

RecurDyn 主要具有以下特点:

(1) 相对坐标系。RecurDyn 采用相对坐标系理论,在求解高速度、大规模及刚性问题上具有显著的速度优势。

(2) 完全递归算法。递归算法是具有很高计算效率的高级计算理论,但是这种理论仅应用于有限的工程领域,如机器人模拟仿真等。RecurDyn 首次将其应用于商业化的动力学分析软件。

(3) MFBD 多柔体技术。在进行多体系统动力学分析时,MFBD 技术为了消除模态缩减造成的弊端,将有限元分析和多体动力学分析两个独立的领域联合起来,对接触问题进行准确描述。

(4) 强大的建模功能。软件界面采用树状管理方式和图层操作结构,便于用户参看系统结构模型参数,同时强大丰富的接触建模功能,使其具有高效稳定的计算能力。

(5) 专业的工具包。利用其自带的专业工具包,可以自动、快速、准确地建立履带、轮胎、齿轮等模型,大大减少了使用者的建模工作量,同时提高了数学模型的建模精度。

从初始的几何模型到动力学模型的建立,一个机械系统经过对模型的数值求解,最后得到分析结果。

多体系统动力学分析流程主要包括建模和求解两个阶段。建模分为物理建模和数学建模。物理建模是指由几何模型建立物理模型;数学建模是指从物理模型生成数学模型。几何模型可以由动力学分析系统几何造型模块所建造,或者从通用几何造型软件导入。对几何模型施加运动学约束、驱动约束、力元和外力或外力矩等物理模型要素,形成表达系统力学特性的物理模型。物理建模过程中,有时需要根据运动学约束和初始位置条件对几何模型进行装配。由物理模型,采用笛卡儿坐标或拉格朗日坐标建模方法,应用自动建模技术,组装系统运动方程中的各系数矩阵,得到系统数学模型。对系统数学模型,根据情况应用求解器中的运动学、动力学、静平衡或逆向动力学分析算法,迭代求解,得到所需的分析结果。联系设计目标,对求解结果再进行分析,从而反馈到物理建模过程,或者几何模型的选择,如此反复迭代,直到得到最优的设计结果。

5.3.3 多刚体动力学分析实例

5.3.3.1 动力学模型

自行弹炮结合武器的结构组成可分解为后坐部分、起落部分、回转部分、底盘部分、悬置部分与行走部分等。后坐部分包括炮身(含炮口装置)、炮箱和部分反后坐装置等。起落部分包括全部后坐部分、摇架以及高低机和平衡机、导弹发射架等随摇架一起运动的部件。回转部分包括全部起落部分、炮塔、方向机等随炮塔一起运动的部件。悬置部分是指连接底盘和行动部分的部件,主要包括扭杆、平衡肘、减振器、主动轮、诱导轮和托带轮等。行走部分主要用来支撑自行弹炮结合武器的重量,推动其平稳地行驶,包括负重轮和履带。

1. 模型简化方法

根据自行弹炮结合武器的装配关系与相对运动特性进行力学模型简化,为使计算模型不过于复杂又具有可靠性,通常将身管简化为弹性体,其余系统部件为刚体。后坐部分相对摇架滑动,通过前后衬套与定向器建立接触关系;起落部分相对回转部分做俯仰运动;回转部分相对车体做回转运动;高低机(方向机)的传动系统相当于一个弹性悬挂装置,效果相当于耳轴(座圈)上作用有一个扭转弹簧,该弹簧刚度即高低机(方向机)刚度。

底盘系统是一个较为复杂的子系统,部件多、连接关系复杂,RecurDyn 高机动性履带工具包 Track(HM)可方便建立履带系统,其中的扭杆弹性元件以转动弹簧等效,主动轮、诱导轮、平衡肘和托带轮相对车体转动,履带板与主动轮、诱导轮、平衡肘、托带轮和地面的接触关系由软件自动生成;同时,地面可选择硬路面、软路面等多种形式。

2. 身管简化

由于身管部件较长,为较好地反映火炮射击过程中身管弹性特性的影响,身管简化为弹性体。方法是:先在 ANSYS 软件中完成有限元网格划分,生成 *.cdb 格式文件,然后在 RecurDyn 中通过 FFlex 工具包导入形成身管 FFlex 弹性体,与炮口制退器、炮尾等结构固连一起构成后坐部分,通过调整炮尾属性使后坐部分的质量、质心、惯量与实际结构一致。

为检验 RecurDyn 环境下身管弹性体简化模型的准确性,分别建立 ANSYS 环境下的有限元模型与 RecurDyn 环境下 FFlex 弹性体模型,将身管根部固定进行自重作用下的变形对比计算。

3. 底盘系统建模

RecurDyn 提供的高机动履带系统工具包 Track(HM)使得履带系统的建模过程变得简单快捷。进入 Track(HM)建模环境,选择履带板类型(如 Track Link(D)),在履带板定义界面根据结构尺寸输入 Geometry Data 和 Shoe Pad 数据,如图 5-21 所示,点击“确定”按钮即可完成单块履带板模型建立。然后在相应位置建立平衡肘、主动轮、负重轮、诱导轮与托带轮等部件模型,点击“Track Assembly”装配功能钮后依次选择履带包络的底盘部件,软件自动调用单块履带板模型完成整条履带系统模型建立,如图 5-22 所示。

采用相同方法建立左右两条履带系统,选择车体作为履带系统的母体(Mother Body),根据运动状态建立底盘系统的各部件间连接关系,完成底盘系统模型建立,如图 5-23 所示。履带板与主动轮、负重轮、诱导轮、托带轮、地面的接触关系在仿真

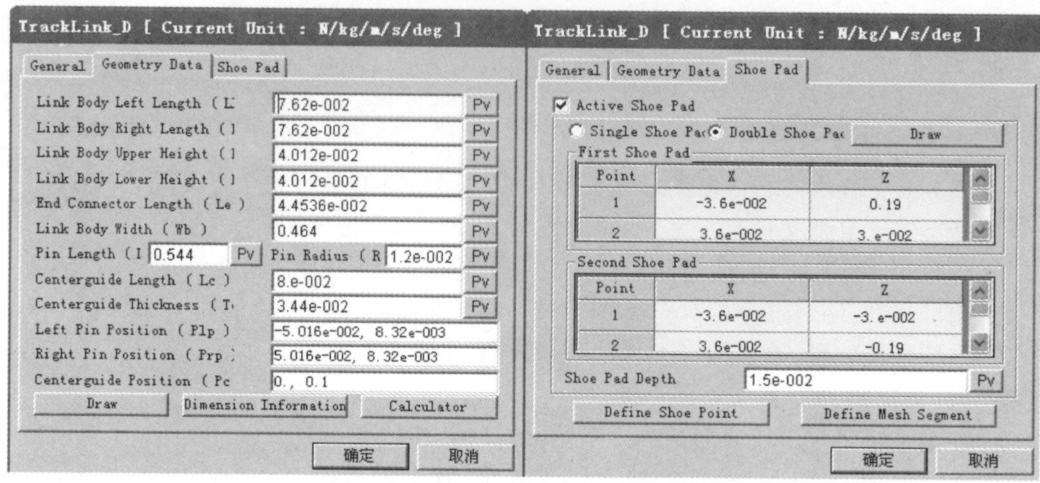

图 5-21　履带板建模界面

图 5-22　单块履带板与履带系统

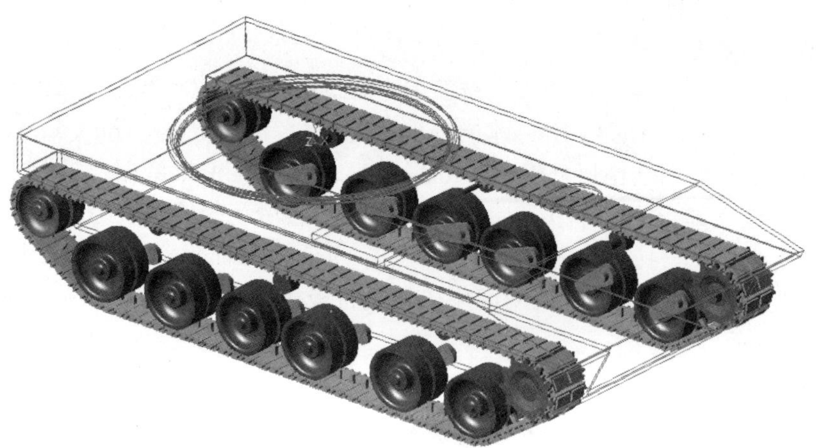

图 5-23　底盘系统

过程中由软件“后台”自动建立，仅需在相应部件属性的“contact Characteristic”栏设置接触参数即可。

4. 其他部件简化

摇架、炮塔及其配炮电气设备等均做刚体处理，建立模型时可作较大简化，只需在各自部件的属性选项中输入正确的质量、质心、转动惯量与相关坐标系等参数即可。

5. 系统装配

将自行弹炮结合武器各子系统模型进行装配，同时建立地面模型，建立自行弹炮结合武器动力学分析模型。

根据自行弹炮结合武器各子系统、部件装配关系及射击时运动传递关系，建立各部件间连接运动副、接触关系与作用力。

本例仿真系统包含 10241 个运动自由度，相关模型信息如图 5-24 所示。

```
                  SYSTEM CONFIGURATION
=======================================================
NUMBER OF GENERALIZED COORDINATE ............   17545
NUMBER OF GENERALIZED VELOCITY ..............   17545
NUMBER OF JOINT .............................  42
NUMBER OF RELATIVE DRIVING CONSTRAINT .......   2
NUMBER OF SPRING-DAMPER-ACTUATOR ............  14
NUMBER OF AXIAL FORCE .......................   2
NUMBER OF TRANSLATIONAL FORCE ...............   3
NUMBER OF BUSHING ...........................  1
NUMBER OF CONTACT SURFACE GEOMETRY...........  2
=======================================================
TOTAL SPACE USED IN RBUS ARRAY ..............   2281948
=======================================================
THE SYSTEM HAS    10241 KINEMATIC DEGREES OF FREEDOM.
=======================================================
```

图 5-24　防空武器平台相关仿真信息

5.3.3.2　载荷分析

火炮射击时，自行弹炮结合武器受到的载荷主要有结构自重、炮膛合力、火炮自动机后坐力和地面反作用力。载荷施加时，结构自重由重力加速度定义，后坐力（含复进机力与制退机液压阻力）分别作用于后坐部分与摇架上。

导弹发射时，自行弹炮结合武器受到的载荷主要有结构自重、导弹发射架后坐力、导弹尾气导流板作用力和地面反作用力。

5.3.3.3　计算结果示例

本例用履带式自行弹炮结合武器刚柔混合动力学模型，对各部分的位移进行仿真计算。仿真时先进行系统静平衡位置计算，后进行射击载荷条件下的响应计算，得到的部分结果如图 5-25～图 5-28 所示。

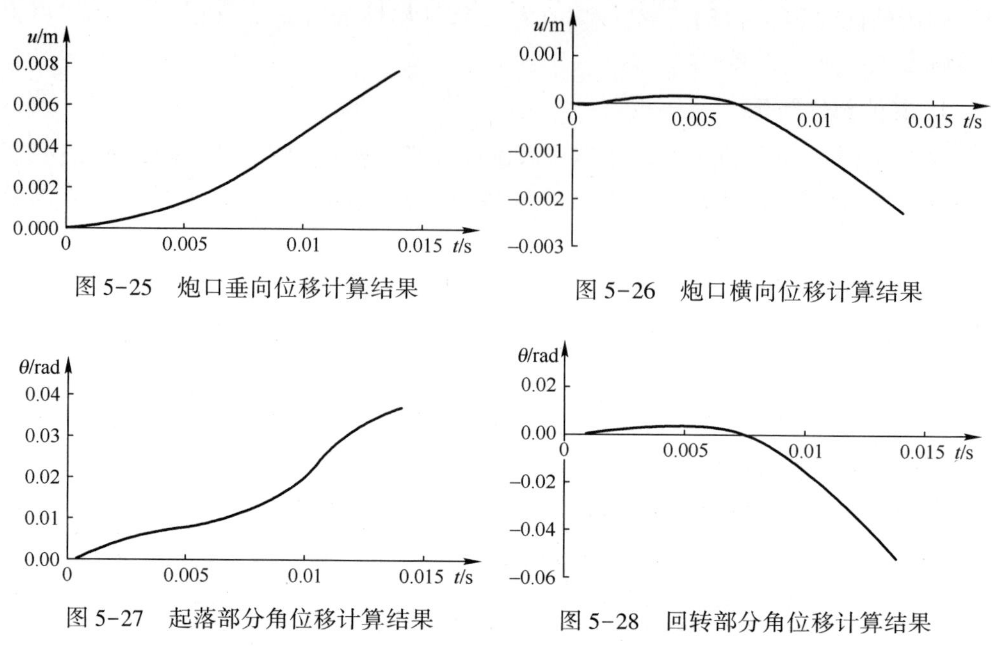

图 5-25　炮口垂向位移计算结果

图 5-26　炮口横向位移计算结果

图 5-27　起落部分角位移计算结果

图 5-28　回转部分角位移计算结果

5.4　基于有限元的发射动力学分析

5.4.1　有限元分析方法

有限元方法是求解物理场(位移场、热场、流场、电场、磁场)问题的非常有效的数值计算方法。它最初用来求解复杂结构的应力分布,直至 20 世纪 70 年代,随着计算机技术的发展和有限元理论的成熟,才开始广泛应用于动力学问题的求解中。采用有限元法可以分析火炮与自行弹炮结合武器的固有动态特性以及火炮或导弹发射过程的振动特性及主要部件的动态应力与应变结果,可深入地了解火炮或导弹发射过程中内部结构的微观动力学特性。

与其他方法相比,有限元方法具有如下的优点:

(1) 物理要领清晰。对于力学问题,有限元法一开始就从力学角度进行简化,使得使用者易于掌握和使用。

(2) 灵活、通用。有限元法不但可以解决具有规则几何特性和均匀材料特性的问题,对于不规则边界非线性的问题同样可以很好地解决。但是,有限元法对于各种复杂的因素要灵活地加以考虑,才不会发生处理上的困难。这些复杂的因素包括复杂的几何形状、任意的边界条件、不均匀的材料特性,结构中包含杆件、板、壳等不同类型的构件。

有限元处理弹性体动力学问题的基本步骤如下。

1. 结构离散化

将一个受外力作用的连续弹性体离散成一定数量的有限小的单元集合体，单元之间只有节点上互相联系，即有节点才能传递力。在动力分析中，因为引入了时间坐标，所处理的是四维(x,y,z,t)问题。在有限元分析中，一般采用部分离散的方法，即只对空间域进行离散，这一步和静力分析相同。

2. 构造插值函数

从广义坐标有限元法出发，首先将场函数表示为多项式的函数形式，然后利用节点关系，将多项式中的待定参数表示成场函数的节点值和单元几何的函数，从而将场函数表示成由其他节点值插值形式的表达式。

3. 形成动力学方程

根据弹性力学基本方程的变分原理，建立单元节点力和节点位移之间的关系，得到系统的动力学求解方程为

$$M\ddot{x}+C\dot{x}+Kx=f \tag{5-127}$$

式中　$\ddot{x}$、$\dot{x}$——系统的节点加速度和速度；

f——外力。

矩阵表达式为

$$\boldsymbol{M}\ddot{\boldsymbol{x}}+\boldsymbol{C}\dot{\boldsymbol{x}}+\boldsymbol{K}\boldsymbol{x}=\{R\} \tag{5-128}$$

式中　$\boldsymbol{M}$、$\boldsymbol{C}$、$\boldsymbol{K}$——分别为系统的整体质量矩阵、整体阻尼矩阵和整体刚度矩阵；

$\ddot{\boldsymbol{x}}$、$\dot{\boldsymbol{x}}$、$\boldsymbol{x}$——分别为系统的广义加速度向量列阵，广义速度向量列阵和广义位移向量列阵；

R——为载荷矩阵，又叫外激励。

若是静力学问题，$\boldsymbol{x}$ 和$\{R\}$与时间无关，若是动力学问题则是时间的函数。

4. 求解方程

固有频率和固有振型是动力系统的基本特征量，它们决定于系统整体的质量分布、刚度分布和阻尼分布，而与外载荷情况无关，因此称之为“固有特性”。系统的动力响应是系统在外载荷的激励下所作出的动态响应，它不仅决定于所加载荷，而且决定于系统的固有特性。解系统的动力方程式目前用得较多有如下两种方法。

1）振型叠加法

由式(5-128)可知，当外激励 $\boldsymbol{R}=0$ 时，得到系统运动的自由振动方程式。$\boldsymbol{C}=0$ 时，计算固有特性时可忽略阻尼力，这样就得到了无阻尼自由振动的运动方程式

$$\boldsymbol{M}\ddot{\boldsymbol{x}}+\boldsymbol{K}\boldsymbol{x}=0 \tag{5-129}$$

式中　$\boldsymbol{M}$、$\boldsymbol{K}$——分别为以上求得的系统整体质量矩阵和整体刚度矩阵方程，式(5-129)的特征值和特征矢量就是系统的固有频率和固有振型。

根据特征向量的正交性，用特征向量对运动方程进行变换，变换后的运动方程各自由度是不耦合的。对各个自由度的运动方程进行积分，然后叠加，即可得到问题的

解答。有了固有频率和振型,可以通过振型叠加的方法,在考虑$\{R\}$的情况下求解式(5-128),可以得到系统的响应。

2) 逐步积分法

对于有较复杂激振力或非比例阻尼情况下,可采用逐步积分法求解动力响应问题。其基本思路是把时间离散化,如把时间区间 T 分为 $T/n=\Delta t$ 的 n 个间隔。由初始状态 $t=0$ 开始,逐步求出每个时间间隔 $\Delta t, 2\Delta t, \cdots, T$ 上的状态向量(通常由位移、速度和加速度等组成),最后求出的状态向量就是结构系统的动力响应解。在这种方法中,后一次的求解是在前一次解已知的条件下进行的。如开始是假定 $t=0$ 时的解(包括位移和速度)为已知,求出 Δt 时的解;接着再以该时刻的已知解计算 $2\Delta t$ 时刻的解,如此继续下去。这样有个问题,即在方程 $M\ddot{x}+C\dot{x}+Kx=f(t)$ 中$\ddot{\boldsymbol{x}}$、$\dot{\boldsymbol{x}}$、$\boldsymbol{x}$ 是未知量,那么如何由前一状态推知下一状态呢?这可以对$\ddot{\boldsymbol{x}}$、$\dot{\boldsymbol{x}}$、$\boldsymbol{x}$ 的变化规律给予某种假设。对于不同的假设就形成不同方法,如线性加速度法,威尔逊-θ 法等。

5. 计算系统的应力、应变与响应

根据节点力的平衡条件建立有限元方程,在给定边界条件下求解线性方程,计算单元应力、应变,再通过协调原理推至整个连续体上。当系统在静力平衡条件下求得的应力、应变是静应力、应变。当系统在外激励作用下,内部产生的应力应变是动应力应变,加之其位移,都是系统的响应。可见只需求得式(5-128)中的未知解,即可得到响应。与静力学问题相比,在动力学分析中,由于惯性力和阻尼力出现在平衡方程中,因此,引入质量矩阵和阻尼矩阵,最后得到的求解方程不是代数方程组,而是常微分方程组,其他过程与静力学问题完全相同。

二维或三维弹性连续体离散为有限个单元的集合体,要求单元有简单而规则的几何形状以便于计算。在有限元分析中常用的单元种类见表 5-5。

表 5-5 有限元分析中常用单元种类

零维单元	一维单元	二维单元	三维单元
弹簧元	杆元	板元	体元
集中质量元	梁元	壳元	——

常用的二维单元具体的形状有三角形或矩形板元、壳元,三维单元有四面体(三角锥)、五面体或平行六面行。根据插值节点数目,又可以分为线性单元(无中间节点)和二次单元(带中间节点),线性单元对于一般结构,以很少的花费就可以达到一定的精度,对于非线性的结构或退化的单元形状,采用二次单元,会产生更好的效果。对于同一形状的单元可有不同的单元节点数,如 8 节点、20 节点的六面体单元,有 3 节点和 6 节点三角形单元、4 节点和 8 节点四边形单元之分,所以有限元使用单元种类繁多。在用单元模拟真实物理结构时,要根据它的物理形状选取某种单元,也可以将不同类型的单元混合使用。图中列举了一些二、三维问题中常用的单元形式。选

择何种单元,涉及求解问题的类型、对计算精度的要求及经济性等多方面的因素。

目前,自行弹炮结合武器有限元动力学的研究已由线性范围扩展到非线性范围。有人采用计算自行弹炮结合武器发射前各部件的模态矩阵,并将部件的模态矩阵组合成全武器的模态阵,然后将炮膛合力和反后坐装置的后坐力作为外部激励施加在模型上求解全武器的动力学响应。显然,这样的模型没有考虑火炮发射时的后坐过程、弹丸在膛内的运动、悬挂的非线性振动、负重轮的跳动和履带复杂非线性运动规律等。发射时,炮身在炮膛合力和驻退机、复进机的阻力作用下,沿摇架后坐,然后靠复进机复进到位。由此可见,该系统是个时变系统,在发射过程中,其模态矩阵是随时间变化的,用模态叠加法来解决问题显然是不合适的,必须建立考虑这些非线性因素的有限元模型。

为建立能够确切地模拟自行弹炮结合武器结构动态特性的动力学模型,关键就在于能否获得合理的结合面力学模型及其动力学参数。作为自行弹炮结合武器结构系统中固有的一种结构形式,结合面问题已成为自行弹炮结合武器结构动力学研究中极为重要的内容之一。自行弹炮结合武器结构结合面主要包括后坐部分与导轨、起落部分高低齿弧与齿轮、回转部分座圈之间等。

对于有限元模型结合面处理方法,目前的做法是,在后坐部分与摇架之间定义了滑动接触,炮塔和摇架之间的连接,采用节点耦合的方式处理耳轴约束,对于高低机,有的用等效弹簧来模拟,有的用高低齿弧和齿轮之间的接触与碰撞来模拟,有的将高低机简化为梁单元,有的简化为软接触约束,有的简化为杆单元,有的将摇架上的扇形齿弧与托架耦合连接以限制其自由度。炮塔与车体的相连,主要有两种方式:一种是直接用单元节点耦合的方法来定义它们之间的装配关系,约束它们装配面之间的6个相对自由度;另一种是炮塔和车体之间的联接刚度用弹簧刚度模拟,回转刚度由扭簧刚度模拟。在悬挂系统简化模型中,有的用扭杆弹簧的一端与车体耦合,另一端与刚性地面接触,有的用等效弹簧和阻尼器模拟。

关于有限元方法在发射武器动力学研究方面更多的知识参见相关文献,在此不再赘述。

5.4.2　有限元方法应用实例

在完成自行弹炮结合武器总体设计后,根据其设计图样,从内弹道计算、浮动自动机运动计算,进行全武器振动有限元仿真,对全武器结构设计做出初步评估。

5.4.2.1　内弹道计算

通过内弹道计算可以得到膛压变化规律,它是武器振动的激励源之一,对射弹散布有着重要的影响。下面列出某自行弹炮结合武器高炮内弹道计算所涉及的火药燃烧形状函数,弹丸膛内运动方程,内弹道能量平衡方程和火药燃烧速度方程,即

$$\Psi=\chi Z+\chi\lambda Z^2 \tag{5-130}$$

$$\frac{\mathrm{d}Z}{\mathrm{d}t}=\frac{u_1 p}{e_1} \tag{5-131}$$

$$\Phi m\frac{\mathrm{d}v}{\mathrm{d}t}=sp \tag{5-132}$$

$$sp(l_\psi+l)=f_1\omega\Psi-\frac{\theta\Phi mv^2}{2} \tag{5-133}$$

式中 Ψ——火药燃烧掉的百分数；

χ——火药的形状特征量；

Z——火药燃去的相对厚度(m)；

λ——火药形状特征量；

u_1——火药燃烧速度系数；

p——膛压(Pa)；

e_1——药粒弧厚之半；

Φ——弹丸质量虚拟系数；

m——弹丸质量(kg)；

v——弹丸速度(m/s)；

s——炮膛横断面积(m^2)；

l_ψ——药室自由容积缩径比；

l——弹丸行程(m)；

f_1——钝感后火药的火药力(N)；

ω——装药量(kg)；

θ——$\theta=k-1$，k 为绝热常数。

经过内弹道计算，得到膛压曲线如图 5-29 所示（10 连发）。

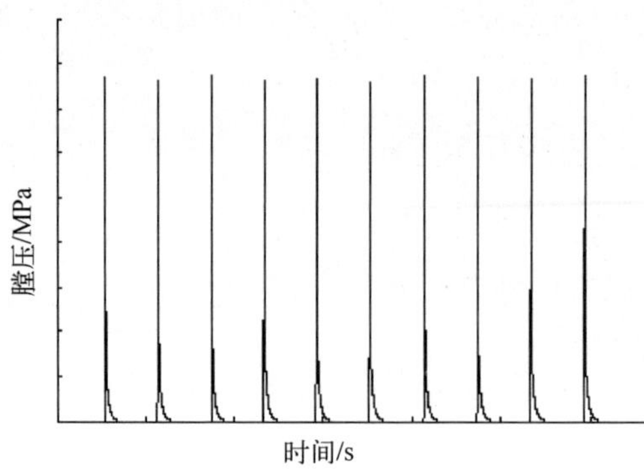

图 5-29　膛压曲线（10 连发）

5.4.2.2　浮动自动机运动计算

通过浮动自动机运动计算，可以得到作用在自行弹炮结合武器上的各种作用力及其变化规律，为全武器振动有限元计算提供载荷。

设炮闩作为基础构件带动 n 个工作构件连续运动，其中 n_1 个工作构件做平动运动，n_2 个工作构件做定轴转动，而 n_3 个工作构件做平面运动，即 $n=n_1+n_2+n_3$。则由达朗伯尔原理得炮闩和炮箱两自由度运动系统的运动微分方程的一般形式为

$$\begin{bmatrix} m_{11} & m_{12} \\ m_{21} & m_{22} \end{bmatrix} \begin{Bmatrix} \ddot{x} \\ \ddot{\xi} \end{Bmatrix} = \begin{Bmatrix} FF_1 \\ FF_2 \end{Bmatrix} \tag{5-134}$$

式(5-134)中各符号含义参见第 5 章以前的相关小节。

经过浮动自动机运动计算，得到了后坐力曲线如图 5-30 所示。

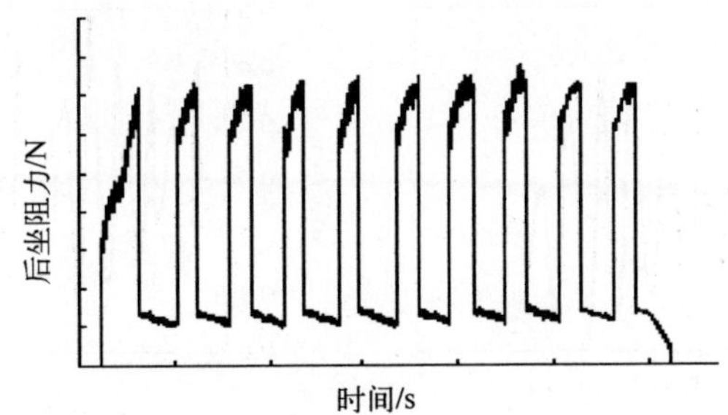

图 5-30　火炮发射后坐力曲线

5.4.2.3　全武器振动有限元计算

1. 力学模型

将某自行弹炮结合武器(包括身管，自动机、摇架、导弹发射架、炮塔和底盘)三维实体模型简化为 12259 个有限单元及 62169 个节点，单元类型包括梁单元，板单元、块单元、刚性单元、弹簧单元和约束单元。载荷有炮膛合力，后坐阻力，也包括了多种构件的撞击力。由于后坐部分质心位置和炮膛中心线不重合，因此，在高低方向有翻转力矩作用，它对炮口振动响应有重要影响。

力学模型的坐标系按下述方式选取：x 轴正向沿射向，y 轴正向与射向垂直并向上，z 轴方向符合右手系规则，坐标原点位于炮塔回转中心和底盘的交界面上。

2. 计算结果

经过有限元计算，得到了炮口振动响应计算值，包括炮口高低和方向振动线位移、线速度、线加速度、角位移和角速度，其结果见表 5-6。结果表明，当火炮射击及高低和方向射角为 0°条件下，炮口振动线位移为 6. 96mm(高低)和 8. 15mm(方向)。图 5-31～图 5-34 为炮口振动曲线。

表 5-6 炮口振动响应最大值计算结果

响应名称	高低	方向
线位移/mm	6.96	8.15
线速度/(m/s)	0.52	0.61
线加速度/(m/s²)	214.5	154.9
角位移/rad	4.49×10^{-3}	5.85×10^{-3}
角速度/(rad/s)	0.28	0.33

身管是发射弹丸的直接部件,身管的振动特性对弹丸起始扰动及立靶散布有着最直接的影响。表 5-7 是全武器固有频率计算结果。结果表明,起落部分(包括身管)方向振动第一阶固有频率为 10.64Hz,起落部分高低振动第一阶固有频率为 11.36Hz。

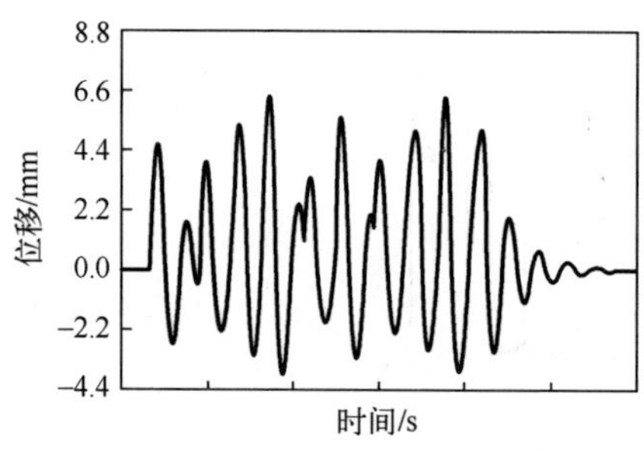

图 5-31 炮口高低位移曲线

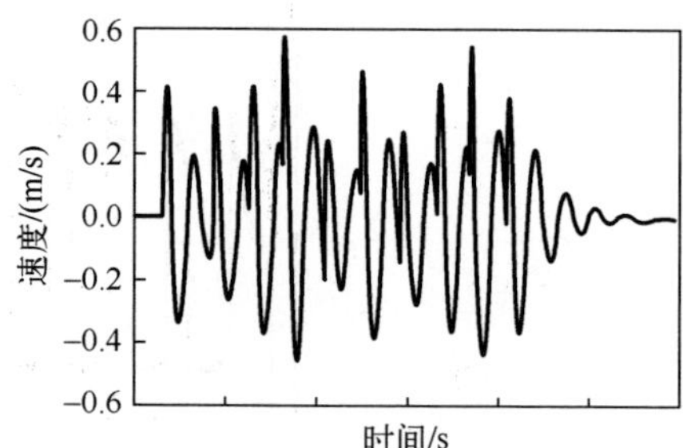

图 5-32 炮口高低速度曲线

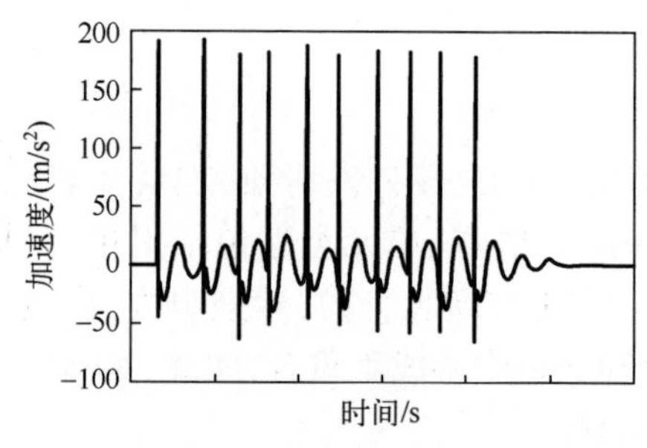

图 5-33 炮口高低加速度曲线

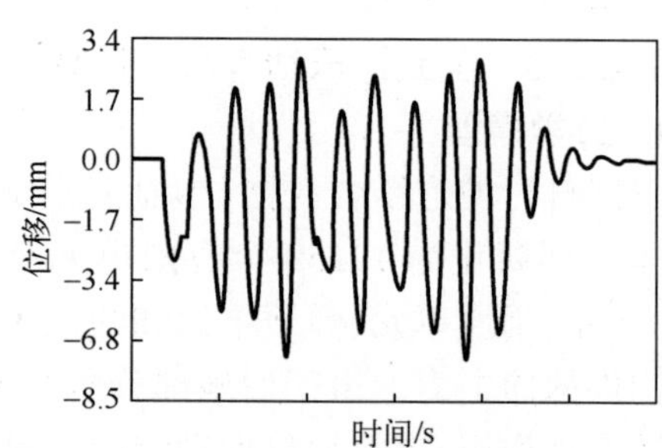

图 5-34 炮口方向位移曲线

表 5-7 全武器固有频率计算结果

振型描述	固有频率值/Hz
全武器俯仰固有频率	1.80
全武器上下平动固有频率	5.47
全武器左右翻滚固有频率	7.10
发射起落部分高低第一阶固有频率	11.36
发射起落部分方向第一阶固有频率	10.64

第6章 目标搜索和跟踪

6.1 目标搜索技术

自行弹炮结合武器目标搜索方式通常有雷达搜索、红外搜索、可见光搜索等多种方式。雷达搜索方式因为其全天候特性被大量采用，即使在雷达和光电搜索并用的自行弹炮结合武器上，雷达方式仍为主搜索方式。鉴于篇幅所限，本章重点介绍雷达搜索技术。

6.1.1 目标搜索发现概率

6.1.1.1 雷达搜索发现概率

搜索雷达一次扫描对目标的瞬时发现概率计算方法如下：

假定自行弹炮结合武器的搜索雷达对其作用区域进行圆周扫描。在一次扫描过程中，当目标落入雷达波瓣时，雷达与目标发生能量接触，雷达接收到 n 个脉冲的瞬时发现概率 P_{dr} 可由诺斯公式求出

$$P_{dr}=\frac{1}{2}\left[1+\mathrm{erf}\left(\sqrt{\frac{1}{2}+\frac{S}{N}}-\sqrt{\lg\left(\frac{1}{p_f}\right)}\right)\right] \tag{6-1}$$

式中 S/N——雷达接收机输出信燥比；

P_f——虚警概率；

erf( )——误差函数，

$$\mathrm{erf}(x)=\frac{2}{\sqrt{\pi}}\int_0^x e^{-u^2}du \tag{6-2}$$

接收机输出信燥比 S/N 由雷达方程确定

$$\frac{S}{N}=\frac{P_t\tau\lambda^2G_t^2\sigma nE_i(n)}{(4\pi)^3kT_0F_nR^4L_s} \tag{6-3}$$

式中 P_t——雷达发射机功率(W)；

τ——雷达脉冲宽度(Hz)；

λ——雷达波长(m)；

G_t——天线增益；

σ——目标的雷达截面积(m);

$nE_i(n)$——脉冲积累改善因子;

k——玻耳兹曼常数($k=1.38\times10^{-23}$J/K);

T_0——绝对温度(K);

F_n——接收机的噪声系数;

R——雷达到目标的距离(km);

L_s——系统损耗。

其中脉冲积累改善因子 $nE_i(n)$ 由下式确定

$$nE_i(n)\approx\sqrt{n} \tag{6-4}$$

式中 n——脉冲积累数。

在目标由远及近进入自行弹炮结合武器防御空域过程中,搜索雷达将不停地对其作用区域进行圆周扫描。在每一次扫描过程中,雷达都将与目标发生能量接触,其瞬时发现概率可由式(6-1)计算得出。由于目标是在不停地运动过程中,雷达到目标的距离 R 在随时变化,导致雷达接收机输出信燥比 S/N 也在不断变化,因此,每一次扫描的瞬时发现概率 P_{dr}是各不相同的。这一特点决定了难以用解析的方法计算雷达搜索的发现概率,而通常采用计算机模拟和数值计算的方法。

为了搜索雷达的搜索发现概率,需要给出有关参数的设定或计算方法,包括目标高度、飞行速度、指定搜索区域的大小、航路捷径、搜索雷达的近界与远界、目标穿越搜索区域的时间等。

6.1.1.2 光学搜索发现概率

1. 光学搜索装置一次扫描对目标的瞬时发现概率计算

自行弹炮结合武器的光学搜索装置根据外部指示的目标搜索区域,以一定的搜索方式进行扫描,在时间段$(t,t+\tau)$内发现目标的概率 P_{do}为

$$P_{do}=1-\exp\left(-\int_t^{t+\tau}K(\alpha)S(u)\,du\right) \tag{6-5}$$

式中 $K(\alpha)$——角 α 的函数,在这里假定

$$K(\alpha)=f(x)=\begin{cases}k,0\leqslant\alpha\leqslant\alpha_0\\0,\alpha>\alpha_0\end{cases} \tag{6-6}$$

式中 α——观测者眼睛—目标连线与搜索镜轴线之间的夹角(mrad);

α_0——搜索镜视场角之半(mrad);

k——与观测者的视角能力等有关的参数;

S——目标相对观测者的立体角(mrad)。

由于目标在不断地运动,因而 S 是时间 t 的函数。在确定的时刻 t,S 由下式确定

$$S'=S_{yH}\frac{|xV_{mx}+yV_{my}|}{V_mD}+S_{Hx}\frac{|-xV_{my}+yV_{mx}|}{V_mD}+S_{xy}\frac{H}{D} \tag{6-7}$$

$$S=\frac{H'}{D^2} \tag{6-8}$$

式中　x、y、H——目标在以自行弹炮结合武器阵地位置为坐标原点的空间直角坐标系中的坐标，如图 6-1 所示(m)；

D——观测者眼睛到目标的距离，可近似看作是自行弹炮结合武器阵地到目标的距离(m)；

V_m——目标速度值(m/s)；

V_{mx}——目标速度沿 x 轴分量(m/s)；

V_{my}——目标速度沿 y 轴分量(m/s)；

S_{xy}——目标俯视投影面积(m^2)；

S_{Hx}——目标侧视投影面积(m^2)；

S_{yH}——目标仰视投影面积(m^2)；

S'——在自行弹炮结合武器阵地与目标连线为法线的平面上的目标投影面积。

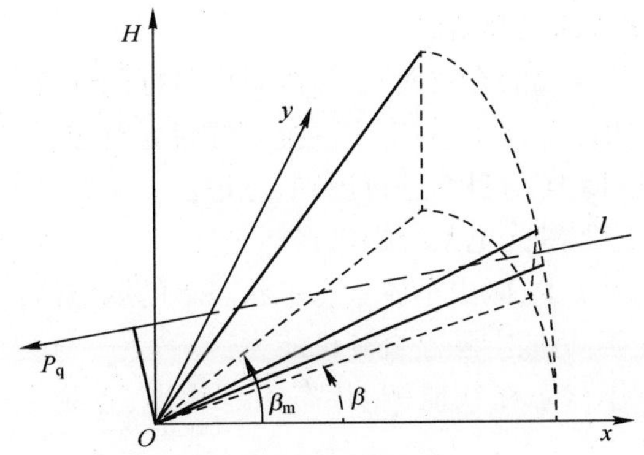

图 6-1　光学搜索装置的搜索域

2. 光学搜索发现概率的模拟计算

在目标由远及近进入自行弹炮结合武器防御空域过程中，光学搜索装置将不停地对给定区域反复进行扇形扫描。只要目标仍在给定区域内，在每一次扫描过程中，都将存在一个时间段$(t,t+\tau)$，在此时间段内目标将进入光学搜索装置的视场，光学搜索装置发现目标的概率 P_{do} 可由式(6-5)计算得出。由于目标在不停地运动，致使每一次扫描时目标进入光学搜索装置视场的时间段$(t,t+\tau)$各不相同，即每一次扫描的瞬时发现概率 P_{do} 各不相同，因而必须采用计算机模拟的方法计算光学搜索的发现概率。

与雷达搜索的情形类似，假定目标作等速水平直线飞行，飞行高度为 H，速度为 V_m，指定搜索域的大小用方位角 β_m 表示。以自行弹炮结合武器阵地所在位置为坐

标原点 O,建立空间直角坐标系如下:x 轴与搜索域右边界线在水平面上的投影重合,正向向右;y 轴与 x 轴垂直,正向指向航路所在一侧;H 轴垂直于 x 轴和 y 轴所在的平面,正向向上(见图 6-1,图中 l 为目标在水平面上的投影航路)。

设光学搜索装置在开始搜索时刻,其轴线的方位角为 β_{o0};在任意时刻,轴线的方位角为 β。开始搜索时,光学搜索装置先沿逆时针方向扫描,其轴线方位角 β 从 β_{o0} 开始以角速度 ω 增加,直到轴线与搜索域的左边界线重合既 $\beta=\beta_{m}$;然后沿顺时针方向扫描,轴线方位角 β 以角速度 ω 减少,直到轴线与搜索域的右边界线重合既 $\beta=0$;其后再次沿逆时针方向扫描。如此循环往复,直到发现目标或目标已离开搜索域为止。

为了计算光学搜索装置的搜索发现概率,亦需要给出有关参数的设定或计算方法,包括目标高度、飞行速度、指定搜索区域的大小、航路捷径、光学搜索装置的近界与远界、目标穿越搜索区域的时间等。

6.1.2 主要搜索功能和指标

6.1.2.1 雷达搜索的主要功能

(1) 完成对全方位空域的有效搜索,探测空中目标的位置;

(2) 基于边搜索边跟踪技术,对空中多批目标建立航迹,并进行威胁判定、编号;

(3) 结合敌我识别系统对目标进行识别、标记;

(4) 为跟踪雷达或跟踪光电系统提供目标坐标;

(5) 通过波束控制技术,减少车体不水平状态下的漏空情;

(6) 具有探测低空、超低空悬停直升机能力;

(7) 具有实时工作状态在线监测、状态信息输出、系统自检、故障诊断与定位能力;

(8) 具有一定的电子对抗能力;

(9) 具有产生模拟航路的能力;

(10) 具有空地反幅射导弹报警功能。

6.1.2.2 雷达搜索的主要战术技术指标

(1) 威力(最大作用距离、覆盖高度、垂直波束宽度、最小作用距离);

(2) 精度(距离误差、方位角误差、高低角误差);

(3) 工作频率(波段、带宽、工作频率、频率点);

(4) 天线转速、目标容量、目标速度响应范围、车体倾斜波束修正范围;

(5) 动目标改善因子、抗干扰措施;

(6) 开机准备时间、供电方式、体积重量、安装方式;

(7) 环境适应性指标等。

6.1.3 搜索技术方案选择

6.1.3.1 搜索雷达方案选择

根据对目标探测的坐标数目,搜索雷达可分别 2D(两坐标体制)搜索雷达和 3D(三坐标体制)搜索雷达。

2D 搜索雷达技术相对简单,国内技术成熟、可靠,已有多个设计定型产品。2D 搜索雷达具有以下优点:

(1) 2D 搜索雷达数据率较高,有利于提高搜索转跟踪的截获概率;

(2) 2D 搜索雷达相对 3D 搜索雷达成本较低,可降低雷达系统乃至全系统的装备成本;

(3) 2D 搜索雷达体积小、重量轻,便于对体积、重量要求严格的自行弹炮结合武器总体布局;

(4) 技术成熟,有利于缩短研制周期。

3D 搜索是在 2D 雷达信息的基础上增加高低角信息,一般方位采用机械扫描,高低采用针状波束电扫描方式(最新型的 3D 雷达有采用二维电扫描方式的),相对于 2D 搜索雷达,有以下优点:

(1) 3D 搜索雷达可提供目标高低角信息,将跟踪雷达直接导引到目标位置或跟踪雷达在目标位置附近小角范围内扫描,有利于缩短全系统反应时间;

(2) 3D 雷达采用锥状波束高低电扫描,能有效探测超低空目标,如对巡航导弹的探测高度可达 30~50m;

(3) 波束指向在波控机的控制下可减少与干扰机波束相遇,因此 3D 搜索雷达抗干扰能力强;

(4) 3D 搜索波束在可采用类似于瞄准线稳定的方式保证在不平坦地面行进间或停止间对全空域的扫描,减少漏空情。

经过对先进性、前瞻性、可行性、经济性等因素的综合权衡,新型自行弹炮结合武器选用 3D 搜索雷达作为搜索的首选方案。

6.1.3.2 三坐标搜索雷达方案

自行弹炮结合武器三坐标搜索雷达典型方案:采用波导裂缝阵列天线、方位机械扫描、高低相扫、高低比幅和差单脉冲测角、方位相邻波束比幅测角、全相参 MTD 处理、边搜索边跟踪、航迹相关等技术。具体方案如下:

(1) 搜索雷达波束采用笔形波束,在方位上采用机械扫描、高低上采用可变的电子相位扫描,从而完成对所覆盖空域的搜索。为了提高在高低角上的目标测量精度,在高低上又采用了比幅和差单脉冲技术;为了提高在方位角上的目标测量精度,在方位上又采用了相邻波束顺序比幅测角技术;为了解决车体在运动中高低扫描起始角变化问题,而采用了高低姿态角校正技术;为了解决由于炮塔及车体运动引起在方位角平面天线转动角速度的变化问题,在方位角平面又采用了光纤陀螺稳速伺服控制技术。

(2) 天线子系统中搜索雷达天线采用波导裂缝平面阵列天线,敌我识别询问机天线采用多层微带阵列天线。

(3) 馈线子系统采用四路旋转关节方案,其中两路用于 X 波段搜索雷达和差通道,两路用于 L 波段敌我识别询问机和差通道;为了搜索天线的架设与撤收,采用了两路 X 波段倾倒关节,而两路 L 波段倾倒由软电缆连接。

(4) 发射机采用主振放大式栅控行波管发射机,主要包括栅控行波管(TWT)、高压电源、调制器、前级放大器、发射机监控电路等。

(5) 频率综合器采用了全相参直接式频综技术,在工作带宽内有若干个(例如 30 个)工作频率点,每部雷达可选择其中 1/6(例如 5 个)工作频率点,以解决多部雷达相邻同时工作时所产生的相互干扰问题。为了解决车体运动所产生的目标附加多普勒频率,频率综合器也采用了多普勒频率补偿电路技术。

(6) 接收机采用和差两路高放二次混频超外差接收机技术,具有 STC 电路、手动/自动增益控制、强干扰衰减等功能。

(7) 信号处理机采用可编程全相参 MTD 处理技术,完成对雷达回波信号检测,完成对目标距离、方位角、高低角的测量,提供搜索雷达的定时信号、工作模式控制,完成与数据处理器的串行通信任务,信号处理机在硬件设计上基于成熟的模块化信号处理技术。

(8) 数据处理器接收信号处理机提供的雷达目标一次点迹,通过相关和滤波处理,实现雷达的 TWS 功能,完成目标航迹建立、批次编号、威胁评估等主要功能。

(9) 天线座伺服子系统采用直流力矩电机伺服稳定技术,完成搜索天线的驱动控制。在天线方位轴上安装一个速率陀螺,稳速系统通过陀螺速率反馈回路消除车体的航向运动和炮塔运动所造成的天线转速变化,通过计算补偿消除车体纵横摇对搜索天线转速的影响。通过接收到的车体姿态角信息计算出天线波束指向高低姿态角校正量,并送到波控机,直接将方位编码器角度信息送到信处,计算出车体运动的多普勒频率补偿量送到频综。搜索天线翻转功能也由伺服子系统完成。

6.1.4 雷达搜索主要关键技术

6.1.4.1 搜索天线波束指向稳定

车体偏航、摇摆、炮塔运动都会引起搜索天线波束扫描方位角速度有不同程度的变化,为解决行进间搜索目标问题,必须解决搜索天线波束指向稳定问题。

搜索天线在高低角上波束采用电子扫描,由车体上的陀螺稳定平台给出车体姿态的纵摇角、横摇角及搜索天线波束方位指向角,通过坐标变换求得天线波束指向高低姿态角的校正量,再通过波控机实时校正高低姿态角的变化,理论上可以解决波束高低指向稳定问题。

搜索雷达天线方位稳定采用稳定天线相对于大地的扫描速度。影响搜索天线稳速运转的因素有车体的航向运动、炮塔的调转、车体的纵摇和横摇。本节以某自行弹炮结合武器搜索雷达为例,对典型的功能和技术指标进行分析。例如,要求搜索雷达天线相对于惯性坐标系以180(°)/s的转速运转,并保证±3%的稳速精度。因为速率陀螺安装在天线方位轴上,车体的航向运动和炮塔的调转造成的天线速度变化,稳速系统通过陀螺速率反馈都能隔离。但是,方位速率陀螺对车体的纵横摇速度不敏感,所以速率陀螺稳速回路只将天线的转速稳定在天线的运转面上。当车辆运动时,搜索天线的运转面与水平面就形成一个夹角,如果速度给定不加补偿的话,天线稳定的速度不是相对于惯性坐标系的,所以要随时根据车体的摇摆角和天线波束方位指向角给稳速系统加补偿电压,使搜索天线相对于惯性坐标系以180(°)/s±3%的稳定速度运转。根据稳速系统的传递函数分析计算,稳速系统带宽约为8Hz,对于速度扰动的隔离度为-30dB,当炮塔调转平均速度为48(°)/s,车体偏航、横摇、纵摇引起波束指向方位角偏离最大速度为42(°)/s,即方位最大速度扰动90(°)/s将衰减30倍后,剩余速度扰动为3(°)/s,稳速精度能达到1.6%,符合指标要求。

6.1.4.2 搜索空域完备覆盖技术

搜索雷达空域完备覆盖问题实际上就是搜索波束排列技术问题。由于采用了扫描顺序波束三坐标雷达技术,若搜索波束在高低和方位上均按3dB波束宽度排列如图6-2(a)所示,就会出现约24%的漏空域问题。若在方位上两波束相隔0.9°,相互重叠1/2波束宽度排列,高低上保持按3dB波束宽度排列如图6-2(b)所示,也会漏掉约5%的空域。若在方位上两波束相隔0.9°,相互重叠1/2波束宽度排列,在高低上两波束相互重叠0.3°,两波束相隔3°排列,则波束相互重叠排列就不会出现漏空域现象,如图6-2(c)所示。

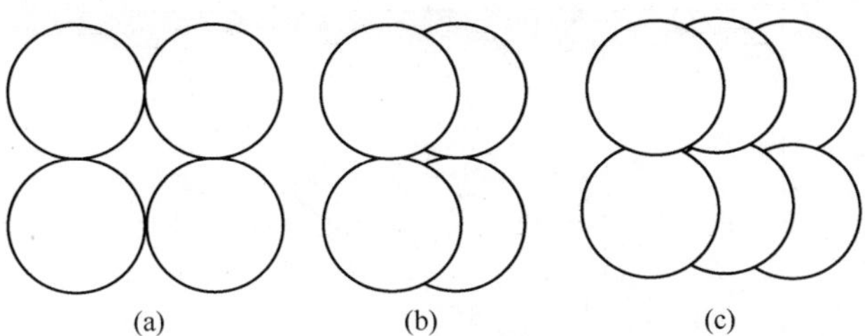

图6-2 搜索雷达波束控制方案图

选择如图6-2(c)所示波束排列方法,就可以做到空域完备覆盖。采用波束排列技术和上述波束扫描稳定技术后,自行弹炮结合武器车体产生偏航、摇摆、炮塔运动时,基本可以做到对空域完备覆盖。

6.1.4.3 车体运动状态下动目标检测

雷达动目标检测(MTD)处理是根据运动目标回波和地物杂波在频谱结构上

的差别，从频率上区分它们，以达到抑制地物杂波而显示运动目标的目的。当雷达在静止平台上工作时，地物回波频谱位于零频率附近，而运动目标的频谱位于多普勒频率位置。MTD 处理正是利用运动目标回波和地物杂波在频谱上的区别，通过滤波器滤除地物杂波而取出运动目标回波。动目标检测使用的滤波器称为杂波抑制滤波器，其特点是在零频位置滤波器有一个凹口，凹口宽度与杂波谱宽相匹配。当回波信号通过杂波抑制滤波器时，地物杂波频谱位于滤波器频率响应的凹口位置，从而被抑制。运动目标频谱位于滤波器频率响应的通带位置，可以正常输出。

当雷达在运动平台上工作时，平台运动也会产生多普勒频率（以下称为车体运动多普勒频率）。车体运动多普勒频率对雷达的 MTD 处理会带来影响。车体运动使得地物杂波频谱偏离零频位置。在 MTD 处理时，地物杂波通过杂波抑制滤波器后，不能被有效抑制，降低了雷达在杂波背景下的目标检测能力。所以，在装备了 MTD 搜索雷达且具有行进间作战要求的自行弹炮结合武器中，必须要解决车体运动多普勒频率对 MTD 处理的影响。

车载搜索雷达具有多平台装载的特点。典型的装载方式为搜索雷达安装在炮塔上，炮塔安装在车体上，炮塔可以全方位旋转。车体平面示意图如图 6-3 所示。按照多普勒频率计算方法，可以算出多普勒频率与车体车体运动速度、炮塔方位角、天线方位角、天线光轴与电轴方位夹角和工作波长有关，上述参量在自行弹炮结合武器上可以实时获得，为处理多普勒频率对 MTD 影响提供了前提。将计算得到的实时车体运动多普勒频率值输出到频率综合器，频率综合器把车体运动多普勒频率值叠加到相参基准信号频率中，叠加的方式为相参基准信号频率加上车体运动多普勒频率计算值（实现这部分功能的电路称为多普勒频率叠加电路）。

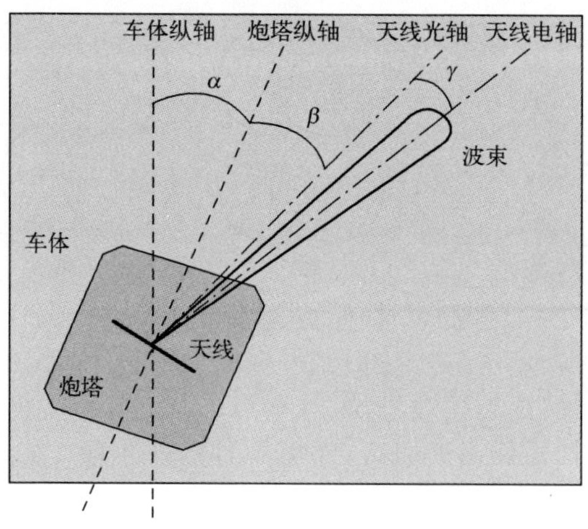

图 6-3　车体、炮塔、搜索雷达平面图

车体纵轴指车体纵向中心线,以车体头部为车体纵轴正方向。炮塔纵轴指炮塔纵向中心线,以炮塔头部为炮塔纵轴正方向。天线光轴是指天线面的法线指向,天线电轴是指波束实际指向,一般情况下,光轴和电轴是不重合的。

车体纵轴正向与炮塔纵轴正向的夹角为炮塔方位角,用 α 表示,顺时针方向为正。炮塔纵轴正向与天线光轴的夹角为天线方位角,用 β 表示,顺时针方向为正。天线光轴与电轴沿方位的夹角用 γ 表示。若电轴超前光轴,则 γ 为正;若电轴滞后光轴,则 γ 为负。

图 6-3 所示为电轴超前光轴的情况。一般而言,地物高度对多普勒频率的影响很小,可以忽略。在这里把雷达和地物简化为同一平面内的点。车体直线运动时,速度方向沿车体纵轴方向。车体与地物的相对径向速度等于车体速度沿天线波束方位指向的分量。车体纵轴与天线波束方位指向的夹角等于炮塔方位角 α 、天线方位角 β 与天线光轴、电轴的夹角 γ 三者之和。设车体与地物的相对径向速度用 V_r 表示,V_r 的计算式为

$$V_r = V\cos(\alpha+\beta+\gamma) \tag{6-9}$$

设雷达工作波长 λ,车体运动多普勒频率的计算式为

$$fd = V(2\cos(\alpha+\beta+\gamma))/\lambda \tag{6-10}$$

动速度通过车体内安装的速度传感器测量输出。炮塔方位角由炮塔方位随动系统测量输出。天线方位角由天线方位随动系统测量输出。天线光轴与电轴的夹角要提前测量好,作为已知数据备用。工作波长通过雷达工作频率获得。

车体运动速度、炮塔方位角、天线方位角的测量是离散的,测量周期一般为几十毫秒。离散的模拟测量值以一定的量化精度转换为数字量。角度测量值的量化单位一般取 360°/216,速度测量值的量化单位一般取 1m/s。量化后的参量通过通信链路传输到计算机,由式(6-10)就可以计算出当前车体运动多普勒频率的估值。

基于数字频率合成技术的多普勒频率叠加电路具有频率转换速度快、频率转换时可保持相位连续、相位噪声较低、集成度高、体积小等优点,能够满足车体运动多普勒频率实时补偿的要求。

6.1.4.4　搜索实时坐标变换

在自行弹炮结合武器中,搜索雷达测量的目标数据(目标方位角、俯仰角和距离)是搜索雷达坐标系中数值,而输出到操控终端和显示终端的目标数据是大地坐标系中数值,需要把搜索雷达坐标系下的目标数据转换到大地坐标系。为了实现搜索波束稳定,必须对搜索波束俯仰指向进实时调整,这就导致搜索雷达信号处理直接输出的目标数据不是搜索雷达坐标系中数值,不能直接用于坐标转换,需要先通过预处理转换到搜索雷达坐标系后才能进行坐标转换。

1. 相关坐标系转换

自行弹炮结合武器的结构形式一般为搜索雷达安装在炮塔上,炮塔安装在车体

上，炮塔可以全方位旋转。所以系统中涉及到 4 种坐标系，分别是搜索雷达坐标系、炮塔坐标系、车体坐标系和大地坐标系。本例中各种坐标系下坐标值表示符号见表 6-1。

表 6-1　各种坐标系下坐标值表示符号

名称	直角坐标	球坐标
搜索雷达坐标系	(X_s, Y_s, Z_s)	(R_s, A_s, E_s)
炮塔坐标系	(X_t, Y_t, Z_t)	(R_t, A_t, E_t)
车体坐标系	(X_v, Y_v, Z_v)	(R_v, A_v, E_v)
大地坐标系	(X_e, Y_e, Z_e)	(R_e, A_e, E_e)

各种坐标系之间呈级联关系，如图 6-4 所示。图中 $\boldsymbol{M}_{xy}$ 代表两种坐标系之间的转换矩阵，即从坐标系 X 转换到坐标系 Y 的转换矩阵。

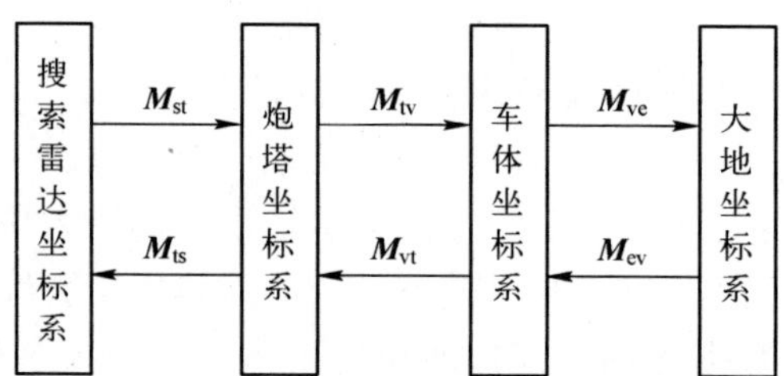

图 6-4　各种坐标系间级联关系示意图

坐标系间的转换公式如下：

1）搜索雷达坐标系和炮塔坐标系

$$\begin{bmatrix} x_t \\ y_t \\ z_t \end{bmatrix} = \boldsymbol{M}_{st} + \begin{bmatrix} x_s \\ y_s \\ z_s \end{bmatrix} \tag{6-11}$$

$$\begin{bmatrix} x_s \\ y_s \\ z_s \end{bmatrix} = \boldsymbol{M}_{ts} + \begin{bmatrix} x_t \\ y_t \\ z_t \end{bmatrix} \tag{6-12}$$

在式(6-11)和式(6-12)中，$\boldsymbol{M}_{st} = [\Delta x_s \quad \Delta y_s \quad \Delta z_s]$，$\boldsymbol{M}_{ts} = -M_{st}$，$\Delta x_s$、$\Delta y_s$、$\Delta z_s$ 为搜索雷达坐标系原点在炮塔坐标系下的直角坐标分量。

虽然搜索雷达坐标系和炮塔坐标系是不重合的，但由于自行体与目标的距离较其本身尺寸要大得多，在搜索雷达坐标系中测量的目标参数（目标方位、俯仰、距离）与在炮塔坐标系中的测量值相差很小，因此，常常认为二者相等。

2）炮塔坐标系和车体坐标系

$$\begin{bmatrix} x_v \\ y_v \\ z_v \end{bmatrix} = \boldsymbol{M}_{tv} \begin{bmatrix} x_t \\ y_t \\ z_t \end{bmatrix} \tag{6-13}$$

$$\begin{bmatrix} x_t \\ y_t \\ z_t \end{bmatrix} = \boldsymbol{M}_{vt} \begin{bmatrix} x_v \\ y_v \\ z_v \end{bmatrix} \tag{6-14}$$

在式(6-13)和式(6-14)中，

$$\boldsymbol{M}_{tv} = \begin{bmatrix} \cos\psi & -\sin\psi & 0 \\ \sin\psi & \cos\psi & 0 \\ 0 & 0 & 1 \end{bmatrix}$$

$$\boldsymbol{M}_{vt} = \boldsymbol{M}_{tv}^{-1}$$

其中，ψ 是炮塔纵轴相对于车体纵轴的方位角，即炮塔方位角。

3）车体坐标系到大地坐标系

$$\begin{bmatrix} x_e \\ y_e \\ z_e \end{bmatrix} = \boldsymbol{M}_{ve} \begin{bmatrix} x_v \\ y_v \\ z_v \end{bmatrix} \tag{6-15}$$

$$\begin{bmatrix} x_v \\ y_v \\ z_v \end{bmatrix} = \boldsymbol{M}_{ev} \begin{bmatrix} x_e \\ y_e \\ z_e \end{bmatrix} \tag{6-16}$$

在式(6-15)和式(6-16)中，$\boldsymbol{M}_{ev} = \boldsymbol{M}_{ve}^{-1}$。

转换矩阵 $\boldsymbol{M}_{ve}$ 可以分解成三个矩阵的乘积，即 $\boldsymbol{M}_{ve} = M_3M_1M_2$，$M_1$、$M_2$、$M_3$ 分别代表了纵摇、横摇和偏航的影响。

其中，$$\boldsymbol{M}_1 = \begin{bmatrix} \cos\alpha & 0 & -\sin\alpha \\ 0 & 1 & 0 \\ \sin\alpha & 0 & \cos\alpha \end{bmatrix} \quad (\alpha \text{ 表示车体横摇角})$$

$$\boldsymbol{M}_2 = \begin{bmatrix} 1 & 0 & 0 \\ 0 & \cos\beta & -\sin\beta \\ 0 & \sin\beta & \cos\beta \end{bmatrix} \quad (\beta \text{ 表示车体纵摇角})$$

$$\boldsymbol{M}_3 = \begin{bmatrix} \cos\gamma & -\sin\gamma & 0 \\ \sin\gamma & \cos\gamma & 0 \\ 0 & 0 & 1 \end{bmatrix} \quad (\gamma \text{ 表示车体航向角})$$

式(6-11)、式(6-13)、式(6-15)用于从搜索雷达坐标系到大地坐标系的转换；

式(6-12)、式(6-14)、式(6-16)用于从大地坐标系到搜索雷达坐标系的转换。

2. 波束稳定及坐标系转换

当车体处于水平状态下,搜索雷达天线方位 360°扫描时,设波束俯仰起始位置与水平面夹角为 φ。当车体倾斜时,搜索雷达必须保持波束俯仰起始位置与水平面的夹角不变,所以要根据当前炮塔方位角、车体姿态量(横摇角、纵摇角)和车体航向角实时计算出搜索波束俯仰修正角度,用以调整搜索波束俯仰指向,实现波束稳定。计算搜索波束俯仰修正角度的方法如下。

1) 第一步转换

把搜索雷达坐标系内的坐标值(R_s,A_s,E_s)转换到大地坐标系下,其中 A_s 取值为当前搜索天线方位角度;E_s 取值为 φ,即(R_s,A_s,E_s)=(R_s,A_s,φ),这是因为要保持搜索波束俯仰起始位置与大地水平面的夹角始终为 φ;R_s 可取任意值,不影响计算结果。设(R_s,A_s,φ)转换到大地坐标系下为(R_e,A_e,E_e)。

2) 第二步转换

得到大地坐标系下的坐标值(R_e,A_e,E_e)后,令 $E_e=\varphi$,即(R_e,A_e,E_e)=(R_e,A_e,φ)。由于波束俯仰指向调整是在搜索雷达坐标系内完成的,所以,波束俯仰修正角度应该在搜索雷达坐标系下计算。把大地坐标系下的坐标值(R_e,A_e,φ)转换到搜索雷达坐标系,设转换后的坐标值为(R'_s,A'_s,E'_s)。

3) 第三步转换

设波束俯仰修正角度为 ΔE_s,则 $\Delta E_s=E'_s-\varphi$。ΔE_s 就是当前搜索波束在俯仰上应该调整的角度量。当 $\Delta E_s>0$ 时,表示波束要向上移动,当 $\Delta E_s<0$ 时,表示波束要向下移动。

对于采用高低相扫、方位机械扫描体制的搜索雷达实现波束稳定是方便的,由于搜索波束俯仰上使用相扫,波束俯仰指向可以通过指令灵活控制。相扫天线系统主要由波控机、激励器、移相器、波导阵面等组成。把波束俯仰修正量发送到波控机,波控机产生相应的波束指向控制码输出到激励器,激励器将控制码转换成激励电流,驱动移相器使不同支路的射频信号按照波控机要求移相,形成指定方向上的发射波束和接收波束,从而实现搜索波束稳定。对于非相扫体制的天线,可以控制天线伺服系统,通过机械装置改变天线反射面俯仰指向,从而改变波束俯仰指向,实现搜索波束稳定。

采取了波束稳定措施后,搜索波束俯仰起始位置与水平面的夹角保持不变,避免了当车体倾斜时出现遗漏搜索空域的情况。但是,搜索雷达测量的目标信息就不再是搜索雷达坐标系下的,所以,还要把目标信息转换回搜索雷达坐标系。方法是搜索雷达信号处理输出的目标俯仰角加上波束俯仰修正量 ΔE_s,再加上波束俯仰起始位置与水平面夹角 φ。接下来就可以通过式(6-11)、式(6-13)、式(6-15)完成从搜索雷达坐标系到大地坐标系的转换。最后将大地坐标系下的目标信息输出到操控终端和显示终端。

3. 工程应用中应注意的问题

自行弹炮结合武器搜索雷达一般涉及到四种坐标系，分别是搜索雷达坐标系、炮塔坐标系、车体坐标系和大地坐标系。坐标变换在理论上没有太大的难度，然而在工程应用中，以下因素的影响必须给予足够的重视。

1）天线方位角度采样间隔的影响

由于搜索天线方位角度是在 0°～360°的范围内等间隔采样获得，即天线方位角是离散取值的，一个天线方位角度值对应一个波束俯仰修正量，波束俯仰修正量也是离散的。搜索雷达天线方位角度的采样间隔越小，波束俯仰修正量越密，对搜索雷达测角精度产生的影响越小。

2）天线升到位不准产生的误差

搜索天线升到位后，天线面的法线与水平面的夹角应等于要求值。由于天线升降机构的电气止挡存在误差等因素，天线实际升起后，往往会出现升过了或没有升到位的现象，导致天线面的法线和水平面的夹角与要求值间存在一定的误差，必须补偿这一误差。补偿方式为将天线升到位产生的误差量与波束俯仰修正量叠加后用于波束稳定处理。

3）天线光轴与电轴的误差

天线光轴是指天线面的法线指向，天线电轴是指波束实际指向，一般情况下，光轴和电轴是不重合的，在方位和俯仰上存在误差。在从搜索雷达坐标系到大地坐标系的转换进行之前，要在目标参数（目标方位、俯仰、距离）中对光轴和电轴间的误差量进行补偿，补偿的具体方法与雷达天线的体制有关。

6.1.4.5　对悬停直升机检测

直升机是自行弹炮结合武器最重要的作战对象之一。与固定翼作飞机相比，悬停直升机的机身处于停止状态，而旋翼的多普勒效应也比较弱，因此悬停直升机的检测具有一定的难度。

悬停直升机体信号通常会被雷达的 MTD 系统滤掉，而使其检测遇到困难，抗击悬停直升机搜索雷达可工作在正常模式或高空模式。由于三坐标搜索雷达在正常模式或高空模式只是在低空仰角范围（例如 0°～8°）的第 1 波束和第 2 波束内，采用 MTD 处理，影响对悬停直升机的检测，在其他空域由于不采用 MTD 处理，悬停直升机体回波信号能够被检测到，而且威力都大于歼六飞机。

在有 MTD 处理的通道中，检测悬停直升机的主要途径就是利用可通过 MTD 系统具有多普勒频率的旋翼回波信号；而旋翼回波信号的强度比一般歼六飞机的回波信号强度小（例如 12～14dB），所以在低仰角范围（例如 0°～8°）第 1 波束和第 2 波束内，最大作用距离将减小 50%左右。

6.2 目标截获技术

6.2.1 目标导引

目标导引就是目标搜索系统将搜索到的目标信息传输给目标跟踪系统和火控系统，使目标跟踪系统和火炮指向目标方向的过程。

根据目标截获方式，自行弹炮结合武器的目标导引方式可分为：

(1) 搜索雷达导引；

(2) 辅助搜索装置导引。

其中搜索雷达导引中，有以下几种目标指定方式：

(1) 滚球(或操纵杆)指定。直接对一次搜索雷达 PPI 上的目标点迹进行指定，无需对目标建立航迹和进行敌我识别，是最快速的目标指定方式。

(2) 最大威胁指定。多批目标建立航迹并进行敌我识别后，再对最大威胁目标指定。

(3) 编号指定。多批目标建立航迹、完成目标编号并进行敌我识别后，再对其中的任意目标指定。

6.2.2 典型目标截获模式

目标截获就是目标跟踪系统接收目标搜索系统给定的目标导引信息，使目标跟踪系统捕获目标，转入平稳跟踪的过程。

自行弹炮结合武器的目标跟踪系统普遍使用了雷达跟踪或光电跟踪系统，如果目标跟踪设备为跟踪雷达、跟踪红外和跟踪电视，那么截获过程可以是：

(1) 跟踪雷达截获；

(2)(跟踪) 红外截获；

(3) (跟踪)电视截获。

因此，目标截获方式可有以下 6 种组合方式：

(1) 搜索雷达导引，跟踪雷达截获。此方式为各种截获方式中的自动截获方案，其特点是作用距离远，自动化程度高，反应时间短，不需要人工干预，可昼、夜全天候工作。但易受电子干扰或反辐射导弹攻击。

(2) 搜索雷达导引，红外截获。此方式为跟踪雷达故障或跟踪雷达波段受干扰时的截获方式，其特点是作用距离较近，反应时间稍长，有时需要人工干预进行截获，可在昼、夜好天候工作。

(3) 搜索雷达导引，电视截获。此方式为跟踪雷达故障或跟踪雷达受干扰时的截获方式，其特点是作用距离较近，反应时间稍长，有时需要人工干预进行截获，可在白天好天候工作。

(4) 辅助搜索装置导引，跟踪雷达截获。此方式为搜索雷达故障或搜索雷达受干扰时的截获方式，其特点是作用距离较近，反应时间较短，搜索和发现目标需要人工干预，截获过程可自动完成，可在昼、夜好天候工作，此方式也会受到电子干扰和反幅射导弹干扰。

(5) 辅助搜索装置导引，红外截获。此方式为雷达系统故障或受到电子干扰和压制时的截获方式，作用距离较近，反应时间长，搜索、发现和截获过程均需人工干预，可在昼、夜好天候工作，此方式不受电子干扰影响。

(6) 辅助搜索装置导引，电视截获。此方式为雷达系统故障或受到电子干扰和压制时的截获方式，其特点是作用距离较近，反应时间长，搜索、发现和截获过程均需人工干预，可在白天好天候工作，此方式不受电子干扰影响。

几种截获方式对比见表 6-2。

表 6-2　几种截获方式对比

<table>
<tr><th></th><th>搜索雷达</th><th>辅助搜索装置</th></tr>
<tr><td rowspan="5">跟踪雷达截获</td><td>作用距离远</td><td>作用距离较近</td></tr>
<tr><td>自动化程度高，反应时间短，不需要人工干预</td><td>反应时间较短，搜索和发现目标由人工干预，截获过程自动完成</td></tr>
<tr><td>可昼夜全天候工作</td><td>可在昼夜好天候工作</td></tr>
<tr><td>易受电子干扰或反幅射导弹攻击</td><td>也会受到电子干扰和反幅射导弹干扰</td></tr>
<tr><td>主要工作方式</td><td>辅助工作方式</td></tr>
<tr><td rowspan="5">红外截获</td><td>作用距离较远</td><td>作用距离较近</td></tr>
<tr><td>反应时间稍长，有时需要人工干预进行截获</td><td>反应时间长，搜索、发现和截获过程均需要人工干预</td></tr>
<tr><td>可在昼夜好天候工作</td><td>可在昼夜好天候工作</td></tr>
<tr><td>搜索雷达可能会受到电子干扰或反幅射导弹攻击</td><td>不受电子干扰影响</td></tr>
<tr><td>主要工作方式</td><td>辅助工作方式</td></tr>
<tr><td rowspan="4">电视截获</td><td>反应时间稍长，有时需要人工干预进行截获</td><td>反应时间长，搜索、发现和截获过程均需人工干预</td></tr>
<tr><td>可在白天好天候工作</td><td>可在白天好天候工作</td></tr>
<tr><td>搜索雷达可能会受到电子干扰或反幅射导弹攻击</td><td>不受电子干扰影响</td></tr>
<tr><td>辅助工作方式</td><td>辅助工作方式</td></tr>
</table>

6.2.3　目标截获

6.2.3.1　截获过程

自行弹炮结合武器拦截空中目标需要经过发现目标、截获目标、稳定跟踪、火控解算、火力拦截等阶段，截获目标是保证系统有效拦截来袭目标的重要一环。跟踪雷达截获目标过程包括接收搜索雷达或光电跟踪器发送的目标导引数据，根据导引数据控制跟踪雷达天线(或光电跟踪光轴)指向目标方向，对目标进行检测，当目标回波满足检测条件时输出目标截获信息，截获确认后转入跟踪模式。由于跟踪雷达波束较窄，选择精度匹配的导引设备是保证跟踪雷达截获目标的前提。同时，根据不同的工作模式，跟踪雷达必须设计适当的截获方法才能达到足够高的截获概率，保证系统效能的有效发挥。自行弹炮结合武器武器主要截获模式分为搜索雷达导引截获和光学跟踪器导引截获两种模式，下面针对两种模式下跟踪雷达的截获方法，根据数据特性和流程分别对截获过程进行分析。

6.2.3.2 截获方法

1. 搜索雷达导引截获

因为搜索雷达的全天候特性，通常自行弹炮结合武器搜索雷达导引截获是系统工作的主模式，该模式下的截获过程有必要进行详细的分析。

1) 目标截获过程的角度覆盖

搜索雷达对空进行搜索，发现目标后对目标进行威胁排序，并将数据送至综合管理计算机，操作手根据综合管理计算机显示空情，将待截获目标信息发送给跟踪雷达(或跟踪光电系统)进行截获。自行弹炮结合武器配备搜索雷达为三坐标目标指示雷达，综合考虑跟踪雷达波束宽度、搜索雷达目标指示精度、炮塔调转精度、时延等因素，跟踪雷达采用圆锥扫描方式进行目标截获。圆锥扫描过程如图 6-5 所示。

目标截获过程中，跟踪天线以目标指向为中心进行椭圆锥扫描，设计出合理的椭圆锥扫描范围即可，保证目标截获的角度覆盖。

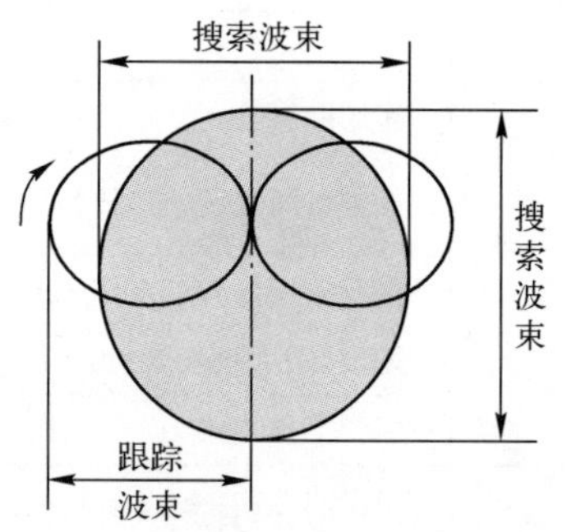

图 6-5　跟踪器圆锥扫描示意图

2) 目标截获过程的速度覆盖

由于自行弹炮结合武器的目标既包括超声速飞机等高速运动目标，又包括悬停直升机等低速目标，截获过程必须考虑目标的速度覆盖。跟踪雷达采用脉冲多普勒体制，利用参差脉冲重复频率解决盲速问题。在 1 次扫描过程中搜索区域内不同位置的能量分配是不均匀的，目标处在不同的搜索区域波束驻留时间也有所不同，如果天线扫描 1 周的时间为 0.5s，可以计算出在椭圆覆盖区域内最少的波束驻留时间为 70ms。跟踪雷达在扫描过程中每 20ms 进行 1 次脉组参差，1 个波束驻留时间内可以完成 3 参差，通过设计参差比，可以达到动目标检测模式下对运动目标 1000m/s 的速度覆盖。跟踪雷达在截获运动目标时，雷达对目标回波数据进行动目标检测(MTD)。当目标为低速(如悬停直升机)目标时，雷达对目标回波采用非 MTD 方式检测，进行非相参积累，达到低速目标的速度覆盖。

3）目标截获过程的截获距离

采用小口径天线的自行弹炮结合武器跟踪雷达的功率孔径积受到一定限制，截获远距离目标时必须采取必要的措施，以提高雷达截获距离。

跟踪雷达根据目标距离的远近，采用变脉冲重复间隔（PRI）的方法进行目标检测。当目标距离较远时，选择较长的 PRI 可以保证目标距离不模糊。但是，在雷达发射脉冲宽度一定的情况下，长的 PRI 会带来发射机平均功率下降，雷达截获距离不能达到设计要求的问题。考虑到跟踪雷达截获远区目标时，其近区实际属于空闲工作状态，如果将这一时间加以利用，可能提高雷达发射平均功率，增加跟踪雷达截获距离。跟踪雷达可在截获远区目标时采用交替频率发射方式，发射频率示意如图 6-6 所示。图中 CPI 为一个相关处理间隔，f_1 和 f_2 交替发射，FRI 为同一频率脉冲发射间隔。这种发射模式下，既提高了系统发射平均功率，又避免了远区目标的二次回波干扰，保证了雷达截获距离指标。

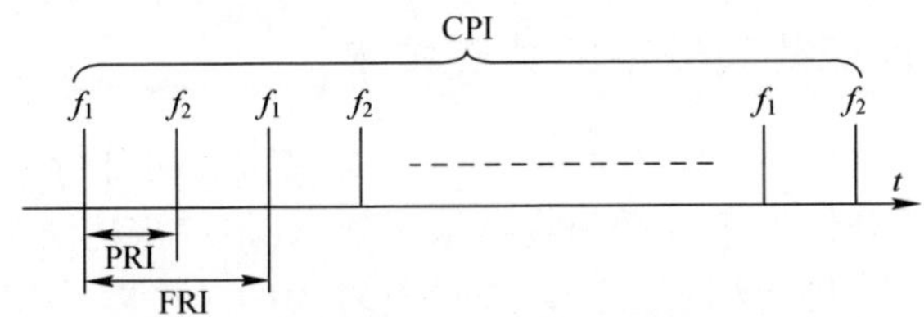

图 6-6　跟踪雷达远区发射频率脉冲示意图

4）高速目标截获

高速目标包括高径向速度和高角速度两类目标。对于此类目标，当雷达截获时，如果炮塔与目标偏离角度很大，炮塔调转时间较长，调转到位后，跟踪雷达用于截获的距离信息（高径向速度）和角度信息（高角速度）与目标真值偏差较大。如果目标回波信噪比较低，则截获不到目标；如果信噪比足够大，则有可能截获到虚假目标。此现象一般出现在搜索雷达没有建航，只能采用点迹截获的情况下，当采用搜索雷达航迹截获时，该现象出现的概率会大幅降低。针对此现象，采用两个措施加以解决。第一是点迹多次截获，即一旦搜索雷达发现点迹，则立即重新发送截获命令，刷新发送给跟踪雷达的截获距离和角度信息；第二是在截获确认时判断和路回波信号是否大于差路回波信号，当和路回波信号大于差路回波时，确认截获成功，否则重新截获。该方法已在某自行弹炮结合武器反应时间检验时得到了充分验证，显著提高了系统截获概率。

2. 光学跟踪器导引截获

光学跟踪器导引截获是系统工作的辅助模式。如图 6-5 所示，目标截获过程中，光电跟踪视场与搜索雷达波束宽度覆盖技术与雷达跟踪波束和搜索雷达波束宽度覆盖技术具有类似性。

作为雷达的辅助截获模式,操作手可根据光学跟踪数据对目标进行截获。在典型自行弹炮结合武器中,跟踪雷达和光电跟踪器采用同轴、共平台设计。当光电跟踪器跟踪目标时,跟踪雷达天线也同时指向目标,截获时只需在距离截获即可。当有激光距离信息时,跟踪雷达距离波门相应确定;当没有激光距离信息时,则进行全距离段搜索。该截获方式由于角度信息确知,截获概率较高。然而,当目标强度较大时,距离副瓣也具有较强的目标回波,且当回波强度超过恒虚警门限时,将导致跟踪雷达误截获。以某自行弹炮结合武器为例,当采用气球带角反射体作为目标,当距离约3km 进行试验时,目标回波信噪比约为 60dB,跟踪雷达设计距离副瓣 35dB,则副瓣信噪比约 25dB,雷达误截获到距离副瓣,截获失败。为了避免此类现象的发生,跟踪雷达采取全距离段选大的方法进行目标截获确认。当全距离段有多个目标回波时,采用回波强度选大的方式进行目标截获,以提高正确截获目标的概率。同时,在光电跟踪器导引截获模式下,提高跟踪雷达的截获门限,进一步提高目标截获概率。

6.2.4 提高目标截获概率的关键技术

对采用双雷达配置(一部搜索雷达、一部跟踪雷达)的自行弹炮结合武器来说,通常存在雷达系统的载体处于行进间或不水平状态,跟踪雷达波束窄,超低空目标被发现的距离近、速度快,目标相对雷达系统具有较大的角度变化率,截获过程中易超出跟踪雷达波束等情况;采用红外跟踪和电视跟踪的光电系统也存在视场小、信息处理速度慢于雷达等因素,要达到比较高的截获概率比较困难。因此,需要认真研究目标搜索、跟踪系统的搜索精度、跟踪波束宽度、光电跟踪视场和搜索雷达数据率等参数的匹配,才能达到较高的截获概率。

对雷达截获来说,一般影响目标截获概率的因素有:一是搜索雷达的测角精度;二是跟踪雷达检测目标的概率;三是伺服系统的控制精度及瞄准线稳定精度。

自行弹炮结合武器上影响目标截获概率的因素更多,截获时目标数据在天线坐标系、炮塔坐标系、车体坐标系、大地坐标系之间的转换处理;天线指向会受到车体摇摆的影响,也会受炮塔调转时间过长、数据延迟误差大等影响。在搜索与跟踪的匹配方面,目标搜索采用三坐标雷达,不需要跟踪雷达在高低、方位角上做大范围搜索扫描,直接将目标的三坐标信息传给跟踪雷达或光电系统进行目标截获。跟踪雷达采用小范围圆扫描的截获方式,以保证跟踪雷达的波束有效地指向目标。稳定跟踪器要满足两个基本要求:一是确保雷达波束完全覆盖截获区域;二是在覆盖的每个空间点上保证足够的波束驻留时间。为了提高搜索雷达的测角精度,采用高低比幅和差单脉冲测角、方位相邻波束顺序比幅测角、搜索波束稳定等技术。跟踪雷达为了保证在远距离高概率检测目标,跟踪雷达威力必须留有足够的余量。稳定跟踪器不仅应具有很高的快速响应特性(例如,采用 PWM 直流功率放大器控制、低速直流力矩电机驱动技术),而且要保证系统所需要的低速平稳性;采用光纤速率陀螺捷联式速率稳定方式,使系统具有很好的在运动中准确、快速截获目标的能力。

对光电截获来说,一般影响目标截获概率的因素有:一是搜索雷达的测角精度;二是光电搜索波门的大小、目标检测能力和处理速度等;三是伺服系统的控制精度及瞄准线稳定精度。其中,第一、第三个因素是雷达跟踪和光电跟踪共性问题,已经在前面的叙述中分析。针对光电搜索窗的大小,目标检测能力和处理速度等因素,主要是通过提高视频跟踪器的性能解决。例如,某自行弹炮结合武器视频跟踪器的搜索波门已经达到视场的90%,通过采用高速DSP处理硬件和新型软件处理算法等措施,使得搜索转跟踪的截获概率达到80%以上。

6.3 目标跟踪技术

6.3.1 主要跟踪功能和指标

1. 雷达跟踪和光电跟踪的主要功能

(1) 雷达跟踪、光电跟踪用于对目标进行截获,实现自动跟踪(光电可半自动跟踪),为火控计算机提供高精度目标位置诸元;

(2) 跟踪雷达具有对目标测距和跟踪角误差测量功能;

(3) 稳定跟踪伺服根据跟踪雷达、视频跟踪器的测角误差及目标距离信息实现对目标的平稳跟踪;

(4) 行进间瞄准线稳定和火控系统输出未来点时的独立瞄准线功能;

(5) 跟踪雷达采用多种抗干扰手段与可能的外来电子干扰进行电子对抗;

(6) 跟踪雷达具有上电自检、工作状态在线监测、状态输出、系统自检、故障诊断与定位等功能;

(7) 跟踪雷达具有电子对抗能力。

2. 雷达跟踪和光电跟踪的主要战术技术指标

(1) 雷达跟踪最大跟踪距离、最小跟踪距离;

(2) 光电跟踪最大跟踪距离、最小跟踪距离;

(3) 跟踪精度(角跟踪系统误差及均方差、距离跟踪系统误差及均方差);

(4) 工作频率(波段、带宽、工作频率);

(5) 跟踪雷达、光电对搜索雷达导引的目标指示的截获概率;

(6) 稳定跟踪伺服系统最大跟踪速度、加速度、工作范围;

(7) 抗干扰措施;

(8) 开机准备时间、供电方式、体积重量、安装方式;

(9) 环境适应性指标等。

6.3.2 跟踪技术方案选择

6.3.2.1 雷达跟踪方案选择

自行弹炮结合武器跟踪雷达根据可选用的波段分为多种，常用的典型波段为 Ka 波段、Ku 波段和 X 波段等。波长越短（Ka 波段为 8mm、Ku 波段为 2cm 和 X 波段为 3cm），对提高其低角跟踪性能、跟踪精度越有利。可用的波段组合方式为单 Ku 波段、单 Ka 波段和 X+Ka 组合波段。从最大截获与跟踪距离、波束宽度、角跟踪精度、抗干扰能力、发射机方案、低空性能、天线尺寸、技术基础以及强调抗击超低空目标、抗干扰和电子对抗能力等方面综合考虑，自行弹炮结合武器采用 Ka 波段跟踪雷达作为首选。

典型的自行弹炮结合武器跟踪雷达采用全相参脉冲体制、单脉冲自动测角、变时宽非线性调频信号、脉间频率捷变等关键技术，具有跟踪距离远、跟踪精度高、抗干扰性能好、体积小、重量轻等特点。稳定跟踪器采用 PWM 直流功率放大器控制、低速直流力矩电机驱动、三轴光纤速率陀螺捷联式速率稳定方案，解决由于车体扰动带来的跟踪指向稳定、车体扰动的补偿、稳定系统的快速响应、目标截获和行进间稳定跟踪等问题，能够满足总体要求。

6.3.2.2 光电跟踪方案选择

作为光电探测手段，目前使用最多的有红外热像跟踪仪（测角系统）、电视跟踪器（测角系统）、激光测距机（测距系统）。不同的光电系统可以有不同的组合，但对于光电系统要完成独立作战任务，必须具有至少一种测角（红外或电视）或测距功能的组合，因此，激光测距机是必选的设备之一。电视跟踪器虽然只能在昼间好天候条件下应用，但因其具有很好的跟踪精度，一开机即可应用而不必像红外那样还需要制冷时间，抗击突然出现的目标很有效，加之电视跟踪技术也很成熟，在雷达检飞试验（系统内的试验）时，可以作为一种辅助检测手段，因而电视跟踪器可作为常用的观测设备。由于夜间作战的需求以及在相同的气象条件下红外的作用距离大多优于电视，且视场偏大而便于对目标的截获，因而红外热像跟踪仪也应是必须要考虑的设备。

因此，作为全天候、全自动自行弹炮结合武器来说，选用电视、红外和激光组合的光电探测、跟踪系统是一个较好的方案选择。

6.3.3 目标跟踪关键技术

6.3.3.1 跟踪雷达总体技术

典型的自行弹炮结合武器跟踪雷达采用全相参脉冲体制，角度测量采用合并通道的单脉冲自动测角，信号形式采用非线性调频信号，对运动目标的检测采用 MTD 与脉组频率捷变的处理技术。

为了提高跟踪制导雷达的作用距离,采用较大时宽的非线性调频信号来提高发射机的平均功率,降低脉压损失。采用数字正交上变频的技术来实现信号的调制,此方法可以灵活的产生任意形式的调制方式,便于雷达不同工作模式时码型的切换。

收发单元采用毫米波前端低噪声放大器提高接收机灵敏度,采用数字正交上变频器产生非线性脉冲调制信号,采用可编程器件简化收发单元的控制电路等。信号处理采用模块化雷达信号处理机,大大简化了信号处理的硬件复杂度。

自行弹炮结合武器的复杂性决定了系统电磁环境复杂性。为提高跟踪雷达电磁兼容性,收发单元与信号处理必须采取系列电磁兼容措施,例如信号处理与收发单元之间的信号线采用三同轴屏蔽电缆,控制线与电源线也都采用屏蔽措施等。

跟踪雷达同时具有脉间捷变频、自动跳频、多频点抗异步干扰功能,当检测到干扰信号后,可自适应频率选择。复杂脉冲调制信号的使用、低峰值发射功率、窄波束使跟踪雷达具备低截获概率,提高系统的战场生存能力。

6.3.3.2 提高跟踪雷达精度技术

典型的自行弹炮结合武器跟踪雷达为了获得目标高精度角度、距离数据,角度跟踪常采用的是比幅单脉冲体制,距离跟踪采用的是数字式距离跟踪。影响跟踪雷达测角、测距精度的因素很多,概括起来可以分为五大类:雷达引起的误差、雷达转换误差、目标引起的误差、传播误差、观察误差,而每一类又包括了许多项误差。控制自行弹炮结合武器跟踪雷达精度主要考虑下列几项误差:雷达引起的误差包括接收机热噪声、低仰角下的多路径误差、相移误差、伺服噪声、伺服机械误差等;雷达转换误差包括轴系误差(测角)、发射脉冲前沿抖动(测距)等;目标引起的误差包括目标闪烁、动态滞后误差;观察误差包括量化误差和标定误差等。

从上述影响跟踪雷达精度的因素分析及实际工程技术应用情况,提高跟踪雷达精度的措施主要有以下几方面:

(1)对于测量目标位置的单脉冲跟踪雷达,当均方根误差在 0.7mil 左右时,接收机热噪声引起的角跟踪误差主要影响在远区,而雷达截获所需要的 S/N 为 12~4dB,可以满足精度要求;主要是选择合适的波束宽度,在满足精度要求和截获概率;其他参数的选择,对此类型的雷达差别不大。

(2)目标角闪烁在近距离是影响雷达测角精度的最重要的一项,采用频率捷变可以减小此项误差。

(3)低仰角下的多路径误差,主要是减小反射系数 ρ,基本的措施是仰角采用窄的波束宽度和适当低的副瓣强度。

(4)减小动态滞后误差,主要是提高伺服系统加速度误差常数,目前的伺服系统一般通过计算机再生控制,进行速度补偿,可以控制此项误差。

(5)轴系误差,通过控制跟踪座机械加工精度可以达到控制轴系误差。

(6)距离精度控制,主要是选择窄的脉冲宽度,选择足够的计数器位数,提高计数器时钟频率,距离跟踪回路进行速度补偿等。

6.3.3.3 行进间高精度稳定跟踪技术

自行弹炮结合武器进间稳定跟踪目标是实现行进间射击的前提,典型的跟踪器采用三轴光纤速率陀螺捷联式速率稳定、脉宽调制直流功率放大器控制、低速直流力矩电机驱动等技术,解决了由于车体扰动和结构谐振带来的跟踪指向稳定问题,实现了大惯量、大负载下高精度瞄准线稳定和机动目标跟踪。

天线稳定方式采用捷联速率补偿稳定方式。用速率陀螺构成稳定环路,在天线的方位轴、俯仰轴和天线指向轴上各安装一个陀螺,分别测出方位轴、俯仰轴和天线指向轴的转动速率,方位轴、俯仰轴上的陀螺信号直接作为方位和俯仰稳定环路的反馈信号加入系统内部,天线指向轴上的陀螺信号分解出摇摆的牵连运动对方位和俯仰稳定回路的影响,加入方位和俯仰稳定环路进行补偿。此方法的优点是算法简单、实时性好、稳定精度高。

稳定跟踪的具体技术措施如下:

(1) 控制器设计技术中,以计算机控制为基础、以数字控制为主,尽量减少模拟电路,消除绝大部分的电气噪声,减少系统不灵敏区和零点飘移对系统精度的影响;采用先进的滤波算法和控制算法,提高系统的控制性能和精度。伺服系统设计成高增益的位置闭环回路,提高系统的动态响应特性,减小系统的动态滞后误差。

(2) 稳定回路设计中,稳定系统就是速度环之外再加一个速率陀螺稳定环,速度环稳定的是系统本身的速度扰动,稳定环稳定的是空间的速度扰动。在设计上将两个环路合而为一,直接采用陀螺仪作为速率反馈元件构成稳定环。

(3) 驱动系统设计中,选择力矩电机直接拖动的方式,大大降低结构谐振频率对系统性能的影响,同时,驱动电机、旋转变压器采用套轴安装的方式,没有齿轮传动环节,消除了传动空回、传动不平稳性对系统的影响,可提高系统刚度和测角精度,减少非线性对伺服系统的影响。

6.3.3.4 提高激光测距威力技术

自行弹炮结合武器典型激光测距机为一体化小型液冷激光器,由光学系统、激光发射系统(含液冷激光器、激光电源等)、信息处理系统(含接口电路、计数电路等)、激光接收系统等组成。

为提高最大测程,将对激光输出峰值功率 p_t、接收系统的最小可探测功率 p_r 与接收系统的光学透过率和灵敏度三个参数做综合平衡。以 15km 最大测程为例,通过提高激光器的电源功率,把激光器的输出能量增加至 180mJ 以上,而脉冲宽度仍保持 7ns 不变,从而使激光的输出峰值功率增加至 25MW 以上,解决激光输出峰值功率问题。

将激光电源设计成离线式,减少干扰。电源噪声影响系统最小可探测功率,采取 DC/DC 线隔离变换电源模块将交流电源地与直流电源地分开,隔离来自交流电源地线的干扰;采用放大器的浮地技术;采用低噪声、宽带,可变增益、高速等优点放大器器件,从而使接收放大信号上噪声幅度从 500mV 降低到 300mV,因此接收部件的信号阈值设定值 $V_T=0.75V$ 改为 $V_T=0.45V$,由此根据接收部件的最小可探测功率计算方程可知其从 $p_r=1.58\times10^{-8}W$ 将降到 $p_r=0.94\times10^{-8}W$。

优化接收供电电源滤波电路和放大电路设计,以降低电路噪声,提高接收灵敏度。为了抑制强背景光对光电探测器输出噪声的影响,接收系统采用了滤光片。采用超窄带滤光片:带宽 60Å、透过率 $\tau_0\geqslant0.90$,该滤光片能有效地降低背景带来的光噪声,提高接收系统光学透过率,改进后接收系统光学透过率 τ_0 为 0.6。

通过采取上述技术措施,可使激光测距机测程大大提高。

6.3.3.5　弱小目标光电探测技术

弱小目标的光电探测能力取决于两个环节:一是红外热像仪和电视摄像机探测的图像质量;二是视频跟踪器对弱小目标图像的处理能力。在红外热像仪和电视摄像机图像设计参数和调整范围已定的情况下,视频跟踪器的处理能力成为关键。

自行弹炮结合武器视频跟踪器采用了以下技术,解决了红外热像仪和电视摄像机探测弱小目标的探测问题。

(1) 采用大规模 FPGA 芯片和表贴芯片构成红外和电视单板跟踪器,两块跟踪板即可完成红外/电视同时双路搜索和跟踪。

(2) 在 FPGA 中集成多种硬件数值滤波算法,软件采用目标轨迹、方向强度梯度等弱小目标信号探测技术,完成对大小 3×2 像素,3%对比度的目标的搜索和跟踪,这个性能对应红外/电视和视频跟踪器的作用距离满足指标要求。

(3) 采用高性能 DSP 芯片,软件采用多种目标滤波、搜索跟踪和虚警控制算法,完成全自动目标搜索和跟踪。

(4) 为了提高光电截获的概率,将搜索区域扩大到视场的 70%,这样目标导引到视场中的概率大大提高,同时将工作方式由原来接收到搜索转跟踪的命令后才进行目标的解算,改成在通常情况下跟踪器都在进行目标的解算,一旦接收到跟踪指令就给外环输出目标的位置信息,客观上减少了系统的延时,有利于系统对快速移动目标的捕获,大大提高了光电截获的概率,在光电全自动模式下大大提高了系统的反应时间。

6.4　目标探测能力指数

6.4.1　探测能力指数定义

通常,雷达搜索发现概率计算模型和光学搜索发现概率计算模型都是在理想条件下，即无干扰或好天候条件下建立的。也就是说，雷达搜索发现概率计算模型未考虑各种自然与人为干扰的影响；光学搜索发现概率计算模型未考虑夜间和恶劣气候条件的影响。

近年来的局部战争表明，主动挑起战争的一方通常是选择在夜间发动突然袭击，且在用巡航导弹和作战飞机袭击对方的同时，又总是伴以实施大范围、高强度的电子干扰来压制对方的防空指挥系统，使其失去作用，从而提高突然袭击的效果，同时保障己方作战飞机的安全。这无疑表明，将自行弹炮结合武器投入战场使用时，将面临各种各样复杂的天候条件和自然的与人为的干扰环境，称之为真实战场环境。在真实战场环境下，自行弹炮结合武器能否发挥其应有的作战效能，是人们普遍关注的问题，因而有必要研究恰当的目标探测能力评价方法。

要研究在真实战场环境下，自行弹炮结合武器能否正常发挥其应有的作战效能的问题，目标探测能力是其中重要因素。但是，由于天候条件的多变性，特别是由于敌我双方可能采用的干扰与反干扰技术手段千变万化，且随着技术的进步还在不断发展，因此，如果要面面俱到地考虑到各种不同的天候条件和干扰与反干扰技术手段，必然造成模拟模型过于复杂而难以实现。而如果仅选择有限几种所谓典型的天候条件和干扰与反干扰技术手段来建立模拟模型，则又难以全面反映实际战场的真实情况。基于以上考虑，本书未选用模拟的方法，而是采用一种半经验半解析的方法，根据自行弹炮结合武器本身的性能参数和所采用的反干扰技术手段，来评价自行弹炮结合武器在真实战场环境下的目标探测能力。

用探测能力指数来评价自行弹炮结合武器的探测系统在真实战场环境下的探测效能，它由下式定义：

$$P_{da} = K_D P_D \tag{6-17}$$

式中 P_{da}——探测能力指数；

K_D——考虑到探测系统对真实战场环境适应能力后的修正因子。

这里规定 K_D 为[0,1]间的实数。由式(6-17)可知，K_D 是对理想条件下发现概率 P_D 的一种修正，也就是说，在真实战场环境下自行弹炮结合武器的探测能力（用探测能力指数 P_{da} 量度），要比理想条件下的发现能力（用发现概率 P_D 量度）低。从这个意义而言，式(6-17)显然具有合理性。

下面阐述探测系统适应真实战场环境能力的量度方法。

6.4.2 探测能力指数定量描述

自行弹炮结合武器的探测系统，通常由雷达、可见光装置（光学镜或电视）、红外测角仪、激光测距机等光学装置组成。所以，要研究探测系统适应真实战场环境能力的量度方法，首先要研究各种光学设备适应真实战场环境能力的量度方法。为简化起见，在此将真实战场环境划分为晴雨、昼夜、自然干扰和电子干扰四种类别，并用下式来量度各种光学装置对真实战场环境的适应能力。

$$K_D = K_{fr} K_{dn} K_{na} K_{ec} \tag{6-18}$$

式中　K_{fr}——光学装置对晴雨天候适应能力的量度；

K_{dn}——光学装置对昼夜天候适应能力的量度；

K_{na}——光学装置对自然干扰环境适应能力的量度；

K_{ec}——光学装置对电子干扰环境适应能力的量度。

下面，将具体分析各种光学装置对真实战场环境适应能力的量度方法。

1. 雷达适应真实战场环境能力的量度方法

由于雷达是全天候光学装置，故有 $K_{fr} = K_{dn} = 1$，而 K_{na} 和 K_{ec} 需根据雷达采用的抗干扰措施确定。同时，由于雷达采用的某些技术措施，既可以抗自然干扰，也可以抗电子干扰，因此，不分别研究雷达抗自然干扰能力的量度 K_{na} 和抗电子干扰能力的量度 K_{ec}，而是综合研究雷达抗干扰能力的量度 K_{rc}，即令 $K_{rc} = K_{na} = K_{ec}$。

雷达的抗干扰能力，与雷达体制、雷达本身的性能参数、采用的抗干扰技术措施及每项技术措施的具体性能参数等有关。在此，用雷达的固有能力和附加能力的乘积对整个雷达系统的抗干扰能力进行量化，量化公式为

$$A_{JC} = (P\ T_0\ B_S\ G)\ S_A\ S_S\ S_M\ S_P\ S_C\ S_N\ S_J\ S_G\ S_I\ S_R\ S_T\ S_B \tag{6-19}$$

式中　A_{JC}——雷达抗干扰能力量化因子；

P——雷达平均功率（W）；

T_0——信号持续时间（s）；

B_S——信号带宽（Hz）；

G——天线增益；

S_A——频率跳变因子；

S_S——天线副瓣因子；

S_M——动目标显示（或动目标检测）因子；

S_P——天线极化可变因子；

S_C——恒虚警处理因子；

S_N——“宽-限-窄”电路质量因子；

S_J——脉冲重复频率跳动因子；

S_G——自动增益控制因子；

S_I——信号积累因子；

S_R——接收机灵敏度因子；

S_T——体制抗干扰因子；

S_B——多波段因子。

用固有能为和附加能力的乘积对整个雷达系统的抗干扰能力进行量化，无疑是全面和合理的。因为不论是何种干扰形式，提高雷达的发射功率和综合分辨力是提

高抗干扰能力最基本的方法，固有能力因子表达此特征。而附加因子则包括了雷达常用的绝大多数抗干扰措施。

求得雷达抗干扰能力量化因子 A_{JC} 后，按下式进行归一化处理，所得的结果即为对雷达抗干扰能力的量度 K_{rc}：

$$K_{rc}=\frac{A_{JC}-A_{JCmin}}{A_{JCmax}} \tag{6-20}$$

式中 A_{JCmin}——雷达抗干扰能力量化因子允许的最小值；

A_{JCmax}——雷达抗干扰能力量化因子的理想值。

2. 光电装置适应真实战场环境能力的量度方法

红外、电视、激光、光学镜等光电装置由于受晴雨、昼夜作战概率等因数的影响，就单个器材来说都不是全天候的定位手段。它们对真实战场环境的适应能力分析如下：

(1) 对晴雨天候的适应能力。影响红外、电视、激光、光学镜等光电器材使用的主要因素是能见度。根据我国不同地区若干个机场的气象统计资料，其水平能见度达 7~8 级(可视距离大于 10km)的出现概率为 63.3%~98.42%，平均值为 86.78%。因此，这里取 $K_{fr}=0.8$。

(2) 对昼夜天候的适应能力。电视、光学镜等光学装置仅适于在昼间使用。从时间来说，年平均昼间占 60%，夜间占 40%。但昼夜作战概率并非完全取决于昼夜时间的长短，而是与空袭作战的装备、人员训练和指挥员的战术运用紧密关联。越战期间空袭概率大致是：昼间 0.8，夜间 0.2。后来的局部战争中，随着夜袭能力的提高，比例逐渐改变，尽管昼长夜短，夜间空袭作战的比例已接近或超过昼间。因此，对于电视、光学镜等光学装置，不妨假设 $K_{dn}=0.5$。红外、激光器材在昼间与夜间都可使用，可取 $K_{dn}=1.0$。

(3) 对自然干扰环境的适应能力。电视、光学镜、红外光学装置在使用中将受到太阳光直射的影响，而敌机从阳光方向进攻是一种作战手段；同时，战场上的烟尘、火光等也会对电视、光学镜、红外光学装置产生一定的干扰。但这些干扰现象并不严重，故可设 $K_{na}=0.9$。激光光学装置基本上不受上述因素的干扰，可取 $K_{na}=1.0$。

(4) 对电子干扰环境的适应能力。电视、光学镜和激光光学装置受来自空袭方的人为干扰在历次局部战争和突发事件中出现的很少，也未见到有关对抗器材的报导，故可取 $K_{ec}=1$。红外角跟踪仪在作战中将受到红外诱饵弹的干扰，但红外诱饵弹主要是针对红外寻的空空导弹的，所以可认为红外角跟踪仪对人为干扰环境的适应能力的量度值为 0.7~0.9，这里取 $K_{ec}=0.8$。

综合以上分析，可假设各种光电光学装置对真实战场环境的适应能力的量度结果如表 6-3 所列。

表 6-3　几种光电光学装置对真实战场环境适应能力的量度

器材种类	K_{fr}	K_{dn}	K_{na}	K_{ec}	K_D
电视、光学镜	0.8	0.5	0.9	1.0	0.36
红外测角仪	0.8	1.0	0.9	0.8	0.576
激光测距机	0.8	1.0	1.0	1.0	0.8

3. 串联装置对真实战场环境适应能力的量度

除雷达可同时担负测角和测距任务外，其他光电光学装置只具有单一的测角（如电视、红外等）或测距（如激光等）功能，因而必须串联使用才能完成对目标的定位任务。显然，两件光学装置串联使用时，仅当它们都能够适应所出现的战场环境时，才可能完成预定的任务。因此，由两件光学装置串联而成的目标定位装置对真实战场环境适应能力的量度 K_D 为

$$K_D = (K_{fr1} \Lambda K_{fr2})(K_{dn1} \Lambda K_{dn2})(K_{na1} \Lambda K_{na2})(K_{ec1} \Lambda K_{ec2}) \tag{6-21}$$

式中　K_{fr1}、K_{fr2}——光学装置 1、2 对晴雨天候适应能力的量度；

K_{dn1}、K_{dn2}——光学装置 1、2 对昼夜天候适应能力的量度；

K_{na1}、K_{na2}——光学装置 1、2 对自然干扰环境适应能力的量度；

K_{ec1}、K_{ec2}——光学装置 1、2 对电子干扰环境适应能力的量度；

Λ——取小运算。

类似地，可计算多件光学装置串联而成的目标定位装置对真实战场环境适应能力的量度。

根据表 6-3 的数值结果、上面的分析结论和式(6-21)，可计算出几种由两件光学装置串联而成的目标定位装置对真实战场环境适应能力的量度，如表 6-4 所列。构成表 6-4 的目标定位装置中，假定前一种器材（光学、红外、雷达）只能完成测角任务，后一种器材（激光、光学）只能完成测距任务。表 6-4 中，对雷达抗干扰能力的量度 K_{rc}，有待于根据给定型号雷达的实际性能参数，再利用前面给出的模型进行计算。

表 6-4　串联光学装置对真实战场环境适应能力的量度

装置构成	K_{fr}	K_{dn}	K_{na}	K_{ec}	K_D
电视+激光	0.8	0.5	0.9	1.0	0.36
红外+激光	0.8	1.0	0.9	0.8	0.576
雷达+激光	0.8	1.0	K_{rc}		$0.8K_{rc}$
雷达+光学	0.8	0.5	$0.9\Lambda K_{rc}$		$0.4(0.9\Lambda K_{rc})$

4. 多个目标定位装置并联时对真实战场环境适应能力的量度

自行弹炮结合武器的探测系统往往是多个目标定位装置并联，即同时采用多种

定位手段，如既采用雷达跟踪测角、测距手段，又采用雷达跟踪测角、激光测距手段，电视跟踪测角、激光测距手段等，此即通常所说的多种工作模式。这样，当某一种目标定位装置受到电子干扰的压制或气候条件的限制而无法使用时，就可以转而采用其他的目标定位装置，从而使系统获得较大的战术灵活性，大大提高系统对真实战场环境的适应能力。

设自行弹炮结合武器的探测系统共采用有 n 个并联的目标定位装置，由于它们是并联关系，因此，只要有一个目标定位装置能在真实战场环境下发挥效用，探测系统就可以发挥效用。故在有多个目标定位装置并联的情况下，探测系统对真实战场环境的适应能力的量度 K_D 为

$$K_D = 1 - \prod_{i=1}^{n}(1 - K_{Di}) \tag{6-22}$$

式中 K_{Di}——第 i 种目标定位装置对真实战场环境适应能力的量度。

由式(6-18)和式(6-21)可知，如果构成探测系统的每个光学装置对晴雨天候、昼夜天候、白然干扰环境和电子干扰环境的适应能力都达到理想状态，即有 $K_{fr}=K_{dn}=K_{na}=K_{ec}=1$，则有 $K_D=1$；或者，由式(6-21)、式(6-22)可知，如果探测系统由足够多个目标定位装置并联组成，且由两个或两个以上光学装置串联而成的每个目标定位装置对真实战场环境的适应能力不会过低，即 K_{Di}不会太小，则有 $K_D \approx 1.0$。在这种情况下，由式(6-17)可知，将有 $P_{da}=P_D$ 或 $P_{da} \approx P_D$，即探测能力指数等于(或接近于)发现概率。这显然说明了探测能力指数计算模型的合理性。

例 6.1 某型自行弹炮结合武器的探测系统采用 3 种并联定位手段，分别是雷达测角、测距方式，电视测角、雷达测距方式和电视测角、激光测距方式。要求评估该探测系统对真实战场环境的适应能力。

解 根据该型自行弹炮结合武器所配用雷达的性能参数和前述方法，可计算出该雷达抗干扰能力的量度结果为 $K_{rc}=0.7898$，即雷达测角、测距方式对真实战场环境适应能力的量度结果为 $K_{D1}=0.7898$。

利用表 6-4 的结果，可计算出电视测角、雷达测距方式对真实战场环境适应能力的量度结果为

$$K_{D2}=0.8K_{rc}=0.4\times(0.9\Lambda K_{rc})=0.4\times0.7898=0.3159$$

从表 6-4 可知电视测角、激光测距方式对真实战场环境适应能力的量度结果为 $K_{D3}=0.36$。

于是，由式(6-22)可计算出该探测系统对真实战场环境适应能力的量度结果为

$$K_D = 1 - \sum_{i=1}^{3}(1 - K_{Di}) = 1 - (1 - 0.7898) \times (1 - 0.3159) \times (1 - 0.36) = 0.9080$$

结果表明，采用多个目标定位装置并联，显著提高了探测系统对真实战场环境的适应能力。

例 6.2　假定在论证自行弹炮结合武器过程中，提出了两种设计方案。方案 1 具有雷达搜索和光学搜索两种探测手段，以及雷达测角与测距、电视测角与雷达测距和电视测角与激光测距三种并联的定位手段，其性能参数同；方案 2 只具有光学搜索能力，但有红外测角与激光测距和电视测角与激光测距两种并联的定位手段，其性能参数为：$\beta_m = 30°$，$R_{omax} = 10000m$，$2\alpha_0 = 8°$，$k_0 = 10$，$\omega = 6(°)/s$，$P_{cap} = 0.8$，$t_{cap} = 1.5s$，$D_m = 3500m$，$V_0 = 960m/s$，$C_{43} = 2.082$，$t_{rt} = 10s$，$t_{bf} = 2s$。给定某型战斗攻击机的参数亦相同。现要求计算由这两种设计方案构成的自行弹炮结合武器对该型战斗攻击机的发现概率和探测能力指数。

解　利用这两种设计方案的探测系统的性能参数和本章所介绍的雷达搜索发现概率计算模型、光学搜索发现概率计算模型和探测能力指数计算模型进行计算，结果列于表 6-5。

表 6-5　发现概率和探测能力指数计算结果

设计方案	P_{dr}	P_{do}	P_D	K_D	P_{da}
设计方案 1	0.8978	0.6152	0.9607	0.9080	0.8723
设计方案 2	—	0.660	0.6620	0.7286	0.4823

结果表明，具有多种探测和定位手段的设计方案，可显著提高对目标的发现概率和探测能力指数。

第7章 火控系统

火控系统是武器火力控制系统的简称。现代高炮火控的用途是控制高炮自动或半自动实施瞄准与发射,准确、实时地求出射击诸元并将其赋予高炮是火控系统最核心的任务。自行弹炮结合武器配备火控系统的目的之一是高炮火力控制,即将影响火炮发射准确性的大量不可控因素转变为可控,通过控制提高火炮瞄准、发射的快速性与准确性,以提高火炮对目标的毁伤能力;目的之二是防空导弹的发射诸元解算。鉴于防空导弹火控发射诸元解算在本书的10.3节有专门的论述,因此本章重点论述高炮火控系统。

高炮火控的核心是解命中问题,即计算目标与弹丸相遇所需的火炮射击诸元。为解算射击诸元,必须对收集到的有关目标与弹丸的信息做相应的处理,按照弹道方程或射表计算火炮射击诸元。与此火控相关的理论基础有:目标信息的辨识(目标类型、型号、数量、敌我、位置、运动参数等),目标航迹的建模与目标状态的滤波及预测;弹道方程或射表的处理;命中方程的建立、分析与求解。其中,前两部分是属于目标运动参数处理的范畴,后两部分属于火控解算的范畴。

现代高炮火控系统的功能结构见图7-1。

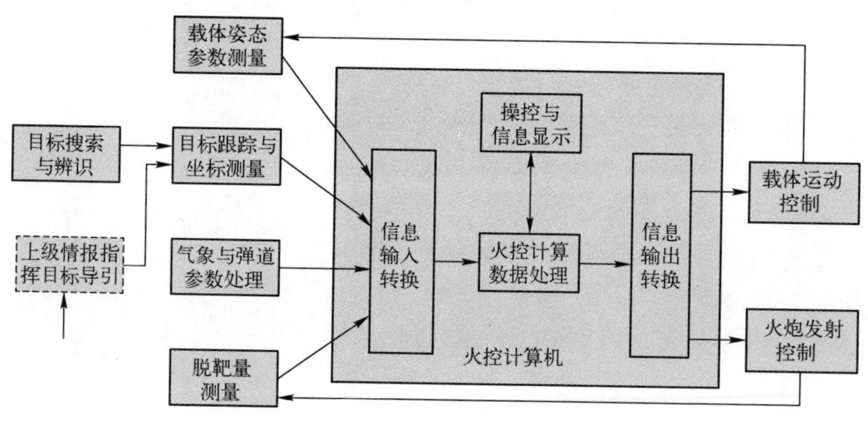

图7-1 现代火控系统功能结构图

7.1 目标运动参数处理

对运动的目标,通常可以通过目标跟踪设备得到目标的位置参数,在解相遇问题时,除了需要目标位置参数,还需要其运动参数。火控解算所需的目标运动参数包括速度、加速度等。由于无法实现直接测量或测量精度不高，目标运动参数主要靠自动控制理论中的估值理论，利用目标“历史”位置参数和“现时”位置参数的实测值来加以估计。为了高精度估计目标运动参数，需要高精度目标位置参数，所以必须实现目标坐标的连续测量。作为辅助手段，有时也利用多普勒效应测量目标相对自行弹炮结合武器的径向速度。

自行弹炮结合武器集成了高精度雷达、光电一体化跟踪平台，通过多跟踪手段与模式，实现对运动目标坐标的连续测量；通过数字式火控计算机，利用估值理论与模型，估计出目标运动参数。图 7-2 为目标运动参数处理的功能关系图。

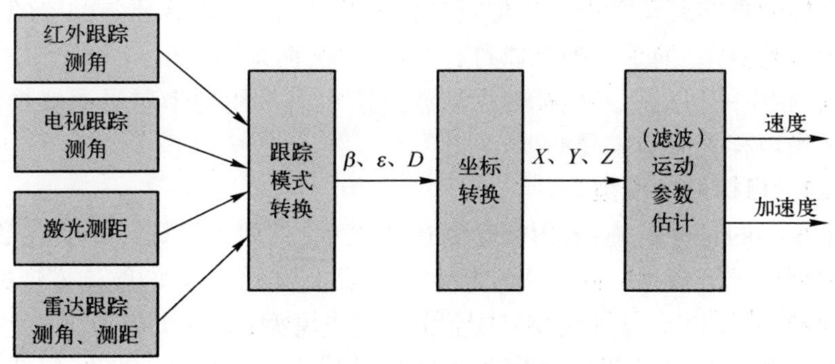

图 7-2　目标运动参数处理的功能关系

7.1.1　目标运动航迹与模型

7.1.1.1　目标运动航迹

火控系统计算射击提前量的前提之一是假定目标运动航迹。火炮发射后，如果目标并不按预先假定的轨迹运动，弹丸便不能射中目标。因此，研究各种活动目标运动轨迹的规律性，制定出符合典型目标运动规律的假定，便成为火控数学模型的一个重要内容。假定是否合理，成为决定命中效果的关键。

目标运动假定，是在观察时间与火炮射击提前点时间内对目标运动规律所作的假设。从现代高炮的发展看，随着作战对象运动性能的提高，火控系统中目标运动的假定也越来越复杂。最初，轰炸机多在中、高空匀速飞行，水平投掷炸弹，因此，采用水平匀速直线飞行的目标假定，是符合当时轰炸机的运动规律的；之后，随着技术的发展，轰炸机、强击机多采用下滑、俯冲飞行的作战方式，因此，人们开始采用在任一平面内目标做匀加速直线运动的目标假定，当然这一假定也包含了目标在水平面内匀速直线飞行；后来，曲线飞行转俯冲攻击变成重要的作战方式。因此，在匀加速直线运动假定的基础上，需要研究目标作曲线和俯冲飞行的目标假定。近年来，曲线飞行转俯冲乃至灵活机动攻击变成重要的作战方式，因此，需要研究目标作机动飞行的目标假定。

目前,常用的目标运动假定包括:

(1) 水平匀速直线飞行;

(2) 水平匀速等半径圆弧飞行;

(3) 直角坐标分量的匀加速飞行;

(4) 特殊运动假定,例如前述的下滑、俯冲飞行,机动飞行等。

上述假定中,最基本的飞行假定是水平匀速直线。

总之,目标运动假定只是对于某类目标典型运动的集中概括,目标的每一现实的运动轨迹并不一定就与运动假定完全符合,目标运动假定描述的运动只能在某种程度上近似目标的真实运动。由于目标机动性能日益提高、武器装备配置的目标跟踪与测量装置日趋复杂,简单模型难以符合实际情况,而采用随机与多模态航迹模型描述更为准确,相应的目标航迹坐标数据滤波方法也由常用的卡尔曼滤波推广为航迹噪声与测量噪声相关的卡尔曼滤波。

7.1.1.2 目标航迹模型

火控系统中的目标航迹,若用数学表达式表示,就称为目标运动假定数学模型,简称假定模型或航迹模型。随着火控技术的发展,出现了不同的航迹模型描述。

早期,经常使用以下三种模型:①导数多项式模型;②随机加速度模型(是一种已知统计特性的自相关随机变量模型);③特定模型,如:俯冲;机动,包括飞机的航速机动、航向机动以及在高度上的机动。

后来,又演变为以下三种模型:①导数多项式模型;②随机模型;③多模态模型。

1. 导数多项式模型

导数多项式模型的表达式为

$$D(t)=D(t_0)+\dot{D}(t_0)(t-t_0)+\frac{1}{2}\ddot{D}(t_0)(t-t_0)+\cdots+\frac{1}{n!}D^{(n)}(t_0)(t-t_0)^n \tag{7-1}$$

式中 $D(t)$——目标的航迹,如图 7-3 所示。

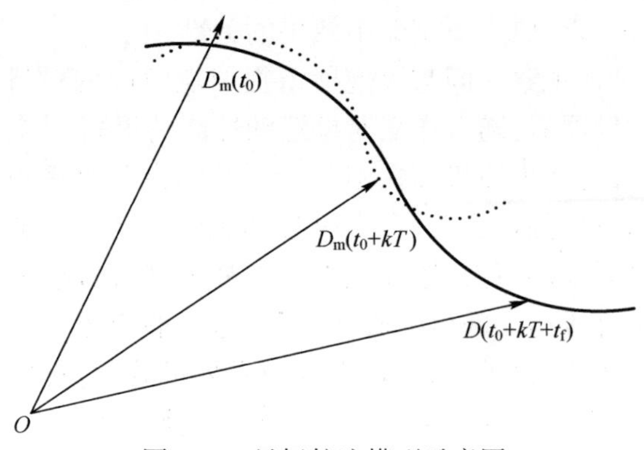

图 7-3 目标航迹模型示意图

2. 随机模型

航迹的随机过程模型简称随机模型。此种模型的特征是它含有随机成分。本书讨论的随机成分限定为可白化的随机成分。可白化随机成分指的是用来描述该成分的随机过程$\{\eta(t);t\in(-\infty,\infty)\}$可由零均值、单位能级的白噪声$\{\omega(t);t\in(-\infty,\infty)\}$激励一个线性系统而得到。这里讲的线性系统是一个虚拟的等价系统,称作成型滤波器。如果以状态方程与输出方程来描述$\eta(t)$的成型滤波器,则有

$$\begin{cases}\dot{X}_\eta(t)=A_\eta(t)X_\eta(t)+B_\eta(t)\omega(t)\\ \eta(t)=H_\eta(t)X_\eta(t)\end{cases}\tag{7-2}$$

式(7-2)中的白噪声$\{\omega(t);t\in(-\infty,\infty)\}$满足的均值与协方差条件是

$$\begin{cases}E[\omega(t)]=0\\ \mathrm{cov}[\omega(t),\omega(t+\tau)]=\delta(\tau)\end{cases}\tag{7-3}$$

式中　$\delta(\tau)$——单位脉冲函数。

常用的成型滤波器的状态维数很小,如一阶成型滤波器,其方程是

$$\begin{cases}\ddot{x}(t)=-ax_\eta(t)+\sqrt{2a\sigma^2}\,\omega(t)\\ \eta(t)=x_\eta(t)\end{cases}\tag{7-4}$$

其中,$a>0$,显然是渐进稳定的。

如二阶成型滤波器的状态方程表示是

$$\begin{cases}\dot{x}_\eta(t)=\begin{bmatrix}0 & 1\\ (\alpha^2+\beta^2) & -2\alpha\end{bmatrix}X_\eta(t)+\begin{bmatrix}\sqrt{2\alpha\sigma^2}\\ \sqrt{2\alpha\sigma^2(\alpha^2+\beta^2)}-2\alpha\sqrt{2\alpha\sigma^2}\end{bmatrix}\omega(t)\\ \eta(t)=(1,0)X_\eta(t)\end{cases}\tag{7-5}$$

式中$a>0$,令状态方程的特征值为λ_1与λ_2,则λ_1与λ_2应是特征方程之解。

$$\det\begin{bmatrix}\lambda & -1\\ -\alpha^2+\beta^2 & \lambda+2\alpha\end{bmatrix}=0\tag{7-6}$$

3. 多模态模型

多模态模型是一种通过事先建立特定的航迹模型库,以与实际航迹符合程度最好为准则,不断挑选、灵活转换而构成的在线航迹模型库。显然,单模态航迹模型是其中的特例。常用的多模态航迹模型包括自适应穆斯模型、蛇形机动模型、变阶模型,如飞机俯冲攻击。

对运动目标的一个航次而言,其航迹模型一般用瞄准矢量$D(t)$来描述,如图7-3所示。

其中,实线表示$D(t)$,虚线点表示$D(t)$的离散量测值$D_m(t)$,$D_m(t_0+kT)$表示发射时刻的量测值,$D(t_0+kT+t_f)$表示相遇点时刻的目标航迹。要实现在$t=t_0+kT+t_f$时刻射中目标,必须利用已知的$D_m(t)$序列,外推目标的未来点位置,即$D(t_0+kT+t_f)$

的准确估值。显然,必须估计出目标的运动参数。为能直接应用现代估计与控制理论的数学方法,现代航迹模型一般用状态方程与输出方程描述,即

$$\begin{cases}\dot{X}(t)=F[X(t),U(t),W(t),t]\\D(t)=H[X(t),t]\end{cases}\tag{7-7}$$

式中 $X(t)$——目标运动状态变量;

$U(t)$——目标运动的控制策略;

$W(t)$——驱动信号叠加的白噪声;

$D(t)$——目标的航迹。

由于采用了数字火控计算机,航迹状态模型必须离散化处理为

$$\begin{cases}X(k+1)=F'[X(k),U(k),W(k),k]\\D(k)=H'[X(k),k]\end{cases}\tag{7-8}$$

离散化的航迹状态模型是进行运动参数滤波和预测的基础。

7.1.2 运动参数的滤波和预测

7.1.2.1 几种滤波与预测方法

滤波与预测的目的是估计当前和未来时刻目标的运动状态,包括位置、速度和加速度等。基本的跟踪滤波和预测方法有线性自回归滤波、两点外推滤波、维纳滤波、加权最小二乘滤波、α-β 与 α-β-γ 滤波、简化的卡尔曼滤波、卡尔曼滤波和自适应卡尔曼滤波等。在上述七种滤波与预测方法中,线性自回归滤波、两点外推滤波和加权最小二乘滤波既可适用于稳态过程又可适用于暂态过程,维纳滤波、α-β 与 α-β-γ 滤波仅适用于稳态过程,属于常增益滤波;简化卡尔曼滤波据近似情况而定,或者适用于稳态过程,或者既适应于稳态过程又适用于暂态过程。

采用何种滤波算法,主要取决于事先能掌握多少先验信息。如果事先能掌握动态噪声和量测误差的统计特性,当然要采用估计精度较高的最小方差估计算法,包括维纳滤波、α-β 与 α-β-γ 滤波,简化的卡尔曼滤波和卡尔曼滤波。如果仅掌握量测误差统计特性,可采用线性回归滤波和加权最小二乘法滤波,即马尔可夫估计。

对于机动目标而言,单一的目标运动模型假设通常无法客观地描述目标运动规律。一般意义上,卡尔曼滤波是目标跟踪的有效方法之一。但是,如果假定的目标运动模型与实际的目标运动模型不符,则卡尔曼滤波的稳定性就不能保证。因此,机动目标的跟踪问题一直是研究的热点。为此,先后有学者提出了自适应卡尔曼滤波、强跟踪卡尔曼滤波器和 IMM(Interactive Multiple Models,交互式多模型)跟踪算法等。这几种算法中,IMM 算法的跟踪精度较高,因而得到广泛关注。但 IMM 算法也有其缺点:①模型转移概率矩阵初值确定依赖先验信息,而这类先验信息在实际跟踪中是很难得到的;②计算量较大,不便于实时应用。在目标跟踪中,目标的运动方程往往

在直角坐标系中描述，而传感器的测量值是在球坐标系中获得的，此时就涉及非线性系统的目标跟踪问题。对此非线性问题，可以采用扩展的卡尔曼滤波算法（Extended Kalman Filter，EKF）和转换测量的卡尔曼滤波算法（Converted Measurement Kalman Filter，CMKF）。其中转换测量的卡尔曼滤波算法精度较高、使用方便，得到了广泛的应用。

7.1.2.2　自适应卡尔曼滤波算法

针对自行弹炮结合武器的目标跟踪问题，一种实时的机动目标多模型跟踪算法是一种实用的方法。该算法包含两个并行的卡尔曼滤波器，分别为匀速卡尔曼滤波器和匀加速卡尔曼滤波器，并能够在线实现两个卡尔曼滤波器的自动切换，使总输出结果最大程度的符合实际的运动模型。

1. 多模型转换测量卡尔曼滤波

在以大地为基准平面的参考坐标系中，三维空间的状态方程和测量方程可以描述为

状态方程：
$$X(k+1)=FX(k)+\Gamma W(k) \tag{7-9}$$

测量方程：
$$Z(k)=HX(k)+\nu(k) \tag{7-10}$$

式中　$\boldsymbol{X}=[x,y,z,\dot{x},\dot{y},\dot{z}]^{\mathrm{T}}$——状态变量；

$\boldsymbol{Z}=[x_m\quad y_m\quad z_m]^{\mathrm{T}}$——CMKF（Converted measurement Kalman filter，转换测量Kalman 滤波）的转换测量值；

W——状态方程的过程噪声，其过程噪声的协方差矩阵 $\boldsymbol{Q}(k)=E[W(k)W^{\mathrm{T}}(k)]=\mathrm{diag}[q\quad q\quad q]$（这里假设 $W_x(k)$、$W_y(k)$、$W_z(k)$ 之间互不相关）；

ν——转换测量噪声，其转换测量噪声的协方差矩阵 $\boldsymbol{R}(k)=E[\boldsymbol{\nu}(k)\boldsymbol{\nu}^{\mathrm{T}}(k)]$。

对于匀速直线运动（简称 CV 模型）的目标，式（7-9）中的 $\boldsymbol{F}$ 和 $\boldsymbol{\Gamma}$ 可以表示为

$$\boldsymbol{F}=\begin{bmatrix} I_3 & \Delta T\cdot I_3 \\ 0_3 & I_3 \end{bmatrix}\quad \boldsymbol{\Gamma}=\begin{bmatrix} \Delta T^2/2\cdot I_3 \\ \Delta T\cdot I_3 \end{bmatrix} \tag{7-11}$$

式（7-10）中的 $\boldsymbol{H}$ 可以表示为

$$\boldsymbol{H}=[I_3\quad 0_3] \tag{7-12}$$

同样，对于匀加速直线运动（简称 CA 模型）的目标，式（7-9）中的 $\boldsymbol{F}$ 和 $\boldsymbol{\Gamma}$ 可以表示为

$$\boldsymbol{F}=\begin{bmatrix} I_3 & \Delta T\cdot I_3 & \Delta T^2/2\cdot I_3 \\ 0_3 & I_3 & \Delta T\cdot I_3 \\ 0_3 & 0_3 & I_3 \end{bmatrix}\quad \boldsymbol{\Gamma}=\begin{bmatrix} \Delta T^3/6\cdot I_3 \\ \Delta T^2/2\cdot I_3 \\ \Delta T\cdot I_3 \end{bmatrix} \tag{7-13}$$

式（7-10）中的 $\boldsymbol{H}$ 可以表示为

$$H=[I_3\quad 0_3\quad 0_3] \tag{7-14}$$

以上各式中,I_3 表示 3×3 的单位阵,0_3 表示 3×3 的零阵。

对于 CV 模型,可以将 $k+1$ 时刻状态估计矩阵表示为

$$\hat{X}(k+1)=[\hat{x}(k+1),\hat{y}(k+1),\hat{z}(k+1),\hat{\dot{x}}(k+1),\hat{\dot{y}}(k+1),\hat{\dot{z}}(k+1)]^{\mathrm{T}} \tag{7-15}$$

对于 CA 速模型,其 $k+1$ 时刻状态估计矩阵表示为

$$\begin{aligned}\hat{\boldsymbol{X}}(k+1)=[&\hat{x}(k+1),\hat{y}(k+1),\hat{z}(k+1),\hat{\dot{x}}(k+1),\hat{\dot{y}}(k+1),\\&\hat{\dot{z}}(k+1),\hat{\ddot{x}}(k+1),\hat{\ddot{y}}(k+1),\hat{\ddot{z}}(k+1)]^{\mathrm{T}}\end{aligned} \tag{7-16}$$

基于式(7-9)~式(7-16),CMKF 的滤波方程可以描述如下:

(1) 滤波估计为

$$\hat{X}(k+1\mid k+1)=F\hat{X}(k\mid k)+K(k+1)[Z(k+1)-HF\hat{X}(k\mid k)] \tag{7-17}$$

(2) 滤波增益为

$$K(k+1)=P(k+1\mid k)H^{\mathrm{T}}[HP(k+1\mid k)H^{\mathrm{T}}+R(k+1)]^{-1} \tag{7-18}$$

(3) 单步预测误差协方差矩阵为

$$\boldsymbol{P}(k+1\mid k)=FP(k\mid k)F^{\mathrm{T}}+\Gamma Q(k)\Gamma^{\mathrm{T}} \tag{7-19}$$

(4) 滤波误差协方差矩阵为

$$\boldsymbol{P}(k+1\mid k+1)=[I-K(k+1)H]P(k+1\mid k) \tag{7-20}$$

现在综合式(7-9)~式(7-20),就是完整的转换坐标 Kalman 滤波递推公式,这些公式对匀速 Kalman 滤波和匀加速 Kalman 滤波是通用的,所不同之处在于,匀速 Kalman 滤波的状态矢量、滤波误差协方差矩阵是 6 维的,而匀加速 Kalman 滤波中的以上各量是 9 维的。

对于三坐标雷达,转换测量误差的协方差矩阵为

$$\boldsymbol{R}(k+1)=E(\nu(k+1)\nu^{\mathrm{T}}(k+1)) \tag{7-21}$$

其元素为

$$R_{11}=\sigma_r^2\cos^2\varepsilon\cos^2\beta+r^2\sigma_\beta^2\cos^2\varepsilon\sin^2\beta+r^2\sigma_\varepsilon^2\sin^2\varepsilon\cos^2\beta$$

$$R_{22}=R_{31}=\sigma_r^2\cos^2\varepsilon\sin^2\beta+r^2\sigma_\beta^2\cos^2\varepsilon\cos^2\beta+r^2\sigma_\varepsilon^2\sin^2\varepsilon\sin^2\beta$$

$$R_{33}=\sigma_r^2\sin^2\varepsilon+r^2\sigma_\varepsilon^2\cos^2\varepsilon$$

$$R_{12}=R_{21}=\sigma_r^2\cos^2\varepsilon\sin\beta\cos\beta-r^2\sigma_\beta^2\cos^2\varepsilon\sin\beta\cos\beta+r^2\sigma_\varepsilon^2\sin^2\varepsilon\sin\beta\cos\beta$$

$$R_{13}=R_{31}=(\sigma_r^2-r^2\sigma_\varepsilon^2)\sin\varepsilon\cos\varepsilon\cos\beta$$

$$R_{23}=R_{32}=(\sigma_r^2-r^2\sigma_\varepsilon^2)\sin\varepsilon\cos\varepsilon\sin\beta$$

需要说明的是,实际上两个 Kalman 滤波器并行工作,并在线实时进行模型的自动切换。算法的框图如图 7-4 所示。

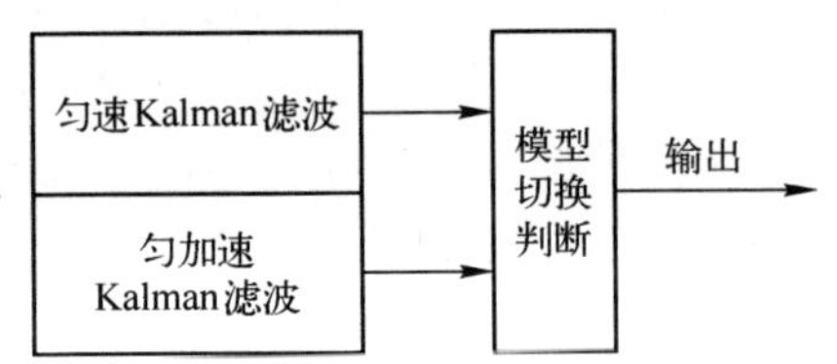

图 7-4　多模型目标跟踪框图

2. 模型切换判据

当滤波器发散时,误差协方差阵无界,这

时实际的误差往往比理论预计的误差大很多倍,可以利用这一点,以新息序列$\widetilde{Z}(k+1)=Z(k+1)-H\cdot\hat{X}(k+1/k)$的性质来构造滤波器收敛性判据。由于$\widetilde{Z}^{\mathrm{T}}(k+1)\cdot\widetilde{Z}(k+1)$为新息序列的平方和,包含了实际误差的新息(新息为最小方差估计的误差),而理论预计误差的新息可以新息序列的方差阵$E[\widetilde{Z}(k+1)\cdot\widetilde{Z}^{\mathrm{T}}(k+1)]$来描述:

$$E[\widetilde{Z}(k+1)\cdot\widetilde{Z}^{\mathrm{T}}(k+1)]=H\cdot P(k+1/k)H^{\mathrm{T}}+R(k+1) \tag{7-22}$$

因此,可用式(7-23)来描述$k+1$时刻的滤波器发散程度:

$$B(k+1)=\frac{\widetilde{Z}^{\mathrm{T}}(k+1)\widetilde{Z}(k+1)}{\mathrm{Tr}[HP(k+1/k)H^{\mathrm{T}}+R(k+1)]} \tag{7-23}$$

其中,符号“Tr”表示求矩阵的迹,即矩阵的对角元素之和。不过,Kalman 滤波本身具有一定的随机性,$k+1$时刻的$B(k+1)$有时并不能说明问题。因此,这里定义“滤波运动模型偏离度”作为判据(相当于前 50 次$B(k+1)$的均值,也可以称为滑窗长度):

$$D(k+1)=\frac{1}{50}\sum_{i=k+1-50}^{k+1}B(i) \tag{7-24}$$

设$D^{uv}(k+1)$为$k+1$时刻匀速 Kalman 滤波的模型偏离度,$D^{ua}(k+1)$为$k+1$时刻匀加速 Kalman 滤波的模型偏离度,经过大量仿真分析,则可以得出如下判据:

$$\begin{cases}\mathrm{CV}:D^{uv}(k+1)\leqslant F\cdot D^{ua}(k+1)\\ \mathrm{CA}:D^{uv}(k+1)>F\cdot D^{ua}(k+1)\end{cases} \tag{7-25}$$

默认情况下,先输出匀速 Kalman 滤波的结果。式(7-25)中,$F_1<0.85$,$F_2>1.05$,这样可以避免在两个模型之间频繁切换。为了降低目标发生机动时滤波误差过大,两种滤波算法都采用了可调过程噪声的自适应方法:

$$\begin{cases}Q(k)=Q_{\min}, & D(k+1)\leqslant D_L\\ Q(k)=Q_{\max}\cdot\exp(D(k+1)-D_L), & D(k+1)>D_L\end{cases} \tag{7-26}$$

式(7-26)的含义为:当$D(k+1)$小于门限D_L时,过程噪声$Q(k)$取一个较小的值;反之,$Q(k)$可以适当取一个较大的值。

7.2　火控解算技术

高炮火控诸元解算过程是指,在获得目标运动轨迹测量值的前提下,对测量值进行处理的过程;主要包括:野值剔除、平滑滤波,对目标运动规律进行假定预测;求解命中问题,计算目标的运动参数和弹丸有效飞行时间内的提前点坐标;根据弹道条件求解相应的射击诸元,控制高炮射击。所涉及的技术主要有野值剔除技术、滤波与预测技术、命中点求解技术以及诸元求取技术等。

7.2.1 野值剔除技术

野值,也称异常的采样数据。在目标的探测过程中,无论采用何种量测手段,由于探测器本身或者数据传输中的种种原因,可能使所给出的量测信息中包含某些错误的量测值,它们或者是量级上与正常量测量相差很大,或者量级上虽没有明显差别,但是误差超越了探测器正常状态所允许的误差范围。如果不将这些野值预先剔除掉,将给数据处理带来很大的误差,特别是在应用递推方法对目标进行实时跟踪时,将导致滤波发散。因此,在进行目标滤波与运动状态预测前,要进行野值剔除。关于野值的剔除,理论和实际工程均建立了一些具有针对性的方法,如外推拟合法、差分检测法等。在火控系统设计中,野值剔除一般采用简化的外推拟合法,下面以直角坐标系下的 X 坐标为例介绍剔点处理基本原理。

设当 X_{i-1} 表示第 $i-1$ 点的坐标滤波值,$V_{mx,i-1}$ 表示第 $i-1$ 点的速度滤波值,$\Delta S_{wx,i-1}$ 表示第 $i-1$ 点~第 i 点的在 X 轴上的分量,ΔT 表示滤波采样间隔时间,那么 $X_{i|i-1}$ 表示第 $i-1$ 点对 i 点的线性外推值为

$$X_{i|i-1}=X_{i-1}+V_{mx,i-1}\cdot\Delta T-\Delta S_{wx,i-1} \tag{7-27}$$

当输入的采样点 X_i 满足

$$\begin{cases}\Delta X=X_i-X_{i|i-1}\\ |\Delta X|\leqslant\delta_j\end{cases} \tag{7-28}$$

时,认为该采样点 X_i 为合理点,予以接收,否则认为是不合理点,予以剔除,而用点 $X_{i|i-1}$ 代替采样点 X_i。

式(7-28)中的 δ_j 表示观测误差均方差,下标 j 为连续剔点个数。

7.2.2 命中方程求解

在高炮火控系统中,命中点是目标航迹与弹迹的相遇点。火控系统解相遇问题的实质就是要求出弹丸与运动目标在空间相遇点的位置,也就是要在目标运动航路上找到这样一点,当弹丸飞到该点时,目标也刚好到达该点,两者在这点相遇达到命中目标的目的。求解命中问题是一个在目标运动假定前提下,根据目标运动规律和弹丸外弹道飞行特性,在有效的弹丸飞行时间内,经过迭代处理逐步逼近的过程。

7.2.2.1 目标运动典型假定

目前,火控系统中,解命中问题中最为常用的目标运动假定有两种。

1. 目标在弹丸飞行时间内做等速直线运动

就目标做等速直线运动假定而言,因为受其本身的战术技术性能的约束和战术环境的限制,目标在短时间(与弹丸飞行时间相当)内一般不会做大的机动,其运动规律接近于等速直线运动,因此这种假设基本符合实际情况。在目标做等速直线运

动的假设下，表征空中目标运动规律的参数需要 3 个即目标速度、目标航向和俯冲角，或者是目标速度向量在直角坐标系中的 3 个速度分量 V_x、V_y、V_z。

2. 目标在弹丸飞行时间内做等加速运动

目标做等加速运动的假设主要是为了适应飞机的俯冲攻击，掠海导弹在自导段按比例导引律运动，以及其他可能的机动情况。在这种假设下，表征目标运动规律的参数需要 6 个，除了速度参数外还需要 3 个加速度参数，如目标加速度在直角坐标系中的 3 个分量。

从理论上讲，上述两种目标运动假定还不能包含目标的所有可能的运动情况。如果试图多设置几种目标运动假设或阶数取得更高一些，使之更符合实际情况，从而减少由此产生的误差；但是，模型假设复杂后，目标运动模型的阶数就会增大。根据滤波理论可知，在相同的数据率、观测时间和弹丸飞行时间条件下，目标运动模型的阶数越高，计算工作量也越大，其命中点的预测误差可能就越大。因此，并不是目标运动假设越复杂，命中点预测精确性就越高；而且，任何一种较为复杂的假设，都不可能全部和准确无误地描述出目标真实的运动。综上所述，目标运动假设是一个需要综合考虑的问题，它不但在解命中问题中涉及，而且在求取目标运动参数的滤波预测问题中也会涉及。在实际设计火控系统时，必须根据要抗击的目标特性和它最可能采取的典型攻击方式及航路，综合相关情况，才能确定出合适的目标运动假设。

7.2.2.2　坐标系与坐标转换

目标运动的描述依赖于选择的坐标系。目标做匀速直线运动或匀加速运动时，直角坐标系能使目标运动方程的形式最简单。因此，高炮火控系统常选用直角坐标系描述目标运动。然而，目标坐标测定器所测得的目标一般是以球形坐标形式给出的，故需将测得的目标球坐标转换至直角坐标系。高炮使用的坐标系一般采用左手坐标系。方位角 β 以 x 轴为零位，顺时针为正；高低角 ε 以 xy 平面为零位，向上为正。可参见 2.1.2 节。

坐标转换是火控解算过程经常用到的基本数学变换。如图 7-5 所示。

1. 目标坐标的球直坐标转换

选取的坐标系为车体坐标系，取车体的中心为 O，车体纵轴为 x，沿纵轴向前看的右手方向为 y，垂直于 x，y 平面向上为正 z。方位角定义为以 x 为始边，顺时针转到车体纵轴为角度的正方向，则

$$\begin{cases} x = D\cos\varepsilon\cos\beta \\ y = D\cos\varepsilon\sin\beta \\ z = D\sin\varepsilon \end{cases} \tag{7-29}$$

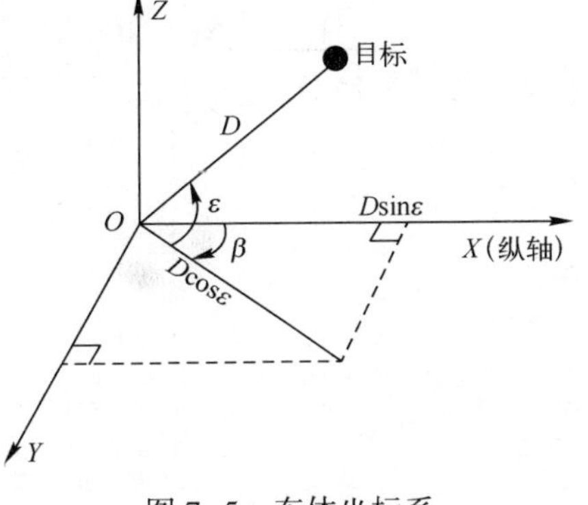

图 7-5　车体坐标系

2. 平移水平坐标系 $O_{ps}x_{ps}y_{ps}z_{ps}$ 与固定坐标系 $Oxyz$

$$\begin{cases} x_{ps}=x-\Delta x_{ps} \\ y_{ps}=y-\Delta y_{ps} \\ z_{ps}=z-\Delta z_{ps} \end{cases} \tag{7-30}$$

$$\begin{cases} x=x_{ps}+\Delta x_{ps} \\ y=y_{ps}+\Delta y_{ps} \\ z=z_{ps}+\Delta z_{ps} \end{cases} \tag{7-31}$$

式中　Δx_{ps}、Δy_{ps}、Δz_{ps}——各自行体在固定坐标系下的直角坐标分量。

3. 车体水平坐标系 $O_{cs}x_{cs}y_{cs}z_{cs}$ 与平移水平坐标系 $O_{ps}x_{ps}y_{ps}z_{ps}$

$$\begin{cases} x_{cs}=x_{ps}\cdot\cos(k)+y_{ps}\cdot\sin(k) \\ y_{cs}=-x_{ps}\cdot\sin(k)+y_{ps}\cdot\cos(k) \\ z_{cs}=z_{ps} \end{cases} \tag{7-32}$$

$$\begin{cases} x_{ps}=x_{cs}\cdot\cos(k)-y_{cs}\cdot\sin(k) \\ y_{ps}=x_{cs}\cdot\sin(k)+y_{cs}\cdot\cos(k) \\ z_{ps}=z_{cs} \end{cases} \tag{7-33}$$

式中　k——车体航向角(mrad)。

4. 车体坐标系 $O_{ct}x_{ct}y_{ct}z_{ct}$ 与车体水平坐标系 $O_{cs}x_{cs}y_{cs}z_{cs}$

$$\begin{cases} x_{ct}=x_{cs}\cdot\cos(\psi)+z_{cs}\cdot\sin(\psi) \\ y_{ct}=y_{cs}\cdot\cos(\theta_k)+(x_{cs}\cdot\sin(\psi)-z_{cs}\cos(\psi))\cdot\sin(\theta_k) \\ z_{ct}=y_{cs}\cdot\sin(\theta_k)-(x_{cs}\cdot\sin(\psi)-z_{cs}\cos(\psi))\cdot\cos(\theta_k) \end{cases} \tag{7-34}$$

$$\begin{cases} x_{cs}=x_{ct}\cdot\cos(\psi)-(-y_{ct}\cdot\sin(\theta_k)+z_{ct}\cdot\cos(\theta_k))\cdot\sin(\psi) \\ y_{cs}=y_{ct}\cdot\cos(\theta_k)+z_{ct}\cdot\sin(\theta_k) \\ z_{cs}=x_{ct}\cdot\sin(\psi)+(-y_{ct}\cdot\sin(\theta_k)+z_{ct}\cdot\cos(\theta_k))\cdot\cos(\psi) \end{cases} \tag{7-35}$$

式中　ψ、θ_k——车体的横摇角和纵摇角(mrad)。

5. 炮塔坐标系 $O_{pt}x_{pt}y_{pt}z_{pt}$ 与车体坐标系 $O_{ct}x_{ct}y_{ct}z_{ct}$

$$\begin{cases} x_{pt}=x_{ct}\cdot\cos(\beta_t)+y_{ct}\cdot\sin(\beta_t) \\ y_{pt}=-x_{ct}\cdot\sin(\beta_t)+y_{ct}\cdot\cos(\beta_t) \\ z_{pt}=z_{ct} \end{cases} \tag{7-36}$$

$$\begin{cases} x_{ct}=x_{pt}\cdot\cos(\beta_t)+y_{pt}\cdot\sin(\beta_t) \\ y_{ct}=-x_{pt}\cdot\sin(\beta_t)+y_{pt}\cdot\cos(\beta_t) \\ z_{ct}=z_{pt} \end{cases} \tag{7-37}$$

式中　β_t——炮塔纵轴相对与车体纵轴的方位角(mrad)。

6. 搜索雷达坐标系 $O_{sr}x_{sr}y_{sr}z_{sr}$ 与炮塔坐标系 $O_{pt}x_{pt}y_{pt}z_{pt}$

$$\begin{cases}x_{sr}=x_{pt}-\Delta x_{sr}\\y_{sr}=y_{pt}-\Delta y_{sr}\\z_{sr}=z_{pt}-\Delta z_{sr}\end{cases} \tag{7-38}$$

$$\begin{cases}x_{pt}=x_{sr}+\Delta x_{sr}\\y_{pt}=y_{sr}+\Delta y_{sr}\\z_{pt}=z_{sr}+\Delta z_{sr}\end{cases} \tag{7-39}$$

式中 Δx_{sr}、Δy_{sr}、Δz_{sr}——搜索雷达坐标系原点在炮塔坐标系下的直角坐标分量。

7. 跟踪雷达坐标系 $O_{tr}x_{tr}y_{tr}z_{tr}$ 与炮塔坐标系 $O_{pt}x_{pt}y_{pt}z_{pt}$

$$\begin{cases}x_{tr}=x_{pt}-\Delta x_{tr}\\y_{tr}=y_{pt}-\Delta y_{tr}\\z_{tr}=z_{pt}-\Delta z_{tr}\end{cases} \tag{7-40}$$

$$\begin{cases}x_{pt}=x_{tr}+\Delta x_{tr}\\y_{pt}=y_{tr}+\Delta y_{tr}\\z_{pt}=z_{tr}+\Delta z_{tr}\end{cases} \tag{7-41}$$

式中 Δx_{tr}、Δy_{tr}、Δz_{tr}——跟踪雷达坐标系原点在炮塔坐标系下的直角坐标分量。

8. 火炮坐标系 $O_{hp}x_{hp}y_{hp}z_{hp}$ 与炮塔坐标系 $O_{pt}x_{pt}y_{pt}z_{pt}$

$$\begin{cases}x_{hp}=x_{pt}-\Delta x_{hp}\\y_{hp}=y_{pt}-\Delta y_{hp}\\z_{hp}=z_{pt}-\Delta z_{hp}\end{cases} \tag{7-42}$$

$$\begin{cases}x_{pt}=x_{hp}+\Delta x_{hp}\\y_{pt}=y_{hp}+\Delta y_{hp}\\z_{pt}=z_{hp}+\Delta z_{hp}\end{cases} \tag{7-43}$$

式中 Δx_{hp}、Δy_{hp}和 Δz_{hp}——火炮坐标系原点在炮塔坐标系下的直角坐标分量。

7.2.2.3 命中方程求解公式

联立航迹的数学模型与弹道数学模型方程组,求解即可得到命中点。

按照目标做匀速直线运动的假定,命中点预测公式为

$$\begin{cases}x_q=\hat{x}+\hat{v}_x\cdot[t_f(d_q,h_q)+\Delta t_f(d_q,h_q)]+J_x\\y_q=\hat{y}+\hat{v}_y\cdot[t_f(d_q,h_q)+\Delta t_f(d_q,h_q)]+J_y\\h_q=\hat{h}+\hat{v}_h\cdot[t_f(d_q,h_q)+\Delta t_f(d_q,h_q)]+J_h\end{cases} \tag{7-44}$$

$$d_q=\sqrt{x_q^2+y_q^2} \tag{7-45}$$

式中 d_q——目标命中点在水平平面上的投影距离武器回转中心的距离

$$\hat{D}=(\hat{x},\hat{y},\hat{h})^{\mathrm{T}} \tag{7-46}$$

$\hat{D}$——目标现在点坐标的滤波值

$$D_q=(x_q,y_q,h_q)^{\mathrm{T}} \tag{7-47}$$

D_q——目标命中点坐标

$$\hat{V}=(\hat{v}_x,\hat{v}_y,\hat{v}_h)^{\mathrm{T}} \tag{7-48}$$

$\hat{V}$——目标现在点速度的滤波值

$$J=(J_x,J_y,J_h)^{\mathrm{T}} \tag{7-49}$$

J——观测基线矢量在大地坐标系下的坐标;

$t_f(d_q,h_q)$——弹丸飞行时间(s);

$\Delta t_f(d_q,h_q)$——弹丸飞行时间的修正量。

命中方程对于 $X_q=(x_q,y_q,h_q)^{\mathrm{T}}$ 是一个隐式方程,求解的关键在于对 $t_f(d_q,h_q)$ 及 $\Delta t_f(d_q,h_q)$ 的求解。由于 $t_f(d_q,h_q)$ 及 $\Delta t_f(d_q,h_q)$ 的自变量即为命中方程的解,所以 $t_f(d_q,h_q)$ 及 $\Delta t_f(d_q,h_q)$ 不能简单的由射表或射表拟合函数算出,这便牵扯到一个对 d_q 及 h_q 的二维搜索问题,将 d_q 及 h_q 的二维搜索问题转化为对 $t_f(d_q,h_q)+\Delta t_f(d_q,h_q)$ 的一维搜索问题,这样问题便简化为一维搜索问题了,对此,可采用优化方法中的二分法、0.618 法等方法进行单维搜索。严格来说,计算射击诸元所需要用到 $p(d_q,h_q)$(弹道下降量)及各修正量应加入搜索方程中,但为了简化搜索问题,一般都是不将 $p(d_q,h_q)$ 加入搜索方程中,只在计算射击诸元时将其加入,这样有助于简化搜索问题。

7.2.2.4 迭代算法

命中点坐标(即火控系统中也称为提前点坐标)的计算主要采用迭代方法进行。提前点坐标的计算主要采用的方法有迭代法(简单迭代法、改进迭代法、快速迭代法、改进快速迭代法)、牛顿法(牛顿下山法)、弦截法灯数值计算方法等。

简单迭代法、改进迭代法存在发散问题;快速迭代法虽然解决了发散的问题,但初值的选择比较困难,若选择不当,结果可能会使收敛域非真解;采用改进的快速迭代法能使这三种方法相结合,它既能快速收敛域有真解,又容易选择初值,且收敛速度极高。牛顿下山法对收敛条件要求不高,但收敛速度比较慢,计算量大,在实际的高炮火控系统中并不适用;牛顿法的收敛速度快,在解相遇问题中其收敛条件能较好的满足,牛顿法的缺点是存在求导运算,可利用差商简化求导过程的弦截法代替。

任何一种迭代算法只要时间允许且收敛的情况下,都能得到很高的迭代结果。然而,对于实用的火控解算,只要迭代的时间超过允许值,再高的精度也是毫无意义的。各种迭代一次所需的时间各不相同,所以不能以在某种精度的要求下迭代的多少来判断一种迭代算法的优劣,一种迭代算法也许不一定是最好的,只要它能在满足实时性及确保收敛的要求下达到预定的精度要求就应认为它是合适的。

无论采用哪一种迭代的方法，都必须选定迭代初值或区域。迭代初值的选择直接关系到迭代的速度和收敛性。有的迭代方法很好，但就是因为迭代初值或区域不好确定而一般不被使用。

当目标作临近飞行时，$\partial D(d,h)/\partial t=0$ 时目标距离观测点最近。

令$\partial D'(d,h)/\partial t=0$

则
$$\frac{1}{2}\cdot\frac{2xv_x+2yv_y+2hv_h}{\sqrt{x^2+y^2+h^2}}=0$$

在匀速直线运动假定下，整理上式得
$$(x_0+v_{x_0}t)v_{x_0}+(y_0+v_{y_0}t)v_{y_0}+(h_0+v_{h_0}t)v_{h_0}=0$$

令
$$t_p=-\frac{x_0v_{x_0}+y_0v_{y_0}+h_0v_{h_0}}{v_x^2+v_y^2+v_h^2}$$

当 $t_p>0$ 时，则目标作临近飞行，T_f 的解一定在 0 到 t_p 之间，$t_f^{(0)}$ 可取为
$$T_f^{(0)}=\sqrt{x_0^2+y_0^2+h_0^2}/V \tag{7-50}$$

式中　V_0——弹丸初速度(m/s)。

当 $t_p<0$，则目标远距离飞行，此时情况比较复杂(根据高炮射击的战术思想，打临近不打离远，故当 $t_p<0$ 时，不予考虑)，$t_f^{(0)}$ 亦可取为上式，无论哪种情况，迭代解的收敛都由允许射击条件及迭代次数来保证。

关于搜索区域问题，在第一次求解命中方程，即 $k=0$ 时，可令 $T_f^{(0)}$ 等于式(7-50)，另一边界 $T_f^{(1)}$ 为将 $T_f^{(0)}$ 的值代入式(7-44)后算得 X_q 再代入 $T_f(d_q,h_q)$ 的计算式所得到的值。

7.2.3　弹道诸元计算

弹道诸元计算是火控计算的重要组成部分。精确而实用的弹道诸元计算方法，对于提高火控解算精度、缩短解算时间具有重要作用。由于条件和要求的不同，弹道诸元计算方法多种多样，主要有直接解弹道微分方程组、用简化的弹道方程计算、用逼近射表函数得到的代数多项式计算、直接查射表等方法。

目前，无论是模拟式火控系统，还是数字式火控系统，大量使用到的弹道函数都是通过对射表的加工计算得到的。射表是根据外弹道学理论，通过理论计算和靶场试验获得的一种用于描述空气中弹道方程的近似数值解表。从理论上讲，进行弹道计算只需把所有的弹道方程联立起来，就可以求出任意时刻炮弹的位置坐标。但是，无论是使用模拟式计算机，还是使用数字式计算机，在战场环境下做到实时求解这种微分方程组，还存在着很多技术问题。目前，尚未看到国内外高炮火控系统设计时直接采用弹道微分方程组来计算弹道的资料。现在火控系统中常采用的方法是利用简化的弹道方程、利用射表拟合函数或直接查射表的方式进行。

由于查找射击诸元的传统习惯存在差异,各种高炮的性能与使用方法也各不相同,射表的格式也不存在统一的规范。通常都把射表分成两部分:基本射表与修正量射表。

基本射表给出了在标准条件下射击诸元与弹道诸元间的关系。对于平射基本射表,主要按一定的间距列出各射距所对应的射角、落角、全程飞行时间、落速、弹道最大高度以及偏流等基本弹道诸元。高射时,由于目标高度不同,弹道诸元也不同,所以高射基本射表的基本弹道诸元,主要有在某一高度下斜距(或水平距离)所对应的高低角、距离角、飞行时间、偏流角等基本弹道诸元。

修正量射表给出了弹道气象条件偏离标准条件时的弹道诸元修正量,主要有:初速降低 10%的弹道坐标偏差量表,纵风(顺风、逆风)、横风为 10%、20%时的弹道坐标偏差量表,气温增加(减少)10℃、20℃时的弹道坐标偏差量表。

利用射表求解,就是通过某种算法对射表数据进行离线或在线的处理,使之在高炮火控计算机或一般数字计算机内有一个合理、方便的结构形式,对高炮火控系统来说,射表包括了对求解作为射击诸元的高炮方位角、高低角非常重要的射弹飞行时间,还包括了与它们相对的各种修正量。就射表而言,这些射击诸元对空时通常被看成是一个双变量的函数。

为了降低高炮火控计算机的时间开销,一般在实际求解命中点时,并不直接求解弹道方程,而是从射表查出弹道数据,再通过诸如拉格朗日插值、牛顿插值、样条插值等插值方法求得有关数据。在插值函数的阶次一定时,插值点越密,精度也就越高,但同时带来负面效应,即对计算机存储量要求越大,而相应的解算速度越低。通常应在解算精度、解算速度及存储量等因素之间进行合理的折衷。

7.3 火炮随动技术

7.3.1 主要功能和指标

7.3.1.1 随动系统功能

自行弹炮结合武器随动系统(简称随动系统)的用途是按照火控系统输出的主令信号,驱动炮塔方位运动和起落部分高低运动,完成方位和高低的调转和跟踪任务。同时,检测并输出炮塔的方位、高低角位置量给火控分系统和跟踪伺服系统,作为稳定跟踪之用。随动系统主要功能如下:

(1) 接收火控计算机射击诸元主令,驱动炮塔方位、火炮和导弹发射架高低方向运动;

(2) 接收外同步信号,完成数据同步采样和定时传输;

(3) 接收综合管理机的控制指令;

(4) 接收操纵杆信号,实现半自动控制;

(5) 输出炮塔方位角和火炮高低角及随动误差;
(6) 显示炮塔方位角和火炮高低角;
(7) 输出炮塔方位角测量装置测量的炮塔方位角;
(8) 自检并输出结果;
(9) 故障诊断并输出结果。

7.3.1.2　主要技术指标

随动系统主要技术指标如下:
(1) 自动工作范围;
(2) 系统静态精度;
(3) 等速跟踪精度;
(4) 正弦跟踪精度;
(5) 随动最小速度、最大速度;
(6) 随动最小加速度、最大加速度;
(7) 系统的调转快速性;
(8) 射击时随动系统精度。

7.3.2　组成与原理

7.3.2.1　随动系统组成

自行弹炮结合武器随动系统(简称随动系统)常由主令元件、测角元件、控制元件、放大元件、执行元件等组成,如图7-6所示。

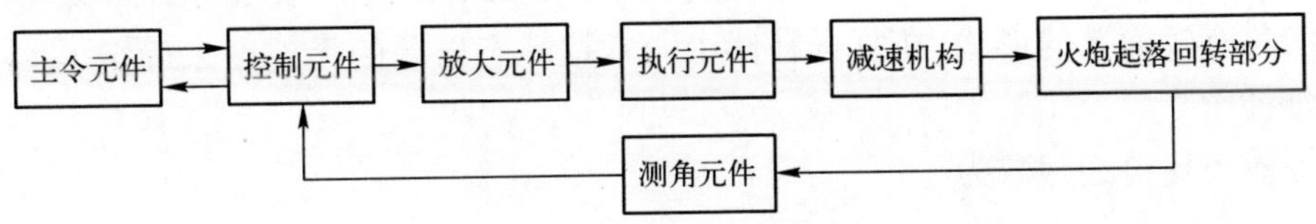

图7-6　自行弹炮结合武器随动系统组成及基本原理

(1) 主令元件。主令元件主要用于产生给定信号或输入信号。随动系统在全自动工作方式时,接收火控计算机发出的主令诸元;在半自动工作方式时,接收操纵操纵杆发出的速度主令。

(2) 测角元件。其功能是检测被控量。常用测角元件为受信仪、光电编码器等。受信仪由自整角机或旋转变压器与仪表传动机构组成,检测随动系统方位、高低实际角位移。

(3) 控制元件。其功能是把测角元件检测到的实际值与主令值进行比较,求出它们之间的偏差,根据偏差信号进行控制规律计算、校正,控制放大元件按照一定的规律输出电压、电流或压力与流量。

(4) 放大元件。其功能是以足够的功率驱动执行元件,放大倍数越大,系统的反应越敏感。一般情况下,只要系统稳定,放大倍数应适当大一些。

(5) 执行元件。其功能是直接驱动被控对象。例如电机、液压缸或液压马达等,带动火炮实现要求的角位移。

(6) 限位元件。其功能是限制随动系统方位、高低运动范围,如射角限制器。

7.3.2.2 随动系统工作原理

如图 7-5 所示,随动系统工作原理是控制元件根据主令元件发送的主令诸元与测角元件检测的实际角位置进行误差求解、控制计算,输出控制信号并控制放大元件按照一定规律驱动执行元件,通过减速机构带动火炮起落部分进行高低向运动或带动回转部分进行方位向运动,使武器火力线自动瞄准到主令诸元要求的角位置。

7.3.3 控制技术

7.3.3.1 复合控制技术

复合控制是一种开环控制和闭环控制相结合的控制方式。它是在闭环回路的基础上,附加了一个输入信号的正馈通路,用来提高系统控制精度。复合控制原理如图 7-7 所示。

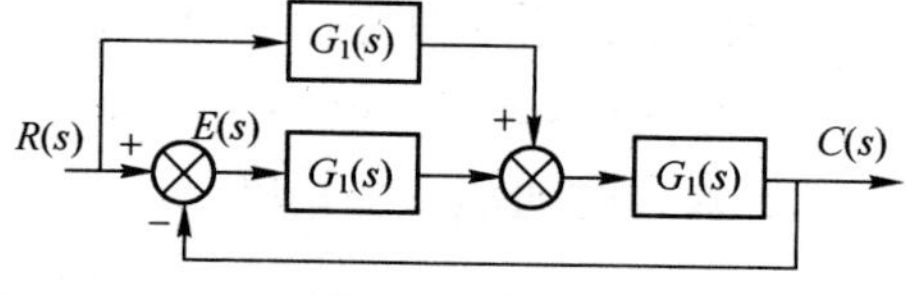

图 7-7 复合控制原理

复合控制可提高控制精度并能抑制可量测的扰动。误差定义为

$$E(s)=R(s)-C(s)$$

如果通过前馈补偿能实现 $C(s)=R(s)$,称为完全补偿。考虑到工程实现,使前馈补偿具有较简单的形式,在复合补偿中通常按静态误差的无差度来确定 $G_b(s)$,实现部分补偿。

等效闭环传递函数为

$$\phi(s)=\frac{G_1(s)G_2(s)+G_b(s)G_2(s)}{1+G_1(s)G_2(s)} \tag{7-51}$$

等效开环传递函数为

$$G_k(s)=\frac{\phi(s)}{1-\phi(s)}=\frac{G_1(s)G_2(s)+G_b(s)G_2(s)}{1-G_b(s)G_2(s)} \tag{7-52}$$

设 $G_2(s)=\dfrac{K_\vartheta}{s(1+T_2s)}$

当采用速度信号前馈时:

$$\begin{cases} G_b(s)=\lambda_1 s \\ G_k(s)=\dfrac{[G_1(s)G_2(s)+G_b(s)G_2(s)]s(1+T_2s)}{s+T_2s^2-\lambda_1K_\vartheta s} \end{cases} \tag{7-53}$$

令 $s-\lambda_1 K_\vartheta s=0,\lambda_1=\frac{1}{K_\vartheta}$

$$G_k(s)=\frac{[G_1(s)G_2(s)+G_b(s)G_2(s)]s(1+T_2s)}{T_2s^2} \tag{7-54}$$

当采用速度和加速度信号前馈时：

$$G_b(s)=\lambda_1 s+\lambda_2 s^2$$

$$G_k(s)=\frac{[G_1(s)G_2(s)+G_b(s)G_2(s)]s(1+T_2s)}{s+(T_2-\lambda_1\lambda_2)s^2-\lambda_1 K_\vartheta s} \tag{7-55}$$

令 $s-\lambda_1 K_\vartheta s=0,\lambda_1=\frac{1}{K_\vartheta}$

$$G_k(s)=\frac{[G_1(s)G_2(s)+G_b(s)G_2(s)]s(1+T_2s)}{(T_2-\lambda_1\lambda_2)s^2} \tag{7-56}$$

由上可以看出，通过复合控制系统由 1 阶无差度提高到 2 阶无差度，提高了系统的控制精度。

7.3.3.2 ITAE 最优控制

ITAE(Integrated Time an Absolute Error)意义下的最优控制，使目标函数 $J=\int t\cdot|\varepsilon(t)|\mathrm{d}t$ 最小，其中 $|\varepsilon(t)|$ 为系统误差绝对值，这类控制的优点是时变的加权方式对不可避免的初态误差加权小，使系统具有快速又平稳的动态性能，同时系统的品质指标对参数的变化不太敏感，尽管 ITAE 最优控制无解析解，但可以得到具有 ITAE 控制率的标准闭环传递函数，通过代数方法，可以方便地得到系统的结构和控制率，因此适合于工程应用。

按匀加速输入无差设计的 ITAE 三阶系统，对阶跃输入响应的超调量可小于 10%，同它的三阶无静差性能相对照是可取的。考虑到匀加速输入 ITAE 三阶系统对非线性的敏感及工程实现的具体条件和限制，选择适于工程应用的系统结构和控制率，成功地实现了某高炮随动系统 ITAE 最优Ⅲ型数字伺服系统。

ITAE 最优控制率，对匀加速输入信号无差的三阶 ITAE 最优系统，其标准闭环传递函数为式(7-51)，ω_0 越大，系统响应越快。显然，它受到执行机构最大输出的限制。三阶Ⅲ型 ITAE 最优系统的通用传递函数为

$$\omega_B(S)=\frac{2.97\omega_0\cdot S^2+4.94\omega_0^2\cdot S+\omega_0^3}{S^3+2.97\omega_0\cdot S^2+4.94\omega_0^2\cdot S+\omega_0^3} \tag{7-57}$$

从系统传递函数、执行机构最大输出约束值，利用初值定理可估计 ω_0 最大值，再根据所要求的快速性，利用经验，不难确定 ω_0 的适当数值。

系统的饱和非线性将破坏 ITAE 性能指标，直至不稳定。解决此问题的途径是在有限的线性区内采用 ITAE 控制律，超出此范围则自动转为 $\sqrt{\varepsilon}$ 控制律。ITAE 控制

系统结构的推导如下：

不失一般性，可设被控对象的传递函数为

$$\frac{K_{\omega} \cdot K_{i}}{(1+T_{\Sigma}S)S} \tag{7-58}$$

式中 T_{Σ}——受物理条件限制，不可克服的小时间常数。

采用零点、极点对消方法，得不到预期效果，这是因为驱动能量有限。采用零、极点配置及最简结构分析，可以方便地获得具有期望的闭环传递函数的系统结构。

比较 ITAE 标准闭环传递函数，可知伺服环路中应再配置两个零点和一个零极点，这恰好可用 PID 调节器来实现，这样基本开环传递函数为

$$\frac{K(1+T_{1} \cdot S)(1+T_{2} \cdot S)}{S^{2}(1+T_{\Sigma} \cdot S)} \tag{7-59}$$

其中，$K=K_{p} \cdot K_{\omega} \cdot K_{i}$。用$\frac{(1-T_{\Sigma}) \cdot S}{K_{\omega}}$软反馈包围惯性环节 $K_{\omega}/(1+T_{\Sigma} \cdot S)$（实际上用纯化微分环节），则基本闭环传递函数为

$$\frac{[T_{1} \cdot T_{2}S^{2}+(T_{1}+T_{2})S+1]K}{S^{3}+(1+T_{1}T_{2}K)S^{2}+K(T_{1}+T_{2})S+K} \tag{7-60}$$

下面通过状态方程作最简结构分析。标准三阶无静差 ITAE 最优传递函数的状态方程为

$$\begin{cases}\dot{X}(t)=A \cdot X(t)+B \cdot u(t)\\ Y(t)=C^{\tau} \cdot X(t)=\omega_{0}^{3}x_{1}(t)+4.94\omega_{0}^{2} \cdot x_{2}(t)+2.97\omega_{0}x_{3}(t)\end{cases} \tag{7-61}$$

$$\boldsymbol{A}=\begin{bmatrix}0 & 1 & 0\\ 0 & 0 & 1\\ -\omega_{0}^{3} & -4.94\omega_{0}^{2} & -2.97\omega_{0}\end{bmatrix},\boldsymbol{B}=\begin{bmatrix}0\\0\\1\end{bmatrix} \tag{7-62}$$

$$\boldsymbol{X}(t)=[x_{1}(t),x_{2}(t),x_{3}(t)]^{\mathrm{T}} \tag{7-63}$$

$$\boldsymbol{C}^{\mathrm{T}}=[\omega_{0}^{3},4.94\omega_{0}^{2},2.97\omega_{0}] \tag{7-64}$$

选定基本闭环传递函数式（7-60），参数 $K=\omega_{0}^{3}, KT_{1}T_{2}=2.97\omega_{0}, K(T_{1}+T_{2})=4.94\omega_{0}^{2}$，即基本闭环传递函数为式（7-63），则相应的状态方程为

$$\frac{2.97\omega_{0}S^{2}+4.94\omega_{0}^{2} \cdot S+\omega_{0}^{3}}{S^{3}+(1+2.97\omega_{0})S^{2}+4.94\omega_{0}^{2} \cdot S+\omega_{0}^{3}}$$

$$\begin{cases}\dot{X}(t)=A_{1} \cdot X(t)+B \cdot u(t)\\ Y(t)=C^{\mathrm{T}} \cdot X(t)\end{cases} \tag{7-65}$$

$$A_{1}=\begin{bmatrix}0 & 1 & 0\\ 0 & 0 & 1\\ -\omega_{0}^{3} & -4.94\omega_{0}^{2} & -(1+2.97\omega_{0})\end{bmatrix}$$

比较式(7-61)和式(7-65),差异在于状态 $x_3(t)$ 的反馈系数,如果能够设法引入状态反馈 $-x_3(t)$,则基本系统便具有标准 ITAE 三阶无静差最优控制结构,如图 7-8 所示。

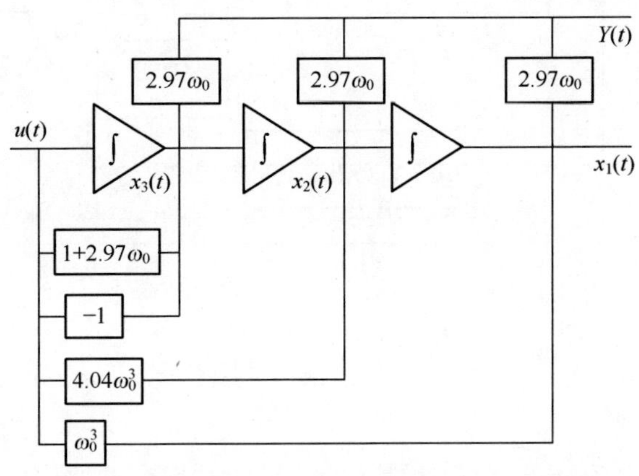

图 7-8 状态方程的模拟框图

由于实际系统的状态并非全都可以直接测量到,为避免状态重构的麻烦,利用输出 $Y(T)$ 来实现上述状态反馈。由式(7-62)得

$$Y(S)=(\omega_0^3+4.94\omega_0^2\cdot S+2.97\omega_0\cdot S^2)x_1(S)$$

由 $x_3(t)=\ddot{x}_1(t)$ 得

$$x_3(S)=\frac{S^2\cdot Y(S)}{2.97\omega_0 S^2+4.94\omega_0^2\cdot S+\omega_0^3} \tag{7-66}$$

显而易见,只要在基本系统的闭环传递函数框图中引入如式(7-67)所示的等效输出反馈,即实现了 ITAE 最优三阶无静差系统。系统实现的闭环传递函数如图 7-8 所示。计算形式标准,系统实现方式简洁。

由图 7-9 可见,为实现 ITAE 最优控制,增加了两个反馈通道,一是加速度负反馈,另一个是速度正反馈,在电气传动中容易实现。从图 7-8 中可看出这种实现方案的实质,即增加两个反馈环,已形成伺服环路中第三个纯积分环节 K_ω/S。在按振荡度指标设计的系统中,总是尽可能压缩不可克服的小时间常数,使系统有较高增益,较大的稳定储备,但这要受物理条件约束。在本例采用的设计方法中,将小时间常数改造为积分环节,事实上其结果式不仅提高了无静差阶次,还比传统设计方法所实现的系统增加了相角储备,提高了带宽。

$\sqrt{\varepsilon}$控制律:ITAE 控制律对饱和非线性较敏感,由于工程上存在饱和是不可避免的,这就产生了双模控制的必要性。即系统在线性区外(例如,线性区典型值通常设为 23.4mil),采用另一种控制律。由极大值原理出发的 Bang-Bang 快速最优控制理论上很完善,但在工程应用过中它有两个可能产生的问题:①最优轨迹计算量大,二阶以上系统实现复杂;②控制效果对状态方程系数敏感,不易调整。相比之下,$\sqrt{\varepsilon}$控

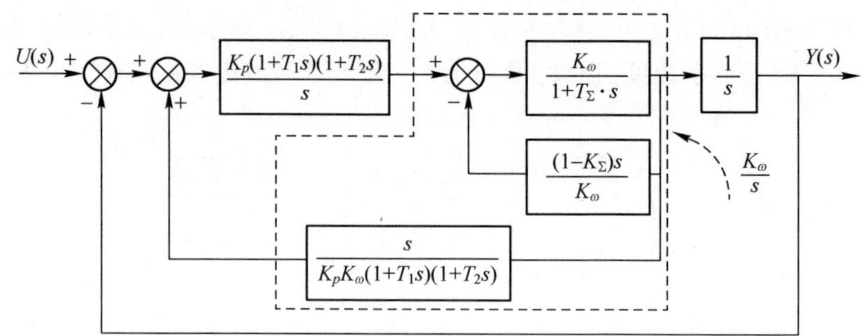

图 7-9 ITAE 最优控制系统传递函数框图

制律具有简单,易调整优点。$|\varepsilon(t)|$ 是指误差的绝对值,$\sqrt{\varepsilon}$ 控制律是指系统的速度控制服从平方根规律。

在一个设置有电流环的系统中,其启动、制动过程有近似恒定的加速度 a_m,则 $\sqrt{\varepsilon}$ 控制律可以做到使系统按最大加速度启动、制动,无超调地到达协调点,实现时间最优控制。设系统最大速度为 ω_m,最大加速度为 a_m,制动起始角 ε_0,则无超调含义为系统在误差由 ε_0 到零区间内,速度由 ω_m 降到零。

则由运动学公式 $\omega^2(t)=2a_m \cdot \varepsilon(t)$ 得

$$\omega(t)=\text{sign}(\varepsilon(t)) \cdot \sqrt{2 \cdot a_m} \cdot \sqrt{|\varepsilon(t)|}$$

简称 $\sqrt{\varepsilon}$ 控制律,显然 ε_0 由 ω_m、a_m 可求出。

7.3.3.3 分数阶控制

以往随动系统采用 PI 控制或 ITAE 控制等,均属于整数阶控制范畴,但实际的系统均具有非整数阶特性,需要真实准确的分数阶数学模型对系统进行分析和综合,在更大程度上改善系统性能,以达到高精准控制的目的。分数阶 PIλDμ 控制器,具有比例、微分、积分以及微分和积分的阶次 λ 和 μ 五个整定参数,能够更灵活地控制被控对象,可取得比传统整数阶微分算子控制器更好的控制品质及优良的动态特性。

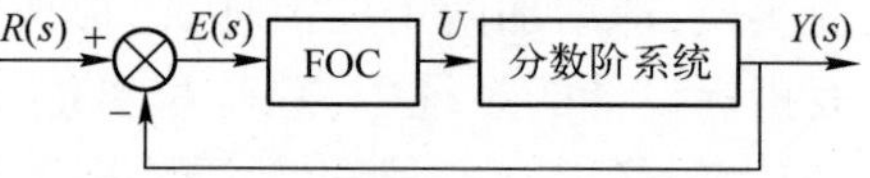

图 7-10 单位反馈分数阶控制系统

单位反馈分数阶随动控制系统的框图如图 7-10 所示,由分数阶系统和分数阶控制器组成,最常见的分数阶时域控制器是 PIλDμ 控制器。分数阶与整数阶 PID 调节器相比,具有更好的干扰抵抗能力,对控制器本身和整个控制系统参数变化不敏感。而将分数阶微分算子理论与经典的 PID 控制器理论相结合的分数阶 PIλDμ 控制器,其微分方程表达式为

$$U(t)=k_e(t)+T_iD_t-\lambda_e(t)+TdD_t\mu e(t) \tag{7-67}$$

式中 k、Ti、Td——比例、积分、微分增益;

λ、μ——积分器和微分器的阶次。

当 λ 和 μ 取不同的值时,能够演绎出 PID、PI 和 PD 常规控制器,因此,$PI^{\lambda}D^{\mu}$ 是能涵盖整数阶控制器的更一般形式的控制器,它可以在整个 P-I-D 平面自由选择,因此,它有更多的自由度对分数阶系统的动态性能做出灵活与满意的调整。

分数阶控制器的数字实现是核心内容之一,也是分数阶控制理论得以应用的关键,具体研究内容有:①分数阶系统的稳定性分析,相位裕度和幅值裕度分析;②分数阶系统的频率特性分析;③分数阶随动系统的 MATLAB 仿真分析;④分数阶微分算子控制器(TID 控制器及 $PI^{\lambda}D^{\mu}$ 控制器)的离散化及其数字实现;⑤与常规的整数阶 PID 进行对比试验,分析当被控参数变化时对控制性能的影响。

7.3.3.4　滑模变结构控制

滑模变结构控制本质上是一类特殊的非线性控制,其非线性表现为控制的不连续性,与其他控制的不同之处在于系统结构不固定,而是在动态过程中根据系统当前的状态有目的的不断变化,使系统按照预定“滑动模态”的状态轨迹运动。随动系统负载对象具有非线性和不确定性,存在很多不利于系统性能提高的因素。例如:非线性因素有摩擦力矩、电机力矩波动、驱动饱和、耦合力矩、干扰力矩等;参数变化有负载变化带来的转动惯量变化、温度升高导致的参数漂移等;机械谐振及高频未建模动、态测量延迟及测量噪声。

由于上述因素的存在,建立精确的数学模型很困难,只能建立一个近似的数学模型。在建模时,要做合理的近似处理,忽略对象中的不确定因素,如参数误差、未建模动态、测量噪声以及不确定的外干扰等。由近似模型出发设计控制器,设计中被忽略的不确定因素会引起控制系统品质的恶化,甚至导致不稳定。因此,考虑对象的不确定性,使所设计的控制器在不确定性对系统品质破坏最严重时也能满足要求,具有一定的理论和工程实际意义。由于滑模变结构控制的特点,使它很适合高精度随动系统的控制。

变结构控制系统的基本原理:当系统状态穿越状态空间的滑动平面时,反馈控制的结构就发生变化,从而使系统性能达到期望指标。变结构控制系统能够通过控制器本身结构的变化,使得系统性能一直保持高于一般固定结构控制所能达到的性能,突破了经典线性控制系统的品质限制,较好地解决了动态与静态性能指标之间的矛盾。具体控制方案如下。

被控对象二阶传递函数为

$$G_p(s)=\frac{b}{s^2+as} \tag{7-68}$$

式中　a、b——参数系数。

将传递函数描述为位置状态方程的形式:

$$\dot{x}=Ax+Bu \tag{7-69}$$

其中

$$\boldsymbol{A}=\begin{bmatrix}0 & 1\\ 0 & -a\end{bmatrix},\boldsymbol{B}=\begin{bmatrix}0\\ b\end{bmatrix}$$

切换平面设计：

设位置指令信号为 r，则

$$s=c[r-x(1)]+\mathrm{d}r-x(2) \tag{7-70}$$

$$\dot{s}=c[\dot{r}-\dot{x}(1)]+\ddot{r}-\dot{x}(2)=\mathrm{slaw} \tag{7-71}$$

采用指数趋近律：

$$\mathrm{slaw}=-\varepsilon\mathrm{sgn}(s)-ks$$

用连续函数 $\theta(s)$ 取代 $\mathrm{sgn}(s)$，得

$$\theta(s)=\frac{s}{|s|+\delta}$$

控制律设计：

将 $\dot{x}(2)=-ax(2)+bu$ 代入式(7-71)，得到控制律为

$$u=\frac{1}{b}[c(\dot{r}-x(2))+\ddot{r}+\varepsilon\theta(s)+ks+ax(2)]$$

即

$$u=\frac{1}{b}\left[c(\dot{r}-x(2))+\ddot{r}+\frac{\varepsilon s}{|s|+\delta}+ks+ax(2)\right] \tag{7-72}$$

取 $c=5,\varepsilon=15,k=30,\delta=0.01$。

7.3.4 驱动技术

7.3.4.1 扩大机功率放大驱动

扩大机功率放大器的优点是倍数高，可达 $10^3\sim10^5$，过载能力强、性能稳定、工作可靠。

为保证扩大机的可靠性，额定功率、额定电压、额定电流要留有 10%~20%的余量。扩大机瞬时过功率可达 2 倍、瞬时过电压可达 1.5 倍、瞬时过电流可达 3.5 倍。使用时不应超过扩大机过载能力。

当放大元件采用电机扩大机，控制绕组采用差动放大电流时，功率放大器由 $R_1\sim R_{14}$、RP_1、N_1、$V_1\sim V_6$、V_9、V_{10} 及大功率三极管 V_A、V_B 和压敏电阻 R_V 等元件组成，其工作原理如图 7-11 所示。

功率放大器由两级构成。以 N_1 运算放大器为主，V_5、V_6 的左部等元件组成一比例放大器，此为功率放大器的前置级；其余部分为功率放大器的末级。

V_3、V_4 用来运算放大器 N_2 进行电流扩展。N_1 选用集成运算放大器。R_5、R_7、V_1 和 V_2 用来对 V_3、V_4 的基极进行电压分配。R_6 和 R_8 是 V_3、V_4 的限流电阻，R_1 为 N_1 的输入电阻，R_2 为反馈电阻，R_3 为 N_1 正相输入接地电阻，用来为信号提供参考点。

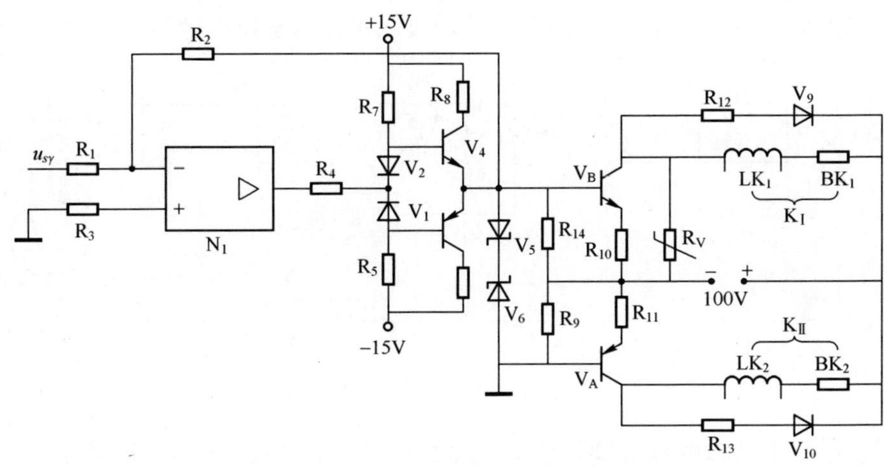

图 7-11 典型扩大机差动功率放大器电路原理

前级电路的输出信号经由 N_1 组成的比例放大器放大后，由 V_3、V_4 进行电流放大，送入功率放大电路末级，推动大功率管 V_A、V_B 进行电压和电流放大，然后驱动扩大电机控制绕组。V_5、V_6 用来对扩大信号进行限幅，目的是防止放大机控制绕组和功放级反窜电压对前级的影响。V_A、V_B 的集成极回路分别窜入电机放大机的控制绕组 $K_Ⅰ$ 和 $K_Ⅱ$。集电极电源为 100V 电源板提供的+100V 电源。R_{10}和 R_{11}为功放级电流负反馈电阻。R_{12}、V_9 和 R_{13}、V_{10}和控制绕组 $K_Ⅰ$ 和 $K_Ⅱ$ 分别构成振荡电路，用以在大信号换向时给 $K_Ⅰ$ 和 $K_Ⅱ$ 绕组续流，同时在消减大信号换向时的反击振荡。压敏电阻 R_V 用来吸收电机放大机控制绕组回路中的浪涌电流。R_V 是负压阻系数，即加在 R_V 上的电压增加时，R_V 阻值减小；反之，R_V 阻值增大。故随着放大电路输出信号的增大，浪涌吸收系数也增大。

7.3.4.2 直流脉宽功率放大驱动

直流脉宽放大器（PWM）由脉宽调制器、逻辑延时电路、PWM 主电路组成，用于直流电机电枢控制，工作在开关状态，具有体积小、重量轻、效率高、响应速度快等特点，缺点是 PWM 工作易造成电磁干扰，电路较复杂。一般情况下，电机功率小于 5kW 时，可考虑采用直流脉宽放大器，总体设计时，要充分考虑屏蔽、隔离、滤波等电磁兼容措施并具有泄放、限流、过流、短路、过热等保护功能。

7.3.4.3 交流伺服驱动

交流伺服驱动技术采用数字式矢量控制，三相桥逆变和正弦波变频输出驱动交流伺服电机，采用速度、电流双闭环控制方案，如图 7-12 所示。

驱动器以 DSP 单片计算机为核心，实现速度环、电流环双闭环控制、数字磁链定向矢量变换、轴角转换、系统状态监控等，输出三相 SPWM 控制脉冲经过隔离驱动至 6 路 IGBT 模块组成的三相逆变桥，PWM 正弦调制信号经三相逆变桥功率放大后输出相位差为120°的三相正弦波,驱动交流伺服电机按给定速度运动。

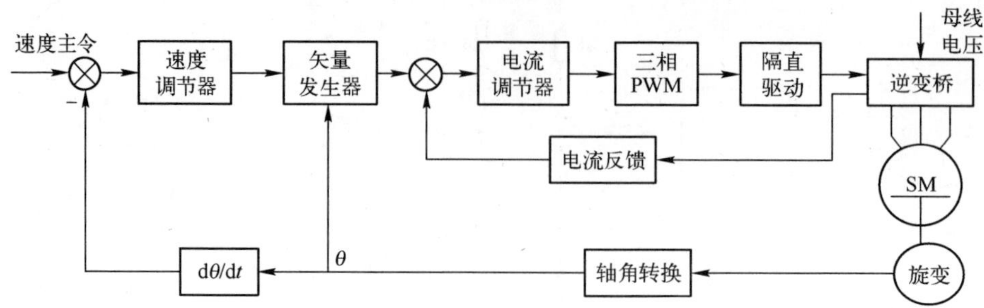

图 7–12　交流伺服驱动技术原理框图

驱动器功率电源可采用 DC325 直流母线供电,控制电源供电 28V 供电。驱动器具有过流、过压等保护功能,具有使能控制等输出端。

7.3.4.4　双电机驱动电消隙

采用双电机传动时,在两个电机电流给定端施加大小相等、方向相反的常偏置电流,使得作用在两个电机上的总力矩成近似的分段线性曲线。系统会受到波动力矩的影响,因此应当根据系统的运动状态来施加偏置电流。偏置电流通过削隙控制单元来实现,速度调节器输出作为削隙控制单元的输入,将削隙控制单元的输出电流环的一个输入分量,通过两个独立的电流环给两个电机施加偏置电流,以达到消除传动间隙,提高系统性能的目的。原理图见图 7–13。

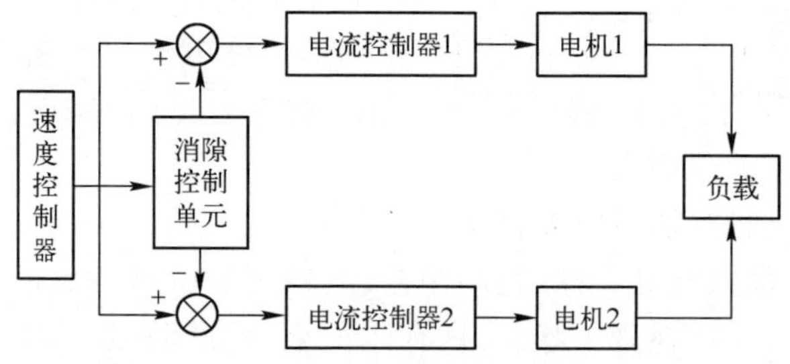

图 7–13　双电机传动施加偏置电流原理框图

从图 7–13 可以看出,电流环给定包含两部分,一部分来自速度控制器,一部分来自消隙控制单元。

施加偏置电流时,电机 1 和电机 2 的给定电流为 I_1、I_2 与速度输出 I_g 应该呈现图 7–14 所示的关系。横坐标代表速度环的输出,纵坐标代表电流环的给定电流,折线 ABCEF 为电机 1 的工作曲线,折线 ABDEF 为电机 2 的工作曲线。当 I_g 在 $0\sim I_0$ 范围内时,为系统加消隙电流,如图中的 BC、BD 段。当 $I_g>I_0$ 时,加偏电流消失,如图中的 AB 段,此时电流环的给定电流全部由速度控制器提供,所以 AB 段斜率为 1。AB-

DEF 段同理。

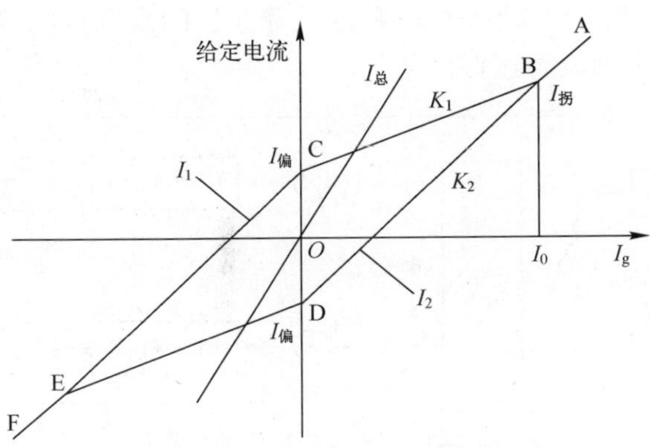

图 7-14　双电机驱动消隙曲线

设 B 点坐标为(I_{X1}、I_{Y1}),C 点坐标为(I_{X2}、I_{Y2}),D 点坐标为(I_{X3}、I_{Y3}),正向工作时电机 1 消隙电流 BC 段斜率 K_1 和电机 2 消隙电流 BD 段斜率 K_2 为

$$K_1=\frac{I_{Y1}-I_{Y2}}{I_{X1}-I_{X2}}$$

$$K_2=\frac{I_{Y1}-I_{Y3}}{I_{X1}-I_{X3}}$$

由图可知,I_{Y1} 即拐点电流 $I_{拐}$,I_{Y2} 即偏置电流 $I_{偏}$,I_{Y3} 为 $-I_{偏}$,I_{X1} 为 I_0,I_{X2}、I_{X3} 为 0,$I_0=I_{拐}$,所以

$$K_1=1-\frac{I_{偏}}{I_{拐}}$$

$$K_2=1+\frac{I_{偏}}{I_{拐}}$$

正向工作时电机 1、电机 2 电流方程为

$$I_1=K_1I_g+I_{偏}=\left(1-\frac{I_{偏}}{I_{拐}}\right)I_g+I_{偏} \tag{7-73}$$

$$I_2=K_2I_g-I_{偏}=\left(1+\frac{I_{偏}}{I_{拐}}\right)I_g-I_{偏} \tag{7-74}$$

由消隙曲线可以看出,消隙曲线与偏置电流 $I_{偏}$、拐点电流 $I_{拐}$ 有关。确定了 $I_{偏}$、$I_{拐}$ 也就确定了消隙电流曲线形状。$I_{偏}$ 通常小于给定电流 I_g 最大值的 15%,$I_{拐}$ 通常小于给定电流 I_g 最大值的 30%。

7.3.4.5　双电机驱动同步控制

如图 7-15 所示,采用双电机实现消隙时,系统启动或换向过程中速度给定信号由小变大,加在电机上的偏置力矩一个是动力源,一个是阻力源,当阻力矩和动力矩大小相等时，其中一个电机处在零力矩状态，此时它会在间隙间游动，如果给定力矩突然增大，单电机变双电机工作时，以及电机等元件的离散性均会引起差速振荡，通常采用差速负反馈来抑制差速振荡。

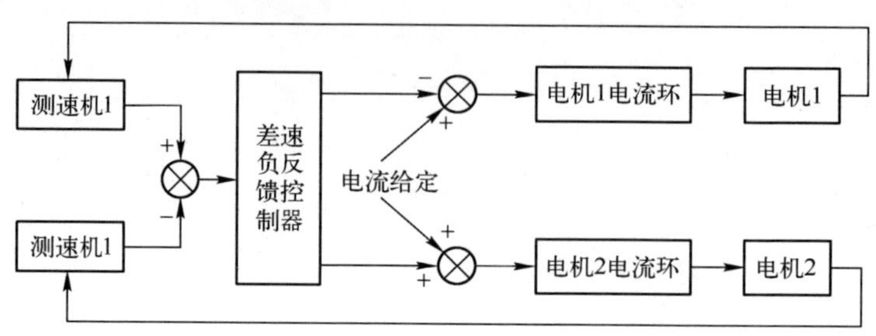

图 7-15 差速负反馈原理图

差速负反馈是在获取两个电机之间的速度差通过速度负反馈控制器(实际为增益为 0.5 的比例放大器)以后进行负反馈，送到每个电机的主令输入端，通过调整两个电机电流的大小达到快速调整电机速度的目的，在出现速度差时，作为辅助输入，一正一负加到电流给定端，使两个电机实现同步。

7.3.5 随动系统设计案例

交流随动系统相对与直流系统具有体积小、重量轻、调速性能好等优良特性，且随着 DSP 技术和大功率开关器件发展，技术日益成熟。自行弹炮结合武器采用交流随动系统技术方案由数字控制器、直流母线测控箱、驱动器、执行电机、角度传感器、泄放箱等部分组成，如图 7-16 所示。

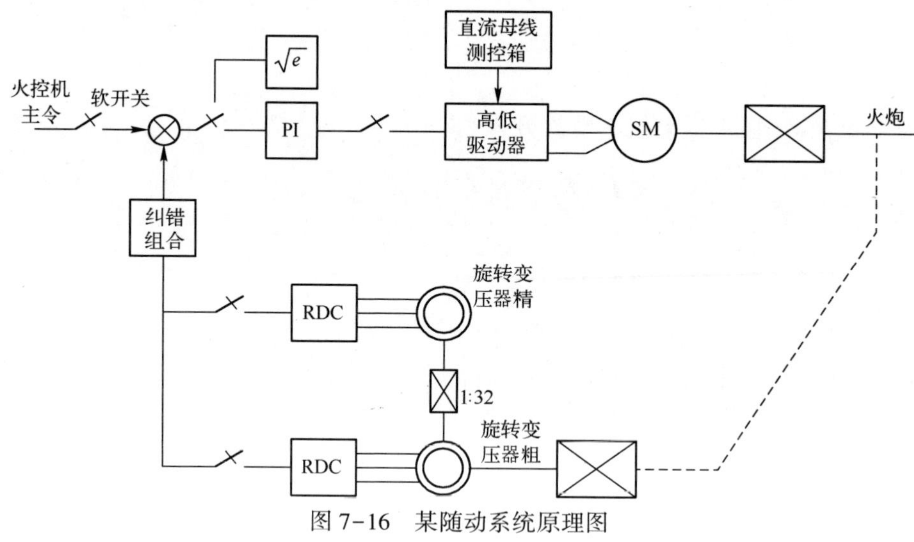

图 7-16 某随动系统原理图

数字控制器以数字微处理器为核心，通过CAN总线接口接收火控计算机的数字指令，同时进行粗、精组合及纠错，得到16位的全角量，与主令角减差。根据差值的大小，判断是用线性区的控制算法，还是大失调区的$\sqrt{\varepsilon}$算法。线性区控制算法经过数字比例、积分，得到数字控制量，作为速度主令信号，控制驱动器驱动电机带动炮塔和火炮运动，最终消除误差角，从而使火炮角跟踪主令角运动。

由原理图可见，高低、方位随动系统共用一个数控器，除轴角转换及D/A输出是方位、高低各自独立外，其他均为共用；由软件分时，在一个采样间隔中完成两系统的数据通信，角度转换、控制量运算等。

数字控制器是随动系统的控制核心，基于数字微处理器，以分时的方式分别控制方位系统和高低系统，它的硬件组成主要为：

（1）数字微处理器构成基本的计算机系统，完成控制程序的主要运算、自检、逻辑判断，控制各外围芯片的工作时序；

（2）轴角-数字转换，由粗、精RDC1741完成粗、精通道值的二进制角度编码，粗精组合及纠错功能在计算机中完成，组合精度优于0.15mil；

（3）采用数字微处理器片内D/A将数字控制量转为模拟量，分辨率为12位，采用数字微处理器片内PCA将误差绝对值数字量转为模拟量，便于检测；

（4）通信使用SJA1000CAN控制器外加驱动器80C250。

在数控器中，高低与方位系统除轴角转换、D/A输出相对独立，其他如通信、解算等均为共用，减少了硬件成本，提高了可靠性。图7-17为随动系统传递框图。

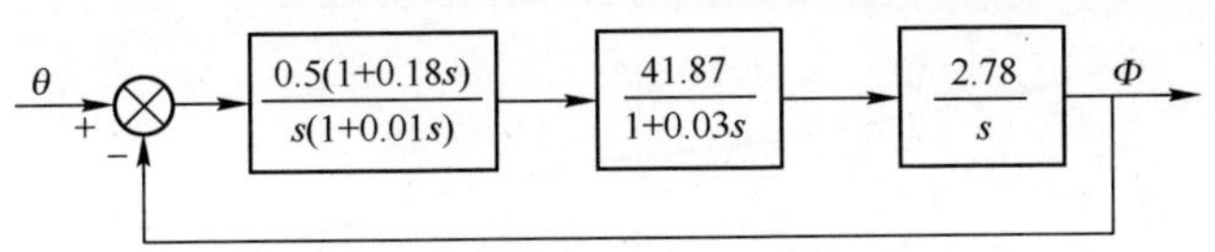

图7-17 某随动系统传递函数框图

系统开环传递函数为

$$G(s)=\frac{58.2(1+0.18s)}{s^2(1+0.01s)(1+0.03s)} \tag{7-75}$$

为了提高系统精度，加入前馈校正环节，前馈传递函数

$$Gr(s)=\lambda_1 s+\lambda_2 s^2 \tag{7-76}$$

加入前馈补偿后系统传递框图如图7-18所示。

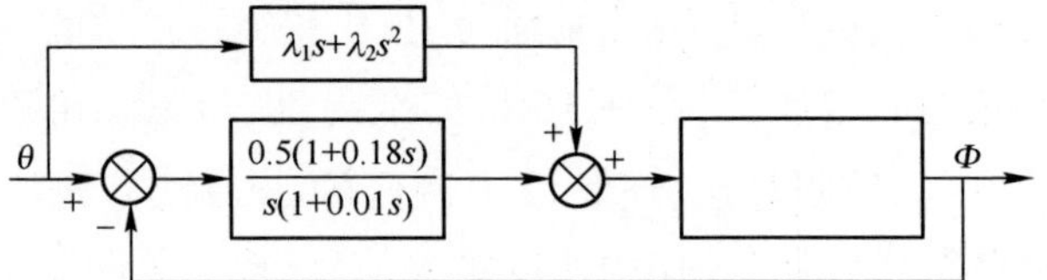

图 7-18　前馈补偿后系统传递函数框图

则系统开环传递函数为

$$G(s)=\frac{1.164\lambda^2 s^4+116.4(\lambda_2+0.01\lambda_1)s^3+116.4s^2+10.476s+58.2}{(0.0003-1.164\lambda_2)s^4+[0.04-116.4(\lambda_2-+0.01\lambda_1)]s^3+(1-116.4\lambda_1)s^2} \tag{7-77}$$

$$1-116.4\lambda_1=0,\lambda_1=0.0086$$

$$0.04-116.4(\lambda_2+0.01\lambda_1)=0,\lambda_2=0.0000026$$

采用系统校正,改善系统性能。

系统串联校正模型为

$$\frac{5.55K_p(1+0.18s)}{s(1+0.01s)} \tag{7-78}$$

前馈校正模型为 $0.0086s+0.0000026s^2$

根据系统传递函数,用 MATLAB 语言进行系统仿真,该系统开环幅频特性见图 7-9,阶跃响应曲线见图 7-20。

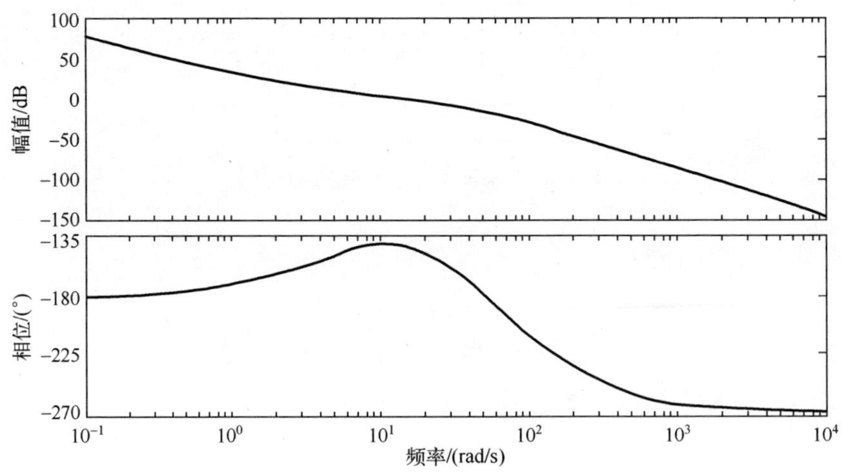

图 7-19　某随动系统开环幅频特性曲线

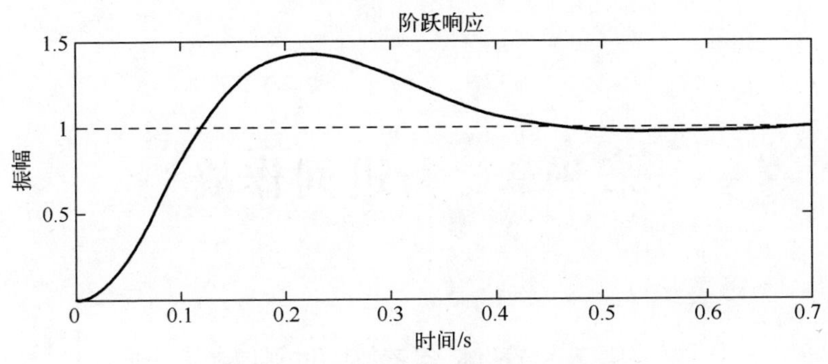

图 7-20 某随动系统阶跃响应曲线

试验结果表明,采用交流随动技术的上述自行弹炮结合武器随动系统其静态精度、等速瞄准精度、正弦瞄准精度、系统快速、调转时间等全面达到指标要求。

第8章 行进间作战

8.1 车体姿态实时测量

8.1.1 车体姿态对作战影响

自行弹炮结合武器通常将目标搜索系统、跟踪瞄准系统、火炮系统和导弹系统布置在炮塔上,在车体行进过程中,其搜索线、瞄准线和射击线会受到车体、炮塔牵连运动的影响。根据自行弹炮结合武器武器坐标系规范的约定,要实现搜索线、瞄准线和射击线在大地坐标系中的稳定,必须消除车体、炮塔牵连运动的影响。因此,实时测量车体姿态量和炮塔运动参数是实现自行弹炮结合武器行进间作战的基础。

自行弹炮结合武器在不同路面条件下,以不同形式速度行驶,引起整个自行体做不同的六维运动,包括三维(质心 XYZ)线位移运动和三维角位移(横摇 Ψ、纵摇 Θ 和航向 K)运动;这些运动都会影响自行弹炮结合武器的发射角。对远方目标来说,三维线位移运动均可被忽略或合并代替,而三维的角位移运动则有极大的影响,其影响不可忽略。上述三维角位移运动除与道路条件(路面谱)有关外,也与车体行驶速度有直接关系;履带和轮式自行弹炮结合武器车体本身都有弹性悬挂减振装置,它们对角振动谱的高频部分有较强的衰减能力,经过减振装置的“滤波”,载体本身的角振动只剩下了低频部分的角振动。

炮塔相对于车体的运动角度通常用炮塔方位角表示。在瞄准和射击精度要求低的自行弹炮结合武器上,炮塔方位角可以采用火炮随动系统方位受信仪测量值近似替代。如果自行弹炮结合武器瞄准和射击精度要求较高,则需要设置专门的炮塔方位角测量装置,实时测量炮塔相对于车体的运动角度,用以补偿炮塔运动对搜索线、瞄准线和射击线的影响。因为,炮塔方位角测量技术相对简单一些,本书不再进行深入阐述。

根据约定,自行弹炮结合武器车体三维角位移运动分别用航向角 K、横摇角 Ψ 和纵摇角 Θ 描述。

根据车体姿态测量方法和应用情况不同,为叙述方便,本书将车体姿态测量方法分为停止间车体姿态测量和行进间车体姿态测量。比较典型的停止间车体姿态测量方法有重力摆车体姿态测量法和加速度计车体姿态测量法。比较典型的行进间车体姿态测量方法有平台式方位垂直基准仪车体姿态测量法和捷联解算式车体姿态测量法。由于技术进步,新型自行弹炮结合武器已经将停止间和行进间车体姿态测量方法统一,不再区分,因此直接介绍行进间车体姿态测量方法。

8.1.2　车体姿态实时测量

8.1.2.1　航向角测量

航向的实时测量分为两个步骤:一是寻找北向;二是测量实时航向与北向的夹角,即航向角。

1. 寻北技术

在导航坐标系中,通常定义地理正北方向为航向零度,对自主式导航系统来说,首先要确定正北方向,此过程称为寻北。常用的寻北方法有多种,利用地磁寻北的方法简单易行,但是容易受到地下矿物分布的影响,精度低,不能满足高精度惯性导航的要求。利用惯性传感器感应地球自转寻北的方法,精度高,能够满足高精度惯性导航的要求。本节重点介绍典型的寻北装置——平台式寻北仪。

寻北仪采用一个双轴动力调谐陀螺和两个石英加速度表(简称加表)组成单轴平台系统,使其具有测量车辆初始方位并建立和保持方位测量基准的功能。陀螺和加表的安装方式如图 8-1 所示。

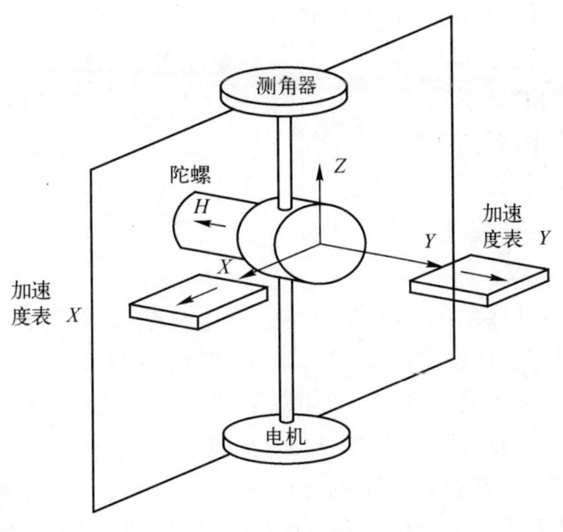

图 8-1　寻北仪工作原理

寻北时车辆处于静止状态,但允许车体发动机空载运行。通过陀螺水平轴和加表测出的数据进行寻北计算,给出车辆初始方位,即车体纵轴水平投影的偏北角。

寻北仪采用捷联寻北的方法。陀螺的测量轴敏感地球自转角速度,加表安装时测量轴与陀螺测量轴保持一致,用来敏感陀螺测量轴与水平面的夹角。为了消除误差,提高寻北精度,可以采用多位置测量的方法。多位置的旋转可通过在 Z 轴稳定伺服回路中给陀螺力矩器加电流的方法实现。

2. 航向保持技术

航向保持采用指北系统。指北系统需要对平台施加控制力矩用以补偿地球的转动和由于运载器相对地面运行而引起的围绕地心的运动,平台的方位角相对北向是始终不变的,由于平台绕 Z 轴相对于当地子午面保持稳定,由旋转变压器的输出值只需经过坐标变换就可解算出平台的方位角。

在航向保持工作状态,航向角由于陀螺漂移会产生误差。主要因素有陀螺常值漂移、温度影响造成的陀螺漂移、纬度变化引起地速垂直分量变化造成的漂移和陀螺逐次启动漂移等。对航向漂移误差进行修正,采取的方法是针对性的建立误差模型,通过事先标定或实时测量方式计算出修正量,在陀螺力矩器线圈中加入相应补偿电压。

航向漂移误差补偿模型的公式为

$$V=V_{\mathrm{w}}+V_0+V_{\mathrm{t}}+V_{\mathrm{b}} \tag{8-1}$$

式中 V_{w}——纬度变化引起陀螺漂移变化的补偿电压(V);

V_0——陀螺常值漂移的补偿电压(V);

V_{t}——温度影响造成的陀螺漂移的补偿电压(V);

V_{b}——陀螺常值漂移的逐次启动偏差的补偿电压(V)。

确定车辆初始方位后,需要保持此方位测量基准,以便在车辆运动时起实时测量车体航向。将寻北和航向保持设计为一体的装置称为自寻北航向仪。

8.1.2.2 横摇、纵摇角测量

车体姿态横摇角和纵摇角通常由传感器(方位垂直基准仪)和信息处理装置(导航与姿态测量装置)协作完成。

1. 方位垂直基准仪

测量车体横摇和纵摇角的典型设备是方位垂直基准仪。方位垂直基准仪采用两个两自由度挠性陀螺仪,即水平陀螺仪和方位陀螺仪(见图 8-2)。两自由度挠性陀螺仪具有与常规陀螺仪相同的特性,即相对于惯性空间的定轴性和进动性。

方位垂直基准仪的垂直陀螺与加速度表(或电磁摆)配合使用,使平台台体始终保持水平,而方位陀螺始终保持预定的方位。

纵摇、横摇稳定系统是个伺服系统,由力矩电机(纵、横)使平台台体紧紧跟踪相应的陀螺主轴,以消除陀螺仪信号器测量出的台体偏差角。同样方位稳定系统由方位力矩电机伺服消除方位陀螺仪测量出方位偏差角。此时,平台台体和方位陀螺部件均相对于惯性空间保持稳定。

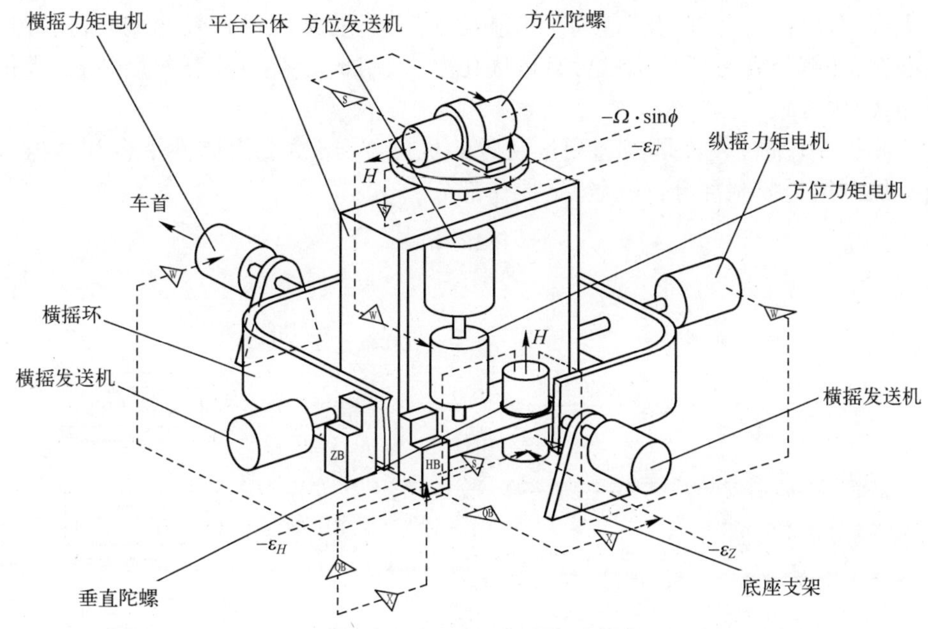

图 8-2　方位垂直基准仪陀螺仪

两只加速度表用来检测平台台体与水平面的倾斜角，即垂直陀螺主轴与当地地垂线间的倾斜角，加速度表信号经修正放大器放大后，给垂直陀螺相应轴的力矩器施加电磁力矩，使陀螺主轴产生进动，经稳定系统伺服跟踪陀螺主轴，使平台台体始终保持水平。而方位电气补偿信号$-\Omega \cdot \sin\varphi$经过方位修正(补偿)放大器给方位陀螺施加方位修正力矩，使方位陀螺部件的方位轴连续跟踪地理子午面，消除方位相对于惯性空间的定轴性而引起的航向漂移。

为了减少误差，方位垂直基准仪采用了多项电气补偿。有方位和垂直陀螺常值漂移误差补偿($-\varepsilon_F$、$-\varepsilon_Z$、$-\varepsilon_H$)和纬度误差补偿，即当地纬度φ、地球自转角速度Ω垂直和水平分量的补偿量($-\Omega\sin\varphi$、$-\Omega\cos\varphi\cos k$、$-\Omega\cos\varphi\sin k$)。

方位垂直基准仪测得的横摇角Ψ和纵摇角Θ供火控系统做瞄准线和射击线稳定使用，航向角K除供上述使用外还用于车辆导航。

2. 导航与姿态测量装置

自行弹炮结合武器通常采用自寻北航向仪(寻北仪和航向保持装置合二为一)测量航向，并将航向角和经纬度等信息实时输出给方位垂直基准仪作修正补偿，以提高姿态测量精度。方位垂直基准仪测量的车体姿态和自寻北航向仪测量的航向角，通过导航与姿态处理机进行处理和综合，再通过系统数据总线将车体姿态值实时发送给稳定跟踪器、火控系统和综合管理系统等。图 8-3 说明自寻北航向仪与姿态测量装置的关系。

工程上,根据自行弹炮结合武器总体技术方案,通常可将自寻北航向仪、方位垂直基准仪、导航与姿态处理机进行有机优化组合,组成导航与姿态测量装置,提供多种操作、使用方式。

图 8-3 中,平台装置是姿态测量装置的机械部分,主要由惯性平台和减振装置组成。控制箱是控制部分,操纵箱是操作部分。

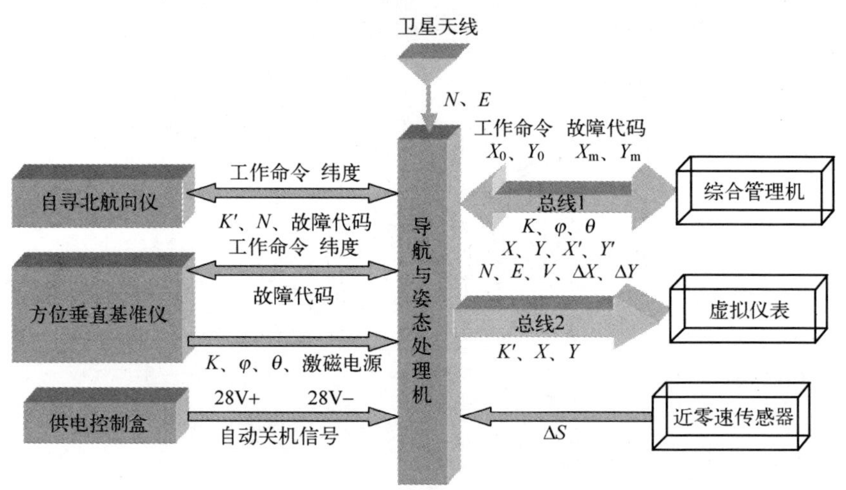

图 8-3 导航与车体姿态测量装置各部分的关系

路程发送器用于测量车辆行驶的距离;航向指示器用于指示航向角;GPS(或北斗)天线接收卫星定位信号;快速自动寻北装置可在车体停止时测定车体相对于北向的方位角;主机是信息处理的核心,用于姿态角数字化,自主定位解算和显示、卫星信号处理等。

根据自行弹炮结合武器作战使用需求,导航与姿态测量装置可提供导航和导航姿态两种工作模式;机动转移时采用导航模式,启动快(2min),可有效提高部队快速反应能力;有空情时采用导航姿态模式,寻北和姿态并行作业,仅用 4min 即可完成启动准备,输出高精度动姿态测量数据,有效提高了自行弹炮结合武器行进间作战性能;导航采用卫星与惯导复合方式,精度高、自主性强,具有良好的导航性能,为保证了自行弹炮结合武器中各作战装备协同作战提供支撑。

自寻北航向仪采用单稳定轴平台结构时,选用一个双轴挠性捷联陀螺,通过状态转换和误差补偿技术完成自寻北和航向保持功能;在满足精度条件下,大大缩短了寻北时间。

方位垂直基准仪采用三轴惯性平台技术时,稳定伺服回路刚度强,具有较高的抗振动冲击能力,适用于自行弹炮结合武器的恶劣环境,某方位垂直基准仪陀螺平台实物见图 8-4。采用凹形校正方案和修正回路的优化设计,使系统具有良好的滤波能力,实现了回路运算的精确性和快速性,通过加速度的自动补偿和控制、陀螺测漂补偿技术,实现了高精度车体动姿态测量。

图 8-4　方位垂直基准仪陀螺平台实物图

3. 捷联式导航与姿态测量装置

采用机电陀螺的平台式导航与姿态测量装置具有反应快、姿态测量精度高、初寻北和再寻北时间短、工作可靠、环境适应性好等优点,但是也存在体积、重量大和成本高等的缺点。随着光纤陀螺技术的进步和总体设计方法的改进,采用三轴一体中光纤陀螺的捷联式导航与姿态测量装置的精度已经达到了平台式导航与姿态测量装置的精度,同时具有体积小、重量轻、可靠性高、环境适应能力强等特点;同时,成本有大幅度的降低。因此,捷联式一体化导航与姿态测量装置有望成为新的发展方向。

8.2　行进间跟踪与瞄准线稳定

8.2.1　稳定跟踪方案

自行弹炮结合武器行进时,车体位置和姿态发生变化。车体位置的变化在每个采样周期中可以进行一次补偿,因此对射击精度影响较小,尤其是目标距离较远时可以忽略,而姿态角的变化是不能忽略的。

通常,瞄准线稳定有直接稳定和间接稳定两种方式。直接稳定精度较高,但是,稳定系统结构比较复杂、庞大;相比而言,间接稳定的结构比较简单,可靠性较高,易于实现。通常间接稳定系统可以与跟踪伺服系统共用伺服电机、功放及反馈电路,实时地将稳定控制信号叠加到瞄准(跟踪)线控制机构中,以抵消车体姿态变化对瞄准线的扰动。但是,间接稳定的精度不如直接稳定方式。这是因为间接稳定方式的稳定速度、加速度除和道路条件变化产生的扰动有关外,还与瞄准线在空间的角位置有关;在某些范围(如高角)内,会带来精度的急剧恶化。另外,间接稳定属于开环控制,其误差由一系列运算造成,是积累性的。通过对系统的仔细调试,找出规律后,通过补偿可以消除一部分误差。如果考虑射击是在短停时进行,速度和加速度的影响将会大大减小。所以,综合考虑后,自行弹炮结合武器一般仍然采用间接稳定方式。间接稳定有两种,一种是角补偿稳定,另一种是速度补偿稳定。

角补偿是直接测得摇摆角(如方位垂直基准仪),然后按控制规律将其叠加到跟踪伺服系统的位置环上,实现稳定。在工程上,可以使用方位垂直基准仪的姿态测量数据(与射击线稳定系统共用),不用增添过多的设施。但是,角补偿存在以下缺点:姿态角误差在瞄准线方向上的合成放大影响,姿态角数据处理过程的时间消耗引入非实时性误差,安装基线差会引起误差等。

速率补偿的传感器通常采用速率陀螺,它感应姿态变化引起的速率量,其值与跟踪器的实际摇摆速率一致,无基线误差。采用此方法时,要求所用速率陀螺的响应频带、响应速度、时间漂移、线性度等指标满足要求。

不论是使用角补偿还是速率补偿,陀螺的时间漂移问题是必须重点考虑的问题之一。除了从传感器本身挖潜外,还应研究自动校准的方法,消除漂移的影响。对速率陀螺,当系统在某种工作条件下暂时不用时,还可以考虑自动中断接收陀螺给跟踪系统提供的速率补偿信号,以减少漂移的影响。

经过分析,自行弹炮结合武器行进间作战中对目标的跟踪,两轴(俯仰/方位)稳定可以达到技术要求。自行弹炮结合武器行进间姿态变化对跟踪和瞄准均有影响,早期的自行弹炮结合武器是将跟踪稳定和瞄准线稳定分开考虑的。本章将对采用再生补偿稳定技术、角补偿稳定技术和速率稳定技术,实现跟踪稳定和瞄准线稳定的原理和方法进行介绍。

8.2.2 角补偿瞄准线稳定

8.2.2.1 坐标系约定

为了准确瞄准跟踪与瞄准稳定技术,首先需要约定坐标系。自行弹炮结合武器定向定位、车体姿态测量和稳定系统一般采用下述几个坐标系,如图 8-5 所示。

1. 车体坐标系(x_s,y_s,z_s)

参见图 8-5,车体坐标系是一个不稳定坐标系,与(x_s,y_s)平面垂直向上为 z_s 轴。自行弹炮结合武器一切测量信号和控制信号都是该坐标系(或相应的球坐标系)的量值。炮塔座圈平面就是(x_s,y_s)平面,x_s 轴一般取为车体纵轴。

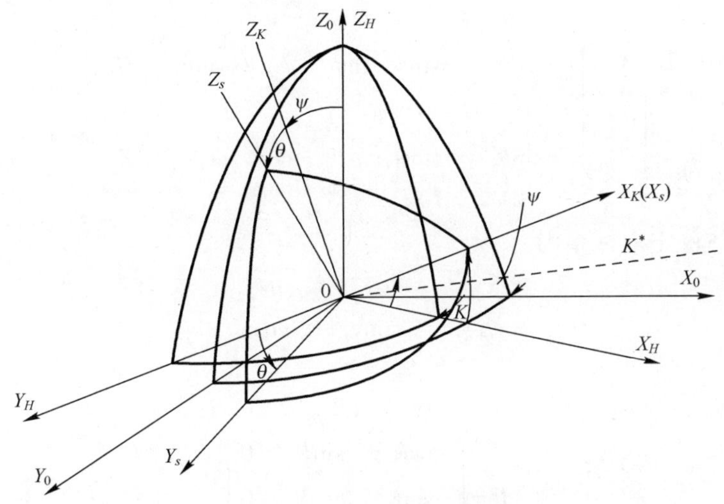

图 8-5　描述瞄准线的坐标系

2. 车体水平坐标系(x_H,y_H,z_H)

车体水平坐标系即第 2 章中自行弹炮结合武器定义的($O_{cs}X_{cs}Y_{cs}Z_{cs}$),为绘图和在公式中表示方便,用(x_H,y_H,z_H)表示。在该坐标系中,$-Z_H$ 指向地心,(x_H,y_H)平面是车体所在位置的水平面,姿态测量系统的平台平面与(x_H,y_H)平面平行。

3. 车体稳定坐标系(x_0,y_0,z_0)

车体稳定坐标系即第 2 章中自行弹炮结合武器定义的($O_{cs}X_{cs}Y_{cs}Z_{cs}$),为绘图和在公式中表示方便,用(x_0,y_0,z_0)表示。在该坐标系中,$-z_0$ 指向地心,x_0,y_0 在空间方向不变。相应的球坐标系为(D_0,ε_0,β_0)。

4. 地理坐标系(W,φ,H)

地理坐标系亦称大地坐标系,用经、纬度和高程表示。当表示自行弹炮结合武器的位置时使用该坐标系。该坐标系中精度 W、纬度 φ 和高程 H 的零位都有规定。GPS(或北斗)定位系统采用这种坐标系。地理坐标系有时用相对坐标表示,其零点取某一高炮或指挥所,此时车体坐标系和大地坐标系零点可以重合。

8.2.2.2　瞄准线稳定原理

跟踪系统和测距装置测量出的目标诸元为 ε_S、β_S、D,其中 ε_S 为目标高低角;β_S 为目标方位角(以 y_H 为 0,顺时针为正);D 为目标斜距离。

自行弹炮结合武器车体姿态测量装置测得同一时刻的姿态量(K_1,ψ_1,θ_1),K_1 以 y_H 为 0,顺时针为正。(x_S,y_S,z_S)为右手系坐标,有

$$\begin{aligned} x_S &= D\cos\varepsilon_S\sin\beta_S \\ y_S &= D\cos\varepsilon_S\cos\beta_S \\ z_S &= D\sin\varepsilon_S \end{aligned} \tag{8 2}$$

则

$$\begin{bmatrix} X_{H1} \\ Y_{H1} \\ Z_{H1} \end{bmatrix} \begin{bmatrix} \cos\theta_1 & -\sin\psi_1\sin\theta_1 & \cos\psi_1\sin\theta_1 \\ 0 & \cos\psi_1 & 0 \\ -\sin\theta_1 & -\sin\psi_1\cos\theta_1 & \cos\psi_1\cos\theta_1 \end{bmatrix} \begin{bmatrix} H_{S1} \\ Y_{S1} \\ Z_{S1} \end{bmatrix} \tag{8-3}$$

记为

$$X_{H1} = A_1 X_{S1} \tag{8-4}$$

转为车体稳定坐标系为

$$x_{01} = x_{H1}\cos K_1 + y_{H1}\sin K_1 \tag{8-5}$$

$$y_{01} = -x_{H1}\sin K_1 + y_{H1}\cos K_1 \tag{8-6}$$

$$z_{01} = Z_{H1} \tag{8-7}$$

记为

$$X_{01} = B_1 X_{H1} \tag{8-8}$$

其中

$$\boldsymbol{B} = \begin{bmatrix} \cos K_1 & \sin K_1 & 0 \\ -\sin K_1 & \cos K_1 & 0 \\ 0 & 0 & 1 \end{bmatrix}$$

则

$$X_{01} = X_1 A_1 B_{S1} = \boldsymbol{C}_1 X_{S1} \tag{8-9}$$

其中

$$\boldsymbol{C}_1 = \begin{bmatrix} \cos K_1 & -\cos K_1\sin\psi_1\sin\theta_1 + \sin K_1\cos\psi_1 & \cos\theta_1 \\ -\sin K_1\cos\theta_1 & \sin K_1\sin\psi_1\sin\theta_1 + \cos K_1\cos\psi_1 & -\sin K_1\cos\psi_1\sin\theta_1 \\ -\sin\theta_1 & -\sin\psi_1\cos\theta_1 & \cos\psi_1\cos\theta_1 \end{bmatrix}$$

当车体姿态变为(K_2, ψ_2, θ_2)可求得 C_2

$$X_{S2} = C_2^{-1} X_{01} \tag{8-10}$$

$$d_{S2} = (x_{S2} + y_{S2})^{1/2} \tag{8-11}$$

$$\beta_{S2} = \arctan\frac{x_{S2}}{y_{S2}} \tag{8-12}$$

$$\Delta\varepsilon_{S2} = \varepsilon_{S2} - \varepsilon_{S1} \tag{8-13}$$

$$\Delta\beta_{S2} = \beta_{S2} - \beta_{S1} \tag{8-14}$$

$$\varepsilon_{S2} = \arctan\frac{Z_{S2}}{d_{S2}} \tag{8-15}$$

$\Delta\varepsilon_{S2}$,$\Delta\beta_{S2}$分别为因车体姿态变化引起的目标诸元改变量,只要将二者加到跟踪系统中就可以稳定瞄准线。

8.2.3 再生稳定跟踪

设中间变量 X_0 是目标在稳定坐标系中的诸元,可用于解算目标未来点:

$$X_W = X_0 + \Delta X \tag{8-16}$$

式中 ΔX——提前量在车体稳定坐标中的坐标;

X_W——未来点在车体稳定坐标系中的坐标。

在求取未来点时,用到目标运动假定,在平滑运动参数时,可得

$$\bar{v}=(v_x,v_y,v_z) \tag{8-17}$$

式中 v_x、v_y、v_z——常量。

可得到在任意时刻的预测值为

$$X_{0t}=\bar{v}t+X_0 \tag{8-18}$$

坐标转换后得

$$X_{St}=\boldsymbol{C}_2^{-1}X_{0t} \tag{8-19}$$

式中 $\boldsymbol{C}_2$——当前时刻转换矩阵。

进而可得 ε_{St}、β_{St},从而得

$$\Delta\varepsilon_{St}=\varepsilon_{St}-\varepsilon_{S2} \tag{8-20}$$

$$\Delta\beta_{St}=\beta_{St}-\beta_{S2} \tag{8-21}$$

式中 ε_{St}、β_{S2}——当前时刻目标高低角、方位角(测量值)。

$\Delta\varepsilon_{St}$、$\Delta\beta_{St}$可用于再生跟踪,以改善系统跟踪性能。

自行弹炮结合武器通常将瞄准线稳定和跟踪稳定设计在一套系统内实现。此外,为了提高稳定跟踪精度,除利用车体姿态量值进行位置环稳定补偿外,在稳定跟踪器方位、高低和轴向加装速率陀螺,实时测量扰动引起的速率变化信号,进行扰动隔离和速率补偿,以达到提高总体精度的目的。

8.2.4 角速率稳定跟踪

在两轴角速率稳定方式中,只有天线的方位轴和俯仰轴是可控的,而天线指向轴是随动的。在方位轴和俯仰轴上各安装一个速率陀螺,与方位跟踪回路和俯仰跟踪回路组成了方位稳定回路和俯仰稳定回路,这样车体扰动在天线方位轴和俯仰轴上的角速度分量就被速率陀螺稳定回路隔离;而天线滚动的牵连运动引起的天线指向轴的角度变化需要根据车体姿态量计算出天线横摇的牵连运动造成的天线方位和俯仰角速度的变化量,作为补偿量分别加入到方位稳定回路和俯仰稳定回路进行稳定。

8.2.4.1 稳定数学模型

牵连运动最典型的现象是,当天线指向轴在车体平面的投影与车体横摇轴重合、天线俯仰角为零时,对跟踪的影响为零,但造成了目标图像的旋转。而当天线方位角和俯仰角不为零时,总有一部分垂直于方位轴和俯仰轴的车体纵摇速率的分量和横摇速率的分量,由于速率陀螺不能敏感而造成了天线指向轴的摆动。下面分析其摆动速率在方位轴和俯仰轴上的量的关系。

1. 相关坐标关系

在图 8-6 中,z 轴是纵摇轴,x 轴是横摇轴,y 轴是天线方位轴,E 轴是天线俯仰

轴,α 是天线方位角(含炮塔的转角),β 是天线俯仰角,T 是目标,T'是目标在 xz 平面的投影,OT'是天线指向轴在 xz 平面的投影。车体的纵摇轴 z、横摇轴 x、天线俯仰轴 E 在一个平面内,由于天线的方位运动(含炮塔的运动),天线俯仰轴 E 与车体的纵摇轴 z、横摇轴 x 之间分别有一个夹角,车体的纵摇速率、横摇速率分解到俯仰轴上的分量,俯仰速率陀螺都能敏感出来,而垂直于俯仰轴上的分量速率陀螺不能敏感,就引起了天线指向轴的牵连运动。

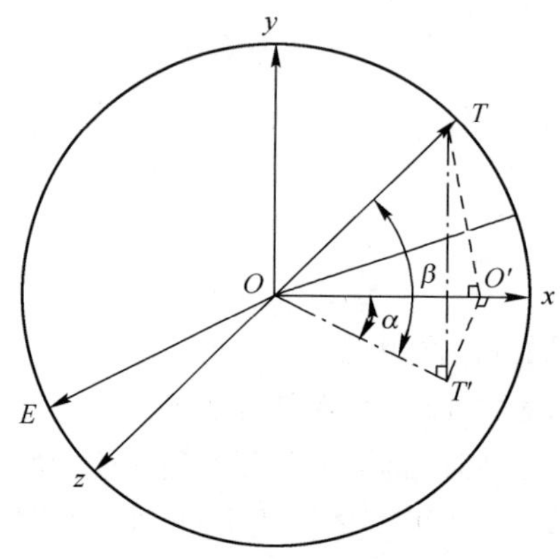

图 8-6 目标坐标位置图

2. 摇摆速率及分量解析

在图 8-7 中,ω_P是纵摇速率,ω_R是横摇速率,$\omega_{T'P}$和 $\omega_{T'R}$分别是纵摇速率和横摇速率在 OT'轴上的分量,ω_{EP}和 ω_{ER}分别是纵摇速率和横摇速率在天线俯仰轴上的分量,那么

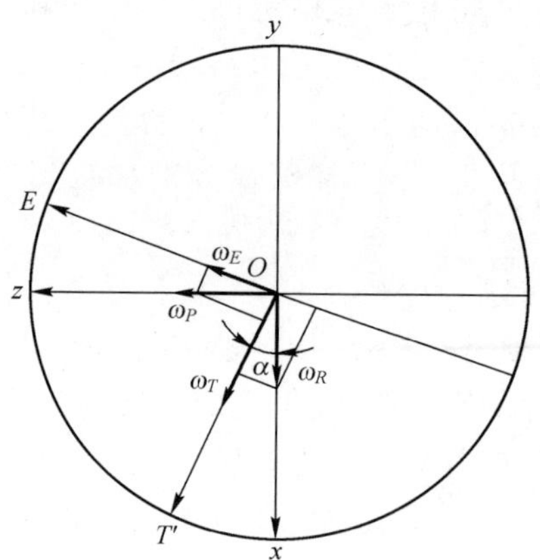

图 8-7 摇摆速率分解图

$$\omega_{T'R}=\omega_R\cos\alpha \tag{8-22}$$

$$\omega_{T'P}=\omega_P\sin\alpha \tag{8-23}$$

$$\omega_{EP}=\omega_P\cos\alpha \tag{8-24}$$

$$\omega_{ER}=-\omega_R\sin\alpha \tag{8-25}$$

因此

$$\omega_E=\omega_{EP}+\omega_{ER}=\omega_P\cos\alpha-\omega_R\sin\alpha \tag{8-26}$$

$$\omega_{T'}=\omega_{T'P}+\omega_{T'R}=\omega_P\sin\alpha+\omega_R\cos\alpha \tag{8-27}$$

由式(8-26)求出的 ω_E 是俯仰速率陀螺敏感的车摇速率,而由式(8-27)求出的 $\omega_{T'}$ 是分解到 OT' 轴上的分量造成了天线的牵连运动。

3. 牵连运动角速度分量解析

在图 8-6 中,如果雷达至目标的斜距为 D,那么 $OT=D$, $OT'=OT\cos\beta=D\cos\beta$, $TT'=OT\sin\beta=D\sin\beta$。

如果以目标 T 点做一垂直于 OT' 轴的切面,假设天线坐标系绕 OT' 轴滚动的角变化量为 Φ,画出图 8-8。在图 8-8 中,OT' 轴转动 Φ 角后天线指向由 T 点移动到了 T_1 点,俯仰轴 E 移动到了 E' 轴的位置,过 T 点作一平行于 T_1T' 的直线,垂直于 E' 轴的点为 T_2,过 T_1 点作一平行于 $T'T_2$ 的直线,垂直于直线 TT_2 的点为 T_1',参照图 8-6,则有:

$OT_1=OT=D$(T_1 和 T 都在圆锥的底边上)

$T_1'T_2=T'T_1=T'T=D\sin\beta$

$T'T_2=T'T\sin\varphi=D\sin\beta\sin\varphi$

$T_1'T=T_1'T_2-TT_2=D\sin\beta-D\sin\beta\cos\varphi=D\sin\beta(1-\cos\varphi)$

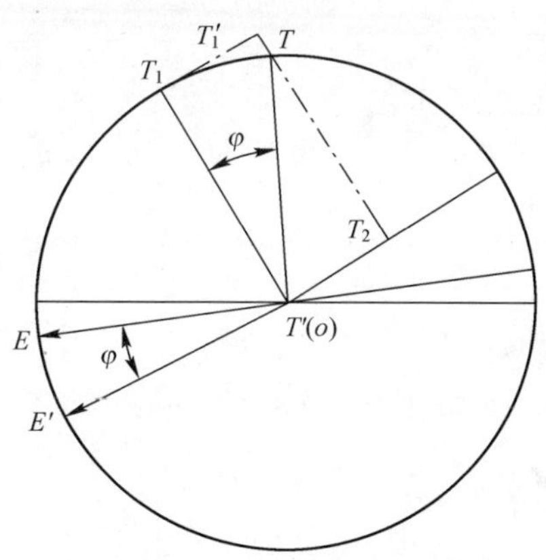

图 8-8　目标位置投影图

而 $T'T_2$ 和 $T_1'T$ 就是方位角和俯仰角的变化量,牵连运动产生的方位角变化为

$$\tan\Delta\alpha=T'T_2/OT'=D\sin\beta\sin\varphi/D\cos\beta\tan\Delta\alpha=\tan\beta\sin\varphi$$

$$\tan\Delta\alpha = \tan\beta\sin\varphi \tag{8-28}$$

由于在短时间里 Φ 和 $\Delta\alpha$ 值都比较小，所以，可近似为

$$\sin\varphi \approx \varphi$$

$$\tan\Delta\alpha \approx \alpha$$

所以

$$\Delta\alpha \approx \tan\beta \times \varphi \tag{8-29}$$

对式(8-29)微分，得出方位速率补偿量为

$$\Delta\omega_A \approx \tan\beta \times \varphi T \tag{8-30}$$

如果直接用车体姿态的速率量计算补偿量，则

$$\Delta\omega_A = \tan\beta(\omega_P\sin\alpha + \omega_R\cos\alpha) \tag{8-31}$$

经式(8-30)补偿后，天线指向移动到了 T_2T_1' 线上，俯仰上的天线指向距目标还差 $T_1'T$，图 8-9 是天线俯仰角关系图。

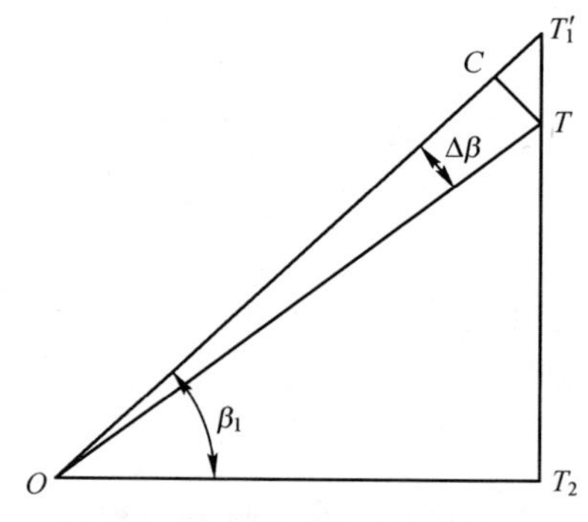

图 8-9 天线俯仰角关系图

从图 8-8 中得出：

$OT_1' = \sqrt{O_1^2 + T_1T_1'^2} = \sqrt{OT^2 + T_2T'^2} = \sqrt{D^2 + D^2\sin^2\beta\sin^2\varphi} = \sqrt{D^2(1+\sin^2\beta\sin^2\varphi)} = D\sqrt{1+\sin^2\beta\sin^2\varphi}$

在图 8-9 中：

$$\sin\beta_1 = \frac{T_2T_1'}{OT_1'} = \frac{D\sin\beta}{D\sqrt{1+\sin^2\beta\sin^2\varphi}} = \frac{\sin\beta}{\sqrt{1+\sin^2\beta\sin^2\varphi}}$$

$$CT = T_1'T\cos\beta_1 = D\sin\beta(1-\cos\varphi)\sqrt{1-\frac{\sin^2\beta}{1+\sin^2\beta\sin^2\varphi}} \approx$$

$$D\sin\beta(1-\cos\varphi)\sqrt{1-\sin^2\beta} = D\sin\beta\cos\beta(1-\cos\varphi)$$

$$\sin\Delta\beta = \frac{CT}{OT} = \frac{D\sin\beta\cos\beta(1-\cos\varphi)}{D} = \sin\beta\cos\beta(1-\cos\varphi)$$

由于 $\Delta\beta$ 很小，所以，$\sin\beta \approx \Delta\beta$

$$\Delta\beta=\sin\beta\cos\beta(1-\cos\varphi) \tag{8-32}$$

对式(8-32)微分,得出俯仰速率补偿量 $\Delta\omega_E$:

$$\Delta\omega_E=\sin\beta\cos\beta\sin\varphi\times\omega_{T'} \tag{8-33}$$

$$\Delta\omega_E=\sin\beta\cos\beta\sin\varphi(\omega_P\sin\alpha+\omega_R\cos\alpha) \tag{8-34}$$

$\sin\beta\cos\beta$ 的最大值是 0.5,如果摇摆规律是周期为 2s、幅值为 7°,($\omega_P\sin\alpha+\omega_R\cos\alpha$)的最大值是31(°)/s,而 20ms 时间 Φ 角的最大值为 0.62°,这时 $\Delta\omega_E$ 的最大值为 0.168(°)/s,所以,俯仰速率补偿量是很小的。如果补偿时间再短一些,则补偿值就很小了。可以说天线滚动的牵连运动的补偿主要在方位上。如果俯仰上不补偿,则 20ms 产生的俯仰角误差小于 0.028mil。

4. 天线横摇角变化量 Φ 的计算

天线在大地坐标系的俯仰角为 E,则

$$E=\arcsin[\cos\beta(\cos\alpha\sin P-\sin\alpha\cos P\sin R)+\sin\beta\cos P\cos R] \tag{8-35}$$

式中　P——车体的纵摇角;

R——车体的横摇角,天线俯仰轴与水平面也会有一个夹角。

该角就是在俯仰角为 0($\beta=0$)、方位上差 90°时天线在大地坐标系的俯仰角。所以,天线俯仰轴与水平面的夹角 ψ 为

$$\begin{aligned}\psi&=\arcsin\{\cos0[\cos(\alpha-\pi/2)\sin P-\sin(\alpha-\pi/2)\cos P\sin R]+\sin0\cos P\cos R\}\\&=\arcsin(\sin\alpha\sin P+\cos\alpha\cos P\sin R)\end{aligned} \tag{8-36}$$

而天线横摇角变化量 Φ 就是前后两个 ψ 值的差。

8.2.4.2　稳定效果分析

在已知车体的纵摇速率和横摇速率(比如车体姿态测量仪能输出车体的摇摆速率)时,牵连运动的速率补偿用式(8-31)和式(8-34),而在无法采集到车体的纵摇速率和横摇速率时,需在垂直于天线方位轴和俯仰轴的天线横摇轴上安装一个速率陀螺,测出天线的横摇速率,用式(8-30)和式(8-33)补偿,由于车体的纵摇速率和横摇速率是定时采集的,所以用式(8-30)和式(8-33)补偿的效果要好于用式(8-31)和式(8-34)补偿的效果。

8.2.5　瞄准线独立技术

当跟踪平台安装在炮塔之上时,跟踪平台要实时地将炮塔运动牵连引起的跟踪平台的方位变化消除,实现瞄准线独立。例如,苏 4-23 采用纯机械(对滚传动链)的方法,解决了独立瞄准线问题。对全数字化火控系统,通常采用电(数字位置)差动的方式(如自行弹炮结合武器)。在瞄准线独立的性能上,要求消除扰动误差快而动态精度高;在稳定系统中其适应性要强,既能适应半自动跟踪,也能适应自动跟踪,又能解决瞄准线稳定信息及再生跟踪信息的引入问题。

8.3 行进间射击线稳定

8.3.1 射击线稳定原理

自行弹炮结合武器火控系统对停止间和行进间采用同样的解算模型,这样不仅简化了火控系统,也简化了乘员的操作。自行弹炮结合武器射击线稳定通常采用间接补偿的方法,将车体姿态角传感器(如方位垂直基准仪)测得的姿态量送给火控计算机,使其输出的射击诸元为不稳定坐标系的发射瞄准全角,实现射击线稳定。

火控计算机由稳定坐标系解算未来点坐标,根据该时刻的姿态量(K,ψ,θ)求出转换矩阵 $\boldsymbol{C}$,则有

$$X_S=\boldsymbol{C}^{-1}X_W \tag{8-37}$$

其中 $X_S=(x_S,y_S,z_S)$ 为车体坐标系中未来点坐标,可求出未来点的高低、方位角为

$$\varepsilon_S=\arctan\frac{Z_S}{d_S} \tag{8-38}$$

$$\beta_S=\arctan\frac{x_S}{y_S} \tag{8-39}$$

$$d_S=(x_S^2+y_S^2)^{1/2} \tag{8-40}$$

火控计算机将未来点 ε_S、β_S 送到自行弹炮结合武器炮塔方位和高低随动系统,使射击线稳定地指向未来点,实现了射击线稳定。

8.3.2 射击线稳定影响因素

影响射击线稳定的因素有以下几方面:传感器(方位垂直基准仪)测量误差;瞄准线误差;随动系统滞后误差(速度、加速度有限,难以反应引起);控制数据传输和处理的非实时性引起的滞后误差等。

因为间接稳定属于开环控制,它经过一系列解算装置所造成的误差是积累性的,在系统设计时应给予充分重视。

第 9 章　高炮弹药系统

自行弹炮结合武器通常配置小口径高炮。高炮弹药主要采用两种机制毁伤目标:一是直接命中机制;二是间接命中机制。

采用直接命中机制时,弹丸通常采用机械触发引信,为了提高弹丸的爆炸威力,使弹丸侵入机体内部爆炸,并带有一定的燃烧作用,就能取得更好的毁伤效果。当高炮射速较低时,所形成的弹幕密度较低,直接命中机制下,只能有效击中体积比较大、毁装甲比较厚的空中目标,如武装直升机、作战飞机等。为了适应目标的多样性,小口径高炮通常配置了曳光穿甲爆破燃烧弹、曳光爆破燃烧弹、爆破燃烧弹,实现杀伤、爆破、穿甲、燃烧等功能,抗击各种不同目标。为了解决多弹种配置带来的后勤保障问题,最新研制出一种集杀伤、爆破、穿甲、燃烧功能为一体的高炮多用途榴弹。高炮多用途榴弹撞击目标时,装满燃烧剂的风帽快速变形,当燃烧剂达到引燃条件时开始燃烧,随后点燃高能炸药,使弹丸壳体破碎,形成大量杀伤破片,内部的穿甲弹芯足以击穿常规的武装直升机装甲。

采用间接命中机制时,利用近炸引信控制弹丸在目标附近爆炸,利用爆炸后产生的大量高速破片、钨柱子弹和冲击波毁伤目标。间接命中机制能够大幅度提高弹幕密度,尤其能够提高高炮拦截打击空中小目标的作战能力,如各种巡航导弹、无人作战飞机、巡飞弹、航空制导炸弹等。高炮典型的近炸引信弹药是高炮多束定向预制破片弹(Advanced Hit Efficiency and Destruction, AHEAD),采用炮口可编程时间引信,控制弹丸在目标附近起爆,并定向发射大量金属钨柱子弹,能够高效毁伤小目标。

某口径新型高炮弹药有如下特点:

(1) 弹壁较薄,最大限度地提高装药量,并进行了壳体材料和炸药匹配的优化设计,同时兼顾了弹丸的冲击波和破片杀伤效果;

(2) 采用以 RDX 为基体加铝粉及纯感物的高能炸药(hexalP30),其爆速达 7500m/s,爆热达 1600kJ/L,在获得较高冲击波超压的基础上,增加了燃烧效应;

(3) 弹丸初速及较好的流线外形,使飞行阻力系数小、飞行时间短、散布小,大大提高了对活动目标的命中概率;

(4) 配备多种引信,能够控制弹丸在邻近目标、侵入目标内部、过目标爆炸,增加对各种目标的毁伤效应。

9.1 典型高炮弹药

9.1.1 爆破燃烧弹

爆破燃烧弹的主要作战对象是敌方各种飞行器,特别是歼轰机、强击机和武装直升飞机,必要时也可对地面、水上目标作战,具有强大的爆破性能,兼有一定的杀伤性能和燃烧性能。图 9-1 为爆破燃烧弹结构示意图。

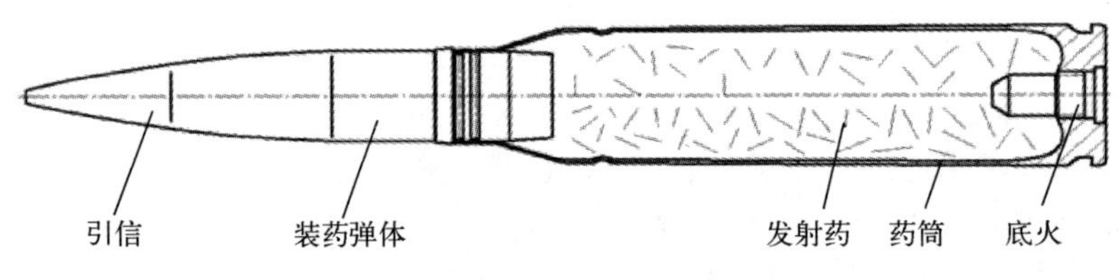

图 9-1 爆破燃烧弹结构示意图

9.1.2 曳光爆破燃烧弹

曳光爆破燃烧弹的主要作战对象是敌方各种飞行器,特别是歼轰机、强击机和武装直升飞机,必要时也可对地面、水上目标作战,具有强大的爆破性能,兼有一定的杀伤性能、燃烧性能。图 9-2 为曳光爆破燃烧弹结构示意图。

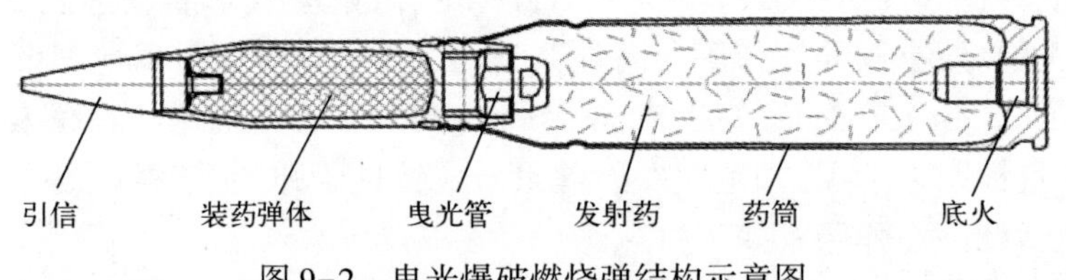

图 9-2 曳光爆破燃烧弹结构示意图

9.1.3 曳光穿甲爆破燃烧弹

曳光穿甲爆破燃烧弹的主要作战对象是敌方具有防护装置的空中、地面目标,如武装直升飞机、各种轻型装甲目标及防御工事等。该弹以穿甲性能为主,兼有爆破、燃烧、曳光等性能,既能穿甲,又能爆破、燃烧。图 9-3 为曳光穿甲爆破燃烧弹结构示意图。

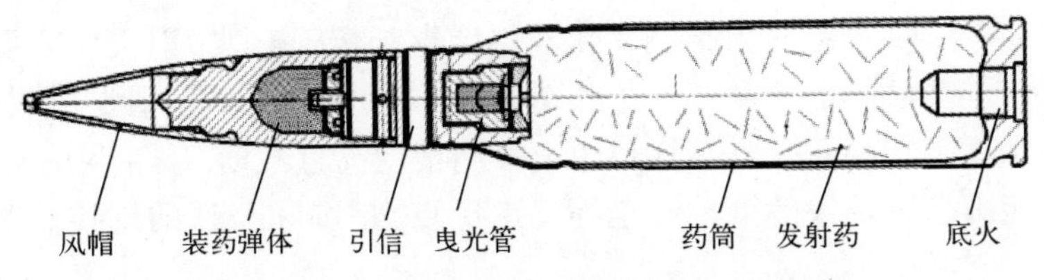

图 9-3　曳光穿甲爆破燃烧弹结构示意图

9.1.4　多用途榴弹

多用途榴弹的作战对象是敌方各种飞行器，特别是武装直升飞机，必要时也可对地面、水上目标，集杀伤燃烧爆破弹、杀伤燃烧破甲弹、杀伤燃烧穿甲弹多种功能为一体，具有侵彻、破片杀伤、冲击波和燃烧等多种效应。图 9-4 为多用途榴弹结构示意图。

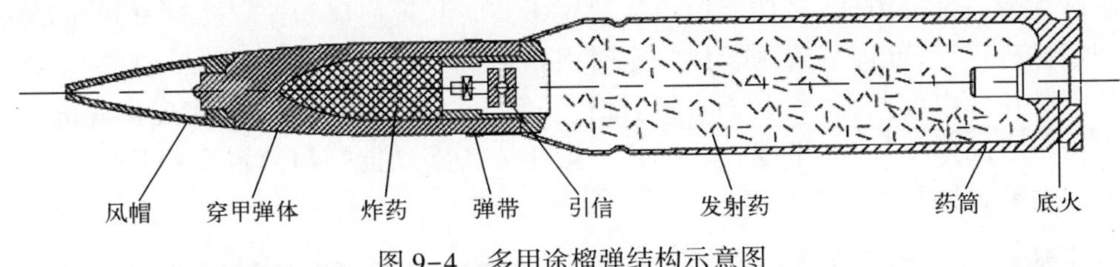

图 9-4　多用途榴弹结构示意图

9.1.5　多束定向预制破片弹

多束定向预制破片弹的作战对象是敌方各种飞行器，特别是巡航导弹、无人作战飞机和武装直升飞机等小目标，必要时也可对地面、水上目标作战。该弹采用炮口可编程定时引信控制弹丸起爆点与目标之间的距离，弹丸起爆后发射多达 130 余颗定向集束钨柱子弹，有效提高了火力密集度，尤其适用于打击巡航导弹、无人作战飞机和武装直升飞机等小目标。图 9-5 为多束定向预制破片弹结构示意图。

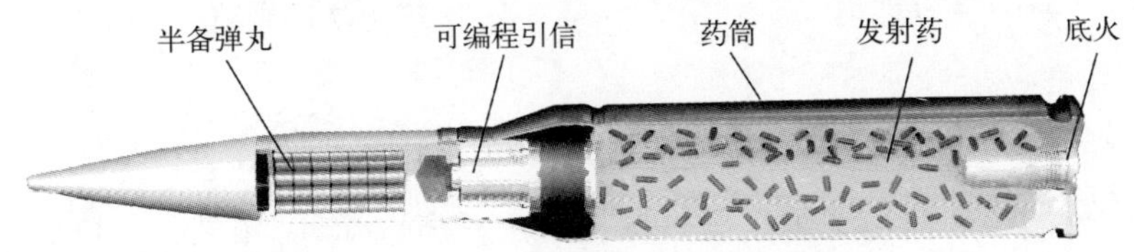

图 9-5　多束定向预制破片弹结构示意图

9.2　多束定向预制破片弹系统

防空反导拦截来袭目标的主要手段：一是增加命中目标的破片数量；二是提高破

片能量两种途径。多束定向预制破片弹利用定点起爆、定向抛射大威力圆柱形钨合金子弹,形成侵侧能力强、密度高的子弹幕,实现对目标的穿甲、引燃、引爆毁伤。高炮多束定向预制破片弹系统具有炸目距离控制精度高且灵活、破片利用率高威力大、系统抗干扰能力强以及失效落地安全等突出优点,是国际公认的炮控高效防空反导弹药。

多束定向预制破片弹系统作为自行弹炮结合武器的重要组成部分,有效改善了高炮射速低、形成弹幕密度低,不能有效打击各种巡航导弹、无人作战飞机等小目标的不足。

9.2.1 组成与功能

多束定向预制破片弹系统由多功能炮口装置、炮口信号处理装置以及多束定向预制破片弹三部分组成:多功能炮口装置用于实时测量炮口初速、装定引信时间和炮口制退;炮口信号处理装置用于计算定时引信时间,并将引信时间送至炮口;多束定向预制破片弹由弹丸、弹底电子时间引信、药筒、发射药、底火组成,实现弹底电子时间引信定时起爆、形成高密度破片弹幕。图 9-6 为多功能炮口装置实物照片,图 9-7 为炮口信号处理装置实物照片。

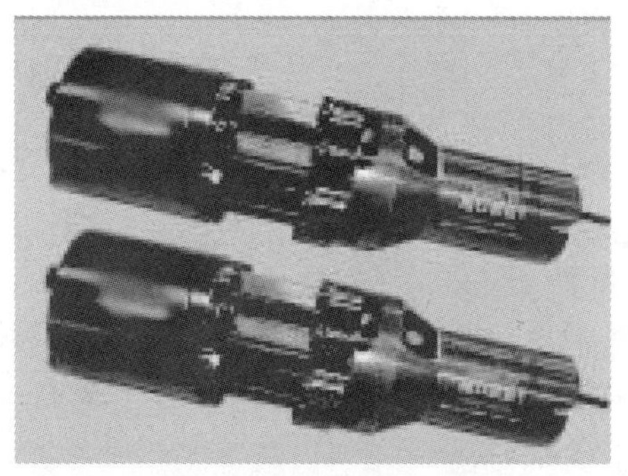

图 9-6 多功能炮口装置

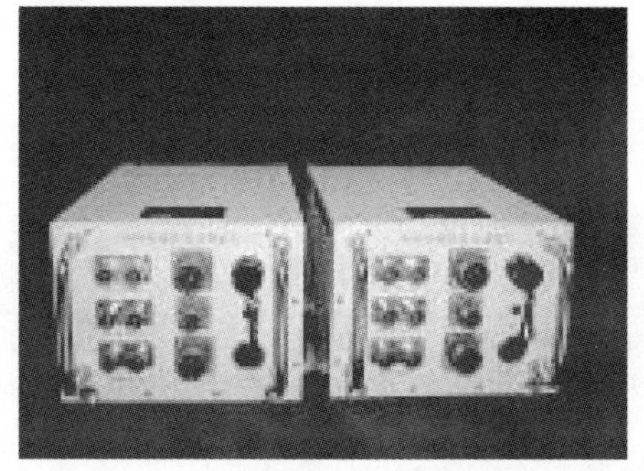

图 9-7 炮口信号处理装置

9.2.2 工作原理

自行弹炮结合武器可根据来袭目标类型选择高炮弹种,如果是小目标,就选用多束定向预制破片弹打击目标。选择高炮多束定向预制破片弹时,由火控系统实时计算平均初速下的弹丸飞行时间和存速,并通过 CAN 总线传输给炮口信号处理装置;炮手击发发射后,弹丸在出炮口时,通过多功能炮口装置的测速线圈 1 和测速线圈 2,测试炮口初速信号,并经炮口信号处理装置进行信号放大、整形、计时计算,获得弹丸初速;随之,炮口信号处理装置根据弹丸平均初速、相遇点存速、弹丸飞行时间以及当发初速,快速完成引信定时时间计算、数据通信编码,经信号功率放大,通过多功能炮口装置的感应装定线圈 3 电磁感应到弹底电子引信中；引信电路对接收到的电磁感应信号进行放大、滤波、整形、解码后，装定定时值；弹丸出炮口后，引信开始计时，计时到时点火起爆多束定向预制破片弹。此时，弹丸点火起爆点与目标之间的距离恰好在预制子弹最佳的威力范围内。在弹底电子时间引信起爆药作用下，弹丸的薄壳弹体自底部炸开，在弹丸存速动能和起爆药的作用下，高速旋转定向发射 130 多个高比动能、大威力多束子弹，形成高密度、大面积杀伤弹幕，达到高效毁伤目标的作战目的。图 9-8 为高炮多束定向预制破片弹系统工作原理。

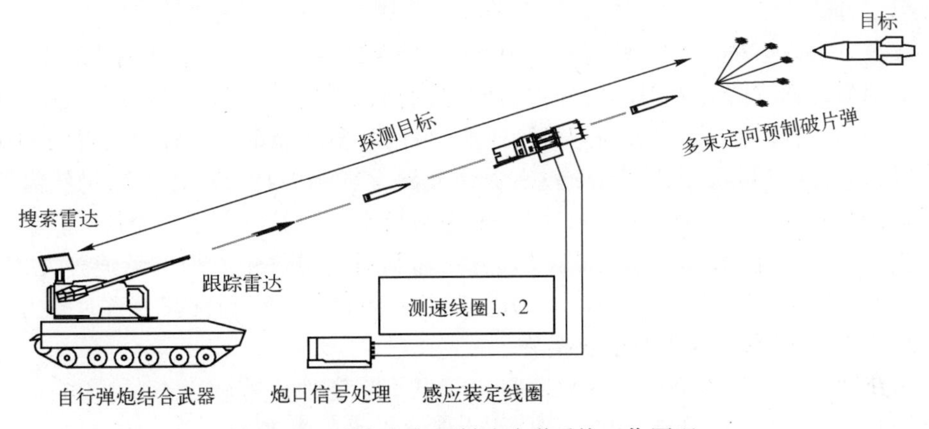

图 9-8　多束定向预制破片弹系统工作原理

9.2.3　炮口初速测量

炮口初速测量数据用于实时修正初速偏差对炸点与目标之间距离的影响，是实现束定向预制破片弹系统高精度控制炸目距离，实现高效发射子弹束、高效毁伤目标的关键。炮口初速测量采用内嵌于多功能炮口装置中的两个测速线圈感应弹丸初速信号，经信息处理装置实时测试和数据处理获得高精度炮口初速数据。

9.2.3.1　炮口初速测量原理

弹丸高速穿过位于炮口位置、相距 S 毫米距离的两个测速线圈时，改变了线圈内的磁通量，产生感应电动势，并由后续电路测试到两个初速脉冲信号，进一步精确测试两个初速信号之间的时间宽度 T，计算获得弹丸初速为

$$V_0 = S/T \tag{9-1}$$

感应电动势大小由法拉第电磁感应定律给出：$e=-n\mathrm{d}\phi/\mathrm{d}t$；其中：$n$ 为线圈匝数；$\mathrm{d}\phi/\mathrm{d}t$ 为线圈所包围面积内，磁通量随时间的改变量。

两个测速线圈分别采用漆包铜线多圈绕制在圆形非金属材料骨架内，并嵌于多功能炮口装置内，具有工作可靠、测试精度高、系统抗干扰能力强、结构简单等优点。

9.2.3.2 影响测速精度的因素

炮口初速测量系统精度与靶距 S 测量精度（两个测速线圈之间的距离精度）、计时时间 T 测量精度以及射击时自动机撞击干扰、炮口冲击振动干扰等密切相关。

1. 靶距精度影响因素及解决措施

受多功能炮口装置总体结构尺寸约束，两个测速线圈之间距离比较小（例如典型值 100mm），加工、装配精度要优于万分之一时，才能满足测速精度指标要求，难度非常大。因此，为了降低对加工、装配精度要求，同时满足测速精度指标要求，采用了系统标定方法。

标定方法有多种。第一种为外弹道测速内推法，要求两部高精度测速装置，并剔除因个别弹丸速度降异常引起的外弹道测速内推误差。该方法需要射击试验，弹药消耗量大、耗时耗力。第二种为炮口测速法，采用与多功能炮口装置同位置的测速标定装置，具有同点测速、同后坐状态、不受弹丸异常影响的特点。该方法仍然需要射击试验，弹药消耗量大、耗时耗力。第三种为炮口空气炮法，采用空气炮模拟真实射击试验，通过射击前对弹丸励磁的技术途径，达到通过空气炮发射的低速弹丸，获取真实弹丸速度下的初速感应信号。该方法试验一致性好，不消耗弹药、省时省力。

2. 计时精度影响因素及解决措施

初速脉冲信号提取精度受提取回路比较电平稳定性影响较大，直接影响计时器启停控制精度，采用精密基准电源芯片作为比较电平的参考电平，在-55~120℃工作温度范围内，电平精度控制在 5MV，满足比较电平精度要求。

时间基准振荡器的频率稳定性和准确性影响计时精度，采用一种基准频率为 50MHz 以上，在-55~120℃工作温度范围内，达到 10^{-8}的振荡频率稳定性的恒温振荡器，能够满足计时精度要求。

9.2.3.3 测速数据处理

1. 初速定义

外弹道学中的初速并不是弹丸出炮口时质心速度 V_g，这是因为弹丸出炮口后，火药气体以高速冲出，比弹丸的速度还快，继续推动弹丸加速，直到燃气膨胀减速与弹丸脱离接触，弹丸获得最大速度 V_m 进入自由飞行。这个时期叫后效期，这期间燃气与弹丸的作用过程十分复杂，难于计算。由于炮口后效期很短，为了简化问题，假设弹丸出炮口时有一虚拟速度运动速度 V_0，此后弹丸仅在重力和空气动力作用下运动，并且在后效期结束的时刻与进入自由分行时的弹丸具有相同的速度 V_m，这个虚拟速度就是所说的初速，初速主要用于外弹道计算，显然 $V_0>V_m>V_g$，图 9-9 为火炮初速 V_0定义示意图。

采用多功能炮口装置测试的速度是炮口速度 V_g，弹道解算时用的弹丸速度为弹丸初速，两者之间存在一定偏差，测速雷达测得的弹丸速度即为弹丸初速，以雷达测速值为基准，对炮口测速值进行统一修正，则炮口测速值就等同于弹丸初速。

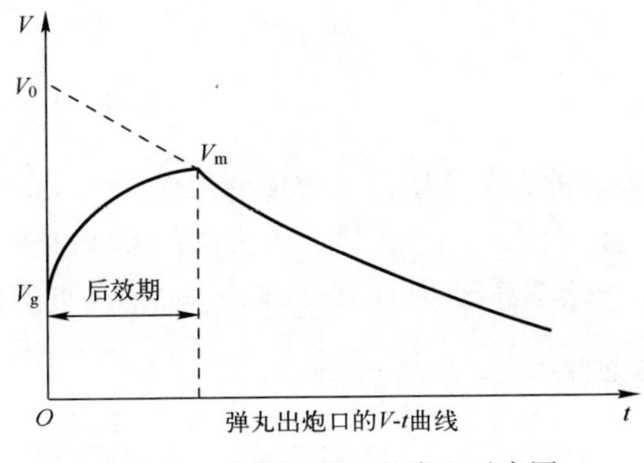

图 9-9　火炮初速 V_0 的定义示意图

2. 异常数据剔除方法

含有粗大误差的测量数据为异常数据,会对测量结果产生明显歪曲,一旦发现含有粗大误差的数据,应将其从测量列中剔除。但异常数据的剔除应十分慎重,一组正常的测量结果具有一定的离散性,这是随机误差作用的必然结果,此时,若主观地将误差较大但属于正常的数据判断为异常数据,同样会歪曲测量结果。所以出现异常数据时,不要轻易地决定取舍,最好能够分析出物理上或工程上的明确原因,再决定取舍,无法进行分析时,则应该按数据统计方法判断和剔除异常数据。

对标定用测速雷达测试数据异常值判断与剔除方法为:采用两台测速雷达同时测速,根据两者测速数据的离散程度,判断和剔除异常测速数据;分析测速雷达测试曲线,判断和剔除异常测速数据;根据弹道上前后两点弹丸速度降规律,判断和剔除外测弹丸速度向炮口内推时产生的异常测试数据。

对被标定产品测速数据异常值判断与剔除,采用离群值判断准则,通常由偏度-峰度检验法、均方值检验法、狄克逊(Dixon)检验法、格拉布斯(Grubbs)检验法、肖维涅检验法、奈尔检验法等八种数据统计方法结合应用,具体应用可参考相关专业书籍。

3. 样本量选取

足够的样本量有利于消减随机误差影响,样本量的确定一般采用两种方法:

(1) 对估计参数的精度提出要求,来决定子样的大小,随着子样的增大,提高了估计的相对精度,但子样达到某值后,估计的相对精度就变化不大了,通过相对精度与样本量的关系曲线,可以确定样本量,公式为

$$n \geqslant \frac{1}{\gamma^2} \tag{9-2}$$

(2) 估计参数对未知参量的误差,给定了误差界与置信水平来决定子样大小,给定的置信水平越高,误差界越小,则要求的子样越大,公式为

$$n=\frac{\mu_{\alpha/2}^{2}\sigma^{2}}{\varepsilon^{2}} \tag{9-3}$$

4. 数据处理方法

弹丸炮口初速数据处理方法采用以下常规的方法：

（1）初速一次差 $\Delta V_0=V_{测量值}-V_{真值}$，对一次差进行统计得到均方差。

（2）相对误差=（绝对误差/真值）×100%=（（测量值-真值）/真值）×100%。

9.2.4 炸目距离精确解算与控制

根据高炮至目标斜距离、当发弹丸炮口初速、破片速度及相关气象参数，快速、精确计算弹丸出炮口到与目标相遇时间（简称弹丸飞行时间）和引信定时时间，并在炮口实时快速装定引信定时时间，实现精确控制弹丸炸点和目标之间距离（简称炸目距离），实现多束定向预制破片弹对高速动目标的毁伤。炸目距离精确控制技术是多束定向预制破片弹系统实现炸目距离精确控制的核心技术。

9.2.4.1 炸目距离控制误差

多束定向预制破片弹的炸目距离控制误差与高炮目标距离测距误差、炮口初速测量误差、火控系统计算弹丸飞行时间误差、引信时间快速解算误差、引信定时误差相关。其中，炮口初速测量误差在弹丸飞行时间计算模型和引信时间计算模型中得到修正。

主要误差源有：

（1）目标距离测量误差；

（2）火控解算弹丸飞行时间误差；

（3）引信时间快速解算误差；

（4）引信定时误差。

精度计算式为

$$\delta=\sqrt{(\delta_1)^2+(\delta_2)^2+(\delta_3)^2+(\delta_4)^2} \tag{9-4}$$

某多束定向预制破片弹最大的误差源是目标距离测量误差。

9.2.4.2 引信时间快速解算模型

多束定向预制破片弹系统通过多功能炮口装置测速线圈测试弹丸当发速度，在弹丸引信进入引信装定线圈之前完成引信时间计算，计算时间必须小于弹丸从第二测速线圈运动到装定线圈的时间，否则弹丸已经进入装定线圈区域，因此需要采用简化的计算模型和高速 DSP 处理技术，达到快速计算引信时间的技术要求。

弹丸飞行时间与速度关系，如图 9-10 所示，当弹丸飞行斜距离一定时，初速高，弹丸飞行时间短；初速低，弹丸飞行时间长，相同斜距离下，从 V_0 点飞至 V_t 点用时

T_f，从 V_c 飞至 V_{ct} 点用时 T_{cf}，可建立公式 $S_1+S_2=S_1+S_3$，即 $S_2=S_3$。

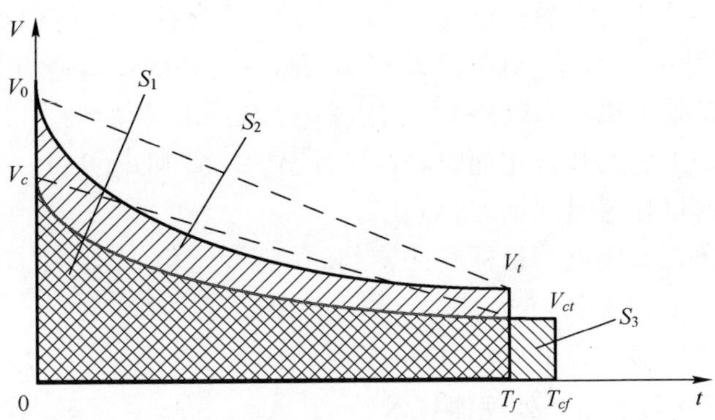

图9-10　弹丸飞行时间与速度关系图

阴影面积 S_2 近似于由 V_0、V_t、V_c、V_{ct} 组成的非线性类梯形面积，阴影面积 S_3 近似于 V_t、V_{ct}、T_f、T_{cf} 组成的长方形面积。其物理意义是：相同斜距离下，因初速差异，弹丸飞行时间 T_f 越长，T_f 与 T_{cf} 之间偏差越大，其比例关系由参数 b 决定。

利用前发弹丸未来点相遇时间、炮口初速、存速和多功能炮口装置实测当发初速，建立引信数据快速解算模型：

$$T=2T_f-T_{cf}-t_1=T_f+(T_f-T_{cf})-t_1=2T_f-T_{cf}-\frac{\Delta X}{V_{ct}} \tag{9-5}$$

$$\frac{1}{2}[(V_t-V_{ct})+(V_0-V_c)]\cdot T_f=V_{ct}\cdot t(1+bT_f) \tag{9-6}$$

$$\frac{V_0-V_c}{V_t-V_{ct}}=1+a\cdot T_f \tag{9-7}$$

$$t=T_f-T_{cf} \tag{9-8}$$

$$t_1=\Delta X/V_{ct} \tag{9-9}$$

式中　a、b——待定参数，对某口径多束定向预制破片弹，经验值为：$a=0.26$，$b=0.04$；

T——引信装定时间(s)；意为当发弹丸引信装定时间，等于前发弹丸未来点相遇时间 T_f 加上前发弹丸未来点相遇时间与当发弹丸未来点相遇时间之差 $t=T_f-T_{cf}$，再减去弹丸起爆后破片与目标相遇时间；

T_f——火炮火控计算机提供的未来点弹目相遇时间(s)，是火控计算机根据前发弹丸的炮口初速、气象、射击诸元，查射表获得，并提供给炮口装定弹丸引信信息处理机；

V_0——火炮火控计算机提供的前若干发弹丸平均初速(m/s)；

V_t——火炮火控计算机提供的弹丸存速(m/s)；

V_c——多功能炮口装置实测的当发弹丸炮口初速(m/s);

V_{ct}——经计算修正后的弹丸存速(m/s),是火控计算机根据前发弹丸的炮口初速、气象、射击诸元,查射表获得,并提供给炮口装定弹丸引信信息处理机,由式(9-6)和式(9-7)联点求解得到;

T_{cf}——修正后的弹目相遇时间(s),由式(9-6)和式(9-7)联点求解得到;

t——弹目相遇时间偏差(s);

ΔX——弹丸起爆点至目标的距离(m),为设定值,是破片有效飞行距离,通过试验获取;

t_1——弹丸起爆点至目标 ΔXm 的时间(s)。

9.2.4.3 高速数字信号处理器技术

电子时间引信数据处理采用数字信号处理器(DSP)。

DSP 芯片是一种特别适合于进行数字信号处理运算的微处理器,是实时快速实现各种数字信号处理算法的有效硬件途径。DSP 芯片具有:在一个指令周期内可完成一次乘法和一次加法;程序和数据空间分开,可以同时访问指令和数据;片内具有快速 RAM,可通过独立的数据总线在两块中同时访问;低开销或无开销循环及跳转的硬件支持;快速中断处理和硬件 I/O 支持;可以并行执行多个操作;支持流水线操作,使取指、译码和执行等操作可以重叠执行。

DSP 芯片比 16 位单片机单指令执行时间快 8~10 倍,完成一次乘加运算快 16~30 倍,具有更高的集成度,更快的 CPU,更大容量的存储器,并内置有波特率发生器和 FIFO 缓冲器、高速同步串口和标准异步串口。

9.2.5 引信时间炮口装定

9.2.5.1 引信时间炮口电磁感应装定

弹丸出炮口时,多束定向预制破片弹系统的信息处理装置将引信装定数据通过内嵌于多功能炮口装置内部的发射线圈,电磁感应到弹丸引信内的接收电路,需要解决如下问题:

(1) 炮口高温形成的强电离层,对引信接收的电磁感应信号效果的影响;

(2) 高过载下引信时基振荡器易损性和频率变化,对接收数据解码可靠性的影响;

(3) 引信接收电路微功耗设计,以便降低能耗、缩小电源体积、实现引信小型化。

为了达到引信电路系统抗高过载、小型化、微功耗、不受炮口电离层屏蔽影响,采用低频基波传输途径,具有不受炮口强电离层影响、接收电路简单、功耗低、不受接收电路振荡器频率变化影响、接收电路容性器件少易集成实现小型化等优点。

9.2.5.2　发射线圈磁感应强度

1. 单个线圈轴线上任意点磁感应强度

采用比奥-沙伐尔定律求解单个线圈轴线上任意点磁感应强度方法,对发射线圈进行相应简化,以便了解线圈磁强分布情况。

假设一半径为 a 的载流线圈置于磁导率为 μ、电流强度为 I 的均匀媒质中,求轴线上任意点上的磁感应强度。

首先选择单元电流段 $I\mathrm{d}l$,计算电流元在 p 点上产生的磁感应强度:

$$\mathrm{d}B=\frac{\mu}{4\pi}\frac{I\mathrm{d}l\times e_r}{r^2} \tag{9-10}$$

由于 e_r 与 $\mathrm{d}l$ 垂直,则

$$\mathrm{d}B=\frac{\mu}{4\pi}\frac{I\mathrm{d}l}{r^2} \tag{9-11}$$

图 9-11 为磁场方向示意图,以圆心为坐标原点,建立如图所示的坐标系。由于对称性,电流元($I\mathrm{d}l$)直径的另一端的电流元也在 p 点上产生磁场,它们在垂直于 ρ 方向上的投影相同,故可写出 $\mathrm{d}B$ 的分量形式:

$$\mathrm{d}B_\rho=\frac{\mu}{4\pi}\frac{I\mathrm{d}l}{r^2}\sin\theta=\frac{\mu}{4\pi}\frac{I\mathrm{d}l}{(a^2+\rho^2)^2}\cdot\frac{a}{\sqrt{a^2+\rho^2}} \tag{9-12}$$

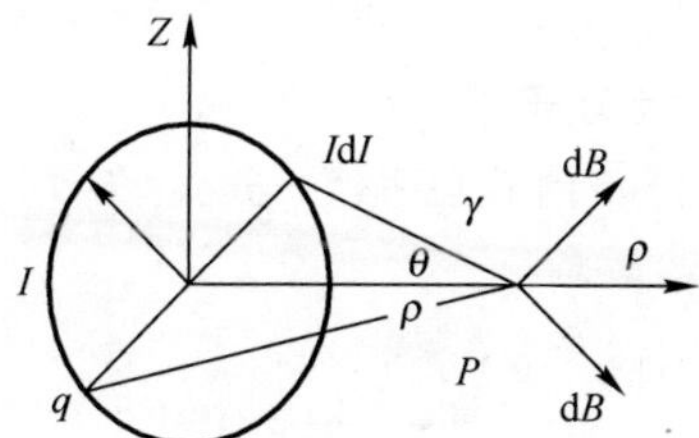

图 9-11　磁场方向示意图

则

$$B=\int\mathrm{d}B_\rho=\frac{\mu I}{4\pi}\int_0^{2\pi a}\frac{a\mathrm{d}l}{(a^2+\rho^2)^{3/2}}=\frac{\mu a^2 I}{2(a^2+\rho^2)^{3/2}}=\frac{\mu a^2 I}{2r^3} \tag{9-13}$$

由此可以推出单个线圈轴线(圆心 $\rho=0$)上的磁场分布公式:

$$B=\frac{\mu I}{2a}e_\rho \tag{9-14}$$

取 $a=28\mathrm{mm}, I=0.6\mathrm{A}, \mu=4\pi\times10^{-7}\mathrm{H/m}, x=\rho$

图 9-12 为单个线圈轴线上的磁场分布曲线,可见,单个线圈磁通密度在中心位置处于最大,然后迅速呈 r 的 3 次方倒数关系进行衰减。

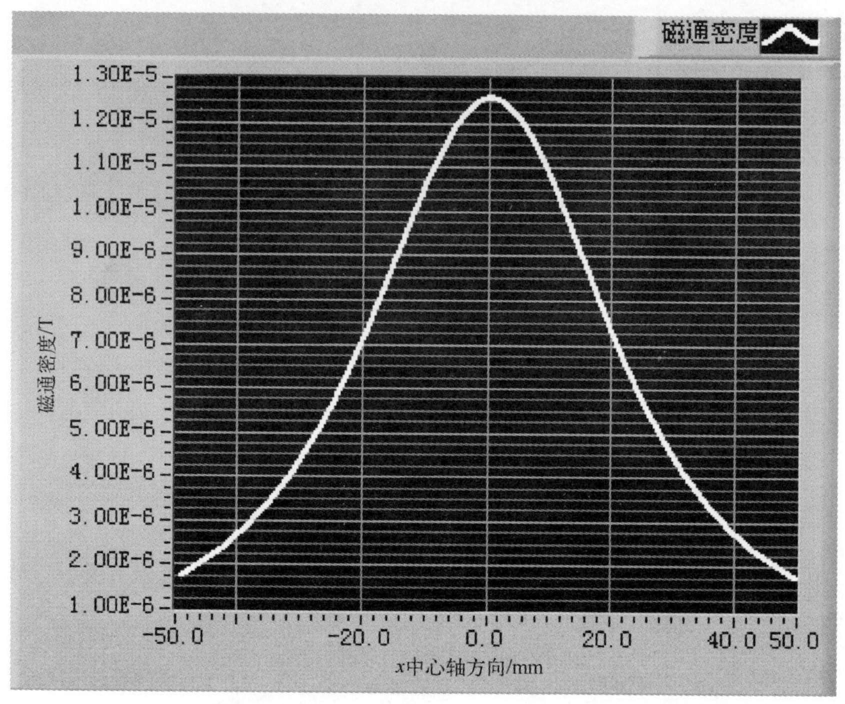

图 9-12　单个线圈轴线上的磁场分布曲线

2. 均匀分布螺线管电磁场分布

均匀分布螺线管电磁场分布由式(9-15)表示,图 9-13 为间距为 X、匝数为 W 的均匀分布螺线管示意图。

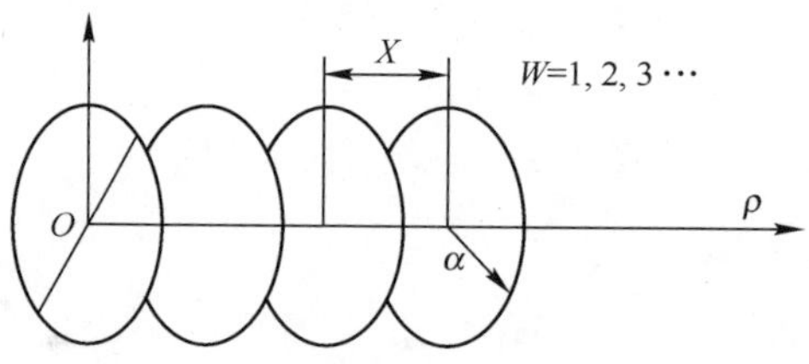

图 9-13　间距为 X、匝数为 W 的均匀分布螺线管示意图

$$B = \sum_{w=0} \frac{\mu a^2 I}{2(a^2 + (\rho - x \cdot w)^2)^2} \tag{9-15}$$

式中　W——线圈匝数;

X——线圈间距。

$$H = \frac{B}{\mu_0} \tag{9-16}$$

式中　H——磁场强度；

μ_0——介质导磁率。

9.2.5.3　发射线圈与引信电磁耦合效率

引信接收线圈与发射线圈之间通过电磁耦合传输数据，可简化为变压器效应加以分析。

理想变压器具有磁导率无限大、绕组阻抗为零、磁损耗为零的理想条件，则原绕组内电动势 e_1 和次级绕组内的感应电动势 e_2 的比值可表示为

$$\frac{e_1}{e_2}=\frac{N_1}{N_2} \tag{9-17}$$

即两绕组的感应电动势之比等于它们的匝数比。

但是，发射线圈和接收线圈之间间隙较大，存在严重漏磁，不是理想变压器条件，只能根据发射线圈磁通密度 B 的分布曲线，设计理想匝数的接收线圈，使之在发射线圈内耦合具有足够的信号幅度与理想的信号波形。通过调节接收线圈匝数，可以使接收线圈接收到的信号幅度足够大，而不用进一步放大；通过采用接收信号滤波、比较器处理电路可检出与较为理想的信号波形。

9.2.6　多功能炮口装置

多功能炮口装置是实现炮口初速测量和引信时间炮口装定的重要部件，集炮口初速测量、引信数据装定和炮口制退为一体。受到连续射击时炮口高温、高压、强冲击、强烧蚀的严重影响，强度、寿命、可靠性极为关键，图 9-14 为多功能炮口装置结构示意图。

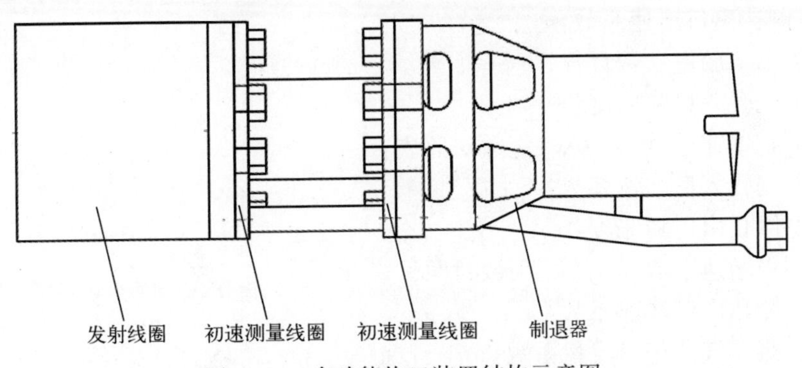

图 9-14　多功能炮口装置结构示意图

9.2.6.1　制退效率计算

本例以某国外多功能炮口装置为例，假设炮口制退器采用了两腔室冲击式结构，要求效率 $\eta_T=30\%$。

1. 假设已知条件

(1) 制退效率 η_T;

(2) 装药量 ω;

(3) 火药力 R;

(4) 弹重 q;

(5) 初速 v_0。

2. 设计确定数据

(1) 中央弹孔直径 d_0;

(2) 第一腔室侧孔出入口面积 S_{11};

(3) 第二腔室侧孔出入口面积 S_{12};

(4) 侧孔几何中心与炮膛轴线之间的角度 α;

(5) 腔室半锥角 θ_c。

3. 计算过程

(1) 炮膛截面积:S;

(2) 中央弹孔面积:S;

(3) 第一腔室参数计算;

(4) 侧孔入口膨胀度:ε_{01};

(5) 查增速系数:$n=f(\varepsilon)$函数对照表,见表9-1;

(6) 侧孔入口增速系数:n_{01};

(7) 侧孔出口膨胀度:ε_{ai};

(8) 查增速系数:$n=f(\varepsilon)$函数对照表;

(9) 侧孔出口增速系数:n_{a1};

(10) 第二腔室参数计算;

(11) 侧孔入口膨胀度:ε_{02};

(12) 查增速系数:$n=f(\varepsilon)$函数对照表;

(13) 侧孔入口增速系数:n_{02};

(14) 侧孔出口膨胀度:ε_{a2};

(15) 查增速系数:$n=f(\varepsilon)$函数对照见表9-1;

(16) 侧孔出口增速系数:n_{a2};

(17) 侧孔气体相对流量系数:$\gamma_i = S_{1i}(1-\gamma_{i-1})/(S_{1i}+S_{0i})$;

(18) $\gamma_1=S_{11}(1-\gamma_0)/(S_{11}+S_{01})$;

(19) $\gamma_2=S_{12}(1-\gamma_1)/(S_{12}+S_{02})$;

(20) 气体制退系数:$\lambda_i=\gamma_i(n_{0i}-n_{ai}\cos\alpha)$;

(21) $\lambda_1=\gamma_1(n_{01}-n_{a1}\cos\alpha)$;

(22) $\lambda_2=\gamma_2(n_{02}-n_{a2}\cos\alpha)$;

(23) $\lambda_T = 0.5\sum\lambda_i = 0.5(\lambda_1+\lambda_2)$；

(24) 冲量特征量：$\chi = 1-0.6968\lambda_T$；

(25) 炮口火药能量：$R_{Tg} = R_T - 0.26(0.1667+0.5714q/\omega)v_{02}/g$；

(26) 后坐动量：$I_h = 1.342\omega\sqrt{R_{Tg}/g(1+0.15\omega/q)}$；

(27) 无炮口制退器时，火药气体作用系数：$\beta = 0.5+g\times I_h/\omega v_0$；

(28) 有炮口制退器时，火药气体作用系数：$\beta_T = 0.5+g\times I_h\times\chi/\omega v_0$；

(29) 制退器效率；

表 9-1　增速系数 n 与气体膨胀度 f 的 $n=f(\varepsilon)$ 函数对照表

n	ε	n	ε
1.0000	1.00058	1.8000	1.92926
1.1000	1.00631	1.8500	2.11970
1.1750	1.02471	1.9000	2.34809
1.2500	1.05571	1.9750	2.78365
1.3000	1.08392	2.0500	3.37414
1.3500	1.11876	2.1250	4.19466
1.4000	1.16089	2.2000	5.36933
1.4500	1.21118	2.2750	7.11299
1.5000	1.27072	2.3500	9.81834
1.5500	1.34089	2.4250	14.25250
1.6000	1.42340	2.5000	22.04302
1.6500	1.52040	2.5750	37.02652
1.7000	1.63460	2.6250	69.60049
1.7500	1.76943	2.7250	153.98911

(30) $\eta_T = 1-[(1+\beta T\omega/q)/(1+\beta\omega/q)]2 = 30.8\%$。

9.2.6.2　多功能炮口装置结构强度

应用 ANSYS 软件对整体构进行有限元刚强度仿真计算。

1. 力学模型

根据多功能炮口装置结构特征、边界条件与载荷特性，对结构进行必要的简化，取 1/4 对称模型，图 9-15 为多功能炮口装置结构力学模型示意图。

2. 单元划分与边界条件

1) 单元划分

根据结构特性，将结构划分为以六面体为主的三维实体单元，节点数为 82369，单元数为 21740，划分的单元网格如图 9-16 所示。

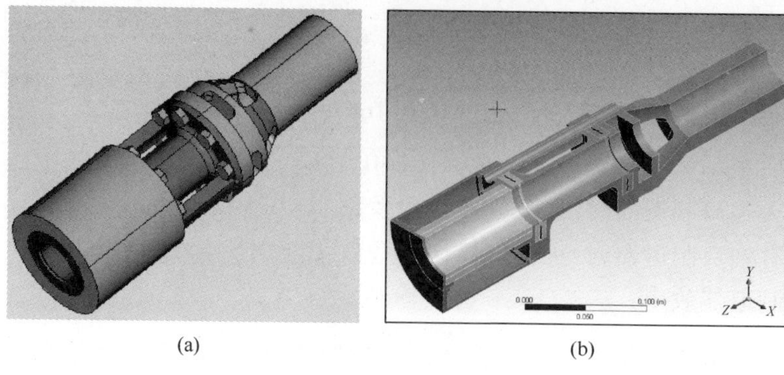

(a) (b)

图 9-15　多功能炮口装置力学模型

（a）结构装配模型；（b）简化的力学模型。

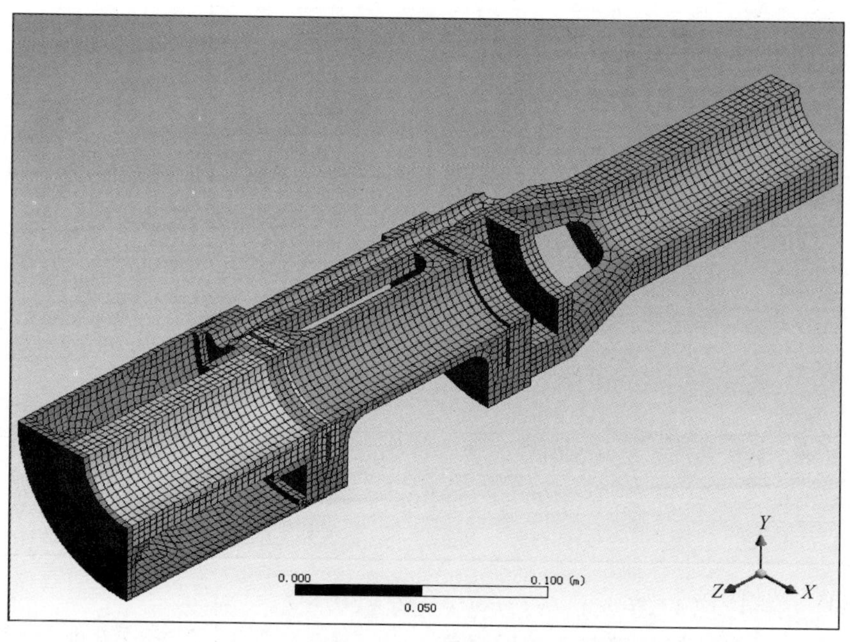

图 9-16　单元网格图

2）边界条件

根据力学模型简化情况，约束处理为：炮口制退器后端面轴向方向自由度约束，两个对称剖面法线方向自由度约束。分两步进行计算：先计算结构过盈配合，再施加内壁膛压（取 66MPa），建立的边界条件如图 9-17 所示。

3）材料特性

多功能炮口装置金属材料为合金结构钢（12Cr2Ni4）：$E = 206\text{GPa}$，$\mu = 0.3\rho = 7.82\times103\text{kg/m}^3$，$\sigma_s = 835\text{MPa}$，材料模型如图 9-18 所示。

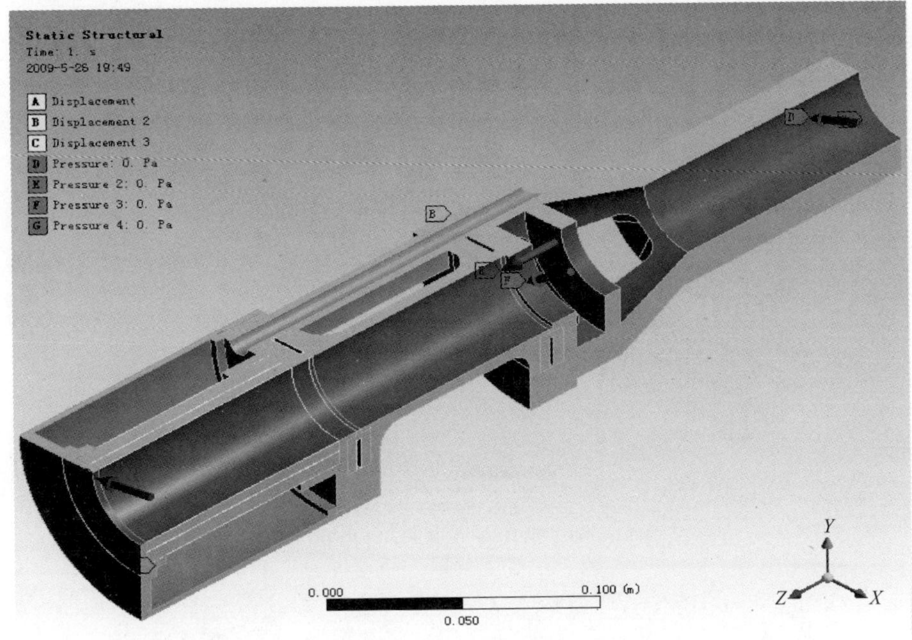

图 9-17　计算边界条件

装定线圈：$E=310\text{GPa}$，$\mu=0.26$，$\rho=3.2\times103\text{kg/m}^3$。

测速线圈：$E=10.5\text{GPa}$，$\mu=0.34$，$\rho=1.42\times103\text{kg/m}^3$。

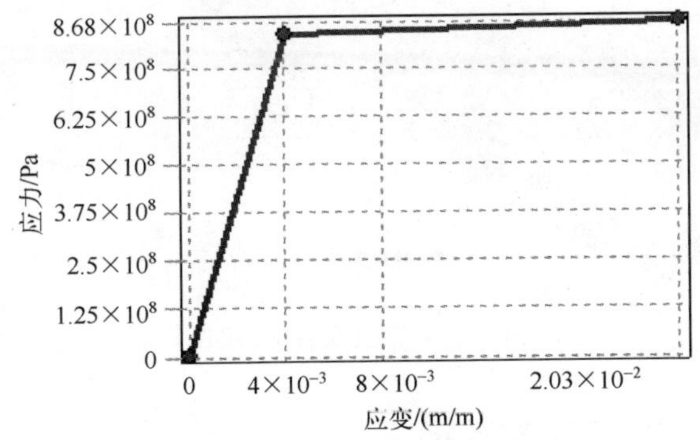

图 9-18　12Cr2Ni4 材料模型

4）计算结果

对上述力学模型进行有限元仿真计算，计算结果为：结构过盈配合时，最大合变形位于前部，为 0.233mm，如图 9-19 所示，主要表现为压应力；膛压作用下，结构最大合变形位于前部，为 0.315mm，最大等效应力为 1286MPa，如图 9-20 所示，主要表现为压应力。计算结果表明多功能炮口装置结构刚强度满足设计要求。

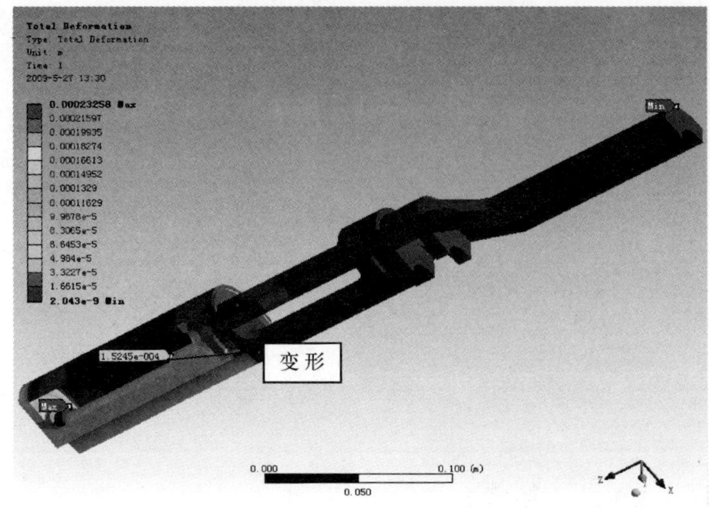

图 9-19　结构合变形图(过盈装配)

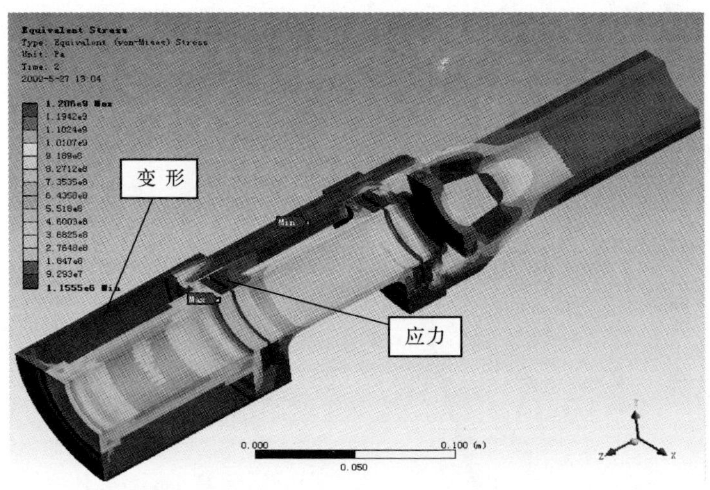

图 9-20　结构等效应力图(膛压作用)

9.2.7　多束定向预制破片弹

多束定向预制破片弹由弹底起爆引信、薄壳弹体、多枚重金属钨柱子弹组成。弹底起爆引信在弹丸飞经炮口部位,通过多功能炮口装置内嵌的引信时间装定线圈无线装定引信定时时间,引信起爆后,薄壳弹体开仓、向前定向发射 132 棵重金属钨柱子弹,对目标形成大面积、高密度、高冲量杀伤效果。

9.2.7.1　多束定向预制破片弹结构

多束定向预制破片弹弹体舱内装填有多枚钨合金圆柱形子弹,携带的少量抛射药仅用于终点处开舱，弹尾部装有可编程电子时间引信，其数据接收线圈镶于尾锥部外侧，子弹在舱内的装填方式如图 9-21 所示。

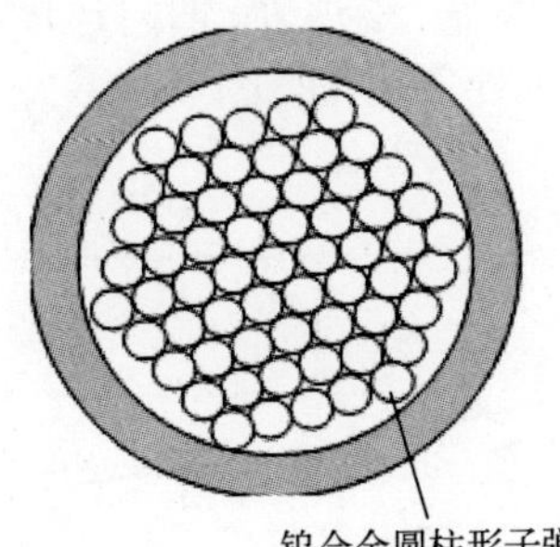

图 9-21　子弹在舱室内排列断面示意图

9.2.7.2　子弹飞行稳定性

开舱前，子弹和母弹以一定的速度沿外弹道飞行，并以一定的角速度沿弹轴旋转。开舱后，母弹舱室破裂，子弹获得轴向的附加速度和由于旋转角速度引起的切向速度，以及开舱瞬时母弹的牵连速度，在以上三种速度的作用下，子弹飞行方向与母弹轴线成一定角度。子弹飞行时每个柱形子弹也绕其自身轴线做高速旋转，从而保证了其飞行的稳定性。

9.2.7.3　子弹散布规律

根据相关解算模型，对子弹的散布特性进行计算机仿真及试验验证，图 9-22 为某多束弹开舱速度为炮口初速 75%时，开舱点为最大误差值情况下仿真与试验所得子弹散布结果，由图可知，圆锥形子弹散布规律，增大对目标的拦截面积，提高了弹丸的毁伤概率。

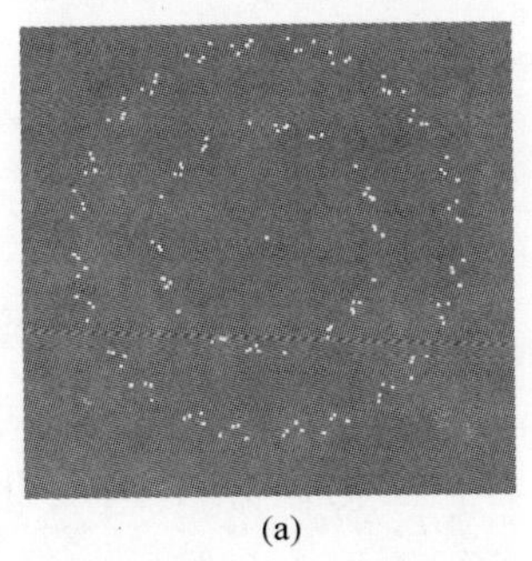
(a)

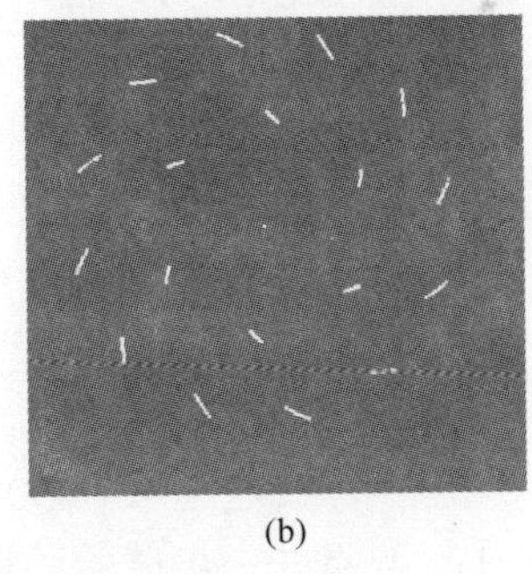
(b)

图 9-22　子弹散布计算机仿真图

(a) 轴向对齐排列子弹散布；(b) 均匀错位排列子弹散布。

9.2.7.4 子弹散射角

通过理论计算可知,子弹幕的飞散锥角并非一个常数,它与开舱点的速度和子弹飞散时间有关,如果开舱点速度不变,越远处,轴向速度减小,锥角增加。实际上,外圈子弹的运动轨迹的包络面是一个双曲面,图 9-23 为子弹幕飞散锥角与开舱点速度的关系曲线。

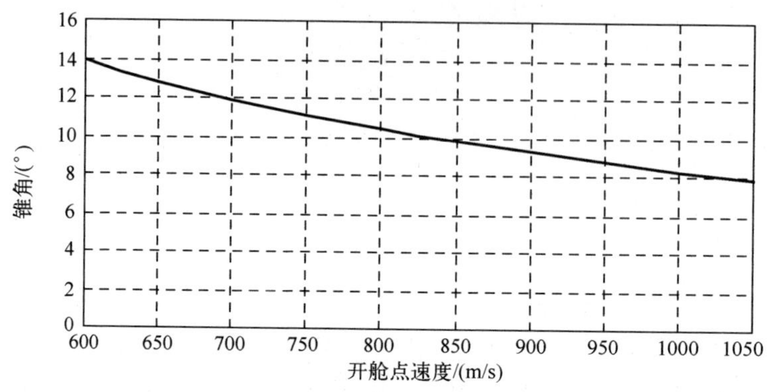

图 9-23 子弹云团飞散锥角与开舱点速度关系曲线

对于某国外多束定向预制破片弹,斜距在 3000m 之内,速度变化范围 1050600~1050m/s,其飞散锥角范围在 7.9°~13.9°,通过相关的试验可知,开舱点速度在 900m/s 左右时,子弹云团的飞散锥角为 9.8°~10.4°。

9.2.7.5 子弹散射面积

多束预制破片弹开舱后,在离心力的作用下子弹丸呈圆锥束发射出去,与目标相遇时子弹丸分布在一个圆形面上,依据相关理论计算可知,子弹的散射面积与引信的装定时间、弹丸存速密切相关,装定时间越短,弹丸存速越高,弹丸散射面积越小。

9.2.7.6 子弹毁伤威力计算

多束预制破片弹子弹的侵彻能力可采用式(9-18)计算:

$$V_j = k(hA)^{0.903} m^{-0.941} \tag{9-18}$$

式中 V_j——子弹的极限穿透速度(m/s);

A——弹碰靶时的迎风面积(受阻面积),可近似采用端面面积(cm^2);

m——子弹的质量(g);

h——靶板厚度(cm);

k——试验系数,这里取 3850,子弹形状、材料及靶板材料不同,此系数值不同,需要进一步试验验证。

当子弹向前运动过程中,受空气阻力作用,速度衰减服从以下规律:

$$V_d = V_k \cdot e^{-Kd} \tag{9-19}$$

$$K = \frac{c\rho_a A_s}{2m} \tag{9-20}$$

式中　V_k——开舱后子弹的速度(m/s),其速度等于弹丸开舱点速度加上开舱药对子弹的抛射速度;

c——空气的阻力系数(对柱形破片取 $c=1.16$);

m——破片质量(kg);

d——破片运动距离(m);

V_d——破片运动距离 d 后的速率(m/s);

A_s——破片平均迎风面积,由于子弹飞行稳定,其横截面积即为迎风面积;

ρ_a——空气密度(g/cm^3)。

将式(9-19)和式(9-20)代入式(9-18)即可得到子弹对靶板的侵彻能力。

为了计算多束定向预制破片子弹在不同距离处子弹的侵彻能力,对多束预制破片子弹的外弹道进行了简单的估算,估算条件为:弹重 750g,射角 45°,弹形系数 0.86 初速 1050m/s,计算结果如表 9-2 所列。

表 9-2　某国外多束预制破片子弹外弹道计算结果

斜距/m	速度/(m/s)	弹丸飞行时间/s
500.89	957.20	0.50
1003.11	872.24	1.05
1502.35	794.67	1.65
2002.32	722.97	2.31
2498.30	657.09	3.03
2998.39	595.42	3.83
3498.19	518.71	4.73
3999.33	448.75	5.77

考虑目标运动速度(300m/s)下,计算了多束定向预制破片弹不同开舱速度、不同开舱距离对靶板的侵彻能力,计算结果如图 9-24 所示。

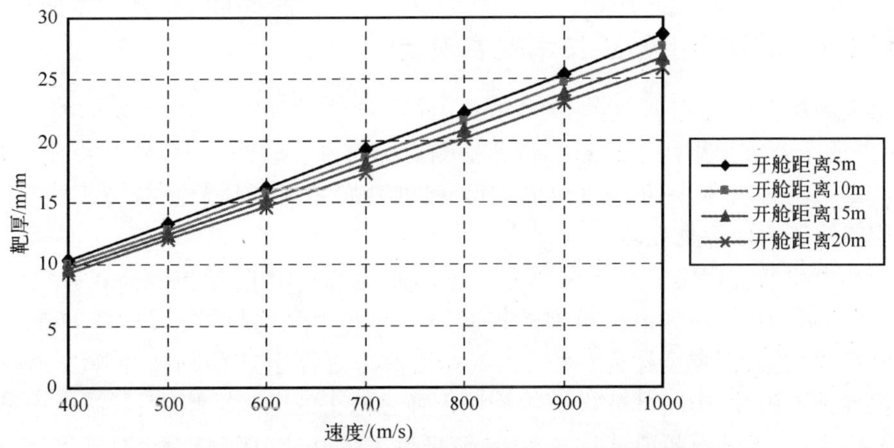

图 9-24　子弹侵彻能力与开舱点速度及开舱距离的关系

由计算结果可知:子弹的速度增加,穿透靶板的厚度增加,在 400~1000m/s 的范围内,子弹的侵彻能力和子弹的速度近似呈线性关系;如果弹丸开舱点的速度不变,开舱距离增加子弹的侵彻能力下降,但下降的幅度较小。

9.3 高炮简易弹道修正弹技术

高炮简易弹道修正弹是高炮弹药发展的方向之一。传统高炮炮弹发射后为无控飞行,命中毁伤是建立在对目标未来点的准确推断、高初速、短飞行时间的前提下。通过增加火力密集度(如采用提高自动机射速、多管炮、转膛炮、群炮齐射)等措施可以提高命中毁伤概率;或者采用无线近炸引信预制破片弹、多束定向预制破片弹等,能够对近程、直线飞行、薄装甲小目标的拦截打击起到显著效果。但是,增加火力密集度的技术途径使高炮过于庞大、复杂,且弹药消耗量大;采用无线电近炸引信的预制破片弹,抗电磁干扰能力低、探测小目标能力差、破片周向发射利用率低,毁伤效果不理想;采用炮口装定电子时间引信的多束定向预制破片弹,对近距离小目标具有很高的毁伤效果,但是对于远距离、变轨飞行的目标就显得力不从心。

针对未来高速变轨迹飞行目标或规避飞行目标,炮弹弹道的不可修正成为影响高炮高效毁伤目标的主要因素。即使是近程防空,也需要采用发射后能够根据目标变轨状态,实时修正炮弹弹道的简易弹道修正技术,提高高炮防空能力。而对于更远距离的高炮防空,非制导修正弹丸飞行时间更长、弹目偏差更大、毁伤概率就更低,发展炮弹弹道的简易弹道修正技术,可以进一步提高高炮防空能力。

高炮简易弹道修正技术是一种采用炮控制导指令进行弹道修正控制技术,利用高炮光电雷达对目标的探测能力、火控系统制导指令解算能力、配炮专用制导测控装置,最大限度地减少、减小弹载零部件,实现高炮炮弹简易制导的技术。

9.3.1 简易弹道修正技术发展现状

意大利梅拉拉公司研发的 OTO76mm 简易弹道修正弹已经完成样机研制,如图 9-25 所示。该弹采用炮载目标雷达探测目标轨迹、炮载测控装置解算制导指令、毫米波驾束指令制导,嵌于弹丸周向的微脉冲喷嘴(一种弹道修正执行机构)产生的反作用气体压力使弹丸变轨。

瑞典博福斯公司研发的具有弹道修正功能的 GJC4P 简易弹道修正弹已经批量装备部队,GJC4P 简易弹道修正弹的控制原理与意大利梅拉拉公司 OTO76mm 简易弹道修正弹相同,该弹全称为“喷气控制弹道修正近炸引信预制破片弹”,弹的前部装有钨球预制破片,中间部分设有数个用于弹道修正的微脉冲喷嘴,气源由小型燃气发生器产生;底部装有折叠式尾翼,用来降低弹丸的转速、接收指令信号。

图9-25　OTO76mm简易弹道修正弹

美国20世纪70年代开始了末端修正旋转稳定弹研究。早在2000年,美国陆军一高级官员称:“低成本弹道修正装置强调低成本的一面,目的是改善精度,而不是寻找目标”。有报道称美国正在开展“管射适应性弹药”的研究计划,其目标是为空军的机载20mm航炮研制一种全新的制导弹药。主要是在弹头内部均匀地设置几根压电陶瓷杆,当受到外来的压力时,这些压电陶瓷杆的长度会发生细微变化,这样便能够驱动弹头改变飞行方向。试验表明,该导引头最多可在各个方向上实现0.12°的偏转,其频率可达198Hz。

我国在高炮弹道修正弹系统技术研究起步较晚,但进步较快。

9.3.2　简易弹道修正弹工作原理

高炮跟踪雷达或光电探测器探测到目标后,根据目标信息推测目标未来坐标点和运动轨迹,控制高炮向未来点射击。在弹目相遇之前,如果目标始终直线飞行,炮弹将按照常规弹药击中目标。在弹目相遇之前,如果目标改变飞行轨迹,炮载简易弹道修正高速信息处理装置将根据目标信息,解算弹丸与目标偏差、解算制导修正指令、编码调制弹道修正指令,并通过发射天线传送毫米波驾束制导指令到飞行中的简易弹道修正弹。简易弹道修正弹利用尾部正交的尾翼天线接收制导指令信号,经过后续电路解调、解码获取制导指令数据。另外,利用弹尾正交天线在弹丸旋转过程中接收信号呈正旋曲线变化的特点,还通过后续电路解算出了弹丸旋转角,从而确定了嵌于弹丸周向的微脉冲喷嘴(一种弹道修正执行机构)点火顺序,实现弹丸按照制导指令控制的方向改变飞行轨迹。图9-26为GJC4P简易弹道修正弹示意图,图9-27为高炮简易弹道修正弹系统工作原理示意图。

高炮弹道修正弹主要依靠高炮射击精度,只在目标突发变轨后,在弹道某一段(基本是在终点)做较小修正,弹道修正执行机构也只能一次使用,如小型发动机只能作用一次,而且精度也有限,这方面与导弹或者末制导炮弹有区别,但这种弹道修正弹结构相对比较简单,技术难度相对也小,因此容易在小口径弹药上实现。

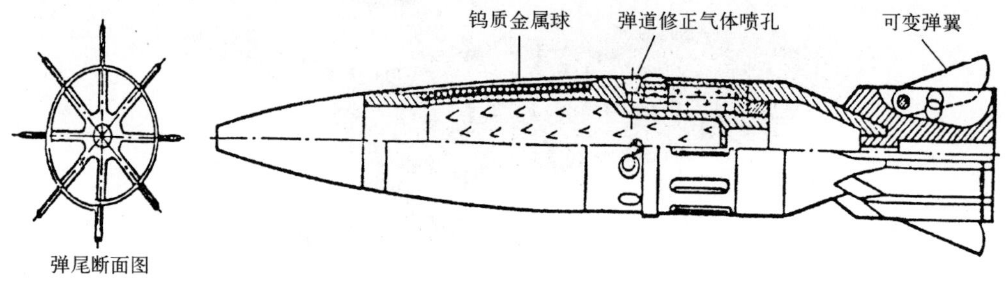

图 9-26　GJC4P 简易弹道修正弹示意图

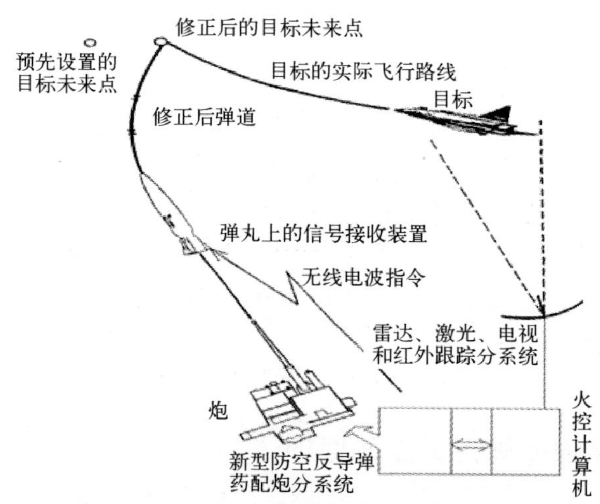

图 9-27　高炮简易弹道修正弹系统工作原理示意图

利用炮载目标雷达探测目标信息,使弹丸上不使用导引头;利用炮载制导指令测控装置同时传递制导指令和大地坐标基准信息,避开了弹载姿态传感器成本高、响应速度低、无法测量高速旋转弹丸自转角、不能承受高炮发射冲击过载等一系列问题,使弹丸结构简单,成本低廉,是一种非常适合高炮弹道修正的技术途径。

9.3.3　弹丸驾束制导原理

弹丸弹载接收天线接收到制导指令之后,实时测试到弹丸的旋转角度是实现弹道修正的关键。传统方法大多是利用弹丸上的姿态角传感器测试、解算旋转角度,此方法要求姿态角传感器要抗高过载、小体积且价格要便宜,因此不适合在小口径简易制导炮弹上应用。驾束制导是利用无线电波的正交极化特性(即电场和磁场相互垂直振荡辐射的特性),将大地坐标基准由炮载制导指令测控装置传递到飞行中的炮弹上,然后弹载电路根据正交变化的极化波信号,可以解算弹丸旋转角,进而根据弹丸旋转角和弹道修正指令唯一确定弹丸上的微脉冲喷嘴点火顺序的技术。图 9-28 为极化波空间特性示意图,极化波方向由发射天线的物理结构唯一确定,发射天线安装的空间关系一旦确定则极化波的电场和磁场方向将唯一确定。

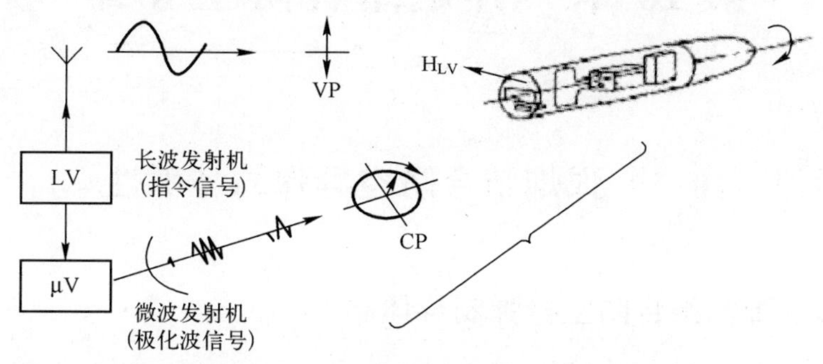

图 9-28　极化波空间特性示意图

9.3.4　弹道修正执行技术

1. 微脉冲喷嘴修正执行技术

微脉冲喷嘴修正执行技术又称力型控制修正技术,是通过在弹丸质心附近呈环状分布的横向喷流机构实现修正,利用由起爆装置、药柱或燃气发生器生成的能源,经电磁阀等控制,通过弹体侧壁开口的喷嘴喷射所产生的脉冲式推力矢量来修正弹丸的横向运动,达到修正弹丸弹道方向的目的,在弹丸飞行过程中该装置能进行多次修正。这种修正执行机构的特点是体积和质量小、启动时间短、产生的能量大、结构简单、成本低。

2. 气体修正执行技术

气体修正执行技术是一种借助于改变气流方向,改变作用在修正弹上的力和力矩的活动面来实施修正弹道的技术,是被广泛采用的传统飞行器控制手段之一。除常规的气动舵面外,弹道修正弹还可通过径向活动翼面、阻力环(板)、扰流片、活动围裙和用来改变头部外形的风帽等气动力手段来实现对飞行弹道的修正。

第 10 章　弹炮结合防空导弹

10.1　弹炮结合防空导弹的特殊性

10.1.1　弹炮结合防空导弹制导体制

导弹的制导体制可分为自主制导、遥控制导、寻的制导和复合制导体制等。但是,不是所有的防空导弹都适合与高炮结合构成弹炮结合防空武器。根据弹炮结合防空武器对防空导弹的要求,以下几种体制防空导弹适合形成自行弹炮结合武器:

(1) 自主制导类型中的程序制导;

(2) 遥控制导类型中的指令制导;

(3) 遥控制导类型中的雷达驾束或激光驾束制导;

(4) 寻的制导类型中的主动、半主动或被动制导;

(5) 寻的制导类型中的雷达、红外或紫外制导;

(6) 复合制导类型中的串联复合或并联复合制导。

10.1.2　几种体制防空导弹主要特点

10.1.2.1　自主制导体制

自主制导系统不需要导弹以外的任何信息,导引信号完全由弹上制导设备产生,控制导弹按预定弹道飞行。自主制导方式为程序制导时,按照预先给定的弹道程序控制导弹飞行;该制导体制的优点是设备简单,抗干扰性好,但导引误差会随导弹飞行时间的增加而增加,程序制导通常适用于防空导弹的初始段,很多现役防空导弹的初始段即为程序制导。

10.1.2.2　遥控制导体制

遥控制导体制常用于攻击活动目标,在防空导弹上大量采用,遥控制导体制可分为指令制导、驾束制导和 TVM 制导。

1. 指令制导

指令制导是由制导站的导引设备同时测量目标、导弹的位置和其运动参数,并在制导站形成制导指令,该指令通过无线或有线方式传送到弹上,弹上控制系统控制导弹飞向目标,防空导弹通常采用无线电方式传送制导指令。该制导体制在防空导弹领域得到广泛应用,瑞典 RBS-23、法国"响尾蛇"、俄罗斯"道尔"和俄罗斯的弹炮结合防空武器"通古斯卡"的 9M311、"铠甲"的 57E6 等防空导弹等均采用无线电指令制导。

2. 驾束制导

驾束制导是由制导站发出波束(无线电波束或激光波束),导弹在波束内飞行,弹上制导设备敏感导弹偏离波束中心的方向和距离,产生相应的导引指令,控制导弹沿波束中心飞向目标,其制导站也称为照射站。采用激光驾束制导体制的防空导弹有瑞典的 RBS-70 和国际合作的"阿达茨"防空导弹。

3. TVM 制导

TVM 制导是通过制导站测量目标与导弹的坐标,当导弹接近目标时,导弹上的测向仪接受目标散射的照射信号以测量目标相对于导弹的精确角度,并将测量得到的坐标数据通过下行通道发回制导站,由制导站进行处理,得出相应的导弹控制指令,再由制导站的指令发射机通过上行通道传送给导弹,控制导弹飞向目标。TVM 制导是在寻的制导导引头技术不过关的情况下提出的一种替代制导方法,是将半主动寻的的制导导引头分置,探测部分放在弹上,数据处理部分放在制导站的一种制导方法。

10.1.2.3　寻的制导体制

寻的制导体制是利用目标辐射或反射的能量制导导弹去攻击目标,寻的制导体制可分为主动寻的制导、半主动寻的制导和被动寻的制导体制。

1. 主动寻的制导

主动寻的制导是由弹上导引装置主动向目标发射能量,并接收目标反射的回波,按一定的制导规律形成导引信号,控制导弹飞向目标,以雷达和红外寻的制导体制应用较多。主动寻的制导可使导弹具备发射后不管的能力,但是,由于导弹尺寸限制,弹上发射机功率较小,作用距离受限。主动寻的制导常用于复合制导体制中的末制导。

2. 半主动寻的制导

半主动寻的制导是由制导站向目标发射能量,导弹接收经目标反射回来的回波,按一定的制导规律形成导引信号,控制导弹飞向目标。在半主动寻的制导中,制导站连续不断地跟踪和照射目标,导弹接收制导站照射信号的旁瓣作为频率基准;同时,导弹接收目标反射的照射信号,通过两个信号的对比获得导弹—目标接近的多普勒频移信号。半主动寻的制导作用距离与制导站照射能量相关,大于主动寻的制导,但抗击多目标能力受限,采用半主动寻的制导体制的防空导弹有美国的"霍克"防空导弹、意大利的"斯帕达"防空导弹和国内正在发展的激光半主动寻的防空导弹。

3. 被动寻的制导

被动寻的制导是由弹上导引装置接收目标辐射的能量，按一定的制导规律形成导引信号，控制导弹飞向目标，被动寻的制导的作用距离取决于目标辐射特性和弹上接收设备的性能，被动寻的制导不向目标辐射能量，保密性好。目前，现役的便携式防空导弹均采用被动寻的制导体制，如“毒刺”“QW”“HY”系列；另外，很多近程防空导弹采用被动寻的制导体制，如“PL”系列等。

10.1.2.4 复合制导体制

复合制导体制是由几种制导体制依次或协同参与工作，实现对导弹制导的联合制导体制，当一种制导体制不能满足战术指标要求时，可在导弹的不同飞行阶段采用不同的制导体制，实现较大的作用距离，达到较高的制导精度，具有较强的抗击多目标能力和较强的抗干扰能力，可充分发挥各种制导体制的优点，取长补短满足较高的战术指标要求，同时，这种体制也存在系统设备复杂等缺点。复合制导体制中的重要问题是复合方式的选择和不同制导体制的转换。由于复合制导体制具有诸多优点，使其在新型防空导弹中得到广泛应用。

10.2 弹炮结合防空导弹制导体制选择

10.2.1 弹炮结合导弹制导体制选择应考虑的因素

自行弹炮结合武器是将目标探测跟踪系统、导弹和火炮两种火力系统、火控系统、底盘系统集成为四位一体的弹炮结合武器。因此，要求各组成分系统体积小、重量轻、结构紧凑、兼容性好、控制流程和操作使用不能过于复杂、装备成本不能过高等。

基于以上考虑，国内外已装备的自行弹炮结合武器，其防空导弹制导体制的选择主要从以下几方面考虑：

(1) 采用发射后不管的红外寻的制导体制，简化自行弹炮结合武器的复杂程度；简化系统操作流程的同时，确保导弹具有较低的装备成本。

(2) 采用激光驾束制导体制，提高导弹抗主动干扰能力；同时，确保导弹具有较强的超低空作战能力和较低的装备成本。

(3) 采用无线电指令制导体制，采用两级导弹结构形式，在减小导弹体积、重量的同时，最大限度的提高导弹的有效射程和有效射高；同时，确保导弹具有较强的超低空作战能力和较低的装备成本。

以上各种制导体制又有其不足：

(1) 红外寻的制导体制作用距离近，抗主动干扰能力不强，受复杂气象环境影响大，因此，仅装备在第一代弹炮结合防空武器；

(2) 激光驾束制导体制同时抗击多目标能力不足,受复杂气象环境影响大,制导过程容易被目标探测,进而采取机动措施进行规避,影响导弹杀伤概率,仅"阿达茨"等少量自行弹炮结合武器采用;

(3) 无线电指令制导体制地面制导设备多、系统工作流程复杂,抗干扰能力偏弱。

10.2.2　弹炮结合防空导弹选择方法

根据以上弹炮结合防空导弹的特点,从防空导弹制导体制考虑,适合弹炮结合的防空导弹选择有以下几种。

10.2.2.1　激光半主动制导体制导弹

激光半主动制导体制是由地面制导设备在跟踪目标的同时不断由激光制导器照射目标,导弹导引头上的激光接收器接收目标反射的回波信号,弹上制导设备形成控制信号,实现对导弹的制导。激光半主动制导具有地面制导设备简单,导弹体积小、重量轻、成本低,制导精度高等特点,便于自行弹炮结合武器应用。

该制导体制涉及的关键技术有:对目标高精度平稳跟踪技术、大功率高频激光发射技术、激光半主动导引头技术和便携式防空导弹发动机增程技术等。

激光半主动制导体制也存在不足,主要表现在以下几个方面:

(1) 对目标跟踪系统的角跟踪精度要求较高,不便于老装备技术改造;

(2) 激光照射器照射功率较大,容易被装备激光告警器的目标探知而采取战术机动,进而影响对目标高精度平稳跟踪;

(3) 该制导方式受天候影响较大,潮湿和能见度不好的天候将影响导弹最大作用距离,同时,受大气衰减等因素影响,制导方式最大作用距离一般不大于 8km。

10.2.2.2　无线电指令制导体制导弹

从制导体制角度考虑,该制导体制的导弹作用距离较远、抗复杂天候能力强、导弹上制导设备简单、导弹成本较低、抗击超低空目标能力强。但是,根据目前跟踪制导雷达弹目测角精度,为确保导弹精确进入有效杀伤区,该制导体制的作战远界一般不超过 20km;否则,制导精度随导弹射程的增加而降低,当射程超过 20km 后,制导精度将明显降低;同时,该制导体制的地面制导设备涉及跟踪制导雷达、初始段测角设备、指令发射机和制导电子箱等,其组成设备繁多,工作流程复杂;制导过程包含目标跟踪、导弹初始段测角、导弹引入段和导引段测角、指令上传、导弹信标发射等信号在空间传播的过程,其中任何环节出现问题都将影响对导弹的有效控制,因此,其抗外界主动干扰能力不强。

目前,发展 10~20km 的防空导弹,选用无线电指令制导可以满足射程、精度等方面的要求,从抗干扰角度出发,采取毫米波段测角/指令传输、雷达跳频和光电测角等技术,可以明显提高导弹系统的抗干扰能力。

如果跟踪制导雷达采用相控阵体制,可以同时对多枚导弹制导,具备同时攻击多目标的能力。

10.2.2.3 复合制导体制导弹

综合国内外防空导弹的技术现状和发展趋势,任何单一的制导体制可能无法使导弹为适应未来战场环境在作战远界、制导精度、抗干扰能力、全天候作战能力、导弹装备成本和系统复杂性等方面取得较好的综合效果;因此,复合制导是未来导弹制导体制的发展趋势,同时,也是自行弹炮结合武器的导弹制导体制的发展趋势。常用的复合制导体制有以下几种:

(1) 雷达驾束+红外寻的复合制导。该制导方式可实现作战远界 20km 以上,且地面制导设备简单、制导精度高、导弹装备成本低。该制导体制采用串联复合制导形式,由雷达驾束将导弹导引到目标附近,红外寻的导引头发现目标后,制导体制转为红外寻的进行末端精确制导。

(2) 无线电指令+红外寻的复合制导。为适应未来战场的需求,如果需要将导弹的作战远界提高到 20km 以上,单纯的采用无线电指令制导方式已无法满足要求;为此,采用无线电指令+红外寻的并行复合制导方式可在导弹作战远界、制导精度、制导复杂性、抗干扰能力和导弹装备成本等方面取得平衡。

该制导体制抗干扰能力、抗击机动目标能力较雷达驾束+红外寻的串联复合制导形式明显提高。当目标距离小于 12km 时,导弹系统可采用无线电指令制导方式将导弹制导到目标附近,红外寻的进行末端精确制导,可确保较高的制导精度;当目标实施红外主动干扰时,可采用无线电指令制导方式,在确保足够导引精度的前提下,实施对目标的有效打击;当目标距离大于 12km 时,导弹系统可采用无线电指令制导方式将导弹制导到目标附近,红外寻的进行末端精确制导。

(3) 程序+无线电指令+红外寻的复合制导。该复合制导体制主要是通过程序+无线电指令的并联复合制导,提高同时抗击多目标的能力,通过程序+无线电指令与红外寻的串联复合制导,使导弹具备远程(20km 以上)精确打击能力。

抗击多目标时,由搜索雷达发现目标后,跟踪线和火力线瞄准目标,发射导弹后导弹按照程序弹道飞行,此时,跟踪线和火力线可转入对另一目标的跟踪,搜索雷达每次探测到被导弹攻击的目标新信息后,通过计算将新弹道数据通过搜索雷达上集成的指令发射机将新弹道信息发送到导弹,导弹接收到信息后按照新的程序弹道飞行,这样,搜索雷达可同时探测多个目标信息,计算、发送多枚导弹弹道信息,各枚导弹按照自己的程序弹道飞向目标,当导弹临近目标后,转为红外复合制导,自主攻击目标。

随着未来相关新技术的出现,新型制导体制也将得到应用,必将极大地提高防空导弹的作战性能。

10.3　防空导弹发射诸元计算

导弹的发射诸元就是发射装置在导弹发射时的高低角 $\varepsilon_d(t)$ 和方位角 $\beta_d(t)$ 的数值,与导弹采用的导引规律紧密相关,其目的是使导弹具有较好的初始弹道。导弹飞行最佳弹道应当使其在飞行段的弹道曲率比较小,弹道曲率小表现为导弹飞行弹道比较平直;反之,弹道就比较弯曲。弯曲的弹道使导弹要承受法向力,并产生法向加速度。当弹道弯曲大时,要求导弹产生较大的法向过载,当需用的法向过载大于设计极限时,在这段弹道上导弹飞行将失去控制。如果这个现象发生在与目标遭遇段,必然要影响导弹的命中精度。所以,合理选择飞行弹道是自行弹炮结合武器火控系统设计中一个相当重要的环节。

控制导弹按某种轨迹飞向目标的制导规律可分为两类:

(1) 二元法,即控制导弹飞行的参量,仅与目标及导弹二者之间的相互运动有关的法则,如追踪法、平行接近法和比例导引法等。

(2) 三元法,即控制导弹飞行的参量,与目标、导弹和制导站三者之间的相互运动有关的法则,如三点法,前置量法,逐次逼近法等。

寻的制导的制导规律一般是比例导引法,该制导规律的实现是由弹上计算机中完成的,不属于自行弹炮结合武器火控系统的任务范畴。

指令制导一般可采用单雷达跟踪体制和双雷达制导体制两种。在单雷达跟踪体制下,可采用三点法与半前置角法。在双雷达跟踪体制下,常采用比例导引制导方法,也可采用近似平行接近法。

下面主要给出寻的制导及指令制导两种制导方式的发射诸元计算模型,以及指令制导的导引规律算法模型。

10.3.1　寻的制导发射诸元及装定诸元

寻的制导的发射诸元包括导弹发射装置的方位提前角、高低提前角。装定诸元是火控系统为确保导引头尽早捕获目标或截获回波而在发射前为导弹导引头装定的一系列参数,通常包括导引头预置角和导引头跟踪回路装定参数等。

1. 发射装置的发射角算法模型

寻的制导导弹通常都要经过一段无控飞行后,才按比例制导的规律控制拦击目标。

$$\beta_{\mathrm{D}} = \beta_{\mathrm{m}} + k_1 \dot{\beta}_{\mathrm{m}} \tag{10-1}$$

$$\varepsilon_{\mathrm{D}} - \beta_{\mathrm{m}} + k_2 \dot{\varepsilon}_{\mathrm{m}} \tag{10-2}$$

式中　$\beta_{\mathrm{D}}, \varepsilon_{\mathrm{D}}$——测得的导弹方位角和高低角(mrad);

β_m,ε_m——测得的目标方位角和高低角(mrad);

$\dot{\beta}_m,\dot{\varepsilon}_m$——目标方位角速度和高低角速度(m/s);

k_1,k_2——比例系数。

假设导弹起控瞬时 t_0的速度矢量,满足导弹-目标视线角速度为零的要求,并且,从 t_0开始,导弹和目标的速度都保持该时刻的大小和方向不变,则导弹-目标的视线平行于初始状态的连线,理论起控偏差不存在。

2. 导引头装定参数算法

半主动寻的制导体制,目标照射器在地面上,弹上设置的半主动寻的导引头则接收雷达照射器或激光照射器经目标反射的回波信号,并据此形成控制导弹的指令,控制导弹按规定的弹道飞向目标。因此,除了根据目标运动参数及导引方法选择导弹的飞行弹道作为控制导弹飞行的基准外,还需要弹上制导设备在导弹起控前能截获目标的回波信号。为了缩短弹上导引头的搜索时间,并保证在导弹起控前能截获目标,火控系统应对导弹上的导引头天线进行角度预定,以便导弹起控前能迅速截获目标。截获方式分空中截获与地面架上截获两种,预定信号除导引头天线角度参数外,还有导引头的速度跟踪回路的多普勒频率参数。

导引头接收天线角度预定:

$$\beta_t=\arctan a/b$$

$$\varepsilon_t=\arctan C\cos\beta_t/b$$

$$a=\cos\varepsilon_s\sin(\beta_s-\beta_D)$$

$$C=\sin\varepsilon_s\cos\varepsilon_D-\cos\varepsilon_s\sin\varepsilon_D\cos(\beta_s-\beta_D)$$

$$b=\cos\varepsilon_s\cos\varepsilon_D\cos(\beta_s-\beta_D)+\sin\varepsilon_s\sin\varepsilon_D$$

式中 β_t,ε_t——导弹方位预定角及高低预定角(mrad);

β_D,ε_D——导弹发射方位角及高低角(mrad);

β_s,ε_s——导弹与目标视线方位角及高低角(mrad)。

多普勒频率的计算形式为

$$F_D=2V_r/\lambda \tag{10-3}$$

$$V_r=V_{mHt}\sin\varepsilon_{mF}+V_{mxt}\cos(\beta_{mF}-\beta_D)\cos_{mF} \tag{10-4}$$

式中 V_r——导弹与目标之间的径向速度(m/s);

λ——连续波照射雷达的波长(m);

$\beta_{mF},\varepsilon_{mF}$——目标相对射击坐标系方位角和高低角(mrad);

V_{mHt},V_{mxt}——t_0时刻目标速度在垂直和水平方向上投影。

3. 导弹的低射角限制

由于导弹在发射出去的一段时间内速度较低,此时如果导弹发射架的高低角较小,导弹发射后可能落到地面上。为防止此种情况发生,需求出导弹与水平面的夹角,当他小于其最低安全角度要求时,强制使其大于等于该角度。

如图 10-1 所示，假设车体的姿态角为：航向角 K，横摇角 ψ，纵摇角 θ。

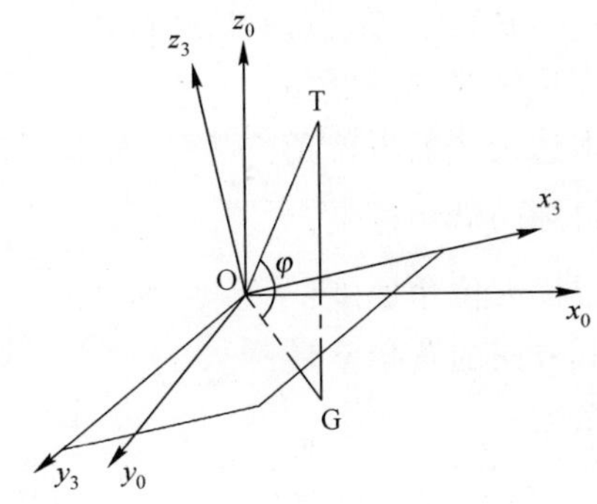

图 10-1　导弹发射架与水平面的夹角示意图

允许导弹与大地水平面的最低射角为 $\varepsilon_{\min}$；导弹方位提前角为 β_D，高低提前角为 ε_D，距离为 D_{is}，则

$$x_c = D_{is}\cos\varepsilon_D\cos\beta_D \tag{10-5}$$

$$y_c = D_{is}\cos\varepsilon_D\sin\beta_D \tag{10-6}$$

$$z_c = D_{is}\sin\varepsilon_D \tag{10-7}$$

假设导弹发射架与水平面的夹角为 φ，由图 10-1 及式（10-5）~式（10-7），可以得出

$$\begin{aligned}\sin\phi = z_0/D_{is} = (x_c\sin\psi + y_c\cos\psi\sin\theta + z_c\cos\psi\cos\theta)/D_{is} = \\ \cos\varepsilon_D\cos\beta_D\sin\psi + \cos\varepsilon_D\sin\beta_D\cos\psi\sin\theta + \sin\varepsilon_D\cos\psi\cos\theta\end{aligned} \tag{10-8}$$

$$\varphi = \arcsin(\cos\varepsilon_D\cos\beta_D\sin\psi + \cos\varepsilon_D\sin\beta_D\cos\psi\sin\theta + \sin\varepsilon_D\cos\psi\cos\theta \tag{10-9}$$

φ 是导弹发射架与水平面的夹角，当判定 $\varphi \geqslant \varepsilon_{\min}$ 时输出导弹发射角；否则需将 $\varepsilon_{\min}$ 转换到车体坐标系后输出。

10.3.2　指令制导导弹的发射诸元模型

当指令制导仅仅用于初制导和中制导阶段，且采用比例导引制导规律时，这时的发射诸元与寻的制导相同。

当指令制导采用三点法或半前置角法作为制导规律时，发射诸元需要专用模型进行计算。因为从导弹离开发射装置到导弹进入雷达波束前，往往有几百米甚至更远的距离，雷达距离波门等待在这一段距离上，一旦导弹进入雷达波束中，导弹上的应答信号即被雷达波门截获。显然，发射诸元计算的目的是使导弹经过无控飞行段后，在规定的时间内，进入雷达波束扫掠扇面中心位置，以减少导弹弹道引入段的初始偏差，从而可迅速地结束导弹大偏差飞行的引入段制导，进入到小偏差飞行的引导段制导，有利于提高命中精度。此类导弹的发射诸元（高低角和方位角）算法一般具有如下形式：

$$\varepsilon_d(t)=\varepsilon_0+\varepsilon_{LT}(t)+F_1\dot{\varepsilon}_M(t) \tag{10-10}$$

$$\beta_d(t)=\beta_{LT}(t)+F_2\dot{\varepsilon}_M(t) \tag{10-11}$$

式中 $\varepsilon_{LT}(t)$——发射时雷达天线的高低角；

$\beta_{LT}(t)$——发射时雷达天线的方位角；

$\dot{\varepsilon}_M(t)$——发射时目标高低角速度；

$\dot{\beta}_M(t)$——发射时目标方位角速度；

ε_0——初始高低方向前置角常量；

F_1、F_2——比例常系数。

10.4 杀伤区和杀伤概率及可发射率计算

10.4.1 防空导弹杀伤区计算

1. 导弹杀伤区边界计算模型

导弹杀伤区包括高界、低界、上近界、下近界、近界、侧界、远界、航路捷径等，其计算模型如下：

（1）杀伤区高界方程：

$$Z=Z_1-Z_0 \tag{10-12}$$

（2）杀伤区低界方程：

$$Z=Z_2 \tag{10-13}$$

（3）杀伤区上近界方程：

$$Z=\sqrt{X^2+Y^2}*\tan\alpha \tag{10-14}$$

（4）杀伤区下近界方程：

$$R_2=\sqrt{X^2+Y^2+Z^2} \tag{10-15}$$

（5）杀伤区侧界方程：

$$Y=X\tan\beta \tag{10-16}$$

（6）杀伤区远界方程：

$$R_1=\sqrt{X^2+Y^2+Z^2} \tag{10-17}$$

（7）杀伤区航路捷径：

$$(|Y/\sin\beta|+b\cos\beta)^2+Z^2=R_1^2-(b\sin\beta)^2 \tag{10-18}$$

其中，$b=|V_{mxt}*\Delta t_D(N_F-1)|$

式中 Δt_D——两发导弹发射间隔；

N_F——导弹连发；

Z_0——海拔高度；

Z_1——杀伤区高界；

Z_2——杀伤区低界；

R_1——杀伤区远界；

R_2——杀伤区近界。

2. 弹炮结合武器垂直杀伤区

弹炮结合武器垂直杀伤区示意图如图 10-2 所示。

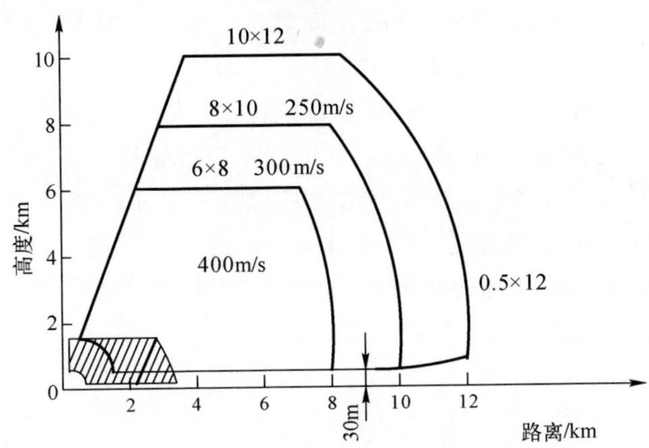

图 10-2　弹炮结合武器垂直杀伤区示意图

图 10-2 中横坐标代表杀伤区水平距离、纵坐标代表杀伤区高度。图中给出的数据为示意性数据，阴影部分为火炮对某空袭武器的杀伤区，从图中可以看出火炮与导弹的杀伤区有一定的重合，当在此重合区域时，应按照一定的条件和优先准则选用一种武器进行作战。

10.4.2　防空导弹杀伤概率计算

防空导弹单发杀伤概率定义为“单发导弹对目标摧毁事件发生的概率”。影响单发杀伤概率的因素包括导弹制导精度、引战配合效率、战斗部威力和目标易损性等。引战配合效率与引信启动点分布、和战斗部破片动态飞散区直接相关。

计算导弹单发杀伤概率的方法有很多，有代表性的方法有两类：一类称为概率密度积分法，即在求出三维坐标毁伤规律、引信启动点概率分布密度和制导武器分布概率密度的基础上，用数值积分或解析的方法求取单发杀伤概率；另一类称为统计试验法又称蒙特卡洛法，即对影响杀伤概率的随机变量如启动点坐标等进行随机抽样，再计算处在这些随机变量抽样条件下对目标的毁伤概率，把多出计算得到的这种毁伤概率的平均值作为导弹的单发杀伤概率。本书主要给出计算防空导弹杀伤概率的概率密度积分法。

10.4.2.1 防空导弹的单发杀伤概率基本表达式

防空导弹的单发杀伤概率可表达为

$$P_1 = \int_{-\infty}^{\infty}\int_{-\infty}^{\infty}\int_{-\infty}^{\infty} S_g(x,y,z)P_d(x,y,z)\,\mathrm{d}x\mathrm{d}y\mathrm{d}z \tag{10-19}$$

式中 x,y,z——在某坐标系中的导弹相对目标的坐标，通常取在相对速度坐标系；

$S_g(x,y,z)$——引信引爆战斗部的炸点三维坐标概率密度分布函数；

$P_d(x,y,z)$——战斗部条件杀伤概率或三维坐标毁伤规律，它是在给定炸点三维坐标(x,y,z)的条件下战斗部对目标的毁伤概率。

10.4.2.2 导弹目标脱靶参数计算

导弹在遭遇段相对目标的脱靶参数包含脱靶量和脱靶方位两个参数，见图 10-3。脱靶平面定义为通过目标中心所作的垂直于导弹与目标相对运动轨迹的平面。在此平面上定义脱靶量及脱靶方位，相对运动轨迹与脱靶平面的交点 P 称为脱靶点。导弹战斗部中心沿相对运动轨迹运动时离目标中心的最小距离，即脱靶点 P 与目标中心点 O 的联线 OP 的长度 ρ 称为脱靶量，而 OP 线在脱靶平面上的方位角 θ 称为脱靶方位，在本书中，θ 角定义为 OP 与 Oy 轴的夹角。

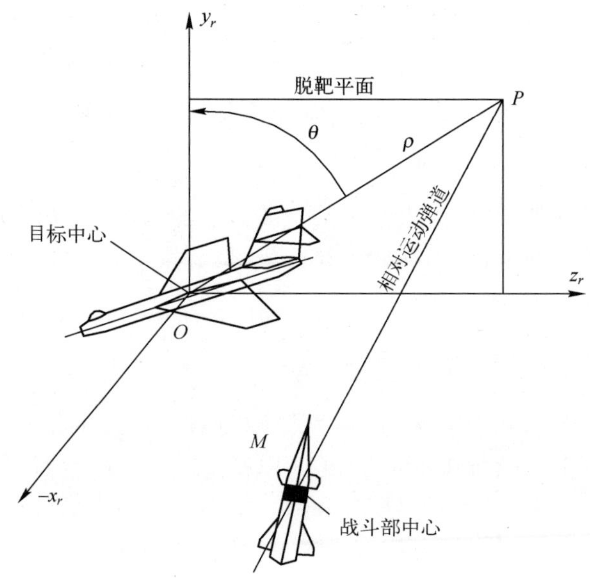

图 10-3 导弹与目标交会脱靶参数示意图

对不同的脱靶量和脱靶方位，引战配合效率是不同的，通常脱靶参数 ρ,θ 为服从一定规律分布的随机变量，在引战配合分析和单发杀伤概率计算时，需给出脱靶参数的分布函数，并对引战配合效率或杀伤概率进行统计分析；例如用给定的概率密度分布进行积分或用随机抽样统计法（蒙特卡洛法）进行统计平均。

在图 10-3 相对速度坐标系中，在遭遇段，导弹相对目标沿平行于 x_r 轴的直线做运动，导弹的脱靶量 ρ 及脱靶方位 θ 在相对运动时保持不变，因此单发杀伤概率可用相对速度坐标系中的圆柱坐标 (ρ,θ,x_r) 来表示，此时有

$$S_g(x_r,y_r,z_r)=P_f(\rho,\theta)f_g(\rho,\theta)f_f(x_r\mid_{\rho,\theta}) \tag{10-20}$$

$$y_r=\rho\cos\theta \tag{10-21}$$

$$z_r=\rho\sin\theta \tag{10-22}$$

式中　$P_f(\rho,\theta)$——脱靶条件为 ρ,θ 下，引信的启动概率；

$f_g(\rho,\theta)$——制导误差是 ρ,θ 的二维分布密度函数；

$f_f(x_r\mid_{\rho,\theta})$——脱靶条件为 ρ,θ 下，引信启动点一维坐标 x_r 分布密度函数。

由式(10-19)可化为

$$P_1=\int_0^{\infty}\int_0^{2\pi}f_g(\rho,\theta)P_f(\rho,\theta)\int_{-\infty}^{\infty}f_f(x_r\mid_{\rho,\theta})\times P_d(x_r\mid_{\rho,\theta})\,\mathrm{d}x_r\mathrm{d}\theta\mathrm{d}\rho \tag{10-23}$$

定义引信战斗部联合条件杀伤概率 $P_{df}(\rho,\theta)$ 为

$$P_{df}(\rho,\theta)=P_f(\rho,\theta)\int_{-\infty}^{\infty}f_f(x_r\mid_{\rho,\theta})P_d(x_r\mid_{\rho,\theta})\,\mathrm{d}x_r \tag{10-24}$$

$P_{df}(\rho,\theta)$ 代表在给定脱靶参数 (ρ,θ) 条件下的引战配合效率，它与制导误差的散布无关，因此它可用来评定引信与战斗部自身配合效率的指标，单发杀伤概率可表示为

$$P_1=\int_0^{\infty}\int_0^{2\pi}f_g(\rho,\theta)P_{df}(\rho,\theta)\,\mathrm{d}\theta\mathrm{d}\rho \tag{10-25}$$

设脱靶参数中系统误差为 m_y,m_z，随机误差标准差为 σ_y,σ_z，且两方向误差互相独立，则制导误差的概率密度函数 $f_g(\rho,\vartheta)$ 有

$$f_g(\rho,\theta)=\frac{\rho}{2\pi\sigma_y\sigma_z}\exp\left[-\frac{(\rho\cos\theta-m_y)^2}{2\sigma_y^2}-\frac{(\rho\sin\theta-m_z)^2}{2\sigma_z^2}\right] \tag{10-26}$$

在给定脱靶量 ρ_{m} 的半径内，如果 $P_{df}(\rho,\theta)=1$，则单发杀伤概率计算变成落入给定脱靶圆的概率的计算。

考虑空袭武器易损性和不同防空导弹战斗部的差异，为了更准确计算单发导弹的杀伤概率，还可采用计算“条件杀伤概率计算”的方法。

10.4.2.3　落入脱靶圆概率计算

在脱靶误差服从二维正态分布的条件下，落入给定半径 ρ_0 内的概率为

$$P(\rho_0)=\int_0^{\rho_0}\int_0^{2\pi}f_g(\rho,\theta)\,\mathrm{d}\theta\mathrm{d}\rho \tag{10-27}$$

其中，$f_g(\rho,\theta)$ 为脱靶参数分布函数，在一般情况下式(10-27)用两重积分或蒙特卡洛法求取，但在以下几种常见的特殊情况下可以简化。

1. 圆分布落入概率

当 $\sigma_y=\sigma_z=\sigma$ 制导误差的概率密度分布为圆分布，此时 $f_g(\rho,\theta)$ 可写成

$$f_g(\rho,\theta)=\frac{\rho}{2\pi\sigma^2}\exp\left[-\frac{\rho^2+m^2+2m\rho\cos(\theta-\theta_0)}{2\sigma^2}\right] \tag{10-28}$$

其中，m 为制导总系统误差，可按下式计算

$$m=\sqrt{m_y^2+m_z^2} \tag{10-29}$$

θ_0 为总系统误差所在脱靶平面 y_rz_r 的方位，从 y_r 轴算起。

$$\tan\theta_0=m_z/m_y \tag{10-30}$$

令
$$t=\rho/\sigma$$
$$a=m/\sigma$$

则
$$d\rho=\sigma dt$$

代入式(10-27)得落入概率

$$P(\rho_0/\sigma)=\int_0^{\rho_0/\sigma} t\exp[-(t^2+a^2)/2]I_0(at)dt \tag{10-31}$$

其中，

$$I_0(at)=\frac{1}{2\pi}\int_0^{2\pi}\exp[-at\cos(\theta-\theta_0)d\theta \tag{10-32}$$

2. 椭圆分布落入圆内的概率

当系统误差 $m=0$ 时，可以对椭圆分布落入圆内的概率用级数形式表示和计算。设 y_r,z_r 两方向误差相互独立，则二维椭圆正态分布为

$$f_g(y_r,z_r)=\frac{1}{2\pi\sigma_y\sigma_z}\exp\left[-\frac{y_r^2}{2\sigma_y^2}-\frac{z_r^2}{2\sigma_z^2}\right] \tag{10-33}$$

落入半径为 ρ_0 内的概率

$$P(\rho_0)=P(\rho<\rho_0)=\int_0^{\rho_0}d\rho \tag{10-34}$$

其中，

$$\varphi(\rho)=\int_0^{2\pi}\frac{\rho}{2\pi\sigma_y\sigma_z}\exp\left[-\frac{\rho^2}{2}\left(\frac{\cos^2\theta}{\sigma_y^2}+\frac{\sin^2\theta}{\sigma_z^2}\right)\right]d\theta \tag{10-35}$$

$\phi(\rho)$ 函数亦可化为贝塞尔函数 $I_0(X)$ 的表达式：

$$\phi(\rho)=\frac{\rho}{\sigma_y\sigma_z}\exp\left[-\rho^2\left(\frac{\sigma_y^2+\sigma_z^2}{4\sigma_y^2\sigma_z^2}\right)\right]I_0(X) \tag{10-36}$$

其中

$$X=\frac{\rho^2(\sigma_z^2-\sigma_y^2)}{4\sigma_y^2\sigma_z^2} \tag{10-37}$$

先设 $\sigma_z>\sigma_y$，则 $m=\sigma_y/\sigma_z<1$，并设

$$t=\frac{\rho^2(\sigma_z^2+\sigma_y^2)}{4\sigma_y^2\sigma_z^2} \tag{10-38}$$

$$k=\frac{\sigma_z^2-\sigma_y^2}{\sigma_y^2+\sigma_z^2}=\frac{1-m^2}{1+m^2} \tag{10-39}$$

则

$$X=kt$$

$$\mathrm{d}t=\frac{2\rho(\sigma_z^2+\sigma_y^2)}{4\sigma_y^2\sigma_z^2}\mathrm{d}\rho \tag{10-40}$$

此时落入概率可写成

$$P(\rho_0)=\frac{2m}{1+m^2}\int_0^{\tau}\exp(-t)I_0(kt)\,\mathrm{d}t \tag{10-41}$$

其中，

$$\tau=\frac{1+m^2}{4m^2}(\rho_0/\sigma_z)^2 \tag{10-42}$$

定义函数

$$J_e(k,\tau)=\int_0^{\tau}\exp(-t)I_0(kt)\,\mathrm{d}t \tag{10-43}$$

则落入概率

$$P(\rho_0)=\frac{2m}{1+m^2}J_e(k,\tau) \tag{10-44}$$

10.4.2.4　条件杀伤概率计算

战斗部条件概率是在给定脱靶参数和启动点(x_r,ρ,θ)的条件下战斗部对目标杀伤事件发生的概率，又称三维坐标毁伤规律 $P_d(x_r\mid_{\rho,\theta})$。这里考虑了两种毁伤效应，即破片对目标要害部位的杀伤作用和冲击波对目标的爆破毁伤作用。

目标的要害分布及性质变化很大，在计算战斗部条件杀伤概率 $P_d(x_r\mid_{\rho,\theta})$时，需要对目标的要害分布作一种统一的假设。这里给出两类目标要害部位分布模型，一种为要害舱段杀伤模型，它假设目标由几个要害舱段组成。这类模型要求每个舱段给出它的几何尺寸、位置和性质，因此在给定具体目标时可用此模型；另一种为直杆杀伤模型，它假设目标由多条等效直杆组成，每条直杆代表机身、机翼、发动机吊舱等主要构件，这种模型简化了计算，便于在不对特定目标结构进行详细分析时使用。

1. 目标要害舱段杀伤模型

按此模型战斗部条件杀伤概率可表示为

$$P_d(x_r\mid_{\rho,\theta})=1-\prod_{k=1}^{k_{\max}}(1-P_{dk}) \tag{10-45}$$

式中 P_{dk}——第 k 种毁伤效应在起爆点为 $(x_r|_{\rho,\theta})$ 时之杀伤概率；

$k_{\max}$——毁伤效应和机理总数，包括单个舱段洞穿杀伤概率、舱段组合杀伤概率、引燃概率、引爆概率和冲击波毁伤概率等。

1）洞穿概率

设 P_{d1} 为驾驶舱等重要单个设备舱段的洞穿杀伤概率，这些舱段假设为独立的可杀伤舱段，即杀伤其中任一舱段就能使目标毁伤。

$$P_{d1} = 1 - \exp\left[-\sum_{j=1}^{j_1} N_j P(E_j)\right] \tag{10-46}$$

式中 j_1——这类舱段总数；

N_j——j 舱段命中破片平均数；

$P(E_j)$——单枚破片对 j 舱段的洞穿杀伤概率。

2）引燃概率

设 P_{d3} 为油箱引燃概率

$$P_{d3} = 1 - \exp\left[-\sum_{j=j_2+1}^{j_3} N_j P(W_j)\right] \tag{10-47}$$

其中 $P(W_j)$ 为单枚破片对 j 个油箱引燃概率，假设对油箱的引燃首先要对油箱外壁及障碍物进行洞穿，且洞穿与引燃互相不相关，则

3）引爆概率

在对付飞机一类目标时，通常引爆概率很低，可不作考虑，但在拦截战术弹道式导弹时，防空导弹战斗部必须要引爆其弹头才能完成拦截使命。因此，必须要考虑对弹头的引爆概率。

设 P_{d4} 为单枚破片对弹头或炸弹舱的引爆概率

$$P_{d4} = 1 - \exp\left[-\sum_{j=j_3+1}^{j_4} N_j P(U_j)\right] \tag{10-48}$$

其中，$P(U_j)$ 为单枚破片对 j 个炸弹炸弹舱或弹头的引爆概率。

4）冲击波毁伤概率

设 P_{d5} 为冲击波对目标的毁伤概率，并假设 P_{d5} 与冲击波超压 ΔP_m 和冲量 I 的关系为

$$P_{d5} = \begin{cases} 0, \text{当 } \Delta P_m \leqslant \Delta P_{cr} \text{ 或 } I \leqslant I_{cr} \\ (\Delta P_m - \Delta P_{cr})(I - I_{cr})/D_N, \text{当 } \Delta P_m > \Delta P_{cr} \text{ 且 } I > I_{cr} \\ 1, \text{当 } (\Delta P_m - \Delta P_{cr})(I - I_{cr}) \geqslant D_N \end{cases} \tag{10-49}$$

$$D_N = (\Delta P_f - \Delta P_{cr})(I_f - I_{cr}) \tag{10-50}$$

式中 $\Delta P_m, I$——爆炸高度为 H，距离为 R 时之冲击波超压及冲量值；

$\Delta P_{cr}, I_{cr}$——易损构件材料的动态应力达到动态屈服极限时的冲击波超压及冲

量值；

$\Delta P_f, I_f$——易损构件材料的动态应力达到动态破坏强度。

ΔP_m 及 I 的计算可见本书第 8 章式(8-4)及式(8-6)。它们与目标身上冲击波到离炸点最近的易损构件的距离 R 有关，设冲击波易损构件数为 N_k 个，各构件离炸点距离为 $R_k, k=1,2 \quad N_k$ 则

$$R = \min_{k=1}^{N_k} R_k \tag{10-51}$$

2. 直杆杀伤模型

这种模型假设目标由一组等效直杆所组成，这些等效直杆代表机身、机翼、尾翼、发动机舱等易损构件，如图 10-4 所示。

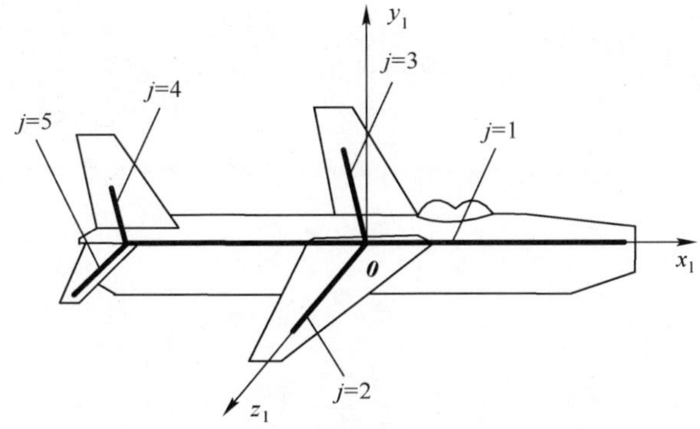

图 10-4　直杆杀伤模型的目标易损构件

此模型假设当这些直杆的任意一个落入战斗部破片的动态飞散带时就认为目标受到一定概率的杀伤，此杀伤概率决定于杀伤部位的距离，而不单独考虑命中破片数。此模型主要适用于破片聚焦式、连续杆式战斗部。这些战斗部对目标的杀伤主要靠密集的破片流或连续杆对目标构件的“切割”作用，因此目标机身上只要被“切割”能引起整体毁伤的部位都可以列为能杀伤的等效直杆。按此模型计算战斗部条件杀伤概率只考虑各直杆的命中和杀伤。计算战斗部三维坐标毁伤规律仍用类似式(10-45)：

$$P_d(x_r \mid_{\rho,\theta}) = 1 - \prod_{j=1}^{m} (1 - P_{dj}) \tag{10-52}$$

其中，m 为目标可杀伤直杆总数，P_{dj}为战斗部对第 j 个直杆的杀伤概率。对于等效直杆模型，只考虑洞穿杀伤效应，P_{dj}可按式(10-46)计算。

10.4.3　防空导弹可发射率计算

可发射率是反映自行弹炮结合武器效能的重要参数，它的内涵是指自行弹炮结合武器对以 λ 为目标流强度的 peisson 流作战时目标被射击的概率。

防空导弹系统可发射率可表示为

$$P_f = 1 - \frac{\dfrac{\lambda^m}{m! \cdot \mu^m}}{\sum_{i=0}^{m} \dfrac{\lambda^i}{i! \cdot \mu^i}} \tag{10-53}$$

式中 λ——目标流强度(次/min);

$\mu = 1/\mathrm{T}$;

T——系统的平均火力周期(min);

m——目标通道数。

第 11 章　高炮毁伤概率

11.1　毁伤定律与弹道诸元计算

11.1.1　毁伤类型和判据与定律

1. 毁伤类型

毁伤目标的基本类型可区分为命中毁伤型、破片杀伤型和覆盖毁伤型三种。在高炮射击中,三种毁伤类型均涉及到。

(1) 命中毁伤型。战斗部配着发引信,依赖于命中弹的杀伤效应毁伤目标。在这种类型下,战斗部毁伤目标的过程区分为命中、毁伤两个环节。

(2) 破片杀伤型。战斗部配近炸引信,依赖战斗部爆炸形成的破片(自然破片或预制破片)杀伤效应毁伤目标。破片杀伤效应体现为命中目标要害部位的破片毁伤能力。

(3) 覆盖毁伤型。战斗部配空炸引信,依赖战斗部爆炸后形成的毁伤区域覆盖目标而毁伤目标。命中毁伤型与破片杀伤型有时可简化成该类型。

2. 毁伤判据

毁伤判据是依据目标的物理毁伤判定其功能毁伤的依据。高炮毁伤概率计算中所涉及的毁伤参数有目标被毁平均必须命中弹数、平均有效破片数、毁伤区域等。

(1) 目标被毁平均必须命中弹数。其数学期望,常用 ω 表示。这是命中毁伤型射击最常用的毁伤参数。

(2) 平均有效破片数。有效破片是指命中且毁伤目标的破片。平均有效破片数是指数学期望,这是破片杀伤型射击常用的参数。

(3) 毁伤区域。是指毁伤目标的有效区域,其大小称为毁伤测度,包括毁伤长度、毁伤面积与毁伤体积。当毁伤区域为球或圆时,其半径称为毁伤半径。

3. 毁伤定律

在炸点(弹着点)坐标已知的条件下,弹丸毁伤目标的条件概率,称为毁伤律,通常记以字母 G。

毁伤律 G 与弹丸的威力、目标的易损性以及命中目标的弹丸数或炸点对目标的坐标有关,又称为毁伤定律或毁伤规律。

在着发射击时,通常采用指数毁伤律,即认为

$$G=G(k) \tag{11-1}$$

式中 G——毁伤律;

k——命中弹数;

$G(k)$——命中弹数 k 的指数函数。

空炸射击时,通常采用坐标毁伤律,即

$$G=G(x_1,x_2,x_3) \tag{11-2}$$

式中 x_1,x_2,x_3——炸点相对于目标的坐标。

11.1.2 目标运动特征描述

11.1.2.1 目标的位置坐标确定

高炮跟踪系统要测定空中目标现在的位置坐标,首先在高炮上建立坐标系。对于不同的火控解算模型,所选用的坐标系也不同,常用有直角坐标系和球坐标系两种。

1. 直角坐标系

选取炮口位置 O 为自行弹炮结合武器所在位置,并把它选作坐标原点。过 O 点作平行于水平面的平面,称为炮口水平面 Z,并把它选作坐标平面。在火控计算机中,一般常选取正东方向为 X 轴正向,正南方向为 Y 轴方向,垂直向上的方向为 H 轴正向。则在这样选取的坐标系中,目标位置 M 由坐标(X,Y,H)确定(见图 11-1)。

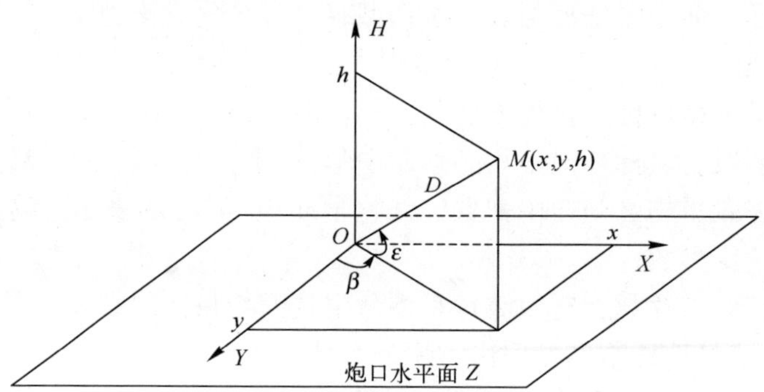

图 11-1 确定目标位置坐标用的坐标系

2. 球坐标系

仍以炮口位置 O 为坐标原点,炮口水平面 Z 为坐标水平面。在平面 Z 上选一基准方向(一般以正南为基准方向),记由基准方向按逆时针方向旋转至目标 M 在坐标平面 Z 上的投影 m 所得的角 $\angle YOm$ 为目标方位角 β,炮口 O 与目标位置 M 间的距离

OM 为目标斜距离 D，OM 与坐标平面 Z 的交角 $\angle MOm$ 为目标高低角 ε。则目标位置 M 由坐标 (D,ε,β) 确定（见图 11-1）。

11.1.2.2　目标的运动参数确定

要解决命中问题，还必须对目标的运动规律做出假设，并用一组参数来描述目标的运动特征。在高炮的火控解算模型中，一般都假定目标在弹丸飞行时间内做直线等速或等加速飞行。在此假定下，目标的运动特征可用下述参数描述（见图 11-2）。

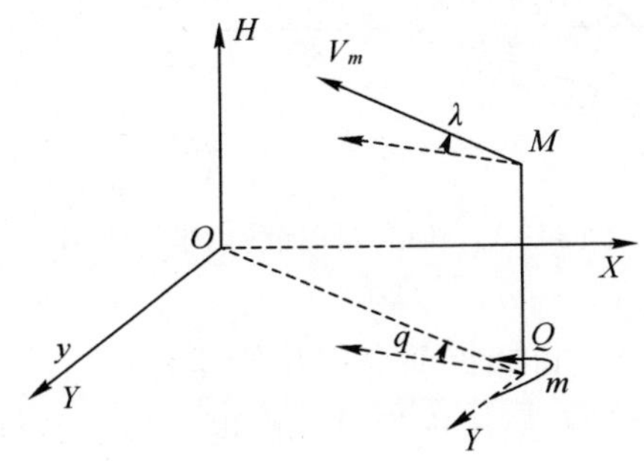

图 11-2　目标运动参数示意图

目标速度 V_m：即目标的速度矢量 $\boldsymbol{V}_m$ 的长度

倾斜角 λ：即目标速度矢量 $\boldsymbol{V}_m$ 与炮口水平面 Z 的交角，它的变化范围是 $-90°\sim+90°$。当 $\lambda>0$ 时，目标上升飞行；当 $\lambda=0$ 时，目标水平飞行；当 $\lambda<0$ 时，目标俯冲飞行。

航向角 Q：即速度矢量 $\boldsymbol{V}_m$ 在炮口水平面 Z 上的投影矢量的方位角，它的变化范围是 $0°\sim360°$。

航路角 q：即目标速度矢量 $\boldsymbol{V}_m$ 在炮口水平面 Z 上的投影矢量与水平面距离 Om 的夹角，其变化范围是 $0°\sim180°$。当 $q<90°$ 时，目标临近飞行；当 $q>90°$ 时，目标离远飞行；当 $q=0°$ 或 $180°$ 时，目标过顶飞行。

11.1.2.3　目标提前点位置确定

上述坐标系是高炮的目标跟踪系统为测定目标的当前位置和运动参数而建立的。而在计算高炮对空目标毁伤概率时，与目标跟踪系统所测定的目标方位角和航向角的大小无关，只与测定目标方位角时产生的误差量的大小有关。因此，选取那个方向为基准方向，对于毁伤概率计算而言是没有关系的。所以，为了使推导出的毁伤概率计算公式具有较为简单的形式，通常选用如图 11-3 所示形式的直角坐标系。

在图 11-3 中，设目标作等速直线飞行，航路为 L，在炮口水平面上的投影为 l。坐标原点 O 为炮口位置，在炮口水平面上过 O 点做 l 的平行线为 X 轴，正向与航向相反;过 O 点做 l 的垂直线为 Y 轴,正向指向 l 所在一侧;过 O 点做炮口水平面的垂线为 H 轴,正向朝上。

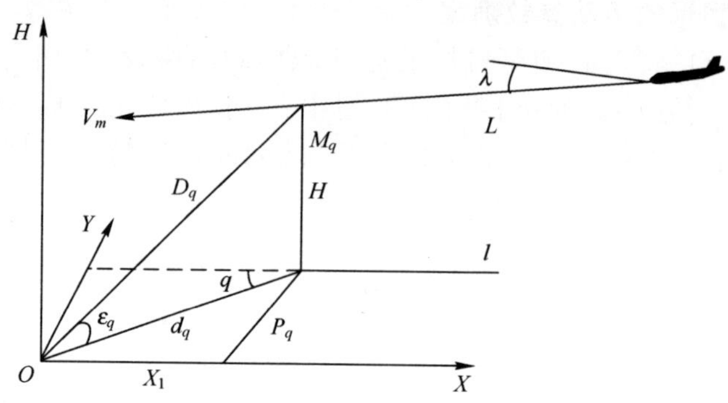

图 11-3 确定目标提前点坐标图示

从上面的分析可以看出,目标提前点由位置坐标(x_l,P_q,H)确定。其中 x_l 称为目标航程;P_q 称为水平航路捷径;H 称为目标高度。给定目标提前点坐标后,提前点水平距离 d_q、斜距离 D_q、高低角 ε_q、航路角 q 为

$$\begin{cases} d_q = \sqrt{x_l^2 + P_q^2} \\ D_q = \sqrt{x_l^2 + P_q^2 + H^2} \\ \varepsilon_q = \arctan \dfrac{H}{d_q} \\ q = \arctan \dfrac{P_q}{x_l} \end{cases} \tag{11-3}$$

11.1.3 弹道诸元及偏差量计算

在计算高炮对目标位于指定提前点处的毁伤概率时,需要知道高炮在指定提前点处的弹道诸元与偏差量参数。对于定型的高炮,都备有弹道函数表和偏差量表,可以直接查到上述参数。但对于尚处论证和研制阶段的高炮,无弹道函数表和偏差量表利用,需采用其他方法确定。具体方法有:一是先求解外弹道微分方程组,计算出弹道函数表和偏差量表;二是把外弹道方程组编入毁伤概率计算程序,通过数值求解外弹道微分方程组,直接获得所需参数。

1. 射击与弹道诸元近似计算

由于高炮对空中目标射击时,要保证弹丸对目标具有一定的杀伤能力,要求弹丸在弹道的上升阶段与目标遭遇。而上升段的弹道比较平伸,根据外弹道理论,射击与弹道诸元可用下面近似公式计算:

$$
\begin{cases}
\alpha = \cos\varepsilon_q \dfrac{gD_q}{2V_0^2} G_\eta(C_{HD}, V_0) \\
\omega = \cos\varepsilon_q \dfrac{gD_q}{2V_0^2} G_\omega(C_{HD}, V_0) \\
V_p = V_0 \cos\varepsilon_q \dfrac{\cos\varphi}{\cos\theta} G_v(C_{HD}, V_0) \\
t_f = \dfrac{\cos\varepsilon_q}{\cos\varphi} \dfrac{D_q}{V_0} G_t(C_{HD}, V_0) \\
\varphi = \varepsilon_q + \alpha \\
\theta = \varepsilon_q - \omega
\end{cases}
\tag{11-4}
$$

式中　α——高角(mrad)；

ω——着角(mrad)；

φ——射角(mrad)；

θ——提前点处的弹道倾角(mrad)；

V_0——弹丸初速(m/s)；

V_p——提前点处的弹丸存速(m/s)；

t_f——弹丸飞行时间(s)；

g——重力加速度(m/s)；

α、ω、φ、θ——其意义如图 11-4 所示。

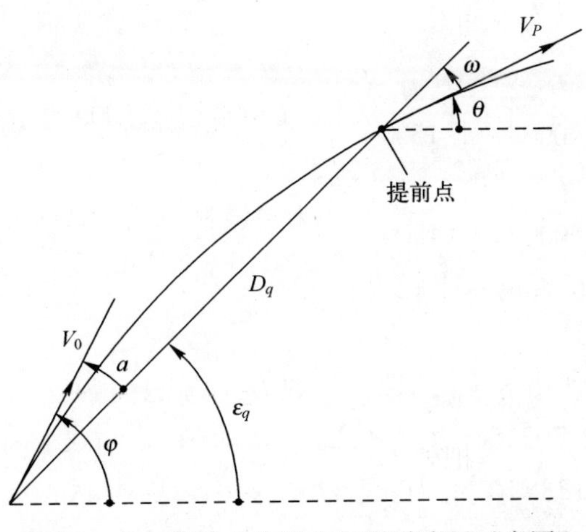

图 11- 4　提前点处射击与弹道诸元示意图

$G_\eta(G_{HD}, V_0)$、$G_\omega(C_{HD}, V_0)$、$G_V(C_{HD}, V_0)$、$G_t(C_{HD}, V_0)$是空气阻力定律空气弹道修正函数表 g_η、g_ω、g_v、g_t 的拟合函数，是 C_{HD} 和 V_0 的二元函数。各拟合函数的形式如下，记

$$f_\eta(C_{\mathrm{HD}},V_0)=\exp[0.2347343+(0.4406926\times10^{-6}-0.2835580\times10^{-13}C_{\mathrm{HD}}V_0)C_{\mathrm{HD}}V_0-(0.3241693\times10^{-8}0.3199712\times10^{-10}V_0+0.1166426\times10^{-11})C_{\mathrm{HD}}-0.2123943\times10^{-14}C_{\mathrm{HD}}V_0+0.588093\times10^{-16}C_{\mathrm{HD}}^2)C_{\mathrm{HD}}^2-(0.144344\times10^{-5}+0.6348184\times10^{-9}C_{\mathrm{HD}}-0.1934912\times10^{-8}V_0-0.2794775\times10^{-12}C_{\mathrm{HD}}V_0+0.7250672\times10^{-12}V_0^2)V_0^2]$$

则空气弹道修正函数表 g_η 的拟合函数 $G_\eta(C_{\mathrm{HD}},V_0)$ 为

$$G_\eta(C_{\mathrm{HD}},V_0)=\begin{cases}f_\eta(C_{\mathrm{HD}},V_0) & (H\leqslant800\text{ 或 }800<H\leqslant1500\text{ 且 }D_q\leqslant2000)\\ f_\eta(C_{\mathrm{HD}},V_0)\left(\dfrac{D_q}{2000}\right)^{0.075} & (H>800\text{ 且 }D_q>2000)\\ f_\eta(C_{\mathrm{HD}},V_0)\left(\dfrac{H}{1500}\right)^{0.115} & (H>1500\text{ 且 }D_q\leqslant2000)\\ f_\eta(C_{\mathrm{HD}},V_0)\left(\dfrac{D_q}{2000}\right)^{0.075}\left(\dfrac{H}{1500}\right)^{0.115} & (H>1500\text{ 且 }D_q>2000)\\ f_\eta(C_{\mathrm{HD}},V_0)\left(\dfrac{D_q}{2000}\right)^{0.075}\left(\dfrac{H}{1500}\right)^{0.115}\left(\dfrac{D_q}{6500}\right)^{0.45} & (H>4000\text{ 且 }D_q>6500)\end{cases}\tag{11-5}$$

令

$$G_r=\begin{cases}C_{\mathrm{HD}} & (d_q\leqslant2500)\\ C_{\mathrm{HD}}\left(\dfrac{d_q}{2500}\right)^{0.085} & (d_q>2500)\\ C_{\mathrm{HD}}\left(\dfrac{d_q}{2500}\right)^{0.085}\left(\dfrac{D_q}{4000}\right)^{0.045}\left(\dfrac{H}{1500}\right)^{0.14} & (3000<d_q\leqslant5000\text{ 且 }H\geqslant1500\text{ 且 }D_q\geqslant4000)\\ C_{\mathrm{HD}}\left(\dfrac{d_q}{2500}\right)^{0.085}\left(\dfrac{D_q}{5000}\right)^{0.085}\left(\dfrac{H}{1500}\right)^{0.18} & (H\geqslant1500\text{ 且 }d_q\geqslant5000)\end{cases}$$

式中 d_q——目标提前点的水平距离；

C_r——中间系数。

则空气弹道修正函数表 g_ω 的拟合函数 $G_\omega(C_{HD},V_0)$ 为

$$G_\omega(C_{\mathrm{HD}},V_0)=\exp[-0.703454\times10^{-3}+0.2152844\times10^{-3}C_r+(0.1660815\times10^{-6}-0.4358138\times10^{-9}V_0+0.2247045\times10^{-12}V_0^2-0.4583237\times10^{-13}C_rV_0)C_rV_0-(0.7358717\times10^{-8}-0.5559608\times10^{-10}V_0+0.2756331\times10^{-11}C_r-0.4376855\times10^{-14}C_rV_0+0.1413296\times10^{-15}C_r^2)C_r^2]\tag{11-6}$$

空气弹道修正函数表 g_v 的拟合函数 $G_v(C_{\mathrm{HD}},V_0)$ 为

$$G_v(C_{\mathrm{HD}},V_0)=\exp[-0.6546777\times10^{-1}-(0.1677301\times10^{-3}+0.7276473\times10^{-7}V_0-$$

$$0.9811960\times10^{-8}C_{HD}+0.2390793\times10^{-10}C_{HD}V_0-0.1145990\times10^{-11}C_{HD}^2)C_{HD}+(0.2952592\times10^{-6}+0.1309007\times10^{-9}C_{HD}-0.2306377\times10^{-9}V_0)V_0^2] \quad (11-7)$$

记

$$C_t=\begin{cases}C_{HD}\left(\dfrac{D_q}{3500}\right)^{0.018} & (H>3500)\\ C_{HD} & (\text{其他})\end{cases}$$

则空气弹道修正函数表 g_t 的拟合函数 $G_t(C_{HD},V_0)$ 为：

$$G_t(C_{HD},V_0)=\exp[0.1658128+(0.3163075\times10^{-6}-0.1850771\times10^{-13}C_tV_0)C_tV_0-(0.3603319\times10^{-8}-0.2294901\times10^{-10}V_0+0.9587002\times10^{-12}C_t-0.1503861\times10^{-14}C_tV_0+0.4369190\times10^{-16}C_t^2)C_t^2-(0.9955841\times10^{-6}+0.4341479\times10^{-9}C_t-0.1309399\times10^{8}V_0-0.1810468\times10^{-12}C_tV_0+0.4795298\times10^{-12}V_0^2)V_0^2] \quad (11-8)$$

拟合函数中的变量 C_{HD} 由下式确定

$$C_{HD}=C_{43}h(H)D_q \quad (11-9)$$

其中，$h(H)$ 为经近似修正后的气重函数，按下式计算

$$h(H)=\left(1.0-2.1905\times10^{-5}\frac{H}{2}\right)^{4.4} \quad (11-10)$$

式中　H——提前点处的目标高度。

对于任何高炮，只要给定了初速 V_0 和弹道系数 C_{43}，就可解析计算任一给定提前点坐标的射击和弹道诸元。

2. 气象弹道条件引起的偏差量诸元的近似解析计算

各种气象弹道条件偏离标准条件时产生的误差包括有：初速改变 1%引起的高角误差 $\Delta\alpha_{v_0}$ 和弹丸飞行时间误差 Δt_{v_0}，空气密度改变 1%引起的高角误差 $\Delta\alpha_K$ 和弹丸飞行时间误差 Δt_K，纵风 1m/s 引起的高角误差 $\Delta\alpha_F$ 和弹丸飞行时间误差 Δt_F，横风 1m/s 引起的方向误差 ΔZ_F，以及斜距离改变 100m 引起的弹丸飞行时间误差 Δt_D。

初速和空气密度改变 1%引起的高角误差和弹丸飞行时间误差 $\Delta\alpha_{v_0}$、$\Delta\alpha_K$、Δt_{v0}、Δt_K，以及斜距离改变 100m 引起的弹丸飞行时间误差 Δt_D，可通过改变 V_0 值、$h(H)$ 值或 D_q 值，借助式(11-2)计算得到。纵风和横风 1m/s 时引起的误差 $\Delta\alpha_F$、Δt_F、ΔZ_F 可用下式近似计算

$$\Delta\alpha_F=\left(\frac{960C_{43}}{1.508V_0}\right)^{1.2}[0.2595097\times10^{-2}-(0.1444118\times10^{-5}+0.1348652\times10^{-7}\varphi-0.1775943\times10^{-9}\varphi^2-0.1877511\times10^{-11}D_q\varphi)D_q\varphi-(0.5699964\times10^{-9}+0.6742182\times10^{-13}D_q\varphi-0.4077875\times10^{-15}D_q^2)D_q^2] \quad (11-11)$$

$$\Delta t_F=\left(\frac{960C_{43}}{1.508V_0}\right)^{2.55}[0.1655924\times10^{-3}-(0.2358256\times10^{-7}+0.1893686\times10^{-12}D_q\varphi)D_q\varphi+(0.138858\times10^{-10}\varphi+0.1150672\times10^{-12}D_q-0.1789927\times10^{-14}D_q\varphi+0.9054865\times10^{-17}D_q^2)D_q^2+(0.3999206\times10^{-6}-0.6522549\times10^{-8}\varphi+0.5080177\times10^{-11}D_q\varphi)\varphi^2] \tag{11-12}$$

$$\Delta Z_F=\left(\frac{960C_{43}}{1.508V_0}\right)^{1.32}[0.8966708\times10^{-1}-0.1648553\times10^{-3}d_q+(0.8872561\times10^{-7}+0.1133668\times10^{-10}d_q+0.984244\times10^{-11}H)H^2+(0.1667704\times10^{-6}-0.1934115\times10^{-11}H+0.7819438\times10^{-11}d_q)d_q^2] \tag{11-13}$$

至此,上述基本理论已全部解决了由气象弹道条件引起的偏差量诸元近似计算问题,为计算高炮毁伤概率,特别是尚处于论证和研制阶段的高炮毁伤概率,提供了极大地方便。

11.2 着发射击毁伤概率计算

着发射击是指高炮射击装有着发引信的弹丸,弹丸与目标相撞时爆炸,以弹丸爆破效力毁伤目标。

11.2.1 射击误差及其分解

高炮在射击过程中,由于射击准备存在误差,跟踪系统测定目标坐标时存在误差,火控计算机计算运动参数或是解命中方程或是计算射击诸元存在误差,准备各种气象弹道条件的偏差量存在误差,火力系统的控制存在误差,火力系统射击时也有散布误差等,从而使射击时弹着点对目标产生偏差。

为了描述射击时弹着点对目标的偏差,建立如下坐标系:以目标提前点 M_q 为原点,x_1 轴和 x_2 轴位于与炮目连线垂直的平面 Q 上,x_1 轴过炮目连线铅垂面与平面 Q 的交线,正向朝上;x_2 轴垂直于 x_1 轴,与航路方向同侧;x_3 轴为炮目连线的延长线,正向朝远,如图 11-5 所示。

射击误差由两个变量构成:

$$\boldsymbol{x}(\boldsymbol{t})=[x_1(t)\quad x_2(t)]^{\mathrm{T}} \tag{11-14}$$

式中 $x_1(t)$——弹着点的高低误差;

$x_2(t)$——弹着点的方向误差。

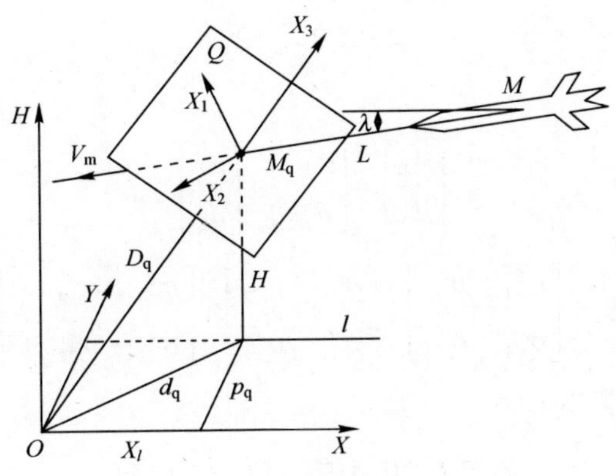

图 11-5　射击误差计算坐标系

设高炮由 p 个火炮自动机构成，射击时由同一火控计算机提供的射击诸元射击。在任一时刻，p 个火炮自动机同时射击的射击误差在该坐标系中的坐标 $x(t)$ 有下面分解式（见图 11-6）：

$$\boldsymbol{x}(t)=\boldsymbol{x}_c(t)+\boldsymbol{x}_n(t)+\boldsymbol{x}_g(t)+\boldsymbol{A}_{Jv}(t)+\boldsymbol{A}(t) \tag{11-15}$$

式中　$\boldsymbol{x}_c(t)$——不相关误差，此误差与时间无关，它的协方差阵记为 $\sum_c=[\boldsymbol{\sigma}_{ij}^c]$（其中，$i$、$j=1,2,3$ 下同）；

$\boldsymbol{x}_n(t)$——弱相关误差，此误差对两个不同时刻是相关的，但相关性随时刻差的增大而减小，它的协方差阵记为 $\boldsymbol{\Sigma}_n=[\boldsymbol{\sigma}_{ij}^n]$；

$\boldsymbol{x}_g(t)$——强相关误差，此误差对于两个不同时刻是线性相关的，它的协方差阵记为 $\boldsymbol{\Sigma}_g=[\boldsymbol{\sigma}_{ij}^g]$；

$\boldsymbol{A}_{Jv}(t)$——第 v 门火炮自动机身管相对于基准火炮自动机身管的基线误差；

$\boldsymbol{A}(t)$——高炮误差。

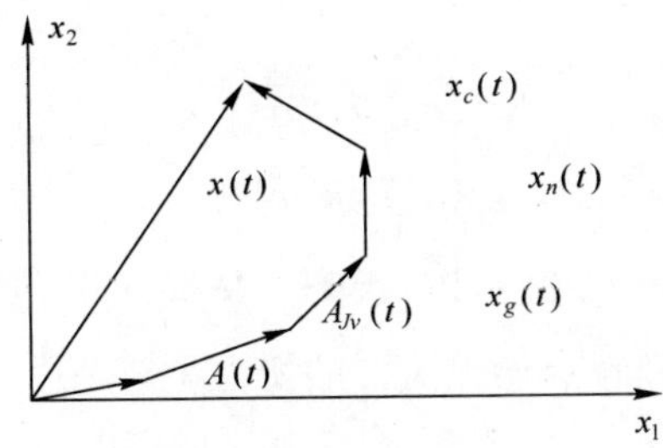

图 11-6　射击误差的分解图

射击误差 $x(t)$ 的数学期望 μ 与协方差矩阵分别是

$$\boldsymbol{\mu}=E[x(t)]=A_{Jv}(t)+A(t)$$

$$\Sigma=\Sigma_c+\Sigma_n+\Sigma_g$$

即

$$\begin{bmatrix}\mu_1\\ \mu_2\end{bmatrix}=\begin{bmatrix}a_{Jv1}\\ a_{Jv2}\end{bmatrix}+\begin{bmatrix}a_1\\ a_2\end{bmatrix} \tag{11-16}$$

$$\Sigma=\Sigma_c+\Sigma_n+\Sigma_g=\begin{bmatrix}\sigma_{11}^c & \sigma_{12}^c\\ \sigma_{21}^c & \sigma_{22}^c\end{bmatrix}+\begin{bmatrix}\sigma_{11}^n & \sigma_{12}^n\\ \sigma_{21}^n & \sigma_{22}^n\end{bmatrix}+\begin{bmatrix}\sigma_{11}^g & \sigma_{12}^g\\ \sigma_{21}^g & \sigma_{22}^g\end{bmatrix}=\begin{bmatrix}\sigma_{11} & \sigma_{12}\\ \sigma_{21} & \sigma_{22}\end{bmatrix} \tag{11-17}$$

协方差矩阵的元素为：

$$\sigma_{ij}=\sigma_{ij}^c+\sigma_{ij}^n+\sigma_{ij}^g \quad (i、j=1,2) \tag{11-18}$$

上式中数学期望μ就是高炮动态射击精度指标中的系统误差，而协方差矩阵的$|\Sigma|^{1/2}$就是高炮动态射击精度指标中的随机误差。

为了确定射击误差$x(t)$的协方差阵Σ，只要确定不相关误差$x_c(t)$的协方差阵、弱相关误差$x_n(t)$的协方差阵和强相关误差$x_g(t)$的协方差阵就可以了。

射击误差$x(t)$在任一时刻服从二维正态分布$N(\mu,\Sigma)$，分布密度是

$$\varphi(x)=\frac{1}{2\pi\sqrt{|\Sigma|}}e^{-\frac{1}{2}(x-\mu)^T\Sigma^{-1}(x-\mu)}=\frac{1}{2\pi\sqrt{|\Sigma|}}e^{-\frac{1}{2}(x-A_{Jv}-A)^T\Sigma^{-1}(x-A_{Jv}-A)} \tag{11-19}$$

式中　Σ^{-1}——矩阵Σ的逆阵。

11.2.1.1　不相关误差计算

不相关误差$\boldsymbol{x}_c(t)$实际上是火力系统在平面Q上的弹着点散布误差，它由两部分组成：点射散布误差引起的弹着点误差$\boldsymbol{x}_{cp}$，以及弹丸初速散布误差引起的弹着点误差$\boldsymbol{x}_{cV_0p}$。

记点射高低散布均方差为σ_N，方向散布均方差为σ_Z，则误差$\boldsymbol{x}_{cp}$的协方差阵$\Sigma_{cp}=[\sigma_{ij}^{cp}]$为

$$\begin{cases}\sigma_{11}^{cp}=D_q^2\sigma_N^2\\ \sigma_{22}^{cp}=d_q^2\sigma_Z^2\\ \sigma_{12}^{cp}=\sigma_{21}^{cp}=0\end{cases} \tag{11-20}$$

初速散布误差引起的弹着点误差$\boldsymbol{x}_{cV_0p}$的协方差阵$\Sigma_{cV_0p}=[\sigma_{ij}^{cV_0p}]$为

$$\begin{cases}\sigma_{11}^{cV_0p}=\sigma_{V_0p}^2(D_q\Delta\alpha_{V_0}+V_m\Delta t_{V_0}e_{Vx1})^2\\ \sigma_{22}^{cV_0p}=\sigma_{V_0p}^2(V_m\Delta t_{V_0}e_{Vx2})^2\\ \sigma_{12}^{cV_0p}=\sigma_{21}^{cV_0p}=\sigma_{V_0p}^2(D_q\Delta\alpha_{V_0}+V_m\Delta t_{V_0}e_{Vx1})(V_m\Delta t_{V_0}e_{Vx2})\end{cases} \tag{11-21}$$

其中：

$$e_{Vx1}=\frac{s_1\sin\lambda+s_3\cos\lambda\cos q}{s_1\cos\varepsilon_q+s_3\sin\varepsilon_q}$$

$$e_{Vx2}=\cos\lambda\sin q-\frac{s_2(\sin\lambda\sin\varepsilon_q-\cos\lambda\cos q\cos\varepsilon_q)}{s_1\cos\varepsilon_q+s_3\sin\varepsilon_q}$$

式中　$\Delta\alpha_{V_0}$、Δt_{V_0}——初速改变 1%引起的高角和弹丸飞行时间改变量；

σ_{V_0p}——火炮初速散布均方差。

则不相关误差的协方差阵 $\Sigma_c=[\sigma_{ij}^c]$ 有

$$\Sigma_c=\Sigma_{cp}\Sigma_{cV_0p}$$

即

$$\sigma_{ij}^c=\sigma_{ij}^{cp}+\sigma_{ij}^{cv_0p}\quad(i、j=1,2)\tag{11-22}$$

11.2.1.2　弱相关误差的计算

弱相关误差 $\boldsymbol{x}_n(t)$ 是射击诸元误差即射角误差 $\Delta\varphi$ 和方位角误差 $\Delta\beta_q$ 在平面 Q 上的反映。由于射击诸元误差是由火控计算机输出误差、火炮随动系统控制火炮瞄准时的误差及稳定装置稳定瞄准线的误差构成，可以把弱相关误差分解为三部分：

$$\boldsymbol{x}_n(t)=\boldsymbol{x}_{n1}(t)+\boldsymbol{x}_{n2}(t)+\boldsymbol{x}_T(t)$$

弱相关误差 $\boldsymbol{x}_{n1}(t)$ 是火控计算机输出误差在平面 Q 上的反映。记火控计算机输出射角误差均方差为 σ_φ，提前方位角误差为 $\sigma_{\beta q}$，火控计算机输出误差相关衰减系数为 α_1，则弱相关误差 $\boldsymbol{x}_{n1}(t)$ 的协方差阵 $\Sigma_{n1}=[\sigma_{ij}^{n1}]$ 为

$$\begin{cases}\sigma_{11}^{n1}=D_q^2\sigma_\varphi^2\\ \sigma_{21}^{n1}=d_q^2\sigma_{\beta q}^2\\ \sigma_{12}^{n1}=\sigma_{21}^{n1}=0\end{cases}\tag{11-23}$$

弱相关误差 $\boldsymbol{x}_{n2}(t)$ 是火炮随动系统控制火炮瞄准时的输出误差在平面 Q 上的反映。记火炮随动系统射角输出误差均方差为 $\sigma_{p\varphi}$，方位角输出误差均方差为 $\sigma_{p\beta}$，火控计算机输出误差相关衰减系数为 α_2，则弱相关误差 $\boldsymbol{x}_{n2}(t)$ 的协方差阵 $\Sigma_{n2}=[\sigma_{ij}^{n2}]$ 为

$$\begin{cases}\sigma_{11}^{n2}=D_q^2\sigma_{p\varphi}^2\\ \sigma_{22}^{n2}=d_q^2\sigma_{p\beta}^2\\ \sigma_{12}^{n2}=\sigma_{21}^{n2}=0\end{cases}\tag{11-24}$$

$\boldsymbol{x}_T(t)$ 是稳定系统稳定瞄准线的误差在平面 Q 上的反映。记稳定系统射角输出误差均方差为 $\sigma_{T\varphi}$，方位角输出误差均方差为 $\sigma_{T\beta}$，火控计算机输出误差相关衰减系数为 β，则弱相关误差 $\boldsymbol{x}_T(t)$ 的协方差阵 $\Sigma_T=[\sigma_{ij}^{\mathrm{T}}]$ 为

$$\begin{cases}\sigma_{11}^{\mathrm{T}}=D_q^2\sigma_{T\varphi}^2\\ \sigma_{22}^{\mathrm{T}}=d_q^2\sigma_{T\beta}^2\\ \sigma_{12}^{\mathrm{T}}=\sigma_{21}^{\mathrm{T}}=0\end{cases} \tag{11-25}$$

则弱相关误差的协方差阵 $\Sigma_n=[\sigma_{ij}^n]$,有

$$\Sigma_n=\Sigma_{n1}+\Sigma_{n2}+\Sigma_T$$

即

$$\sigma_{ij}^n=\sigma_{ij}^{n1}+\sigma_{ij}^{n2}+\sigma_{ij}^{\mathrm{T}}\quad(i、j=1,2) \tag{11-26}$$

11.2.1.3 强相关误差的计算

强相关误差是准备各种气象弹道条件的偏差量时存在的误差。由于高炮实施射击时的气象弹道条件常常偏离射表所给的标准条件,故必须在火控计算机上对气象弹道条件的偏离量进行修正。通常需要考虑的因素有初速总和偏差、空气密度总和偏差和弹道风(纵风和横风)。在准备这些偏差量并在计算机上进行修正时,不可能是完全准确的,存在一些误差,这就是准备气象弹道条件的偏差量时产生的误差 $\boldsymbol{x}_g$。

强相关误差计算包括确定与修正初速总和偏差 ΔV_0引起的炸点散布误差 $\boldsymbol{x}_{V_0}$,确定与修正空气密度总和偏差 ΔK 引起的炸点散布误差 $\boldsymbol{x}_K$,确定与修正纵风的偏差 ΔF_X引起的炸点散布误差 $\boldsymbol{x}_{F_X}$,确定与修正横风的偏差 ΔF_Z引起的炸点散布误差 $\boldsymbol{x}_{F_Z}$。

记 σ_{V_0}为修正初速误差的均方差;σ_K为修正空气密度误差的均方差;σ_{F_X}为修正纵风误差的均方差;σ_{F_Z}为修正横风误差的均方差。

则强相关误差 $\boldsymbol{x}_g$的协方差阵 $\Sigma_g=[\sigma_{ij}^g]$为

$$\begin{cases}\sigma_{11}^g=\sigma_{V_0}^2(D_q\Delta\alpha_{V_0}+V_m\Delta t_{V_0}e_{Vx1})^2+\sigma_K^2(D_q\Delta\alpha_K+V_m\Delta t_k e_{Vx1})^2+\\ \qquad\sigma_{Fx}^2(D_q\Delta\alpha_F+V_m\Delta t_F e_{Vx1})^2\\ \sigma_{22}^g=\sigma_{V_0}^2(V_m\Delta t_{V_0}e_{Vx2})^2+\sigma_K^2(V_m\Delta t_k e_{Vx2})^2+\sigma_{Fx}^2(V_m\Delta t_F e_{Vx2})^2+\sigma_{Fz}^2(\Delta Z_F)^2\\ \sigma_{12}^g=\sigma_{21}^g=\sigma_{V_0}^2(D_q\Delta\alpha_{V_0}+V_m\Delta t_{V_0}e_{Vx1})V_m\Delta t_{V_0}e_{Vx2}+\\ \qquad\sigma_K^2(D_q\Delta\alpha_K+V_m\Delta t_k e_{Vx1})V_m\Delta t_k e_{Vx2}+\sigma_{Fx}^2(D_q\Delta\alpha_F+V_m\Delta t_F e_{Vx1})V_m\Delta t_{V_0}e_{Vx2}\end{cases} \tag{11-27}$$

11.2.1.4 第 v 门火炮自动机身管基线误差

第 v 门火炮自动机身管基线误差是指,由多联装火炮自动机构成的高炮,由于第 v 门火炮自动机身管相对于基准火炮自动机身管误差,未以基准管修正其它管的射击基线时,各管以平行射向射击时,引起的射击误差。如果对各管射击基线进行了修正,此误差为零。即

$$A_{Jv}(t)=0 \tag{11-28}$$

11.2.1.5 高炮误差

高炮的误差 $\boldsymbol{A}$ 主要是火控系统输出误差的系统误差引起的射击误差,即

$$\boldsymbol{A}=\begin{bmatrix}a_1\\a_2\end{bmatrix}=\begin{bmatrix}D_q a_\varphi\\d_q a_{\beta q}\end{bmatrix}\tag{11-29}$$

式中　a_1——高炮高低系统误差；

a_2——高炮方向系统误差；

a_φ——高炮的射角系统误差；

$a_{\beta q}$——高炮的提前方位角系统误差。

11.2.1.6　误差分解

如果按以上三类误差计算射击误差的协方差，显然比较复杂。

工程上通常将弱相关误差 $\boldsymbol{x}_n$ 分解为

$$\boldsymbol{x}_n(t)=\boldsymbol{x}_{nc}(t)+\boldsymbol{x}_{ng}(t)$$

其中，$\boldsymbol{x}_{nc}(t)$ 称为弱相关误差中的不相关部分，它对任意两射击是无关的，它的期望值为零，协方差阵记为 $\boldsymbol{\Sigma}_{nc}$。$\boldsymbol{x}_{ng}(t)$ 称为弱相关误差中的强相关部分，它对任意两次射击是重复的，它的期望值为零，协方差阵记为 $\boldsymbol{\Sigma}_{ng}$。分解后 $\boldsymbol{x}_{nc}(t)$ 和 $\boldsymbol{x}_{ng}(t)$ 彼此独立的，有

$$\boldsymbol{\Sigma}_n=\boldsymbol{\Sigma}_{nc}+\boldsymbol{\Sigma}_{ng}$$

将弱相关误差 $\boldsymbol{x}_n(t)$ 分解后，式(11-15)就变为

$$\boldsymbol{x}(t)=\boldsymbol{x}_I(t)+\boldsymbol{x}_{II}(t)+\boldsymbol{A}_{Jv}(t)+\boldsymbol{A}(t)\tag{11-30}$$

第一部分误差为 $\boldsymbol{x_I}(t)=\boldsymbol{x}_c(t)+\boldsymbol{x}_{nc}(t)$ 第二类部分误差为 $\boldsymbol{x_{II}}(t)=\boldsymbol{x}_g(t)+\boldsymbol{x}_{ng}(t)$。对应的协方差阵和分布密度分别为

$$\boldsymbol{\Sigma}_I=\boldsymbol{\Sigma}_c+\boldsymbol{\Sigma}_{nc}$$

$$\varphi_I(x_I)=\frac{1}{2\pi\sqrt{|\boldsymbol{\Sigma}_I|}}\mathrm{e}^{-\frac{1}{2}(x_I)^{\mathrm{T}}\Sigma^{-1}(x_I)}$$

$$\boldsymbol{\Sigma}_{II}=\boldsymbol{\Sigma}_g+\boldsymbol{\Sigma}_{ng}$$

$$\varphi_{II}(x_{II})=\frac{1}{2\pi\sqrt{|\boldsymbol{\Sigma}_{II}|}}\mathrm{e}^{-\frac{1}{2}(x_{II})^{\mathrm{T}}\Sigma^{-1}(x_{II})}$$

显然，要实现这种分解，只要找到常数 C，且满足

$$\begin{cases}\boldsymbol{\Sigma}_{nc}=(1-C)\boldsymbol{\Sigma}_n\\\boldsymbol{\Sigma}_{ng}=C\boldsymbol{\Sigma}_n\end{cases}$$

即

$$\begin{cases}\sigma_{ig}^{nc}=(1-C)\sigma_{ig}^{n}\\\sigma_{ig}^{ng}-C\sigma_{ig}^{n}\end{cases}\tag{11-31}$$

其中，$C=\sigma_{ij}^{ng}/\sigma_{ij}^{n}$，称为弱相关误差中强相关部分的比重。

弱相关误差 x_n 是由三部分构成的：火控计算机输出误差 x_{n1}、火炮随动系统控制火炮瞄准时的输出误差 x_{n2} 及稳定系统稳定瞄准线时的输出误差 x_T，且它们有不同的相关衰减系数，故在计算时，不能直接对 x_n 进行分解，而必须分别对 x_{n1}、x_{n2} 和 x_T 进行分解，即必须分别确定相关误差分离系数 $C_{\alpha1}$、$C_{\alpha2}$、C_{β}。

对单管高炮，它对目标实施了一次点射，发射速度为 h 发/s，点射的弹数为 n 发。点射中相邻两次射击的时间间隔为 $\Delta\tau=1/h$，点射的时间长度为 $\tau=(n-1)\Delta\tau$，则有

$$C_{\alpha1}=\frac{2}{n(n-1)}\frac{(n-1)\mathrm{e}^{-\alpha_1\Delta\tau}-n\mathrm{e}^{-2\alpha_1\Delta\tau}+\mathrm{e}^{-(n+1)\alpha_1\Delta\tau}}{(1-\mathrm{e}^{-\alpha_1\Delta\tau})^2} \tag{11-32}$$

$$C_{\alpha2}=\frac{2}{n(n-1)}\frac{(n-1)\mathrm{e}^{-\alpha_2\Delta\tau}-n\mathrm{e}^{-2\alpha_2\Delta\tau}+\mathrm{e}^{-(n+1)\alpha_2\Delta\tau}}{(1-\mathrm{e}^{-\alpha_2\Delta\tau})^2} \tag{11-33}$$

$$C_{\beta}=\frac{2}{n(n-1)}\frac{(n-1)\mathrm{e}^{-\beta_1\Delta\tau}-n\mathrm{e}^{-2\beta\Delta\tau}+\mathrm{e}^{-(n+1)\beta_1\Delta\tau}}{(1-\mathrm{e}^{-\beta_1\Delta\tau})^2} \tag{11-34}$$

当单管单发即 $n=1$ 时，相应的 $\Delta\tau=0$，有 $C_{\alpha1}=C_{\alpha2}=C_{\beta}=0$；当一门高炮有 p 个身管时，$C_{\alpha1}$、$C_{\alpha2}$ 及 C_{β} 计算同上；当高炮阵地有 $m(m>1)$ 门火炮时，若 $n>1$，则 $C_{\alpha1}$ 计算同上，而 $C_{\alpha2}=C_{\beta}=0$，若 $n=1$，则 $C_{\alpha1}=1$，$C_{\alpha2}=C_{\beta}=0$。

11.2.2 目标命中区域的计算

配用着发引信弹的高炮在射击时，要毁伤目标必须首先命中目标。通常，把弹丸能够与目标遭遇的区域称为目标命中区域。在目标运动条件下，由于从目标上看，弹丸是沿着相对弹道朝目标飞去的，所以，从绝对弹道上看到的目标命中区域并不是弹丸对目标的命中区域，只有在相对弹道上看到的目标区域才是弹丸对目标的命中区域。

以 M_q 点为原点做一直角坐标系 M_q-xyz，其中 x 轴沿水平距离的延长方向，正向朝远；z 轴沿高度方向，正向朝上；y 轴垂直于坐标平面 M_q-xz，正向与目标方向同侧（见图 11-7）。显然，坐标平面 M_q-xy 即为过 M_q 点的水平面。从与地面火炮相联系的该绝对坐标系看，相对弹道在目标位置的速度矢量 $\boldsymbol{V}_{xd}$ 应位于提前位置 M_q 上。此时，$\boldsymbol{V}_p$ 就是弹丸在 M_q 点的存速矢量，$\boldsymbol{V}_m$ 是目标在 M_q 的速度矢量。在此坐标系中，弹丸速度矢量 $\boldsymbol{V}_p$ 为

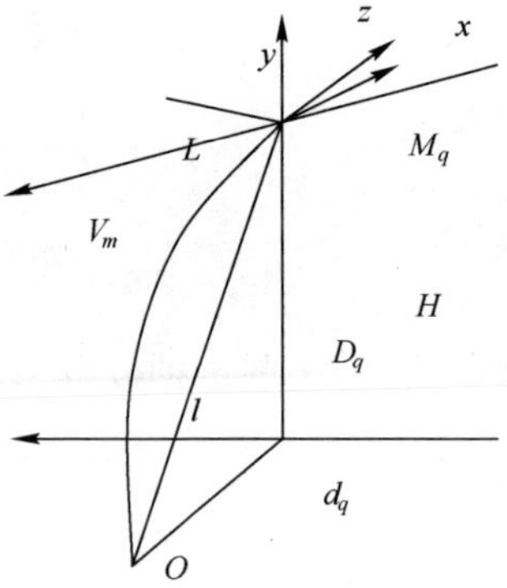

图 11-7 M_q-xyz 坐标系

$$\boldsymbol{V}_p=(V_p\cos\theta,0,V_p\sin\theta) \tag{11-35}$$

目标的速度矢量 $\boldsymbol{V}_m$ 为

$$\boldsymbol{V}_m=(-V_m\cos\lambda\cos q,V_m\cos\lambda\sin q,V_m\sin\lambda) \tag{11-36}$$

于是弹丸相对速度 V_{xd} 为

$$V_{xd}=\sqrt{V_p^2+V_m^2+2V_pV_m(\cos\theta\cos\lambda\cos q-\sin\theta\sin\lambda)} \tag{11-37}$$

记 $V_{xdn}=(s_1,s_2,s_3)$ 为与 V_{xd} 同向的单位矢量,其中 s_1、s_2、s_3 为方向余弦,可按下式计算

$$\begin{cases} s_1=\dfrac{V_p\cos\theta+V_m\cos\lambda\cos q}{V_{xd}} \\ s_2=\dfrac{-V_m\cos\lambda\sin q}{V_{xd}} \\ s_3=\dfrac{V_p\sin\theta-V_m\sin\lambda}{V_{xd}} \end{cases} \tag{11-38}$$

把目标简化为一个长方体,记其三向面积为:S_B 为水平截面面积;S_S 为纵截面面积;S_F 为横截面面积。

则目标各向面积沿相对弹道方向在平面 Q 上的投影面积为

$$S_T=S_B\frac{V_p\,|\cos\theta\sin\lambda\cos q+\sin\theta\cos\lambda\,|}{W_{pm}}+S_s\frac{V_p\,|\cos\theta\sin q\,|}{W_{pm}}+S_s\frac{V_p\,|\cos\theta\sin q\,|}{W_{pm}} \tag{11-39}$$

其中,

$$W_{pm}=|\,V_p\cos(\varepsilon_q-\theta)+V_m(\cos\lambda\cos q\cos\varepsilon_q-\sin\lambda\sin\varepsilon_q)\,|$$

求出目标三向面积沿相对弹道方向在平面 Q 上的投影面积 S_T 后,将目标域视作中心在原点、边对应平行于坐标轴的正方形。记其边长为 $2l$,即

$$l=\sqrt{S_T}/2 \tag{11-40}$$

11.2.3　着发射击毁伤概率算法及算例

11.2.3.1　着发射击毁伤概率表述

前面已经指出,着发射击时,通常采用指数毁伤律。假定各发命中弹毁伤目标的时间相互独立,并且各命中弹毁伤目标的概率相同,记为 p_h。在此假定下,命中 k 发时毁伤目标的概率 $G(k)$ 为

$$G(k)=1-(1-p_h)^k \tag{11-41}$$

可见 $G(k)$ 是 k 的指数函数,故称为指数毁伤定律。记随机变量 H 为毁伤目标所需的命中弹数,它的期望值 $\omega=E[H]$,称为毁伤目标所需的平均命中弹数。

毁伤目标所需的平均命中弹数与一发弹的毁伤概率互为倒数,即 $\omega=1/p_h$

因此,指数毁伤定律又可表示为

$$G(k)=1-\left(1-\frac{1}{\omega}\right)^k \tag{11-42}$$

对一门自行弹炮结合武器,有 p 个身管,每个身管都发射了 n 发射弹。一次点射

的毁伤概率 P_{Kpn} 可表示为：

$$\begin{cases} P_{Kpn} = \int_{-\infty}^{\infty} \left\{ 1 - \left[1 - \frac{1}{\omega} P(X_{II}) \right]^{pn} \right\} \varphi_{II}(x_{II}) \mathrm{d}x_{II} \\ P(x_{II}) = \iint_{x \in V} \varphi_I(x - x_{II} - a) \mathrm{d}x \end{cases} \tag{11-43}$$

式中　v——目标命中区域。

对 m 门高炮组成的高炮阵地，每门高炮有 p 个身管，每个身管都发射了 n 发射弹。高炮群一次点射的毁伤概率 P_{Kmpn} 可表示为

$$P_{Kmpn} = \int_{-\infty}^{\infty} \left\{ 1 - \prod_{v=1}^{m} \left[1 - \frac{1}{\omega} P(x_{II}) \right]^{pn} \right\} \varphi_{II}(x_{II}) \mathrm{d}x_{II} \tag{11-44}$$

其余同上。

11.2.3.2　毁伤概率数值计算方法

计算高炮着发射击毁伤概率常用的数值计算方法有两种：辛普森数值积分法和二项式展开法。辛普森数值积分法的优点是计算结果精度较高，缺点是耗费的机时较长；二项式展开法优点是计算运行时间短，缺点是精度较低，特别是在个别情况下还会出现计算结果大于 1 或小于 0 的不合理现象。由于现有计算机性能较高，一般均采用辛普森数值积分法进行着发射击毁伤概率计算。

采用辛普森数值积分法进行着发射击毁伤概率计算时，毁伤概率 P_{Kmpn} 可近似取为

$$P_{Kmpn} \approx 1 - \int_{-a}^{a} \int_{-b}^{b} \prod_{v=1}^{m} \left[1 - \frac{1}{\omega} \int_{c}^{d} \frac{1}{\sqrt{2\pi}} \mathrm{e}^{-\frac{u^2}{2}} \mathrm{d}u \int_{e}^{f} \frac{1}{\sqrt{2\pi}} \mathrm{e}^{-\frac{v^2}{2}} \mathrm{d}v \right]^{pn}$$
$$\frac{1}{2\pi\sqrt{\lambda_{c1}\lambda_{c2}}} \mathrm{e}^{-\frac{1}{2}\left(\frac{y_{c1}^2}{\lambda_{c1}} + \frac{y_{c2}^2}{\lambda_{c2}}\right)} \mathrm{d}y_{c1} \mathrm{d}y_{c2} \tag{11-45}$$

其中，$a=4\sqrt{\lambda_{c1}}$

$b=4\sqrt{\lambda_{c2}}$

$c=(-l+t)/\sqrt{\lambda_{f1}}$

$d=(l+t)/\sqrt{\lambda_{f1}}$

$e=(-l+s)/\sqrt{\lambda_{f2}}$

$f=(l+s)/\sqrt{\lambda_{f2}}$

$t=-y_{c1}\cos(\theta_{\mathrm{I}}-\theta_{\mathrm{II}})-y_{c2}\sin(\theta_{\mathrm{I}}-\theta_{\mathrm{II}})-a_1\cos\theta_{\mathrm{I}}-a_2\sin\theta_{\mathrm{I}}$

$s=y_{c1}\sin(\theta_{\mathrm{I}}-\theta_{\mathrm{II}})-y_{c2}\cos(\theta_{\mathrm{I}}-\theta_{\mathrm{II}})+a_1\sin\theta_{\mathrm{I}}-a_2\cos\theta_{\mathrm{I}}$

$\lambda_{c1}=\sigma_{11}^{\mathrm{II}}\cos^2\theta_{\mathrm{II}}+\sigma_{12}^{\mathrm{II}}\sin 2\theta_{\mathrm{II}}+\sigma_{22}^{\mathrm{II}}\sin^2\theta_{\mathrm{II}}$

$\lambda_{c2}=\sigma_{11}^{\mathrm{II}}\sin^2\theta_{\mathrm{II}}+\sigma_{12}^{\mathrm{II}}\sin 2\theta_{\mathrm{II}}+\sigma_{22}^{\mathrm{II}}\cos^2\theta_{\mathrm{II}}$

$$\lambda_{f1}=\sigma_{11}^{\mathrm{I}}\cos^2\theta_{\mathrm{I}}+\sigma_{12}^{\mathrm{I}}\sin2\theta_{\mathrm{I}}+\sigma_{22}^{\mathrm{I}}\sin^2\theta_{\mathrm{I}}$$

$$\lambda_{f2}=\sigma_{11}^{\mathrm{I}}\sin^2\theta_{\mathrm{I}}-\sigma_{12}^{\mathrm{I}}\sin2\theta_{\mathrm{I}}+\sigma_{22}^{\mathrm{I}}\cos^2\theta_{\mathrm{I}}$$

$$\theta_{\mathrm{II}}=\frac{1}{2}\arctan\frac{2\sigma_{12}^{\mathrm{II}}}{\sigma_{11}^{\mathrm{II}}-\sigma_{22}^{\mathrm{II}}}$$

$$\theta_{\mathrm{I}}=\frac{1}{2}\arctan\frac{2\sigma_{12}^{\mathrm{I}}}{\sigma_{11}^{\mathrm{I}}-\sigma_{22}^{\mathrm{I}}}$$

11.2.3.3　仿真计算举例

假设某型高炮的初始参数是：$m=2$ 门，$p=2$ 管，$n=18$ 发/管，$R_J=0\mathrm{m}$（即单炮基线已修正），$V_0=1175\mathrm{m/s}$，$D_m=4000\mathrm{m}$，$C_{43}=1.893$，$h=9$ 发/s，$\omega=1.5$ 发，$a_\varphi=a_{\beta q}=2.5\mathrm{mil}$，$\sigma_N=\sigma_Z=3.0\mathrm{mil}$，$\sigma_\varphi=\sigma_{\beta q}=4.0\mathrm{mil}$，$\sigma_{p\varphi}=\sigma_{p\beta}=1.5\mathrm{mil}$，$\sigma_{T\varphi}=\sigma_{T\beta}=0\mathrm{mil}$，$\alpha_1=0.25\mathrm{s}^{-1}$，$\alpha_2=\beta=5\mathrm{s}^{-1}$，$\sigma_{V_0p}=\sigma_{V_0}=0.2$，$\sigma_K=1.3$，$\sigma_{Fz}=\sigma_{Fx}=2.2\mathrm{m/s}$。某型战斗轰炸机的参数是：$S_B=48.72\mathrm{m}^2$，$S_S=24.05\mathrm{m}^2$，$S_F=3.96\mathrm{m}^2$，$\lambda=0°$，$H=1000\mathrm{m}$，$P_q=500\mathrm{m}$，$V_m=300\mathrm{m/s}$。从理论上计算该高炮对该目标以指定航路飞行时的毁伤概率。计算结果见图 11-8 和表 11-1。

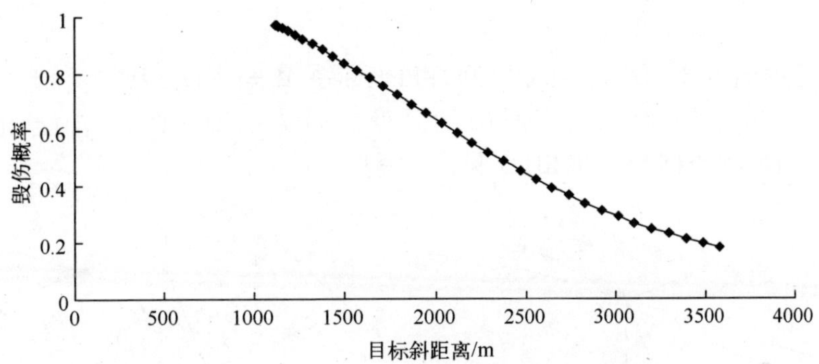

图 11-8　着发射击时全航路毁伤概率曲线

表 11-1　高炮对某攻击机的毁伤概率

射程/km	1.2	1.4	1.6	1.8	2.0	2.2	2.4	2.6	2.8	3.0	平均值
毁伤概率/%	94.3	87.1	79.5	71.0	63.9	55.3	47.0	40.8	30.3	24.8	59.4

由图 11-8 和表 11-1 可以看出，某自行弹炮结合武器对某攻击机在 1200～1600m 射击距离上平均毁伤概率可达 59%以上。

分析计算表明，毁伤概率是斜距离的减函数，随着斜距离的增大，毁伤概率越来越小。系统误差、火控分系统随机误差的均方差及火炮射击散布误差的均方差也是毁伤概率的重要影响因素。随着它们的增大，毁伤概率是递减的，但是二者的影响是不同的：系统误差影响最大，火控分系统随机误差影响也较大，火炮射击散布误差影响最小。因此,控制系统误差、火控分系统随机误差是保证有较高的作战效果的最关键因素。同时,应控制它们之间的合理匹配,以保证系统的最佳精度。

11.3 近炸射击毁伤概率计算

装有近炸引信的弹丸,在弹丸距目标一定距离时爆炸,主要以破片的杀伤效率毁伤目标,这样的射击称为近炸射击。

11.3.1 近炸毁伤计算坐标系

在讨论近炸射击毁伤概率计算时,需要用到如下几个坐标系。

1. $M_q-x_1x_2x_3$坐标系

以目标提前点M_q为原点,建立空间直角坐标系$M_q-x_1x_2x_3$,其中x_1轴和x_2轴位于过M_q点且与炮目连线OM_q垂直的平面Q上,x_1轴过炮目连线铅垂面与平面Q的交线,正向朝上;x_2轴垂直于x_1轴,与航路方向同侧;x_3轴为炮目连线的延长线,正向朝远(见图11-9)。显然,坐标平面$M_q-x_1x_3$是过炮目连线OM_q的铅垂面。

2. $M_q-y_1y_2y_3$坐标系

以目标提前点M_q为原点建立空间直角坐标系$M_q-y_1y_2y_3$,其中y_1轴与y_3轴位于过炮目连线OM_q的铅锤面上,y_3轴与弹丸速度V_p同向,y_1轴垂直于y_3轴,正向超上;y_2轴与x_2轴重合,但正向与x_2轴相反(见图11-10)。

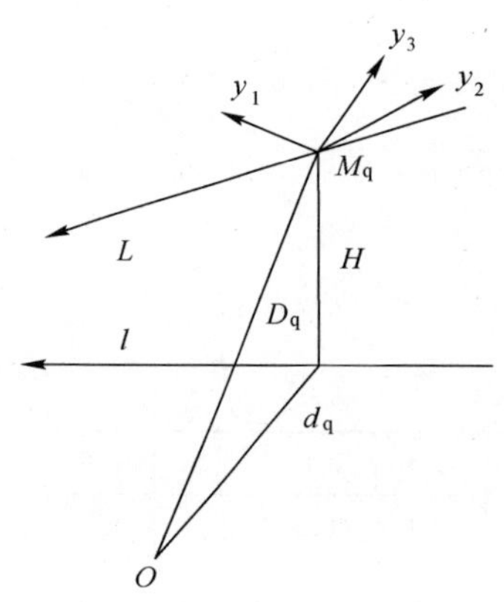

图11-9 $M_q-x_1x_2x_3$坐标系

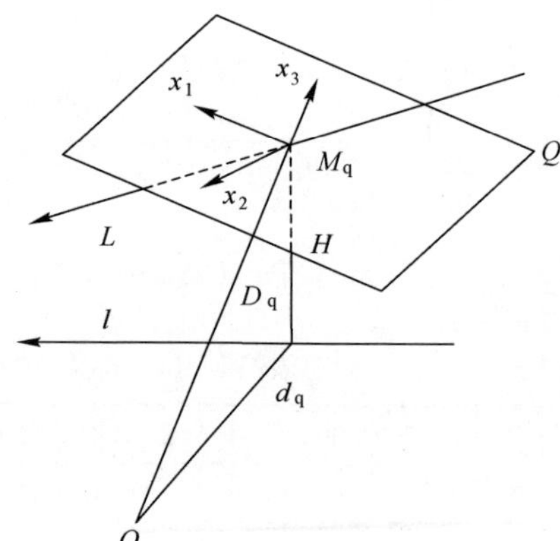

图11-10 $M_q-y_1y_2y_3$直角坐标系

从坐标系$M_q-x_1x_2x_3$到坐标系$M_q-y_1y_2y_3$的变换矩阵$\boldsymbol{T}_{xy}$为

$$\boldsymbol{T}_{xy}=\begin{bmatrix}\cos(\varepsilon_q-\theta) & 0 & \sin(\varepsilon_q-\theta)\\ 0 & -1 & 0\\ -\sin(\varepsilon_q-\theta) & 0 & \cos(\varepsilon_q-\theta)\end{bmatrix} \tag{11-46}$$

3. $M_q-z_1z_2z_3$ 坐标系

以目标提前点 M_q 为原点建立空间直角坐标系 $M_q-z_1z_2z_3$，其中 z_1 轴与 z_3 轴位于过炮目连线 OM_q 的铅锤面上，z_1 轴沿水平距离方向，正向超远；z_3 轴沿高度方向，正向朝上；z_2 垂直于坐标平面 $M_q-z_1z_3$，正向与航路方向同侧（见图 11-11）。显然，坐标平面 $M_q-z_1z_2$ 为过 M_q 点的水平面。

从坐标系 $M_q-x_1x_2x_3$ 到坐标系 $M_q-z_1z_2z_3$ 的变换矩阵 $\boldsymbol{T}_{xz}$ 为

$$\boldsymbol{T}_{xz}=\begin{bmatrix}-\sin\varepsilon_q & 0 & \cos\varepsilon_q\\ 0 & 1 & 0\\ \cos\varepsilon_q & 0 & \sin\varepsilon_q\end{bmatrix} \tag{11-47}$$

4. $P-u_1u_2u_3$ 坐标系

以炸点 P 为原点建立空间直角坐标系 $P-u_1u_2u_3$，其中 u_3 轴与弹丸速度 V_p 同向，坐标平面 $P-u_1u_3$ 平行于坐标平面 $M_q-x_1x_3$，u_1 轴垂直于 u_3 轴，正向朝上；u_2 轴平行于 x_2 轴，正向与 x_2 轴相反（见图 11-12）。

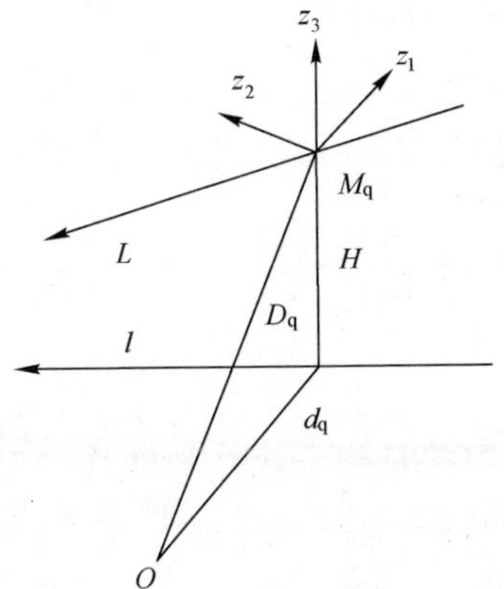

图 11-11　$M_q-z_1z_2z_3$ 直角坐标系

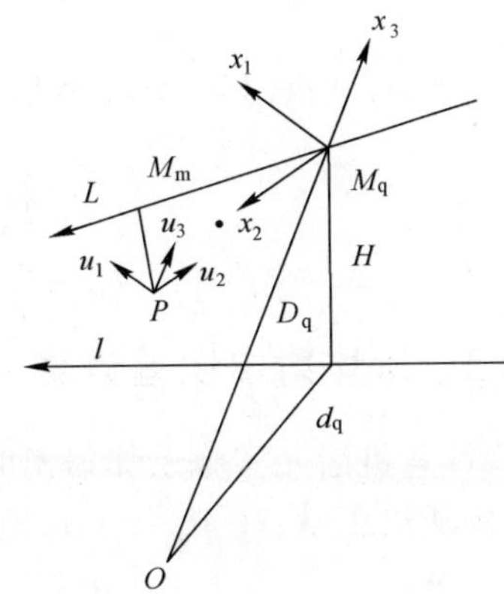

图 11-12　$P-u_1u_2u_3$ 坐标系

从坐标系 $M_q-x_1x_2x_3$ 到坐标系 $M_q-u_1u_2u_3$ 的变换矩阵 $\boldsymbol{T}_{xu}$ 为

$$\boldsymbol{T}_{xu}=\begin{bmatrix}\cos(\varepsilon_q-\theta) & 0 & \sin(\varepsilon_q-\theta)\\ 0 & -1 & 0\\ -\sin(\varepsilon_q-\theta) & 0 & \cos(\varepsilon_q-\theta)\end{bmatrix} \tag{11-48}$$

5. $M_q-p_1p_2p_3$ 坐标系

以目标提前点 M_q 为原点，建立空间直角坐标系 $M_q-p_1p_2p_3$，其中 p_1 轴平行于相对速度垂直面与相对射面（即过相对计算弹道的垂直面）的交线，且方向向上；p_2 轴垂直于 p_1 轴，且指向目标运动方向；p_3 轴平行于相对速度但方向相反（见图 11-13）。

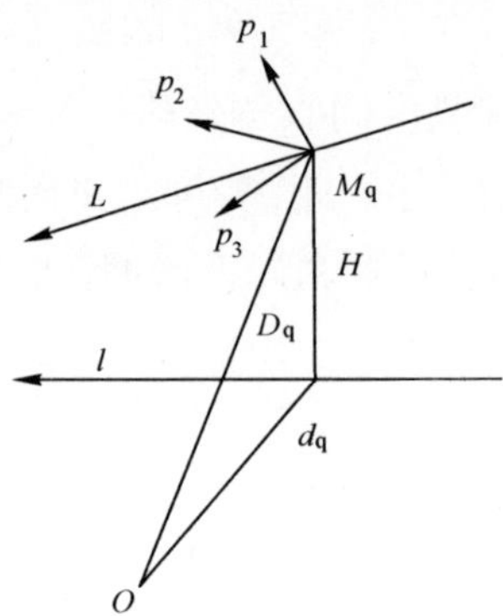

图 11-13 $M_q-p_1p_2p_3$坐标系

从坐标系 $M_q-p_1p_2p_3$ 到坐标系 $M_q-z_1z_2z_3$ 的变换矩阵 $\boldsymbol{T}_{pz}$ 为

$$\boldsymbol{T}_{pz}=\begin{bmatrix}-rs_1s_2 & -s_1 & -rs_3\\ 1/r & -s_2 & 0\\ -rs_2s_3 & -s_3 & -rs_1\end{bmatrix} \tag{11-49}$$

其中，s_1、s_2、s_3 见式（11-30），$r=1/\sqrt{s_1^2+s_2^2}$

则有

$$T_{xp}=T_{pz}\cdot T_{xz}^{\mathrm{T}} \tag{11-50}$$

$$T_{py}=T_{yz}\cdot T_{pz}=T_{xz}^{\mathrm{T}}\cdot T_{xy}^{\mathrm{T}} \tag{11-51}$$

11.3.2 近炸射击误差计算

用火控计算机诸元实施近炸射击时，射击误差是弹丸爆炸瞬间炸点对目标的偏差，它是三维随机变量，在 $M_q-x_1x_2x_3$ 坐标系中用 $\boldsymbol{x}=[x_1\quad x_2\quad x_3]^{\mathrm{T}}$ 表示，可写成如下形式

$$x=\begin{bmatrix}x_1\\ x_2\\ x_3\end{bmatrix}=\begin{bmatrix}x\\ x_3\end{bmatrix} \tag{11-52}$$

称 $\boldsymbol{x}=[x_1\quad x_2]^{\mathrm{T}}$ 为平面 Q 上的弹着点偏差，x_3 为起爆角引起的偏差。

11.3.2.1 弹着点偏差

弹着点偏差是指随机弹道相对于计算弹道的偏差，是射击中各类射击误差综合作用的结果，在坐标平面 $M_q-x_1x_2$ 上它是二维随机变量，与用火控计算机诸元实施着发射击的计算方法相同。

11.3.2.2 起爆角偏差

1. 起爆面与起爆角

配近炸引信弹丸的起爆面为圆锥面，顶点在弹丸质心，对称轴为弹轴（见图 11-14）。

当目标位于该面上时，即触发弹丸爆炸。起爆面的顶角之半 ϕ 称为起爆角，它是一随机变量，根据试验统计资料，服从反射正态分布，密度函数为

$$f(\phi)=\begin{cases}\sqrt{\dfrac{2}{\pi}}\dfrac{1}{\sigma_\phi}e^{-\frac{(\phi-\phi_0^2)}{2\sigma_\phi^2}} & (\phi\geqslant\phi_0)\\ 0 & (\phi<\phi_0)\end{cases} \tag{11-53}$$

均值与方差分别为

$$E(\phi)=\sqrt{\frac{2}{\pi}}\sigma_\phi+\phi_0$$

$$D(\phi)=\left(1-\frac{2}{\pi}\right)\sigma_\phi^2$$

2. 起爆角偏差

以目标位置为顶点，对称轴平行于弹轴的圆锥面称为危险面，当目标位于该面上时，即触发弹丸爆炸（见图 11-15）。危险面的顶角之半称为危险角，它等于起爆角 ϕ，也服从反射正态分布，且具有相同的密度函数。

设弹丸炸点在坐标系 $M_q-y_1y_2y_3$ 中的坐标为 $y=[y_1\quad y_2\quad y_3]^T$，则当近似假设弹轴方向与弹丸存速方向一致时，应有

$$\tan\phi=\frac{\sqrt{y_1^2+y_2^2}}{|y_3|} \tag{11-54}$$

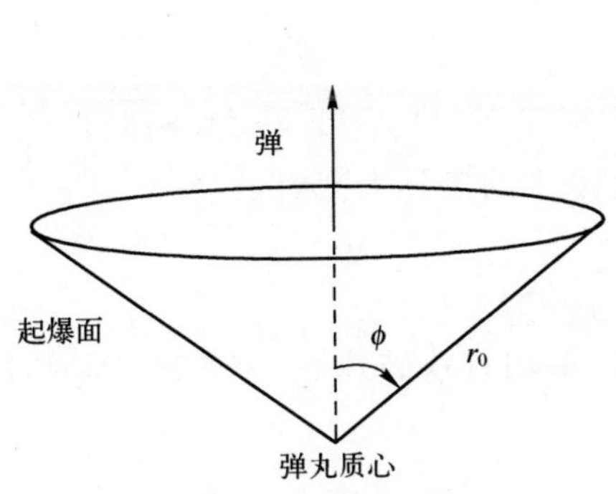

图 11-14　起爆面与起爆角

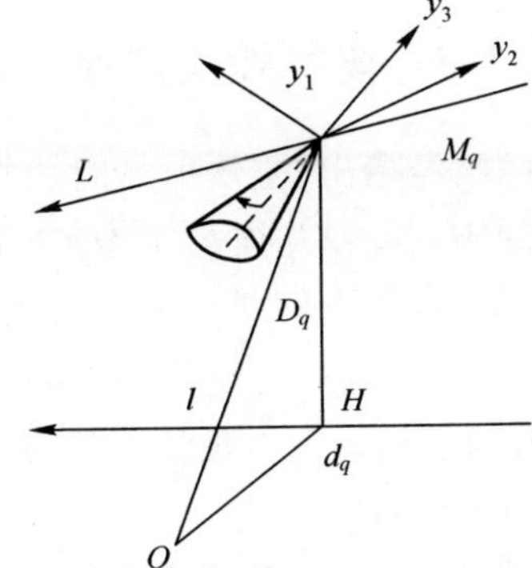

图 11-15　危险面与危险角

炸点 $y=[y_1\quad y_2\quad y_3]^T$ 可视为一直线与方程所确定的圆锥面的交点，此直线平行于过目标位置 M_q 的相对速度 V_{xd}，且在坐标平面 $M_q-p_1p_2$ 上交点的坐标为 $p=[p_1\quad p_2]^T$，此坐标可由坐标 $\boldsymbol{x}=[x_1\quad x_2]^T$ 通过坐标变换求得，该直线在 $M_q-z_1z_2z_3$ 坐标系中的三个方向余弦 s_1、s_2、s_3 见式(11-36)，利用坐标变换关系，可求得该直线在 $M_q-y_1y_2y_3$ 坐标系中的方向余弦 l_1、l_2、l_3 为

$$l_1=[\sin(\varepsilon_q-\theta)\cos\varepsilon_q-\cos(\varepsilon_q-\theta)\sin\varepsilon_q]s_1+[\cos(\varepsilon_q-\theta)\cos\varepsilon_q+\sin(\varepsilon_q-\theta)\sin\varepsilon_q]s_3 \tag{11-55}$$

$$l_2=-s_2 \tag{11-56}$$

$$l_3=[\cos(\varepsilon_q-\theta)\cos\varepsilon_q+\sin(\varepsilon_q-\theta)\sin\varepsilon_q]s_1+[-\sin(\varepsilon_q-\theta)\cos\varepsilon_q+\cos(\varepsilon_q-\theta)\sin\varepsilon_q]s_3 \tag{11-57}$$

过点$[y_1\quad y_2\quad y_3]^{\mathrm{T}}$做平行于$V_{xd}$的直线，该直线与坐标平面$M_q-p_1p_2$交点的坐标为$p=[p_1\quad p_2]^{\mathrm{T}}$，则该交点在$M_q-p_1p_2p_3$坐标系中的坐标为$p=[p_1\quad p_2\quad 0]^{\mathrm{T}}$。利用坐标变换矩阵$\boldsymbol{T}_{py}$可求出该交点在$M_q-y_1y_2y_3$中的坐标，记为$[y_{d1}\quad y_{d2}\quad y_{d3}]^{\mathrm{T}}$，则该直线在$M_q-y_1y_2y_3$中的方程为

$$(y_1-y_{d1})/l_1=(y_2-y_{d2})/l_2=(y_3-y_{d3})/l_3=k \tag{11-58}$$

同时还应满足条件

$$\begin{cases}\sqrt{y_1^2+y_2^2+y_3^2}\leqslant r_0\\ y_3\leqslant 0\end{cases} \tag{11-59}$$

式中　r_0——近炸引信的有效作用半径。

解此二次方程得出k值，并带入利用约束条件即可得炸点坐标$[y_1\quad y_2\quad y_3]^{\mathrm{T}}$，又由变换矩阵$\boldsymbol{T}_{xy}$即可得起爆角引起的偏差$x_3$。

$$x_3=y_1\sin(\varepsilon_q-\theta)+y_3\cos(\varepsilon_q-\theta) \tag{11-60}$$

综合以上结果，即可得到近炸射击误差$\boldsymbol{x}=[x_1\quad x_2\quad x_3]^{\mathrm{T}}$

11.3.3 坐标毁伤定律

前面已经指出，空炸射击时通常采用坐标毁伤律。设弹丸爆炸瞬间目标位于航路L上的M_q点，弹丸炸点在$M_q-x_1x_2x_3$坐标系中的坐标为$\boldsymbol{x}=[x_1\quad x_2\quad x_3]^{\mathrm{T}}$，则坐标毁伤定律具有如下形式

$$G(x_1,x_2,x_3)=1-\mathrm{e}^{-m(x_1,x_2,x_3)} \tag{11-61}$$

其中$m(x_1,x_2,x_3)$是炸点坐标为x时的平均有效破片数，有效破片是指能毁伤目标的命中破片。

11.3.3.1 破片数及散飞定律

1. 破片按质量的分布

高射榴弹爆炸时形成许多破片，破片数N是指质量在1.0g以上的破片总数。将破片质量分为若干区间，测定各个区间中的破片数N_i（$\sum N_i=N$），所得结果就是破片按质量的分布。目前，确定破片数量及质量分布的较准确方法还是试验法，多次试验后可以得出破片数量及质量的经验分布。对于现有的几种中口径高炮榴弹，有表11-2所列的平均试验数据。

表 11-2　几种高射榴弹的破片分布

质量级别/g	(1~5) 3	(5~15) 10	(15~20) 20	(25~75) 50	(75~115) 100	总数 N	$\bar{q}$
85mm 榴弹	230	158	77	79	5	549	15
85mm 榴弹	604	287	72	53	4	1020	9
100mm 榴弹	550	293	110	113	8	1094	13

记各个质量区间的中点质量为 q_i，则可看作质量为 q_i 的破片有 N_i 个，因此，破片平均质量 $\bar{q}$ 为

$$\bar{q}=\frac{\sum_i q_i N_i}{N} \tag{11-62}$$

2. 破片初速

射击时，弹丸是在其弹道上爆炸，破片在弹丸爆炸瞬间的初速 V_{d0} 由弹丸存速 V_p 和破片附加速度 V_a 合成而成(见图 11-16)。即

$$V_{d0}=V_p+V_a$$

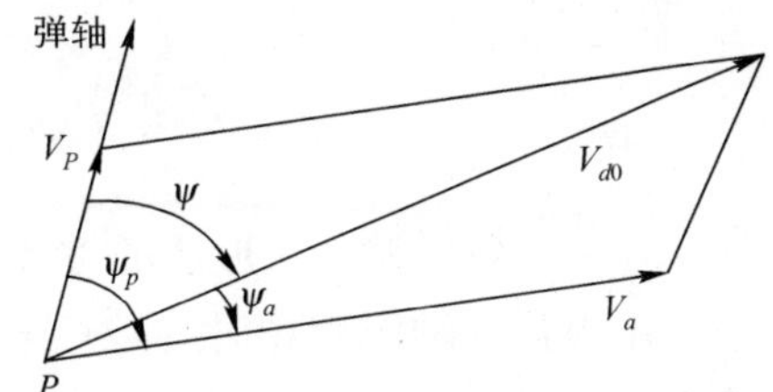

图 11-16　破片散飞的初速

弹丸存速 V_p 的方向与弹道切线方向一致，也可近似的看成与弹丸轴线一直，其大小可利用式(11-2)计算。附加速度 V_a 的方向大致与弹丸内表面的法线方向一致，其大小通过实验测定。表 11-3 给出了几种高射榴弹的附加速度 V_a 的大小

表 11-3　几种国外榴弹破片附加速度值表

弹　　种	85mm 榴弹	85mm 榴弹	100mm 榴弹
V_a/(m/s)	720	960	870

由图 11-16 可以看出，破片初速的大小 V_{d0} 为

$$V_{d0}=\sqrt{V_a^2+V_p^2+2V_aV_p\cos\psi_p} \tag{11-63}$$

或

$$V_{d0}=V_p\cos\psi+V_a\cos(\psi_p-\psi) \tag{11-64}$$

式中　ψ_p——破片静态飞散角，即弹丸在静止状态下引爆时，破片散飞的方向与弹轴方向的夹角；

ψ——破片动态飞散角，即弹丸在飞行中爆炸时，破片的散飞的方向与弹轴方向的夹角。

由图 11-16 可知破片的动态飞散角 ψ 为

$$\psi = \arctan\left[\frac{V_a \sin\psi_p}{V_p + V_a \cos\psi_p}\right] \tag{11-65}$$

且动态飞散角 ψ 与静态飞散角 ψ_p 有如下关系

$$\psi_p = \psi + \psi_a = \psi + \arcsin\left[\frac{V_p}{V_a}\sin\psi\right] \tag{11-66}$$

弹丸爆炸后，破片在不同的方向上有不同的分布密度。破片按散飞角 ψ_p 的分布密度函数 $\mu(\psi_p)$ 可用以下经验公式表示：

$$\mu(\psi_p) = \frac{0.03934\psi_p(\pi - \psi_p)}{0.2503^2 + (\psi_p - \pi/2)^2} \tag{11-67}$$

则可得球面上任一点的破片分布密度

$$P(\psi_p) = \frac{\mu(\psi_p)}{2\pi R_p^2 \sin\psi_p} \tag{11-68}$$

式中　R_p——静爆弹丸所形成的破片散飞球面的半径。

记 R 为弹丸动态起爆时的破片散飞球面的半径，则由图 11-16 不难得到

$$R_p = R\sin\psi_a = \frac{R\sin\psi}{\sin\psi_p} \tag{11-69}$$

11.3.3.2　破片的飞行速度与飞行时间

记破片自炸点的飞行距离为 R，则有

$$v_d = v_{d0} e^{-R/A} \tag{11-70}$$

其中，$A = \dfrac{q}{0.62\rho_0 S h(H)}$；$h(H)$ 的表达式见式（11-10）。

破片飞行时间 t_d 与飞行距离 R 间满足关系

$$t_d = \frac{A}{V_{d0}}(e^{R/A} - 1) = \frac{A}{V_{d0}}\left(\frac{V_{d0}}{V_d} - 1\right) \tag{11-71}$$

近炸射击中讨论破片命中问题时，不具体计算各种质量的破片在一定飞行距离上的飞行速度与飞行时间，而只计算平均质量的破片的速度与飞行时间，即假定所有破片具有相同的飞行速度和飞行时间。

11.3.3.3　破片命中点坐标

要解决破片能否命中目标的问题，必须求出破片命中点相对于炸点的坐标。当给出炸点 P 在 $M_q - x_1x_2x_3$ 坐标系中的坐标 $\boldsymbol{x} = [x_1 \quad x_2 \quad x_3]^{\mathrm{T}}$ 后，可求得 M_q 点在 $P - u_1u_2u_3$ 坐标系中的坐标 $u = [u_1 \quad u_2 \quad u_3]^{\mathrm{T}}$ 为

$$\begin{cases}u_1=-x_1\cos(\varepsilon_q-\theta)-x_3\sin(\varepsilon_q-\theta)\\u_2=x_2\\u_3=x_1\sin(\varepsilon_q-\theta)-x_3\cos(\varepsilon_q-\theta)\end{cases} \tag{11-72}$$

设破片在航路 L 上的 M_m 点命中目标，并设 M_m 在 $P-u_1u_2u_3$ 坐标系中的坐标为 $u_m=[u_{m1}\quad u_{m2}\quad u_{m3}]^T$。破片要命中目标，必须是目标自 M_q 点到 M_m 点的飞行时间与破片自 P 点到 M_m 点的飞行时间相等，因此，坐标 u_m 应是下面方程组的解

$$\begin{cases}R=\sqrt{(u_{m1})^2+(u_{m2})^2+(u_{m3})^2}\\t_d=\dfrac{A}{V_{d0}}(e^{\frac{R}{A}}-1)\\u_{m1}=u_1+t_dV_m\cos(V_m,u_1)\\u_{m2}=u_2+t_dV_m\cos(V_m,u_2)\\u_{m3}=u_3+t_dV_m\cos(V_m,u_3)\end{cases} \tag{11-73}$$

其中

$$\begin{cases}\cos(V_m,u_1)=\cos(\varepsilon_q-\theta)(\cos\lambda\cos q\sin\varepsilon_q+\sin\lambda\cos\varepsilon_q)+\\\qquad\qquad\sin(\varepsilon_q-\theta)(\sin\lambda\sin\varepsilon_q-\cos\lambda\cos q\cos\varepsilon_q)\\\cos(V_m,u_2)=-\cos\lambda\sin q\\\cos(V_m,u_3)=-\sin(\varepsilon_q-\theta)(\cos\lambda\cos q\sin\varepsilon_q+\sin\lambda\cos\varepsilon_q)+\\\qquad\qquad\cos(\varepsilon_q-\theta)(\sin\lambda\sin\varepsilon_q-\cos\lambda\cos q\cos\varepsilon_q)\end{cases}$$

用迭代法求解方程，得到 M_m 点的坐标 u_m 和破片自 P 点到 M_m 点的飞行距离 R 后，即可求得动态散飞角 ψ 为

$$\psi=\cos^{-1}\frac{u_{m3}}{R} \tag{11-74}$$

11.3.3.4　命中破片对目标的毁伤概率

破片对目标的毁伤作用包括击穿、引爆和引燃三种形式。破片引爆弹药的机理是：破片高速撞击弹药后，在药柱（或通过弹壳）内产生冲击波，在强冲击波通过炸药装药时，波阵面处的炸药的密度、温度和压力急剧上升，在炸药装药内部形成不均匀的分布应力，在某些点可能出现“峰值”，促使炸药局部加热产生“热点”；当“热点”温度大于炸药分解温度时，就有可能引爆。单位时间内在炸药内部形成的“热点”数越多，引爆的概率越大。

影响破片引爆炸药的因素包括：被引爆炸药的参数、破片参数和撞击条件，被引爆炸药是否带壳体及壳体材料、厚度、炸药的密度和冲击感度，以及破片的材料、形状、质量和速度，还包括破片撞击的角度和面积等。

国内外对破片引爆的机理和条件都有比较多的研究，但由于试验方法比较复杂，

多利用形状规则的破片（如枪弹弹丸）进行试验，且试验的炸药种类不够全面，尚未形成可供工程应用的理论计算方法。所以一般不考虑破片对炸药的引爆，仅考虑破片对目标的击穿、和引燃二种毁伤形式：

1. 命中破片的相对速度

破片命中目标后，对目标的毁伤依赖于破片的质量和破片对目标的相对速度。破片对目标的相对速度 v_{dm} 可表示为

$$V_{dm}=\sqrt{V_d^2+V_m^2-2V_dV_m\cos\beta} \tag{11-75}$$

其中，$\cos\beta=\dfrac{u_{m1}}{R}\cos(V_m,u_1)+\dfrac{u_{m2}}{R}\cos(V_m,u_2)+\dfrac{u_{m3}}{R}\cos(V_m,u_3)$

2. 破片命中目标的概率

采用前述目标等效处理的方法，设在破片飞散方向垂直面上目标易损部位与易燃部位的投影面积分别为 s_0 与 s_u，则破片命中目标易损与易燃部位的概率为

$$p(s_0)=s_0\frac{V_{d0}\mu(\psi_p)}{2\pi R^2V_b\sin\psi\cos\left(\arcsin\left(\dfrac{V_a}{V_b}\sin\psi\right)\right)} \tag{11-76}$$

$$p(s_u)=s_u\frac{V_{d0}\mu(\psi_p)}{2\pi R^2V_b\sin\psi\cos\left(\arcsin\left(\dfrac{V_a}{V_b}\sin\psi\right)\right)} \tag{11-77}$$

3. 命中破片的毁伤概率

在破片命中目标易损部位条件下，要毁伤目标必须击穿目标，故称其为击穿概率。其由下式确定：

$$p(E_{hs})=\begin{cases}1-e^{-(E_{hs}/14-0.235)} & (E_{hs}\geqslant 3.3)\\ 0 & (E_{hs}<3.3)\end{cases} \tag{11-78}$$

其中，$E_{hs}=q_z^{1/3}v_{dm}^2/(1000h_0)$，$h_0$ 为目标易损部位防护层等效铝合金厚度。

在破片命中目标易燃部位条件下，要毁伤目标必须引起着火燃烧，故称其为着火概率。其由下式确定：

$$p(F)=\begin{cases}1-e^{-0.006q_z^{2/3}(v_{dm}-400)h(H)} & (v_{dm}\geqslant 400)\\ 0 & (v_{dm}<400)\end{cases} \tag{11-79}$$

11.3.3.5 坐标毁伤定律表达式

设破片按质量分成了 k 组，第 $i(i=1,2,\cdots,k)$ 组有 N_i 个破片，则坐标毁伤概率 $G(x)$ 为

$$G(x)=1-e^{\frac{v_{d0}\mu(\psi_p)}{2\pi R^2v_b\sin\psi\cos(\arcsin(v_a/v_b\sin\psi))}\left[s_0\sum_{i=1}^{g}N_ip(E_{hsi})+s_u\sum_{i=1}^{g}N_ip(F_i)\right]} \tag{11-80}$$

11.3.4　近炸射击毁伤概率

对单门 p 个身管的高炮，发射近炸引信预制破片弹，对等速直线运动目标实施一次点射，且在一次点射中各个身管的点射长度是相同的，均为 n 发，一次点射的毁伤概率为

$$P_{Kpn}=\int\int_{-\infty}^{\infty}\left\{1-\prod_{k=1}^{n}\left[1-h_v(x_{II}^{k})\right]^{p}\right\}\varphi_{II}(x_{II})\,\mathrm{d}x_{II}$$

$$h_v(x_{II})=\int_{\phi_0}^{\infty}h_v(x_{II};\phi)f(\phi)\,\mathrm{d}\phi \tag{11-81}$$

$$h_v(x_{II};\phi)=\int\int_{-\infty}^{\infty}G(x_1,x_2,x_3)\varphi_I(x-x_{II}-A)\,\mathrm{d}x$$

式中　$G(x_1,x_2,x_3)$——坐标毁伤定律；

$f(\phi)$——起爆角分布密度；

φ_I——第一类误差分布密度。

$$\phi_I(x-x_{II}-A)=\frac{1}{2\pi\sqrt{|\Sigma_I|}}\mathrm{e}^{-\frac{1}{2}(x-x_{II}-A)^{\mathrm{T}}\Sigma_I^{-1}(x-x_{II}-A)}$$

$$\varphi_{II}(x_{II})=\frac{1}{2\pi\sqrt{|\Sigma_{II}|}}\mathrm{e}^{-\frac{1}{2}x_{II}^{\mathrm{T}}\Sigma_{II}^{-1}x_{II}}$$

对 m 门高炮，等间隔地配置在半径为 R_j 的圆周上，每门高炮有 p 个身管，发射近炸引信预制破片弹，该 m 门高炮共有一套火控系统，对等速直线运动目标实施一次点射，且在一次点射中各个身管的点射长度是相同的，均为 n 发。则单炮基线修正条件下，m 门高炮一次点射的毁伤概率 P_{Kmpn} 为

$$P_{kmpn}=\int\int_{-\infty}^{\infty}\left\{1-\prod_{v=1}^{m}\prod_{k=1}^{n}\left[1-h_v(x_{II}^{k})\right]^{p}\right\}\varphi_{II}(x_{II})\,\mathrm{d}x_{II} \tag{11-82}$$

式中其他量定义同单门高炮。

11.3.5　近炸射击毁伤概率算例

近炸射击毁伤概率是一个多重积分表达式。多重积分的计算方法主要有均匀网格法和数论网格法。若要应用这些方法来解决近炸引信射击时毁伤概率的计算问题，需要进行一系列的数学变换域简化处理，不仅过程十分繁琐复杂，而且精度也难以保证。因此，常用的数值计算方法是模拟法。模拟计算程序框图如图 11－17 所示。

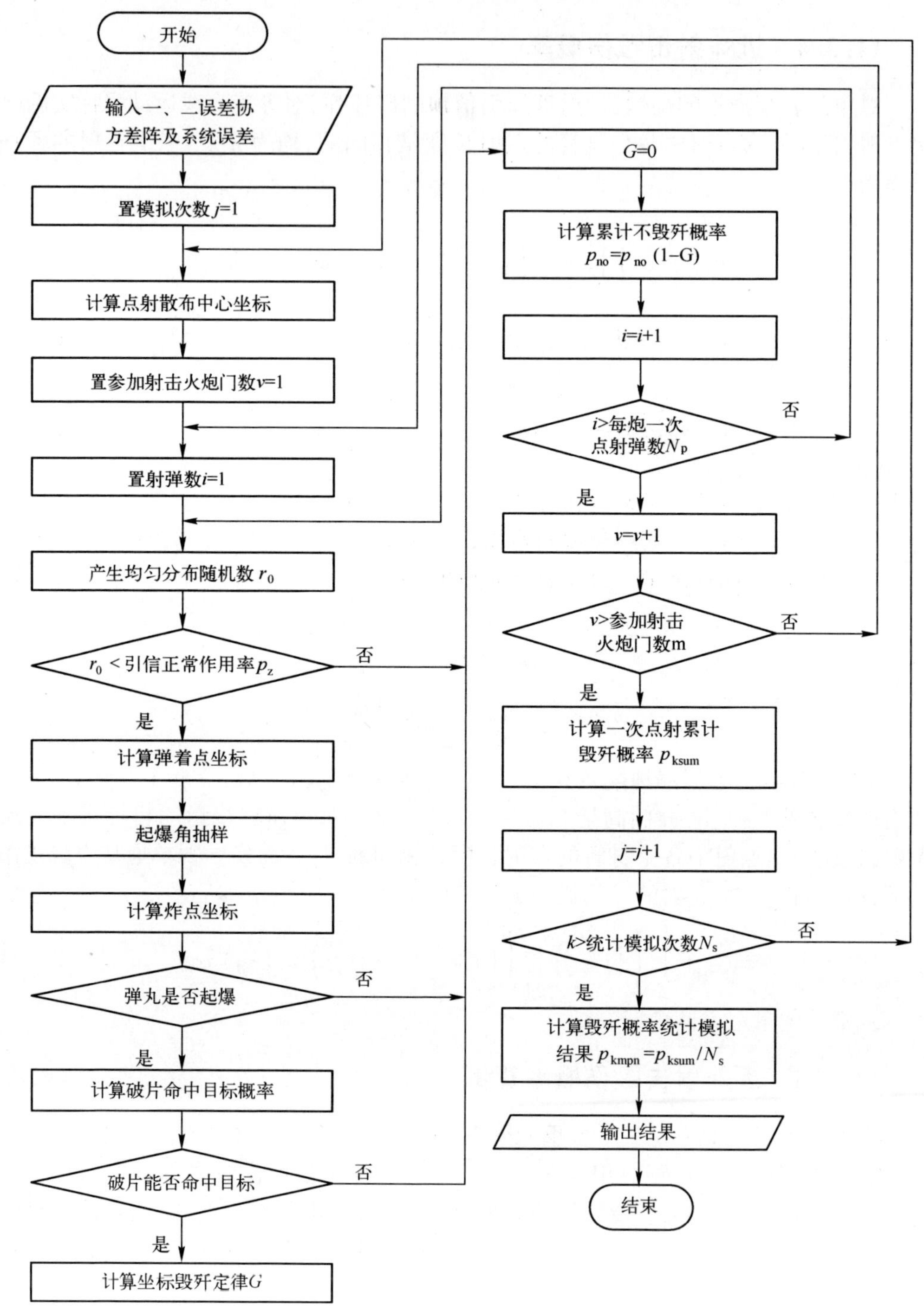

图 11-17　模拟计算流程框图

假设某型高炮配有近炸引信预制破片弹,给定的有关初始参数是:$m=8$ 门,$p=1$ 管,$n=6$ 发/管,$R_J=0$m(即单炮基线已修正),$V_0=1000$m/s,$D_m=6000$m,$C_{43}=1.508$,$h=2$ 发/s,$a_\varphi=a_{\beta q}=2.5$mil,$\sigma_N=\sigma_Z=1.91$mil,$\sigma_\varphi=\sigma_{\beta q}=4.0$mil,$\sigma_{p\varphi}=\sigma_{p\beta}=2.9$mil,$\sigma_{T\varphi}=\sigma_{T\beta}=0$mil,$\alpha_1=0.86\text{s}^{-1}$,$\alpha_2=5\text{s}^{-1}$,$\beta=0$,$\sigma_{V_{0p}}=\sigma_{V_0}=0.3$,$\sigma_K=1.3$,$\sigma_{Fz}=\sigma_{Fx}=2.2$m/s,$V_a=930$m/s,$q_0=0.0011$kg,$d_p=0.0035$m,$\rho_p=19350\text{kg/m}^3$,$q_2=0.002$kg,$q_3=0.006$kg,$N_1=1854$ 个,$N_2=702$ 个,$N_3=134$ 个,$\phi_0=1.2$rad,$\sigma_\phi=0.38$rad,$r_0=5$m,$p_z=0.85$。某型战斗轰炸机的参数是:$S_0=1.28\text{m}^2$,$S_u=7.8\text{m}^2$,$h_0=11$mm,$\lambda=0°$,$H=1000$m,$P_q=500$m,$V_m=300$m/s。从理论上计算该高炮用近炸引信预制破片弹对该目标实施一次点射的毁伤概率。计算结果见图 11-18。

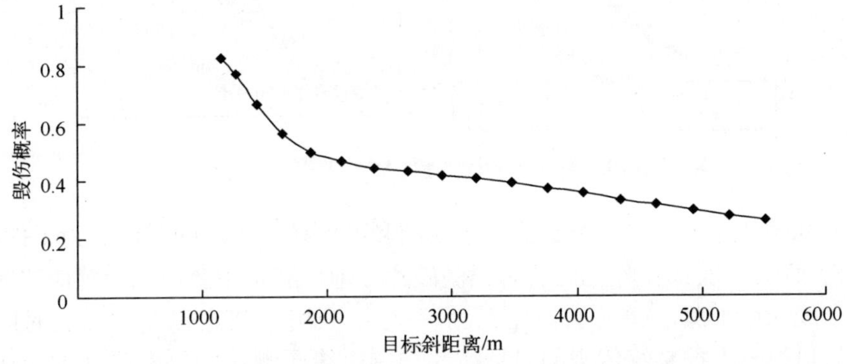

图 11-18 近炸射击时一次点射全航路毁伤概率曲线

11.4 空炸射击毁伤概率计算

11.4.1 空炸射击原理

装有时间引信的弹丸,在弹丸飞离炮口一定时间之后爆炸,主要以破片的杀伤效力毁伤目标,此类射击称为时间引信空炸射击。

时间引信按作用原理分,主要有机械时间引信和电子时间引信。近年来发展了一种新型电子时间引信,它是在高炮所具备的目标探测与跟踪、弹道诸元解算和火炮控制的技术基础上研制的,由带时间引信的弹丸、多功能炮口装置、火炮计算机和火控系统等组成的一个子系统,为区别与传统的电子时间引信,将其称为电子时间系统。

从射击效率分析角度考虑,电子时间引信系统与传统时间引信的主要区别,是产生射击误差的误差源不同,射击精度可大幅度提高。传统的时间引信,一般是在炮位上由操作手进行手工装定,而电子时间引信系统,采用的是炮口感应装定技术。电子时间引信系统主要由弹丸、炮口装置和火炮计算机组成(见图 11-19)。

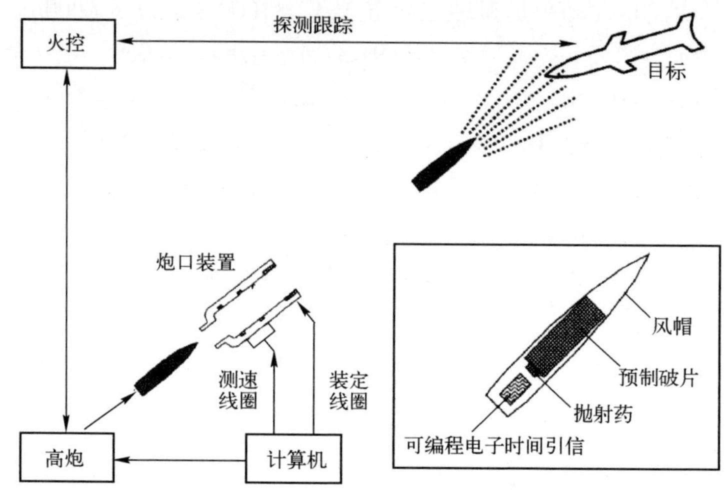

图 11-19　空炸预制破片弹(AHEAD 弹)工作原理图

在弹丸的弹底内装有一个数据接收线圈和可编程电子时间引信。为了提高对目标的毁伤效率,一般都在弹丸内装有预制破片。炮口装置主要由三个感应线圈组成,其中两个线圈用来测定弹丸的初速,最后一个线圈用来装定弹丸的弹底时间引信。火炮计算机根据火控系统传来的目标诸元和测速线圈测定的每发弹丸的初速,计算引信的作用时间,并将引信作用时间的脉冲信号赋予引信装定线圈。在弹丸通过引信装定线圈的瞬间,弹丸上的数据接收线圈接收到引信作用时间的脉冲信号后,立即激活可编程电子时间引信进入计时工作状态,当达到装定时间时输出发火信号,弹丸起爆,形成抛向目标的破片幕。

本节就配用多束定向预制破片弹(也称 AHEAD 弹)空炸射击的高炮的毁伤概率进行计算。

11.4.2　射击误差及其分解

高炮在射击过程中,由于射击准备存在误差,跟踪系统测定目标坐标时存在误差,火控计算目标运动参数、解命中方程、计算射击诸元存在误差,准备各种气象弹道条件的偏差量存在误差,火力系统的控制存在误差,火力系统射击时也有散布误差等,从而使射击时弹着点对目标产生偏差。

当高炮配用 AHEAD 弹药系统后,其增加产生射击误差的环节主要有三个:一是,由于初速测定线圈测定弹丸初速时存在一定的误差,以及火控系统传递给火炮计算机的目标诸元也存在误差,致使火炮计算机计算引信的作用时间存在误差。该误差的期望值不为零,即包含有系统误差和随机误差。二是,引信装定线圈根据火炮计算机计算的引信作用时间装定弹底时间引信时,即使火炮计算机给出的引信作用时间相同,装定结果也会存在一定的偏差,该误差期望值为零。三是,即使引信装定线圈给弹底引信装定的作用时间相同,由于在引信的计时装置工作中也存在偏差,该误差期望值为零。

空炸射击的射击误差是指射击时弹丸爆炸瞬间,炸点对目标的偏差。这个误差用三维随机变量表示。为了描述射击时弹着点对目标的偏差,建立如下坐标系:以目标提前点 M_q 为原点,x_1 轴和 x_2 轴位于与炮目连线垂直的平面 Q 上,x_1 轴过目标连线铅垂面与平面 Q 的交线,正向朝上;x_2 轴垂直于 x_1 轴,与航路方向同侧;x_3 轴为目标连线的延长线,正向朝远。如图 11-20 所示。空炸射击误差,由三个变量构成:

$$\boldsymbol{x}(\boldsymbol{t})=[x_1(t)\quad x_2(t)\quad x_3(t)]^{\mathrm{T}} \tag{11-83}$$

式中　$x_1(t)$——炸点的高低误差;

$x_2(t)$——炸点的方向误差;

$x_3(t)$——炸点的距离误差。

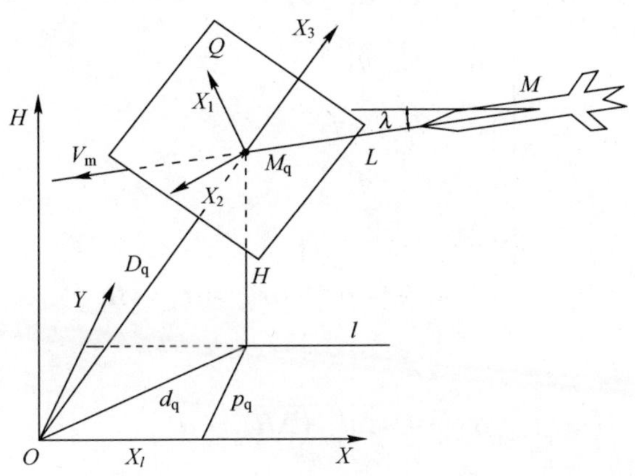

图 11-20　射击误差计算坐标系

设高炮有 p 个身管构成,借助电子时间引信系统对目标实施空炸射击。与着发射击情形类似,在任一时刻,第 $v(v=1,2,\cdots,p)$ 身管的射击误差在坐标系 $M_q-x_1x_2x_3$ 中的坐标 $x(t)$ 有下面分解式(见图 11-6):

$$\boldsymbol{x}(t)=\boldsymbol{x}_{\mathrm{c}}(t)+\boldsymbol{x}_{\mathrm{n}}(t)+\boldsymbol{x}_{\mathrm{g}}(t)+\boldsymbol{A}_{\mathrm{J}v}(t)+\boldsymbol{A}(t) \tag{11-84}$$

式中　$\boldsymbol{x}_{\mathrm{c}}(t)$——不相关误差,此误差与时间无关,它的协方差阵记为 $\boldsymbol{\Sigma}_c=[\boldsymbol{\sigma}_{ij}^c]$(其中,$i$、$j=1,2,3$,下同);

$\boldsymbol{x}_{\mathrm{n}}(t)$——弱相关误差,此误差对两个不同时刻是相关的,但相关性随时刻差的增大而减小,它的协方差阵记为 $\boldsymbol{\Sigma}_n=[\boldsymbol{\sigma}_{ij}^n]$;

$\boldsymbol{x}_{\mathrm{g}}(t)$——强相关误差,此误差对于两个不同时刻是线性相关的,它的协方差阵记为 $\boldsymbol{\Sigma}_{\mathrm{g}}=[\boldsymbol{\sigma}_{ij}^g]$;

$\boldsymbol{A}_{Jv}(t)$——v个身管的系统误差；

$\boldsymbol{A}(t)$——高炮误差。

11.4.2.1 不相关误差计算

不相关误差$\boldsymbol{x}_c(t)$由四部分组成：火炮点射散布误差引起的炸点误差$\boldsymbol{x}_{cp}$；火炮初速散布误差引起的炸点误差$\boldsymbol{x}_{cV_0}$；火炮计算机计算引信作用时间误差引起的炸点误差$\boldsymbol{x}_{ctc}$；引信装定与作用时间误差引起的炸点散布误差$\boldsymbol{x}_{cta}$。

记火炮点射高低散布均方差为σ_N，方向散布均方差为σ_Z，则误差$\boldsymbol{x}_{cp}$的协方差阵$\boldsymbol{\Sigma}_{cp}=[\sigma_{ij}^{cp}]$为

$$\begin{cases}\sigma_{11}^{cp}=D_q^2\sigma_N^2\\ \sigma_{22}^{cp}=d_q^2\sigma_Z^2\\ \sigma_{12}^{cp}=\sigma_{21}^{cp}=\sigma_{13}^{cp}=\sigma_{31}^{cp}=\sigma_{23}^{cp}=\sigma_{32}^{cp}=\sigma_{33}^{cp}=0\end{cases} \tag{11-85}$$

射击误差$\boldsymbol{x}_{cV_0}$的协方差阵$\boldsymbol{\Sigma}_{cV_0}=[\sigma_{ij}^{cV_0}]$为

$$\begin{cases}\sigma_{11}^{cV_0}=\sigma_{xcV_0}^2q_1^2\\ \sigma_{13}^{cV_0}=\sigma_{xcV_0}^2q_1q_3\\ \sigma_{33}^{cV_0}=\sigma_{xcV_0}^2q_3^2\\ \sigma_{31}^{cV_0}=\sigma_{13}^{cV_0}\\ \sigma_{12}^{cV_0}=\sigma_{21}^{cV_0}=\sigma_{22}^{cV_0}=\sigma_{23}^{cV_0}=\sigma_{32}^{cV_0}=0\end{cases} \tag{11-86}$$

其中：

$$\sigma_{xcV_0}=\sqrt{\Delta d_{V_0}^2+\Delta H_{V_0}^2}\cdot\sigma_{V_0p}$$

$$\begin{cases}q_1=\cos\varepsilon_q\sin\alpha_{V_0}-\sin\varepsilon_q\cos\alpha_{V_0}\\ q_2=0\\ q_3=\cos\varepsilon_q\cos\alpha_{V_0}+\sin\varepsilon_q\sin\alpha_{V_0}\end{cases}$$

$$\Delta d_{V_0}=\Delta t_{V_0}V_p\cos\theta$$

$$\Delta H_{V_0}=\Delta\alpha_{V_0}D_q$$

$$\alpha_{V_0}=\arctan\frac{\Delta H_{V_0}}{\Delta d_{V_0}}$$

式中　$\Delta\alpha_{V_0}$、Δt_{V_0}——初速改变1%引起的高角和弹丸飞行时间改变量；

σ_{V_0p}——火炮初速散布均方差。

火炮计算机计算引信作用时间随机误差引起的炸点误差$\boldsymbol{x}_{ctc}$的协方差阵$\boldsymbol{\Sigma}_{ctc}=[\sigma_{ij}^{ctc}]$为

$$
\begin{cases}
\sigma_{11}^{ctc} = (\sigma_{tp} t_f V_{xd})^2 (-s_1 \sin\varepsilon_q + s_3 \cos\varepsilon_q)^2 \\
\sigma_{12}^{ctc} = (\sigma_{tp} t_f V_{xd})^2 (-s_1 \sin\varepsilon_q + s_3 \cos\varepsilon_q) s_2 \\
\sigma_{13}^{ctc} = (\sigma_{tp} t_f V_{xd})^2 (-s_1 \sin\varepsilon_q + s_3 \cos\varepsilon_q)(s_1 \cos\varepsilon_q + s_3 \sin\varepsilon_q) \\
\sigma_{21}^{ctc} = \sigma_{12}^{ctc} \\
\sigma_{22}^{ctc} = (\sigma_{tp} t_f V_{xd})^2 s_2^2 \\
\sigma_{23}^{ctc} = (\sigma_{tp} t_f V_{xd})^2 (s_1 \cos\varepsilon_q + s_3 \sin\varepsilon_q) s_2 \\
\sigma_{31}^{ctc} = \sigma_{13}^{ctc} \\
\sigma_{32}^{ctc} = \sigma_{23}^{ctc} \\
\sigma_{23}^{ctc} = (\sigma_{tp} t_f V_{xd})^2 (s_1 \cos\varepsilon_q + s_3 \sin\varepsilon_q)^2
\end{cases}
\tag{11-87}
$$

式中　σ_{tp}——火炮计算机计算引信作用时间误差均方差。

引信装定与作用时间误差引起的炸点误差 $\boldsymbol{x}_{cta}$ 的协方差阵 $\boldsymbol{\Sigma}_{cta}=[\sigma_{ij}^{cta}]$ 为

$$
\begin{cases}
\sigma_{11}^{cta} = (\sigma_{ta} V_{xd})^2 (-s_1 \sin\varepsilon_q + s_3 \cos\varepsilon_q)^2 \\
\sigma_{12}^{cta} = (\sigma_{ta} V_{xd})^2 (-s_1 \sin\varepsilon_q + s_3 \cos\varepsilon_q) s_2 \\
\sigma_{13}^{cta} = (\sigma_{ta} V_{xd})^2 (-s_1 \sin\varepsilon_q + s_3 \cos\varepsilon_q)(s_1 \cos\varepsilon_q + s_3 \sin\varepsilon_q) \\
\sigma_{21}^{cta} = \sigma_{12}^{cta} \\
\sigma_{22}^{cta} = (\sigma_{ta} V_{xd})^2 s_2^2 \\
\sigma_{23}^{cta} = (\sigma_{ta} V_{xd})^2 (s_1 \cos\varepsilon_q + s_3 \sin\varepsilon_q) s_2 \\
\sigma_{31}^{cta} = \sigma_{13}^{cta} \\
\sigma_{32}^{cta} = \sigma_{23}^{ctc} \\
\sigma_{23}^{cta} = (\sigma_{ta} V_{xd})^2 (s_1 \cos\varepsilon_q + s_3 \sin\varepsilon_q)^2
\end{cases}
\tag{11-88}
$$

式中　σ_{ta}——引信装定与作用时间误差均方差。

则不相关误差的协方差阵 $\boldsymbol{\Sigma}_c=[\sigma_{ij}^c]$ 有

$$
\boldsymbol{\Sigma}_c = \boldsymbol{\Sigma}_{cp} + \boldsymbol{\Sigma}_{cV_0} + \boldsymbol{\Sigma}_{ctc} + \boldsymbol{\Sigma}_{cta}
$$

即

$$
\sigma_{ij}^c = \sigma_{ij}^{cp} + \sigma_{ij}^{cV_0} + \sigma_{ij}^{ctc} + \sigma_{ij}^{cta} \quad (i、j=1,2,3) \tag{11-89}
$$

11.4.2.2　弱相关误差的计算

弱相关误差 $\boldsymbol{x}_n(t)$ 是射击诸元误差即射角误差 $\Delta\varphi$ 和方位角误差 $\Delta\beta_q$ 在平面 Q 上的反映。由于射击诸元误差是由火控计算机输出误差、火炮随动系统控制火炮瞄准时的误差及稳定装置稳定瞄准线的误差构成，可以把弱相关误差分解为三部分：

$$
\boldsymbol{x}_n(t) = \boldsymbol{x}_{n1}(t) + \boldsymbol{x}_{n2}(t) + \boldsymbol{x}_T(t) \tag{11-90}
$$

弱相关误差 $\boldsymbol{x}_{n1}(t)$ 是火控计算机输出误差在平面 Q 上的反映。记火控计算机输出射角误差均方差为 σ_{φ}，提前方位角误差为 $\sigma_{\beta q}$，火控计算机输出误差相关衰减系数为 α_1，则弱相关误差 $\boldsymbol{x}_{n1}(t)$ 的协方差阵 $\boldsymbol{\Sigma}_{n1}=[\sigma_{ij}^{n1}]$ 为

$$\begin{cases}\sigma_{11}^{n1}=D_q^2\sigma_{\varphi}^2\\ \sigma_{22}^{n1}=d_q^2\sigma_{\beta q}^2\\ \sigma_{12}^{n1}=\sigma_{21}^{n1}=\sigma_{13}^{n1}=\sigma_{31}^{n1}=\sigma_{23}^{n1}=\sigma_{32}^{n1}=\sigma_{33}^{n1}=0\end{cases} \tag{11-91}$$

弱相关误差 $\boldsymbol{x}_{n2}(t)$ 是火炮随动系统控制火炮瞄准时的输出误差在平面 Q 上的反映。记火炮随动系统射角输出误差均方差为 $\sigma_{p\varphi}$，方位角输出误差均方差为 $\sigma_{p\beta}$，火控计算机输出误差相关衰减系数为 α_2，则弱相关误差 $\boldsymbol{x}_{n2}(t)$ 的协方差阵 $\boldsymbol{\Sigma}_{n2}=[\sigma_{ij}^{n2}]$ 为

$$\begin{cases}\sigma_{11}^{n2}=D_q^2\sigma_{p\varphi}^2\\ \sigma_{22}^{n2}=d_q^2\sigma_{p\beta}^2\\ \sigma_{12}^{n2}=\sigma_{21}^{n2}=\sigma_{13}^{n2}=\sigma_{31}^{n2}=\sigma_{23}^{n2}=\sigma_{32}^{n2}=\sigma_{33}^{n2}=0\end{cases} \tag{11-92}$$

$\boldsymbol{x}_T(t)$ 是稳定系统稳定瞄准线的误差在平面 Q 上的反映。记稳定系统射角输出误差均方差为 $\sigma_{T\varphi}$，方位角输出误差均方差为 $\sigma_{T\beta}$，火控计算机输出误差相关衰减系数为 β，则弱相关误差 $\boldsymbol{x}_T(t)$ 的协方差阵 $\boldsymbol{\Sigma}_T=[\sigma_{ij}^{\mathrm{T}}]$ 为

$$\begin{cases}\sigma_{11}^{\mathrm{T}}=D_q^2\sigma_{T\varphi}^2\\ \sigma_{22}^{\mathrm{T}}=d_q^2\sigma_{T\beta}^2\\ \sigma_{12}^{\mathrm{T}}=\sigma_{21}^{\mathrm{T}}=\sigma_{13}^{\mathrm{T}}=\sigma_{31}^{\mathrm{T}}=\sigma_{23}^{\mathrm{T}}=\sigma_{32}^{\mathrm{T}}=\sigma_{33}^{\mathrm{T}}=0\end{cases} \tag{11-93}$$

则弱相关误差的协方差阵 $\boldsymbol{\Sigma}_n=[\sigma_{ij}^n]$，有

$$\boldsymbol{\Sigma}_n=\boldsymbol{\Sigma}_{n1}+\boldsymbol{\Sigma}_{n2}+\boldsymbol{\Sigma}_T \tag{11-94}$$

即

$$\sigma_{ij}^n=\sigma_{ij}^{n1}+\sigma_{ij}^{n2}+\sigma_{ij}^T \quad (i、j=1,2,3) \tag{11-95}$$

11.4.2.3 强相关误差的计算

强相关误差包括确定与修正初速总和偏差 ΔV_0 引起的炸点散布误差 $\boldsymbol{x}_{V_0}$，确定与修正空气密度总和偏差 ΔK 引起的炸点散布误差 $\boldsymbol{x}_K$，确定与修正纵风的偏差 ΔF_X 引起的炸点散布误差 $\boldsymbol{x}_{F_X}$，确定与修正横风的偏差 ΔF_Z 引起的炸点散布误差 $\boldsymbol{x}_{F_Z}$。

确定与修正初速总和偏差 ΔV_0 引起的炸点散布误差 $\boldsymbol{x}_{V_0}$ 与火炮初速散布误差 ΔV_{0p} 引起的炸点散布误差 $\boldsymbol{x}_{cV_0}$ 类似，其协方差阵 $\boldsymbol{\Sigma}_{V_0}=[\sigma_{ij}^{V_0}]$ 为

$$\begin{cases}\sigma_{11}^{V_0}=\sigma_{xV_0}^2q_1^2\\ \sigma_{13}^{V_0}=\sigma_{xV_0}^2q_1q_3\\ \sigma_{33}^{V_0}=\sigma_{xV_0}^2q_3^2\\ \sigma_{31}^{V_0}=\sigma_{13}^{V_0}\\ \sigma_{12}^{V_0}=\sigma_{21}^{V_0}=\sigma_{22}^{V_0}=\sigma_{23}^{V_0}=\sigma_{32}^{V_0}=0\end{cases} \tag{11-96}$$

其中：

$$\sigma_{xgV_0}=\sqrt{\Delta d_{V_0}^2+\Delta H_{V_0}^2}\cdot\sigma_{V_0}$$

$$\begin{cases}q_1=\cos\varepsilon_q\sin\alpha_{V_0}-\sin\varepsilon_q\cos\alpha_{V_0}\\q_2=0\\q_3=\cos\varepsilon_q\cos\alpha_{V_0}+\sin\varepsilon_q\sin\alpha_{V_0}\end{cases}$$

式中　σ_{V_0}——修正初速误差的均方差。

确定与修正空气密度总和偏差 ΔK 引起的炸点散布误差 $\boldsymbol{x}_K$ 的协方差阵 $\boldsymbol{\Sigma}_K=[\sigma_{ij}^K]$ 为

$$\begin{cases}\sigma_{11}^K=\sigma_{xK}^2r_1^2\\\sigma_{13}^K=\sigma_{xK}^2r_1r_3\\\sigma_{33}^K=\sigma_{xK}^2r_3^2\\\sigma_{31}^K=\sigma_{13}^K\\\sigma_{12}^K=\sigma_{21}^K=\sigma_{22}^K=\sigma_{23}^K=\sigma_{32}^K=0\end{cases}\tag{11-97}$$

其中：

$$\sigma_{xK}=\sqrt{\Delta d_K^2+\Delta H_K^2}\cdot\sigma_K$$

$$\begin{cases}r_1=\cos\varepsilon_q\sin\alpha_K-\sin\varepsilon_q\cos\alpha_K\\r_2=0\\r_3=\cos\varepsilon_q\cos\alpha_K+\sin\varepsilon_q\sin\alpha_K\end{cases}$$

$$\Delta d_K=\Delta t_K V_p\cos\theta$$

$$\Delta H_K=\Delta\alpha_K D_q$$

$$\alpha_K=\arctan\frac{\Delta H_K}{\Delta d_K}$$

式中　$\Delta\alpha_K$、Δt_K——空气密度改变 1%引起的高角和弹丸飞行时间改变量；

σ_K——修正空气密度误差的均方差。

确定与修正空气密度总和偏差 ΔF_X 引起的炸点散布误差 $\boldsymbol{x}_{F_X}$ 的协方差阵 $\boldsymbol{\Sigma}_{F_X}=[\sigma_{ij}^{F_X}]$ 为：

$$\begin{cases}\sigma_{11}^{F_X}=\sigma_{xF_X}^2t_1^2\\\sigma_{13}^{F_X}=\sigma_{xF_X}^2t_1t_3\\\sigma_{33}^{F_X}=\sigma_{xF_X}^2t_3^2\\\sigma_{31}^{F_X}=\sigma_{13}^{F_X}\\\sigma_{12}^{F_X}=\sigma_{21}^{F_X}=\sigma_{22}^{F_X}=\sigma_{23}^{F_X}=\sigma_{32}^{F_X}=0\end{cases}\tag{11-98}$$

其中:

$$\sigma_{xF_X}=\sqrt{\Delta d_{F_X}^2+\Delta H_{F_X}^2}\cdot\sigma_{F_X}$$

$$\begin{cases}t_1=\cos\varepsilon_q\sin\alpha_{F_X}-\sin\varepsilon_q\cos\alpha_{F_X}\\t_2=0\\t_3=\cos\varepsilon_q\cos\alpha_{F_X}+\sin\varepsilon_q\sin\alpha_{F_X}\end{cases}$$

$$\Delta d_{F_X}=\Delta t_{F_X}V_p\cos\theta$$

$$\Delta H_K=\Delta\alpha_{F_X}D_q$$

$$\alpha_{F_X}=\arctan\frac{\Delta H_{F_X}}{\Delta d_{F_X}}$$

式中 $\Delta\alpha_{F_X}$、Δt_{F_X}——纵风 1m/s 引起的高角和弹丸飞行时间改变量;

σ_{F_X}——修正纵风误差的均方差。

确定与修正横风的偏差 ΔF_Z 引起的炸点散布误差 $\boldsymbol{x}_{F_Z}$ 的协方差阵 $\boldsymbol{\Sigma}_{F_Z}=[\sigma_{ij}^{F_Z}]$ 为:$\sigma_{22}^{F_Z}=(|\Delta Z_F|\sigma_{F_Z}|)^2$,其余元素均为零。

式中 σ_{F_Z}——修正横风误差的均方差;

ΔZ_F——横风 1m/s 引起的方向改变量。

于是,强相关误差 $\boldsymbol{x}_g$ 的协方差阵 $\boldsymbol{\Sigma}_g=[\sigma_{ij}^g]$ 为

$$\boldsymbol{\Sigma}_g=\boldsymbol{\Sigma}_{V_0}+\boldsymbol{\Sigma}_K+\boldsymbol{\Sigma}_{F_X}+\boldsymbol{\Sigma}_{F_Z} \tag{11-99}$$

即

$$\sigma_{ij}^g=\sigma_{ij}^{V_0}+\sigma_{ij}^k+\sigma_{ij}^{Fx}+\sigma_{ij}^{Fz}\quad(i、j=1,2,3) \tag{11-100}$$

11.4.2.4 v 个身管的系统误差

当高炮 v 个身管共同拦截空中目标时,高炮火控计算机一般均对单炮武器基线进行了修正,故有

$$A_{Jv}(t)=0 \tag{11-101}$$

11.4.2.5 系统误差

高炮用火控计算机诸元并借助电子时间引信系统实施空炸射击时,炸点的系统偏差由两部分组成:一是火控计算机计算射击诸元误差中系统误差部分引起的炸点系统偏差;二是火炮计算机计算引信作用时间误差中系统误差部分引起的炸点系统偏差。高炮实施空炸射击时的系统误差为

$$\begin{bmatrix}a_1\\a_2\\a_3\end{bmatrix}=\begin{bmatrix}D_qa_\varphi+a_{tp}t_fV_{Xd}(-s_1\sin\varepsilon_q+s_3\cos\varepsilon_q)\\d_qa_{\beta q}+a_{tp}t_fV_{Xd}s_2\\a_{tp}t_fV_{Xd}(s_1\cos\varepsilon_q+s_3\sin\varepsilon_q)\end{bmatrix} \tag{11-102}$$

11.4.3 动态交会过程分析

动态交会是指 AHEAD 弹开舱后,子弹场沿着近似倒圆锥形轨迹飞行并命中毁

伤目标的过程。研究破片动态飞行过程首先研究 AHEAD 弹引信装定时间数学模型,其次是要根据开舱点的弹道数据,结合高炮射击误差分析理论和坐标毁伤定律理论研究分析命中目标的平均破片数,最终建立 AHEAD 弹毁伤概率数学模型。

11.4.3.1　引信装定时间

由射击理论可知,在不考虑射击误差的前提下,破片与目标在未来点 M_q 交会。由图 11-21 所示,AHEAD 弹与目标在未来点交会的矢量关系为

$$\boldsymbol{D}_d+\boldsymbol{D}_Z=\boldsymbol{D}+\boldsymbol{V}_m(t_d+t_z) \tag{11-103}$$

式中　$\boldsymbol{D}_d$——开舱点处弹丸飞行距离矢量;

$\boldsymbol{D}_Z$——子弹飞行距离矢量;

$\boldsymbol{D}$——目标现在点距离矢量;

$\boldsymbol{V}_m$——目标速度;

t_d——开舱点处弹丸飞行时间;

t_z——破片飞行时间。

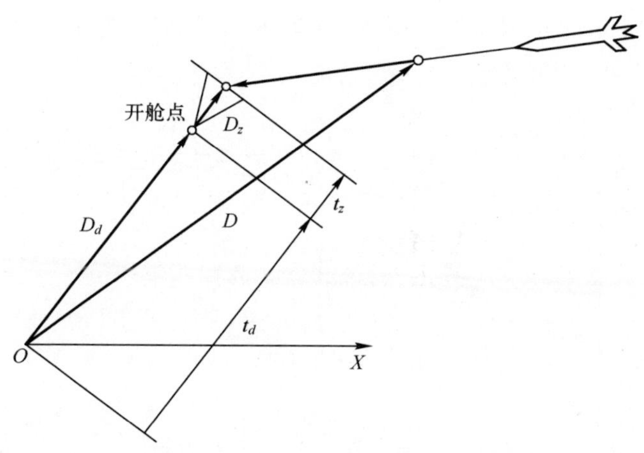

图 11-21　弹目交会空间矢量关系

在弹目交会处,目标飞行时间与弹丸及破片飞行时间之间的关系为

$$t_f=t_d+t_Z$$

则 AHEAD 弹引信装定时间为

$$t_d=t_f-t_Z \tag{11-104}$$

11.4.3.2　动态交会分析

高炮射击过程中总是存在各种各样的误差,求得 AHEAD 弹开舱点位置坐标后,破片以近似倒圆锥状向目标飞去,在垂直圆锥中心线(近似为弹丸轴线)的任一平面上,若目标和破片同时到达,则破片和目标有可能交会,如图 11-22 所示。

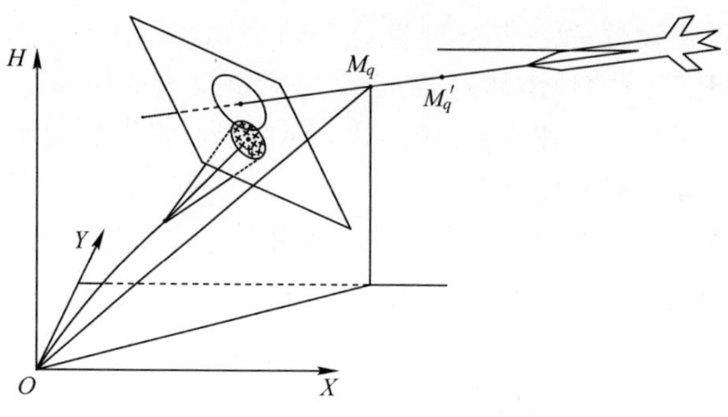

图 11-22　动态交会示意图

11.4.3.3　破片命中目标

当弹丸开舱点及目标位置坐标确定后，破片和弹丸都在运动，某一时刻在破片场轴线垂直面上破片可能命中目标，即破片分布圆和目标投影圆有可能相交。设 P 为弹丸炸点位置，M_q 为预设未来点，M_q' 为弹丸爆炸瞬间目标实际所在点。以炸点 P 为原点建立空间直角坐标系 $P-u_1u_2u_3$，其中 u_3 轴与弹丸速度同向，坐标平面 $P-u_1u_3$ 平行于坐标平面 $M_q-x_1x_3$，u_1 轴垂直于 u_3 轴，正向朝上；u_2 轴平行于 x_2 轴，正向与 x_2 轴相反，如图 11-23 所示。

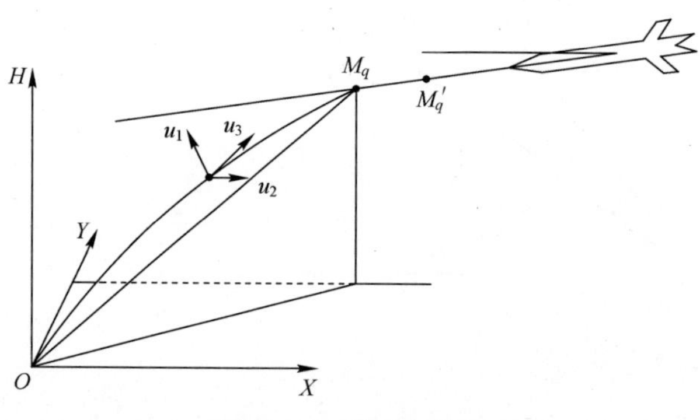

图 11-23　炸点坐标系

从坐标系 $M_q-x_1x_2x_3$ 到坐标系 $P-u_1u_2u_3$ 的变换矩阵 $\boldsymbol{T}_{xu}$ 为

$$\boldsymbol{T}_{xu}=\begin{bmatrix}\cos(\varepsilon_q-\theta) & 0 & \sin(\varepsilon_q-\theta)\\ 0 & -1 & 0\\ -\sin(\varepsilon_q-\theta) & 0 & \cos(\varepsilon_q-\theta)\end{bmatrix} \tag{11-105}$$

目标速度矢量 $\boldsymbol{V}_m$ 在炸点坐标系中沿各轴的速度分量为

$$\begin{aligned}\boldsymbol{V}_{mu1}=\boldsymbol{V}_m(&\cos(\varepsilon_q-\theta)(\cos\lambda\cos q\sin\varepsilon_q+\sin\lambda\cos\varepsilon_q)+\\ &\sin(\varepsilon_q-\theta)(\sin\lambda\sin\varepsilon_q-\cos\lambda\cos q\cos\varepsilon_q))\end{aligned} \tag{11-106}$$

$$\boldsymbol{V}_{mu2}=-\boldsymbol{V}_m\cos\lambda\sin q \tag{11-107}$$

$$\begin{aligned}\boldsymbol{V}_{mu3}=\boldsymbol{V}_m(&-\sin(\varepsilon_q-\theta)(\cos\lambda\cos q\sin\varepsilon_q+\sin\lambda\cos\varepsilon_q)+\\&\cos(\varepsilon_q-\theta)(\sin\lambda\sin\varepsilon_q-\cos\lambda\cos q\cos\varepsilon_q))\end{aligned} \tag{11-108}$$

射击时,弹丸是在其弹道上爆炸,破片在弹丸爆炸瞬间的初速 V_{d0} 由弹丸存速 V_P 和破片的附加速度 V_a 合成,见图 11-24 所示。有

$$V_{d0}=\sqrt{V_p^2+V_a^2+2V_pV_a\cos\frac{\phi}{2}} \tag{11-109}$$

其中,ϕ 为破片静态飞散角。

破片动态飞散角为

$$\phi_1=2\arccos\left(\frac{V_{d0}^2+V_p^2-V_a^2}{2V_{d0}V_a}\right) \tag{11-110}$$

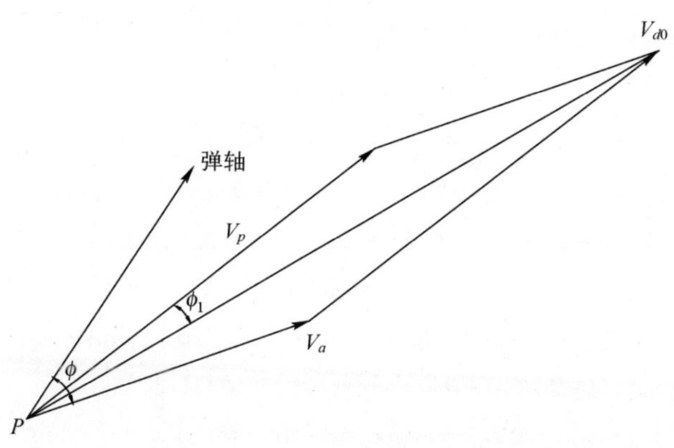

图 11- 24　破片飞散初速

为了简化计算,近似认为破片同时到达交会平面,飞行距离为 R,且取所有破片的平均初速 V_{dp} 进行命中目标分析,在求得弹丸爆炸瞬间目标 M_q' 在炸点坐标系 $P-u_1u_2u_3$ 的位置坐标(u_{mq1}',u_{mq2}',u_{mq3}')后,则有

$$V_{dp}=\frac{V_{d0}+(V_a+V_p)}{2}$$

$$R+V_{mu3}\cdot\frac{A}{V_{dp}}(\mathrm{e}^{R/A}-1)=u_{mq3}'$$

破片从炸点飞到交会平面时的速度为

$$V_d=V_{dp}\mathrm{e}^{-R/A} \tag{11-111}$$

其中,$A=\dfrac{q^{1/3}}{0.00374h(H)}$。破片从炸点飞到交会平面的飞行时间为

$$t_d=\frac{A}{V_{dp}}(e^{R/A}-1) \tag{11-112}$$

破片在交会平面上的散布圆半径 r_{jy} 为

$$r_{jy}=R\sin\phi_1$$

破片散布圆面积 s_{jp} 为

$$s_{jp}=\pi r_{jy}^2 \tag{11-113}$$

11.4.3.4 目标在交会平面上的投影面积

设目标与交会平面的交点为 M_{qq}，建立坐标系 $M_{qq}-z_1'z_2'z_3'$，坐标轴 z_1'、z_2'、z_3'分别平行于 z_1、z_2及 z_3轴。在此动坐标系下，目标三向面积的法向量 $\boldsymbol{n}_B$、$\boldsymbol{n}_S$及 $\boldsymbol{n}_F$交会平面的法向量 $\boldsymbol{n}_J$可表示为

$$\boldsymbol{n}_B=(n_{B1},n_{B2},n_{B3})$$

$$\boldsymbol{n}_S=(n_{S1},n_{S2},n_{S3})$$

$$\boldsymbol{n}_F=(n_{F1},n_{F2},n_{F3})$$

$$\boldsymbol{n}_J=(0,0,1)$$

其中，

$$\begin{gathered}n_{B1}=(-\cos(\varepsilon_q-\theta)\sin\varepsilon_q+\sin(\varepsilon_q-\theta)\cos\varepsilon_q)\sin\lambda\cos q+\\(\cos(\varepsilon_q-\theta)\cos\varepsilon_q+\sin(\varepsilon_q-\theta)\sin\varepsilon_q)\cos\lambda\end{gathered}$$

$$n_{B2}=\sin\lambda\sin q$$

$$\begin{gathered}n_{B3}=(\sin(\varepsilon_q-\theta)\sin\varepsilon_q+\cos(\varepsilon_q-\theta)\cos\varepsilon_q)\sin\lambda\cos q+\\(-\sin(\varepsilon_q-\theta)\cos\varepsilon_q+\cos(\varepsilon_q-\theta)\sin\varepsilon_q)\cos\lambda\end{gathered}$$

$$n_{S1}=(-\cos(\varepsilon_q-\theta)\sin\varepsilon_q+\sin(\varepsilon_q-\theta)\cos\varepsilon_q)(-\sin q)$$

$$n_{S2}=\cos q$$

$$n_{S3}=(\sin(\varepsilon_q-\theta)\sin\varepsilon_q+\cos(\varepsilon_q-\theta)\cos\varepsilon_q)(-\sin q)$$

$$\begin{gathered}n_{F1}=(-\cos(\varepsilon_q-\theta)\sin\varepsilon_q+\sin(\varepsilon_q-\theta)\cos\varepsilon_q)(-\cos\lambda\cos q)+\\(\cos(\varepsilon_q-\theta)\cos\varepsilon_q+\sin(\varepsilon_q-\theta)\sin\varepsilon_q)\sin\lambda\end{gathered}$$

$$n_{F2}=-\cos\lambda\sin q$$

$$\begin{gathered}n_{F3}=(\sin(\varepsilon_q-\theta)\sin\varepsilon_q+\cos(\varepsilon_q-\theta)\cos\varepsilon_q)(-\cos\lambda\cos q+\\(-\sin(\varepsilon_q-\theta)\cos\varepsilon_q+\cos(\varepsilon_q-\theta)\sin\varepsilon_q)\sin\lambda\end{gathered}$$

目标在交会平面上的投影面积为

$$\begin{aligned}s_{ty}=s_B&\frac{|n_{B1}\times n_{J1}+n_{B2}\times n_{J2}+n_{B3}\times n_{J3}|}{\sqrt{n_{B1}\times n_{B1}+n_{B2}\times n_{B2}+n_{B3}\times n_{B3}}}\\&+s_S\frac{|n_{S1}\times n_{J1}+n_{S2}\times n_{J2}+n_{S3}\times n_{J3}|}{\sqrt{n_{S1}\times n_{S1}+n_{S2}\times n_{S2}+n_{S3}\times n_{S3}}}\end{aligned}$$

$$+s_F\frac{|n_{F1}\times n_{J1}+n_{F2}\times n_{J2}+n_{F3}\times n_{J3}|}{\sqrt{n_{F1}\times n_{F1}+n_{F2}\times n_{F2}+n_{F3}\times n_{F3}}} \tag{11-114}$$

其中，s_B为目标水平截面面积；s_S为目标纵截面面积；s_F为目标横截面面积。

将目标投影域视作中心在M_{qq}点的圆面，其半径为

$$r_m=\sqrt{S_{ty}/\pi} \tag{11-115}$$

11.4.3.5　破片命中目标模型

求得目标投影面积及破片飞行时间后，在交会平面上，两圆的位置即确定，若两圆相交、内含或内切，即有破片命中目标，否则破片未命中目标，如图 11-25 所示。

设两圆圆心距为 y_{xj}，两圆位置关系判断如下：

有两圆外离或外切：$y_{xj}>=r_m+r_{jy}$；

两圆内含或内切：$y_{xj}<=|r_m-r_{jy}|$；

两圆相交：$|r_m-r_{jy}|<y_{xj}<r_m+r_{jy}$。

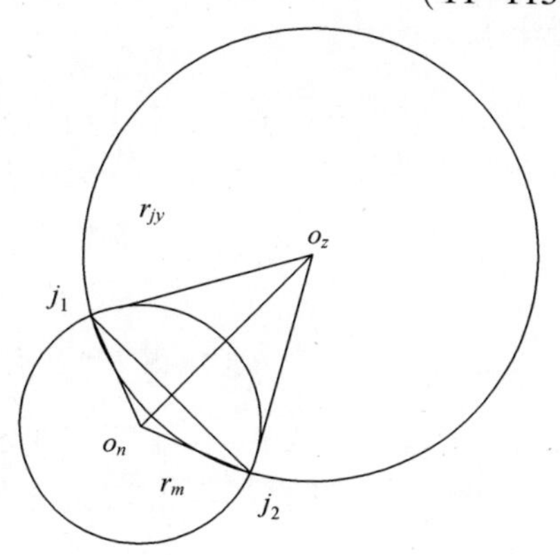

图 11-25　两圆相交位置图

11.4.4　坐标毁伤定律

11.4.4.1　破片命中目标的概率

AHEAD 弹的子弹在其交会平面散布圆上认为是均匀分布的，则其任一点的分布密度为

$$\mu(\phi_1)=\frac{1}{s_{jp}} \tag{11-116}$$

设在子弹飞散方向垂直面上命中目标面积为 s_{xj}，则子弹命中目标的概率为

$$p(s_{xj})=s_{xj}\mu(\phi_1) \tag{11-117}$$

11.4.4.2　命中破片的毁伤概率

在破片命中目标易损部位条件下，要毁伤目标必须击穿目标，故称其为击穿概率。其由下式确定

$$p(E_{hs})=\begin{cases}1-e^{-(E_{hs}/14-0.235)} & (E_{hs}\geqslant 3.3)\\ 0 & (E_{hs}<3.3)\end{cases} \tag{11-118}$$

其中：$E_{hs}=q_z^{1/3}v_{dm}^2/(1000h_0)$，$h_0$为目标易损部位防护层等效铝合金厚度。

11.4.4.3　坐标毁伤定律表达式

设有 N_i个破片，则毁伤目标的平均有效破片数 $m(x)$为

$$m(x)=N_i\cdot p(s_{xj})\cdot p(E_{hs})$$

坐标毁伤概率 $G(x)$为

$$G(x)=1-\mathrm{e}^{-N_i \cdot p(s_{xj}) \cdot p(E_{hs})} \tag{11-119}$$

11.4.5 空炸射击毁伤概率

对单门 p 个身管的高炮,发射近炸引信预制破片弹,对等速直线运动目标实施一次点射,且在一次点射中各个身管的点射长度是相同的,均为 n 发,一次点射的毁伤概率为

$$P_{Kpn}=\int\int_{-\infty}^{\infty}\left\{1-\prod_{k=1}^{n}\left[1-h_v(x_{II}^k)\right]^p\right\}\varphi_{II}(x_{II})\mathrm{d}x_{II} \tag{11-120}$$

$$h_v(x_{II})=\int_{\phi_0}^{\infty}h_v(x_{II};\phi)f(\phi)\mathrm{d}\phi$$

$$h_v(x_{II};\phi)=\int\int_{-\infty}^{\infty}G(x_1,x_2,x_3)\varphi_I(x-x_{II}-A)\mathrm{d}x$$

式中 $G(x_1,x_2,x_3)$——坐标毁伤定律;

$f(\phi)$——起爆角分布密度;

φ_I——第一类误差分布密度。

$$\phi_I(x-x_{II}-A)=\frac{1}{2\pi\sqrt{|\Sigma_I|}}\mathrm{e}^{-\frac{1}{2}(x-x_{II}-A)^{\mathrm{T}}\Sigma_I^{-1}(x-x_{II}-A)}$$

$$\varphi_{II}(x_{II})=\frac{1}{2\pi\sqrt{|\Sigma_{II}|}}\mathrm{e}^{-\frac{1}{2}x_{II}^{\mathrm{T}}\Sigma_{II}^{-1}x_{II}}$$

对 m 门高炮,等间隔地配置在半径为 R_j 的圆周上,每门火炮有 p 个身管,发射近炸引信预制破片弹,该高炮有一套火控系统,对等速直线运动目标实施一次点射,且在一次点射中各个身管的点射长度是相同的,均为 n 发。则单炮基线修正条件下,高炮一次点射的毁伤概率 P_{Kmpn} 为

$$P_{kmpn}=\int\int_{-\infty}^{\infty}\left\{1-\prod_{v=1}^{m}\prod_{k=1}^{n}\left[1-h_v(x_{II}^k)\right]^p\right\}\varphi_{II}(x_{II})\mathrm{d}x_{II} \tag{11-121}$$

式中其他同单门高炮。

11.4.6 空炸射击毁伤概率算例

近炸射击毁伤概率是一个多重积分表达式。多重积分的计算方法主要有均匀网格法和数论网格法。若要应用这些方法来解决近炸引信射击时毁伤概率的计算问题,需要进行一系列的数学变换域简化处理,不仅过程十分繁琐复杂,而且精度也难以保证。因此,常用的数值计算方法是模拟法。模拟计算程序流程框图如图 11-26 所示。

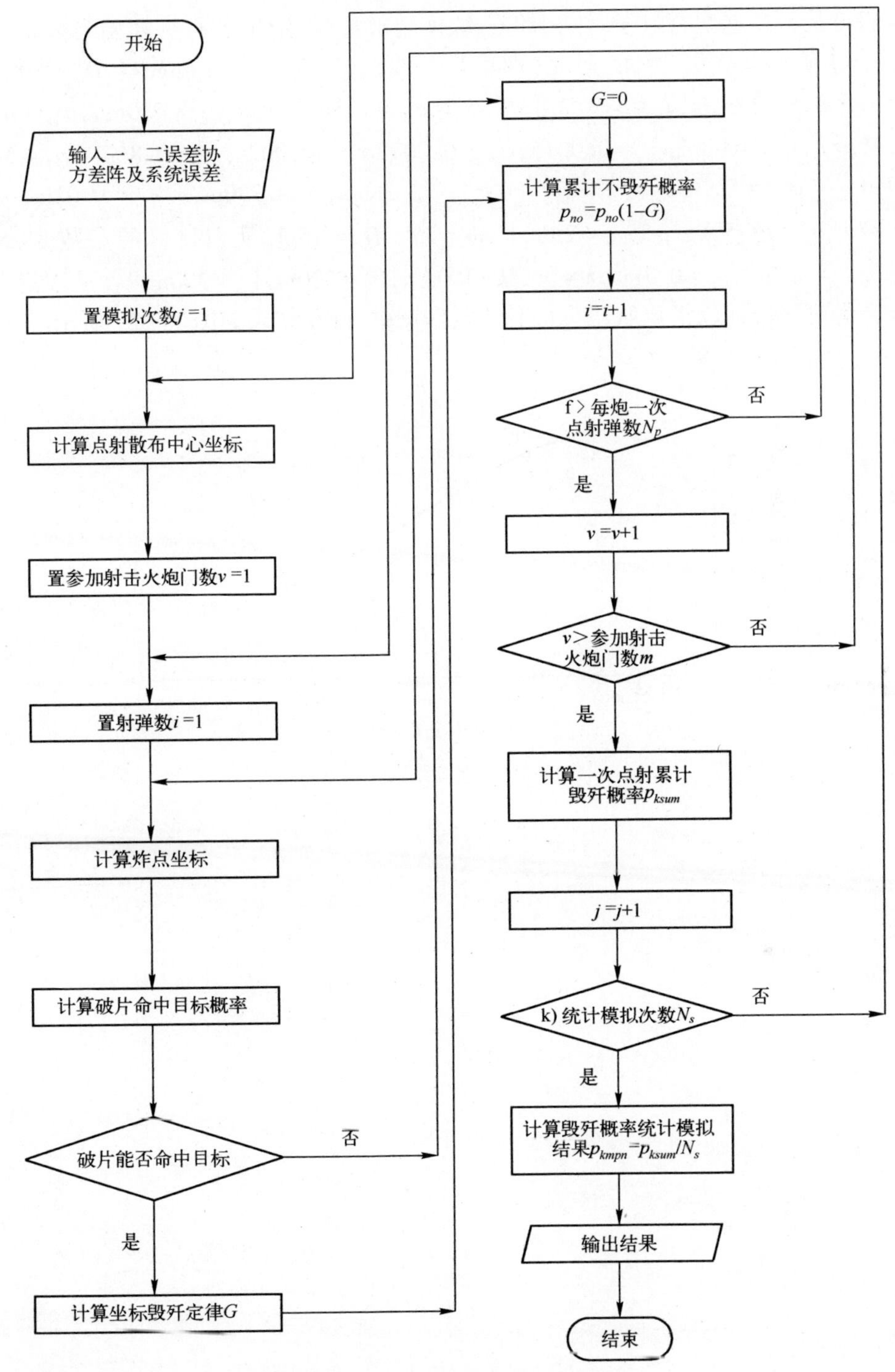

图 11-26　毁伤概率计算流程图

假设某型高炮配有电子时间引信系统预制破片弹，给定的有关初始参数是：$m=2$ 门，$p=1$ 管，$n=6$ 发/管，$R_J=0\text{m}$（即单炮基线已修正），$V_0=1000\text{m/s}$，$D_m=5000\text{m}$，$C_{43}=1.508$，$h=2$ 发/s，$a_\varphi=a_{\beta q}=2.1\text{mil}$，$\sigma_N=\sigma_Z=1.8\text{mil}$，$\sigma_\varphi=\sigma_{\beta q}=4.0\text{mil}$，$\sigma_{p\varphi}=\sigma_{p\beta}=2.3\text{mil}$，$\sigma_{T\varphi}=\sigma_{T\beta}=0\text{mil}$，$a_{tp}=0.0015$，$\sigma_{tp}=0.003$，$\sigma_{ta}=0.002\text{s}$，$\alpha_1=0.86\text{s}^{-1}$，$\alpha_2=5\text{s}^{-1}$，$\beta=0$，$\sigma_{V_0p}=\sigma_{V_0}=0.3$，$\sigma_K=1.3$，$\sigma_{Fz}=\sigma_{Fx}=2.2\text{m/s}$，$V_a=930\text{m/s}$，$q_0=0.01\text{kg}$，$d_p=0.0087\text{m}$，$\rho_p=19350\text{kg/m}^3$，$N=296$ 个，$\phi=35°$，$D_d=15\text{m}$，某型目标的参数是：$S_B=3.8\text{m}^2$，$s_S=3.4\text{m}^2$，$s_F=0.2\text{m}^2$，$\lambda=0°$，$H=1000\text{m}$，$P_q=500\text{m}$，$V_m=300\text{m/s}$。从理论上计算该高炮对该目标以指定航路飞行时的毁伤概率，计算结果如图 11-27 所示。

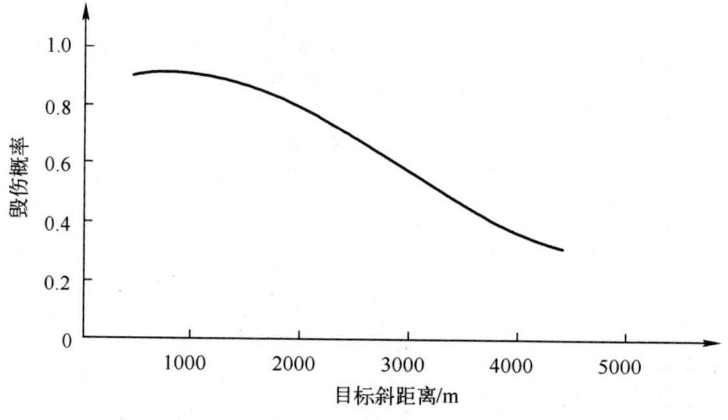

图 11-27　全航路毁伤概率

第 12 章　自行弹炮结合系统效能分析

12.1　效能分析模型与建模方法

12.1.1　效能分析模型

美国工业界武器系统效能咨询委员会(WSEIAC)建立的系统效能模型是武器系统效能基本模型。系统效能是指在规定的条件下和规定的时间内,系统完成规定任务的能力。该模型把效能参数分解为可用性、可信赖性和能力三大部分。如图 12-1 所示。

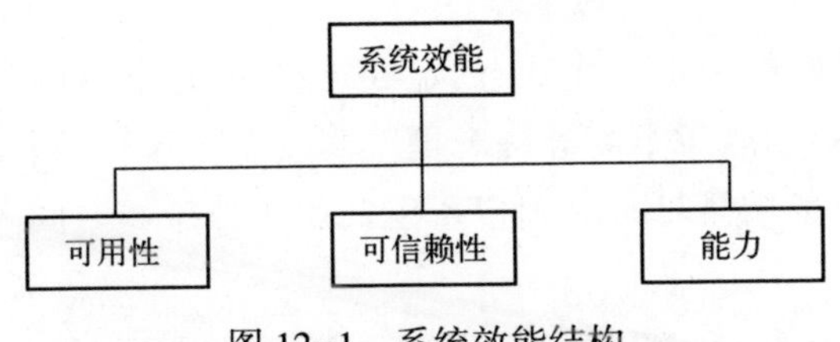

图 12-1　系统效能结构

(1) 可用性。指武器系统在任意时刻开始执行任务时所处状态的量度,它反映了武器系统的平时保养、例行维修等因素的影响。

(2) 可信赖性。指武器系统在执行作战任务期间,系统工作状态变化的量度,它反映了武器系统的可靠性和连续工作的能力。

(3) 能力。指武器系统在作战期间完成作战任务的量度,它反映了武器系统在工作的条件下,完成预定工作任务的情况。

武器系统效能的基本模型为

$$E=\boldsymbol{A}\cdot\boldsymbol{D}\cdot\boldsymbol{C} \tag{12-1}$$

式中　E——系统效能;

$\boldsymbol{A}$——可用度向量;

$\boldsymbol{D}$——可信赖性矩阵;

$\boldsymbol{C}$——能力矩阵。

自行弹炮结合系统效能(综合能力)包括攻击能力、机动能力和防护能力,对应将自行弹炮结合武器划分为打击部分、行走部分和防护部分三大部分。其中,攻击能力是打击部分功能的体现,机动能力是行走部分功能的体现,防护能力是防护部分功能的体现。自行弹炮结合系统效能是攻击能力、机动能力和防护能力的综合体现。但是,考虑到自行弹炮结合武器的基本任务是防空作战,以打击为主,所以,攻击能力是最根本的能力,机动能力和防护能力同攻击能力相比则处于较次要的地位。由此自行弹炮结合武器总体效能可定义为

$$E_c = E_f \cdot W_f + E_m \cdot W_m + E_p \cdot W_p \tag{12-2}$$

式中 E_c——武器系统的总体效能;

E_f——攻击效能;

E_m——机动效能;

E_p——防护效能;

W_f、W_m、W_p——依次为攻击效能、机动效能和防护效能对于总体效能的权重。

权重系数 W_f、W_m、W_p参考同类武器系统的选取值综合确定。对现有自行弹炮结合武器 $W_f=0.6$,$W_m=0.3$,$W_p=0.1$。

12.1.1.1 可用性分析模型

1. 基本约定

(1) 武器系统平时处于不工作状态,定期维护、检修。这时武器系统出现的故障都能及时修复,并且认为故障不需等待修理。修复后的系统与新系统功能相同。

(2) 本章定义的平均修复时间 MTTR 包括预防性维修时间 $\mathrm{MTTR_{PMT}}$和修复性维修时间 $\mathrm{MTTR_{CMT}}$。

$$\mathrm{MTTR} = \mathrm{MTTR_{PMT}} + \mathrm{MTTR_{CMT}}$$

由此可知可用性包含了防空武器平时保养维护和战时修复。

(3) 设防空武器由 N 个变元(部件)组成;根据防空武器的功能可分为 $n(n \leqslant 2^N)$种状态。分别记为 $X_1, X_2, \cdots, X_n$。约定系统状态依照其各状态功能降低排序,即系统部件全好,系统正常工作,功能最强的状态记为 X_1;系统故障,不能正常工作记为 X_n。

(4) 在任意时刻要求防空武器工作时,都是希望防空武器处于功能最强的工作状态(X_1),而不考虑人为地选用功能较弱的状态。这也就是说,只有在系统某些部件出故障的情况下,系统才处于功能较弱的工作状态或者是故障状态($X_2, \cdots, X_n$)。

在可用性与可信赖性计算中,只将系统状态分为正常与故障两种。计算可修复系统可信赖时,有时要将故障状态分别处理,这时所列出的系统状态中可以包含多个故障状态。系统处于状态 X_1时,系统中各变元(部件)都正常,系统状态为正常;当系统处于其他正常状态时,系统中将存在故障的变元(部件),或者是某些变元(部件)未使用,与 X_1状态的区别只是系统工作能力有所下降。

2. 可用性向量计算

1）单部件系统的可用性向量

单部件系统只有两种可能状态，正常和故障状态，因此它的可用性向量 $\boldsymbol{A}$ 为

$$\begin{cases}\boldsymbol{A}=(a_1,a_2)\\ a_1=\dfrac{\text{MTBF}}{\text{MTBF}+\text{MTTR}}\\ a_2=\dfrac{\text{MTTR}}{\text{MTBF}+\text{MTTR}}\end{cases} \tag{12-3}$$

式中　a_1——系统在任意时刻处于正常状态的概率；

a_2——系统在任意时刻处于故障（修理）状态的概率；

MTBF——部件的平均故障间隔时间；

MTTR——部件在工作期间的平均修复时间。

2）N 个部件串联系统的可用性向量

设系统是由 N 个具有相互独立可用度的部件串联组成，其中任意一个部件故障即系统故障；N 个部件正常即系统正常。可知该系统有两个状态正常和故障。它的可用性向量 $\boldsymbol{A}$ 为

$$\begin{cases}A=(a_1,a_2)\\ a_1=\prod\limits_{i=1}^{N}\dfrac{\text{MTBF}_i}{\text{MTBF}_i+\text{MTTR}_i}=\prod\limits_{i=1}^{N}\dfrac{1}{1+a_i}\\ a_2=1-a_1\end{cases} \tag{12-4}$$

式中　MTBF_i——第 i 个部件的平均故障间隔时间；

MTTR_i——第 i 个部件的平均修复时间。

3）N 个部件并联系统的可用性向量

设系统由 N 个具有相互独立可用度的部件并联组成，由约定 4）将出故障的部件或未参加工作的部件都看作是出故障的部件。

（1）N 个相同部件并联系统

如果 N 个部件相同，且具有相同的可用度 A_S，

$$A_S=\frac{\text{MTBF}}{\text{MTBF}+\text{MTTR}}$$

设系统中出故障的部件少于 l 个时，系统正常；设出故障的部件数等于或大于 l 个时，系统故障。记系统中有故障部件数为 $k(k=0,1,2,\cdots,\boldsymbol{N})$，系统状态为 $X_1=X\{k=0\},X_2=X\{k=1\},\cdots,X_{l+1}=X\{k\geqslant l\}$。由此可知该系统有 $n=l+1$ 个状态，与各状态对应的可用度 $a_1,a_2,\cdots,a_{l+1}$，可用性向量 $\boldsymbol{A}$ 为

$$\begin{cases}\boldsymbol{A} = (a_1, a_2, \cdots, a_{l+1}) \\ a_1 = A_S^N \\ a_2 = C_N^1 A_S^{N-1}(1 - A_S) \\ a_l = C_N^{l-1} A_S^{N-l+1}(1 - A_S)^{l-1} \\ a_{l+1} = \sum\limits_{k=l}^{N} C_N^k A_S^{N-k}(1 - A_S)^k = 1 - \sum\limits_{i=1}^{l} a_i \end{cases} \tag{12-5}$$

(2) N 个不同部件并联系统

首先,研究二个不同部件组成的并联系统。两个部件分别记为部件一、部件二,其可用度分别记为 A_{S1},A_{S2}。

$$A_{S1} = \frac{\text{MTBF}_1}{\text{MTBF}_1 + \text{MTTR}_1}$$

$$A_{S2} = \frac{\text{MTBF}_2}{\text{MTBF}_2 + \text{MTTR}_2}$$

不可用度分别记为 $\overline{A}_{S1} = 1 - A_{S1}$,$\overline{A}_{S2} = 1 - A_{S2}$。

系统中只要有一个部件正常系统即正常,因此该系统有 $n = 2^2 = 4$ 个状态,即

X_1——两个部件都正常,系统正常;

X_2——部件 1 正常,部件二故障,系统正常;

X_3——部件 1 故障,部件二正常,系统正常;

X_4——两个部件故障,系统故障。

系统可用性向量 $\boldsymbol{A}$ 为

$$\boldsymbol{A} = (a_1, a_2, a_3, a_4)$$

其中,$a_1 = A_{S1} \cdot A_{S2}$;$a_2 = A_{S1} \cdot (1 - A_{S2})$;$a_3 = A_{S2} \cdot (1 - A_{S1})$;$a_4 = (1 - A_{S1}) \cdot (1 - A_{S2})$。

可以看出,$\sum\limits_{i=1}^{N} a_i = (A_{S1} + \overline{A}_{S1})(A_{S2} + \overline{A}_{S2})$。由此可推广之,对于由 N 个不同部件并联组成的系统,该系统各状态可用度可用下式展开的每项表示,即

$$\prod_{i=1}^{N} (A_i + \overline{A}_i) = 1 \tag{12-6}$$

式(12-8)共有 2^N 项,其展开的各项,可以利用布尔代数真值表得到。

当系统部件数比较多时,系统状态数将很难逐一计算。因此,实际应用中将功能相同的各个系统状态合成一个状态考虑,这样减少了系统状态数,简化了计算。

(3) 复杂系统可用性向量

以上讨论了系统组成的几种基本形式,实际防空武器则可能是同时包括有以上几种基本形式的复杂武器系统。在计算实际武器系统可用性向量时,首先根据武器系统的功能,确定其工作状态个数 $n \leqslant 2^N$,这样可用性向量有 n 个分量。然后对应其

基本状态形式进行计算。

12.1.1.2　可信赖性分析模型

可信赖性是防空武器在执行作战任务期间，系统工作状态变化的度量，它反映了防空武器的可靠性和连续工作的能力。可信赖性描述了在工作期间系统状态的变化，这些状态变化与系统的可靠性与维修性参数有关。

可用性给出了防空武器在任一时刻可工作概率，它定量地表示了防空武器在开始工作瞬时所处的状态。然而在防空武器开始工作后，还必须要求它连续可靠地工作一段时间。在已知防空武器开始工作状态后，可信赖性则给出防空武器在工作期间任一时刻处于某状态的概率。

对于可修复系统，可信赖性包含了系统可靠性，以及当出现故障后，在规定时间内，系统的维修性。对于不可修复系统，可信赖性就表示在 t 时刻的工作可靠性。

在讨论防空武器可信赖模型时，做如下假定：

(1) 组成防空武器的各部件的故障出现分布及修理时间分布均服从指数分布，从而故障率 λ 和修复率 μ 是常数；

(2) 出故障的部件修复后，其故障出现分布与新部件相同；

(3) 系统和各部件只有正常和故障两种状态；

(4) 在 Δt 时间内系统中只能有一个部件出故障或一个部件被修复，即在同一时刻一个部件出故障另一个部件被修复的概率为 0；两个或两个以上部件同时出故障或被修复的概率同样为 0。

参照 12.1 节的基本约定，记防空武器有 n 个状态，$X(t)=i$，(或 X_i) $i=1,2,\cdots,n$。每个状态所占用的部件已知，将各部件全好的状态作为状态 1，记为 $X(t)=1$(或 X_1)，这时 X_1 状态的系统功能最强，其余的状态按照系统功能减弱来依次排列。此处不考虑人为地选择使用功能较低状态的可能性，因此，系统处于 $X_i(i>1)$ 状态，则必定是系统中有出故障的部件，迫使系统功能降低或系统不能工作。

已知系统状态后，即可建立系统状态转移概率矩阵，其中每个元素为状态转移概率。由补充假定可知，每个部件的故障和修复率分别为

$$\lambda_i=\frac{1}{\mathrm{MTBF}_i}\quad(i=1,2,\cdots,n)$$

$$\mu_i=\frac{1}{\mathrm{MTTR}_i}\quad(i=1,2,\cdots,n)$$

式中　MTBF_i——第 i 个部件的平均故障间隔时间；

MTTR_i——第 i 个部件在工作期间的平均修复时间；

N——系统中部件的个数。

由于可信赖性是研究系统在工作期间的广义可靠性，因此，平均修复时间 MTTR 中不包括平时的预防性维修时间 $\mathrm{MTTR}_{\mathrm{PMT}}$。

综上可知,状态转移概率 p^{ij} 只与 λ,μ 有关。例如,一个单部件可修复系统,系统状态只有正常和故障两种,状态转移概率矩阵为

$$\boldsymbol{P}=\begin{pmatrix}1-\lambda & \lambda\\ \mu & 1-\mu\end{pmatrix}$$

其中,$\lambda=\dfrac{1}{\text{MTBF}}$;$\mu=\dfrac{1}{\text{MTTR}}$

对于作战期间不可修复系统,只需在状态转移概率矩阵中令 $\mu=0$。

记系统在 t 时刻处于各状态的概率为

$$p_1(t)=p(x(t)=1),\quad p_2(t)=p(x(t)=2),\cdots,p_n(t)=p(x(t)=n)$$

系统在 t 时刻由初始状态 i 转移到状态 j 的概率为 $p_{ij}(t)$。

系统在 t 时刻处于 i 状态,经 Δt 时间后系统处于 j 状态的概率为

$$\begin{cases}p_{11}(t)=1-p_{11}\Delta t\\ p_{12}(t)=p_{12}\Delta t\\ \qquad\vdots\\ p_{ij}(t)=p_{ij}\Delta t\\ p_{nn}(t)=1-p_{nn}\Delta t\end{cases}$$

在 $t+\Delta t$ 时刻系统处于各状态的概率为

$$\begin{cases}p_1(t+\Delta t)=p_1(t)(1-p_{11}\Delta t)+p_2(t)p_{21}\Delta t+\cdots+p_n(t)p_{n1}\Delta t\\ p_2(t+\Delta t)=p_1(t)p_{21}\Delta t+p_2(t)(1-p_{22}\Delta t)+\cdots+p_n(t)p_{n2}\Delta t\\ p_n(t+\Delta t)=p_1(t)p_{1n}\Delta t+p_2(t)p_{2n}\Delta t+\cdots+p_n(t)(1-p_{nn}\Delta t)\end{cases}$$

将上式整理写成

$$\begin{cases}\dfrac{p_1(1+\Delta t)-p_1(t)}{\Delta t}=-p_1(t)p_{11}+p_2(t)p_{21}+\cdots+p_n(t)p_{n1}\\ \dfrac{p_2(1+\Delta t)-p_2(t)}{\Delta t}=-p_1(t)p_{12}-p_2(t)p_{22}+\cdots+p_n(t)p_{n2}\\ \qquad\vdots\\ \dfrac{p_n(1+\Delta t)-p_n(t)}{\Delta t}=p_1(t)p_{1n}+p_2(t)p_{22}+\cdots-p_n(t)p_{nn}\end{cases}$$

令 $\Delta t\to0$,则得到系统状态方程,它是一个一阶线性常系数微分方程组,用矩阵形式表示之有

$$\frac{\mathrm{d}_p(t)}{\mathrm{d}t}=U_p(t)\tag{12-7}$$

式中 $U=[p'-I]$

p' 是系统状态转移概率矩阵 p 的转置矩阵,I 是与 p' 同阶的单位矩阵。

$$U=\begin{pmatrix} p_{11}-1 & p_{21} & \cdots & p_{n1} \\ p_{12} & p_{22}-1 & \cdots & p_{n2} \\ \cdots & \cdots & \cdots & \cdots \\ p_{1n} & p_{2n} & \cdots & p_{nn}-1 \end{pmatrix};$$

$$p(t)=\begin{pmatrix} p_1(t) \\ p_2(t) \\ \vdots \\ p_n(t) \end{pmatrix}$$

在初始时刻系统可能出于 n 种状态的任一种，所以状态方程式（12-7）有 n 种初始条件，这 n 种初始条件为

$$p_1(0)=\begin{pmatrix} 1 \\ 0 \\ \vdots \\ 0 \end{pmatrix};\quad p_2(0)=\begin{pmatrix} 0 \\ 1 \\ \vdots \\ 0 \end{pmatrix};\quad \cdots;\quad p_n(0)=\begin{pmatrix} 0 \\ \vdots \\ 0 \\ 1 \end{pmatrix}$$

求出状态方程的通解后，代入 n 种初始条件得到 n 个特解，记为

$$d_1(t)=\begin{pmatrix} d_{11}(t) \\ d_{12}(t) \\ \vdots \\ d_{1n}(t) \end{pmatrix};\quad d_2(t)=\begin{pmatrix} d_{21}(t) \\ d_{22}(t) \\ \vdots \\ d_{2n}(t) \end{pmatrix};\quad \cdots;\quad d_n(t)=\begin{pmatrix} d_{n1}(t) \\ d_{n2}(t) \\ \vdots \\ d_{nn}(t) \end{pmatrix}$$

$d_1(t)$ 表示系统初始状态为 $\boldsymbol{P}_1(0)$，在 t 时刻处于各状态的概率。将这 n 个特解写成矩阵形式，记为

$$D(t)=(d_1(t),d_2(t),\cdots,d_3(t))'=\begin{pmatrix} d_{11}(t) & d_{12}(t) & \cdots & d_{1n}(t) \\ d_{21}(t) & d_{21}(t) & \cdots & d_{2n}(t) \\ \cdots & \cdots & \cdots & \cdots \\ d_{n1}(t) & d_{n2}(t) & \cdots & d_{nn}(t) \end{pmatrix} \tag{12-8}$$

称 $D(t)$ 为系统的可信赖性矩阵。

可信赖性矩阵 $D(t)$ 是时间 t 的函数，它表示系统在开始工作时处于某一状态，当工作到 t 时刻时，系统处于另一种状态的概率。可以看到可信赖性矩阵具有以下特性：

（1）矩阵中任一元素 d_{ij} 具有 $0\leqslant d_{ij}\leqslant 1$

（2）矩阵中每一行的诸元素之和等于 1，即有

$$\sum_{j=1}^{n} d_{ij}=1 \quad i=1,2,\cdots,n$$

（3）对于不可修复系统，$d_{ij}=0(i>j)$，这表明不可修复系统在工作期间出现的故

障将一直保持；因此，系统不可能从功能弱的状态向功能强的状态转移。

建立可信赖性矩阵的关键是求解系统状态方程式(12-7)。对于状态结构比价简单的系统可以采用拉普拉斯变换法或其他方法求解，状态结构复杂的系统则需要在计算机上用数值方法求解。

12.1.1.3 能力向量分析模型

能力是在已知系统状态的条件下，系统完成任务的量度。能力可用系统品质因数定量表示。对于不同的防空武器可根据其作用，选择合适的品质因数。

描述防空武器的品质因数有多种多样，防空武器的主要战术技术指标实际上就是描述防空武器性能的品质因数。在研究防空武器总体效能时，选用综合性能指标作为防空武器的品质因数，它们可以比较全面地反映系统的各方面特性。

1. 攻击效能分析模型

如果在评估防空武器不同设计方案的攻击效能时，要求考虑天候、干扰、空域覆盖能力和持续作战能力等因素，则需引入攻击效能指数概念，它由下式定义

$$E_f = A_f D_f C_{fe} \tag{12-9}$$

$$C_{fe} = \begin{bmatrix} c_{fe1} \\ c_{fe2} \\ \vdots \\ c_{fen} \end{bmatrix} \tag{12-10}$$

式中 E_{fe}——防空武器的攻击效能指数；

C_{fe}——防空武器的攻击能力指数向量；

$c_{fej}(j=1,2,\cdots,n)$——发射系统处于状态 j 时防空武器对空中目标的攻击能力指数。

攻击能力指数 c_{fej} 按下式计算

$$c_{fej} = P_{daj} P_{faj} [1-(1-\overline{P}_{K1j})^{n_f}] \tag{12-11}$$

$$P_{daj} = K_D P_{Dj} \tag{12-12}$$

$$P_{faj} = K_S P_{Sj} \tag{12-13}$$

式中 P_{daj}——发射系统处于状态 j 时的探测能力指数；

K_D——考虑到探测系统对真实战场环境适应能力后的修正因子；

P_{faj}——发射系统处于状态 j 时的可射击能力指数；

K_S——考虑到空域覆盖能力和持续作战能力后的修正因子；

$\overline{P}_{K1j}$——发射系统处于状态 j 时对目标实施一次点射的平均毁伤概率；

n_f——发射系统处于状态 j 时对可射击目标的平均点射次数。

2. 机动效能分析模型

防空武器的底盘系统担负阵地转移任务。防空武器的机动效能指数是指在规定的条件下和规定的时间内，其底盘系统完成阵地转移任务的能力。

底盘系统只有正常和故障两种工作状态，因此可用度向量 $\boldsymbol{A}_m$ 为

$$\boldsymbol{A}_m=\left(\frac{\mathrm{MMBF}}{\mathrm{MMBF}+V_a\cdot\mathrm{MTTR}_m},\frac{V_a\cdot\mathrm{MTTR}_m}{\mathrm{MMBF}+V_a\cdot\mathrm{MTTR}_m}\right)\tag{12-14}$$

式中　MMBF——底盘系统平均故障间隔里程；

MTTR_m——底盘系统故障平均修复时间；

V_a——防空武器的行军速度。

如果假定防空武器在行军过程中，底盘系统的故障不可修复，并假定在行军过程的 t 时刻，防空武器的行程为 s，则底盘系统的可信赖矩阵 $\boldsymbol{D}_m(t)$ 为

$$\boldsymbol{D}_m(t)=\begin{bmatrix}\mathrm{e}^{-\lambda t} & 1-\mathrm{e}^{-\lambda t}\\ 0 & 1\end{bmatrix}\tag{12-15}$$

式中 $\lambda=\dfrac{1}{\mathrm{MTBF}_M}=\dfrac{V_a}{\mathrm{MMBF}},t=\dfrac{s}{V_a}$。

若假定在行军过程中系统的故障可以修复，则可信赖矩阵 $\boldsymbol{D}_m(t)$ 为

$$\boldsymbol{D}_m(t)=\begin{bmatrix}\dfrac{\mu}{\lambda+\mu}+\dfrac{\lambda}{\lambda+\mu}\mathrm{e}^{-(\lambda+\mu)t} & \dfrac{\lambda}{\lambda+\mu}\left[1-\mathrm{e}^{-(\lambda+\mu)t}\right]\\ \dfrac{\mu}{\lambda+\mu}\left[1-\mathrm{e}^{-(\lambda+\mu)t}\right] & \dfrac{\lambda}{\lambda+\mu}+\dfrac{\mu}{\lambda+\mu}\mathrm{e}^{-(\lambda+\mu)t}\end{bmatrix}\tag{12-16}$$

式中 $\mu=\dfrac{1}{\mathrm{MTTR}_m}$。

显然，可将可信赖矩阵 $\boldsymbol{D}_m(t)$ 表示为行程 s 的函数，记为 $\boldsymbol{D}_m(s)$。

由于底盘系统只有正常和故障两种状态，故其能力向量 $\boldsymbol{C}_m$ 为

$$\boldsymbol{C}_m=\begin{bmatrix}c_m\\ 0\end{bmatrix}\tag{12-17}$$

设指标层共有 N 项性能指标，则 c_m 为

$$c_m=1-\sqrt{\sum_{i=1}^{N}w_i\left[1-\mu(x_i)\right]^2}\tag{12-18}$$

称 c_m 为机动能力指数，它是对防空武器机动能力的量度，是对系统的各项机动性能指标对于理想值偏离程度的综合量度。

于是，防空武器的机动效能指数 E_m 为

$$E_m(s)=A_mD_m(s)C_m\tag{12-19}$$

设任务要求的行军里程为 S，则防空武器执行一次阵地转移任务的平均机动效能指数为 $\overline{E}_m$ 为

$$\overline{E}_m=\frac{1}{S}\int_0^{\frac{S}{V_a}}E_m(s)\,\mathrm{d}s\tag{12-20}$$

当行军过程中运行系统的故障不可修复时，式(12-19)和式(12-20)有以下简

洁形式

$$E_m(s)=\frac{\text{MMBF}}{\text{MMBF}+V_a\text{MTTR}_m}\mathrm{e}^{\frac{s}{\text{MMBF}}}c_m \tag{12-21}$$

$$\overline{E}_m=\frac{\text{MMBF}}{\text{MMBF}+V_a\text{MTTR}_m}\,\frac{\text{MMBF}}{S}\left(1-\mathrm{e}^{-\frac{S}{V_a\text{MMBF}}}\right)c_m \tag{12-22}$$

3. 防护效能分析模型

防空武器的防护系统的任务是确保防空武器不被敌发现命中与毁伤,即确保防空武器自身安全。防空武器的防护效能指数是指在规定条件下和规定时间内,其防护系统完成防护任务的能力。

防空武器的防护系统也只有正常或故障两种状态。构成防护系统某些单体,如三防器材、灭火抑爆器材、烟幕施放器材等,仅在战斗或阵地转移过程中必要时才投入工作,且在一般情况下工作时间比较短暂。它们都具有极高的可靠性,在平时维护保养良好的条件下,在战时,可将它们的平均故障间隔时间看作是无限大。另外一些单体,如装甲、伪装措施等,其可靠性与工作时间无关,即也可将它们的平均故障间隔时间看作是无限大。因此,为简化起见,可将防护系统看作是平均故障间隔时间无限大的系统,其可用度向量 $\boldsymbol{A}_P$ 为

$$\boldsymbol{A}_P=[1\quad 0] \tag{12-23}$$

可信赖矩阵 $\boldsymbol{D}_p$ 为

$$\boldsymbol{D}_p=\begin{bmatrix}1 & 0\\ 0 & 1\end{bmatrix} \tag{12-24}$$

能力向量 $\boldsymbol{C}_p$ 为

$$\boldsymbol{C}_p=\begin{bmatrix}c_p\\ 0\end{bmatrix} \tag{12-25}$$

其中 $c_p=1-\sqrt{\sum_{i=1}^{6}Q_i[1-\mu_1]^2}$,称为防空武器的防护能力指数,它是对系统的各项防护性能对于理想状态偏离程度的综合量度。

12.1.2 效能分析建模方法

效能基本模型 $E=A\cdot D\cdot C$,即系统效能 E 由系统的有效性 A、可信赖性 D 和能力 C 三个方面所共同构成。然而,要将该基本模型框架应用于某个具体的武器系统,针对该武器系统的使用特性和赋予它的主要任务,建立起能够比较客观、全面地评价该武器系统之效能的模型,特别是评价能力 C 的模型,必须付出艰苦的努力,进行大量细致的工作。而要实现针对具体武器系统建立起实用的系统效能模型的目标,必须熟练掌握和正确运用系统效能分析中常用的建模方法。

系统效能分析中常用的建模方法主要有概率解析法、蒙特卡洛法、特征指数法和

管理决策分析法。

12.1.2.1　概率解析法

解析法是用数学解析表达式描述和求解现实世界的数量关系,解析表达式结果以精确的数量值表示求解结果。数学解析模型比较抽象,逼真性较差,人决策干预比较困难,但再现性、方便性和灵活性较好,费用也较低,求解方便。因此,只要能够建立起较为确实可靠的数学模型,并且有完备的输入,一般都应选用解析法。

解析方法没有一个统一的模式,一般是根据具体应用问题的物理背景和特点,对实际问题作简化假设,再应用具体的数学解析方法来建模。由于武器系统的作战使用过程是一个随机过程,故解析方法的数学基础主要是概率论和随机过程理论,相应的建模方法通常也称为概率方法。

概率方法是在模型中描述随机现象的一种间接方法,通过建立随机变量或随机事件概率特征之间的数学关系来描述作战行动中随机因素的影响。这些概率特征通常限于事件概率、随机变量的数学期望和标准偏差等少量参数。因此,所建立的模型一般比统计实验模型要简单且易于理解。然而,随机变量或随机事件的概率特征仅在其分布满足一定条件(如接近正态分布)时,才能由少数概率特征完全确定,所以概率方法一般适用于这样的随机变量,它们经运算、变换后,其概率分布仍接近易于解析处理的概型(如正态分布、指数分布等)。

射击理论是研究射击效果统计规律,即研究射击效果评定方法的一门学科。在射击理论中,把表示射击效果的随机事件、随机变量的数字表征(如概率、数学期望值)等称之为射击效果指标。由于目前国内外对常规火炮武器的射击理论研究已经比较成熟,而且近年来在武器的命中问题和弹药的终点效应问题的研究上取得了较大进展,使得当前对常规武器射击效能的评估,能够超越以往的求助于大量实弹射击的传统方法,而采用简洁的数学公式来求解。因此,可以说射击理论是应用概率方法来研究武器系统射击效能的一个典型范例。

12.1.2.2　蒙特卡洛法

蒙特卡洛(Monte Carlo)法,是一种以计算机为工具模拟随机现象的数学方法。它的主要特点是:为了获得由若干已知概率分布的随机变量所决定的未知随机变量分布,用数学方法产生每一个具有已知分布的随机变量的一个随机数(即该随机变量的一个可能值),并输入到由这些随机变量决定的未知随机变量的数学模型中,计算出未知随机变量的随机数。独立进行足够多次这样的计算,可以得到未知随机变量的一组随机数,这组随机数的集合叫做该随机变量的一个样本。统计处理所得到的随机样本,就得到所求随机变量分布或数字特征的估值。

采用蒙特卡洛法的基本前提是:必须能够构造出符合具体武器系统作战使用过程中物理和事理特征且具有高分辨力的数据模型。除此之外,还必须知道已知随机变量的分布形态、分布密度和分布函数。如果具备了这些条件,用这种方法来仿真武器系统的作战使用过程并做出效能评估，的确是十分理想的方法。它可以在计算机上通过在给定数值条件下不受限制地运行模型来进行武器系统的作战仿真实验，由实验得到的关于作战进程和结果的数据可直接或经过统计处理后给出效能指标估值，能够较详细地考察影响实际作战过程和结果的诸因素，因而特别适合于进行武器系统作战效能指标的预测评估。

假定用蒙特卡洛法模拟计算武器系统的某个效能指标 x，共进行 N 次模拟，则模拟计算的绝对误差 ε 为

$$\varepsilon=\frac{\beta\hat{\sigma}}{\sqrt{N}} \tag{12-26}$$

相对误差$\bar{\varepsilon}$为

$$\bar{\varepsilon}=\frac{\varepsilon}{\hat{M}}=\frac{\beta\hat{\sigma}}{\hat{M}\sqrt{N}} \tag{12-27}$$

其中，$\hat{M}$为效能指标 x 的抽样值的算术平均值，

$$\hat{M}==\frac{1}{N}\sum_{i=1}^{N}x_i \tag{12-28}$$

$\hat{\sigma}$为效能指标 x 的抽样值的均方差，即

$$\hat{\sigma}=\sqrt{\frac{1}{N-1}\left[\sum_{i=1}^{N}x_i^2-\frac{1}{N}\left(\sum_{i=1}^{N}x_i\right)^2\right]} \tag{12-29}$$

β 为由给定置信水平 $1-\alpha$ 确定的正态差，其关系见表 12-1。

表 12-1 显著水平、置信水平与正态差的关系

显著水平 α	置信水平 $1-\alpha$	正态差 β
0.01	0.99	2.2758
0.05	0.95	1.96
0.10	0.90	1.65
0.50	0.50	0.6745

反之，对于给定的置信水平 $1-\alpha$，若按绝对误差 ε 要求，则所必须的实验次数 N 为

$$N\geqslant\frac{\beta^2\hat{\sigma}^2}{\varepsilon^2} \tag{12-30}$$

若按相对误差$\tilde{\varepsilon}$要求，则应有

$$N\geqslant\frac{\beta^2\hat{\sigma}^2}{\tilde{\varepsilon}^2\hat{M}} \tag{12-31}$$

12.1.2.3　特征指数法

“指数”原本是社会经济统计学中的一个重要统计量，是用以反映各个时期某一社会经济现象变动的指标，是某一社会现象的报告时期数值对基准时期数值之比。将“指数”引入武器装备效能评估，其含义和基准点与社会经济统计学中的“指数”统计量有所不同。武器装备指数是以某一参考武器装备战斗能力为基准，量度其他武器装备的战斗能力，一般是一个无量纲的相对量。

特征指数法的关键是求得武器装备的指数，从已知文献中可以发现，武器装备的指数有多种确定方法，因而出现了各种各样的武器装备指数，如武器指数、火力指数、杀伤力指数、战斗力指数和幂指数等。它们的差别主要在于指数的内涵因素（即量度战斗力“尺度”的内涵）和指数计算方法的不同。

例如，美国历史评估研究机构的杜派（T. N. Dupuy）依据武器射程、发射率、精度、杀伤半径、目标数量、可靠性、战场机动能力、易损性和目标分散特性等因素确定武器致命指数 OLI（Operational Lethality Index）；并且基于武器致命指数，考虑作战平台上的武器数量、平台机动性、易损性、活动半径、火力控制效应、弹药支援效应等因素确定作战平台的致命指数。美国的邓尼根在《现代作战指南》一书中，根据火力、机动能力、防护能力、使用方便等因素确定武器指数。美国陆军在《演习控制手册 F—105—5》中，则用火力、机动力和生存力三因素确定武器指数。不论何种指数，其基本内涵因素是影响作战毁伤效果的武器装备性能参数。

武器装备指数的确定方法基本上是一种半经验、半理论相结合的方法，依据武器装备的主要战术技术性能参数求得无量纲的表示相对作战能力的指数。它一般是多种方法的综合，其中包括专家经验评估方法、经验公式方法、杜派的指数方法和幂指数方法。其中，幂指数方法是一种比较理性化的计算方法，它能满足量度一致性、连续性和边际效应递减的要求，其具体形式为

$$I=Kx_1^{w_1}x_2^{w_2}\cdots x_N^{w_M}(w_i\leqslant 1,i=1,2,\cdots,N) \tag{12-32}$$

式中　I——武器装备的效能指数；

w_i——幂指数；

x_i——影响武器装备效能的因素或性能指标；

K——调整系数，在比较不同武器装备的效能指数值或者统计由多种武器装备组成的战斗单位的指数值时，它为达到不同武器装备之间效能指数的一致性起着量级的调整作用；因此也称为一致性调整系数。在单独讨论某种武器装备的效能指数时，它并没有明显的意义，为简单起见可以令 $K=1$。

幂指数 $w_1.w_2,\cdots,w_N$ 分别表示武器装备相应的性能指标对该武器装备效能指数的贡献。因此，可以把第 i 个性能指标的幂指数 w_i 称为第 i 个性能指标在武器装备效能指数中的“权”，应满足

$$\sum_{i=1}^{N} w_i = 1 \tag{12-33}$$

用幂指数法构造武器装备效能指数的一般步骤如下：

(1) 分析并找出影响武器装备效能的基本因素或性能指标。

(2) 根据靶场数据、历史经验数据或模拟数据，采用专家调查法、层次分析法或其他方法，确定影响因素或性能指标的相对重要性参数，得到判断矩阵。

(3) 检验判断矩阵的相容性，若相容性指标不符合要求，则检查原因，重返第二步。

(4) 用特征向量法求出幂指数，得到武器装备效能指数的数学模型。

(5) 利用所得到的数学模型计算武器装备的效能指数。

虽然，在一定程度上指数方法可以评估武器装备的效能，但由于指数方法在描述模型时过于简单，因而在使用上受到一定的限制。

12.1.2.4 管理决策分析法

按照现代决策学派创始人西蒙教授的观点，管理就是决策，决策需要进行预测、评价和择优，建立在预测、评价和择优基础上的决策分析方法是科学的分析方法。在进行预测、评价和择优的决策分析时，要处理各种类型的信息，因而创立了各种预测方法、评价方法和择优方法，建立了相应的数学模型。

管理决策分析方法有几十种。定性预测方法有德尔菲法、类推法和主观概率法；定量预测方法有回归分析法、时间序列预测法和灰色预测法；评价和择优方法有层次分析法、模糊数学方法和灰色决策方法等。

由于武器系统效能分析的主要任务是评价武器系统各个构想或设计方案，比较各种方案的优劣，为管理部门选择最佳或次佳方案提供决策依据，是武器装备管理决策的一个重要方面，因此，管理决策分析法自然也可以应用于武器系统效能分析。目前，在武器系统效能分析中应用的比较多的方法是层次分析法和模糊数学方法。

1. 层次分析法

层次分析法，简称 AHP 方法(Analytic Hierarchy Process)，是 20 世纪 70 年代美国运筹学家匹兹堡大学教授 T. L. Satty 提出的。后来的学者对层次分析法进行了改进，如逆序问题和保序方法，标度问题和标度方法。用层次分析法研究系统效能的基本思想是，将系统所包含的全体因素(包括战术技术指标、可靠性、维修性、保障性及与它们相关的诸多中间的综合指标)划分为不同的层次(如同标层、准则层、指标层)，并用框图形式表示各层次的递阶结构与各因素的从属关系；再由诸专家对同一层次的因素进行两两比较与评估，确定同一层次中诸因素对上层某因素的重要性次序，并综合诸专家的判定，统计确定该层次所有因素对上层某一因素的重要性排序权值。这样，由最低层次向最高层次(即目标层)逐层进行，最终得到系统效能的评估值。

2. 模糊数学方法

模糊数学方法是美国学者 L. A. Zadeh 教授于 20 世纪 60 年代创立的,它是用数学方法去处理各种各样模糊现象的一门新兴学科。模糊数学方法在预测、评价和决策分析中得到广泛的应用。在研究武器装备的系统效能时,有许多信息并不是确定的,而是模糊的。模糊数学中的许多概念和方法,例如模糊集合、模糊映射、模糊关系、隶属函数、隶属度、模糊算子等,可用于那些内部存在模糊关系而又缺乏定量战术技术指标,或者无法用定量的综合品质指标来综合表征其作战效果的武器装备(如软杀伤武器等)。

显然,层次分析法和模糊数学方法因依赖专家的判断打分而具有一定的主观性;用这两种方法得到的系统效能评估值与武器装备的实际作战效果之间不具有物理拟合性,因而在国内外武器装备的系统效能研究中并没有得到广泛的应用。

12.1.2.5　建模方法的选择

上述四种效能评估方法,各有优劣和适用范围。解析法比较适用于不考虑对抗条件下的武器系统效能评估;蒙特卡洛法特别适合于进行武器系统作战效能指标的预测评估;特征指数法比较适合于对武器装备的多种能力进行全面综合评估;层次分析法和模糊数学方法则比较适用于解决系统效能分析中遇到的半结构问题和模糊信息问题的评估。

选用哪种方法来建立系统效能分析模型,主要取决于研究对象的效能参数特性、给定条件(如时间、费用等)、评估目的和精度要求等。概率解析法具有公式透明性好、易于了解、计算较简单且能够进行变量间关系的分析、便于应用等优点,而蒙特卡洛法对于武器系统作战效能的评价则具有不可替代的作用,因此,研究建立武器系统效能分析模型时,应尽可能选用概率解析法和蒙特卡洛法。但由于现代武器系统基本上都是大型复杂的武器系统,仅采用概率解析法或蒙特卡洛法,往往不可能全面解决系统效能的评估问题,所以还应混合使用其他方法,以达到取长补短的效果。

12.2　高炮效能分析

12.2.1　高炮评价指标体系

现代高炮系统通常是由多门高炮组成的大型复杂系统,其效能分析问题是一个多目标、多准则的评价问题。准确界定系统效能分析的目的,合理确定评价准则,正确建立评价指标体系,是高炮效能分析技术研究的重要内容。武器系统效能分析的基础是单台高炮的效能分析。

12.2.1.1　高炮性能

高炮的作战使用性能可分为单项性能和综合性能。

1. 单项性能

单项性能是能够体现型号系统主要技术状态的性能指标,通常也称为战术技术指标。在武器系统研制过程中,战术技术指标是依据未来防空作战的特点和当前的经济、技术水平而提出的设计要求;在武器系统设计定型后,则是对设计工作满意程度即武器系统所达到的技术状态的描述。

高炮的主要战术技术指标,一般包括探测目标能力指标、可射击能力指标、毁歼目标能力指标、机动能力指标、防护能力指标、可靠性和维修性等。

(1) 探测目标能力是描述高炮的火控系统的下述能力:发现、捕获、跟踪和识别目标,测定目标现在点坐标和运动参数,解算目标未来点坐标等。探测能力是火力系统能够发挥效力的前提和保证。衡量高炮探测能力的主要性能指标有:最大作用距离,搜索速度(如搜索雷达的天线转速),最大跟踪距离,距离跟踪精度,识别距离,全天候性能,抗干扰性能,低空性能等。

(2) 可射击能力是指高炮能否对来袭的空中目标实施有效射击,以及在空中目标连续进袭的情况下,能够对其中哪些目标实施有效打击的能力。用以衡量高炮可射击能力的主要性能指标有:有效斜距离,有效射高,最大射角,系统反应时间,方位、高低最大跟踪角速度,方位、高低最大跟踪角加速度,携弹量,再装填时间等。

(3) 毁歼目标能力是指高炮对空中目标设计时能否对其造成损伤的能力,它最终体现在高炮弹丸对目标的有效杀伤和破坏作用。用以衡量高炮毁歼能力的主要性能指标有:口径,初速,射速,射击精度(包括射击准确度和密集度,通常用射击误差来表示,包括系统误差和随机误差),弹丸威力(着发引信弹丸的弹丸重与炸药重,近炸引信或时间引信弹丸的破片数与破片质量分布、破片附加速度、近炸引信的作用距离与正常作用率)等。

探测目标能力、可射击能力和毁歼目标能力综合反映了高炮对连续进袭空中目标的打击能力,通常称为抗击能力。

(4) 机动能力是指高炮在保持完成预定作战任务能力的前提下,在一定范围内从一个阵地转移到另一个阵地以及迅速进行行军与战斗状态转换的能力。衡量高炮机动性的主要性能指标有:单位功率,单位压力,道路最大行驶速度,最大行程,最大爬坡度,最大侧驶坡度,越壕宽,攀墙高,涉水深,行军战斗转换时间,战斗行军转换时间等。

(5) 防护能力是指高炮具有的防敌发现、命中和毁伤能力,主要包括装甲防护性能,伪装、隐蔽、隐身性能,防核、生、化武器攻击的性能,灭火抑爆性能等。

(6) 可靠性是指武器系统(产品)在规定条件下和规定时间内完成规定任务的能力。量度高炮的可靠性指标主要有:全武器系统、子系统、单体(部件)的可靠度,故障率,平均寿命等。

(7) 维修性是指武器系统(产品)在规定条件下和规定时间内,按规定的程序和方法维修时,保持或恢复其规定状态的能力。量度高炮维修性的主要指标有:维修度,平均修复时间,修复率等。

高炮的大多数单项性能指标是具有明确的含义且能够定量描述的指标,如有效斜距离、最大行驶速度、系统反应时间等;但也有一些指标是具有概率特性的指标,如故障率、修复率等;还有一些指标是只能定性描述的指标,如全天候性能、抗干扰性能、灭火抑爆性能等。

2. 综合性能

综合性能是衡量武器系统在给定条件下实现某一种功能之量度,是对有关的几项甚至几十项性能指标综合效果的评判。综合性能指标一般没有十分明确的物理意义,即是一种抽象的概念。

一般可将综合性能指标分为两类:一类是具有概率特征的综合性能指标,可用“随机事件发生的概率”来量度;另一类是具有模糊、灰色特性的综合性能指标,可采用特征指数法、层次分析法、模糊评判法等多种综合评价方法,用最终所得到的数值结果来量度。显然,对于前一类综合性能指标,由于量度尺度是唯一的(即“事件的概率”),因而在相同的条件下,其结果即综合性能指标值也是唯一确定的;而对于后一类综合性能指标,由于量度方法即量度尺度的不同,在相同的条件下,其结果即综合性能指标值也不同。

为了获得武器系统综合性能指标值,或者必须耗费大量的人力、物力和财力进行有关的试验,并对试验结果进行统计分析,提炼出所需的结果;或者必须建立相应的数学模型,包括解析模型、仿真模型和综合评价模型等,利用有关的单项性能指标值作为模型的输入量进行计算。

高炮的主要综合性能指标有:

(1) 发现概率和探测能力指数。发现概率是对高炮的探测设备搜索空中目标能力的量度,一般是描述探测设备在好天候、无干扰条件下可能探测到空中目标的程度;探测能力指数是对探测设备搜索和跟踪空中目标能力、抗干扰能力和全天候能力的量度,是描述探测设备在真实战场环境下可能探测到空中目标的程度。

(2) 射击概率和可射击能力指数。射击概率也称可射击概率,是对高炮快速反应能力和火力调转能力的量度,是描述高炮在有足够弹药可射击的条件下实施有效射击的空中目标数与来袭目标数之比;可射击能力指数是对高炮的空域覆盖能力、快速反应能力、火力调转能力,以及在考虑到携弹量和再装填时间情况下的持续作战能力的量度。

(3) 毁伤概率。是对高炮已对空中目标实施射击情况下的射击效果即射击效力的量度。

(4) 机动能力指数。是对高炮各项机动性能的综合量度。

(5) 防护能力指数。是对高炮各项防护性能的综合量度。

(6) 可用度。是对高炮在任一时刻以良好状态开始工作的能力的量度。

(7) 可信赖度。是对高炮在工作过程中仍保持良好工作状态的能力的量度。

(8) 打击效能和打击效能指数。是对高炮在特定条件下完成打击空中目标任务的量度。其中,打击效能是对高炮的可用度、可信赖度、发现概率、射击概率和毁伤概率的综合量度,打击效能指数是对高炮的可用度、可信赖度、探测能力指数、可射击能力指数和毁伤概率的综合量度。

(9) 机动效能指数。是对高炮在保持完成预定作战任务能力的前提下和规定的时间内,从一个阵地转移到另一个阵地以及迅速进行行军与战斗状态转换的能力的量度。

(10) 防护效能指数。是对高炮在规定的条件下和规定的时间内,其防护系统完成防敌发现、命中、毁歼能力的量度。

(11) 总体效能指数。是对高炮的打击效能指数、机动效能指数和防护效能指数的综合量度,是最高层次的综合性能指标。

12.2.1.2 性能评价指标体系

武器性能评价指标体系,是指由一系列相互关联的评价指标所构成的整体。它既包括描述系统各种特性的单项性能指标,也包括对有关联的单项性能指标进行综合量度、侧重描述武器某一方面能力的综合性能指标,以及对武器所有综合性能指标进行全面、综合评价的最高层次的综合指标——系统效能。

现代高炮是集目标探测系统、信息处理系统、火力系统、运行系统和防护系统等诸多子系统于一体的高度集成化复杂武器系统,有数百余项单项性能指标来描述系统的技术状态,数十余项综合性能指标来量度系统各个方面的综合能力。建立评价指标体系的目的,就是要理顺评价目标(例如"系统效能")同综合性能指标、单项性能指标之间的隶属关系,以便准确地描述系统的特征及其工作过程的规律,为建立系统效能分析模型奠定基础。因此,建立评价指标体系,是一项极为重要的工作,是决定效能分析任务成败的关键之一。

建立武器系统评价指标体系的主要内容如下。

1. 评价目标

应根据所提出的系统效能分析的任务,明确评价目标。评价目标可以是某一项综合性能指标,例如"毁伤概率";也可以是最高层次的综合指标即"系统效能"。例如,在新型号高炮的论证阶段,要求通过分析计算毁伤概率为选择合适的口径提供依据时,可选择"毁伤概率"作为评价目标;在新型号高炮的方案设计阶段,要求评价不同设计方案的系统效能,为方案择优提供依据时,则应选择"系统效能"作为评价目标。

显然,评价目标不同,评价指标体系也将不同。

2. 系统分析

在明确评价目标之后,需要开展系统分析工作,系统分析的内容主要包括:

(1) 与评价目标有关的系统的组成、结构、性能、技术状态、特点和使用环境等;

（2）与评价目标有关的武器系统的能力即综合性能指标；

（3）影响每一项能力即综合性能指标的主要因素，即主要单项性能指标。

系统分析过程，是评价者全面理解武器系统的过程，同时也是进一步明确评价目标的过程，是建立合理评价指标体系、进行系统评价的基础，因而是一个重要的步骤。

在建立评价指标体系时，不一定要把与评价目标有关的全部单项性能指标都包罗进去。如果不加取舍地、面面俱到地考虑与评价目标有关的全部因素，不仅会给建立科学、合理的评价模型带来困难，严重时甚至会影响模型的合理性和评价结果的可信度。因此，在有关的众多性能因素中，筛选出主要因素，舍去次要因素，是系统分析要实现的主要目的。

由于递阶层次结构模型能把复杂的问题分解成各个组成因素，并进一步把这些因素按其属性分成若干组，形成不同层次，同一层次的元素作为准则对下一层次的某些元素起支配作用，同时它又受上一层次元素的支配，因而较易于把复杂的问题条理化、层次化，使诸因素之间的内在联系清晰地呈现，是一种很好的系统分析方法。因此，采用层次分析的方法，将评价目标作为层次结构的最高层，通过分析与逐层分解，建立起递阶层次结构模型，是建立评价指标体系的一种实用方法。

3. 征询意见

从事武器系统总体和各分系统总体工作的专家、使用部门的专家，是最了解武器系统应具备的能力及其相应的支配因素，也最了解诸因素的相对重要性。因此，评价者在初步建立了评价指标体系后，应充分征询有关专家的意见，广泛吸取专家们的经验，使所建立的评价指标体系得到不断完善；这是确保评价指标体系的合理性和科学性的重要步骤。

现将上述步骤具体应用到高炮。首先，根据新型号高炮论证、设计、研制过程的需要，确定评价目标为高炮的“系统总体效能”。由 $E=A\cdot D\cdot C$ 系统效能模型可知，影响武器系统的“系统总体效能”的因素有两个：一是系统的“有效性与可信赖性”，包括系统的可靠性和系统的维修性；二是系统的“综合能力”。

对高炮做进一步的系统分析可知，该类武器系统要完成规定的作战任务，除了应能够快、准、狠地打击来袭的空中目标外，还应该能够根据作战任务的需要，迅速地从一个阵地转移到另一个阵地，或者在伴随机械化部队行军过程中，保证机械化部队的对空安全；以及在防空作战中，尽可能地保障自身的生存，即尽可能不被敌发现、命中和毁伤。因此，可将高炮的“综合能力”分解为三项分能力，即打击能力、机动能力和防护能力。其中，打击来袭空中目标的过程，又包括适时地发现来袭的空中目标，发现目标后能够迅速对目标实施有效射击，发射出的弹丸能够对目标造成致命毁伤，即可将打击能力分解为探测目标能力、可射击能力和毁伤目标能力。

如此依次进行，逐层地进行分析与分解，并经过多轮的专家咨询，建立了如图 12-2 所示的高炮评价指标体系。

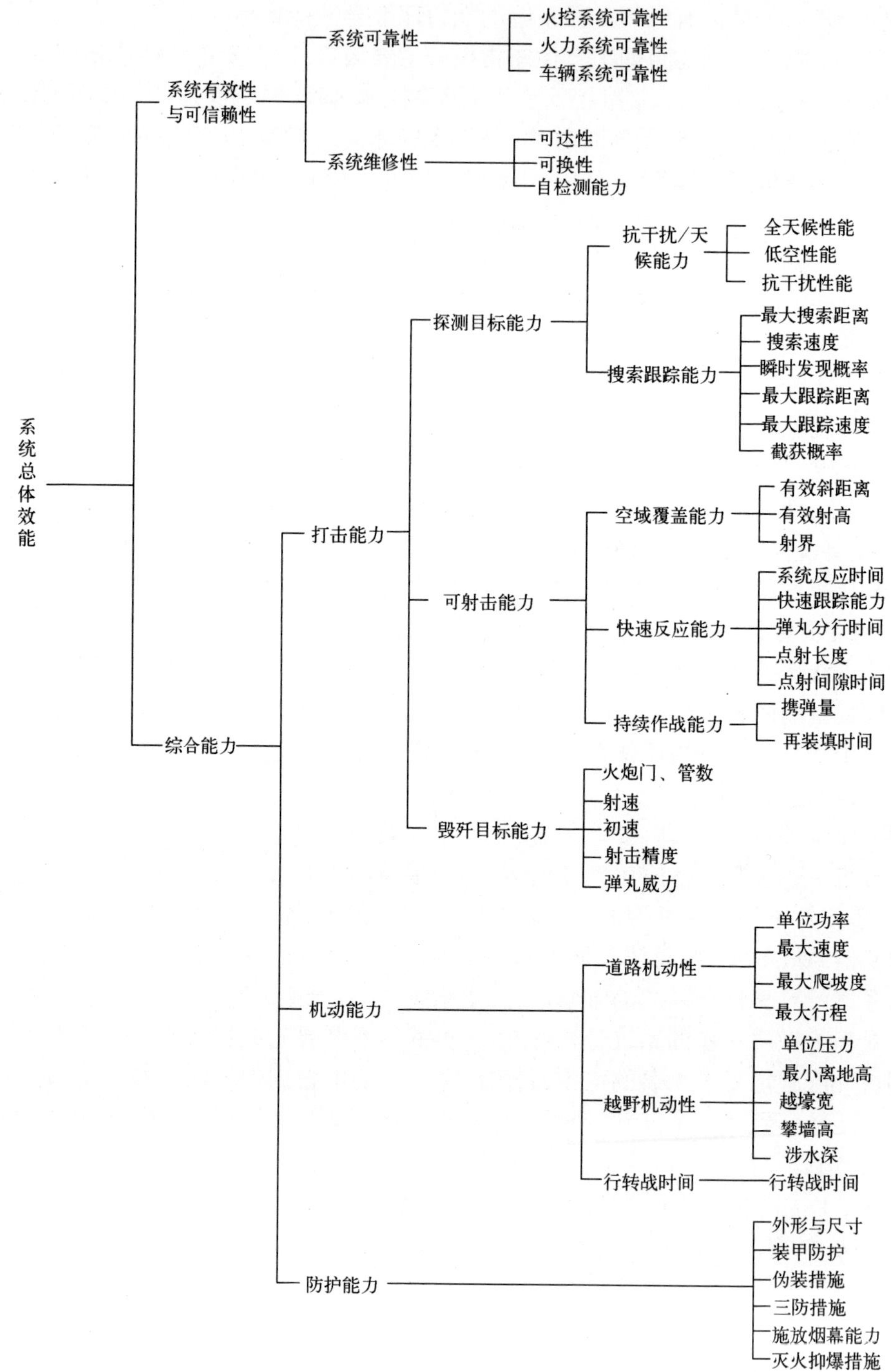

图 12-2　高炮评价指标体系

采用递阶层次结构方式建立高炮的评价指标体系，是为了把评价“系统总体效能”这一复杂问题条理化、层次化，使影响系统总体效能的诸多因素之间的内在联系清晰地呈现，为建立科学、合理的模型奠定基础。但是在建模时，本书并未采用纯粹的层次分析方法，而是采用解析模型、仿真模型、层次分析和模糊评判相结合的方法，以便充分利用解析和仿真模型提供的比较准确、客观的定量结果。

12.2.2 高炮射击概率

12.2.2.1 射击概率定义

高炮的射击概率（也称为服务概率）是指：当有足够多个目标以某种规律持续不断进入高炮的防御空域时，高炮射击的目标数与来袭目标数之比。下面将利用排队论的基本思想，研究在由单套高炮与目标组成的排队系统中，高炮对目标的射击概率问题，即研究在高炮发现目标后，可以对目标射击的机会有多少。

12.2.2.2 约定与假设

根据高炮和空中目标组成的排队系统的主要特征，特做出以下约定。

1. 该排队系统是一个单队、单服务台、有限等待排队系统

即假定在由高炮和空中目标组成的排队系统中，服务台由单套高炮构成，因而它是一个单服务台、单队的排队系统（见图12-3）。其中，高炮是服务台，连续到达的目标（飞机、直升机、无人机、巡航导弹、空地导弹等）是顾客、顾客流，即为目标流。

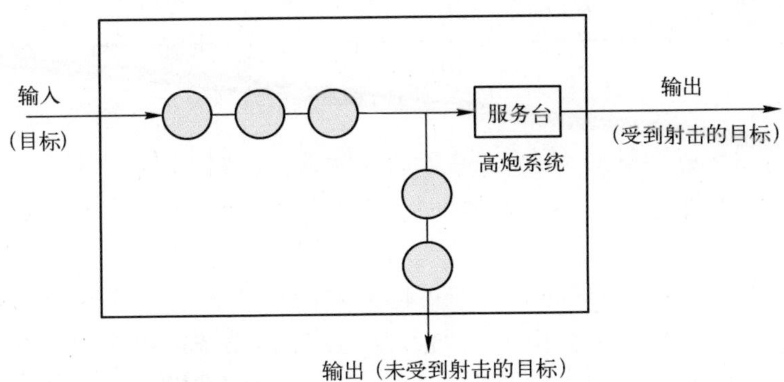

图12-3 高炮与目标组成的单队、单服务台有限等待排队系统

显然，当目标到达后，如果高炮不能立即对它射击，目标飞行一段时间后将迅速离开该高炮的火力区，那么，该高炮就不可能对它“服务”了。由此可知，该排队系统是一有限等待排队系统。该排队系统有一个输入流和两个输出流，其中一个输出流是被服务过的目标，另一个输出流是超过等待时间未受到服务而离开排队系统的目标。

2. 进入排队系统的目标流为 Poisson 流，其强度为 λ_a

进入该排队系统的目标流的平稳性、无后效性是显而易见的。但是，应如何解释它的普通性呢？在实际防空作战中，目标一般是按批次出现的，每一批次中往往包含有若干个目标。但是，防空系统通常由多台防空武器（即多个服务台）组成，故可把同时出现的同一批次的各个目标分别看作是各个服务台的“顾客”，即看成是多服务台并联排队系统。因此，对于由单套高炮与目标组成的单服务台排队系统，仍可假定在同一时刻最多只可能有一个目标到达，即满足普通性条件。

相邻两个目标到达的时间间隔 t 服从与 Poisson 分布同参数的负指数分布，分布密度为

$$g(t)=\lambda_a e^{-\lambda_a t} \tag{12-34}$$

相邻两个目标之间的平均间隔时间$\bar{t}$为

$$\bar{t}=\int_0^{\infty} t \cdot g(t)=\int_0^{\infty} \lambda_a t e^{-\lambda_a t} dt$$

应用分部积分法和求函数极限的洛比达法则，可得

$$\bar{t}=1/\lambda_a \tag{12-35}$$

该结果表明，相邻两个目标之间的平均间隔时间是目标流强度的倒数。

3. 服务规则

服务规则是：先到先服务，即首先射击距离高炮阵地最近的目标。

记高炮开始工作的时刻为 0 时刻，则从时间轴上，可把目标流看成是一串连续到达的目标，如图 12-4 所示。

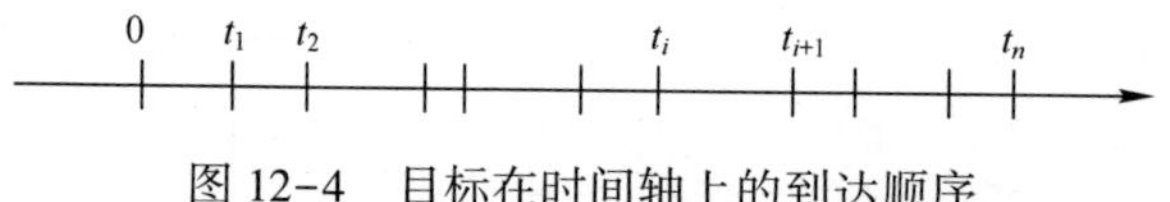

图 12-4　目标在时间轴上的到达顺序

设第 1 个目标到达的时刻为 t_1，第 2 个目标到达的时刻为 t_2，第 i 个目标到达的时刻为 t_i，等等，则有 $t_1<t_2<\cdots<t_i<t_i+1<\cdots$。根据先到先服务的服务规则，$t_1$ 时刻到达的目标将首先受到服务。

在防空作战中，通常对威胁最大的目标先射击。威胁判断的准则一般是目标的距离，即距离越近，威胁越大。由于 t_1 时刻到达的目标距离高炮最近，因而将首先受到射击。可见采用先到先服务的规则是符合实际作战情况的。

4. 服务时间为一阶梯函数

为得出排队问题的解析解，不得不将问题进行简化。主要的简化是将服务时间看作是服从负指数分布的随机变量，但这与实际情况差别较大。负指数分布的密度函数为

$$f(t)=\mu e^{-\mu t}\ (t\geqslant 0)$$

其数学期望值（即服务时间的期望值）为 $1/\mu$。据此容易计算出服务时间不大于 $1/\mu$ 的概率为

$$P(t \leqslant 1/\mu) = \int_0^{\frac{1}{\mu}} f(t)\,\mathrm{d}t = 0.632$$

服务时间不大于 $2/\mu$ 的概率为

$$P(t \leqslant 2/\mu) = \int_0^{\frac{2}{\mu}} f(t)\,\mathrm{d}t = 0.865$$

以上结果表明,若将高炮的服务时间看成是$(0,\infty)$区间上的服从负指数分布的随机变量,那么,到达排队系统的大部分“顾客”将非常迅速地得到服务,并有约 63%的“顾客”受到服务的时间都小于服务时间的期望值。而实际上,高炮的服务时间是由系统反应时间、对目标的一次点射时间长度、点射次数以及每相邻两次点射之间的时间间隔所决定,即

$$t_s = t_{rt} + n_f t_{bf} + (n_f - 1) t_t \tag{12-36}$$

式中　t_s——服务时间;

t_{rt}——系统反应时间;

n_f——对一个目标实施的点射次数;

t_{bf}——一次点射时间长度;

t_t——相邻两次点射之间的间隔时间。

其中,系统反应时间 t_{rt} 是对高炮快速反应能力的量度,是指武器系统从发现目标时刻起,到火炮发射第一发炮弹时刻止所经历的时间,包括目标识别/威胁判断时间、平稳跟踪时间、火控计算机解算未来点射击诸元的时间以及火炮协调时间。图 12-5 给出了一种典型的系统反应时间。

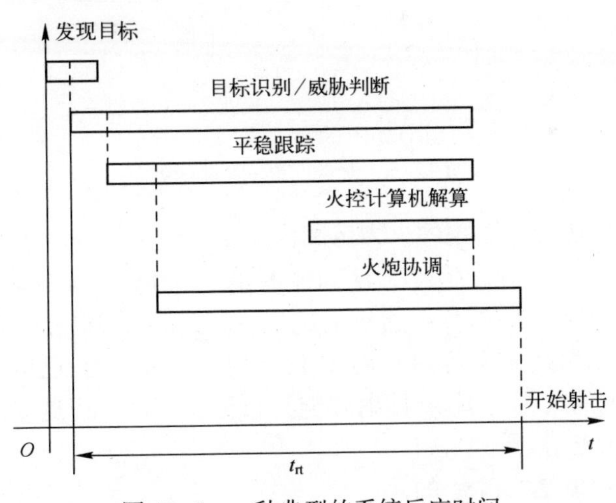

图 12-5　一种典型的系统反应时间

对于不同型号的高炮,由于其结构不同,或者说由于它的各个分系统的性能不同,因而其系统反应时间也不相同。

一次点射时间长度 t_{bf}，是火炮连续射击时，从发射出第一发射弹时刻起，到发射出最后一发射弹时刻止所经历的时间。为了保证对目标有一定的毁伤效果，每次点射必须发射出一定数量的射弹，也就是必须有一定的时间长度。当时间允许时，可以对目标实施一个以上点射，但相邻两次点射之间必须有一定的间隔时间 t_t，以保证射击精度，延长火炮身管的寿命。

显然，当规定高炮只对目标实施一次点射时，服务时间 t_s 取得最小值 t_{s1}

$$t_{s1}=t_{rt}+t_{bf} \tag{12-37}$$

对于给定型号的高炮，其系统反应时间 t_{rt} 可看作是一个不变的常数。在一次实战中，如果规定了一次点射的时间长度 t_{bf} 和相邻两次点射之间的时间间隔 t_t，则也可以把它们看作是不变的常数。而可对目标实施的点射次数 n_f 则是一个离散型随机变量，它既与目标在高炮火力区中的逗留时间有关，也与指挥员的战术决策、使用有关。由于 n_f 是离散型随机变量，因此服务时间 t_s 也是离散型随机变量。

综合以上讨论可知，高炮对目标的服务必须持续一定的时间才有意义，其服务时间是在一定的范围内变化，不可能很长，也不会很短。因此，不能把高炮的服务时间假设为负指数分布，比较合理的假设是将其看作一个阶梯函数(见图 12-6)。

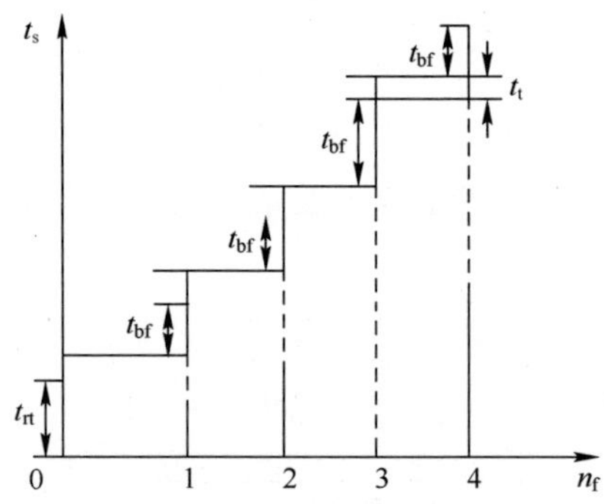

图 12-6　服务时间-阶梯函数

5. 目标航路总是位于高炮的火力范围内

在下面的分析中约定：目标高度 H 和速度 V_m 作为输入参数设定，是常数；目标航路捷径 P_q 利用生成的均匀分布随机数确定，是一随机变量，P_q 的概率密度函数。由 P_q 的概率密度函数的定义可知，为了评价高炮的服务能力，已做了如下假定：目标航路总是位于高炮的火力范围内，即射弹能与目标在空域内遭遇，且能保证对可服务目标至少实施一次点射。

6. 高炮的携弹量是“无限”的

假定高炮的携弹量是“无限”的，就是假定该武器系统对持续进入的目标流中能够提供服务的每个目标，都可以实施射出，不会因为无弹可射而出现不能提供服务的情况。

12.2.2.3　目标的等待时间

根据前面的约定,由高炮和空中目标组成的排队系统是一个单队、单服务台、有限等待排队系统,即在该排队系统中,目标的等待时间是有限的。目标的等待时间与目标高度、速度、航路捷径以及高炮的服务时间、弹丸飞行时间、射击死界等因素有关,因而也是一个随机变量,但它是一个有界量。

在分析确定目标的等待时间之前,先对高炮的射击死界范围进行分析。

1. 射击死界范围

所谓射击死界范围,是指高炮由于受火炮和目标跟踪系统本身性能的限制,将在火炮阵地的顶空形成的不可能对目标实施瞄准、射击的空域。例如,当射角 φ 大于火炮的最大射角(通常小于 90°)时,火炮便不能瞄准射击;当目标速度较大且航路捷径较小时,由于雷达、控制子系统及火炮在方向上与高低上最大跟踪角速度的限制,就会在目标接近火炮阵地上空时产生追随不上目标的现象,也无法对目标瞄准射击。

如图 12-7 所示,设目标以高度 H 飞行,O 为火炮位置,L 为水平直线航路,l 为 L 在炮口水平面上的投影,航路上的 M_j 点为过航点,M_0 点为目标进入高炮射击死界范围的临界点,则称 M_0M_j 为与高度 H 对应的高炮的射击死界范围。记 $X_s = |M_0M_j|$,下面将分析如何确定 X_s 的值。

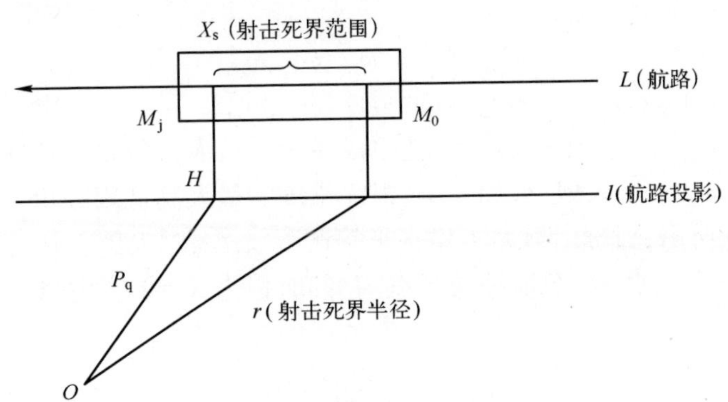

图 12-7　射击死界范围示意图

1) 由火炮的最大射角产生的死界范围

设火炮的最大射角为 ϕ_{max},由于它的限制,在炮位的顶空将出现火炮射击不到的空间,称为火炮的圆锥死界范围(见图 12-8)。它与航路高度 H 对应的死界范围 X_{s1}为

$$x_{s1}=\begin{cases}\sqrt{(H\cot\varphi_{max})^2-P_q^2} & (H\cot\varphi_{max}>P_q)\\ 0 & (H\cot\varphi_{max}\leqslant P_q)\end{cases} \tag{12-38}$$

2) 火炮、跟踪系统的死界范围

空中目标运动时,目标及其提前位置将对火炮或跟踪系统形成方向角速度和高

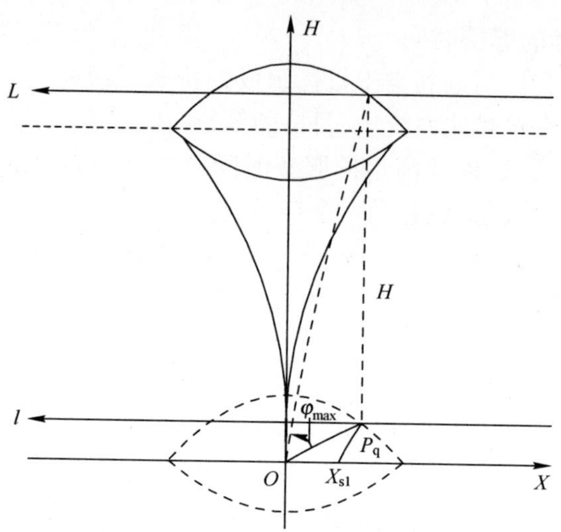

图 12-8　火炮的圆锥死界范围

低角速度。由于受火炮、跟踪系统最大跟踪角速度的限制，当目标速度 V_m 较大且航路捷径 P_q 较小时，就会在目标临近阵地上空时产生跟踪不上目标或目标提前点的空域，称为跟踪死界范围。记为

$$\omega_{\beta\max}=\min\{\omega_{\beta1},\omega_{\beta2},\omega_{\beta3}\} \tag{12-39}$$

$$\omega_{\varepsilon\max}=\min\{\omega_{\varepsilon1},\omega_{\varepsilon2},\omega_{\varepsilon3}\} \tag{12-40}$$

式中　$\omega_{\beta1},\omega_{\beta2},\omega_{\beta3}$——火炮、火控系统、跟踪系统的最大方位跟踪角速度（保精度）；

$\omega_{\varepsilon1},\omega_{\varepsilon2},\omega_{\varepsilon3}$——火炮、火控系统、跟踪系统的最大高低跟踪角速度（保精度）。

如图 12-9 所示，目标沿航路 L 做水平等速直线运动，高度为 H，航路捷径为 P_q，速度为 V_m，目标提前点 M_q 至航路捷径点 M_j 的航程为 $X_1=V_{mt}$，则目标的方位角 β 满足下述方程：

$$\beta=\arctan\frac{x_l}{P_q} \tag{12-41}$$

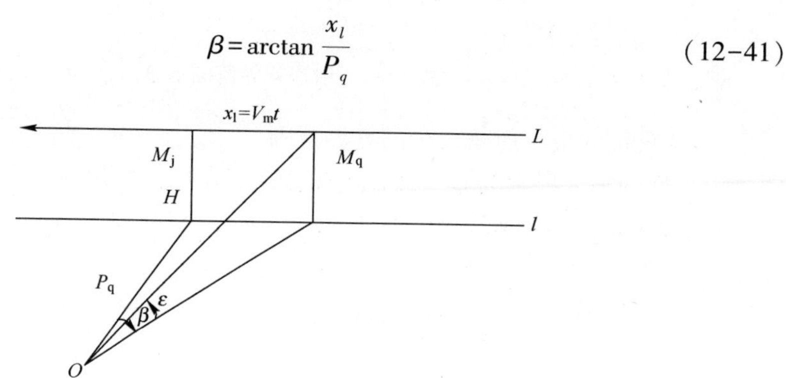

图 12-9　方向跟踪、高低跟踪死界范围与航路参数的关系

记方位跟踪死界范围为 X_{s0}。用 X_{s0} 代替上式中的 X_1，在等式两边对时间求导数，并根据 $\dot{\beta}=-\omega_{\beta\max}$，$\dot{x}_{s0}=-V_m$，则可求得 X_{s0} 为

$$X_{s0}=\begin{cases}\sqrt{\dfrac{P_q V_m}{\omega_{\beta\max}}-P_q^2} & \left(\dfrac{V_m}{\omega_{\beta\max}}>P_q\right)\\ 0 & \left(\dfrac{V_m}{\omega_{\beta\max}}\leqslant P_q\right)\end{cases} \tag{12-42}$$

类似地，由图 12-9 有

$$\varepsilon=\arctan\frac{H}{\sqrt{P_q^2+x_l^2}} \tag{12-43}$$

记高低跟踪死界范围为 X_{se}。用 X_{se} 代替上式中的 X_1，在等式两边对时间求导数，并根据 $\dot{\varepsilon}=\omega_{\varepsilon\max}$，$\dot{x}_{se}=V_m$，则可得以下结果

$$\omega_{\varepsilon\max}=\frac{V_m H X_{se}}{(P_q^2+H^2+X_{se}^2)\sqrt{P_q^2+X_{se}^2}} \tag{12-44}$$

要由式(12-44)解出 X_{se} 是相当困难的。但注意到在目标速度 V_m 和高度 H 保持不变的情况下，若当航路捷径 $P_q=0$ 时，不会由于火炮的最大高低跟踪角速度的限制而出现高低跟踪死界，则当航路捷径 $P_q\neq0$ 时，无疑也不会出现高低跟踪死界。而当 $P_q=0$ 时，由式(12-44)易求出高低跟踪死界范围 X_{se} 为

$$x_{se}=\begin{cases}\sqrt{\dfrac{V_m H}{\omega_{\varepsilon\max}}-H^2} & \left(\dfrac{V_m}{\omega_{\varepsilon\max}}>H\right)\\ 0 & \left(\dfrac{V_m}{\omega_{\varepsilon\max}}\leqslant H\right)\end{cases} \tag{12-45}$$

当 $P_q\neq0$ 时，为了计算简单起见，仍可用式(12-45)近似计算高低跟踪死界范围 X_{se}。显然，在 $P_q\neq0$ 的情况下，按式(12-45)求得的 X_{se} 值将比实际值大，但由于在一般情况下 $V_m/\omega_{\varepsilon\max}$ 的数值并不大，即可能出现高低跟踪死界范围的目标高度值并不大，故这样处理在实际中是允许的。于是，火炮的跟踪死界范围 X_{s2} 为

$$X_{s2}=\max\{X_{so},X_{se}\} \tag{12-46}$$

3）火控计算机工作极限形成的死界范围

设火控计算机计算弹丸飞行时间的最小值为 τ_0，相应的提前点斜距离为 D_{c0}。对高度小于 D_{c0} 的目标射击时，当提前点斜距离不小于 D_{c0} 且航路路径也很小时，就有可能超出火控计算机的工作极限而形成死界。死界范围 X_{s3} 为

$$x_{s3}=\begin{cases}\sqrt{D_{c0}^2-H^2-P_q^2} & (D_{c0}>\sqrt{H^2+P_q^2}\text{时})\\ 0 & (D_{c0}\leqslant\sqrt{H^2+P_q^2}\text{时})\end{cases} \tag{12-47}$$

4）高炮的射击死界范围

高炮的射击死界范围 X_s 可根据式(12-38)、式(12-42)、式(12-45)~式(12-47)的计算结果来确定，即

$$X_s = \max\{X_{s1}, X_{s2}, X_{s3}\} \quad (12-48)$$

记与射击死界范围 X_s 对应的目标飞行时间为 t_0，则有

$$t_0 = x_s / V_m \quad (12-49)$$

高炮的射击死界范围有时也用射击死界半径 r 来表示。显然，r 和 X_s 有以下关系，即

$$r = \sqrt{P_q^2 + X_s^2} \quad (12-50)$$

2. 目标的最大等待时间

假定目标作等速直线飞行，高度为 H，航路捷径为 P_q，速度为 V_m。在高炮阵地位置与目标航线所在平面做示意图，如图 12-10 所示，O 为火炮阵地位置，L 为目标航线，M_j 为目标过航点，M_0 为高炮射击死界范围的临界点，M_m 为目标航路上与火炮的有效射击斜距离 $D_m = |OM_m|$ 对应的点，则 M_mM_0 为高炮的火力范围，即火炮发射出的射弹应该与目标遭遇的范围。

为了保证后面将建立的高炮射击概率模型能给出确切的计算结果，特做如下规定：若高炮的一次或多次点射的全部射弹在火力范围 M_mM_0 内与目标遭遇，则称该次或多次点射为有效射击；若某一次点射中，有一部分射弹落在火力范围 M_mM_0 内，另一部分射弹落在火力范围 M_mM_0 之外，则称该次点射为无效射击。

设 t_{f0} 为对应于射程 $D_0 = |OM_0|$ 的射弹飞行时间，t_{fm} 为对应于有效射击斜距离 $D_0 = |OM_m|$ 的射弹飞行时间，M_eM_0 和 M_bM_m 分别为与飞行时间 t_{f0} 和 t_{fm} 对应的目标航程，则 M_bM_e 为火炮的发射范围。

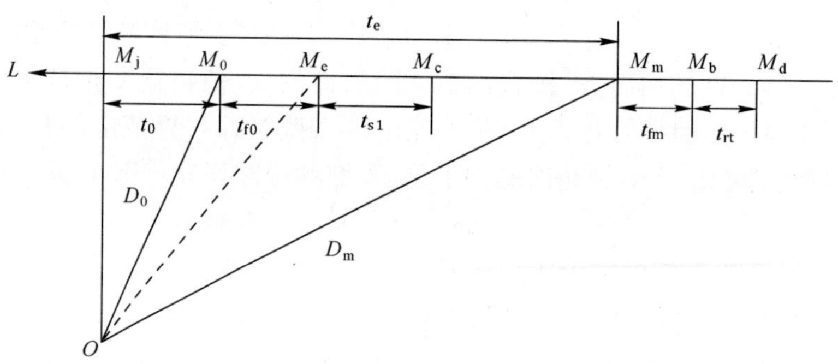

图 12-10 目标等待时间示意图

再设 M_cM_e 和 M_dM_b 目分别为与飞行时间 t_{s1}(即只对目标实施一次点射时的服务时间)和 t_{rt}(系统反应时间)对应的目标航程，则显而易见，M_dM_c 为目标的等待范围。

下面计算目标流中第一个到达的目标的等待时间。由于高炮的探测系统能够在

足够远的距离外发现目标，即能够在航路上 M_d 点以远发现目标，因此，该目标将从到达 M_d 的时刻起等待高炮的服务。至于目标流中除第一个到达外的其他后续目标，尽管探测系统能够保证在 M_d 以远就已发现它，但由于它与前一个相邻目标的间隔时间可能很短，也可能比较长，因此，当高炮结束对前一个目标的服务，转向对它提供服务时，它在航路上的位置可能在 M_d 以远，也可能在 M_d 以近。

综合以上分析可知，M_dM_c 为目标的最大等待范围。

与航程 M_mM_j 对应的目标飞行时间 t_e 为

$$t_e=\frac{\sqrt{D_m^2-H^2-P_q^2}}{V_m} \tag{12-51}$$

于是，与最大等待范围 M_dM_c 对应的目标最大等待时间 t_w 为 $t_w=t_e+t_{fm}+t_{rt}-t_0-t_{f0}-t_{s1}$，将 $t_{s1}=t_{rt}+t_{bf}$ 代入上式，有

$$t_w=t_e+t_{fm}-t_0-t_{f0}-t_{bf} \tag{12-52}$$

由于航路捷径 P_q 是随机变量，因而时间 t_e、t_w 也都是随机变量，但从式(12-51)和式(12-52)不难看出，t_e、t_w 是有界的，即目标的等待时间是有限的。

式(12-52)中的弹丸飞行时间 t_{f0} 与 t_{fm} 可按第 11 章式(11-4)计算。

如图 12-10 所示，M_j 点为目标过航点，M_0 点为射击死界范围 M_0M_j 的临界点，则高炮发射的最后一发射弹最迟应在 M_0 点与目标遭遇。考虑到弹丸离开炮口后，必须经历一段飞行时间 t_{f0} 才能到达 M_0，因此，一次点射中的最后一发射弹最迟应于目标到达 M_e 点时刻射出，否则，势必有部分弹丸落在射击死界范围 M_0M_j 内，这种情形应视为无效射击。

当目标航路不存在射击死界范围时，M_0 与 M_j 点重合，$t_0=0$。由于高炮的射击原则一般是：不对已过航目标射击，故仍可把部分或全部弹丸落在航路之过航部分的情形视为无效射击。换句话说，当不存在射击死界范围时，应保证最后一发射弹最迟在过航点 M_j 处与目标相遇。此时，t_{f0} 应为弹丸抵达过航点 M_j 的飞行时间。

12.2.2.4　射击概率的数学表述

下面根据高炮与目标组成的有限等待排队系统的主要特征，来建立高炮的射击概率模型。

1. 高炮有效射击定义

如果高炮实施的一次或多次点射的全部射弹在火力范围 M_mM_0 内与目标遭遇，则认为高炮对目标实施了有效射击，也称该高炮对该目标提供了服务。

在高炮能够对目标提供服务的前提下，只要时间允许，即只要目标的等待时间足够长，都要对目标实施 2 次或 3 次甚至更多次的点射，以提高对目标的毁伤概率。但在研究高炮对目标的射击概率时，所考虑的核心问题是能否对目标实施有效射击，而不关心射击所达到的实际效果（后者是毁伤概率模型的研究对象）。因此，不论高炮

对目标实施了一次点射，还是实施了多次点射，只要是有效射击，都称为是对目标提供了服务，尽管服务效果存在着明显差别；换言之，对目标而言只有受到服务与未受到服务的区别，而不考虑服务效果上的差异。

2. 射击概率模型

假定目标做等速直线飞行，高度为 H，航路捷径为 P_q，速度为 V_m。在高炮阵地位置与目标航线所在平面做示意图（见图 12-11），并引入以下符号：

M_i 为当前目标（第 i 个目标）在航路上的位置，M_{i-1} 为前一个目标（第 $i-1$ 个目标）在航路上的位置；M_fM_e 为与服务时间 t_s 对应的目标航程；t_b 为高炮刚刚结束对第 $i-1$ 个目标的服务，或刚刚判断出已来不及对 $i-1$ 个目标服务，现要转向对第 i 个目标提供服务时，第 $i-1$ 个目标到达过航点还需要的飞行时间；t_v 为相邻两目标的时间间隔，利用参数为 λ_a 的负指数分布随机产生。图中其他符号的含义与图 12-10 相同。

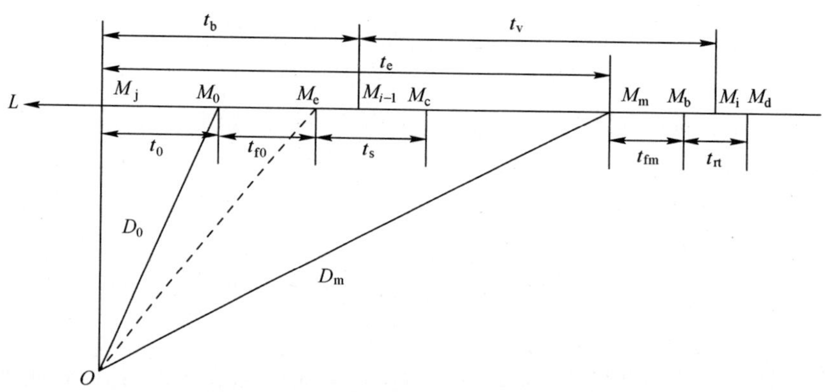

图 12-11　对第 i 个目标可服务条件示意图

在讨论高炮对目标的射击概率时，主要考虑是否能对目标提供服务以及如何提高射击概率的问题，而不考虑最佳射击的时机问题。因此，特做如下约定：如果第 i 个目标的现在点 M_i 在航路上位于 M_d 点以远，则高炮应等待目标到达 M_d 点时，开始对该目标提供服务；如果第 i 个目标的现在点 M_i 在航路上位于 M_d 点以近，则只要时间允许，高炮应立即对该目标提供服务。

由于探测系统能够在航路上 M_d 点以远发现目标，根据“目标航路总是位于高炮的火力范围内”的假定可知，对目标流中的第 1 个目标，高炮必定可以提供服务。

现假定高炮刚刚结束对目标流中第 $i-1$ 个目标服务，或刚判断出已来不及对第 $i-1$ 个目标服务，现要转向对第 i 个目标提供服务；下面分析能对第 i 个目标提供服务必须满足的条件。由图 12-11 所示可知，高炮能对第 i 个目标提供服务的必要且充分的条件是：第 i 个目标现在点 M_i 在航路上位于 M_f 点以远。也就是必须满足：

$$t_b+t_v \geqslant t_0+t_{f0}+t_s \qquad (12-53)$$

由此可得射击概率数学模型为

$$P_{\mathrm{s}}=P\{t_{\mathrm{b}}+t_{\mathrm{v}}\geqslant t_0+t_{\mathrm{f0}}+t_{\mathrm{s}}\} \tag{12-54}$$

令式(12-54)中的 $t_{\mathrm{s}}=t_{\mathrm{s1}}=t_{\mathrm{rt}}+t_{\mathrm{bf}}$,并结合考虑到第 1 个目标的情形,即式(12-52),可知高炮的可射击时间 t_{af}(不含系统反应时间)为

$$t_{\mathrm{af}}=\begin{cases}t_{\mathrm{e}}+t_{\mathrm{fm}}-t_{\mathrm{f0}}-t_0 & (i=1)\\ t_{\mathrm{b}}+t_{\mathrm{v}}-t_{\mathrm{rt}}-t_{\mathrm{f0}}-t_0 & (i>1)\end{cases} \tag{12-55}$$

3. 射击概率 P_{S} 的取值范围

下面分析射击概率 P_{S} 的取值范围。由式(12-54)有

$$P_{\mathrm{S}}=P\{t_{\mathrm{b}}+t_{\mathrm{v}}\geqslant t_0+t_{\mathrm{f0}}+t_{\mathrm{s}}\}=P\{t_{\mathrm{v}}\geqslant t_0+t_{\mathrm{f0}}+t_{\mathrm{s}}-t_{\mathrm{b}}\}$$

由于 t_{v} 是服从参数为 λ_{a} 的负指数分布,故得

$$P_{\mathrm{S}}=E[\mathrm{e}^{-\lambda_{\mathrm{a}}(t_0+t_{\mathrm{f0}}+t_{\mathrm{s}}-t_{\mathrm{b}})}]$$

这里 E 表示取数学期望。注意:到当航路随机选取时,t_0、t_{f0} 亦是随机变化的;服务时间 t_{s},则视不同的约定由式(12-36)确定;量 t_{b} 较难确定,但它是一个有界量。

令

$$t_{\mathrm{bmin}}=\inf\{t_{\mathrm{b}}\},\quad t_{\mathrm{bmax}}=\sup\{t_{\mathrm{b}}\}$$

并令

$$P_{\mathrm{S1}}=E[\mathrm{e}^{-\lambda_{\mathrm{a}}(t_0+t_{\mathrm{f0}}+t_{\mathrm{s}}-t_{\mathrm{bmin}})}],\quad P_{\mathrm{S2}}=E[\mathrm{e}^{-\lambda_{\mathrm{a}}(t_0+t_{\mathrm{f0}}+t_{\mathrm{s}}-t_{\mathrm{bmax}})}]$$

则有

$$P_{\mathrm{S1}}\leqslant P_{\mathrm{S}}\leqslant P_{\mathrm{S2}}$$

显然,对目标服务过程中的一种理想情况是:高炮对目标实施的最后一次点射的最后一发射弹,恰巧在目标到达 M_{e} 点时射出,目标到达点 M_0 点时与目标遭遇,因此有

$$t_{\mathrm{bmin}}=t_0+t_{\mathrm{f0}}$$

$$P_{\mathrm{S1}}=\mathrm{e}^{-\lambda_{\mathrm{a}}t_{\mathrm{s}}}$$

固定点射次数,此时 t_{s} 为一常量。当随机变量 t_{v} 的取值很小,致使当前目标现在点 M_{i} 在航路上位于 M_{c} 点以近且很靠近 M_{c} 点时,有

$$t_{\mathrm{bmax}}^1=t_0+t_{\mathrm{f0}}+t_{\mathrm{s}}$$

当随机变量 t_{v} 的取值很大,致使当前目标现在点 M_{i} 在航路上位于 M_{d} 点以远时,有

$$t_{\mathrm{bmax}}^2=t_{\mathrm{e}}+t_{\mathrm{fm}}+t_{\mathrm{rt}}-t_{\mathrm{s}}$$

因此

$$t_{\mathrm{bmax}}=\max\{t_{\mathrm{bmax}}^1,t_{\mathrm{bmax}}^2\}$$

由于当 $t_{\mathrm{bmax}}^1\geqslant t_{\mathrm{bmax}}^2$ 时,即当 $t_{\mathrm{bmax}}=t_{\mathrm{bmax}}^1$ 时,有 $P_{\mathrm{S2}}=1$;而当 $t_{\mathrm{bmax}}^1<t_{\mathrm{bmax}}^2$ 时,即当 $t_{\mathrm{bmax}}-t_{\mathrm{bmax}}^2$ 时,将有 $P_{\mathrm{S2}}>1$。考虑到射击概率不能大于 1,故得

$$e^{-\lambda_a t_s} \leqslant P_S \leqslant 1 \tag{12-56}$$

12.2.3 高炮可射击能力

12.2.3.1 可射击能力评价指标

上一节在排队论基础上,研究了对高炮射击能力(服务能力)的评价问题,建立了射击概率数学模型,并阐述了射击概率的数值计算方法。为了得出射击概率数学模型表达式,做了若干必要的假定。其中的两个假定是:目标航路总是位于高炮的火力范围内、高炮的携弹量是无限的。从所建立的射击概率数学模型可以看出,在此假定下,影响高炮服务能力、与武器系统自身性能有关的参数主要有:系统反应时间、由高低与方位跟踪速度和加速度决定的快速跟踪能力、弹丸飞行时间、点射长度、点射间歇时间等。

上述两个假定尽管与实际情况不符,但如果评价对象仅仅是某一特定型号的高炮或设计方案,或者虽有多个系统或方案,可它们的有效射击斜距离、携弹量和弹药再装填时间等都相同,则在此假定下射击概率的计算结果仍具有可比性,能够满足评估工作的需要。然而,如果评价对象是几种不同口径、型号的高炮或设计方案,且它们的有效射击斜距离、携弹量、弹药再装填时间等互不相同,那么,再做出"目标航路总是位于高炮的火力范围内"和"高炮的携弹量是无限的"假定是不恰当的。若仍然根据这两个假定计算各系统或方案的射击概率,且仅依据射击概率计算结果进行对比分析和择优,将有可能得出错误的结论。为了解决这一问题,有必要对高炮的可射击能力做进一步的分析,并研究更加合理的评价方法。

高炮的可射击能力,是指在不受上述两个假定约束的条件下,对来袭目标流中的哪些目标实施有效射击的能力。

影响高炮可射击能力的因素较多。采用层次分析的方法,对影响可射击能力的因素按支配关系进行分解组合,可将可射击能力分解为三项分能力:空域覆盖能力、快速反应能力和持续作战能力,如图 12-12 所示。

(1) 空域覆盖能力是指高炮的火力所能覆盖的空域范围,通常称为高炮的掩护空域或火力范围。仅当来袭目标进入高炮的掩护空域时,才有可能对它实施有效射击;如果目标位于掩护空域之外,高炮就"鞭长莫及"了。决定掩护空域的主要性能参数有:有效射击斜距离、有效射高、最大射角等。

(2) 快速反应能力是指高炮能迅速对来袭目标实施射击,并迅速将火力转移到后续目标的能力。它主要由高炮的系统反应时间、快速跟踪能力等因素决定。

(3) 持续作战能力是指高炮能否对连续进袭目标实施不间断的射击。它主要由高炮的携弹量和再装填时间决定。显然,当高炮的一次携弹量已耗尽、在进行重新装填期间,是不可能对来袭目标射击的。

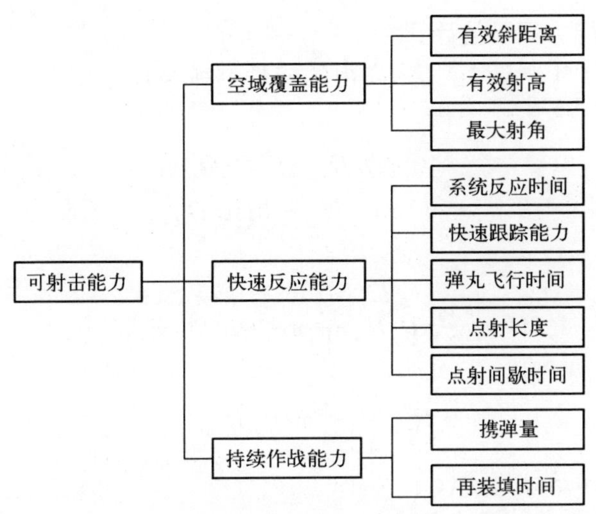

图 12-12　高炮可射击能力评价指标体系

根据以上分析，可建立图 12-12 所示的高炮可射击能力评价指标体系。从该评价指标体系可以看出，要评价高炮的可射击能力，需全面评价它的空域覆盖能力、快速反应能力和持续作战能力。而评价武器系统的射击能力，则只需考虑它的快速反应能力及空域覆盖能力中的部分因素。这也表明，前面所建立的高炮射击概率模型主要是对武器系统快速反应能力的量度，并不能全面量度它的可射击能力。

12.2.3.2　可射击能力定量描述

本书用可射击能力指数来量度高炮的可射击能力，它由下式定义：

$$P_{fa}=K_sP_s \tag{12-57}$$

$$K_s=\sqrt{K_\Omega K_r} \tag{12-58}$$

式中　P_{fa}——高炮的可射击能力指数；

K_s——考虑到空域覆盖能力和持续作战能力后的修正因子；

K_Ω——空域覆盖能力因子；

K_r——持续作战能力因子。

在此规定 K_Ω、K_r 均为[0,1]间的实数，因而 K_s 也是[0,1]间的实数。其中，射击概率 P_s 仍按前面建立的模型计算，即仍约定“目标航路总是位于高炮的火力范围内”和“高炮的携弹量是无限的”假定成立。对射击概率的计算结果用考虑到空域覆盖能力和持续作战能力的修正因子 K_s 进行修正，得到的就是可射击能力指数 P_{fa}。式(12-57)表明，高炮的可射击能力(用可射击能力指数量度)要比它的服务能力(用射击概率量度)低。由于影响可射击能力的因素比影响服务能力的因素多，因此，按式(12-57)来定义可射击能力指数是恰当的。

1. 空域覆盖能力因子的计算

空域覆盖能力因子 K_Ω 定义为高炮的掩护空域与任务要求的掩护空域之比，按下式计算，即

$$K_\Omega=\begin{cases}\Omega/\Omega_{\max} & (\Omega<\Omega_{\max})\\ 1 & (\Omega\geqslant\Omega_{\max})\end{cases}\tag{12-59}$$

其中

$$\Omega\approx\left[\frac{1}{3}\pi D_m^2 H_m-\frac{1}{12}\pi H^3\tan(90-\varphi_{\max})\right]^{\frac{1}{3}}\tag{12-60}$$

$$\Omega_{\max}\approx\left[\frac{1}{3}\pi D_{\max}^2 H_{\max}\right]^{\frac{1}{3}}\tag{12-61}$$

式中 Ω——高炮的掩护空域；

$\Omega_{\max}$——任务要求的掩护空域；

D_{m}——高炮的有效射击斜距离；

H_{m}——高炮的有效射高；

$\varphi_{\max}$——高炮的最大射角；

$D_{\max}$——任务要求的有效射击斜距离；

$H_{\max}$——任务要求的有效射高。

当高炮的掩护空域小于任务要求的掩护空域时，进入任务要求的掩护空域的部分目标将不在该武器系统的掩护空域内，该武器系统将不可能对这些目标提供服务。也就是说，该武器系统对进入任务要求的掩护空域目标的可射击能力显然小于对进入该武器系统掩护空域的那些目标的服务能力。由于根据上一节的模型计算出的射击概率，仅仅是对进入该武器系统掩护空域的那些目标的服务能力的量度，因此，用武器系统实际的掩护空域与任务要求的掩护空域的比值 K_Ω 作为修正因子，来对射击概率的计算结果进行修正，用以量度该武器系统对进入任务要求的掩护空域目标的可射击能力是合理的。

2. 持续作战能力因子的计算

设一次防空战斗的持续时间为 T，目标流强度为 λ_{a}。假定要求对每个目标实施一次点射，点射长度为 t_{bf}，则在该次防空战斗中，高炮的总射击时间 t_{cfm} 为

$$t_{\mathrm{cfm}}=T\lambda_{\mathrm{a}}t_{\mathrm{bf}}\tag{12-62}$$

高炮一次携弹量可实现的射击时间 t_{cf} 为

$$t_{\mathrm{cf}}=\frac{n_{\mathrm{r}}}{mph}\tag{12-63}$$

式中 n_{r}——一次携弹量；

m——构成高炮系统的火炮门数；

p——每炮管数；

h——单管秒射速。

一次携弹量可维持的战斗时间 T_{ft} 为

$$T_{\mathrm{ft}}=\frac{Tt_{\mathrm{cf}}}{t_{\mathrm{cfm}}} \tag{12-64}$$

在战斗持续时间 T 内,可进行的弹药再装填次数 l_{r} 为

$$l_{\mathrm{r}}=\inf\left(\frac{T}{T_{\mathrm{ft}}+T_{\mathrm{rl}}}\right) \tag{12-65}$$

式中　T_{rl}——再装填时间。

于是,持续作战能力因子 K_{r} 可定义为高炮的原有携弹量加上 l_{r} 次再装填后的总弹药量可实现的射击时间,与战斗持续时间 T 的比值(见图 12-13),按下式计算:

$$K_{\mathrm{r}}=\begin{cases}\dfrac{T-l_{\mathrm{r}}T_{\mathrm{rl}}}{T} & ((l_{\mathrm{r}}+1)T_{\mathrm{ft}}+l_{\mathrm{r}}T_{\mathrm{rl}}-T>0)\\[2ex] \dfrac{(l_{\mathrm{r}}+1)T_{\mathrm{ft}}}{T} & ((l_{\mathrm{r}}+1)T_{\mathrm{ft}}+l_{\mathrm{r}}T_{\mathrm{rl}}-T\leqslant 0)\end{cases} \tag{12-66}$$

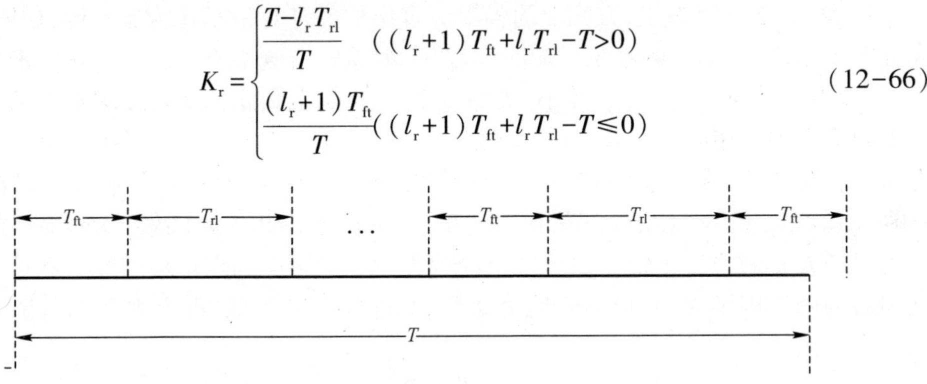

图 12-13　持续作战能力因子示意图

由于高炮在重新装填期间不可能对目标射击,因此,它在实际战斗过程中对目标的可射击能力,显然低于在"携弹量是无限的"假定下对目标的服务能力。用原有携弹量加上 l_{r} 次再装填后的总弹药量可实现的射击时间与战斗持续时间 T 的比值 K_{r} 作为修正因子,对"携弹量是无限的"假定下射击概率的计算结果进行修正,并用修正后的结果来量度它的可射击能力,显然能更恰当地反映防空作战中的实际情况。

由式(12-59)可知,当高炮的防御空域等于或大于任务要求的防御空域时,有 $K_{\Omega}=1$;由式(12-62)~式(12-66)可知,当一次携弹量是无限的,即当 $n_{\mathrm{r}}\to\infty$ 时,有 $K_{\mathrm{r}}=1$;再由式(12-57)~式(12-58)可得,$K_{\mathrm{s}}=1$,$P_{\mathrm{fa}}=P_{\mathrm{s}}$,即在这两个特定的假设条件下,高炮的可射击能力指数与它的射击概率是相等的。这无疑从另一角度说明了由式(12-57)~式(12-58)给定的可射击能力指数计算模型的合理性。

例 12.1　假定某自行弹炮结合武器设计中,提出了两种高炮设计方案。方案 1 的初始参数是:$m=2$ 门,$p=1$ 管,$h=9$ 发/s,$n_{\mathrm{r}}=500$ 发,$T_{\mathrm{rl}}=12\mathrm{min}$,目标 $H=1000\mathrm{m}$,$V_{\mathrm{m}}=300\mathrm{m/s}$,$1/\lambda_{\mathrm{a}}=30\mathrm{s}$/架。方案 2 的初始参数是:$D_{\mathrm{m}}=3500\mathrm{m}$,$\phi\varphi_{\max}=87°$,$\omega_{\beta1}=\omega_{\beta2}=$

$\omega_{\beta3}=80(°)/s$，$\omega_{\varepsilon1}=\omega_{\varepsilon2}=\omega_{\varepsilon3}=50(°)/s$，$D_{c0}=300m$，$t_{rt}=10s$，$t_{bf}=2s$，$t_t=2s$，$N_{fp}=2$ 次，$V_0=960m/s$，$C_{43}=2.082$，$m=2$ 门，$p=2$ 管，$h=18$ 发/s，$n_r=1904$ 发，$T_{rl}=15min$。对两种方案都假定 $H_m=0.85Dm$。目标 $H=1000m$，$V_m=300m/s$，$1/\lambda_a=30s$/架，并假定任务要求 $D_{max}=4000m$，$H_{max}=0.85D_{max}$。要求计算这两种设计方案对给定目标流的射击概率和可射击能力指数。

解 利用射击概率模型和可射击能力指数计算模型进行计算，结果列于表 12-2。

表 12-2 射击概率和可射击能力指数计算结果

设计方案	P_S	n_f	K_Ω	K_r	K_s	P_{fa}
设计方案 1	0.8794	1.8226	0.9998	0.4000	0.6324	0.5561
设计方案 2	0.8088	1.8108	0.8749	0.3306	0.5378	0.4349

从表 12-2 可以看出，方案 2 的各项综合指标的计算值都比方案 1 低，说明如下：同方案 1 相比，方案 2 的系统反应时间较长，因而射击概率 P_s 较低；有效射击斜距离较小，因而空域覆盖因子 K_Ω 较小（方案 1 的有效射击斜距离 D_m 与任务要求的有效射击斜距离 D_{max} 相同，因而空域覆盖因子 K_Ω 接近 1）；方案 1 的一次携弹量可实施的点射次数为 $500/(9\times1\times2\times2)\approx14$ 次，方案 2 的一次携弹量可实施的点射次数为 $1904/(18\times2\times2\times2)\approx18$ 次，尽管比前者稍多，但由于再装填时间较长，因而持续作战能力因子 K 仍较方案 1 低。以上结果导致方案 2 中考虑到空域覆盖能力和持续作战能力后的修正因子 K_s 和可射击能力指数 P_{fa} 都较方案 1 低，即方案 2 的可射击能力比方案 1 低。

12.2.4 高炮效能模型

根据对高炮结构组成的分析（见图 12-2）可知，构成该武器系统综合能力的三项分能力，即打击能力、机动能力和防护能力，恰好与组成该武器系统的三大分系统，即打击系统、运行系统和防护系统相对应。其中，打击能力是打击系统的功能体现，机动能力是运行系统的功能体现，防护能力是防护系统的功能体现。由于高炮的基本任务是防空作战，确保地面目标的对空安全，因此，打击能力是最根本的能力。机动能力和防护能力尽管也是高炮不可缺少的能力，但同打击能力比则处于较次要的地位。如果高炮不具备打击来袭的空中目标的能力，那么，即使其机动能力再高，防护能力再好，人们也决不会把它选作防空武器来使用。所以，人们在分析评价高炮的效能时，总是把着眼点放在分析评价其打击能力的高低上，在一般情况下，不可能撇开打击能力而去单独分析评价它的机动能力或防护能力，机动能力和防护能力仅是在分析评价高炮的综合能力或总体效能时必须考虑的因素。

基于以上考虑，并根据高炮效能评估工作的实际需要，研究建立了三种效能模型，即打击效能基本模型，打击效能指数模型和总体效能指数模型。

12.2.4.1 打击效能基本模型

高炮的打击系统(即火力火控系统)担负打击来袭的空中目标的任务。高炮的打击效能,是指在规定的条件下和规定的时间内,其打击系统完成打击空中目标任务的能力。

打击系统一般都有多种工作状态。设其有 n 种工作状态,则在执行防空作战任务过程的 t 时刻,高炮的打击效能为

$$E_{\mathrm{f}}=A_{\mathrm{f}}D_{\mathrm{f}}(t)C_{\mathrm{f}} \tag{12-67a}$$

$$\boldsymbol{A}_{\mathrm{f}}=[a_{\mathrm{f}1}\quad a_{\mathrm{f}2}\quad \cdots\quad a_{\mathrm{f}n}] \tag{12-67b}$$

$$\boldsymbol{D}_{\mathrm{f}}(t)=\begin{bmatrix} d_{\mathrm{f}11}(t) & d_{\mathrm{f}12}(t) & \cdots & d_{\mathrm{f}1n}(t) \\ d_{\mathrm{f}21}(t) & d_{\mathrm{f}22}(t) & \cdots & d_{\mathrm{f}2n}(t) \\ \cdots & \cdots & \cdots & \cdots \\ d_{\mathrm{f}n1}(t) & d_{\mathrm{f}n2}(t) & \cdots & d_{\mathrm{f}nn}(t) \end{bmatrix} \tag{12-67c}$$

$$\boldsymbol{C}=\begin{bmatrix} c_{\mathrm{f}1} \\ c_{\mathrm{f}2} \\ \cdots \\ c_{\mathrm{f}n} \end{bmatrix} \tag{12-67d}$$

式中　E_{f}——高炮在 t 时刻的打击效能;

$\boldsymbol{A}_{\mathrm{f}}$——打击系统的可用度向量;

$a_{\mathrm{f}i}(i=1,2,\cdots,n)$——在开始执行防空作战任务时(通常把开始执行防空作战任务的时刻标记为 0 时刻),打击系统处于第 i 种工作状态的概率;

$\boldsymbol{D}_{\mathrm{f}}(t)$——打击系统的可信赖性矩阵;

$d_{\mathrm{f}ij}(t)(i、j=1,2,\cdots,n)$——打击系统在开始执行任务时处于状态 i,在执行任务中的 t 时刻转移到状态 j 的概率;

$\boldsymbol{C}_{\mathrm{f}}$——高炮的打击能力向量;

$c_{\mathrm{f}j}(j=1,2,\cdots,n)$——打击系统处于状态 j 时高炮对空中目标的打击能力。

打击系统的工作状态数 n、可用度向量 $\boldsymbol{A}_{\mathrm{f}}$ 和可信赖性矩阵 $\boldsymbol{D}_{\mathrm{f}}(t)$,需根据其结构组成和功能来确定与计算,分析与计算方法分别见本章。

高炮打击空中目标的过程,是一个包括搜索、射击、毁伤目标的过程。由图 12-2 可知,打击能力可进一步分解为探测目标能力、可射击能力和毁伤目标能力,而这三项能力是紧密相关、缺一不可的,缺少其中的任何一项能力,高炮都不可能完成打击空中目标的任务。因此,高炮的打击能力 $c_{\mathrm{f}j}$ 可按下式定义

$$c_{\mathrm{f}j}=P_{\mathrm{D}j}P_{\mathrm{S}j}[1-(1-\overline{P}_{K1j})^{n_{\mathrm{f}j}}] \tag{12-68}$$

式中　$P_{\mathrm{D}j}$——(在理想条件下)打击系统处于状态 j 时对空中目标的发现概率;

P_{Sj}——打击系统处于状态 j 时对连续进袭目标的射击概率;

$\overline{P}_{K1j}$——打击系统处于状态 j 时对目标实施一次点射的平均毁伤概率;

n_{fj}——打击系统处于状态 j 时对可射击目标的平均点射次数。

P_{Dj}、P_{Sj}、n_f 和$\overline{P}_{K1j}$的计算方法,见本书第 6 章和第 12 章。用打击系统处于状态 j 时的性能数据代入相应的模型进行计算,得到的就是打击系统处于状态 j 时的 P_{Dj}、P_{Sj}、n_{fj}和$\overline{P}_{K1j}$值。

由于 c_{fj}是由高炮对目标的发现概率 P_{Dj}射击概率 P_{Sj}和至少实施一次点射时毁歼目标的概率$[1-(1-\overline{P}_{K1j})^{n_{fj}}]$的概率乘积所描述,因此,也可以称 c_{fj}为打击系统处于状态 j 时对目标的打击概率。

设一次防空战斗的持续时间为 T,则高炮执行一次防空战斗任务的平均打击效能$\overline{E}_f$ 为

$$\overline{E}_f = \frac{1}{T}\int_0^T E_f(t)\,dt \tag{12-69}$$

显而易见,由于打击效能 E_f 的各项构成要素都是用概率来描述,因而 E_f 也是一个概率值,它描述了高炮在规定的条件下和规定的时间内完成打击空中目标任务的概率。

图 12-14 描述了打击效能基本模型的结构组成。

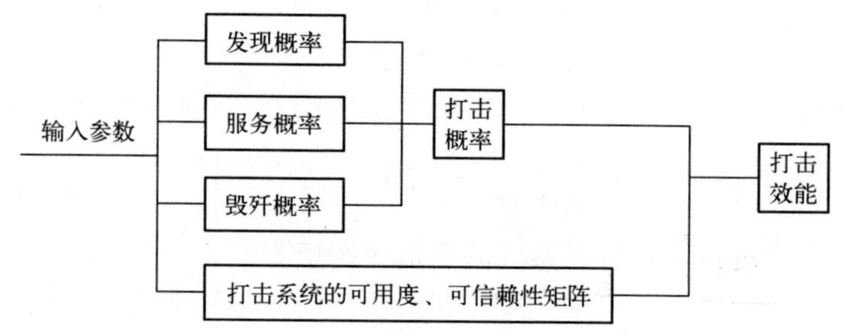

图 12-14　打击效能基本模型的结构组成图

12.2.4.2　打击效能指数模型

由第 6 章和第 12 章可知,发现概率 P_D是高炮的探测系统在理想条件下,即在好天候、无干扰(包括地物干扰和人为的电子干扰)条件下对空中目标的发现概率。由第 12 章知,在计算射击概率 P_S时,没有考虑高炮的空域覆盖能力和由携弹量与再装填时间决定的持续作战能力对射击能力的影响。如果在评估高炮不同设计方案的打击效能时,要求考虑天候、干扰、空域覆盖能力和持续作战能力等因素,则需引入打击效能指数概念,它由下式定义:

$$E_{fe} = A_f D_f C_{fe} \tag{12-70a}$$

$$\boldsymbol{C}_{\mathrm{fe}}=\begin{bmatrix} c_{\mathrm{fe1}} \\ c_{\mathrm{fe2}} \\ \cdots \\ c_{\mathrm{fe}n} \end{bmatrix} \tag{12-70b}$$

式中　E_{fe}——高炮的打击效能指数；

$\boldsymbol{C}_{\mathrm{fe}}$——高炮的打击能力指数向量；

$c_{\mathrm{fe}j}(j=1,2,\cdots,n)$——打击系统处于状态 j 时高炮对打击能力指数，$c_{\mathrm{fe}j}$ 按下式计算

$$c_{\mathrm{fe}j}=P_{\mathrm{da}j}P_{\mathrm{fa}j}[1-(1-\overline{P}_{K1j})^{n_{fj}}] \tag{12-71a}$$

$$P_{\mathrm{da}j}=K_{\mathrm{D}}P_{\mathrm{D}j} \tag{12-71b}$$

$$P_{\mathrm{fa}j}=K_{\mathrm{S}}P_{\mathrm{S}j} \tag{12-71c}$$

式中　$P_{\mathrm{da}j}$——打击系统处于状态 j 时的探测能力指数；

K_{D}——考虑到探测系统对真实战场环境适应能力后的修正因子；

$P_{\mathrm{fa}j}$——打击系统处于状态 j 时的可射击能力指数；

K_{s}——考虑到空域覆盖能力和持续作战能力后的修正因子。

探测能力指数的定义和修正因子 K_{D} 的计算方法见第 6 章 6.4，可射击能力指数的定义和修正因子 K_{s} 的计算方法见第 12 章 12.2.3 节。

于是，在一次防空战斗的持续时间 T 内，高炮的平均打击效能指数 $\overline{E}_{\mathrm{fe}}$ 为

$$\overline{E}_{\mathrm{fe}}=\frac{1}{T}\int_{0}^{T}E_{\mathrm{fe}}\{t)\,\mathrm{d}t \tag{12-72}$$

显然，打击效能指数 E_{fe} 可对高炮的打击系统的性能做出更全面的评价，它反映了高炮在规定的条件下和规定的时间内完成规定的防空作战任务能力的高低，但物理意义没有打击效能 E_{f} 那样明晰。

图 12-15 为打击效能指数模型和总体效能指数模型的结构组成图，虚框部分描述了打击效能指数模型的结构组成。

12.2.4.3　总体效能指数模型

如前所述，高炮由打击子系统、运行子系统和防护子系统构成。在进行高炮总体方案论证过程中，有时需要对该武器系统不同设计方案的打击能力、机动能力和防护能力进行全面评价和比较，为此，有必要引入总体效能指数的概念。本节需要的高炮的机动效能指数模型和防护效能指数模型见第 12 章 12.1.2 节。

武器装备效能指数函数应满足量度一致性、连续性和边际效益递减要求，而满足这二个要求的函数形式为幂指数函数。据此，可定义高炮的总体效能指数 E_{c} 为

$$E_{\mathrm{c}}=W_{\mathrm{fe}}E_{\mathrm{fe}}\cdot W_{\mathrm{m}}E_{\mathrm{m}}\cdot W_{\mathrm{p}}E_{\mathrm{p}} \tag{12-73}$$

式中　W_{fe}、W_{m}、W_{p}——高炮的打击效能指数、机动效能指数和防护效能指数对于总体效能指数的权重，它们应满足

$$0\leqslant W_{\mathrm{fe}}\leqslant 1,\quad 0\leqslant W_{\mathrm{m}}\leqslant 1,\quad 0\leqslant W_{\mathrm{p}}\leqslant 1 \tag{12-74}$$

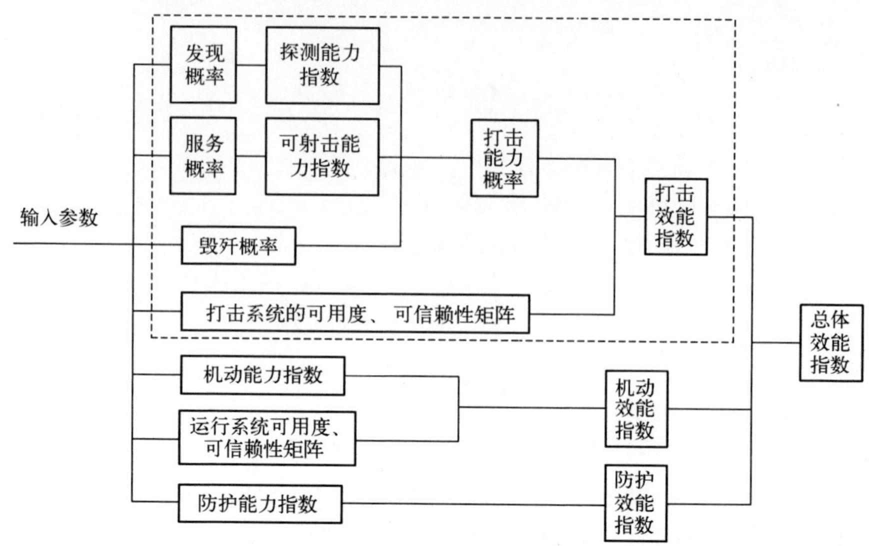

图 12-15　打击效能指数模型、总体效能指数模型的结构组成图

$$W_{fe}+W_m+W_p=1 \tag{12-75}$$

显然,高炮的总体效能指数,是该武器系统的最高层次的综合性能指标,是对该武器系统完成打击来袭空中目标任务、阵地转移任务和自身防护任务的综合量度,即是对该武器系统的打击效能指数、机动效能指数和防护效能指数的综合量度。

图 12-16 描述了打击效能、打击效能指数和总体效能指数之间的转换关系。

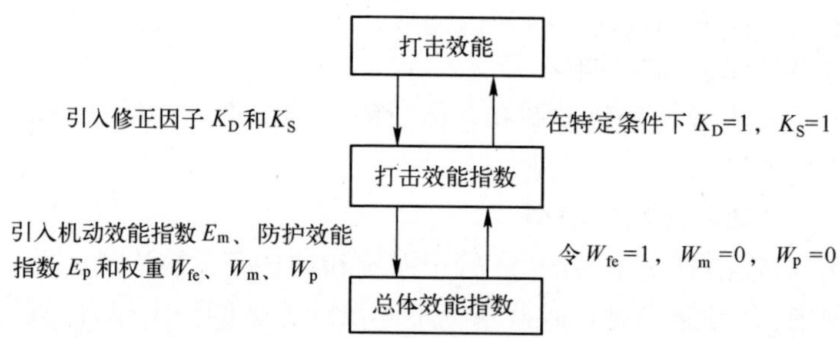

图 12-16　打击效能、打击效能指数和总体效能指数间的转换关系

12.2.5　高炮效能模型的应用

12.2.5.1　模型适用范围

上一节研究建立的用以评价高炮的三种效能模型,即打击效能基本模型 E_f、打击效能指数模型 E_{fe} 和总体效能指数模型 E_c,各有不同的适用范围,如表 12-3 所列。其中,由于打击效能 E_f 的各项构成要素都是用概率来描述,物理意义最明晰,且所需

要的输入数据也较少,因而在实际中的应用较多。

表 12-3　模型 E_f、E_{fe} 和 E_c 的适用范围

模　型	适用范围
打击效能基本模型 E_f	在不考虑高炮的全天候性能、抗干扰性能、空域覆盖能力、携弹量、再装填时间、机动性能和防护性能的情况下,评价武器系统对目标的打击能力,包括打击系统的可靠性与维修性、在理想条件下对目标的发现概率、对连续进袭目标流的射击概率和对目标的毁伤概率时选用
打击效能指数模型 E_{fe}	在模型 E_f 的基础下,进一步考虑高炮全天候性能、抗干扰性能、空域覆盖能力、携弹量、再装填时间等因素,但不必考虑机动性能和防护性能的情况下,更全面地评价武器系统对目标的打击能力,包括打击系统的可靠性与维修性时选用
总体效能指数模型 E_c	在模型 E_{fe} 的基础上,全面评价高炮的打击能力、机动能力和防护能力,包括打击系统和运行系统的可靠性与维修时选用

12.2.5.2　模型应用示例

下面将通过几个例子,说明高炮效能模型的应用。

例 12.2　某自行弹炮结合武器系统的高炮由一部火控系统和 3 门牵引高炮组成,系统组成简图见图 12-17。设给定某型战斗攻击机的参数为:$\sigma = 2\mathrm{m}^2$,$1/\lambda_a = 30\mathrm{s}/$架,$\lambda = 0°$(即以等速水平直线航路飞行),$H = 1000\mathrm{m}$,$P_q = 500\mathrm{m}$,$V_m = 300\mathrm{m/s}$,$S_B = 48.72\mathrm{m}^2$,$S_S = 24.05\mathrm{m}^2$,$S_F = 3.96\mathrm{m}^2$,并设一次防空战斗的持续时间为 20min。要求计算该高炮工作到 20min 时对该型战斗攻击机的打击效能及在 20min 内的平均打击效能。

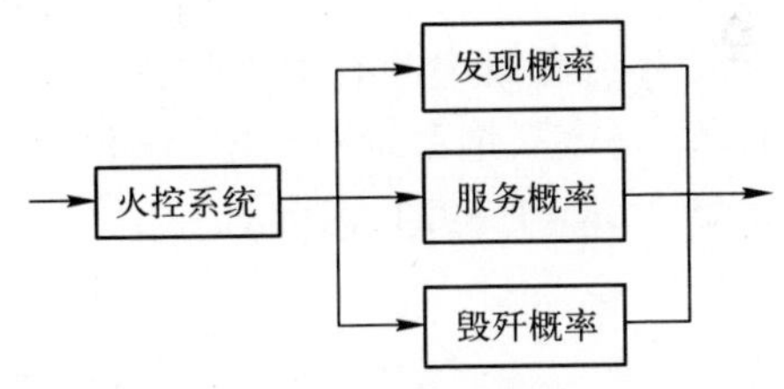

图 12-17　某高炮组成简图

解　参见第 12 章 12.1.2.1 节,该高炮可看成是一个串并联系统。假定不考虑火炮可用瞄准距实施射击的情况,则在开始执行任务时,可能出现的状态有:

X1——火控系统和 3 门火炮都正常,系统正常(此时,火控系统可控制 3 门火炮同时对空射击);

X2——火控系统和其中的两门火炮正常,另一门火炮故障(此时,火控系统只能控制该两门正常火炮对空射击);

X3——火控系统和其中的一门火炮正常,另两门火炮故障(此时,火控系统只能控制该门正常火炮对空射击);

X4——火控系统故障或 3 门火炮都出现故障(此时,该高炮不能对空射击)。

根据第 12 章 12.1.2.1 节给定的数据和计算结果,可知该高炮系统的可用度向量为

$Af = [0.9515 \quad 0.0429 \quad 0.0006 \quad 0.0050]$

假定该高炮系统是一个不可修复系统，由第 12 章 12.1.2.2 节，在执行防空作战任务过程中的 t 时刻，该高炮系统的可信赖性矩阵为

$$\boldsymbol{D}_{\mathrm{f}}(t)=\begin{bmatrix} R_{\mathrm{c}}R_{\mathrm{g}}^{3} & 3R_{\mathrm{c}}R_{\mathrm{g}}^{2}(1-R_{\mathrm{g}}) & 3R_{\mathrm{c}}R_{\mathrm{g}}(1-R_{\mathrm{g}})^{2} & (1+R_{\mathrm{c}})+R_{\mathrm{c}}(1+R_{\mathrm{g}})^{3} \\ 0 & R_{\mathrm{c}}R_{\mathrm{g}}^{2} & 2R_{\mathrm{c}}R_{\mathrm{g}}(1-R_{\mathrm{g}}) & (1-R_{\mathrm{c}})+R_{\mathrm{c}}(1-R_{\mathrm{g}})^{2} \\ 0 & 0 & R_{\mathrm{c}}R_{\mathrm{g}} & (1-R_{\mathrm{c}})+R_{\mathrm{c}}(1+R_{\mathrm{g}}) \\ 0 & 0 & 0 & 1 \end{bmatrix}$$

式中　R_{c}、R_{g}——火控系统和火炮的可靠度，$R_{\mathrm{c}}=\mathrm{e}^{-\lambda_{c}t}$、$R_{\mathrm{g}}=\mathrm{e}^{-\lambda_{g}t}$；

λ_{c}、λ_{g}——火控系统和火炮的故障率。

计算发现概率的有关参数见第 6 章和第 12 章。将航路捷径 $P_{\mathrm{q}}=500\mathrm{m}$ 作为输入参数重新计算，得雷达搜索时的发现概率 $P_{\mathrm{dr}}=0.9998$，光学搜索时的发现概率为 $P_{\mathrm{do}}=0.771$。因此，该高炮系统的发现概率为：

$$P_{\mathrm{D}}=1-(1-0.9998)(1-0.7710)=1.0000$$

由前面对该高炮系统的状态描述可知，当系统处于状态 X1、X2 和 X3 时，火控系统都正常工作，因此有

$$P_{\mathrm{D1}}=P_{\mathrm{D2}}=P_{\mathrm{D3}}=P_{\mathrm{D}}=1.0000$$

计算射击概率的有关参数见第 12 章 12.2.2 节。将 $P_{\mathrm{q}}=500\mathrm{m}$ 作为输入参数重新计算，得该高炮系统对给定目标的射击概率为 $P_{\mathrm{s}}=0.9386$，对可服务目标的平均点射次数为 $n_{\mathrm{f}}=1.8924$，因此有

$$P_{\mathrm{S1}}=P_{\mathrm{S2}}=P_{\mathrm{S3}}=P_{\mathrm{S}}=0.9386$$

$$n_{\mathrm{f1}}=n_{\mathrm{f2}}=n_{\mathrm{f3}}=n_{\mathrm{f}}=1.8924$$

根据某典型算例参数的计算结果知，当该高炮系统处于状态 X2 即有两门火炮正常时，对给定目标实施一次点射的平均毁伤概率为$\overline{P}_{K12}=0.528$。利用该算例的参数，并将其中有关火炮门数的输入参数分别用 3 门或 1 门代替，可计算得当该高炮系统处于状态 Xl 或 X3 时，对给定目标实施一次点射的平均毁伤概率分别为$\overline{P}_{K11}=0.5986$，$\overline{P}_{K13}=0.4075$。

当该高炮系统处于状态 X4 时，无法对空射击，故 $C_{\mathrm{f4}}=00$

于是，可求得该高炮系统的能力向量 $\boldsymbol{C}_{\mathrm{f}}$ 为

$$\boldsymbol{C}_{\mathrm{f}}=\begin{bmatrix} c_{\mathrm{f1}} \\ c_{\mathrm{f2}} \\ c_{\mathrm{f3}} \\ c_{\mathrm{f4}} \end{bmatrix}=\begin{bmatrix} P_{\mathrm{D1}}P_{\mathrm{S1}}[1-(1-P_{K11})^{n_{\mathrm{f1}}}] \\ P_{\mathrm{D2}}P_{\mathrm{S2}}[1-(1-P_{K12})^{n_{\mathrm{f2}}}] \\ P_{\mathrm{D3}}P_{\mathrm{S3}}[1-(1-P_{K13})^{n_{\mathrm{f3}}}] \\ 0 \end{bmatrix}=\begin{bmatrix} 0.7718 \\ 0.7124 \\ 0.5900 \\ 0 \end{bmatrix}$$

根据该典型算例的可用度数据有 $\lambda_{c}=0.01\mathrm{h}^{-1}$，$\lambda_{g}=0.025\mathrm{h}^{-1}$，又 $t=20/60\approx 0.3333\mathrm{h}$，因此

$$R_c = e^{-\lambda_c t} \approx 0.9967, R_g = e^{-\lambda_g t} \approx 0.9917$$

于是,该高炮系统工作到 20min 时的可信赖性矩阵 $\boldsymbol{D}_f(1/3)$ 为

$$\boldsymbol{D}_f(1/3) = \begin{bmatrix} 0.9721 & 0.0244 & 0.0002 & 0.0033 \\ 0 & 0.9802 & 0.0164 & 0.0034 \\ 0 & 0 & 0.9984 & 0.0116 \\ 0 & 0 & 0 & 1 \end{bmatrix}$$

工作到 20min 时的打击效能 $E_f(1/3)$ 为

$$E_f(1/3) = A_f D_f(1/3) C_f = 0.7612$$

根据该典型算例,可信赖性矩阵 $D_f(t)$ 还可表示为

$$D_f(t) = [d_{f1}(t) \quad d_{f2}(t) \quad d_{f3}(t) \quad d_{f4}(t)]^T =$$

$$\begin{bmatrix} e^{-\alpha_1 t} & -3e^{-\alpha_1 t}+3e^{-\alpha_2 t} & 3e^{-\alpha_1 t}-6e^{-\alpha_2 t}+3e^{-\alpha_3 t} & -e^{-\alpha_1 t}+3e^{-\alpha_2 t}-3e^{-\alpha_3 t}+1 \\ 0 & e^{-\alpha_2 t} & -2e^{-\alpha_2 t}+2e^{-\alpha_3 t} & e^{-\alpha_2 t}-2e^{-\alpha_3 t}+1 \\ 0 & 0 & e^{-\alpha_3 t} & 1-e^{-\alpha_3 t} \\ 0 & 0 & 0 & 1 \end{bmatrix}$$

其中,$\alpha_1 = \lambda_c + 3\lambda_g$,$\alpha_2 = \lambda_c + 2\lambda_g$,$\alpha_3 = \lambda_c + \lambda_g$。因此,可求得在一次防空战斗的持续时间 20min 内

$$\int_0^{1/3} D_f(t)\,dt \approx \begin{bmatrix} 0.32866 & 0.00410 & 0.00002 & 0.00056 \\ 0 & 0.33002 & 0.00274 & 0.00056 \\ 0 & 0 & 0.33140 & 0.00194 \\ 0 & 0 & 0 & 0.33333 \end{bmatrix}$$

在 20min 内的平均打击效能 $\overline{E}_f$ 为

$$\overline{E}_f = \frac{1}{1/3}\int_0^{1/3} A_f D_f(t) C_f dt = 3A_f\left[\int_0^{1/3} D_f(t)\,dt\right] C_f \approx$$

$$3 \times 0.25442 \approx 0.7633$$

结果表明,该高炮系统工作到 20min 时的打击效能 $\overline{E}_f(1/3)$ 和在一次防空战斗的持续时间 20min 内的平均打击效能 $\overline{E}_f$ 几乎是相同的。

本例着重说明如何根据构成高炮系统的火炮门数来划分系统的工作状态(从中可以看出,如果高炮系统由 m 门火炮组成,则武器系统有 $m+1$ 种工作状态,其中最后一种状态是武器系统无法工作的状态),以及相应的可用度向量 $\boldsymbol{A}_f$、可信赖性矩阵 $\boldsymbol{D}_f(t)$ 和能力向量 $\boldsymbol{C}_f$ 的计算方法。

现代高炮系统的火控系统一般都有多种工作方式,例如雷达搜索、雷达跟踪模式,雷达搜索、红外跟踪、激光测距模式,雷达搜索、电视跟踪、激光测距模式,光学搜索、电视跟踪、激光测距模式等;因此,也可以根据火控系统的工作方式来划分武器系统的工作状态。但在计算向量时应特别注意,火控系统的不同工作方式所对应的武器系统的发现概率 P_D、射击概率 P_S 和平均点射次数 n_f,以及一次点射的平均毁伤概

率$\overline{P}_{K1}$，一般地说是不同的，应根据不同工作方式所对应的武器系统的性能参数分别进行计算。另外，如果再考虑到火力系统有多门火炮的情形，则武器系统的工作状态个数将相当的多，例如，假定火控系统有 n 种工作方式，火力系统有 m 门火炮，则武器系统可能有 $nm+1$ 种工作状态，因而效能分析的工作量将相当的大，尤其是可信赖矩阵 $D_f(t)$ 的计算将相当复杂。

通常，为高炮火控系统设计多种工作模式时，其主要目的并非为了提高系统的可靠性而采取的冗余设计技术，而是根据战场的实际需要、为保证武器系统在多变的战场环境（天候、干扰等）中总能发挥应有效力而采取的技术手段。例如，假定某型高炮防空武器的配置有雷达搜索、雷达跟踪和光学搜索、电视跟踪、激光测距两种工作模式，那么当雷达受到干扰或发生战斗损伤时，操作人员就可以选用后一种工作模式继续进行防空作战。这种由操作人员根据战场实际情况来选择火控系统适当的工作模式的做法，与由于部件故障致使火控系统由一种工作模式向另一种工作模式转移（即状态转移）的过程，是完全不同的，不能混为一谈。

既然火控系统的不同工作模式是为了满足战场的实际需要而采取的技术手段，所以火控系统以不同模式工作时，高炮系统对目标的打击能力是针对某一具体工作模式而言；例如，以雷达搜索、雷达跟踪模式工作时的打击能力，以光学搜索、电视跟踪、激光测距模式工作时的打击能力等；通过采取适当的技术措施来提高武器系统的性能，或研究最佳的战术使用方法，从而提高武器系统在不同战场环境下的打击能力。

基于以上分析，应针对火控系统的某一具体工作方式，来分析高炮系统的打击能力和打击效能。这样，既可更好地满足总体设计和战术使用要求，提供更有价值的分析数据，同时，由于是针对火控系统的某一具体工作方式进行分析，就可以假定火控系统只有正常和故障两种状态，从而大大简化分析计算的复杂程度和计算量。

例 12.3 假设在某自行弹炮结合武器论证过程中，提出了两种高炮设计方案。方案一由 1 门某自动炮、雷达火控系统和履带式底盘组配而成；火控系统 $MTBF_c=100h$，$MTTR_c=0.5h$；火力系统 $MTBF_g=80h$，$MTTR_g=0.6h$，如果一管火炮出现故障停止工作，另一管火炮还可继续射击；运行系统 $MMBR_m=400km$，$MTTR_m=0.75h$。方案 2 由 2 门某自动炮、光电火控系统和轮式底盘组配而成；火控系统 $MTBF_c=120h$，$MTTR_c=0.45h$；火力系统 $MTBF_g=75h$，$MTTR_g=0.65h$，如果一门火炮出现故障停止工作，另一门火炮还可继续射击；运行系统 $MMBF_m=600km$，$MTTR_m=0.7h$。假定这两种设计方案的火控系统、火力系统和运行系统都是不可修复系统。设任务要求高炮从甲地经过 300km 的行军后进入乙地，并立即投入持续时间为 20min 的防空作战；并设给定某型战斗攻击机的参数为：$\sigma=2m^2$，$1/\lambda_a=30s/架$，$\lambda=0°$（即以等速水平直线航路飞行）），$H=1000m$，$P_q=500m$，$V_m=300m/s$，$S_B=48.72m^2$，$S_S=24.05m^2$，$S_F=$

3.96m²，任务要求的有效射击斜距离为 4000m。要求评估分析这两种设计方案的总体效能。

显然，这两种设计方案的打击系统都有 3 种工作状态，即

状态 X1——火控系统和两管（门）火炮都正常，系统正常；

状态 X2——火控系统和其中 1 管（门）火炮正常，另 1 管（门）火炮故障，系统可以工作；

状态 X3——火控系统故障或两管（门）火炮都出现故障，系统故障。

记 $a_c=\dfrac{\text{MATF}_c}{\text{MTTR}_c}$，$a_g=\dfrac{\text{MTBF}_g}{\text{MTTR}_g}$，则这两种设计方案的可用度向量为

$$\boldsymbol{A}=[a_c a_g^2 \quad 2a_c a_g(1-a_g) \quad (1-a_c)+a_c(1-(a_g)^2)] \tag{12-76}$$

再记 $R_c=\mathrm{e}^{-\lambda_c t}=\mathrm{e}^{-\frac{t}{\text{MTBF}_c}}$，$R_g=\mathrm{e}^{-\lambda_g t}=\mathrm{e}^{-\frac{t}{\text{MTBF}_g}}$则这两种设计方案的可信赖性矩阵为

$$\boldsymbol{D}(t)=\begin{bmatrix} R_c R_g^2 & 2R_c R_g(1-R_g) & (1-R_c)+R_c(1-R_g)^2 \\ 0 & R_c R_g & (1-R_c)+R_c(1-R_g) \\ 0 & 0 & 1 \end{bmatrix} \tag{12-77}$$

这两种设计方案与探测能力有关的参数见第 6 章，与射击能力有关的参数见第 12 章 12.2.3 节。本例给定的目标航路捷径是固定的，故需将航路捷径 $P_q=500\text{m}$ 作为输入参数重新计算。经计算，方案一的 $P_D=1.0000$，$P_{da}=0.9080$，$P_S=0.9386$，$n_f=1.8924$，$P_{fa}=0.5936$；方案二的 $P_D=0.7760$，$P_{da}=0.5654$，$P_S=0.8548$，$n_f=1.8823$，$P_{fa}=0.4597$。

设计方案一与毁歼能力有关的初始参数是：$m=1$ 门，$p=2$ 管（状态 X1）或 $p=1$ 管（状态 X2），其余参数采用第 12 章毁伤概率计算中的典型参数。经计算，$\overline{P}_{K11}=0.4075$，$\overline{P}_{K12}=0.2955$。

设计方案二与毁歼能力有关的初始参数是：$m=2$ 门（状态 X1）或 $m=1$ 门（状态 X2），$p=2$ 管，$n=36$ 发/管，$R_J=0\text{m}$，$V_0=960\text{m/s}$，$D_m=3500\text{m}$，$C_{43}=2.082$，$h=18$ 发/s，$\omega=2.5$ 发，$a_\varphi=a_{\beta q}=2.8\text{mil}$，$\sigma_N=\sigma_Z=2.5\text{mil}$，$\sigma_\varphi=\sigma_{\beta q}=3.5\text{mil}$，$\sigma_{p\varphi}=\sigma_{p\beta}=10\text{mil}$，$\sigma_{T\varphi}=\sigma_{T\beta}=0\text{mil}$，$\alpha_1=0.25\text{s}^{-1}$，$\alpha_2=\beta=5\text{s}^{-1}$，$\sigma_{V_0 p}=0.3$，$\sigma_{V_0}=0.2$，$\sigma_K=1.3$，$\sigma_{Fx}=\sigma_{Fz}=2.2\text{m/s}$，$\varphi_{\max}=87°$，$\omega_{\beta 1}=\omega_{\beta 2}=\omega_{\beta 3}=80(°)/\text{s}$，$\omega_{\varepsilon 1}=\omega_{\varepsilon 2}=\omega_{\varepsilon 3}=50(°)/\text{s}$，$D_{c0}=30\text{m}$，$T_{se}=7\text{s}$。经计算，$\overline{P}_{K11}=0.5734$，$\overline{P}_{K12}=0.4588$。

按照第 12 章机动性参数和机动能力评估结果典型计算结果，防护性能参数和防护能力评估结果典型计算结果，对这两种设计方案的效能评估计算结果列于表 12-4，表中在计算运行系统的可信赖性矩阵时假定，高炮的平均行军速度为其最大速度的 60%。

根据专家评价结果，高炮的打击效能指数、机动效能指数和防护效能指数对于总体效能指数的权重分别为 $W_{fe}=0.5816$，$W_m=0.3090$，$W_p=0.1095$。

表 12-4 两种设计方案的效能评估结果

综合指标		设计方案一	设计方案二
打击效能	可用度量 A_f	$[0.9803\ \ 0.0147\ \ 0.0050]$	$[0.9792\ \ 0.0170\ \ 0.0038]$
	可信赖性矩阵 D_f	$\begin{bmatrix}0.9884 & 0.0083 & 0.0033\\ 0 & 0.9925 & 0.0075\\ 0 & 0 & 1\end{bmatrix}$	$\begin{bmatrix}0.9884 & 0.0088 & 0.0023\\ 0 & 0.9928 & 0.0072\\ 0 & 0 & 1\end{bmatrix}$
	发现概率 P_D	1.0000	0.7760
	探测能力指数 P_{da}	0.9080	0.5654
	射击概率 P_s	0.9386	0.8548
	平均点射次数 n_f	1.8924	1.8823
	可射击能力指数 P_{fa}	0.5936	0.4597
	毁伤概率 $\overline{P}_{K11}$	0.4075	0.5734
	$\overline{P}_{K12}$	0.2955	0.4588
	$\overline{P}_{K13}$	0	0
	打击能力向量 $\boldsymbol{C}_f$	$[0.5900\ \ 0.4549\ \ 0]^T$	$[0.5299\ \ 0.4545\ \ 0]^T$
	打击能力指数向量 $\boldsymbol{C}_{fe}$	$[0.3388\ \ 0.2612\ \ 0]^T$	$[0.2076\ \ 0.1781\ \ 0]^T$
	打击效能 E_f	0.5820	0.5244
	打击效能指数 E_{fe}	0.3342	0.2055
机动效能	可用度向量 $\boldsymbol{A}_m$	$[0.9417\ \ 0.0583]$	$[0.9438\ \ 0.0562]$
	可信赖矩阵 $\boldsymbol{D}_m$	$\begin{bmatrix}0.4724 & 0.5276\\ 0 & 1\end{bmatrix}$	$\begin{bmatrix}0.6065 & 0.3935\\ 0 & 1\end{bmatrix}$
	机动能力指数向量 $\boldsymbol{C}_m$	$[0.5488\ \ 0]^T$	$[0.6118\ \ 0]^T$
	机动效能指数 E_m	0.2441	0.3502
防护效能	防护能力指数向量 $\boldsymbol{C}_p$	$[0.7356\ \ 0]^T$	$[0.7517\ \ 0]^T$
	防护效能指数 E_p	0.7356	0.7517
总体效能指数 E_c		0.3306	0.2792

评估结果表明,尽管设计方案二的机动效能指数和防护效能指数比设计方案一高,但由于打击效能指数比设计方案1约低39%(主要是探测能力较低所致),因而总体效能指数比设计方案一低(约低16%)。

该例说明,仅根据某一项综合性能指标例如毁伤概率来评价高炮是难以得出正确结论的:设计方案二的毁伤概率比设计方案一高(当系统处于状态X1时,前者比后者高约41%),但考虑到探测能力和可射击能力等的综合影响后,前者的打击效能和打击效能指数却比后者低。

该例还说明,由雷达和光电设备组成的复杂高炮火控系统,由于可大幅度提高在各种干扰、天候条件下对目标的探测能力,因而可提高高炮系统对目标的打击效能,这正是现代高炮系统一般都配有复杂火控系统的根本原因。

12.3　自行弹炮结合武器效能分析

12.3.1　自行弹炮结合武器效能问题的特殊性

自行弹炮结合武器与高炮的主要区别是，前者增加了一个导弹发射与制导平台或装置，在火控和相关分系统中增加了控制导弹发射的功能模块；除此之外，二者的主要组成基本相同。如果将自行弹炮结合武器的导弹发射制导装置移去，它将还原成高炮。因此，前面各章节介绍的有关高炮的有效性、可信赖性、探测能力、机动能力和防护能力的分析和评价方法完全适用与自行弹炮结合武器，有关高炮系统毁伤能力的分析计算方法，则完全适用与自行弹炮结合武器的火炮子系统。

但是，正是因为自行弹炮结合武器比单独的高炮多了导弹发射制导装置，即增加了一个与火炮子系统不同的火力子系统，因而给效能分析评估工作带来了一些新的问题，主要是：

(1) 自行弹炮结合武器可采用不同的火力方式实现对目标的多次拦截。在目标距离较远时用导弹拦截，在目标距离较近时用高炮拦截。这相当于两个串列的服务台对目标提供服务，因而需要研究有两个服务台的情况下对目标的射击概率计算模型。

(2) 导弹的攻击误差和高炮的射击误差特性不同，需要特别研究导弹对目标的毁伤概率(杀伤概率)计算方法。

(3) 自行弹炮结合武器可对同一目标实施多次打击。对目标先用导弹打击，后用高炮打击，因而需要研究对目标的综合打击效果即综合打击效能。

因此，在前面各章节已详细讨论了高炮效能分析与评价的基础上，要进一步分析自行弹炮结合武器的效能，只需要研究上述问题特殊的部分即可。本章主要阐述弹炮结合防空武器射击概率的计算。

12.3.2　射击概率计算

12.3.2.1　射击概率定义

当有多架(批)次目标持续侵袭弹炮结合防空武器的防御空域时，称自行弹炮结合武器所射击的目标数 M 同进入自行弹炮结合武器防御空域的目标总数 $N(N \geqslant M)$ 的比率，为自行弹炮结合武器对目标的平均射击概率 $P_{\mathrm{S}}(N)$，即

$$P_{\mathrm{S}}(N)=\frac{M}{N} \tag{12-78}$$

式(12-78)中，自行弹炮结合武器所射击的目标数 M 由以下两部分组成：被导

弹分系统攻击的目标(含既被导弹分系统攻击也被高炮射击的目标和只被导弹分系统攻击而未被高炮射击的目标);未被导弹分系统攻击但却被高炮射击的目标。

当 N 足够大时,自行弹炮结合武器的平均射击概率 $P_S(N)$ 将趋于一个稳定值,即射击概率 P_S

$$\lim_{N\to\infty} P_S(N) = \lim_{N\to\infty}\frac{M}{N} = P_S \tag{12-79}$$

目标穿越自行弹炮结合武器防御空域所需的时间是很短暂的,同时,自行弹炮结合武器也受到系统反应时间、方向与高低最大跟踪角速度等因素的约束;因此,自行弹炮结合武器只能对进入其防御空域的部分实施射击。射击概率就是对自行弹炮结合武器这种射击能力的量度。

12.3.2.2 射击概率模型

1. 基本假定

将自行弹炮结合武器与空中目标看成一个有限等待排队系统,其中,自行弹炮结合武器是“服务台”,连续到达的空中目标是“顾客”。与讨论高炮射击概率的情形类似,特做如下约定:

(1) 目标进入为 Poisson 流,目标到达时间间隔 t 服从于 Poisson 分布同参数的负指数分布,分布密度为

$$g(t) = \lambda_a e^{-\lambda_a t} \tag{12-80}$$

式中 λ_a——单位时间内到达的目标平均数,即两相邻目标之间的平均间隔时间的倒数,称之为目标流强度。

(2) 目标航路为水平直线航路,以突防速度 Vm 穿越自行弹炮结合武器的防御空域,故在防御空域内的停留时间是有限的。同时假定自行弹炮结合武器的探测系统能够在足够远的距离外发现目标。

(3) 自行弹炮结合武器只攻击临近目标,不攻击离远目标,且首先攻击距其阵地最近的目标。

(4) 仅一套自行弹炮结合武器。对进入自行弹炮结合武器防御空域的目标,先由导弹分系统服务,再由高炮服务;并约定,导弹和高炮不同时对同一目标提供服务,高炮服务的目标是导弹分系统未服务过或导弹分系统服务过而未击毁的目标。根据此约定,自行弹炮结合武器对目标的服务过程可用图 12-18 描述。

图 12-18 表明,可将自行弹炮结合武器看成是两个前后串列的服务台,依次对目标提供服务。也就是说,由自行弹炮结合武器与目标构成的排队系统是一个单队、双服务台、有限等待排队系统。

(5) 导弹分系统对每个可得到它服务的目标,只发射一枚导弹,因而对目标的服务时间 tsm 等于导弹分系统的反应时间 t_{rm}。

(6) 只要时间允许,高炮可对目标实施多次点射,因而对目标的服务时间是一阶

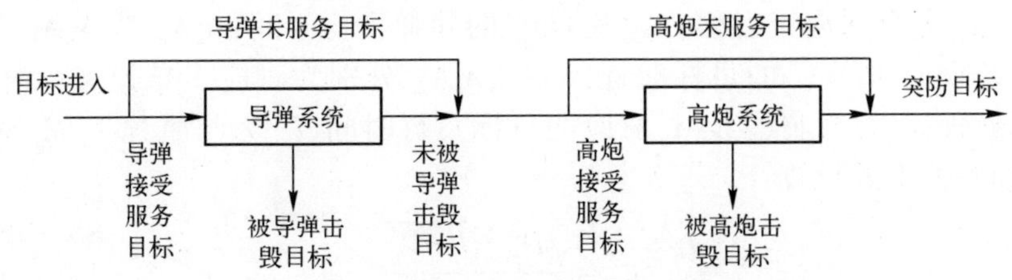

图 12-18　自行弹炮结合武器对目标的服务过程

梯函数,由下式决定:

(7) 自行弹炮结合武器携带的导弹和炮弹的数量是“无限”的,不会出现对于可服务目标无导弹或炮弹可发射的情况。

$$t_s = t_{rg} + (n_f - 1)t_t + n_f t_{bf} \tag{12-81}$$

式中　t_s——高炮的服务时间;

t_{rg}——高炮的反应时间;

t_t——高炮两次点射击之间的间隔时间;

t_{bf}——高炮一次点射的持续时间;

n_f——高炮对目标实施的点射次数。

2. 导弹分系统对目标的攻击概率模型

因首先用导弹拦截来袭的目标,故先研究导弹分系统对目标的服务情形。

假定目标直线飞行,在自行弹炮结合武器阵地位置与目标航线所在平面上画示意图,如图 12-19 所示,O 为弹炮结合防空武器阵地位置,L 为目标航线,M_j 为目标过航点。D_g 为高炮的有效射击斜距离,D_m 为导弹的最大射程。根据前面给出的“导弹分系统对每个可得到它服务的目标,只发射一枚导弹”和“导弹与高炮不同时对同一个目标提供服务”的约定,可根据火力分配原则,在目标航路 L 上确定一个点 A_c,当目标越过该点时,将不再被导弹的攻击。也就是说,发射出去的导弹应在目标到达 A_c 点之前与之遭遇。

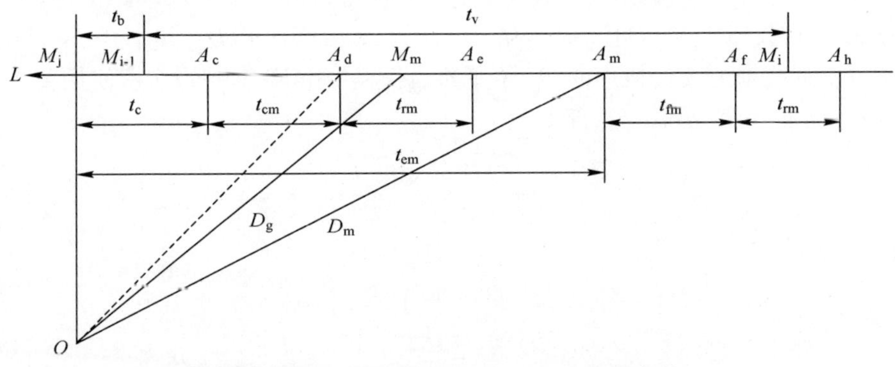

图 12-19　导弹分系统可对目标服务的条件

记 t_{cm}、t_{fm}分别对应于射程 OA_c 和 OA_m 的导弹飞行时间；A_eA_d 与 A_hA_f 为对应于导弹分系统反应时间 t_m 的目标航程，A_dA_c、A_fA_m 分别为对应于导弹飞行时间 t_{cm}和 t_{fm}的目标航程；t_c 为与航程 A_cM_j 对应的目标飞行时间，t_{em}为与航程 A_mM_j 对应的目标飞行时间，按下式计算：

$$t_{em}=\frac{\sqrt{D_m^2-H^2-P_q^2}}{V_m} \tag{12-82}$$

式中 D_m——导弹的最大射程；

H——目标飞行高度；

P_q——目标航路捷径；

V_m——目标速度。

显然，A_mA_c 为导弹分系统的火力范围，A_fA_d 为导弹分系统的发射范围。再记 M_{i-1}为前一个目标（第 i-1 个目标）所在位置，M_i 为当前目标（第 i 个目标）所在位置；t_b 为自行弹炮结合武器刚束对目标流中第 i-1 个目标服务，或刚判断出来已来不及对第 i-1 个目标服务，现要转向对第 i 个目标提供服务时，第 i-1 个目标到达过航点还需要的飞行时间；t_v 为相邻两个目标的时间间隔，分布密度由式（12-80）确定。

假定自行弹炮结合武器刚刚结束对目标流中第 i-1 个目标服务，现要转向对第 i 个目标提供服务，则由图 12-19 可知，自行弹炮结合武器中的导弹分系统能对第 i 个目标提供服务的必要且充分的条件是，第 i 个目标现在点 M_i 在航路上位于 A_e 点以远，也就是必须满足

$$t_b+t_v\geqslant t_c+t_{cm}+t_{rm} \tag{12-83}$$

由此可得导弹分系统对目标的攻击概率数学模型为

$$P_{Sm}=P\{(t_b+t_v)\geqslant(t_c+t_{cm}+t_{rm})\} \tag{12-84}$$

模型中的有关参数按如下方式确定：t_b 在模拟过程中通过计算确定；t_v 利用式（12-80）的负指数分布密度函数随机生成。

根据火力分配原则确定的航路点 A_c，显然应在高炮有效射击斜距离 D_g 对应的航路点 M_m 附近，即应有 $|OA_c|<|OM_m|=D_g$。设 $|OA_c|=kD_g$，其中 $0<k<1$，k 的具体取值可根据高炮的毁伤概率曲线、导弹的毁伤概率和实战中的战术使用要求来确定，一般情况下，可取 $k\approx0.6$。于是有：

$$t_c=\frac{\sqrt{(kD_g)^2-H^2-P_q^2}}{V_m} \tag{12-85}$$

$$t_{cm}=\frac{kD_g}{V_{ma}} \tag{12-86}$$

$$t_{fm}=\frac{D_m}{V_{ma}} \tag{12-87}$$

式中　V_{ma}——导弹平均飞行速度。

3. 高炮对目标的条件射击概率模型

下面研究在导弹分系统先对目标服务的前提下高炮的条件射击概率。

如图 12-20 所示，设 A_k 为导弹与第 i 个目标的遭遇点(但未击毁目标)。记 M_oM_j 为高炮的射击死界范围，t_{f0}、t_{fg}分别为射程 OM_0 和 OM_m 对应的高炮弹丸飞行时间；t_0、t_{mg}、t_{eg}分别为与航程 M_0M_j、A_kM_j 和 M_mM_j 对应的目标飞行时间；M_dM_b 为对应于高炮反应时间 t_{rg}的目标航程，M_mM_e 为对应于高炮服务时间 t_s 的目标航程，M_eM_o、M_bM_m 分别为对应于射弹飞行时间 t_{f0}和 t_{fg}的目标航程。显然，M_mM_0 为高炮的火力范围，M_bM_e 为高炮的发射范围。图中的其他符号与图 12-19 相同。由图 12-20 显见，

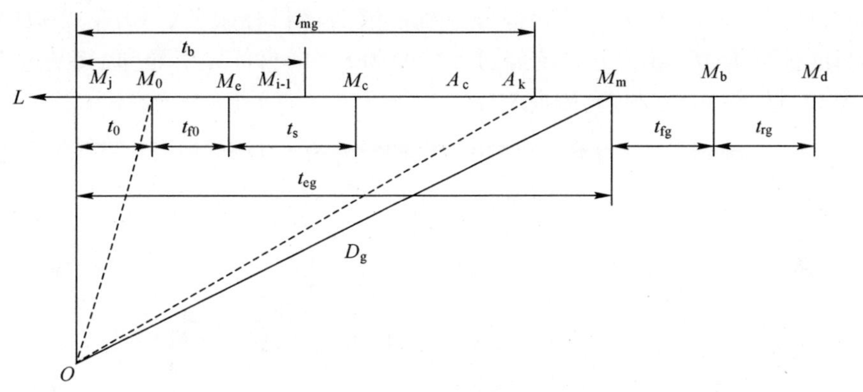

图 12-20　高炮可对目标服务的条件

在导弹分系统先对目标服务的条件下，高炮可对目标服务的条件为，导弹与目标的遭遇(但未击毁目标)点 A_k 位于 M_c 点以远，即

$$t_{mg} \geqslant (t_0+t_{f0}+t_s) \tag{12-88}$$

因此，在导弹分析题先对目标服务的条件下，高炮对目标的条件射击概率为

$$P_{sg/m}=P\{t_{mg} \geqslant (t_0+t_{f0}+t_s)\} \tag{12-89}$$

4. 与航程 A_kM_j 对应的目标飞行时间 t_{mg}

由式(12-89)知，欲计算高炮对目标的条件射击概率，首先应计算与航程 A_kM_j 对应的目标飞行时间 t_{mg}。

如图 12-19 所示，第 i 个目标的当前位置为 M_i，它到达过航点 M_j 所需要的飞行时间记为 t_{st}，显然有

$$t_{st}=t_b+t_v$$

若 M_i 点位于 A_h 点以远，则

$$t_{st}=(t_b+t_v)>(t_{em}+t_{fm}+t_{rm})$$

自行弹炮结合武器中的导弹分系统显然能够对该目标服务，且要等待目标到达A_h点时，才开始对该目标服务，故可令

$$t_{st}=t_{em}+t_{fm}+t_{rm}$$

因此，不失一般性，下面假设$t_{st}\leqslant t_{em}+t_{fm}+t_{rm}$。

1) M_i点位于A_e点以近

此时，显见

$$t_{st}<(t_c+t_{cm}+t_{rm})$$

导弹分系统来不及对该目标服务，需由高炮提供服务，故有

$$t_{mg}=t_{st} \tag{12-90}$$

2) M_i点位于A_e点以远

此时，由于$t_{st}>(t_c+t_{cm}+t_{rm})$，导弹分系统能够对该目标服务。如图 12-21 所示，目标的当前位置为M_i，导弹分系统经过反应时间t_{rm}，向目标发射导弹，又经过飞行时间t，导弹和目标在A_k点遭遇，因此有

$$\sqrt{(V_{ma}t)^2-H^2-P_q^2}=V_m(t_{st}-t_{rm}-t) \tag{12-91}$$

式(12-91)等号两边表示目标航程A_kM_j。由此方程解出t，则得

$$t_{mg}=t_{st}-t_{rm}-t \tag{12-92}$$

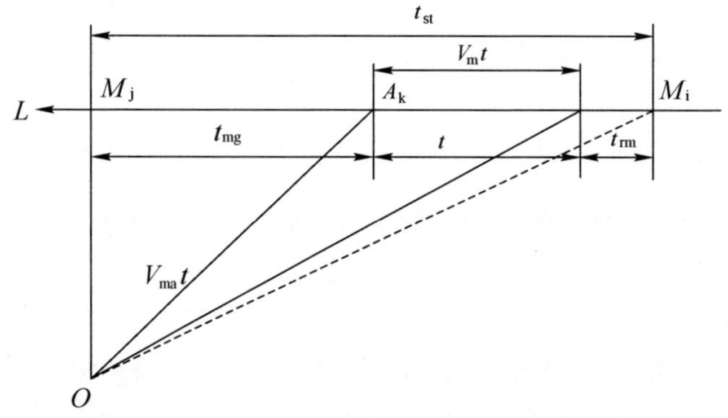

图 12-21　导弹与目标的交会时间

12.3.2.3　射击概率模拟计算

由式(12-84)决定的导弹分系统对目标的攻击概率P_{Sm}和由式(12-89)决定的高炮对目标的条件射击概率$P_{Sg/m}$，都难以进一步给出解析表达式，因而需要采用模拟方法来计算，即利用计算机模拟由图 12-18 所示的自行弹炮结合武器对目标的服务过程。在模拟过程中，对每一个目标，利用式(12-83)判断其是否能受到导弹分系统的服务；对未受到导弹分系统服务的目标，或虽受到导弹分系统服务但未被导弹击毁的目标，利用式(12-88)判断其是否能受到高炮的服务。

设目标总数即总模拟次数为 N,经统计,有 $M_{\mathrm{m}}(M_{\mathrm{m}}\leqslant N)$ 个目标受到了导弹分系统的服务,则弹炮结合防空武器的导弹分系统对目标的攻击概率 P_{Sm} 为

$$P_{\mathrm{Sm}}\approx\frac{M_{\mathrm{m}}}{N} \tag{12-93}$$

在未受到导弹分系统服务和已受到导弹分系统服务但未被击毁的目标中,有 $M_{\mathrm{g/m}}$ 个目标受到高炮的服务,则在导弹分系统先对目标服务的条件下高炮的条件射击概率为 $P_{\mathrm{Sg/m}}$ 为

$$P_{\mathrm{Sg/m}}\approx\frac{M_{\mathrm{g/m}}}{N} \tag{12-94}$$

在 N 个目标中有 M_{m} 各目标受到导弹分系统的服务,在未受到导弹分系统服务的 $(N-M_{\mathrm{m}})$ 个目标中,有 $M_{\mathrm{g/\overline{m}}}(M_{\mathrm{g/\overline{m}}}\leqslant(N-M_{\mathrm{m}}))$ 个目标受到了高炮的服务,因而弹炮结合防空武器对目标的射击概率 P_{s} 为

$$P_{\mathrm{S}}\approx\frac{M_{\mathrm{m}}+M_{\mathrm{g/\overline{m}}}}{N} \tag{12-95}$$

当 N 足够大时即有

$$P_{\mathrm{Sm}}=\lim_{N\to\infty}\frac{M}{N} \tag{12-96}$$

$$P_{\mathrm{Sg/m}}=\lim_{x\to\infty}\frac{M_{\mathrm{g/m}}}{N} \tag{12-97}$$

$$P_{\mathrm{S}}=\lim_{N\to\infty}\frac{M_{\mathrm{m}}+M_{\mathrm{g/\overline{m}}}}{N} \tag{12-98}$$

显然有 $M_{\mathrm{g/m}}>M_{\mathrm{g/\overline{m}}}$,因此有 $P_{\mathrm{Sm}}+P_{\mathrm{Sg/m}}>P_{\mathrm{S}}$。

计算自行弹炮结合武器射击概率 P_{S},是为了向人们提供一个有关该武器系统总体服务能力的量化结果,而在分析自行弹炮结合武器的效能时,需要用到的是导弹分系统的攻击概率 P_{Sm} 和在导弹分系统先对目标服务的条件下高炮的条件射击概率 $P_{\mathrm{Sg/m}}$,而不是自行弹炮结合武器的射击概率 P_{S}。

在模拟计算中,对高炮同样要统计对可服务目标的平均点射次数 $n_{\mathrm{fg/m}}$,方法与本章前面定义相同。

模拟计算程序流程框图如图 12-22 所示。

模拟计算所需的与自行弹炮结合武器有关的参数有:D_{m} 为导弹的最大射程(m);t_{rm} 为导弹分系统的系统反应时间(s);V_{ma} 为导弹的平均飞行速度(m/s);P_{Km} 为单发导弹的毁伤概率;D_{g} 为高炮的有效射击斜距离(m);$\varphi_{\max}$ 为火炮最大射角(°);$\omega_{\beta1}$ 为火炮最大方位跟踪角速度((°)/s);$\omega_{\beta2}$ 为控制子系统最大方位跟踪角速度((°)/s);$\omega_{\beta3}$ 为雷达最大方位跟踪角速度((°)/s);$\omega_{\varepsilon1}$ 为火炮最大高低跟踪角速度((°)/s);$\omega_{\varepsilon2}$ 为控制子系统最大高低跟踪角速度((°)/s);$\omega_{\varepsilon3}$ 为雷达最大高低跟

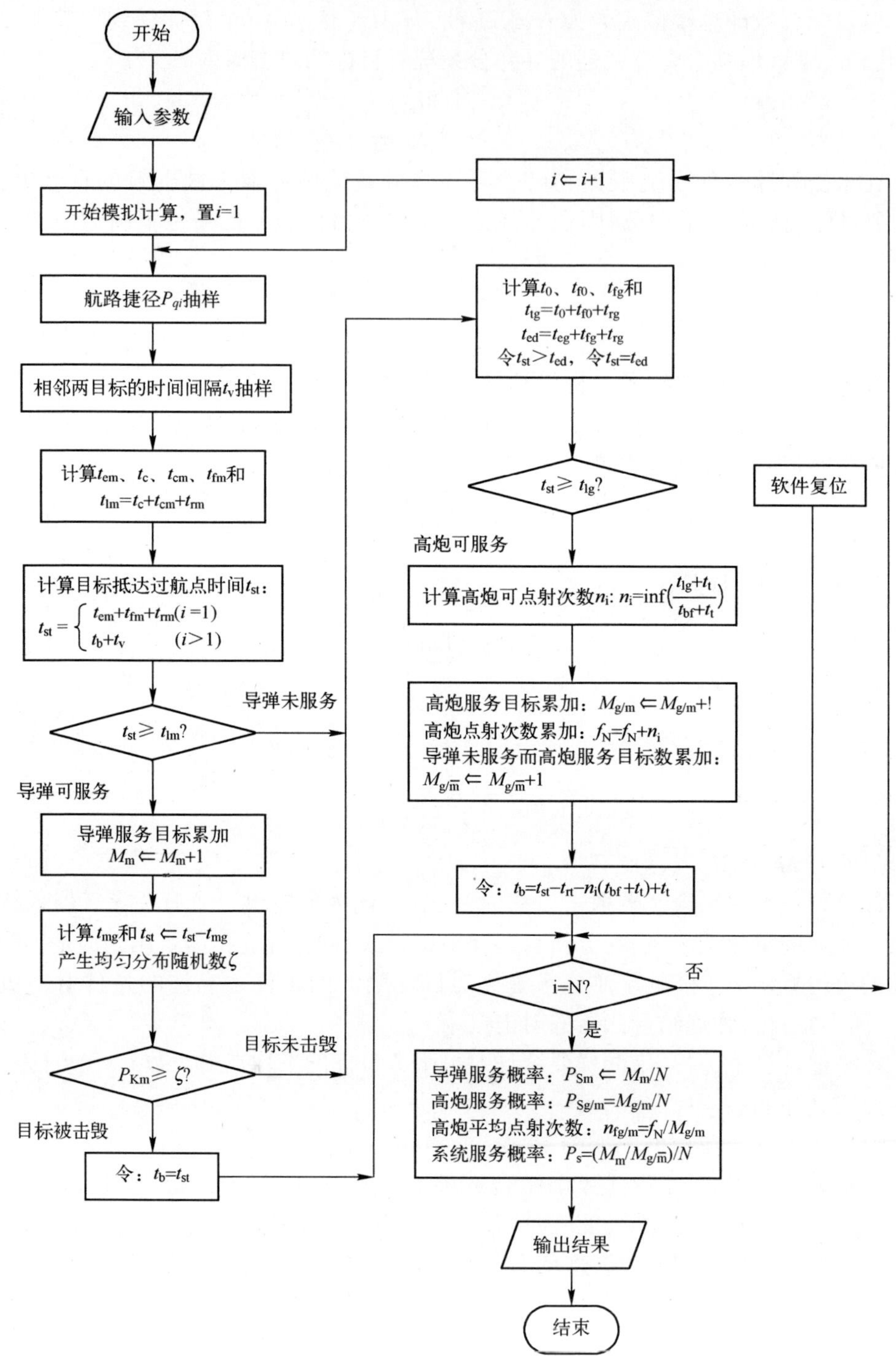

图 12-22　自行弹炮结合武器射击概率模拟计算程序框图

踪角速度((°)/s)；D_{c0}为火控计算机计算弹丸飞行时间的最小提前斜距离(m)；t_{rg}为高炮的系统反应时间(s)；t_{bf}为高炮一次点射持续时间(s)；t_t 为高炮相邻两次点射的间歇时间(s)；N_{fp}为高炮最多允许点射次数(次)；V_0 为火炮初速(m/s)；C_{43}为 1943 年阻力定律弹道系数。

与目标及其航路和模拟计算有关的参数有：H 为目标高度(m)；V_m 为目标速度(m/s)；$1/\lambda_a$ 为目标流强度的倒数(即目标平均间隔时间，s/架)；N_s 为模拟次数。

例 12.4　假设某型自行弹炮结合武器的参数为：$D_m=8000\text{m}$，$t_{rm}=10\text{s}$，$V_{ma}=500\text{m/s}$，$P_{Km}=0.8$，$D_g=4000\text{m}$，$\varphi_{max}=87°$，$\omega_{\beta1}=\omega_{\beta2}=\omega_{\beta3}=100(°)/\text{s}$，$\omega_{\varepsilon1}=\omega_{\varepsilon2}=\omega_{\varepsilon3}=60(°)/\text{s}$，$D_{c0}=300\text{m}$，$t_{rg}=8.0\text{s}$，$t_{bf}=2.0\text{s}$，$t_t=2.0\text{s}$，$N_{fp}=2$ 次，$V_0=1175\text{m/s}$，$C_{43}=1.893$。同时给定某型战斗攻击机攻击流的参数为：$H=1000\text{m}$，$V_m=300\text{m/s}$，$1/\lambda_a=30\text{s/架}$，并假定目标总是按固定航路突击，航路捷径为 $P_q=500\text{m}$。要求计算该弹炮结合防空武器对该目标流的射击概率。

取模拟次数 $N_s=5000$ 进行模拟计算，模拟结果为：$P_{Sm}=0.7164$，$P_{Sg/m}=0.7366$，$n_{fg/m}=1.7401$ 次，$P_S=0.9146$。

12.3.3　自行弹炮结合武器效能计算

12.3.3.1　效能计算方法—(ADC 模型法)

计算武器系统效能的 ADC 模型法已经在第 12 章 12.1 中介绍过，下面用该方法建立自行弹炮结合武器的效能模型，并进行效能计算。

如图 12-23 所示，自行弹炮结合武器的火力系统，可能是由一部导弹发射平台(发射装置)和一门火炮组成(图 12-23(a))；也可能是由一部导弹发射平台和多门火炮组成(图 12-23(b))。为叙述上简便起见，下面仅研究火力系统由一部导弹发射平台和一门火炮组成的弹炮结合防空武器的效能，但所阐述的建模思路和方法，完全适用于火力系统由一部导弹发射平台和多门火炮组成的弹炮结合防空武器。

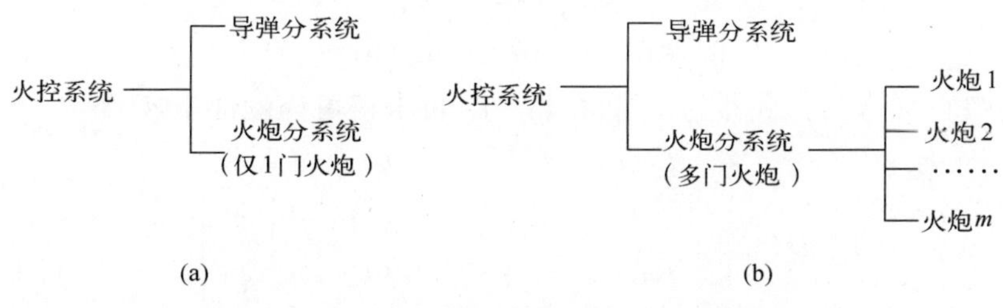

图 12-23　自行弹炮结合武器结构组成简图

1. 系统状态描述

图 12-23(a)所示的自行弹炮结合武器,假设不考虑可手动操纵导弹或高炮发射的情况,即假定只要火控系统故障就认为该武器系统故障,则在开始执行任务时,系统有 4 种可能状态,即:

状态 X1——火控系统、导弹分系统和火炮分系统都正常,此时的武器系统为真正意义上的弹炮结合防空武器;

状态 X2——火控系统和导弹分系统正常,火炮分系统故障,此时武器系统降级为一部防空导弹武器系统;

状态 X3——火控系统和火炮分系统正常,导弹分系统故障,此时武器系统降级为一套高炮;

状态 X4——火控系统故障,或导弹分系统与火炮分系统都处于故障状态,此时武器系统不能工作。

当自行弹炮结合武器的结构组成由图 12-23(b)所描述,在分析武器系统的可能工作状态时,对于火炮分系统,需考虑 m 门火控都正常,其中 $m-1$ 门火炮正常、……、其中 1 门火炮正常、m 门火炮都故障等情形,因而状态数将要多些。例如,当 $m=2$ 时,武器系统将有 6 种可能状态。

2. 系统的有效性和可信赖性

记火控系统的平均故障间隔时间为 MTBFc,故障平均修复时间为 MTTRc,故障率为 $\lambda_c=1/\text{MTBFc}$,可用度为 $a_c=\text{MTBFc}/(\text{MTBFC}+\text{MTTRC})$;导弹分系统的平均故障间隔时间为 MTBFm,故障平均修复时间为 MTTR,故障率为 $\lambda_m=1/\text{MTBFm}$,可用度为 $a_m=\text{MTBFm}/(\text{MTBFm}+\text{MTTRm})$;火炮分系统的平均故障间隔时间为 MTBFg,故障平均修复时间为 MTTRg,故障率为 $\lambda_g=1/\text{MTBRg}$,可用度 $a_g=\text{MTBFg}/(\text{MTBFg}+\text{MTTRg})$,则自行弹炮结合武器的可用向量 $\boldsymbol{A}=[\mathrm{a}_1\ \mathrm{a}_2\ \mathrm{a}_3\ \mathrm{a}_4]$ 各元素为

$$\begin{cases} a_1=a_c a_m a_g \\ a_2=a_c a_m(1-a_g) \\ a_3=a_c(1-a_m)a_g \\ a_4=(1-a_c)+a_c(1-a_m)(1-a_g) \end{cases} \tag{12-99}$$

假定自行弹炮结合武器为不可修复系统,可求得可信赖性矩阵

$$\boldsymbol{D}(t)=\begin{bmatrix} d_{11}(t) & d_{12}(t) & d_{13}(t) & d_{14}(t) \\ 0 & d_{22}(t) & d_{23}(t) & d_{24}(t) \\ 0 & 0 & d_{33}(t) & d_{34}(t) \\ 0 & 0 & 0 & 1 \end{bmatrix}$$

的各元素为

$$\begin{cases}d_{11}(t)=\mathrm{e}^{-(\lambda_c+\lambda_m+\lambda_g)t}\\ d_{12}(t)=\mathrm{e}^{-(\lambda_c+\lambda_m)t}(1-\mathrm{e}^{-\lambda_g t})\\ d_{13}(t)=\mathrm{e}^{-(\lambda_c+\lambda_g)t}(1-\mathrm{e}^{-\lambda_m t})\\ d_{14}(t)=(1-\mathrm{e}^{-\lambda_c t})+\mathrm{e}^{-\lambda_c t}(1-\mathrm{e}^{-\lambda_m t})(1-\mathrm{e}^{-\lambda_g t})\\ d_{22}(t)=\mathrm{e}^{-(\lambda_c+\lambda_m)t}\\ d_{23}(t)=0\\ d_{24}(t)=(1-\mathrm{e}^{-\lambda_c t})\mathrm{e}^{-\lambda_m t}+(1-\mathrm{e}^{-\lambda_m t})\\ d_{33}(t)=\mathrm{e}^{-(\lambda_c+\lambda_g)t}\\ d_{34}(t)=(1-\mathrm{e}^{-\lambda_c t})\mathrm{e}^{-\lambda_g t}+(1-\mathrm{e}^{-\lambda_g t})\end{cases} \tag{12-100}$$

3. 系统的打击能力和打击效能

由于自行弹炮结合武器的导弹分系统和高炮是共用一套火控系统,因此,当系统处于状态 X1、X2 或 X3 时,即火控系统正常时,系统对目标的发现概率是相同的,记为 P_D,可按第 12 章所述方法计算。

当系统处于状态 X1 时,记导弹分系统的攻击概率为 P_{Sm},单发导弹的毁伤概率为 P_{Km},则导弹分系统对目标的打击概率为 $P_D P_{Sm} P_{Km}$。

由图 12-18 可知,把进入自行弹炮结合武器防御空域的目标总数看作 1,则导弹分系统未服务的目标数为 $1-P_{Sm}$,导弹分系统已服务但未击毁的目标数为 $P_{Km}(1-P_{Km})$,因此,进入高炮等待服务的目标数为

$$(1-P_{Sm})+P_{Sm}(1-P_{Km})=1-P_{Sm}P_{Km}$$

在导弹分系统先对目标服务的条件下高炮的条件射击概率记为 $P_{Sg/m}$,高炮一次点射的全航路平均毁伤概率为$\overline{P}_{Kg1}$,对目标的平均点射次数为 $n_{fg/m}$,则在导弹分系统先对目标拦截的条件下高炮对目标的打击概率为

$$P_D(1-P_{Sm}P_{Km})P_{Sg/m}[1-(1-\overline{P}_{Kg1})^{n_{fg/m}}]。$$

因此,自行弹炮结合武器对目标的打击概率为

$$c_1=P_D\{P_{Sm}P_{Km}+(1-P_{Sm}P_{Km})P_{Sg/m}[1-(1-\overline{P}_{Kg1})^{n_{fg/m}}]\} \tag{12-101}$$

当系统处于状态 X2 时,武器系统降级为一防空导弹系统。仍假定防空导弹系统对每个可服务目标只发射 1 枚导弹,记通过模拟计算得到防空导弹系统的攻击概率为 P_{Smo}(只要对图 12-11 给出的自行弹炮结合武器射击概率模拟计算程序做必要的简化处理,如删除与高炮有关的程序部分,将图 12-19 中根据火力分配原则确定的点 Ac 改为导弹的攻击死区边界点并对程序做相应的修改等,就可得到防空导弹系统攻击概率模拟计算程序),单发导弹的毁伤概率为 P_{Km},则此时武器系统对目标的打击概率为

$$c_2=P_D P_{Smo} P_{Km} \tag{12-102}$$

当系统处于状态 X3 时,武器系统降级为一高炮。可利用第 12 章 12.2.2 节介绍的方法计算得射击概率为 P_{Sgo},平均点射次数为 $n_{\mathrm{fg/m}}$,一次点射全航路平均毁伤概率为 $\overline{P}_{\mathrm{Kg1}}$,则此时武器系统对目标的打击概率为

$$c_3 = P_{\mathrm{D}} P_{\mathrm{Sgo}} \left[1-(1-\overline{P}_{\mathrm{Kg1}})^{n_{\mathrm{fg/m}}}\right] \tag{12-103}$$

当系统处于状态 X4 时,系统不能工作,因此

$$c_4 = 0 \tag{12-104}$$

综合以上结果,即可得到弹炮结合防空武器的打击向量 $C=[c_1\ c_2\ c_3\ c_4]T$,利用 E=ADC 模型即可计算的得到自行弹炮结合武器的打击效能。此方法与第 12 章 12.2 节阐述的高炮效能分析的情形类似,对于弹炮结合防空武器,同样也可以定义系统的打击效能指数和总体效能指数,并建立相应的计算模型。由于方法类似,这里不再赘述。

例 12.5 假设某型自行弹炮结合武器的参数为:火控系统 MTBFc = 100h,MTTRc=0.5h;导弹分系统 MTBFm=75h,MTTRm=0.75h,$D_{\mathrm{m}}=8000\mathrm{m}$,$t_{\mathrm{m}}=10\mathrm{s}$,$V_{\mathrm{ma}}=500\mathrm{m/s}$,$P_{\mathrm{Km}}=0.8$,最小射程 800m,最大射角 30°;高炮 MTBFg=80h,MTTRg=0.6h,$m=1$门,$p=2$ 管,并假定只要有 1 个身管故障,火炮就不能射击。设给定某型战斗攻击机的参数为:$\sigma=2\mathrm{m}^2$,$1/\lambda_{\mathrm{a}}=30\mathrm{s}$/架,$\lambda=0°$(即以等速水平直线航路飞行),$H=1000\mathrm{m}$,$P_{\mathrm{q}}=500\mathrm{m}$,$V_{\mathrm{m}}=300\mathrm{m/s}$,$S_{\mathrm{B}}=48.72\mathrm{m}^2$,$S_{\mathrm{S}}=24.05\mathrm{m}^2$,$S_{\mathrm{F}}=3.962$,并设一次防空战斗的持续时间为 10min。要求计算该自行弹炮结合武器工作到 10min 时对该型战斗攻击机的打击效能。

将火控系统、导航分系统、高炮的可靠性和维修性参数代入式(12-99),计算得该弹炮结合防空武器的可用度向量为

$$\boldsymbol{A}=[0.9778 \quad 0.0073 \quad 0.0098 \quad 0.0051]$$

将可靠性参数和工作时间 $t=1/6\mathrm{h}$ 代入式(12-100),计算得该自行弹炮结合武器工作到 10min 时的可信赖性矩阵为

$$\boldsymbol{D}\left(\frac{1}{6}\right)=\begin{bmatrix} 0.9940 & 0.0021 & 0.0022 & 0.0017 \\ 0 & 0.9961 & 0 & 0.0039 \\ 0 & 0 & 0.9963 & 0.0037 \\ 0 & 0 & 0 & 1 \end{bmatrix}$$

已知发现概率 $P_{\mathrm{D}}=1.0$。

当系统处于状态 X1 时,假设 $P_{\mathrm{Sm}}=0.7164$,$P_{\mathrm{Sg/m}}=0.7366$,$n_{\mathrm{fg/m}}=1.7401$ 次,$\overline{P}_{\mathrm{Kg1}}=0.4075$,另又已知 $P_{\mathrm{Km}}=0.8$,将这些结果代入式(12-101)得

$$c_1=1.0\times\{0.7164\times0.8+(1-0.7164\times0.8)\times0.7366\times[1-(1-0.4075)^{1.7401}]\}=0.7611$$

当系统处于状态 X2 时,利用防空导弹系统攻击概率模拟程序计算得 $P_{\mathrm{Smo}}=0.7614$,另又已知 $P_{\mathrm{Km}}=0.8$,将这些结果代入式(12-102)得

$$c_2=1.0\times0.7614\times0.8=0.6091$$

当系统处于状态 X3 时，有 $P_{\mathrm{Sgo}}=0.9386$，$n_{\mathrm{fg}}=1.8924$，$\overline{P}_{\mathrm{Kg1}}=0.4075$，将这些结果代入式(12-103)得

$$c_3=1.0\times0.9386\times[1-(1-0.4075)^{1.8924}]=0.5900$$

当系统处于状态 X4 时，$c_4=0$。

因此，该自行弹炮结合武器的打击能力向量为

$$\boldsymbol{C}=[0.7611\ 0.6091\ 0.5900\ 0]^{\mathrm{T}}$$

工作到 10min 时打击效能为

$$E=ADC=[0.9778\quad 0.0073\quad 0.0098\quad 0.0051]\begin{bmatrix}0.9949 & 0.0021 & 0.0022 & 0.0017\\0 & 0.9961 & 0 & 0.0039\\0 & 0 & 0.9963 & 0.0037\\0 & 0 & 0 & 1\end{bmatrix}\begin{bmatrix}0.7611\\0.6091\\0.5900\\0\end{bmatrix}=0.7524$$

ADC 模型的特点是数学表达式清晰，易于理解，便于计算和分析。但是，ADC 模型一般不宜用于使用过程非常复杂的武器系统。

12.3.3.2　效能计算方法二(RFSKA 模型法)

对于复杂系统，为了将承担相同任务的武器装备放在相同的标准条件下对作战效能进行快速定量比较，可以用下面介绍的 RFSKA 模型法。RFSKA 效能模型的定义如下：

$$E=R\cdot F\cdot S\cdot K\cdot A \tag{12-105}$$

式中　R——防空武器的最大有效杀伤斜距，

E——武器系统效能；

F——发现概率；

S——服务概率；

K——毁歼概率；

A——生存概率。

前面已经叙述了毁歼概率，以下将讨论发现概率、服务概率和生存概率。

1. 发现概率

发现概率是指在一定条件下，武器系统所配属的侦查、搜索系统在一次搜索过程中能够正确无误地发现目标的能力，定义为发现目标的次数与总搜索次数之比。即

$$F=N_D/N_S \tag{12-106}$$

式中　F——发现概率；

N_D——发现目标的次数；

N_S——总搜索次数。

发现概率是对侦查搜索系统各项性能综合效果的量度。对于雷达系统，影响发现概率的主要性能参数是扫描波束宽度、扫描频率、发射机功率、发射脉宽、系统增益

和损耗、波长、虚警概率,以及战场电磁环境、目标位置坐标、运动规律和等效反射截面积 RCS 等;对于光学搜索装置,影响发现概率的主要性能参数是视场角、搜索速率、系统增益和噪声、背景复杂程度,以及气象条件和目标位置坐标、尺寸大小、运动规律、颜色对比度等。

2. 服务概率

服务概率是指目标按照某一规律进入武器系统的防空区域时,该系统能够对目标实施射击的概率,定义为进入火力区的目标输入流与受到射击的目标流之比。即

$$S=Q_0/Q_1 \tag{12-107}$$

式中 S——服务概率;

Q_0——进入火力区的目标输入流;

Q_1——受到射击的目标流。

服务概率的影响因素组要由以下几个方面:一是意识当敌方目标临空时,该防空武器没有任务故障,这与其可靠性维修性和装备保障水平有关;二是有良好的空情和指挥信息保障;三是防空武器的战斗准备时间和系统反应时间足够短,对突然出现的敌机由射击可能;四是弹药携带情况和后勤保障水平;五是在防空武器与多个空中目标作战时,其火力转移时间及多目标同时作战能力等。

3. 生存概率

生存概率是指武器系统在战场上受到空中目标攻击条件下未被击毁的概率,是系统生存能力的度量。生存能力包括武器系统不易被发现、发现后不易被命中、命中后不易被摧毁及部件损坏后易于修复等能力。不易被发现与武器系统的暴露面积、伪装与隐身措施等因素有关,不易被命中与武器系统的体积尺寸、机动能力、红外辐射强度等因素有关,不易被摧毁与武器系统的主动、被动装甲防护能力、三防(防核、生物、化学污染)能力等因素有关。

12.3.3.3 效能计算方法三(效能方程法)

运用效能方程法进行武器系统作战效能综合评价,直观而简单,能快速、客观地评价武器系统的优劣。在此方面,俄罗斯安泰设计局积累了许多实践经验可供参考,简介如下。

选择已知或相似型号武器的相关参数,按照效能评价方程结果进行评价,并对参数进行归一化比较。系统效能方程为

$$E_S=(H_{\max}\cdot L_{\max}\cdot P\cdot V_{\max}\cdot N_{\max}\cdot N_t\cdot N_l)/(H_{\min}\cdot S) \tag{12-108}$$

归一化的系统效能为

$$E_{Si}=(E_S/E_{\max})^{\wedge}0.2 \tag{12-109}$$

式中 E_S——每个武器系统作战效能量值;

E_{Si}——归一化的武器系统作战效能量值;

$E_{\max}$——所选武器系统作战效能量值最大值;

H_{max}——最大射高(km);
L_{max}——最大射程(km);
P——杀伤概率(km);
V_{max}——目标最大速度(m/s);
N_{max}——目标最大过载(g);
N_t——目标通道数;
N_l——在架导弹数;
H_{min}——最小射高(km);
S——反应时间(s)。

运用效能方程法进行武器系统作战效能综合评价,特别适合武器系统方案论证时多种方案的比较,简单实用。

第 13 章　系统集成和测试

13.1　总体集成标校技术

在自行弹炮结合武器集成测试中,在验证系统功能有效性的基础上,如何保证系统调试精度,是决定系统集成测试效果的关键内容。在自行弹炮结合武器各装备总调中决定系统关键性能的主要技术环节包括:轴系校准,寻北仪的零位标定,瞄准线、射击线稳定检查,摇摆试验与评价等。

13.1.1　轴系校准技术

轴系校准通常有两种方法:一是采用校轴仪;二是采用校轴靶板。采用校轴仪的方法自动化程度高,测量误差主要与校轴仪有关,操作相对简单;通常按照说明书操作即可。采用校轴靶板的方法技巧性较强,测量误差主要不仅与仪器有关,而且与操作方法密切相关。采用校轴靶板校准轴系的关键环节有两个,一是自行弹炮结合武器的调平;二是靶板竖立。因为武器调平技术相对简单,在此不再赘述。下面重点说明靶板竖立技术。

靶板竖立是自行弹炮结合武器进行机电零位和轴系一致性检查的重要环节,直接决定着系统精度,靶板竖立的要求是确保靶板与调平且机械零位归零后的自行弹炮结合武器上的基准瞄准线(自行弹炮结合武器通常采用火炮左身管为基准)垂直,并保持与水平面平行,与大地水平面垂直。

靶板竖立与基准瞄准线和水平面关系如图 13-1 所示。

设自行弹炮结合武器与靶板的距离为 D,自行弹炮结合武器最下端靶标与最上端靶标的距离为 d_1,自行弹炮结合武器最左端靶标与最右端靶标的距离为 d_2,则靶板与大地水平面不铅垂误差角引起的高低方向误差为

$$\delta_{\varepsilon\gamma}=\arctan[(d_1-d_1\cos\gamma)/D] \tag{13-1}$$

靶板水平基准与水平面不平行误差角引起的方位方向误差为

$$\delta_{\beta\beta}=\arctan[(d_1-d_1\cos\gamma)/D] \tag{13-2}$$

靶板水平基准与水平面不平行误差角引起的高低方向误差为

$$\delta_{\varepsilon\beta}=\arctan[(d_1-d_1\cos\gamma)/D] \tag{13-3}$$

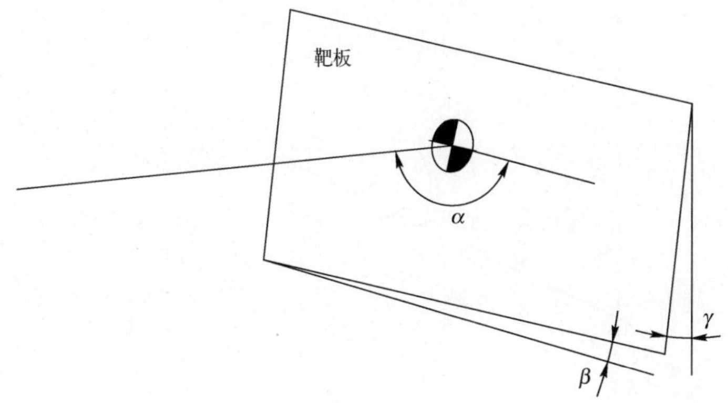

图 13-1　靶板竖立与基准瞄准线和水平面关系图

自行弹炮结合武器上的基准瞄准线与靶板不垂直误差角引起的方位方向误差为

$$\delta_{\beta\alpha}=\arctan[(d_2-d_2\cos|\alpha-90°|)/D] \tag{13-4}$$

在自行弹炮结合武器靶板竖立时,应根据靶板上靶标的相互位置关系、系统精度要求和调试场地的情况,确定靶板竖立误差,使该误差不至于影响系统轴系调校精度。

13.1.2　寻北仪零位标定

在自行弹炮结合武器总调阶段,需要进行寻北仪的零位标定,消除安装误差即寻北的系统误差。所谓零位标定实质就是寻北仪方位基准与车体方位基准之间的标校,寻北仪输出的是其本身的方位基准线与真北之间的方位角。车体的方位基准是自行弹炮结合武器直线行驶的方向线,每门自行弹炮结合武器因其机械加工和装配误差不同、履带安装松紧不同,使得车体的方位基准也不相同,存在系统误差,必须进行测定补偿,达到零位的一致性,该系统误差可通过跑车的方法精确测得。

首先,选定直路线 L,通过测绘的方法,得出 L 与真北的夹角 k'作为真值,自行弹炮结合武器沿 L 行驶,到达终点后,记录自行弹炮结合武器惯导定位坐标,求出车体纵轴对真北的夹角 k_i 为测量值,与 k'之差为车体纵轴的偏差角,并用于修正寻北零位。为了保证精度,消除系统误差,通常测试多组数据求均作为测量值。实施方法如下:

1. 试验准备

选定一条较为平坦、笔直的试验道路 L,理论上讲路程长度越长越好,然而工程上从可实现的角度出发,通常选取 1~2km。起点、终点竖立标志杆 A、B 且与地面等高,将标志杆顶端作为标志点 A 点和 B 点,求取 A 点与 B 点连线与真北夹角 k'。作为真值,如图 13-2 所示。

2. 测量车体航向角

(1) 自行弹炮结合武器停在 A 点,启动寻北导航设备,完成寻北且稳定后,设置初始坐标:$X_0=0$, $Y_0=0$。

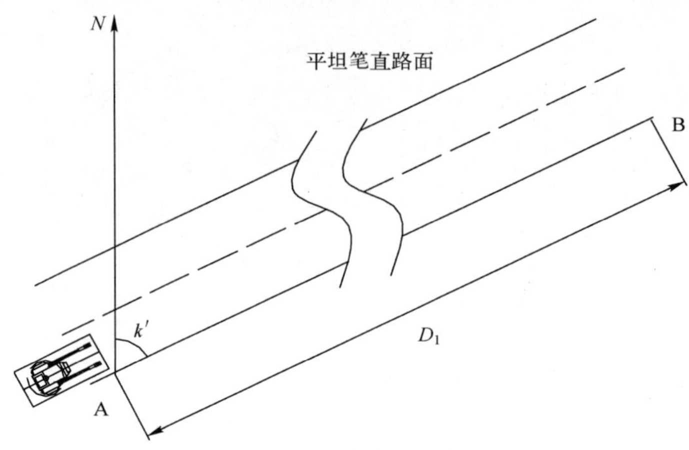

图 13-2 试验路面示意图

(2) 自行弹炮结合武器从 A 出发,行驶到达 B 点停车,记录惯导坐标值 X_1、Y_1。

(3) 自行弹炮结合武器掉转 180°,停于 B 点,重新启动寻北导航设备,按(1)步骤,沿原路返回,到达 A 原起点停车,记录导航数据 X_2、Y_2。

往返三次。

重复上述步骤测得六组数据,$X_3, Y_3, X_4, Y_4, \cdots, X_6, Y_6$。

$$k_i = \arctan\left(\frac{|Y_i|}{|X_i|}\right) \tag{13-5}$$

按照以上公式,依次计算出 $k_1, k_2, k_3, \cdots, k_6$,求取平均值:

$$\bar{k} = \frac{k_1+k_2+k_3+k_4+k_5+k_6}{6} \tag{13-6}$$

$\bar{k}$为车体纵轴与真北的夹角,将此角在寻北仪或导航系统内进行补偿。

13.1.3 瞄准线和射击线稳定功能检查

自行弹炮结合武器行进间射击是其一项主要功能,具有十分重要的战术意义,瞄准线、射击线稳定技术是实现自行弹炮结合武器行进间射击的技术基础。由于自行弹炮结合武器结构空间狭小,系统集成度要求高,因此,自行弹炮结合武器的稳定方案通常采用两轴制(方位轴和高低轴)间接补偿式方案。

在实验室进行瞄准线、射击线稳定检查时,将自行弹炮结合武器放置在三自由度摇摆转台中心位置,连接自行弹炮结合武器的外部测试设备,在距离自行弹炮结合武器不小于 50m 处(在实验室条件下该距离越远越好)火力线水平以上位置(根据作战使用情况可多选几个位置)建立目标点(红外或可见光光源),要求跟踪系统可稳定跟踪该目标点,自行弹炮结合武器全系统工作稳定后,调整摇摆转台航向摇摆零位,使航向摇摆零位为跟踪器方位零位时指向目标点,摇摆转台水平归正,并调整跟踪器高低指向，使其指向目标点。

对于用速率陀螺测量角速度分量进行瞄准线稳定补偿的技术方案，在进行瞄准线和射击线稳定检查时，由跟踪系统跟踪目标点，同时，在跟踪系统内设置目标点(红外或可见光光源)，启动摇摆转台，使自行弹炮结合武器在航向、纵摇、横摇综合摇摆(摇摆幅度典型值±7°，摇摆周期典型值 2s)，分别录取摇摆台和自行弹炮结合武器稳定跟踪伺服的方位角、高低角数据、火控输出的射击诸元方位角、射角数据，根据数据处理结果，检查瞄准线和射击线在高低、方位向的稳定补偿功能和精度。

对于用姿态角进行瞄准线稳定补偿的技术方案，在进行瞄准线和射击线稳定检查时，在跟踪系统内设置目标点距离为无限远，启动摇摆转台，使自行弹炮结合武器在航向、纵摇、横摇综合摇摆(摇摆幅度典型值±7°，摇摆周期典型值 2s)，分别录取摇摆台和自行弹炮结合武器稳定跟踪伺服的方位角、高低角数据、火控输出的射击诸元方位角、射角数据根据数据处理结果，检查瞄准线和射击线在高低、方位向的稳定补偿功能和精度。用这种方法进行瞄准线和射击线稳定检查时，需要考虑实验室条件下基线误差的补偿。瞄准线俯仰摇摆引起的基线误差关系如图 13-3 所示。

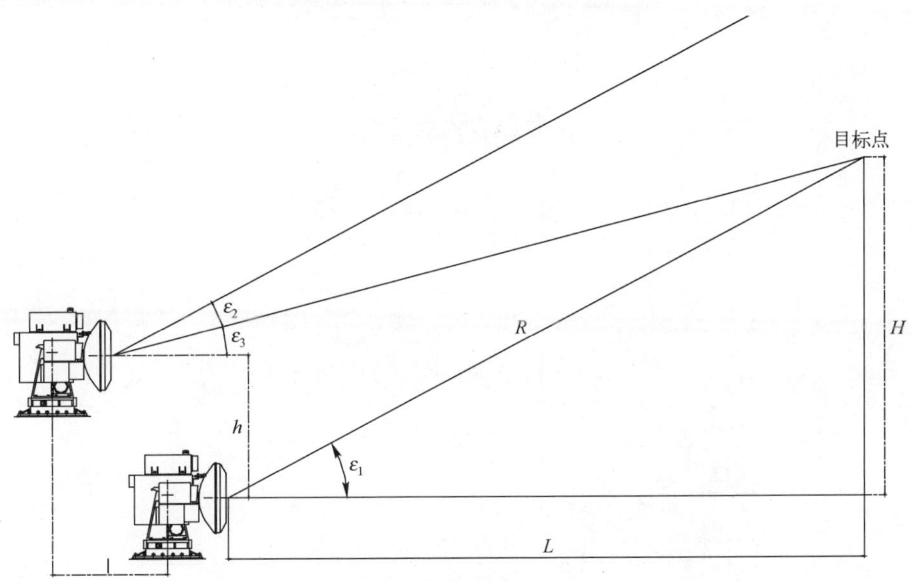

图 13-3　瞄准线俯仰摇摆引起的基线误差关系图

瞄准线俯仰摇摆引起的基线误差 ε_3 如下

$$\varepsilon_3=\varepsilon_1-\arctan[(R\sin\varepsilon_1-h)/(R\cos\varepsilon_1+l)] \tag{13-7}$$

瞄准线航向摇摆引起的基线误差关系如图 13-4 所示。

瞄准线航向摇摆引起的基线误差如下：

$$\beta=90°-\arctan[(R\cos\varepsilon_1+l_1)/l_2] \tag{13-8}$$

瞄准线横摇摇摆引起的基线误差关系如图 13-5 所示。

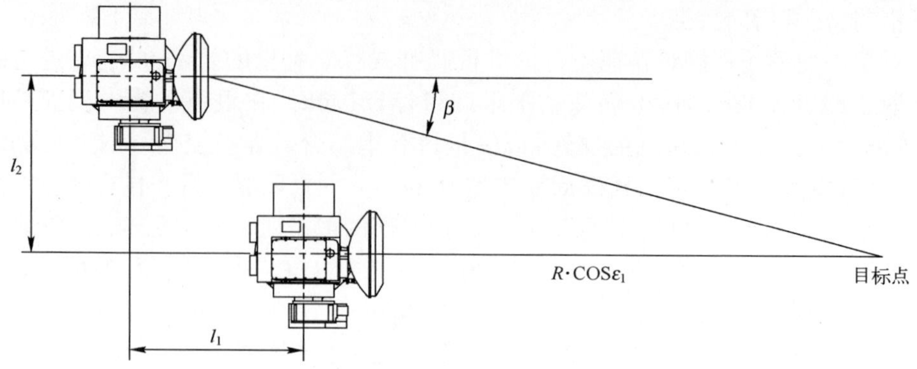

图 13-4　瞄准线航向摇摆引起的基线误差关系图

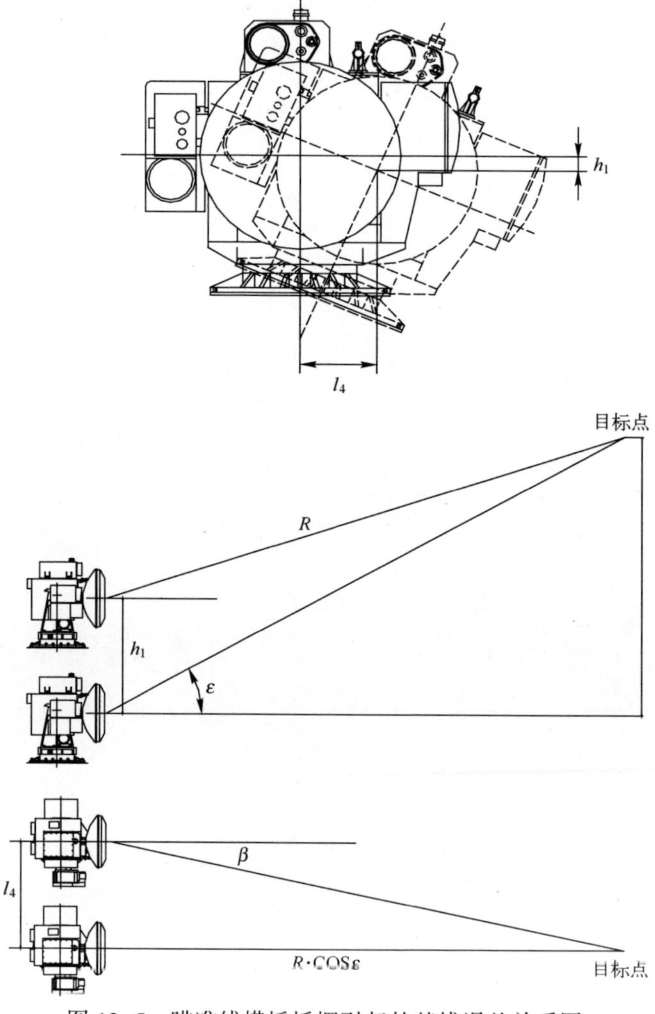

图 13-5　瞄准线横摇摇摆引起的基线误差关系图

瞄准线横摇摇摆引起的基线误差如下：

$$\beta = 90^\circ - \arctan(R\cos\varepsilon / l_4) \tag{13-9}$$

$$\varepsilon_4 = \arctan[(R\sin\varepsilon + h_1)/R\cos\varepsilon] - \varepsilon \tag{13-10}$$

以上基线误差补偿时，需要精确测量和计算纵摇、航向和横摇角以及摇摆引起的基线位移，并在后续数据处理中进行补充。

在条件允许时，可将目标点设置为足够远的点（如≥3km），这样在进行摇摆使用时可忽略基线误差。

在实验室内进行射击线检查时，在炮口安装激光笔，统计实验时的激光光斑变化量，基线误差补偿方法类似瞄准线基线误差补偿方法。

在条件允许，有足够远的目标点时，可在炮口安装零飞仪，通过对零飞仪测试数据的统计，直接获取射击线稳定精度。

13.2　摇摆试验与评价技术

自行弹炮结合武器在行驶中受到路面起伏和行驶方向不断变化的影响，其车体姿态和航向角不断发生变化，因此安装在其上的目标搜索系统、跟踪系统和火力线同时受到车体姿态和航向角不断发生变化等扰动的影响，扰动越大，其目标搜索精度、跟踪精度、射击精度就越低。如果不采取稳定措施，自行弹炮结合武器在行进间的毁伤概率将会大大降低，扰动越大、毁伤概率越低。因此，为研究搜索稳定、跟踪稳定、火力线稳定等方案的工作原理，考核稳定方案的有效性，评价其稳定精度等，对目标搜索跟踪系统、火炮炮塔、全武器等进行不同类型的摇摆试验是重要的试验研究方法。因此，摇摆试验是自行弹炮结合武器研制中最重要的试验之一。

因为负载外形尺寸和重量不同，摇摆试验可在不同的吨位摇摆台上进行，如果按照负载重量对摇摆台进行分类。通常负载重量在 1.5t 以下的摇摆台称为轻型摇摆台，负载重量在 1.5~15t 的摇摆台称为中型摇摆台，负载重量在 15~50t 的摇摆台称为重型摇摆台。如果按照自由度分类，可分为单自由度、二自由度、三自由度、六自由度等。

由数理知识可知，如果完全确定一个物体在空间的位置和姿态，需要六个自由度，即三个位置坐标(X,Y,Z)和三个角度坐标(ψ,Θ,K)。如果试验用的空中日标距离较近，或者火炮或其跟踪系统（被试品）不处于摇摆台三个角度回转轴交会的中心位置，那么摇摆过程中的线位移就不可以忽略，准确描述被试品空间位置，需要三个以上自由度。当然，也可以通过几何关系将线位移转换为角位移。如果试验用的空中目标的距离足够远，或者火炮或其跟踪系统（被试品）足够小且处于摇摆台三个角度回转轴交会的中心位置，那么摇摆过程中的线位移可以忽略；换句话说，只需要考虑三个角度坐标(ψ,Θ,K)的稳定即可。本节以三自由度角度摇摆试验为典型案例，对自行弹炮结合武器的搜索、跟踪和火力线稳定方案采用角度补偿方案时，摇摆试验的原理、数据处理方法进行介绍，具有一定的代表性。

下面以某 1.5t 轻型摇摆台对自行弹炮结合武器稳定跟踪系统的稳瞄试验为例，介绍试验方法和数据处理方法。摇摆试验设备和现场如图 13-6 所示。

(a)

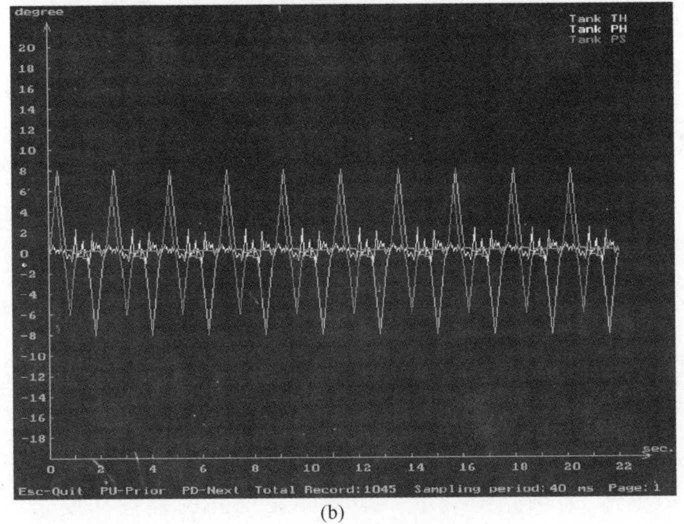

(b)

图 13-6　稳定跟踪器摇摆试验

(a) 摇摆试验；(b) 摇摆试验曲线。

轻型三自由度摇摆台是凹型结构，一般被试品应能安放在内框的台面上，而且被试品的回转、俯仰两轴应交于内、外框架回转轴的交点上。在自行弹炮结合武器瞄稳试验时，日标位于试验室(或厂房)内(距离摇摆台一般在 50m 以内)，将被试品(雷达光电稳定跟踪器或目标搜索设备)装入内框架台面上。由于摇摆台俯仰轴明显高于摇摆台内、外框架轴线的交点，这样稳定效果受到较严重的线位移干扰，不再能用直观的方法和简单的误差数据录取来判断，只能用数学解析的方法来处理判断稳定效果。为了得到这个结果，就要从两个方面的精心准备；其一为轴系，其二为数学解析模型。

13.2.1　轴系及零位基准

1. 对雷达光电稳定跟踪器的安装要求

雷达光电稳定跟踪器在摇摆台上的安装方法，应与其在自行弹炮结合武器跟踪平台上安装类似，必须将雷达光电稳定跟踪器的安装定位以及调整环节的设置等事先做好方案设计。

雷达光电稳定跟踪器天线座与炮塔间的定位关系应该是止口关系，其连接法兰盘侧边上须明显刻制出法兰盘外圆十字线，以便能与炮塔或摇摆台连接器机械零位对正。除紧固螺栓孔外，尚需两个定位销孔，以便在炮塔跟踪台上安装调整后，共同钻铰打销定位（在摇摆台上不需打销钉）。

准确掌握跟踪雷达基准光轴的名义尺寸（天线零位时），天线上应设立水平基准平面供调整检查水平时使用。天线座方位回转轴及天线俯仰轴设立方位、高低微调整环节，在机械零位对正后，能在外部方便地调整电气零位使其处于零。

2. 对摇摆台机械零位的检查

因为采用数学解析法来判断稳定效果，对摇摆台结构必须提出要求，基本原则是应将各路摇摆之间的交联压到最低的限度，因此摇摆台应当做必要的检查调整。

外环（航向）应检查其是否在水平面内回转，必要时需垫调基座，中环和内环轴线是否在同一平面内，是否相交，外环轴线是否也交于这点上，并检查它们之间的正交性，内环轴线与凹型安装台面的平行性等都必须检查。

中环（纵摇）、内环（横摇）轴线投影到台面上应刻制出十字线标志，以保证被试品在台面上安装时的零位基准的对正。

内环轴应做成中空式能够穿入短管附件，便于在其孔中装入校靶镜，利用厂房远方的特制靶板，校瞄被试品安装的机械零位。

3. 摇摆台零位检查与调整

摇摆台检查调整各轴的零位基准时，外环可利用管附件中的校靶镜对正摇摆台前方某一固定位置（以后要记住此方位零位基准点）后，将航向多级旋变的电气零位调整到零，中环、内环的机械零位可用纵向或横向置于安装平面上的象限仪检查，在机械零位调整完毕后，将纵摇、横摇多级旋变的电气零位调整到零。上述各旋变调整电气零位的同时，并将各路随动系统的受信仪的电气零位调整到零。

4. 被试品在摇摆台上的安装调整

雷达光电稳定跟踪器在摇摆台不能直接安装，必须用过渡垫圈抬高隔过方位电机传动装置,过渡垫圈应有相同的止口和分中的十字线以便与台面和天线座对正定位。在摇摆台台面水平时用象限仪检查天线俯仰零位时其水平状态,用特制的远方靶板和内环轴校靶镜和天线基准镜检查天线的方位零位,微小的偏移可微调天线座方位,然后固紧。核对天线的俯仰、方位电气零位和摇摆台的机电零位。

为防止摇摆台伺服系统失控撞击被试品,其外、中、内框的电气机械限位器均应能做适应性调整。

13.2.2 数学模型及稳定效果检测

摇摆试验的原理是通过计算倾侧状态理论摇摆角真值以及同一时刻稳定跟踪器稳定补偿后的摇摆角之差,评判稳定性能。

1. 数学模型

摇摆稳定的原理是用两轴制(方位、高低)的被试品的角度补偿,用于三轴摇摆扰动引起的角度变位,其数学关系如下:

(1) 方位补偿关系式:

$$\beta_t^* = \tan^{-1}\left[\frac{\cos\varepsilon_H(\cos\theta_K\sin\beta_{qH}+\sin\theta_K\sin\psi\cos\beta_{qH})-\sin\varepsilon_H\sin\theta_K\cos\psi}{\cos\varepsilon_H\cos\psi\cos\beta_{qH}+\sin\varepsilon_H\sin\psi}\right] \tag{13-11}$$

(2) 俯仰补偿角关系式:

$$\varepsilon_t^* = \sin^{-1}[\cos\varepsilon_H(\sin\theta_K\sin\beta_{qH}-\cos\theta_K\sin\psi\cos\beta_{qH})+\sin\varepsilon_H\cos\theta_K\cos\psi] \tag{13-12}$$

$$\beta_{qH} = \beta - K \tag{13-13}$$

式中 β_t——倾侧状态方位角;

ε_t——倾侧状态俯仰角;

β——水平状态方位全角(初始方位角);

β_{qH}——水平状态方位角(中间量);

ε_H——水平状态俯仰角(初始俯仰角);

ψ——横摇角(取自摇摆台);

θ_K——纵摇角(取自摇摆台);

K——水平航向角(取自摇摆台)。

2. 数据录取及处理

在摇摆台和被试品完成零位基准安装和调整后,可将被试品——雷达光电稳定跟踪器予设置初始方位角 β(在摇摆台航向外环处于零位时)和初始俯仰角 ε_H,用数据录取装置记录,β、ε_H 初始值。混合摇摆时数据录取装置同步录取水平航向角 K、横摇角 ψ、纵摇角 θ_K(取自摇摆台),以及稳定补偿后的倾侧状态方位角 β_t、俯仰角 ε_t。

按式(13-11)~式(13-13)设计检测计算机软件,将上述同步检测的值 β、ε_H、K、ψ、θ_K、注入检测计算机按式(13-11)~式(13-13)求出倾侧状态方位角真值 β_t^*、俯仰

角真值 ε_t^*。

用同一时刻录取的雷达光电稳定跟踪器稳定补偿后的倾侧状态下的方位角 β_t、俯仰角 ε_t 与上述的真值比较,即得出其稳定补偿的误差。即

$$\Delta\beta_t(\text{稳}) = \beta_t^* - \beta_t \tag{13-14}$$

$$\Delta\varepsilon_t(\text{稳}) = \varepsilon_t^* - \varepsilon_t \tag{13-15}$$

值得注意的是 β、ε_H 和 β_t、ε_t 均在雷达光电稳定跟踪器上取得,而姿态角 K、ψ、θ_K 均应由测角精度较高,而且经过零位基准标定后的多级旋变中取得。$\Delta\beta_t$(稳)、$\Delta\varepsilon_t$(稳)为稳定跟踪器稳定补偿误差。

其中,ε_H 的设置是影响稳定效果的极为重要的因素,随着 ε_H 的增大将对方位补偿效果急剧恶化。

13.2.3　稳定试验误差处理

稳定试验和误差测试处理的另一直观方法是,在进行摇摆试验的同时,使稳定跟踪系统跟踪一个真实的目标(室内通常用光学目标,见图 13-7),通过观察稳定跟踪器画面定性了解稳定跟踪误差,对稳定跟踪器画面图像进行事后处理,定量测试稳定跟踪误差及其变化规律。

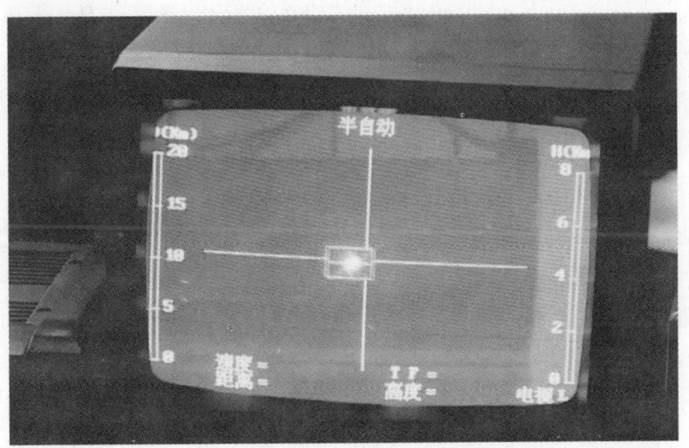

图 13-7　稳定跟踪试验跟踪真实目标图片

13.3　外场动态调试和试验技术

整机性能外场动态调试、试验和测试的任务是,模拟各种作战环境(目标、环境等),进行武器系统动态调试,功能、性能验证、检测,以及技术状态评估。

随着自行弹炮结合武器越来越多地依赖于雷达、光电等传感器作为武器复合探测控制前端,自行弹炮结合武器的整体研制和测试验证要求也与传统高炮类防空武

器有很大的不同,体现在动态试验科目增加及测试验证的复杂度大幅度提高。

从试验阶段上分,自行弹炮结合武器试验包括数字仿真模拟试验、综合内场试验和外场试验三个不同阶段。整机性能动态测试涵盖综合内场试验和外场试验部分。综合内场试验是将武器系统实物置于近似真实的环境中进行试验评估,其"环境"通常采用模拟系统实现。外场试验是将武器系统实物置于尽量真实的环境中进行试验评估,其"环境"通常在尽可能真实的试验现场进行。外场试验环境最大程度地模拟战场的实际作战环境,因此动态试验得到的试验数据和战术技术指标评估值真实程度最高。在提高数字仿真和内场半实物仿真验证的技术、效率的同时,加强和完善武器系统动态试验测试评估系统是提升武器系统功能、性能和可靠性的必要条件。同时,其试验结果也可以大大促进数字仿真和内场测试的置信度和效率。

新一代自行弹炮结合武器的作战目标已经发生重大改变,由传统轰炸机、攻击机、歼击机等平台目标演变为精确制导武器(巡航导弹、反辐射导弹、制导炸弹等)、武装直升机和无人机等。目标雷达反射截面 RCS 越来越小、低空突防能力越来越强、末端攻击角度越来越大、综合隐身能力越来越强(微波、红外、激光等)、智能化与精确打击能力越来越强、机动能力不断提高。正是作战目标及目标特性的这种变化,使自行弹炮结合武器面临新的目标可探测特性和目标可毁伤性研究等技术难题,自行弹炮结合武器的外场动态调试和试验方法也将发生较大变化,难度大大增加。新一代自行弹炮结合武器导弹分系统根据导弹体制不同有不同类型,系统动态调试时,衍生出对导弹指令遥控系统的测试验证,导弹有控状态下实弹和模拟实弹发射过程的监控以及导弹发射对武器平台的影响等新的试验需求。

13.3.1 动态调试试验技术

研制可机动的分集式动态试验研究系统,既能进行自行弹炮结合武器和新型防空高炮(Anti-aircraft Gun,AAG)的验证与评估试验,也能兼顾传统的防空武器雷达指示跟踪系统的验证与评估试验。

可机动的分集式动态试验系统主要由三部分组成:测控车(集成试验测试和测控管理系统);巡航靶弹及试验车(含数枚巡航弹靶弹,靶弹回收/储运车、飞行控制试验车);试验辅助设备车(含其他试验保障系统及独立电源)。动态调试试验系统组成关系如图 13-8 所示。

整机性能动态测试有两种试验模式:综合内场试验模式和外场试验模式。

被试系统包括搜索雷达、跟踪制导雷达、光电探测设备、指令发射机、地面制导设备、火控与随动等,被试品可以是自行弹炮结合武器整机,也可以是主要分系统(如目标探测、火控及导弹导引头等)。

试验日标包括:

(1) 巡航导弹:使用巡航靶弹近似模拟真实巡航导弹;

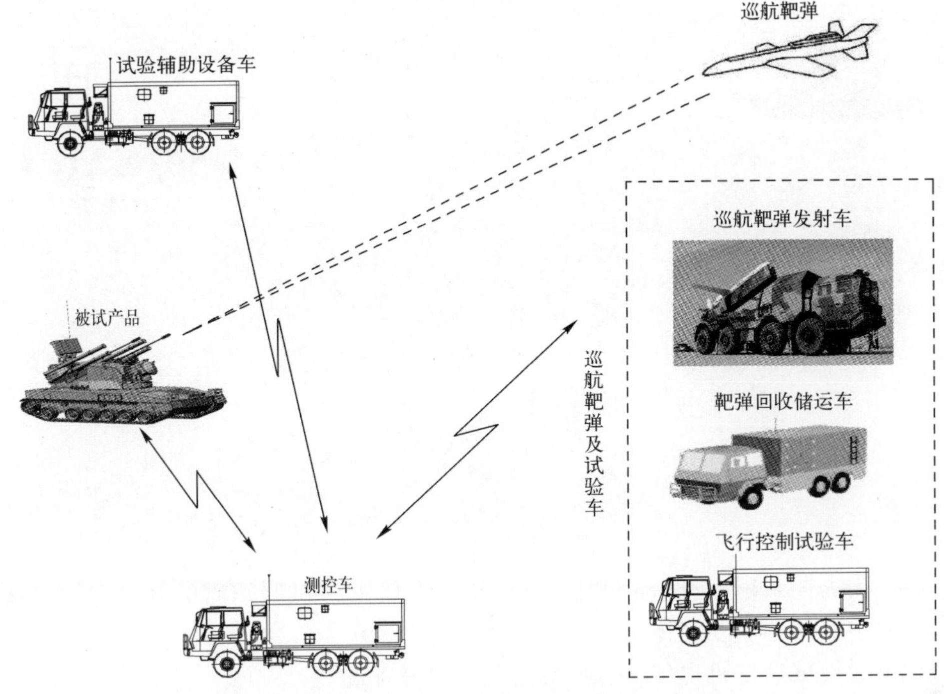

图 13-8　可机动的分集式整机性能动态试验系统

(2) 精确制导武器:使用巡航靶弹搭载特定任务载荷,并配合靶弹飞行弹道近似模拟 JSOW(联合防区外武器);

(3) 固定翼飞机和大型战术无人机:巡航靶弹搭载特定任务载荷近似模拟等。

13.3.2　动态调试试验流程

可机动的分集式整机性能动态试验系统可开展“综合内场试验”和“综合外场试验”。

13.3.2.1　综合内场试验

综合内场试验原理见图 13-9。该试验是靶场动飞试验之前的预备试验,目的是为动飞试验提供更多试验手段,积累可信数据,提高试验效率。

综合内场试验方法为:

(1) 通过辅助设备车上的地面保障设备为被试品提供工作电源,车体调平和轴系校准设备,保证综合内场试验时被试品状态符合电气静态要求;

(2) 同时利用其预留的天线架高装置安装接口,安装雷达模拟系统的天线架高装置或目标探测器工装,开展被试装备目标探测系统、地面制导系统和上下指令通信链路系统的内场试验(非大型外场试验),包括验证搜索雷达和跟踪雷达主要功能、性能等;

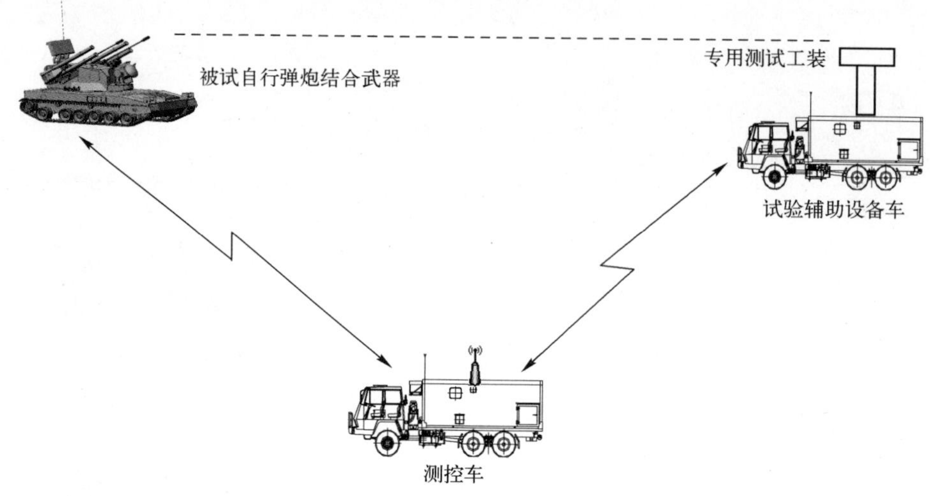

图 13-9　综合内场试验系统配置图

(3) 为火控系统(含随动)与搜索、跟踪系统匹配性试验所需的各种专用测试工装提供安装载体和运动载体;

(4) 为被试品整机提供其他所需的临时勤务保障。

(5) 测控车利用车载集成的各种系统级测试设备,采集与管理从被试品和参试品获取的系统实时运行数据,以各种曲线、图形、文本、视频的方式实时记录并进行自动化数据管理;

(6) 利用测试系统的绝对时标对齐各种数据源,为后端试验数据综合处理奠定处理基准;

(7) 利用各种试验数据处理模型快速获取数据分析结果,并借助集成的故障辅助定位软件快速确定故障点;

(8) 对偶发小概率系统设计缺陷或错误,利用测试系统数据回放功能,进行故障复现,协助优化或改进设计;

(9) 利用集成的试验设计系统软件可以对临时修改的试验内容开展快速试验设计,优化试验过程,提高试验效率;

(10) 利用集成的测试管理系统为参试设备、被试设备以及参试人员提供精确、合理的试验过程管理与控制。

(11) 利用集成的试验现场安全、保密管理系统提供现场标准化管理,提高试验的规范化管理。

13.3.2.2　综合外场试验

在近似实际作战场景下,以开展动态试验,获取动态数据为手段,以外场综合数据分析为依据,促进被试装备的设计优化与改进,为基于实战条件下的被试装备提供客观、真实的技战术指标验证与评价手段。综合外场试验有两种试验方式,即动飞试验模式和实弹攻击试验模式。

1. 动飞试验模式

动飞试验模式主要用于自行弹炮结合武器本体的功能和性能,如考核目标探测系统能力,系统功能、流程、火控解算精度、随动伺服系统能力等,是实弹射击前的检验性试验,如图 13-10 所示。

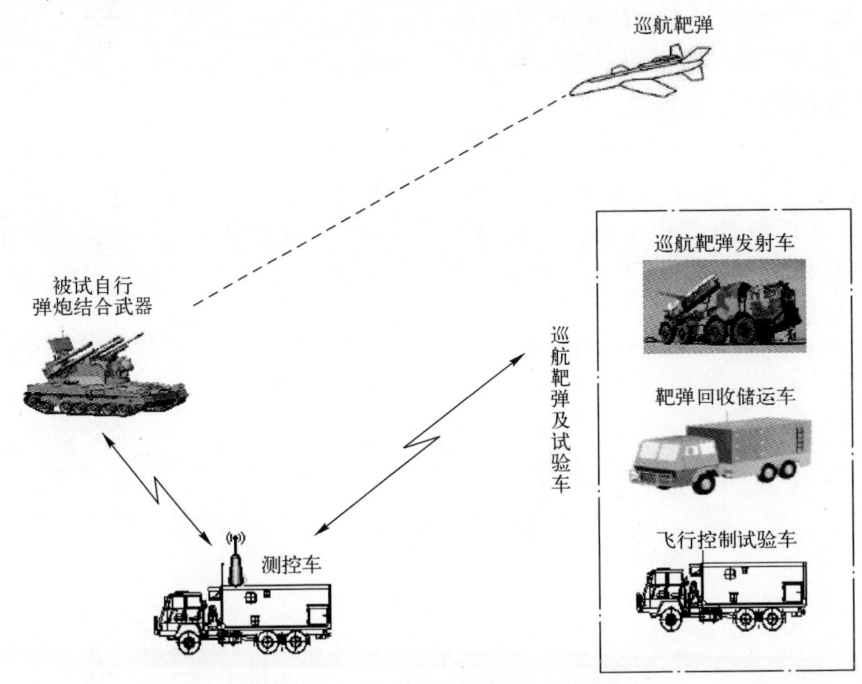

图 13-10　动飞试验模式系统配置图

其试验方式为:辅助设备车的车载大功率独立电源为被试品提供大功率试验电源;所携带的车体调平、轴系校准以及其他保障设备,确保被试品在动飞开始前,完成相应电气静态检查。巡航靶弹及试验车辆主要完成以下工作:

(1) 将靶弹运输至发射阵地,准备发射前的靶弹电气检查;

(2) 进行发射车的发射系统检,将靶弹吊装至发射车实施发射系统与靶弹电气匹配与信号互联检查,开展发射车(发射系统)、飞行控制车(飞控系统)与靶弹的互联性测试;

(3) 靶弹加注燃料,安装助推火箭;

(4) 按测控车试验设计系统完善的试验方案,规划靶弹航路,设定航路参数,或准备人工干预操作,完成靶弹发射准备工作;

(5) 适时发射靶弹,按试验内容控制靶弹航路或适时控制任务载荷启停和参数变化,完成试验目标供给。

测控车实时获取被试装备、参试设备的实时数据,以绝对时标为基准对齐各种类型数据,以各种曲线、图形、文本、视频的方式实时记录并进行自动化数据管理;利用整理对齐后的数据(时间对准),通过测试车上集成的各种试验数据处理软件快速获取数据分析结果;借助集成的故障辅助定位软件快速确定故障点;对偶发小概率系统设计缺陷或错误,利用测试系统数据回放功能,进行故障复现,协助优化或改进设计;利用集成的试验评估软件给出试验评估结论;利用集成的测试管理系统为参试设备、被试设备以及参试人员提供精确、合理的试验过程管理与控制。利用集成的试验现场安全、保密管理系统提供现场标准化管理,提高试验现场的规范化管理。

2. 实弹发射试验模式

实弹发射试验模式利用靶弹飞行轨迹,结合强化目标可探测特性的各种任务载荷(雷达反射、红外辐射),协同近似模拟不同类型的真实目标;利用靶弹载荷空间安装主动干扰模拟器,模拟来自目标的自卫式干扰,或模拟来自邻近目标的掩护式干扰。提高被试装备在真实环境下的试验效果和数据的置信度,改善对武器系统作战效能及技战指标的验证与评估,如图 13-11 所示。

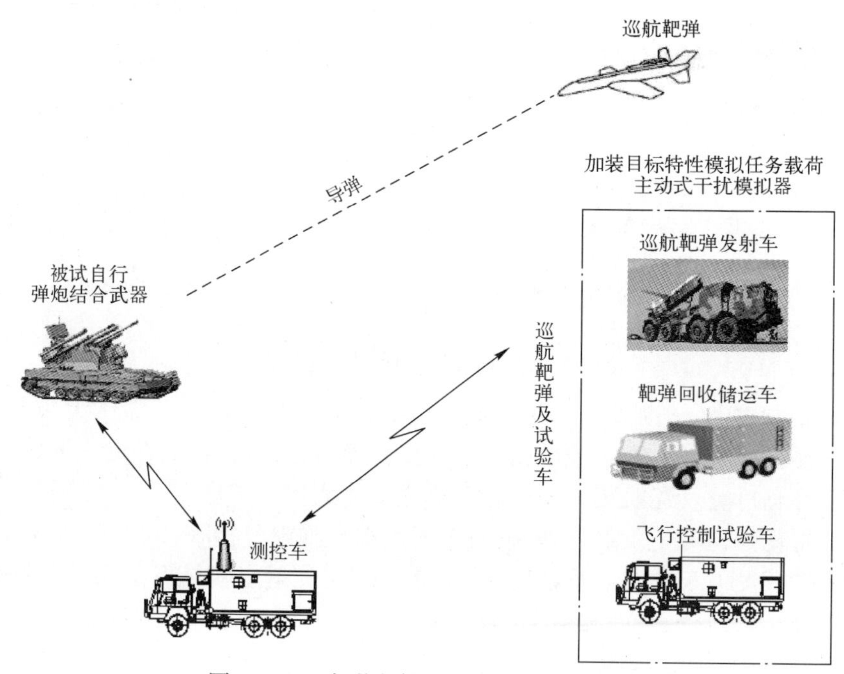

图 13-11　实弹发射试验模式系统配置图

其试验方式及流程与动飞试验模式过程基本相同。所不同的是导弹及制导系统参与到整个试验过程,也是试验最终需要验证与评价的阶段。

3. 试验测试流程

试验测试流程如图 13-12 所示。

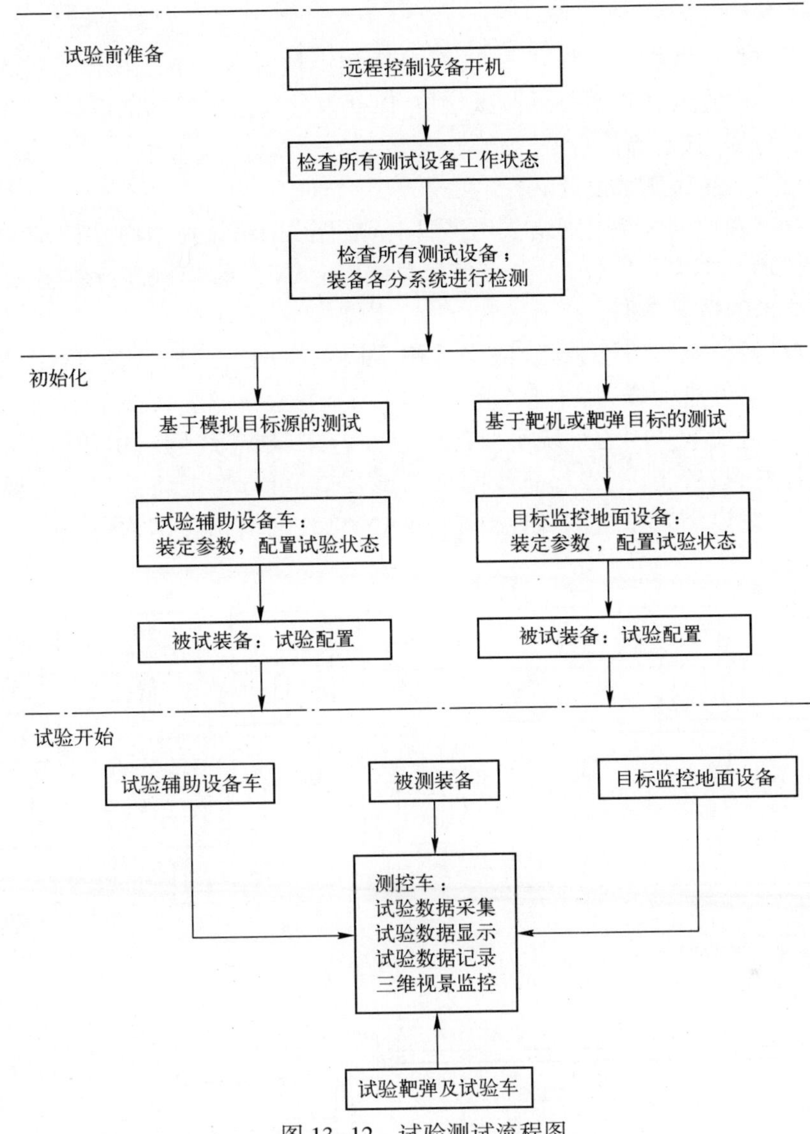

图 13-12　试验测试流程图

13.4　总体测试技术

13.4.1　总体测试功能设计

13.4.1.1　测试功能设计

自行弹炮结合武器主要单体设计了内部检测功能,在系统工作时除了将有关数据并发至总线外，还可实时获取单体的工作状态并将工作状态码发送至数据总线。综合管理系统接收数据和工作状态，实时显示在操控显示台上供操作手观察；同时，将数据和工作状态发送至对外的测试接口，以便电气检修车等外部设备，录取自行弹炮结合武器数据、状态等信息。

13.4.1.2 在线测试设计

现代自行弹炮结合武器通常采用多层 CAN 总线网络拓扑结构，用于武器内部主要信息的传输。不失一般性，本节以信息总线以 CAN 总线为例进行叙述，采用其他现场总线技术的情况类似。

现代自行弹炮结合武器总线网络采用多层总线网络结构，每层网络结构由若干个 CAN 网络节点构成，将主要分系统和节点互连在一起，每个节点通常采用双口 CAN 总线适配卡。因为系统主要的信息在一、二层总线网络中传输，所以在总线网络设计时，设置了一、二层总线网络测试接口，可方便地将总线上主要信息采集并进行处理，以满足系统测试性要求。CAN 总线网络拓扑结构各节点连接关系如图 13-13 所示。

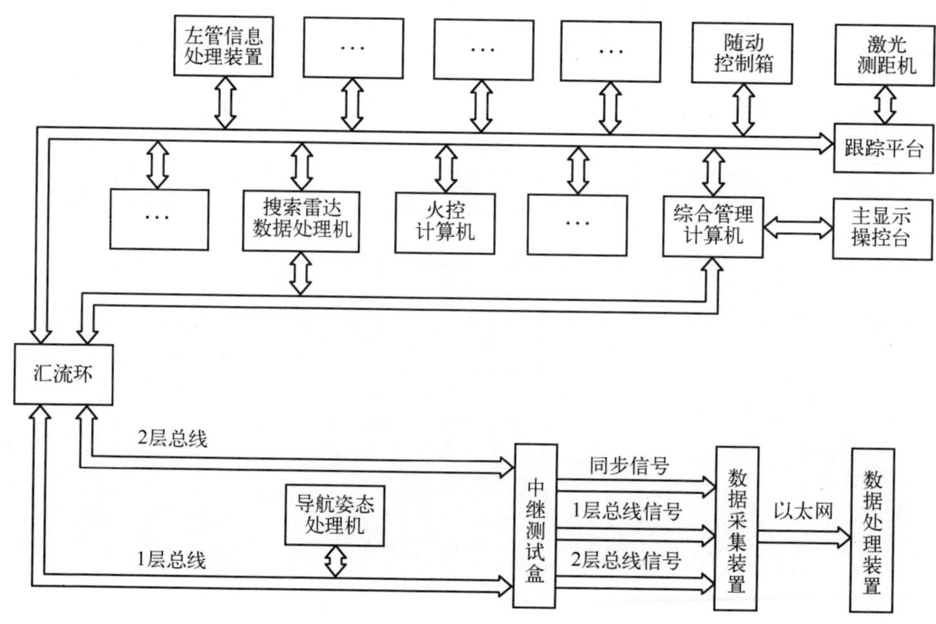

图 13-13 典型自行弹炮结合武器总线网络结构示意图

13.4.1.3 离线测试设计

1. 外部测试系统组成与功能

自行弹炮结合武器外部测试主要由自行弹炮结合武器电气检修车（以下简称电气检修车）承担。电气检修车中的外部测试设备包括数据采集装置、数据采集处理装置、性能测试软件。其结构如图 13-14 所示。

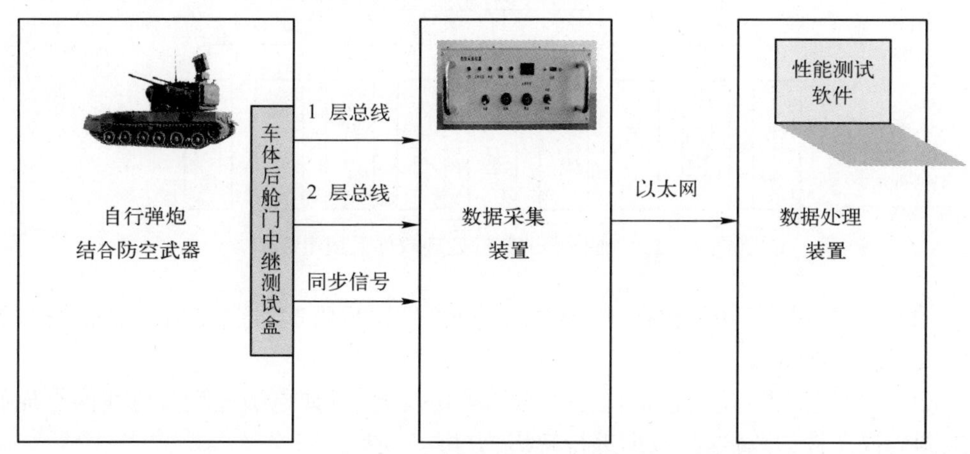

图 13-14　自行弹炮结合武器与外部测试系统典型连接关系图

数据采集装置是可移动的数据采集前端,主要功能是采集自行弹炮结合武器数据,可以脱离电气检修车,放置在离自行弹炮结合武器较近的位置工作;可以通过电气检修车的有线遥控功能,完成数据采集。

数据采集处理装置一般固定在电气检修车上,不仅可以录取自行弹炮结合武器的数据,还可以进行数据处理,也是电气检修车信息处理中心。

性能测试软件是电气检修车的组成部分之一,安装在电气检修车数据采集处理装置中完成自行弹炮结合武器性能测试、数据处理、分析,并能显示、打印测试结果。

2. 测试、数据处理软件功能

性能测试、故障诊断软件是面向系统分析、操作使用和维护保障人员的。为了使该软件的各种功能得到充分发挥,良好的人机界面设计十分重要。测试软件的人机界面友好性表现在,系统性强、各级菜单功能分明、图形文字比例合理、文字清晰等,便于使用者操作和进行数据处理。输出方式包括显示、打印和绘制曲线等,使用者可以通过不同方式的输出结果进行对比,快速获取被试品全系统当前的技术状态,快速定位故障等。

性能测试、故障诊断软件和实装模拟训练软件是电气检修车完成性能测试、故障诊断、实装训练和系统管理等功能的软件。系统以菜单的方式对电气检修车软件集中控制和显示。其中,软件功能模块具有相对的独立性,其组成如图 13-15 所示。

(1)“系统简介”功能包括:电气检修车系统概述、电气检修车组成与功能、故障诊断专家系统的使用等。

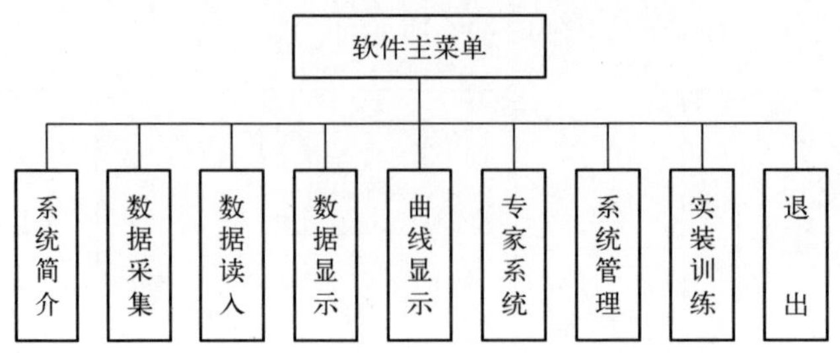

图 13-15 典型测试数据处理软件系统组成图

(2) “数据采集”功能包括:引导系统进入“数据采集”功能,实时采集自行弹炮结合武器总线网络数据等。

(3) “数据读入”功能包括:读入“数据采集”的自行弹炮结合武器总线网络原始二进制数据文件,并对这些数据进行解析、分析、处理等。

(4) “数据显示”功能包括:显示所有处理后的数据等。

(5) “专家系统”功能包括:引导系统进入“故障诊断专家系统”功能,内容有原理诊断、经验诊断、查看诊断报告等。

(6) “系统管理”功能包括:引导系统进入“系统管理”功能,进行故障记录、维修记录和备件管理等。

(7) “实装训练”功能包括:引导系统进入“实装训练”功能等。自行弹炮结合武器进入实装训练时,在电气检修车上可进行航路选择,一般可设有 10 条模拟航路。

13.4.2 总体测试数据处理方法

13.4.2.1 测试数据分类

自行弹炮结合武器典型测试内容见表 13-1。

表 13-1 自行弹炮结合武器典型数据格式

序号	数据名称	符号	所属单体	单位
1	时间序号	CB	同步时统装置	ms
2	伺服方位	β_t	稳定跟踪伺服	mil
3	伺服高低	ε_t	稳定跟踪伺服	mil
4	火控方位	β_{tc}	火控机	mil
5	火控高低	ε_{tc}	火控机	mil
6	火控距离	D	火控机	m
7	弹丸飞行时间	t_f	火控机	s

（续）

序　号	数据名称	符　号	所属单体	单　位
8	目标高度	H	火控机	m
9	目标速度	V_x	火控机	m/s
10	电视方位取差	β_{TV}	视频取差器	(°)
11	电视高底取差	$\Delta\varepsilon_{TV}$	视频取差器	(°)
12	红外方位取差	$\Delta\beta_{IR}$	视频取差器	(°)
13	红外高低取差	$\Delta\varepsilon_{IR}$	视频取差器	(°)
14	跟踪雷达距离	D_R	视频取差器	m
15	跟踪雷达方位误差	$\Delta\beta_R$	视频取差器	mil
16	跟踪雷达高低误差	$\Delta\varepsilon_R$	视频取差器	mil
17	搜索雷达距离	D_S	搜索雷达	m
18	搜索雷达方位误差	$\Delta\beta_S$	搜索雷达	(°)
19	搜索雷达高低误差	$\Delta\varepsilon_S$	搜索雷达	(°)
20	激光距离	D_L	激光测距机	m
21	目标高度	H_S	搜索雷达	m
22	航向角度	K	导航姿态	mil
23	横摇角度	ψ	导航姿态	mil
24	纵摇角度	θ	导航姿态	mil
25	武器平台速度	V_c	导航姿态	m/s
26	炮塔方位	β_{pt}	随动系统	mil
27	随动方位	β_{sp}	随动系统	mil
28	随动高低	ε_{sp}	随动系统	mil
29	随动方位误差	$\Delta\beta_{sp}$	随动系统	mil
30	随动高低误差	$\Delta\varepsilon_{sp}$	随动系统	mil
31	炮口初速	V_o	炮口初速测量装置	m/s
32	同步绝对时标	t	卫星导航定位信息接收装置	ms
33	导弹距离	D_D	导弹分系统	m
34	导弹制导方位	β_{DS}	导弹分系统	mil
35	导弹制导高低	ε_{DS}	导弹分系统	mil
…	…	…	…	…

13.4.2.2 跟踪精度处理

跟踪精度测试是指用于测量自行弹炮结合武器目标跟踪设备跟踪精度的测试。主要测试内容包括：目标坐标真值的获取，自行弹炮结合武器目标坐标测量值获取以及跟踪精度测试结果的统计处理等。

1. 目标坐标真值的获取

获取目标真值的传统方法是采用精测雷达或光电径纬仪；其优点是测量精度比较高，缺点是通常只能进行事后处理，而且处理速度比较慢。

随着技术进步，出现了可在目标机上安装的空间坐标测试设备，实时测量目标空间坐标；一般来说，此类设备的测量精度没有传统的方法高，但是处理速度比传统的方法快。真值数据结构见表13-2，其中，第1列为绝对时标，第2~4列为直角坐标系的三坐标量x、y、z，第5列为有效标志(1为有效，0为无效)。

表13-2 自行弹炮结合武器目标现在点真值数据

时 标	距 离	高 低 角	方 位 角	有效标志
14,16,23,100	-16723.16	996.66	2985.32	1
14,16,23,200	-16701.03	996.68	2980.85	1
14,16,23,300	-16677.62	996.76	2976.39	1
14,16,23,400	-16656.69	996.70	2971.65	1
14,16,23,500	-16634.57	996.84	2967.34	1
14,16,23,600	-16612.73	996.81	2962.84	1
14,16,23,700	-16589.92	996.87	2958.14	1
14,16,23,800	-16567.41	996.93	2953.67	1
14,16,23,900	-16545.16	997.00	2949.30	1
14,16,24,000	-16522.27	997.02	2944.65	1
14,16,24,100	-16501.23	997.14	2940.20	1
14,16,24,200	-16477.62	997.02	2935.31	1
14,16,24,300	-16456.77	997.29	2931.08	1
14,16,24,400	-16434.74	997.35	2926.46	1
14,16,24,500	-16411.76	997.43	2921.95	1
14,16,24,600	-16389.69	997.57	2917.28	1
14,16,24,700	-16367.58	997.64	2912.87	1
14,16,24,800	-16344.64	997.61	2908.25	1
14,16,24,900	-16322.95	997.70	2903.93	1

2. 自行弹炮结合武器目标坐标测量值获取

录取自行弹炮结合武器目标跟踪设备探测的目标现在点坐标的传统方法是直接从有关分系统和单体采集有关的模拟信号、数字信号,然后进行转换和处理;其优点是比较直接,缺点是采集接口多、采集系统硬件复杂、灵活性差。

自行弹炮结合武器采用总线技术后,可以从系统总线网络上直接采集数字量数据;其优点是采集接口集中、简洁,采集的信息量大、灵活性好。目标坐标测量数据结构参见表 13-3。

表 13-3　自行弹炮结合武器目标现在点测量数据

文件名:D:\0-070821动飞设计定型试验_2号炮\停止间原始数据\H20070821.101

同步时统	伺服方位	伺服高低	火控方位	火控高低	火控距离	弹飞时间	炮塔方位	跟踪距离	指令给予	指令内容
4710	5985.2	239.8	5985.2	240.4	4419.	7.116	5983.9	4416.		
4711	5985.3	240.1	5985.3	240.7	4416.	7.103	5983.9	4411.		
4712	5985.3	240.2	5985.3	240.9	4411.	7.091	5984.1	4407.		
4713	5985.5	240.4	5985.4	241.1	4407.	7.079	5984.2	4402.		
4714	5985.7	240.6	5985.5	241.3	4402.	7.066	5984.2	4397.		
4715	5986.0	241.1	5985.6	241.5	4397.	7.054	5984.3	4393.		
4716	5986.1	241.2	5985.7	241.8	4393.	7.042	5984.5	4388.		
4717	5986.2	241.5	5985.8	242.0	4388.	7.029	5984.6	4385.		
4718	5986.2	241.5	5985.9	242.2	4385.	7.017	5984.7	4381.		
4719	5986.3	241.7	5986.0	242.4	4381.	7.005	5984.8	4377.		
4720	5986.4	242.0	5986.1	242.6	4377.	6.993	5984.9	4372.		
4721	5986.4	242.2	5986.2	242.8	4372.	6.981	5985.0	4368.		
4722	5986.6	242.4	5986.3	243.1	4368.	6.968	5985.2	4364.		
4723	5986.7	242.7	5986.3	243.3	4364.	6.956	5985.3	4361.		
4724	5986.8	242.9	5986.5	243.5	4361.	6.944	5985.3	4356.		
4725	5986.9	243.1	5986.6	243.7	4356.	6.932	5985.5	4352.		
4726	5987.0	243.4	5986.7	244.0	4352.	6.920	5985.6	4347.		
4727	5987.1	243.6	5986.8	244.2	4347.	6.907	5985.8	4343.		
4728	5987.3	243.8	5986.9	244.4	4343.	6.895	5985.9	4338.		
4729	5987.4	244.4	5987.0	244.6	4338.	6.883	5986.0	4334.		
4730	5987.5	244.5	5987.1	244.8	4334.	6.871	5986.2	4331.		
4731	5987.7	244.7	5987.3	245.1	4331.	6.858	5986.3	4327.		
4732	5987.8	245.0	5987.4	245.3	4327.	6.846	5986.3	4323.		
4733	5987.8	245.0	5987.4	245.5	4323.	6.834	5986.4	4320.		
4734	5987.9	245.3	5987.5	245.7	4320.	6.822	5986.5	4316.		
4735	5988.0	245.5	5987.6	245.9	4316.	6.809	5986.6	4313.		
4736	5988.1	245.6	5987.7	246.2	4313.	6.797	5986.7	4309.	广播命令	战斗模式
4737	5988.3	245.9	5987.9	246.5	4309.	6.785	5986.8	4305.		
4738	5988.5	246.1	5988.0	246.6	4305.	6.773	5986.9	4300.		
4739	5988.5	246.4	5988.1	246.9	4300.	6.761	5987.0	4296.		
4740	5988.6	246.6	5988.2	247.1	4296.	6.749	5987.1	4292.		
4741	5988.7	246.8	5988.3	247.4	4292.	6.737	5987.2	4289.		
4742	5988.8	247.1	5988.5	247.6	4289.	6.725	5987.2	4285.		
4743	5989.0	247.6	5988.5	247.8	4285.	6.714	5987.3	4280.		
4744	5989.1	247.8	5988.6	248.0	4280.	6.702	5987.3	4277.		
4745	5989.2	248.0	5988.7	248.3	4277.	6.690	5987.4	4272.		
4746	5989.3	248.3	5988.9	248.5	4272.	6.679	5987.4	4268.		
4747	5989.2	248.3	5989.0	248.8	4268.	6.667	5987.4	4265.		
4748	5989.3	248.6	5989.1	248.9	4265.	6.656	5987.5	4258.		
4749	5989.3	248.8	5989.2	249.2	4258.	6.644	5987.6	4253.		
4750	5989.4	249.0	5989.4	249.4	4253.	6.633	5987.6	4248.		
4751	5989.5	249.3	5989.5	249.7	4248.	6.621	5987.7	4244.		
4752	5989.6	249.5	5989.6	249.9	4244.	6.609	5987.8	4240.		
4753	5989.7	249.8	5989.6	250.1	4240.	6.598	5987.9	4236.		
4754	5989.7	249.9	5989.8	250.4	4236.	6.586	5988.0	4232.		
4755	5989.8	250.2	5989.9	250.6	4232.	6.575	5988.1	4228.		
4756	5989.9	250.4	5990.0	250.9	4228.	6.564	5988.2	4224.		

选择

- ☑ 伺服方位　☐ 炮口初速
- ☑ 伺服高低
- ☐ 方位误差　☑ 指令给予
- ☐ 高低误差　☑ 指令内容
- ☑ 跟踪距离
- ☐ 跟踪方位
- ☐ 跟踪高低
- ☐ 斜距离
- ☐ 搜索方位
- ☐ 搜索高低
- ☐ 目标速度
- ☐ 激光距离
- ☑ 炮塔方位
- ☐ 受信方位
- ☐ 受信高低
- ☐ 方位误差
- ☐ 高低误差
- ☑ 火控方位
- ☑ 火控高低
- ☑ 火控距离
- ☑ 弹飞时间
- ☐ 目标高度
- ☐ 目标速度
- ☐ 电视方位
- ☐ 电视高低
- ☐ 红外方位
- ☐ 红外高低
- ☐ 航向角度
- ☐ 纵摇角度
- ☐ 横滚角度

显示数据　打印数据

3. 跟踪精度测试结果的统计处理

跟踪精度测试结果的统计处理的工作集中在以下几方面:一是目标坐标真值和测量值坐标变换处理;二是计算航路弯曲度并根据弯曲度对航路上的野点或不合格航路进行剔除;三是根据要求的采样密度对目标坐标真值和测量值进行插值;四是按照数理统计方法进行统计运算。

1) 跟踪精度一次差计算

一次差计算公式:

$$\Delta X_i = X_i - X_{zi} \tag{13-16}$$

式中　ΔX_i——一次差;

X_i——被试设备输出诸元实测值;

ΔX_{zi}——真值。

由于真值一般为 100ms 一组数据，而自行弹炮结合武器一般为每 20ms 一组数据，动态飞行时，根据自行弹炮结合武器跟踪目标的有效时刻在以上数据列中进行插值得到某一时刻的真值数据。经过直角坐标到球坐标的转换即得到跟踪时刻车体坐标系的距离真值、方位真值和高低真值，再与自行弹炮结合武器跟踪系统在此时刻的实测值进行一次差计算。进行距离、方位角和高低角分解后，可表示为

$$\begin{cases}\Delta D = D_t - D \\ \Delta\beta = \beta_t - \beta \\ \Delta\varepsilon = \varepsilon_t - \varepsilon\end{cases} \tag{13-17}$$

其中，D_t、β_t、ε_t 分别为某跟踪时刻的距离真值、方位真值和高低真值，D、β、ε 分别为同一时刻自行弹炮结合武器跟踪系统的输出的距离、方位角和高低角，ΔD、$\Delta\beta$、$\Delta\varepsilon$ 分别为同一时刻的距离、方位和高低误差。

2）精度结果统计方法

（1）有效航次数准备。首先根据试验要求，进行有效航次数准备，一般为 15~20 条。在航路数据中，提取真值、实测值完整的航路。

（2）确定各航次数据范围。确定统计区间的长度（秒），从航路捷径向前划分区间，确定统计的起点和终点。

（3）误差数据分段。根据误差特性变化的平稳性分段。经过以上处理，得到参加数据处理的误差矩阵

$$\begin{bmatrix}\Delta X_{11} & \cdots & \Delta X_{1}n \\ \vdots & & \vdots \\ \Delta X_{N1} & \cdots & \Delta X_{Nn}\end{bmatrix} \tag{13-18}$$

式中　j——航次序号，$j=1,2,3,\cdots,N$。

经过数据处理准备工作后，可进行代表精度的瞬时系统误差、区段系统误差、航前系统误差和全航路系统误差的求取，以及瞬时均方误差、区段均方误差、航前均方误差和全航路均方误差的求取。

13.4.2.3　火控精度处理

火控精度测试是指用于测量自行弹炮结合武器火控计算机射击诸元解算精度的测试。主要测试内容包括：火控射击诸元真值求取；自行弹炮结合武器火控射击诸元录取以及火控精度测试结果的统计处理等。

1. 高炮火控射击诸元真值求取

火控射击诸元真值求取通常是根据预处理后的目标真值，采用逆解法求取。求取射击诸元真值时，外弹道数据以射表为准。

获得目标真值的航迹之后，利用逆解法确定目标射击诸元真值，为检验自行弹炮结合武器火控系统精度做好准备。参见图 13-16，逆解法确定射击诸元的方法是：把

航路上 Mk′点作为命中点,在已知命中点的斜距离和高低角后,查询高炮射表数据文件,通过插值得到未来点的射角及弹丸飞行时间,该射角即为未来点高射角,命中点的方位角即为未来点方位角,沿着航路向前推一个弹丸飞行时间找到航路上对应的 M_k 点,M_k 与 $M_k{}'$构成了航路上现在点与未来点一一对应的序列:

$$\begin{bmatrix} M_1 & M_2 & \cdots & M_k \\ M_1' & M_2' & \cdots & M_k' \end{bmatrix} \tag{13-19}$$

根据指定的 $N_1,N_2,\cdots,N_k$,按以上对应关系插值出 $N_1',N_2',\cdots,N_k'$,这就是射击诸元真值。再进行坐标变换,将其变换为自行弹炮结合武器的车体坐标。

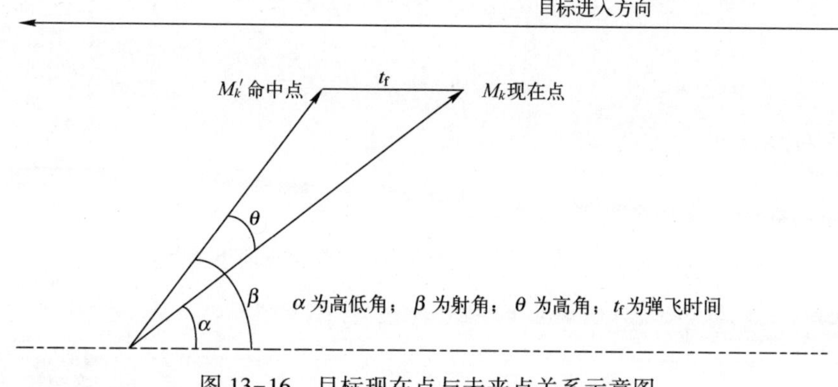

图 13-16　目标现在点与未来点关系示意图

2. 高炮火控射击诸元录取

自行弹炮结合武器采用总线技术后,可以从系统总线网络上直接采集火控射击诸元数据,并转换成为数据处理所需要的格式。

3. 火控精度测试结果的统计处理

火控精度测试结果的统计处理,包括一次差计算、精度结果统计等。

13.4.2.4　行进间作战数据处理

自行弹炮结合武器在行进间工作时,数据采集可以采用以下的方法:一是在自行弹炮结合武器上采用可移动的数据采集装置,将行进间工作的数据录取后存储下来,供事后处理;二是采用无线数据发送装置,将录取的数据实时发送到车外,通过车外数据接收装置采集、存储数据,供事后处理。

自行弹炮结合武器行进间工作数据处理、统计方法与停止间相同,在此不再赘述。

13.4.2.5　测试数据处理结果

自行弹炮结合武器测试结果数据文本方式输出如图 13-17 所示,自行弹炮结合武器测试结果曲线显示如图 13-18 所示。

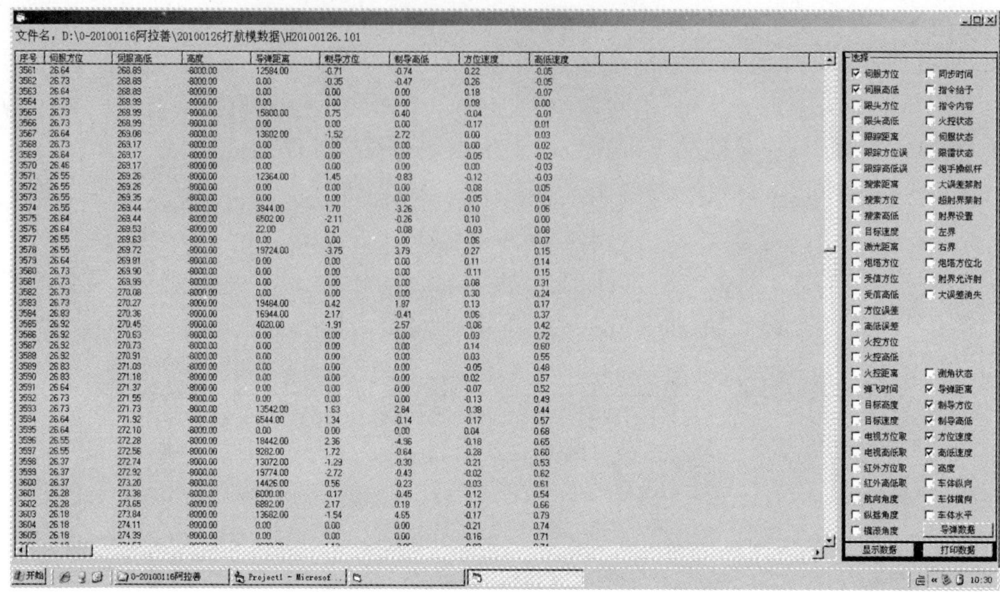

文件名：D:\0-20100116阿拉善\20100126打航模数据\H20100126.101

序号	伺服方位	伺服高低	高度	导弹距离	制导方位	制导高低	方位速度	高低速度
3561	26.64	268.89	-8000.00	12584.00	-0.71	-0.74	0.22	-0.05
3562	26.73	268.89	-8000.00	0.00	-0.35	-0.47	0.26	-0.05
3563	26.64	268.89	-8000.00	0.00	0.00	0.00	0.18	-0.07
3564	26.73	268.99	-8000.00	0.00	0.00	0.00	0.08	0.00
3565	26.73	268.99	-8000.00	15800.00	0.75	0.40	-0.04	-0.01
3566	26.73	268.99	-8000.00	0.00	0.00	0.00	-0.17	0.01
3567	26.64	269.08	-8000.00	13602.00	-1.52	2.72	0.00	0.03
3568	26.73	269.17	-8000.00	0.00	0.00	0.00	0.00	0.02
3569	26.64	269.17	-8000.00	0.00	0.00	0.00	-0.05	-0.02
3570	26.46	269.17	-8000.00	0.00	0.00	0.00	0.00	-0.03
3571	26.55	269.26	-8000.00	12364.00	1.45	-0.83	-0.12	-0.03
3572	26.55	269.26	-8000.00	0.00	0.00	0.00	-0.08	0.05
3573	26.55	269.35	-8000.00	0.00	0.00	0.00	-0.05	0.04
3574	26.55	269.44	-8000.00	3944.00	1.70	-3.26	0.10	0.06
3575	26.64	269.44	-8000.00	6502.00	-2.11	-0.26	0.10	0.00
3576	26.64	269.53	-8000.00	22.00	0.21	-0.08	-0.03	0.08
3577	26.55	269.63	-8000.00	0.00	0.00	0.00	0.06	0.07
3578	26.55	269.72	-8000.00	19724.00	-3.75	3.79	0.27	0.15
3579	26.64	269.81	-8000.00	0.00	0.00	0.00	0.11	0.14
3580	26.73	269.90	-8000.00	0.00	0.00	0.00	-0.11	0.15
3581	26.73	269.99	-8000.00	0.00	0.00	0.00	0.08	0.31
3582	26.73	270.08	-8000.00	0.00	0.00	0.00	0.30	0.24
3583	26.73	270.27	-8000.00	19484.00	0.42	1.87	0.13	0.17
3584	26.83	270.36	-8000.00	16944.00	2.17	-0.41	0.06	0.37
3585	26.92	270.45	-8000.00	4020.00	-1.91	2.57	-0.06	0.42
3586	26.92	270.63	-8000.00	0.00	0.00	0.00	0.03	0.72
3587	26.92	270.73	-8000.00	0.00	0.00	0.00	0.14	0.60
3588	26.92	270.91	-8000.00	0.00	0.00	0.00	0.03	0.55
3589	26.83	271.09	-8000.00	0.00	0.00	0.00	-0.05	0.48
3590	26.83	271.18	-8000.00	0.00	0.00	0.00	0.02	0.57
3591	26.64	271.37	-8000.00	0.00	0.00	0.00	-0.07	0.52
3592	26.73	271.55	-8000.00	0.00	0.00	0.00	-0.13	0.49
3593	26.73	271.73	-8000.00	13542.00	1.63	2.84	-0.38	0.44
3594	26.64	271.92	-8000.00	6544.00	1.34	-0.14	-0.17	0.57
3595	26.64	272.10	-8000.00	0.00	0.00	0.00	0.04	0.68
3596	26.55	272.28	-8000.00	18442.00	2.36	-4.96	-0.18	0.65
3597	26.55	272.56	-8000.00	9282.00	1.72	-0.64	-0.28	0.60
3598	26.37	272.74	-8000.00	13072.00	-1.29	-0.30	-0.21	0.53
3599	26.37	272.92	-8000.00	19774.00	-2.72	-0.43	-0.02	0.62
3600	26.37	273.20	-8000.00	14426.00	0.56	-0.23	-0.03	0.61
3601	26.28	273.38	-8000.00	6000.00	-0.17	-0.45	-0.12	0.54
3602	26.28	273.65	-8000.00	6882.00	2.17	0.18	-0.17	0.66
3603	26.18	273.84	-8000.00	13682.00	-1.54	4.65	-0.17	0.79
3604	26.18	274.11	-8000.00	0.00	0.00	0.00	-0.21	0.74
3605	26.18	274.39	-8000.00	0.00	0.00	0.00	-0.16	0.71

图 13-17 自行弹炮结合武器数据显示界面示意图

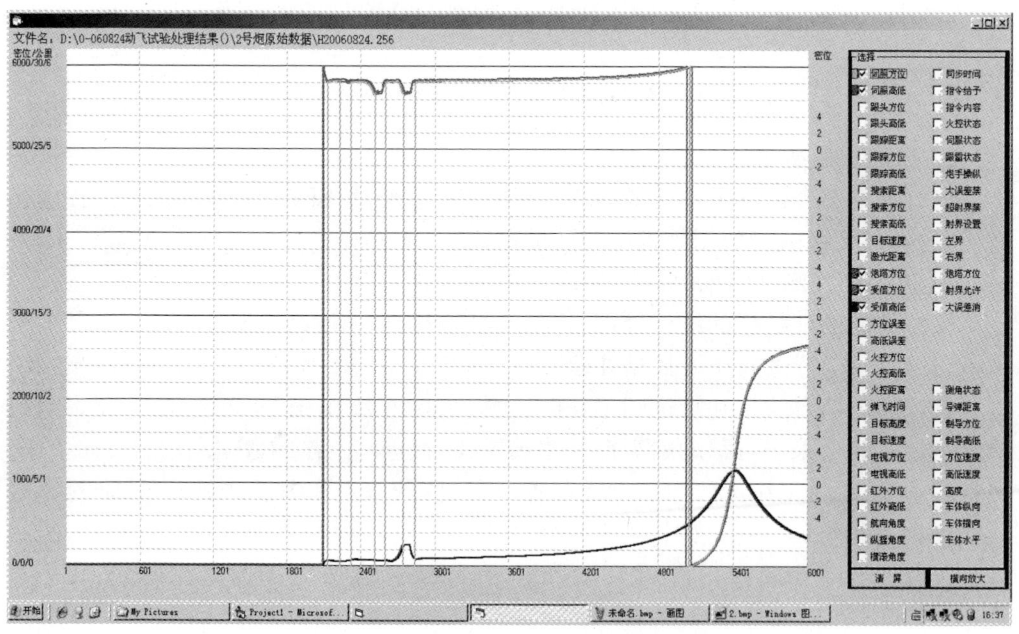

图 13-18 自行弹炮结合武器曲线显示界面示意图

第 14 章　试验和鉴定与评估

武器装备试验和评价是一门综合技术，由于武器装备类型、试验类型等差异，试验方式、方法千差万别。我国武器装备的发展经历了从无到有、从小到大、从仿制到自主研制、从简单落后到复杂先进的历程，与武器装备研制密切相关的试验技术也经历了类似的发展过程。与此同时，涉及有关武器系统试验和评价的专业书籍也陆续出版了一些，其中对武器装备单项试验和静态试验有比较全面的描述，尤其是对传统的试验和评价技术进行了比较详细的介绍。

鉴于本书的编写指导思想是以总体为主，加上篇幅限制，本章将以常规武器装备中自行弹炮结合武器性试验和评价技术应用为主，突出特有技术和总体技术，所阐述的试验和评价技术既适用于武器系统研制阶段的性能摸底试验和鉴定试验，大部分也适用于设计定型试验。

14.1　寻北和导航试验与评价

自行弹炮结合武器在处理战场态势信息和空情信息时，需要导航和定位信息的参与。因此，自行弹炮结合武器的作战装备一般都配备了导航目标定位装置。

自行弹炮结合武器的导航定位装置早期采用纯惯性导航定位方式，后来出现了采用卫星导航定位方式，目前大部分是将前两者结合形成复合导航方式。卫星导航定位系统通过接收导航卫星(中国“北斗”或美国的 GPS 或俄罗斯 GLONASS)信号，直接获得定位信息，在通过解算得到导航信息，相对来说比较方便；其缺点是完全依赖卫星信号，当无卫星信号或信号较弱时不能使用。惯性导航系统是不依赖于任何外界参考的完全自主式系统，正是因为惯性导航系统的这种优势，使其在自行弹炮结合武器中不可缺少。惯性导航系统的缺点是随时间的推移，导航定位的积累误差会越来越大，此积累误差可以通过卫星导航系统进行修正。

因为卫星导航定位系统的标定和试验方法相对来说比较简单，所以本节重点研究惯性导航定位系统的试验和评价技术。

14.1.1　寻北试验

寻北试验分为寻北精度试验和寻北时间试验。

寻北精度试验包括水平和倾斜状态下重复性精度和全方位精度。将自寻北航向仪固定在水平(或6°倾斜)转接框架上,转接框架固定在多齿分度台上。开机寻北,计算出某个初始角(假定为车轴方向)相对于北向的方位角。测试6次,计算重复性精度。改变分度台的刻度(每次转动60°),转动一圈,测量一组数据。每个位置的方位角理论上应相差60°。试验数据减去理论偏差值,计算标准偏差,就得到寻北测量精度。

在寻北精度试验过程中,按下寻北开机键之后,启动秒表计时。显示出寻北数据之后,停止计时。秒表记录的时间即为寻北时间。

14.1.2 航向保持试验

航向保持精度分静态精度和动态精度。

自寻北航向仪开机,寻北完成后进入航向保持状态,记录航向值。计时不小于0.5h,再次记录航向值。航向值差值与时间的比值就是静态航向保持精度。

动态精度采用跑车试验。将自寻北航向仪固定在试验车辆上,记录下寻北值和航向值,跑车约1h左右,停车后再次记录寻北值和航向值。寻北差值作为角度基准,两次航向值的差值与角度基准之差就是漂移误差角,误差角与时间的比值就是动态航向保持精度。

14.2 零飞试验与评价

自行弹炮结合武器或牵引高炮“零飞”工作方式的内涵是:高炮处于全系统工作状态,而将火控计算机输出的提前量强制“置零”。高炮在零飞方式下,采用零飞仪作为测量仪器,可以进行零飞试验。

零飞试验目前有两个主要用途,一是在无空中目标坐标真值的情况下,测试高炮全系统动态精度(不含提前量解算精度);二是测试自行弹炮结合武器射击线稳定精度。

当高炮处于对空中目标进行跟踪状态时,如果提前量为零(即处于零飞状态时),在理想状况下,火炮身管应当指向目标。但是,由于目标位置测定器,车体状况,平滑解算,火炮随动系统和其他执行机构等环节的存在误差,使得火炮身管并不是严格指向目标,而存在一定的误差,此误差就是零飞误差或零飞精度。

14.2.1 零飞试验原理

零飞试验时,光电摄像头固定在火炮身管上,其光电轴线与火炮身管轴线平行,光电摄像头随火炮身管的运动而运动,直接摄取火炮身管轴线所指空域的画面,如图14-1所示。

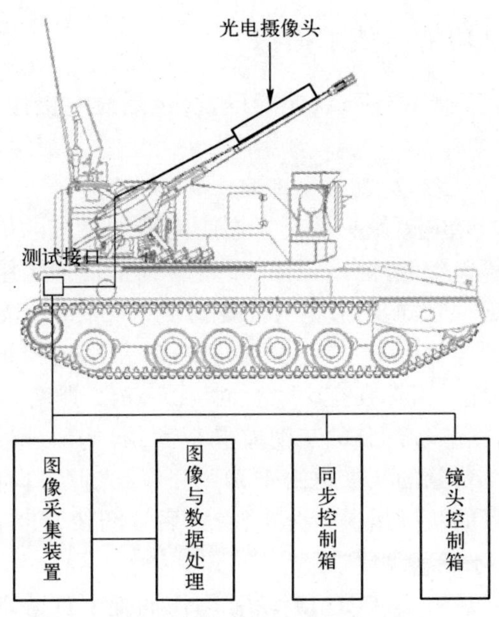

图 14-1 零飞试验原理框图

动态跟踪试验时,因为处于零飞状态(无提前量),火炮身管应当指向目标。通常,如果武器系统的跟踪精度不是很差的话,应该能通过光电测量头大视场看到目标图像。光电摄像头将空域目标画面转化成模拟视频信号,此视频信号通过视频分配器分成三路,一路连接至视频监视器,作为现场可视的图像数据;一路连接至录像机,保存模拟数据;另一路连接至图像捕捉卡,完成从视频图像信号到数字图像信息的转换,如图 14-2 所示。

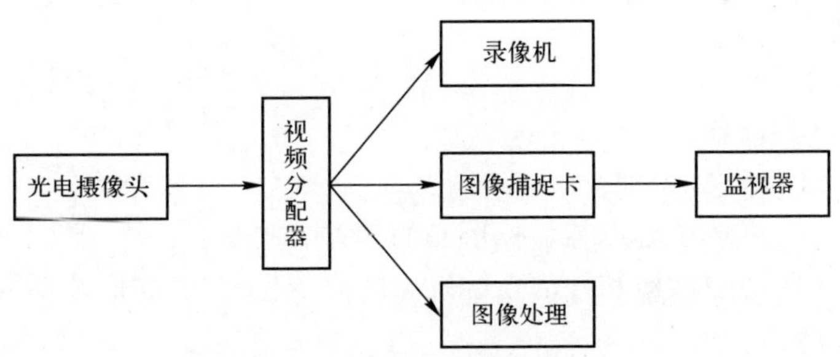

图 14-2 零飞试验视频信号传递图

计算机将数字图像信息以帧为单位构成图像文件,在本次航路采集结束时,将暂存在内存中的数据,转储到硬盘中。试验结束后,用图像学的方法对该图像数据进行处理,获得相对于视场中心的偏移量,即为火炮的零飞动态跟踪误差。

14.2.2 零飞仪功能与技术指标

零飞仪就是用来定量测试零飞误差的设备，包括光电摄像头、图像采集、图像和数据处理部分。

1. 零飞仪组成

（1）光电摄像头。光电摄像头是交互式使用维护系统的信号传感器，它主要由光学摄像头、摄像机、镜头控制部分、壳体、安装及调整机构等组成，具有较高的分辨率。光电摄像头随火炮身管同步运动，并将跟踪到的目标画面转化成视频信号。

（2）图像采集。图像捕捉卡采集光电摄像头输出的模拟视频信号，转化成数字图像信号，供计算机处理。目标在空中飞行时，由于光照强度、光照方向、飞行姿态等因素的影响，图像中目标的各部分的灰度差异很大，有的部分的亮度超过背景，有的部分的亮度弱于背景。背景的灰度也由于光照强度、光照方向的影响发生随机性的变化。通过对空中背景的灰度谱进行分析，考虑后续图像处理的要求，其灰度等级至少达到了 256 级灰度，才能满足要求。

（3）光轴校准。光学镜头、CCD 摄像头、图像捕捉卡都分别有各自的光轴中心，三者保持一致时，才能保证采集到目标图像的可靠性。当测试精度要求在 0.3mil 以上时，传统的光电校准方法已难以满足要求。在校准时，采用光学方法与计算机相结合的方法。首先，通过用图像捕捉卡靶板上的十字靶目标，精确读出十字靶的坐标；然后，根据此坐标与光电轴线中心坐标之差，校正摄像机的固定位置。该方法可以将误差限制在 1 个像素之内。

（4）图像和数据处理。图像识别处理软件采用图像处理技术所录取的目标进行处理，识别目标，并计算出目标图形形心坐标及其距视场中心最近点的坐标。在对每幅图形处理的过程中，应用了图像处理与分析中有关方面的技术。

2. 主要功能

（1）校靶功能；

（2）采集参数设置；

（3）自动/手动目标识别；

（4）自动计算视场中心点与目标形心的偏差 Δx、Δy；

（5）能够接收防空武器和外部系统发出的同步信号，根据同步信号，实现与其他设备的联动采集；

（6）能够以表格，图形的方式输出测试结果。

3. 主要技术指标

（1）跟踪距离：800～15000m（晴好天气情况下）

（2）测量精度：0.2mil

（3）采样频率：5～15 帧/s

14.2.3　零飞试验图像处理

零飞试验中,因为航路捷径、航路高度、航路方向、太阳方向、目标明暗、目标占视场比例等因素的影响,零飞仪所录取的图像情况比较复杂。如何正确处理图像、数据,获得正确的零飞误差,需要一些特殊的处理方法,这是零飞试验和评价技术的核心所在。

图像处理过程可分为四部分:图像滤波处理、图像分割、区域描述、目标识别。现将各部分原理分述如下。

14.2.3.1　图像滤波

当目标经过光电头、图像捕捉卡形成图像文件时,必然会带来一定的转化误差,再加上空间能见度和光照等周围环境的影响,目标图像上必然会带有一定的噪声和失真。为了很好地进行目标识别等后序处理,消除噪声的影响,需要对图像文件首先进行图像预处理。一是抽出对象的特征作为图像识别的特征模式;二是为适应计算机处理的要求,消除图像数字化时所带来的噪声。对滤波处理的要求有两条:一是不损坏目标图像的轮廓及边缘等重要信息;二是使目标图像清晰,视觉效果好。

(1) 中值滤波。这种方法是用某像素领域内各像素灰度级的中值来代替该像素原来的灰度级。具体来讲,若令$[f(x_i,y_j)]$代表一幅数字图像阵列,$f(x_i,y_j)$的数值代表灰度级,那么,中值滤波后得到的结果图像为$[g(x,y)]$,其中,$g(x,y)$是以(x,y)为中心的 $N \times N$ 窗口内的各像素灰度级的中间值。

$$g(x,y)=\frac{1}{n^2}\sum_{j}^{N}\sum_{i}^{N}f(x_i,y_j) \tag{14-1}$$

采用中值滤波方法,清除图像中的随机脉冲噪声非常有效。

(2) 奇偶场分离。摄像机采用的扫描方式是隔行扫描,奇场与偶场间相差20ms,因此,对于运动中的物体,奇场与偶场可能会有些错位,造成图像的模糊,从而影响了计算结果的精度。因此,将奇场与偶场分离开来,分别进行处理,求出计算结果的均值,以保证其精度。

14.2.3.2　图像分割

图像分割是指按照某些特性(如灰度级、频谱、纹理等)将图像空间划分为一些区域,在这些区域内部,其特性是相同的或者说是均匀的,两个相邻区域彼此特性则是不同的,其间存在着边缘或边界。一般情况下,图像是由具有不同灰度级的几类区域组成的,其中包括目标与背景。通常,目标与背景的像素灰度有明显的不同,图像分割的目的,就是将目标与背景分离开来。

采用逐行扫描的方法,认为图像中每一行灰度直方图的峰值点就是背景灰度。将图像中每像素的灰度与所在行的背景灰度比较,相差较小或相同的认为属于背景区域,而相差较大的认为属于目标区域,通过将其置为某一特定灰度来与背景分离开来。具体描述如下。

设 thr[j]表示第 j 行的背景灰度,$f(i,j)$ 表示像素(i,j)的灰度值,设定门限 th$l$ 和 th$h$,当:

$$f(i,j)-\text{thr}[j]>=\text{th}h \text{ 或 } f(i,j)-\text{thr}[j]<=\text{th}h \text{ 时}$$

认为该像素的灰度与背景灰度差别足够大,从而认为(i,j)在目标区域中。

14.2.3.3 区域描述

图像经过分割处理后,具有不同特性的区域将被分离。下一步的任务就是要用一系列的数字或语句对已分割的图像进行描述。

1. 膨胀与收缩

采用膨胀、收缩技术,可以减少区域描述所需要的数据量,并且使目标的形状特征更加突出。

膨胀与收缩可以这样定义:如果把和区域 S 相邻的区域$\bar{S}$中的邻点都归入 S,则称把 S 膨胀了一次,记为 S_1,经 K 膨胀后,目标区域记为 S_k。反之,如果把和$\bar{S}$相邻的 S 中的邻点都归入到$\bar{S}$,则称把 S 收缩了一次,记为 S_{-1},若经 k 收缩,目标区域记为 S_{-k}。膨胀可以消除目标中的空缺,收缩可以消除寄生的噪声点。

2. 区域标号

当图像分割为几个区域后,为了区分这个区域以便识别出目标,必须给出不同的区域加不同的标号。由于各个区域是互不连通的,而每个区域内部又是连通的。因此,对图像进行描述,将连通的区域标以相同的颜色,各区域间颜色不同,这样就完成了区域的标号。

3. 区域描述

当各区域的标号完成后,使用矩对各个区域的特性进行描述。矩的定义如下:

给定二维连续函数 $f(x,y)$,它的$(p+q)$阶混合原点矩定义为

$$\eta_{pq}=\frac{\mu_{pq}}{\mu_{00}^{r}} \tag{14-2}$$

$$m_{pq}=\int_{-\infty}^{+\infty}\int_{-\infty}^{+\infty}x^p y^q f(x,y)\,\mathrm{d}x\mathrm{d}y \tag{14-3}$$

其中,$p,q=0,1,2,\cdots$。

相应的$(p+q)$阶混合中心距可表示为

$$u_{pq}=\int_{-\infty}^{+\infty}\int_{-\infty}^{+\infty}(x-\bar{x})^p(y-\bar{y})^q f(x,y)\,\mathrm{d}x\mathrm{d}y \tag{14-4}$$

其中,$\bar{x}=\dfrac{m_{10}}{m_{00}};\bar{y}=\dfrac{m_{01}}{m_{00}}$

根据唯一性定理可知,如果 $f(x,y)$ 是分阶段连续的,且只在平面的有限部分中有非零值,那么各阶矩均存在,并且矩序列(m_{pq})(或(u_{pq}))唯一地被 $f(x,y)$ 所确定,

反之，(m_{pq})（或(u_{pq})）也唯一地确定了 $f(x,y)$。

对于数字图像：

$$u_{pq} = \sum \sum (x - \bar{x})^p (y - \bar{y})^q f(x,y) \tag{14-5}$$

用零阶中心距对其余各阶中心距进行归一化，可得到归一化中心距：

$$\eta_{pq} = \frac{u_{pq}}{u_{00}^r} \tag{14-6}$$

其中，$r=(P+q)/2$，$P+q=2,3,\cdots$。

可以证明，这个矩组对于平移、旋转和比例尺变化都具有不变性。

14.2.3.4　目标识别

当各个区域的特性被描述了之后，下一步所关心的是究竟哪个区域是所要寻找的目标。为此设置一个模板，与此模板相匹配的区域就是所寻找的目标。当第一幅图像处理结束后，手工确认目标区域作为模板，后续各幅图将自动地进行处理并与模板比较，从而识别出目标。

目标识别出来后，就可以依据已知的矩的数值，计算出它的形心坐标，并确定距离瞄准中心最近点的位置。

14.2.4　零飞试验数据处理

图像识别处理软件采用图像处理技术将一组图片中的目标识别出来，并计算出目标图形形心坐标及其距视场中心最近点在 X、Y 方向坐标。数据处理软件将图像处理出来的 ΔX、ΔY 进行统计，分别求出 X 和 Y 方向的系统误差和均方差。

图 14-3 为典型航路零飞试验处理结果数据曲线。

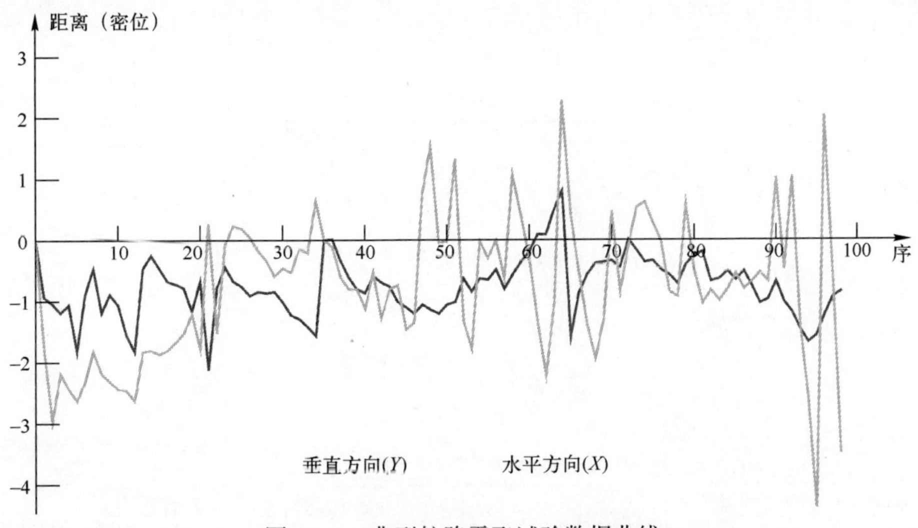

图 14-3　典型航路零飞试验数据曲线

14.3 有效射高和斜距试验与评价

14.3.1 关键要素分析

有效射高/斜距是指在规定射击条件(弹药、射角、气象、目标特性等)下,有效毁伤目标的射高/斜距。对于高射炮,要考核有效射高/斜距是否满足战术技术指标要求,就是要确定规定射距处的射弹散布和弹丸威力是否满足指标要求。因此,如何确定对空射击规定射距处弹丸速度和空靶平面上弹丸坐标是试验的关键。

传统的方法有两种:一是按有效射高/斜距的射击条件在指定空域设置空靶,用实弹摘火引信对空靶射击,测试空靶弹着点坐标,用雷达测试弹丸着靶速度;二是采用实弹时间引信,按有效射高/斜距试验的射击诸元(射角、射向、引信时间等)对空射击,测试炸点的空间坐标和时间,用雷达测试弹丸弹道速度,外推炸点速度。第一种方法,空靶设置困难,可操作性差;第二种方法,引信装定时间很难精确保证炸点正好在“空靶平面”(虚拟空靶)上。因此,上述两种方法都不是理想的有效射高/斜距试验方法。这里提出一种不需要设置空靶、只需测试弹道和速度数据的虚拟空靶有效射高/斜距试验新方法。

14.3.2 试验条件确定

依据武器系统的作战对象、作战空域和射界确定有效射击空域,并确定有效射高和斜距的考核条件。SW 自行弹炮结合武器高炮有效射击空域如图 14-4 所示。对空射击试验弹道与空靶交点见图 14-5。

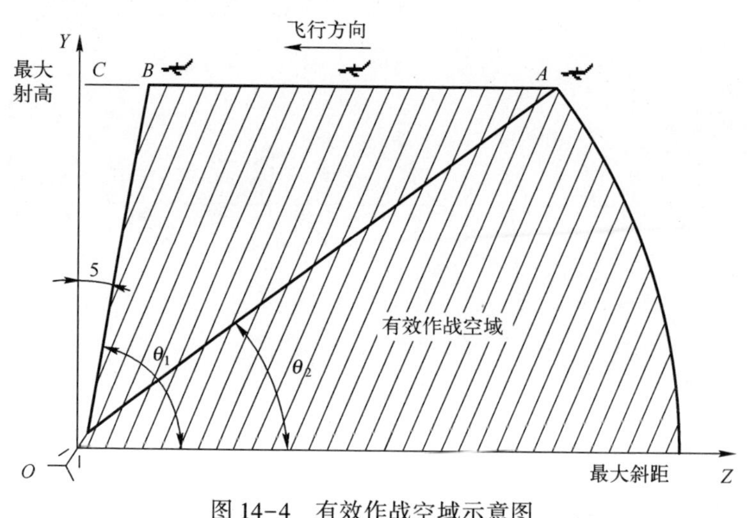

图 14-4 有效作战空域示意图

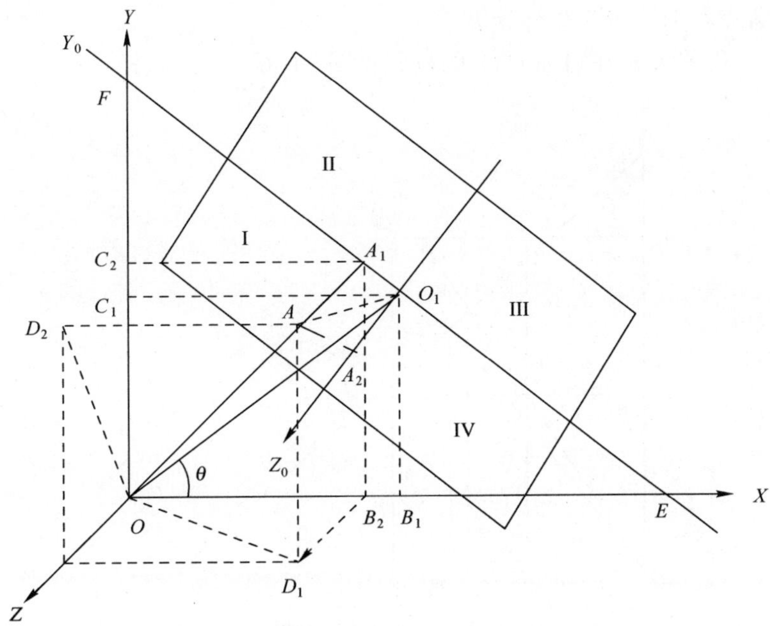

图 14-5　对空射击弹道与虚拟空靶交点图

图 14-5 中，O 为坐标系 $OXYZ$ 的原点，也是炮口位置，OX 为射击方向，OY 为射高方向，OZ 为与射向 OX 垂直的水平方向，OXY 为射面，OO_1 为射线，射角为 θ，π 为射距 $OO_1=L$ 的虚拟空靶平面，O_1 为射线 OO_1 与 π 平面的交点，其坐标为$(L\cos\theta, L\sin\theta, 0)$；$A$ 为弹道 OA 与平面 π 的交点，其空间坐标为(x', y', z')，需计算得到；设 A 在 π 平面上坐标系 $O_1Y_0Z_0$ 的坐标为(y_0, z_0)。

14.3.3　对空密集度计算方法

要计算对空密集度，必须获得空靶弹着点 A 的空间坐标(x_p, y_p, z_p)，然后将其换算为空靶平面坐标系 $O_1Y_0Z_0$ 的坐标为(y_0, z_0)。

14.3.3.1　空靶弹着点空间点坐标的计算

1. 空靶平面方程

根据点法式可求得平面 π 的平面方程。平面 π 过点 O_1，坐标为$(L\cos\theta, L\sin\theta, 0)$，射线 OO_1 为平面法线，其方向为$(L\cos\theta, L\sin\theta, 0)$，则平面 π 的平面方程为

$$L\cos\theta(x-L\cos\theta)+L\sin\theta(y-L\sin\theta)=0 \tag{14-7}$$

化简上式即有

$$x\cos\theta+y\sin\theta-L=0 \tag{14-8}$$

式(14-8)也是直线 EF 的直线方程。

2. 弹着点空间坐标计算

可利用文献[1]中提供插值方法确定弹着点的空间坐标。

1）弹着点在射面投影坐标计算

弹道 OA 和平面 π 在射面 OXY 的投影见图 14-6。

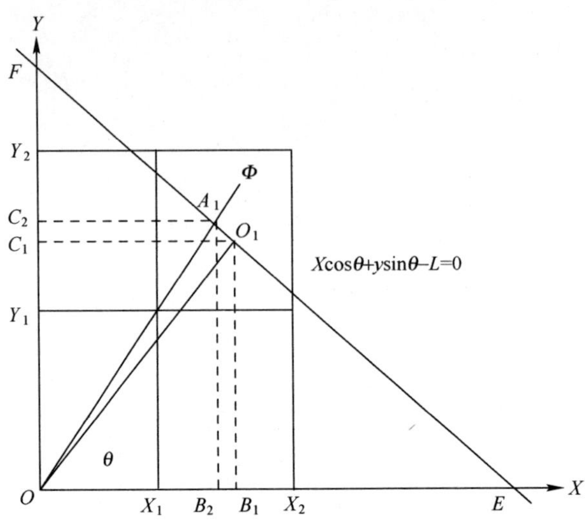

图 14-6　弹道射面投影与空靶投影的交点

图 14-6 中，OA_1 是 OA 的投影，直线 EF 是平面 π 的投影。

选取弹道 OA_1 与直线 EF 交点 A_1 附近邻域：$\begin{cases} X\in(X_1,X_2) \\ Y\in(Y_1,Y_2) \end{cases}$ 的弹道数据，采用 B 样条函数拟合弹道，得到样条函数

$$S=spapi(k,x,y) \tag{14-9}$$

式中　k 是 B 样条的阶数，一般选择 $k=4,5$ 能得到较好的插值效果。

则弹道插值函数

$$y_p=fnval(\boldsymbol{S},x_p) \tag{14-10}$$

其中，$x_p\in(X_1,X_2)$。

直线 EF 对应值：

$$y_p'=\frac{L-x_p\cos\theta}{\sin\theta} \tag{14-11}$$

当 $y_p=y_p'$ 时，点 (x_p,y_p) 即为空靶弹着点 A 在射面 OXY 投影 A_1 的坐标。

2）弹着点 Z 向坐标计算

$$z_p=\mathrm{griddata}(X,Y,Z,x_p,y_p,\text{'v4'}) \tag{14-12}$$

式中　(X,Y,Z) 为弹道坐标的样本点，为向量；$v4$ 为插值算法。

14.3.3.2　空靶弹着点坐标计算

当 $z_p>0$，且 $x_p<L\cos\theta$，$y_p>L\sin\theta$，A 点在 Ⅰ 象限；当 $z_p<0$，且 $x_p<L\cos\theta$，$y_p>L\sin\theta$，A

点在Ⅱ象限；当 $z_p<0$，且 $x_p>L\cos\theta$，$y_p<L\sin\theta$，A 点在Ⅲ象限；当 $z_p>0$，且 $x_p>L\cos\theta$，$y_p<L\sin\theta$，A 点在Ⅳ象限。

1. 在Ⅰ象限坐标计算

弹丸在空靶平面 π 上的坐标见图 14-5，点 A 到 O_1 的距离可以用空间坐标系中的点与点间距离和平面 π 上坐标系 $O_1Y_0Z_0$ 的点与点间距离表示：

$$\sqrt{(x_p-L\cos\theta)^2+(y_p-L\sin\theta)^2+z_p^2}=\sqrt{y_0^2+z_0^2} \tag{14-13}$$

由于 $z_p=z_0$，由式(14-13)解得

$$y_0=\sqrt{(x_p-L\cos\theta)^2+(y_p-L\sin\theta)^2} \tag{14-14}$$

于是 A 点在坐标系 $O_1Y_0Z_0$ 的坐标为

$$\left(\sqrt{(x_p-L\cos\theta)^2+(y_p-L\sin\theta)^2},z_p\right)$$

2. 在Ⅱ象限坐标计算

弹丸在空靶平面 π 上的坐标见图 14-7。

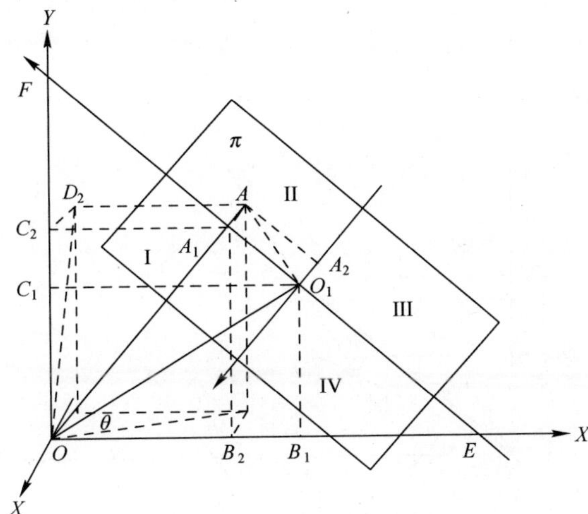

图 14-7　弹道在空靶平面Ⅱ象限上坐标

A 点在坐标系 $O_1Y_0Z_0$ 的坐标为

$$\left(\sqrt{(x_p-L\cos\theta)^2+(y_p-L\sin\theta)^2},z_p\right)。$$

3. 在Ⅲ象限坐标计算

弹丸在空靶平面 π 上的坐标如图 14-8 所示。

A 点在坐标系 $O_1Y_0Z_0$ 的坐标为

$$\left(-\sqrt{(x_p-L\cos\theta)^2+(y_p-L\sin\theta)^2},z_p\right)。$$

4. 在Ⅳ象限坐标计算

弹丸在空靶平面 π 上的坐标如图 14-9 所示。

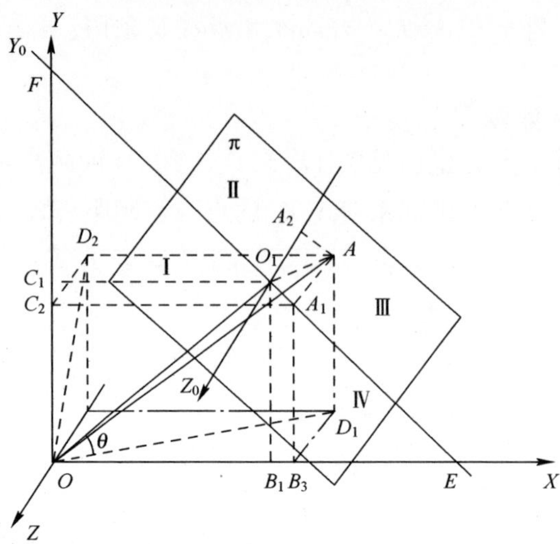

图 14-8　弹道在空靶平面 III 象限上坐标

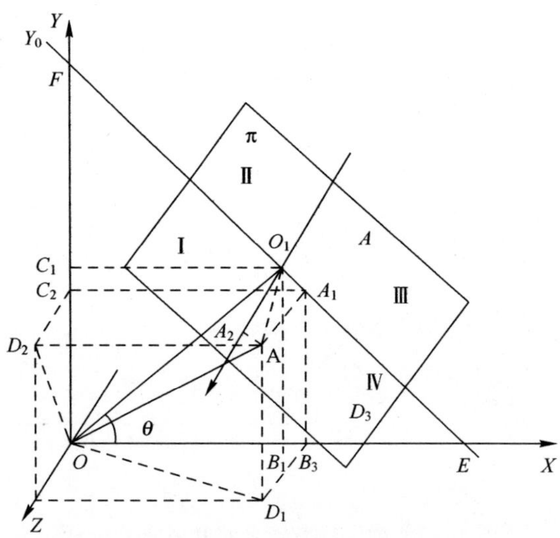

图 14-9　弹道在空靶平面 IV 象限上坐标

A 点在坐标系 $O_1Y_0Z_0$ 的坐标为$(-\sqrt{(x_p-L\cos\theta)^2+(y_p-L\sin\theta)^2},z_p)$。

5. 对空密集度计算

在求得空靶弹着点坐标(y_{0i},z_{0i})后,根据下式计算对空密集度:

$$\begin{cases} E_{y0}=0.6745\sqrt{\dfrac{1}{n}\sum\limits_{i=1}^{n}(y_{0i}-\bar{y}_0)^2} \\ E_{z0}=0.6745\sqrt{\dfrac{1}{n}\sum\limits_{i=1}^{n}(z_{0i}-\bar{z}_0)^2} \end{cases} \tag{14-15}$$

其中，$\bar{y}_0 = \frac{1}{n}\sum_{i=1}^{n} y_{0i}$，$\bar{z}_0 = \frac{1}{n}\sum_{i=1}^{n} z_{0i}$。

14.3.4　弹丸存速计算方法

首先，依据弹道数据(X,Y,Z)确定弹道与空靶的交点的坐标(X_p,Y_p,Z_p)，然后根据弹道数据采用下述公式插值求得弹丸飞行时间 t_p：

$$t_p = \mathrm{fnval}(S_t, x_p) \tag{14-16}$$

其中，S_t 为 B 样条函数，$S_t = \mathrm{spapi}(k, X, T)$，$X,T$ 分别为弹丸飞行纵坐标及飞行时间向量。

在获得弹丸飞行时间 t_p 后，依据弹丸速度与时间的测试数据，按下述公式插值得到 t_p 时刻的弹丸存速 V_{cp}：

$$V_{cp} = \mathrm{fnval}(S_{V_{cp}}, t_{\mathrm{p}}) \tag{14-17}$$

式中　$S_{V_{cp}}$——B 样条函数，$S_{V_{cp}} = \mathrm{spapi}(k, V_{\mathrm{c}}, T)$，其中，$V_{V_{\mathrm{c}}}$，$T$ 分别为弹丸速度及飞行时间向量。

弹丸存速均值和中间误差计算

$$\bar{V}_{\mathrm{c}} = \frac{1}{n}\sum_{i=1}^{n} V_{\mathrm{cp}i} \tag{14-18}$$

$$E_{V_{\mathrm{c}}} = 0.6745\sqrt{\frac{1}{n}\sum_{i=1}^{n}(V_{\mathrm{cp}i} - \bar{V}_{\mathrm{c}})^2} \tag{14-19}$$

14.3.5　有效射高、斜距试验方法

1. 阵地布置

将高炮架设在选定的炮位上，测速雷达布置在炮位附近，弹道相机布置在预定位置弹道的两侧，测量并记录炮位、测速雷达点位、弹道相机点位的坐标。

2. 弹道数据测量

若不具备连发全弹道速度测试能力，可先采用单发射击曳光弹，测试弹丸速度和弹道坐标，获取规定射距处的弹丸存速；然后，采用连发射击曳光弹，测试连发弹道，获取规定射距处的空靶坐标。

若具备连发全弹道速度测试能力，可采用连发射击曳光弹，测试连发弹道和弹丸速度，获取规定射距处的空靶坐标和弹丸存速。

测试要求雷达和弹道相机应有同一零时。

3. 试验数据处理

根据测得的射距处的空靶弹迹坐标或弹丸存速数据，计算对空靶密集度和弹丸存速（无全弹道弹丸存速时）。

14.4 弹道性能一致性试验与评价

14.4.1 关键要素分析

对具有携弹行军作战的自行高炮或自行弹炮结合武器和弹药运输车,携弹行驶安全性和携行前/后弹弹道性能一致性是定型试验考核的重要内容。携弹行驶安全性可根据自行高炮或自行弹炮结合武器供弹系统结构特点,配置不同弹药部件组合(假底火+药筒+发射药+弹丸、真底火+药筒+假发射药+弹丸),通过检查携行后弹药组合的底火是否有击痕、药筒和弹丸是否有损坏等做出判断。对弹道性能一致性考核目前的做法:通过对不同状态弹药(运前/运后)成组射击或交叉射击获得弹道性能试验数据,然后采用参数统计方法(F 检验、t 检验)判断弹道性能是否一致。细推敲,上述方法不尽合理,一是同一弹药的弹道性能试验数据并非来自同一总体,二是分布信息未知,而检验一致性时,却假定弹道性能试验数据分布服从正态分布。从数理统计的角度讲,无论是参数统计,还是非参数统计,数据都应随机地来自同一总体。基于上述分析,本节通过分析不同射击方式获得的弹道性能试验数据特点,提出了较为合理的弹道性能一致性检验方法。

14.4.2 弹道性能试验数据特点

1. 成组射击弹道性能试验数据特点

设第 1 组弹药弹道性能试验数据的形式为

$$X_i = X_i' - (i-1) \times \varepsilon_0 \quad i=1,\cdots,n \tag{14-20}$$

式中 X_i——第 1 组弹药第 i 发弹道性能试验数据;

X_i'——第 1 组弹药第 i 发弹道性能;

ε_0——单发弹药的弹道性能下降量。

设第 2 组弹药弹道性能试验数据的形式为

$$Y_i = Y_i' - (i-1) \times \varepsilon_0 \quad i=n+1,\cdots,2n \tag{14-21}$$

式中 Y_i——第 2 组弹药第 i 发弹道性能试验数据;

Y_i——第 2 组弹药第 i 发弹道性能。

从式(14-20)和式(14-21)可知,X_i 与 X_j,$i \neq j$ 不是来自同一总体,即分布不同;Y_i 与 Y_j,$i \neq j$ 不是来自同一总体,即分布不同。

2. 交叉射击弹道性能试验数据特点

设不同状态弹药弹道性能试验数据的形式为

$$X_i = X_i' - (i-1)\varepsilon_0 \quad i=1,3,\cdots,2n-1 \tag{14-22}$$

式中　X_i——第 1 组弹药第 i 发弹道性能试验数据；

X'_i——第 1 组弹药第 i 发弹道性能。

$$Y_i = Y_i - (i-1)\varepsilon_0 \quad i=2,4,\cdots,2n \tag{14-23}$$

式中　Y_i——第 2 组弹药第 i 发弹道性能试验数据；

Y'_i——第 2 组弹药第 i 发弹道性能。

从式(14-22)和式(14-23)可知，X_i 与 X_j，$i \neq j$ 不是来自同一总体，即分布不同；Y_i 与 Y_j，$i \neq j$ 不是来自同一总体，即分布不同。

14.4.3　弹道性能一致性检验方法

从上可知，无论成组射击方式，还是交叉射击方式，同一状态弹药的弹道性能试验数据不是来自同一总体，不能用 F 检验和 t 检验判断两种状态弹药弹道性能是否一致。

在已确知弹道性能分布情况下，不妨假设 $X' N(\mu_1, \sigma_1^2)$，$Y' N(\mu_2, \sigma_2^2)$，可采用参数检验方法。即用 F 检验法检 σ_1^2 与 σ_2^2 是否相等，在 $\sigma_1^2 = \sigma_2^2$ 情况下，用 t 检验法检验 μ_1 与 μ_2 是否相等。由于弹道性能分布通常未知，下面给出非参数统计方法的检验原理和检验步骤。

14.4.3.1　检验原理

设第一种状态弹药的弹道性能 $X' F(X')$，第二种状态弹药的弹道性能 $Y' G(Y')$，$X'_1, \cdots, X'_n$ 是取自 $F(X')$ 的样本，其观察值为 $x'_1, \cdots, x'_n$，$Y'_1, \cdots, Y'_n$ 是取自 $G(Y')$ 的样本，其观察值为 $y'_1, \cdots, y'_n$。要检验两种弹药弹道性能是否一致，其等价检验：H_0：$F(x) = G(x)$。

令 $Z = X' - Y'$，记 R_i 为 $|Z_i|$ 在 $(|Z_1|, |Z_2|, \cdots, |Z_n|)$ 中的秩，记符号统计量

$$I(Z_i) = \begin{cases} 1, & Z_i > 0 \\ 0 & Z_i \leqslant 0 \end{cases} \tag{14-24}$$

则称

$$W^+ = \sum_{i=1}^{n} R_i I(Z_i) \tag{14-25}$$

为符号秩和统计量。

假设 H_0：$F(x) = G(x)$ 的拒绝域：$\{W^+ \leqslant c_1\} \cup \{W^+ \geqslant c_2\}$，其中 c_1 和 c_2 可利用 H_0 为真时的分布算出，对于 n 不太大时，可查符号秩和检验临界值表。

14.4.3.2　检验步骤

(1) 先对每一对数据求偏差 $z_i = x'_i - y'_i$。

对于成组射击：

$$z_i - x'_i - y'_i = x_i - y_i - n\varepsilon_0 \quad i=1,\cdots,n \tag{14-26}$$

对于交叉射击：

$$z_i = x'_i - y'_i = x_i - y_i - \varepsilon_0 \quad i = 1, \cdots, n \tag{14-27}$$

(2) 求 $|Z_i|$ 在 $(|Z_1|, |Z_2|, \cdots, |Z_n|)$ 中的秩 R_i。

(3) 计算符号秩和 $W^+ = \sum_{i=1}^{n} R_i I(Z_i)$ 。

(4) 根据样本容量 n 和显著水平 α，查符号秩和检验临界值表，得临界值 c_1 和 c_2。若 $W^+ \leqslant c_1$ 或 $W^+ \geqslant c_2$，则拒绝 H_0，反之接受 H_0，认为两总体一致。

必须指出的是如果无法确知 ε_0，应尽量减少试验单元间影响（火炮内膛差异对弹道性能试验数据的影响），建议采用交叉射击获得 $z_i, i = 1, \cdots, n$，这样做出的判断较为可靠。

14.4.4 弹道性能一致性分析

国外某自行弹炮结合武器携行前后爆破燃烧弹成组射击的弹道性能试验数据见表 14-1。

表 14-1 弹道性能试验数据

运输前		运输后	
膛压/MPa	初速/(m/s)	膛压/MPa	初速/(m/s)
384.69	1171.91	368.82	1171.94
377.69	1143.91	380.49	1180.11
360.11	1168.56	361.82	1141.87
372.4	1173.56	362.44	1174.25
367.58	1158.09	363.38	1170.58
368.98	1155.91	366.95	1149.77
371.62	1173.51	367.27	1158.08
371.15	1150.95	361.82	1168.05
372.87	1174.39	370.53	1177.7
366.49	1169.54	368.98	1165.19

由于初速与膛压一致性检验方法相同，下面以初速一致性检验为例。弹道性能差的秩见表 14-2。

表 14-2 弹道性能差的秩 W^+

序号	初速/(m/s)		z_i	$\|z_i\|$	R_i	$I(z_i)$
	运输前	运输后				
1	1171.91	1171.94	-0.43	0.43	1	0
2	1143.91	1180.11	-36.6	36.6	10	0

（续）

序　号	初速/(m/s)		z_i	$\|z_i\|$	R_i	$I(z_i)$
	运输前	运输后				
3	1168.56	1141.87	26.29	26.29	9	1
4	1173.56	1174.25	−1.09	1.09	2	0
5	1158.09	1170.58	−12.89	12.89	6	0
6	1155.91	1149.77	5.74	5.74	5	1
7	1173.51	1158.08	15.03	15.03	7	1
8	1150.95	1168.05	−17.5	17.5	8	0
9	1174.39	1177.7	−3.71	3.71	3	0
10	1169.54	1165.19	3.95	3.95	4	1
说明	ε0=0.04m/s					

由表 14-2 可求得：

$$W^{+}=\sum_{i=1}^{10}R_i\times I(z_i)=25$$

取显著水平 $\alpha=0.10$，$n=10$，查符号秩和检验临界值表得 $P(W^{+}\geqslant 45)\leqslant 0.05$，即 $c_2=45$，$c_1=\frac{1}{2}n(n+1)-c_2=10$，检验拒绝域为 $\{W^{+}\leqslant 10\}\cup\{W^{+}\geqslant 45\}$。

因 $10\leqslant W^{+}\leqslant 45$，于是可判定运输前后的弹道性能一致。

14.5　立靶精度试验与评价

14.5.1　关键要素分析

立靶精度由立靶密集度和准确度两个指标构成，是自行高炮或自行弹炮结合武器武器系统定型试验必须考核的一项重要指标。对于中置火炮，其立靶射弹散布见图 14-10，可用密集度（E_y、E_Z）和准确度 $\vec{r}$ 表示。对于边置炮，其立靶射弹散布见图 14-11，可用密集度（E_{y1}、E_{Z1}、E_{y2}、E_{Z2}）、散布中心距 $\vec{a}$ 和准确度 $\vec{r_1}$ 或 $\vec{r_2}$ 表示。

很显然，对于边置炮，立靶试验不仅要考核火炮密集度，还要考核散布中心距。然而，在边置炮的战术技术指标中，只有基线或管距修正立靶密集度指标，没有散布中心距指标要求。

对于边置炮，如只规定密集度指标，而不规定散布中心距的合理值，这将会影响武器作战效能的发挥。如果散布中心距过大，将会造成左右弹道在作战空域内不能

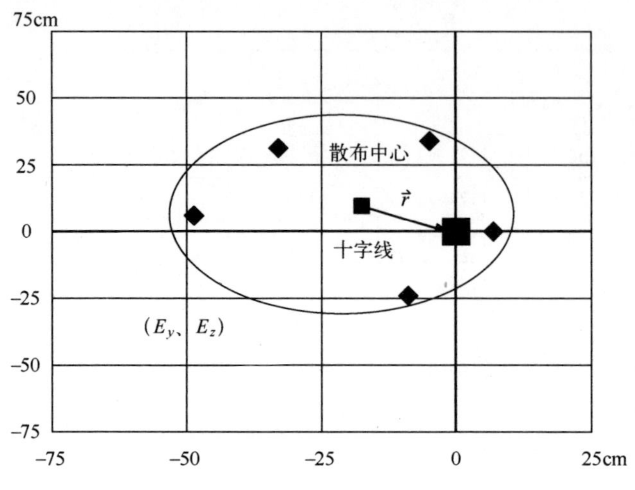

图 14-10　中炮立靶精度示意图

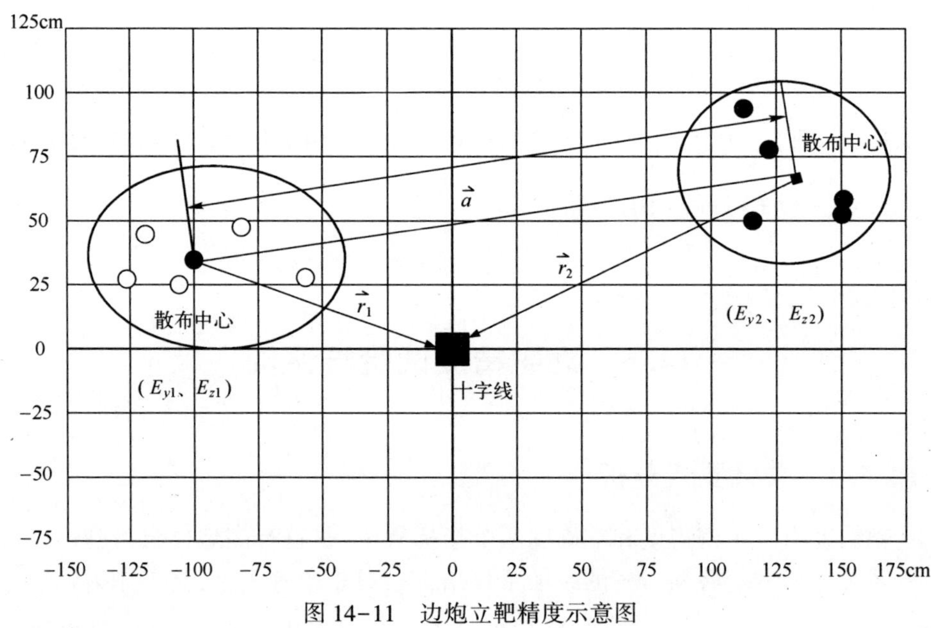

图 14-11　边炮立靶精度示意图

交会;如果散布中心距过小,则将造成左右弹道过早交会,这两种情况都会影响作战效能的发挥,其示意图见图 14-12。

事实上,在 RW 自行高定型时就存在边配置炮的立靶考核问题,其指标明确规定要扣除管距因素(更准确地说是扣除散布中心距),而现行国军标中,没有边置炮立靶精度试验方法(散布中心距扣除方法、散布中心距的确定方法和射弹辨识方法),因此,没能对立靶密集度进行修正、没能确定散布中心距。

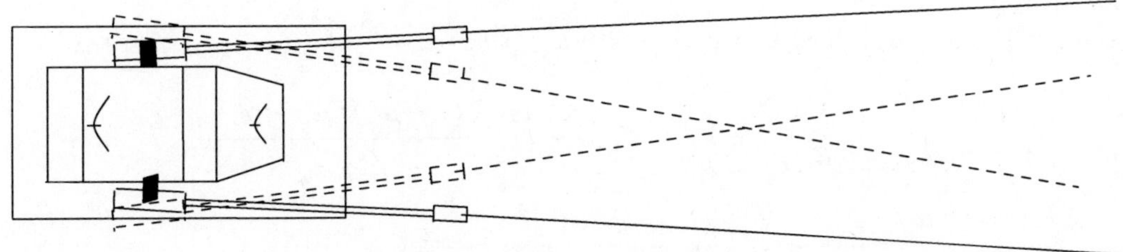

图 14-12　散布中心距过大/小时左右弹道交汇情况

14.5.2　立靶射弹散布特性

1. 立靶密集度与散布中心距的关系

由于高低和方向的分析方法类似,下面以方向为例进行分析。

假设弹着点坐标服从正态分布,且方向 z 和高低 y 各自独立。同时,设方向均值和均方差分别为 μ_{z1}、σ_{z1}、μ_{z2}、σ_{z2},则左右炮在方向上的弹着点散布分布密度函数分别为:

$$\begin{cases} f_1(z) = \dfrac{1}{\sqrt{2\pi}\sigma_{z1}} e^{-\frac{(z-\mu_{z1})^2}{2\sigma_{z1}^2}} \\ f_2(z) = \dfrac{1}{\sqrt{2\pi}\sigma_{z2}} e^{-\frac{(z-\mu_{z2})^2}{2\sigma_{z2}^2}} \end{cases} \tag{14-28}$$

在左右炮射速相等,射弹数相同的情况下,任意一发弹由左右炮射出的概率相等,各为 0.5,此时全武器在方向上的散布概率密度函数为

$$f(z) = \frac{1}{2} f_1(z) + \frac{1}{2} f_2(z) \tag{14-29}$$

设全武器在方向上散布的均方差为 σ'_z,均值为 μ_z,根据均值定义有

$$\mu_z = \int_{-\infty}^{\infty} z f(z)\,\mathrm{d}z \tag{14-30}$$

将式(14-28)代入式(14-30)有

$$\mu_z = \int_{-\infty}^{\infty} z f(z)\,\mathrm{d}z = \frac{1}{2}\int_{-\infty}^{\infty} z f_1(z)\,\mathrm{d}z + \frac{1}{2}\int_{-\infty}^{\infty} z f_2(z)\,\mathrm{d}z = \frac{1}{2}(\mu_{z1} + \mu_{z2}) \tag{14-31}$$

即 $\mu_z = \dfrac{1}{2}(\mu_{z1} + \mu_{z2})$,亦即 $\mu_z - \mu_{z1} = \mu_{z2} - \mu_z$,按方差定义有

$$\sigma_z'^2 = \int_{-\infty}^{\infty} (z - \mu_z)^2 f(z)\,\mathrm{d}z \tag{14-32}$$

将式(14-28)代入式(14-32)有

$$\sigma_z'^2=\int_{-\infty}^{\infty}(z-\mu_z)^2f(z)\,\mathrm{d}z=\frac{1}{2}\int_{-\infty}^{\infty}(z-\mu_z)^2f_1(z)\,\mathrm{d}z+\frac{1}{2}\int_{-\infty}^{\infty}(z-\mu_z)^2f_2(z)\,\mathrm{d}z$$

$$=\frac{1}{2}\sum_{j=1}^{2}\int_{-\infty}^{\infty}\frac{(z-\mu_{zj})^2}{\sqrt{2\pi}\sigma_{zj}}\mathrm{e}^{-(z-\mu_{zj})^2/2\sigma_{zj}^2}\mathrm{d}z+\int_{-\infty}^{\infty}\frac{2(z-\mu_{zj})(\mu_{zj}-\mu_z)}{\sqrt{2\pi}\sigma_{zj}}\mathrm{e}^{-\frac{(z-\mu_{zj})^2}{2\sigma_{zj}^2}}\mathrm{d}z+$$

$$\int_{-\infty}^{\infty}\frac{(\mu_{zj}-\mu_z)^2}{\sqrt{2\pi}\sigma_{zj}}\mathrm{e}^{-\frac{(z-\mu_{zj})^2}{2\sigma_{zj}^2}}\mathrm{d}z$$

令 $t_j=z-\mu_{zj}$，则 $\mathrm{d}z=\mathrm{d}t_j$，代入上式有

$$\sigma_z'^2=\frac{1}{2}\sum_{j=1}^{2}\left[\int_{-\infty}^{\infty}\frac{t_j^2}{\sqrt{2\pi}\sigma_{zj}}\mathrm{e}^{-\frac{t_j^2}{2\sigma_{zj}^2}}\mathrm{d}t_j+\int_{-\infty}^{\infty}\frac{2(\mu_{zj}-\mu_z)t_j}{\sqrt{2\pi}\sigma_{zj}}\mathrm{e}^{-\frac{t_j^2}{2\sigma_{zj}^2}}\mathrm{d}t_j+\int_{-\infty}^{\infty}\frac{(\mu_{zj}-\mu_z)^2}{\sqrt{2\pi}\sigma_{zj}}\mathrm{e}^{-\frac{t_j^2}{2\sigma_{zj}^2}}\mathrm{d}t_j\right]\tag{14-33}$$

因 $t_j\sim N(0,\sigma_{zj})$，于是有

$$\int_{-\infty}^{\infty}\frac{t_j^2}{\sqrt{2\pi}\sigma_{zj}}\mathrm{e}^{-\frac{t_j^2}{2\sigma_{zj}^2}}\mathrm{d}t_j=\sigma_{zj}^2,\quad\int_{-\infty}^{\infty}\frac{t_j}{\sqrt{2\pi}\sigma_{zj}}\mathrm{e}^{-\frac{t_j^2}{2\sigma_{zj}^2}}\mathrm{d}t_j=0,\quad\int_{-\infty}^{\infty}\frac{1}{\sqrt{2\pi}\sigma_{zj}}\mathrm{e}^{-\frac{t_j^2}{2\sigma_{zj}^2}}\mathrm{d}t_j=1$$

式(14-33)可变为

$$\sigma_z'^2=\frac{1}{2}(\sigma_{z1}^2+\sigma_{z2}^2)+\frac{(\mu_{z1}-\mu_{z2})^2}{4}\tag{14-34}$$

将式(14-34)用中间误差表示，即有

$$E_z'^2=\frac{1}{2}(E_{z1}^2+E_{z2}^2)+\frac{k^2(\mu_{z1}-\mu_{z2})^2}{4}$$

同时，令 $E_z^2=\frac{1}{2}(E_{z1}^2+E_{z2}^2),\quad a_z=|\mu_{z1}-\mu_{z2}|$

于是有

$$E_z'^2=E_z^2+\frac{k^2a_z^2}{4}\tag{14-35}$$

式中 E_z——不考虑方向散布中心距的立靶中间误差；

a_z——左右炮方向散布中心距；$k=0.6745$。

则全武器的立靶密集度为

$$E_x'^2=E_x^2+\frac{k^2a_x^2}{4}\left\{E_x^2=\frac{1}{2}(E_{x1}^2+E_{x2}^2),a_x=|\mu_{x1}-\mu_{x2}|,x=y,z\right\}\tag{14-36}$$

由式(14-36)可看出，全武器的立靶密集度可分解成两部分，一部分为不含散布中心距的立靶密集度；另一部分为左右炮方向散布中心距。

同理，m 管（m 为偶数）边置炮的立靶中间误差：

$$E_x'^2=\frac{1}{m}\sum_{j=1}^{m}E_{xj}^2+\frac{k^2}{m}\sum_{j=1}^{m}(\mu_x-\mu_{xj})^2\quad(x=y,z)\tag{14-37}$$

式中　$E_x'^2$——全武器中间误差；

E_{xj}^2——第 j 管中间误差；

μ_x——全武器均值，$\mu_x = \dfrac{1}{m}\sum_{j=1}^{m}\mu_{xj}$；

μ_{xj}——第 j 管均值，$\mu_{xj} = \int_{-\infty}^{\infty} f_j(z) z\mathrm{d}z$。

令 $E_x^2 = \dfrac{1}{m}\sum_{j=1}^{m} E_{xj}^2, a_m^2 = \dfrac{k^2}{m}\sum_{j=1}^{m}(\mu_x - \mu_{xj})^2$

则式(14-37)简化为：

$$E'^2 = E^2 + a_m^2 \tag{14-38}$$

2. 立靶密集度估计与散布中心距估计的关系

设立靶密集度试验时，共射弹 n 发，n 为偶数，左右炮各 $n/2$ 发。不妨设(y_{1i}, z_{1i})，$(i=1,2,\cdots,n/2)$为左炮第 i 发的弹着点坐标，(y_{2i}, z_{2i}) $(i=1,2,\cdots,n/2)$为右炮第 i 发的弹着点坐标。

全武器立靶方向均值估计：

$$\bar{z} = \frac{1}{n}\sum_{i=1}^{n} z_i = \frac{1}{n}\left(\sum_{i=1}^{n/2} z_{1i} + \sum_{i=1}^{n/2} z_{2i}\right) = \frac{1}{2}(\bar{z}_1 + \bar{z}_2)$$

即

$$2\bar{z} = \bar{z}_1 + \bar{z}_2 \tag{14-39}$$

全武器立靶方向方差估计：

$$\hat{\sigma}_z'^2 = \frac{1}{n-1}\sum_{i=1}^{n}(z_i - \bar{z})^2$$

$$= \frac{1}{n-1}\sum_{j=1}^{2}\sum_{i=1}^{n/2}(z_{ji} - \bar{z}_j)^2 + \frac{2}{n-1}\sum_{j=1}^{2}(\bar{z}_j - \bar{z})\sum_{i=1}^{n/2}(z_{ji} - \bar{z}_j) + \frac{1}{n-1}\sum_{j=1}^{2}\sum_{i=1}^{n/2}(\bar{z}_j - \bar{z})^2$$

即

$$\hat{\sigma}_z'^2 = \frac{1}{n-1}\sum_{j=1}^{2}\sum_{i=1}^{n/2}(z_{ji} - \bar{z}_j)^2 + \frac{2}{n-1}\sum_{j=1}^{2}(\bar{z}_j - \bar{z})\sum_{i=1}^{n/2}(z_{ji} - \bar{z}_j) + \frac{1}{n-1}\sum_{j=1}^{2}\sum_{i=1}^{n/2}(\bar{z}_j - \bar{z})^2 \tag{14-40}$$

因 $\sum_{i=1}^{n/2}(z_{ji} - \bar{z}_j)^2 = (n/2 - 1)\hat{\sigma}_{zj}^2$，$\sum_{i=1}^{n/2}(z_{ji} - \bar{z}_j) = 0$，于是式(14-40)可变为

$$\hat{\sigma}_z'^2 = \frac{n-2}{n-1} \times \frac{\hat{\sigma}_{z1}^2 + \hat{\sigma}_{z2}^2}{2} + \frac{n}{n-1} \times \frac{1}{2}\sum_{j=1}^{2}(\bar{z}_j - \bar{z})^2 \tag{14-41}$$

其中，$\bar{z} = \dfrac{1}{n}\sum_{i=1}^{n} z_i$，$\bar{z}_j = \dfrac{1}{n/2}\sum_{i=1}^{n/2} z_{ji}(j = 1,2)$。

将式(14-41)用中间误差表示，同时，令$\hat{E}_z^2 = \dfrac{1}{2}(\hat{E}_{z1}^2 + \hat{E}_{z2}^2)$，$\hat{a}_z = |\bar{z}_1 - \bar{z}_2|$，于是有

$$\hat{E}_z'^2 = \frac{n-2}{n-1} \times \hat{E}_z^2 + \frac{n}{n-1} \times \frac{k^2\hat{a}_z^2}{4} \tag{14-42}$$

式中 $\hat{\sigma}_z^2$——不考虑散布中心距的立靶方差估计；

$\hat{a}_z$——左右炮方向散布中心距的估计。

则全武器立靶密集度估计为

$$\hat{E}_x'^2=\frac{n-2}{n-1}\times\hat{E}_x^2+\frac{n}{n-1}\times\frac{k^2\hat{a}_x^2}{4}\left\{\hat{E}_x^2=\frac{1}{2}(\hat{E}_{x1}^2+\hat{E}_{x2}^2),\hat{a}_x=|\bar{x}_1-\bar{x}_2|,x=y,z\right\} \tag{14-43}$$

由式(14-43)可看出,全武器立靶方向方差估计可分解成两部分,一部分为不含散布中心距的立靶密集度估计;另一部分为左右炮方向散布中心距估计。

同理,m 管(m 为偶数)边置炮的中间误差估计:

$$\hat{E}_x'^2=\frac{n-m}{n-1}\times\frac{1}{m}\sum_{j=1}^{m}\hat{E}_{xj}^2+\frac{n}{n-1}\times\frac{k^2}{m}\sum_{j=1}^{m}(\hat{\mu}_x-\hat{\mu}_{xj})^2,(x=y,z) \tag{14-44}$$

式中 $\hat{E}_x'^2$——全武器中间误差估计；

$\hat{E}_{xj}^2$——第 j 管中间误差估计；

$\hat{\mu}_x$——全武器均值估计；

$\hat{\mu}_x=\frac{1}{m}\sum_{j=1}^{m}\hat{\mu}_{xj}$；

$\hat{E}_{xj}^2=0.6745\sqrt{\frac{1}{n/m-1}\sum_{i=1}^{n/m}(x-\hat{\mu}_{xj})^2}$；

$\hat{\mu}_{xj}$——第 j 管均值估计；

$\hat{\mu}_{xj}=\frac{1}{n/m}\sum_{i=1}^{n/m}x_i$。

令 $\hat{E}_x^2=\frac{1}{m}\sum_{j=1}^{m}\hat{E}_{xj}^2,\hat{a}_{xm}^2=\frac{1}{m}\sum_{j=1}^{m}(\hat{\mu}_x-\hat{\mu}_{xj})^2$，则式(14-44)简化为

$$\hat{E}_x'^2=\frac{n-m}{n-1}\hat{E}_x^2+\frac{n}{n-1}\hat{a}_{xm}^2 \tag{14-45}$$

14.5.3 散布中心距确定方法

由于合理散布中心距的确定与自行弹炮结合武器作战空域内命中概率的有关,因此,首先计算作战空域内的命中概率。

火炮作战效能的大小可以用毁伤概率来衡量,在毁伤概率一定的情况下,可以用命中概率来衡量。在获得立靶散布特性($\hat{E}_{y1}$、$\hat{E}_{z1}$,$\hat{E}_{y2}$、$\hat{E}_{z2}$,$\hat{a}_y$、$\hat{a}_z$)和目标大小 $2L_y\times2L_z$ 后,可以计算出作战空域内左/右炮各射击 1 发的命中概率 $P_{命}$。

设左炮命中率为 P_1,其高低命中率为 P_{y1},方向命中率为 P_{z1};右炮命中率 P_1,其高低命中率为 P_{y2},方向命中率为 P_{z2},则 $P_{命}$ 为

$$P_{命}=P_1+P_2-P_1\times P_2=P_{y1}\times P_{z1}+P_{y2}\times P_{z2}-P_{y1}\times P_{z1}\times P_{y2}\times P_{z2} \tag{14-46}$$

根据左右炮方向散布中心距估计$\hat{a}_z$ 的大小(与管距 a_0 相比),可分以下 3 种情况来计算 P_1 和 P_2。

14.5.3.1　$0<\hat{a}_z<a_0$ 命中概率的计算

$D\leqslant L$ 时,两弹道示意图如图 14-13。

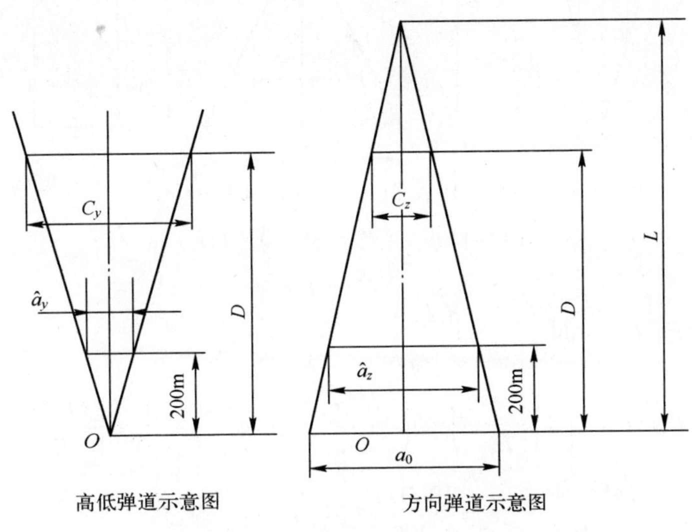

图 14-13　左右炮弹道示意图($D\leqslant L$)

图 14-13 中,D 为射距,L 为左右弹道交会距离,c_y、c_z 分别为射距 D 时两弹道高低与方向的散布中心距。则 P_1 和 P_2 由下式确定:

$$\begin{cases} P_1=P_{y1}\times P_{z1}=\phi\left(\dfrac{L_y}{E_{y1}}\right)\times\phi\left(\dfrac{L_z}{E_{z1}}\right) \\ P_2=P_{y2}\times P_{z2}=\left[\phi\left(\dfrac{L_y-c_y}{E_{y2}}\right)-\phi\left(\dfrac{-L_y-c_y}{E_{y2}}\right)\right]\times\left[\phi\left(\dfrac{L_z-c_z}{E_{z2}}\right)-\phi\left(\dfrac{-L_z-c_z}{E_{z2}}\right)\right]\Big/4 \end{cases} \tag{14-47}$$

式中　$\phi(\cdot)$——概率积分函数,$\phi(z)=\dfrac{2\rho}{\sqrt{\pi}}\int_0^z e^{-\rho^2 z^2}dz$;

L_y、L_z——目标高低/方向长的一半;

c_y、c_z——射距 D 处的弹道散布中心距,由 $c_y=\dfrac{1000\times D\times\hat{a}_y}{200}$,$c_z=a_0-\dfrac{1000\times D}{200}(a_0-\hat{a}_z)$确定。

$D>L$ 时,弹道示意图见图 14-14。

则 P_1 和 P_2 由下式确定:

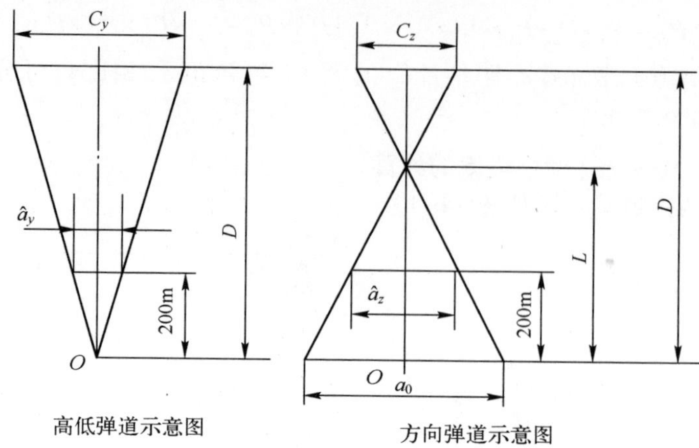

图 14-14　左右炮弹道示意图（$D>L$）

$$\begin{cases} P_1 = P_{y1} \times P_{z1} = \phi\left(\dfrac{L_y}{E_{y1}}\right) \times \phi\left(\dfrac{L_z}{E_{z1}}\right) \\ P_2 = P_{y2} \times P_{z2} = \left[\phi\left(\dfrac{L_y - c_y}{E_{y2}}\right) - \phi\left(\dfrac{-L_y - c_y}{E_{y2}}\right)\right] \times \left[\phi\left(\dfrac{L_z + c_z}{E_{z2}}\right) - \phi\left(\dfrac{-L_z + c_z}{E_{z2}}\right)\right] \Big/ 4 \end{cases} \tag{14-48}$$

其中，c_y、c_z 由 $c_y = \dfrac{1000 \times D \times \hat{a}_y}{200}$，$c_z = \dfrac{1000 \times D}{200}(a_0 - \hat{a}_z) - a_0$ 确定。

14.5.3.2　$\hat{a}_z > a_0$ 命中概率的计算

弹道示意图见图 14-15。

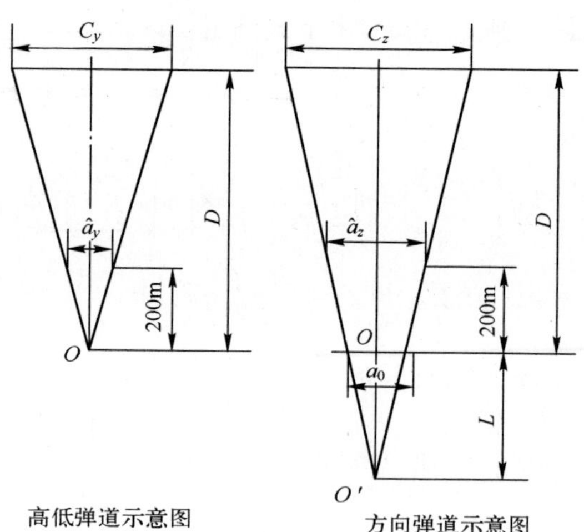

图 14-15　左右炮弹道示意图（$\hat{a}_z > a_0$）

则 P_1 和 P_2 由下式确定：

$$\left\{\begin{aligned}&P_1=P_{y1}\times P_{z1}=\phi\left(\frac{L_y}{E_{y1}}\right)\times\phi\left(\frac{L_z}{E_{z1}}\right)\\&P_2=P_{y2}\times P_{z2}=\left[\phi\left(\frac{L_y-c_y}{E_{y2}}\right)-\phi\left(\frac{-L_y-c_y}{E_{y2}}\right)\right]\times\left[\phi\left(\frac{L_z-c_z}{E_{z2}}\right)-\phi\left(\frac{-L_z-c_z}{E_{z2}}\right)\right]\Big/4\end{aligned}\right. \tag{14-49}$$

式中，c_y、c_z 由 $c_y=\frac{1000\times D\times\hat{a}_y}{200}$，$c_z=\frac{1000\times D}{200}(\hat{a}_z-a_0)+a_0$ 确定。

14.5.3.3　作战空域内命中概率计算

自行弹炮结合武器作战空域内几种典型的高低方向弹道及其散布密度函数示意图见图 14-16 和图 14-17。

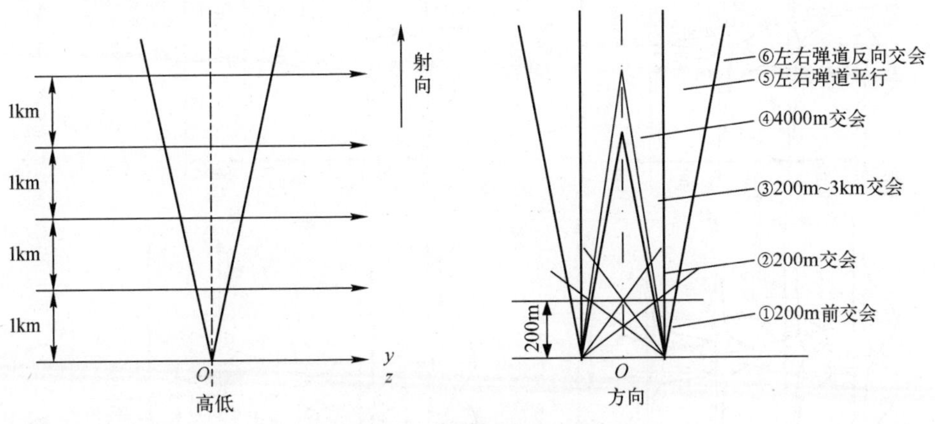

图 14-16　典型弹道示意图

1. 左炮不同射距命中概率计算

自行弹炮结合武器作战时以左炮为基准炮，于是可算得左炮不同射距命中率，结果见表 14-3。

表 14-3　左炮不同射距的命中概率

射距/km	0.8	1	2	3	4
命中概率	0.1300	0.0853	0.0221	0.0099	0.0056
说明：上述结果为射击 1 发的命中率计算值					

2. 右炮不同射距命中概率计算

根据散布中心距和密集度，可计算出不同射距处的命中概率，结果见表 14-4。

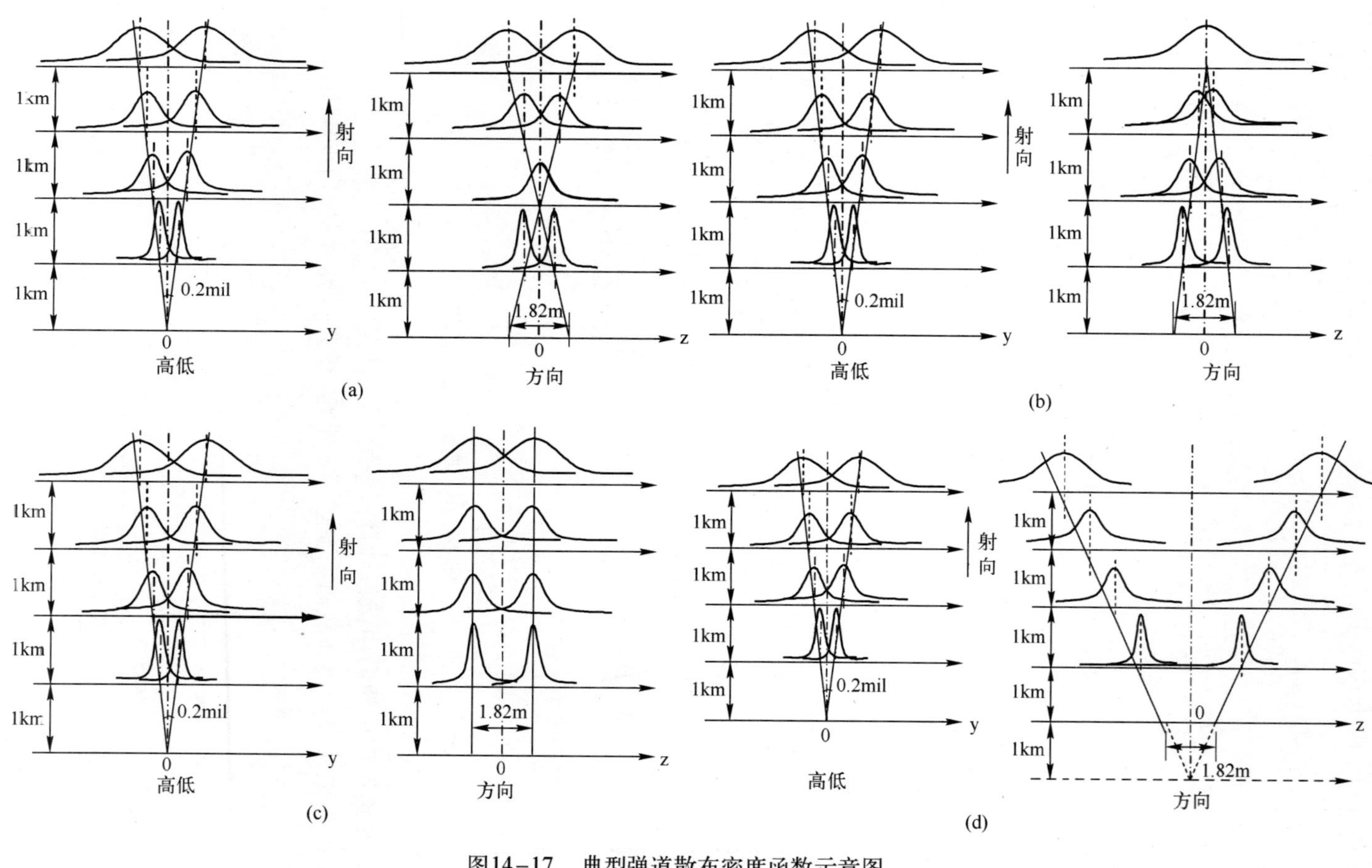

图14-17　典型弹道散布密度函数示意图

表 14-4　右炮不同射距命中概率

L/km \ D/km		0.8	1	2	3	4
正向交会	0.5	0.1148	0.0682	0.0131	0.0052	0.0027
	0.58	0.1235	0.0758	0.0156	0.0063	0.0034
	0.66	0.1277	0.0802	0.0174	0.0071	0.0038
	0.8	0.1296	0.0839	0.0194	0.0081	0.0044
	1	0.1279	0.0851	0.0208	0.0089	0.0049
	2	0.1148	0.0805	0.0220	0.0098	0.0055
	3	0.1081	0.0771	0.0219	0.0099	0.0055
	4	0.1044	0.0751	0.0217	0.0098	0.0056
平行		0.0925	0.0682	0.0208	0.0096	0.0055
反向交会	4	0.0797	0.0602	0.0194	0.0091	0.0052
	2	0.0669	0.0517	0.0175	0.0084	0.0049
	1.5	0.0586	0.0459	0.0161	0.0078	0.0046
	1	0.0434	0.0350	0.0131	0.0065	0.0039
	0.81	0.0341	0.0281	0.0110	0.0056	0.0033
	0.75	0.0306	0.0254	0.0102	0.0052	0.0031
	0.5	0.0132	0.0115	0.0052	0.0028	0.0017
说明：L 为交会距离；D 为射程						

3. 自行弹炮结合武器不同射距命中概率计算

在已知左炮和右炮的命中率后，根据式（14-46），可算得自行弹炮结合武器不同射距的命中率，结果见表 14-5。

表 14-5　不同射距不同交会距离的命中概率

L/km \ D/km		0.8	1	2	3	4	a_z/m
正向交会	0.5	0.2298	0.1477	0.0349	0.0150	0.0083	1.092
	0.58	0.2374	0.1546	0.0374	0.0161	0.0089	1.192
	0.66	0.2410	0.1587	0.0391	0.0169	0.0094	1.268
	0.8	0.2427	0.1621	0.0410	0.0179	0.0100	1.365
	1	0.2412	0.1632	0.0424	0.0187	0.0104	1.456
	2	0.2298	0.1590	0.0436	0.0196	0.0110	1.638
	3	0.2240	0.1559	0.0435	0.0196	0.0111	1.699
	4	0.2208	0.1541	0.0433	0.0196	0.0111	1.729

(续)

L/km \ D/km		0.8	1	2	3	4	a_z/m
平行		0.2104	0.1477	0.0424	0.0194	0.0110	1.82
反向交会	4	0.1993	0.1404	0.0410	0.0189	0.0108	1.911
	2	0.1881	0.1326	0.0392	0.0182	0.0104	2.002
	1.5	0.1809	0.1274	0.0378	0.0176	0.0101	2.063
	1	0.1677	0.1174	0.0349	0.0163	0.0094	2.184
	0.81	0.1596	0.1110	0.0329	0.0154	0.0089	2.269
	0.75	0.1566	0.1086	0.0320	0.0150	0.0087	2.305
	0.5	0.1414	0.0959	0.0272	0.0126	0.0073	2.548
说明:L 为交会距离,D 为射程,a_z 为 200m 立靶散布中心距							

不同交会距离 L 对应的 200m 立靶方向弹道散布中心距 a_z 由下式确定

$$a_z=1.82\times\left(1-\frac{200}{L}\right) \tag{14-50}$$

从表 14-5 可知:

(1) 在交会距离一定的情况下,命中概率随着射程的增大而减小。

(2) 交会距离在 0.8km(正向)~1.5km(反向)间,此时 200m 立靶散布中心距 1.365~2.063m;最佳的立靶散布中心距为 1.638~1.729m。

14.5.3.4 散布中心距的确定

1. 作战要求命中概率

依据毁伤概率战术技术指标:停止间射击≥40 %,计算条件(目标 F-16 歼轰机,飞行速度 250m/s、高度 200m、航路捷径 500m,榴弹 $\omega=1.34$,点射长度 2s,取斜距 800~3000m 间拦截的平均值)和射速 2×550 发/min,可计算左右炮各射击 1 发要求的命中概率,计算如下:

毁伤概率要求值 $$P_{伤}=\frac{1}{\omega}=0.75$$

命中概率要求值 $$P_{命}=\frac{P_{毁歼}}{P_{伤}}=\frac{0.4}{0.75}=0.54$$

则左右炮各射击 1 发命中概率要求值 $P'_{命}$ 可根据下式确定

$$P'_{命}=\frac{P_{命}}{N} \tag{14-51}$$

式中 N——点射长度 2s 内射弹数,由下式确定:

$$N=n\times t \tag{14-52}$$

式中　t——点射长度,其值为 2s。

由式(14-51)和式(14-52)得

$$P'_{命}=\frac{P_{命}}{N}=\frac{0.54}{18}=0.03$$

2. 极限航路最大可能射弹数

SW 自行弹炮结合武器作战空域如图 14-18 所示,根据图中几何关系可计算火炮有效作战最远点 A 到最近点 B 的距离 S。

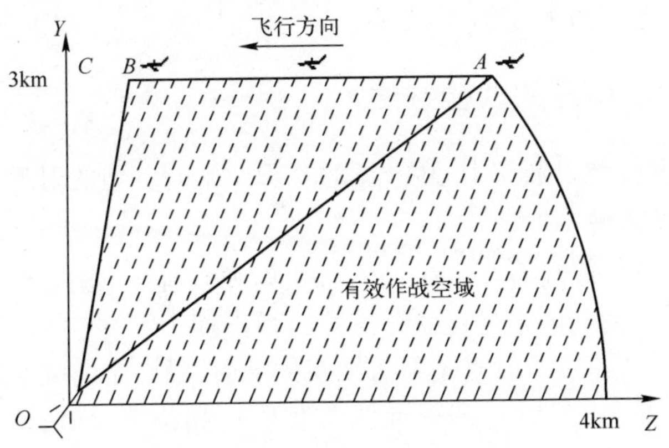

图 14-18　有效作战空域示意图

$$S=\sqrt{OA^2-OC^2}-OC\times\tan5° \tag{14-53}$$

式中　OA——有效斜距;

OC——有效射高。

将 $OA=4000\text{m}$,$OC=3000\text{m}$ 代入式(14-51)中得 $S=2383\text{m}$。

设敌目标飞行速度为 2.0Ma,从 A 点到 B 点左/右炮的最大可能射弹数 N_{max} 可根据下式求得。

$$N_{max}=\frac{n}{60}\times t=\frac{n}{60}\times\frac{S}{v} \tag{14-54}$$

式中　n——火炮射速,例如为 450~610 发/min;

t——目标从 A 点到 B 点的飞行时间;

S——距离;

v——飞行速度。

即有 $N_{max}=26.3\sim35.6$ 发,取整 $N_{max}=26\sim35$ 发。

因此,极限航路允许射弹数大于高炮点射 2s 的射弹数。

3. 散布中心距的确定

根据战术技术指标，某火炮最近拦截距离为 800m，要使该火炮发挥最大作战效能，则左炮/右炮弹道最近的交会距离应为 800m，此时 200m 立靶散布中心距为 1.365m。

从表 14-5 可知，弹道在 1.5km 交会射距 3km 处的命中率为 0.0176 与弹道在 0.8km 交会射距 3km 处的命中率 0.0179 相当，此时 200m 立靶散布中心距为 2.063m。

综合上述要求，某高炮 200m 立靶密集度散布中心距考核指标取 1.365～2.063m 是合理的，而最佳范围为 1.638～1.729m。

14.5.4 立靶精度的试验方法

要考核密集度和弹道散布中心距，需对立靶试验时各炮的射弹进行识别。

14.5.4.1 射弹辨识

根据分析计算知，该高炮在 200m 距离内，射弹具有“先射先到”的特点，因此，可采用高速录像+浮动曲线法来进行立靶试验射弹识别。

该方法是利用高速录像对立靶射击期间的靶面，以一定的频率进行录像，记录靶面变化信息（弹孔数量、位置），即弹丸的着靶顺序和位置；同时测试左右炮浮动曲线，记录左右炮射弹的先后顺序。测试布站图见图 14-19，弹序识别示意图见图 14-20。如图 14-20 所示，图（a）为高速录像的弹丸着靶顺序图，图（b）为浮动曲线记录的射弹先后顺序图，结合两图，可知，左炮的射弹为（1、3、6、8、10），右炮的射弹为（2、4、5、7、9）。

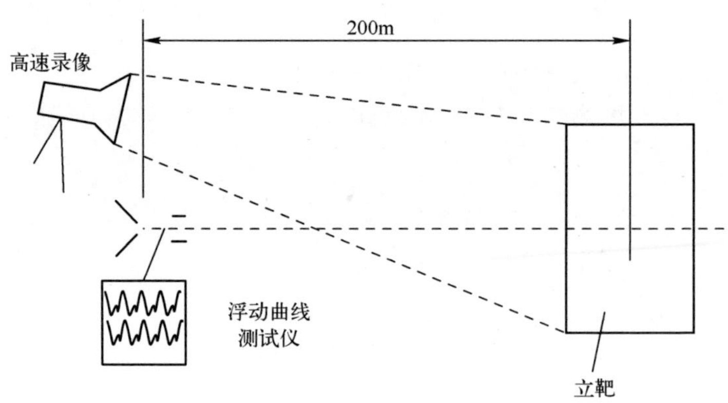

图 14-19 测试布站示意图

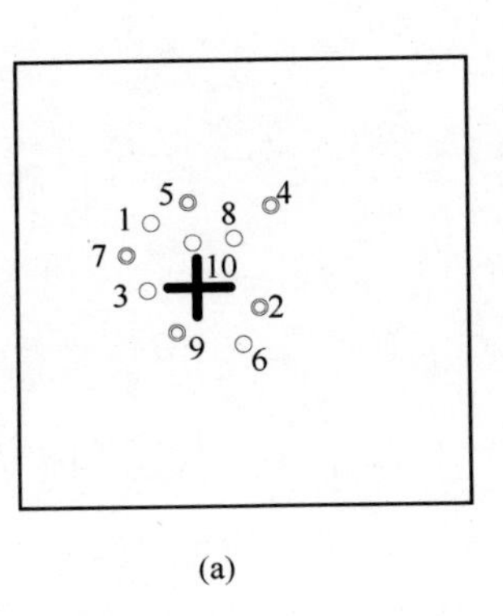

(a)

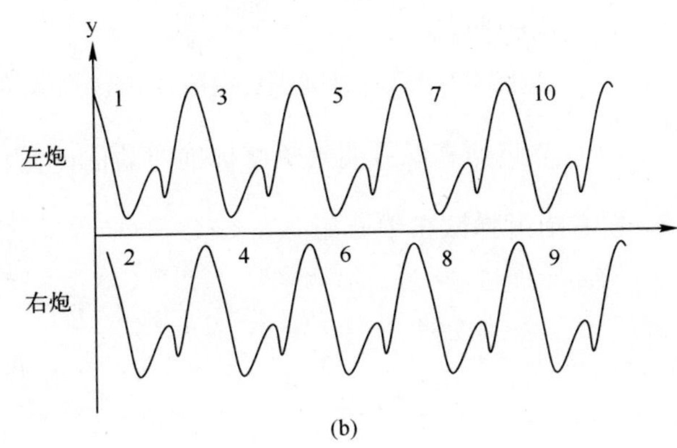

(b)

图 14-20　弹序辨识示意图

14.5.4.2　数据处理

1. 密集度处理

可采用下述两种等效公式计算不含管距密集度。

1）直接法

$$\begin{cases} \hat{E}_y = 3.2205\sqrt{\dfrac{1}{n-1}\sum_{i=1}^{n}(y_i - \bar{y})^2} \\ \hat{E}_z = 3.2205\sqrt{\dfrac{(\hat{\sigma}_{z1}^2 + \hat{\sigma}_{z2}^2)}{2}} \end{cases} \tag{14-55}$$

式中　$\hat{E}_y$、$\hat{E}_z$——立靶密集度高低、方向中间误差的估计；

y_i——第 i 发弹丸高低坐标；

$\bar{y}$——n 发弹丸高低坐标的均值；$\bar{y} = \sum_{i=1}^{n} y_i$；$\hat{\sigma}_{z_1}^2$、$\hat{\sigma}_{z_2}^2$ 分别为左右炮立靶密集度方向方差的估计。由下式确定：

$$\begin{cases} \hat{\sigma}_{z1}^2 = \dfrac{1}{n/2-1}\sum_{i=1}^{n/2}(z_{1i} - \bar{z}_1)^2 \\ \hat{\sigma}_{z2}^2 = \dfrac{1}{n/2-1}\sum_{i=1}^{n/2}(z_{2i} - \bar{z}_2)^2 \end{cases} \tag{14-56}$$

式中　z_{1i}、z_{2i}——左右炮第 i 发弹丸方向坐标；

$\bar{z}_1$、$\bar{z}_2$——左右炮 $n/2$ 发弹丸方向坐标的均值。

2）间接法

根据式（14-42）变化得

$$\hat{E}_x = 3.2205\sqrt{\frac{n-1}{n-2}\hat{\sigma}_x'^2 - \frac{n\times 0.25\,\hat{a}_x^2}{n-2}} \quad (x = y, z) \tag{14-57}$$

式中 n——射弹数；

$\hat{a}_x$——高低/方向散布中心距，由 $\hat{a}_x = |\bar{x}_1 - \bar{x}_2|$ 确定；

$\hat{\sigma}'_x$——全武器高低方向密集度标准差的估计，由 $\hat{\sigma}'^2_x = \frac{1}{n-1}\sum_{i=1}^{n}(x_i - \bar{x})^2$ 确定。

2. 左右炮射弹散布中心距

$$\begin{cases} |\bar{y}_1 - \bar{y}_2| = \frac{2}{n}\left|\sum_{i=1}^{n/2} y_{1i} - \sum_{i=1}^{n/2} y_{2i}\right| \\ |\bar{z}_1 - \bar{z}_2| = \frac{2}{n}\left|\sum_{i=1}^{n/2} z_{1i} - \sum_{i=1}^{n/2} z_{2i}\right| \end{cases} \tag{14-58}$$

式中 $|\bar{y}_1-\bar{y}_2|$、$|\bar{z}_1-\bar{z}_2|$——左右炮高低、方向射弹散布中心距；

y_{1i}、y_{2i}——左右炮第 i 发弹丸高低坐标；

$\bar{y}_1$、$\bar{y}_2$——左右炮 $n/2$ 发弹丸高低坐标的均值。

此立靶精度试验方法，可解决自行弹炮结合武器设计定型试验立靶考核的难题，其方法可供其他边置炮立靶试验借鉴。

14.6 动态飞行试验与评价

14.6.1 动态飞行试验原理

动态飞行试验用于检验高炮搜索、跟踪和火控系统的动态精度，同时也可考核其相关的战术性能和使用性能。

图 14-21 为典型的自行弹炮结合武器动态飞行试验的原理图。其中，目标测定器（目标搜索、跟踪系统），火控系统和火力系统为被试系统，其余为测试系统和试验有关的控制系统。

14.6.2 试验参数的确定

14.6.2.1 试验内容

搜索雷达威力、精度、全距离段的发现概率，跟踪雷达威力、精度，光电跟踪系统最大、最小作用距离和跟踪精度，火控系统精度，敌我识别地面询问机覆盖距离等。

通常包括目标机等速直线水平飞行综合诸元动态精度飞行试验和目标机俯冲飞行综合诸元动态精度飞行试验。

14.6.2.2 总体试验参数

动态飞行试验所用目标机机型应满足被试品研制总要求对目标的要求；目标机

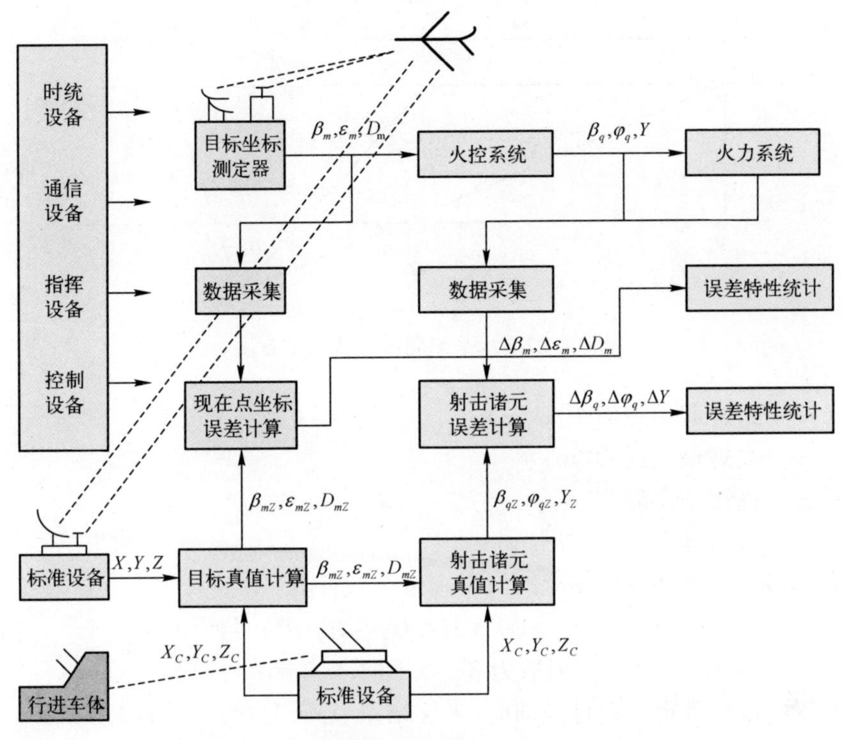

图 14-21 自行弹炮结合武器动态飞行试验原理框图

D_m—目标机斜距(m);β_m—目标机方位角(mil);ε_m—目标机高低角,(mil);D_{mz}—目标机斜距离真值(m);β_{mz}—目标机方位角真值(mil);ε_{mz}—目标机高低角真值(mil);β_q—提前方位角(mil);φ_q—射角(mil);Y—引信时间;β_{qz}—提前方位角真值(mil);φ_{qz}—射角真值(mil);Y_z—引信时间真值;$\Delta\beta_m$、$\Delta\varepsilon_m$、ΔD_m—目标机方位误差、高低误差、距离误差;$\Delta\beta_q$、$\Delta\varphi_q$、ΔY—目标机提前方位角误差,射角误差、引信误差;X—车体停止间目标坐标真值直角坐标系 X 分量;Y—车体停止间目标坐标真值直角坐标系 Y 分量;Z—车体停止间目标坐标真值直角坐标系 Z 分量;X_C—车体行进间目标坐标真值直角坐标系 X 分量;Y_C—车体行进间目标坐标真值直角坐标系 Y 分量;Z_C—车体行进间目标坐标真值直角坐标系 Z 分量。

应按研制总要求规定的高度和速度飞行;水平航路捷径应使目标经过捷径点时的最大方位角速度不超过被试设备的最大方位角速度;捷径点高低角不应超过被试设备高低角工作范围;水平飞行航路弯曲度,大口径高炮自行弹炮结合武器不得大于 6°,小口径高炮自行弹炮结合武器不得大于 4°。

1. 采样区间

1)水平飞行航路采样区间

水平飞行航路采样区间见图 14-22。

图中 A_1 为采样的启始点,相应的斜距离计算公式如下:

$$D_1=[D_{\max}^2+V^2(T_H+t_{f\max})^2+2V\cdot(T_H+t_{f\max})\cdot(D_{\max}^2-H^2-d_j^2)^{1/2}]^{1/2} \quad (14-59)$$

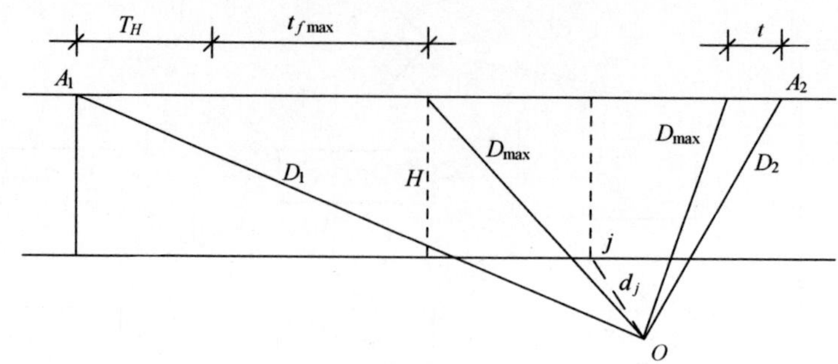

图 14-22　水平航路采样区间示意图

式中　D_1——采样起始点斜距离(m)；

$D_{\max}$——高炮最大射程(m)；

T_H——高炮观察时间(s)；

$t_{f\max}$——最大弹丸飞行时间(s)；

图中 A_2 为采样结束点,相应的斜距离按下式计算:

$$D_2 = [D_{\max}^2 + V^2t^2 + 2Vt(D_{\max}^2 - H^2 - d_j^2)^{1/2}]^{1/2} \tag{14-60}$$

式中　t——采样时间余量,一般取为 3s,以下同。

战术技术指标规定只统计航前时,采样结束点斜距离按下式计算:

$$D = [d_j^2 + H^2 + V^2(t_{fj} + t)^2]^{1/2} \tag{14-61}$$

2）俯冲飞行航路采用区间

俯冲飞行航路采样区间见图 14-23。

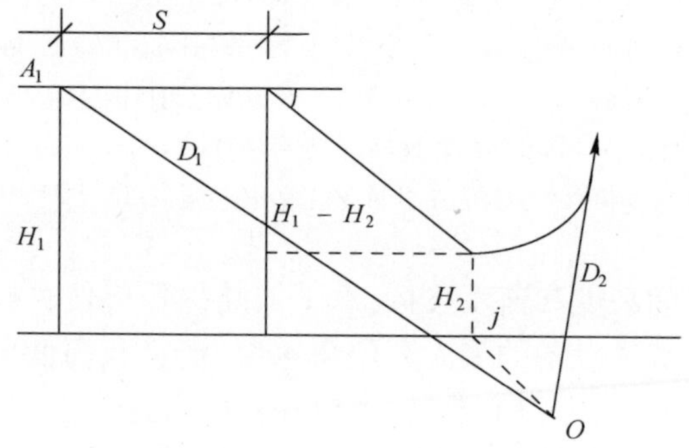

图 14-23　俯冲航路采样区间示意图

采样起始点相应斜距离按下式计算:

$$D_1 = \{H_1^2 + [(H_1 - H_2) \cdot \operatorname{ctan}\lambda + S]^2 + d_j^2\}^{1/2} \tag{14-62}$$

式中　S——一般取为 3000～4000m。

采样终点一般选在目标拉起后 5～7s 目标机所在位置。

2. 数据记录

1）在试验阵地时统信号控制下，标准设备测量目标坐标参数；

2）被试品数据采集设备录取目标坐标测定器输出诸元（D、β、ε）和高炮射击诸元（β_q、φ、Y）；

3）其他记录设备的录取被试品工作状态参数，同时记录试验题目、机型、架次以及航次；

4）处理设备计算搜索系统精度、发现概率、跟踪精度和高炮的其他相关性能统计结果。

14.6.3　数据处理

14.6.3.1　目标坐标真值计算

1. 坐标系

根据对真值数据要求，常用坐标系有：

直角坐标系：$O-X$、Y、H；O 为坐标系原点，选在目标坐标测定器回转中心上。在 XOY 平面上，OX 轴指东（与水平航路捷径方向一致），OY 轴指南（与航路方向水平），OH 轴垂直 XOY 平面向上为正，如图 14-24 所示。

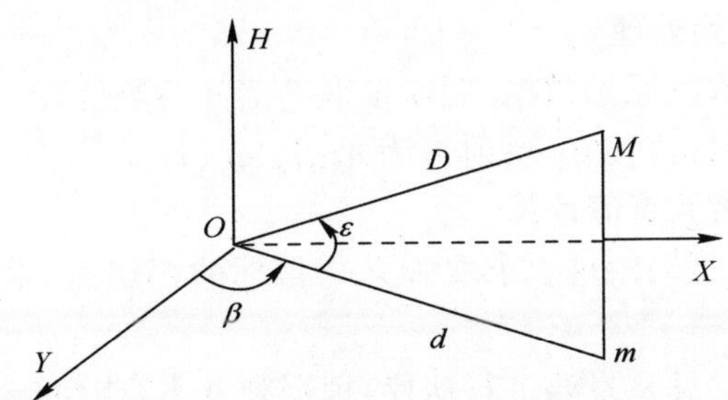

图 14-24　直角坐标系、球坐标系

球坐标系：$O-D$、β、ε；坐标原点 O 含义同上、β 为方位角，以南为正，逆时针旋转为正，ε 为高低角，以水平面为零，向上为正。

2. 目标瞬时坐标真值

直角坐标系真值：X_{zi}、Y_{zi}、H_{zi}

球坐标系真值：D_{zi}、β_{zi}、ε_{zi}

其中，$i=1,2,3,\cdots,n$，n 为采样点数。

3. 目标运动速度计算方法

$$V_i=\sqrt{V_{Xi}^2-V_{Yi}^2-V_{Hi}^2} \tag{14-63}$$

式中　V_{Xi}、V_{Yi}、V_{Hi}——根据真值求出的平滑速度分量。

4. 俯冲角 λ_i 计算方法

$$\lambda_i = \arctan \frac{|V_{Hi}^2|}{\sqrt{V_{Xi}^2 - V_{Yi}^2}} \tag{14-64}$$

5. 水平航路弯曲度

设航路水平投影的参数方程为

$$\begin{cases} X = X(t_i) \\ Y = Y(t_i) \end{cases}$$

式中 $X(t_i)$,$Y(t_i)$——t_i 时刻目标机在标准水平航路捷径和标准航向方向上的直角坐标分量;$t_i = i \cdot At$,At 为采样周期。

航路弯曲度计算公式如下

$$\theta = \arctan \frac{X(t_1 + t_i) - X(t_i)}{Y(t_1 + t_i) - Y(t_i)} = \arctan \frac{\sum_{\alpha=1}^{4} \alpha [X(t_{i+\alpha}) - X(t_{i-\alpha})]}{\sum_{\alpha=1}^{4} \alpha [Y(t_{i+\alpha}) - Y(t_{i-\alpha})]} \tag{14-65}$$

式中 t_{fi}——t_i 时刻的弹丸飞行时间;

α——系数,α=1、2、3、4。

6. 被试品输出诸元处理

根据采集设备录取的原始数据,对所录取的诸元参数处理,获得带时标的实测值结果为:目标现在点坐标:D_i、β_i、ε_i;射击诸元:β_{qi}、φ_i、Y_i。

14.6.3.2 射击诸元真值计算

计算原则:在目标运动轨迹上求取弹丸与目标的相遇点;求取射击诸元真值时,以射表为依据。

计算过程中对有关偏差量要进行迭代,根据弹丸飞行时间确定,典型迭代精度按式(14-66):

$$t_{fN} - t_{f(N-1)} \leq 0.001\text{s} \tag{14-66}$$

式中 N——迭代次数。

计算方法:采用逆解法所示;计算流程如图 14-25 所示。

逆解计算得出射击诸元真值为:β_{qzi}、φ_{zi}、Y_{zi}。

14.6.3.3 一次差计算

$$\Delta X_i = X_i - X_{zi} \tag{14-67}$$

式中 ΔX_i——一次差;

X_i——被试设备输出诸元实测值;

ΔX_i——真值。

14.6.3.4 误差统计

(1) 有效航次数:根据置信度确定,一般为 15~20。

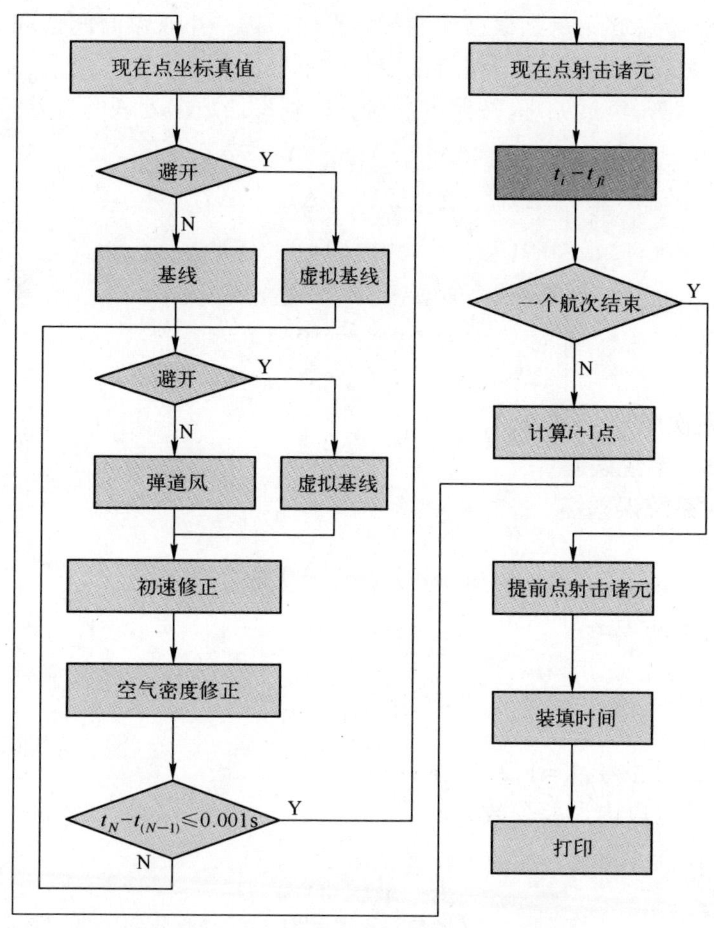

图 14-25　逆解法解算射击诸元的流程图

(2) 确定有效航次原则：航路参数符合试验要求；高炮及配套目标坐标测定器工作正常；标准设备、录取设备工作正常；真值、实测值数据完整。

(3) 异常点数据处理：根据 3σ 准则，或采用误差曲线寻找异常点误差；对那些有明确理由解释清楚是异常点数据，则由外推(或内插)值代替；如果证实这些异常点数据不是被试高炮以外原因产生的，则应参加统计计算。

(4) 时间零点确定：确定时间零点(相对零点)是为了把各有效航次误差以时间为序对应起来。目标机水平飞行航路时间零点选在水平航路捷径点，该捷径点按目标现在点坐标斜距离最小或高低角最大确定；目标机俯冲飞行航路时间零点以拉起点为准。

(5) 各航次数据范围确定：水平飞行航路根据自行高炮或自行弹炮结合武器火炮最大射程标准确定；俯冲飞行航路误差统计终止点以拉起点向前推相应弹丸飞行

时间所在的点确定,起始点则根据俯冲开始点向后推一小观察时间选取。

(6) 误差数据分段:根据误差特性变化的平稳性分段。

(7) 误差矩阵:经过处理,按照零点对齐得到参加数据处理的误差矩阵为

$$\begin{vmatrix} \Delta X_{11}、\Delta X_{12}、\Delta X_{13}\cdots\Delta X_{11}\cdots\Delta X_{1n} \\ \Delta X_{21}、\Delta X_{22}、\Delta X_{23}\cdots\Delta X_{21}\cdots\Delta X_{2n} \\ \cdots\cdots\cdots\cdots\cdots\cdots\cdots\cdots\cdots\cdots\cdots\cdots \\ \Delta X_{j1}、\Delta X_{j2}、\Delta X_{j3}\cdots\Delta X_{j1}\cdots\Delta X_{jn} \\ \cdots\cdots\cdots\cdots\cdots\cdots\cdots\cdots\cdots\cdots\cdots\cdots \\ \Delta X_{N1}、\Delta X_{N2}、\Delta X_{N3}\cdots\Delta X_{N1}\cdots\Delta X_{Nn} \end{vmatrix}$$

式中 j——航次序号,$j=1,2,3,\cdots,N$。

14.6.3.5 系统误差

(1) 瞬时系统误差

$$m_i = \frac{1}{N}\sum_{j=1}^{N}\Delta x_{ji} \tag{14-68}$$

(2) 区段系统误差

$$m_K = \frac{1}{L}\sum_{i=(K-1)L+1}^{NL} m_i \tag{14-69}$$

式中 K——区段序号,$K=1,2,\cdots,K$;

L——某区段内误差个数。

(3) 航前系统误差

$$m_A = \frac{1}{G}\sum_{K=1}^{G} |m_K| \tag{14-70}$$

式中 G——航前区段数。

(4) 全航路系统误差

$$m = \frac{1}{K}\sum_{K=1}^{K} |m_K| \tag{14-71}$$

14.6.3.6 均方误差

(1) 瞬时均方误差

$$\sigma_K = \sqrt{\frac{1}{N-1}\sum_{j=1}^{K}(\Delta X_{ji} - m_i)^2} \tag{14-72}$$

(2) 区段均方误差

$$\sigma_K = \sqrt{\frac{1}{NL-1}\sum_{j=1}^{K}\sum_{i=(K-1)L+1}^{KL}(\Delta X_{ji} - m_K)^2} \tag{14-73}$$

(3) 航前均方误差

$$\sigma = \sqrt[G]{\prod_{A=1}^{G} \sigma_K} \tag{14-74}$$

(4) 全航路均方误差

$$\sigma = \sqrt[K]{\prod_{A=1}^{K} \sigma_K} \tag{14-75}$$

14.7　对空射击试验与评价

14.7.1　对空射击试验原理

对空射击试验用于检验高炮动态射击精度，同时也可考核其相关的战术性能和使用性能。

图 14-26 为典型自行弹炮结合武器或高炮动态射击试验原理图。其中，目标测定器(目标搜索、跟踪系统)，火控系统和火力系统为被试系统，其余为测试系统和试验有关的控制系统。

14.7.2　射击试验参数的确定

1. 试验内容

通过测量高炮对目标射击时的弹目偏差，测试高炮的动态射击精度。在高炮研制过程中，进行摸底试验和鉴定试验中，通常在测量动态射击弹目偏差的同时，采集有关的动态飞行试验的有关的精度数据，以便在试验结果不达标时，分析问题使用。

动态射击精度试验通常包括目标机等速直线水平飞行高炮动态射击精度试验和目标机俯冲飞行高炮动态射击精度试验。

2. 总体试验参数

动态射击试验所用目标机机型应满足被试品研制总要求对目标的要求；目标机应按研制总要求规定的高度和速度飞行；水平航路捷径应使目标经过捷径点时的最大方位角速度不超过被试设备的最大方位角速度；捷径点高低角不应超过被试设备高低角工作范围；水平飞行航路弯曲度，大口径高炮一般不大于 6°，小口径高炮一般不大于 4°。

3. 射击点参数确定

射击点及其参数的选择是根据航路参数计算的高炮射击时间、弹丸最大飞行时间、发射种类和弹目标偏差测量设备性能等确定的。

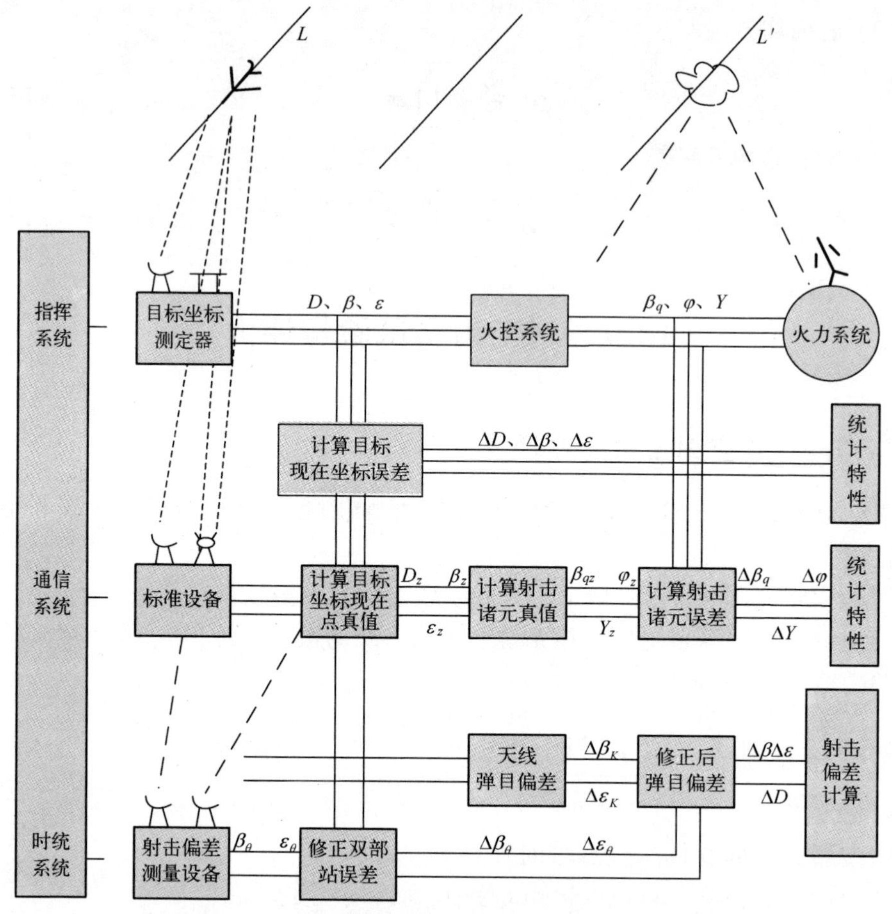

图 14-26　典型自行弹炮结合武器或高炮射击试验原理图

1）目标等速直线水平飞行

第一个射击点由弹丸最大飞行时间确定；航前最后一个射击点由测量设备性能确定的；中间射击点按目标航程或弹丸飞行时间等间隔的方法确定。小口径高炮，航后不射击；大中口径高炮，航后射击点可与航前对称；航路捷径区不射击。

2）目标俯冲飞行

第一个射击点 A_{q1} 是目标开始俯冲点 A。到火控系统起始工作时间止时的现在点 A_1 对应的提前点；最后一个射击点 A_{qm} 由俯冲拉起点 A_1 往回推它所对应的弹丸飞行时间的点；中间射击点仍按航程或弹丸飞行时间等间隔确定，如图 14-27 所示。

3）有效射击组数

根据一个航次的齐射点数，由下式可求出需要射击的航次数：

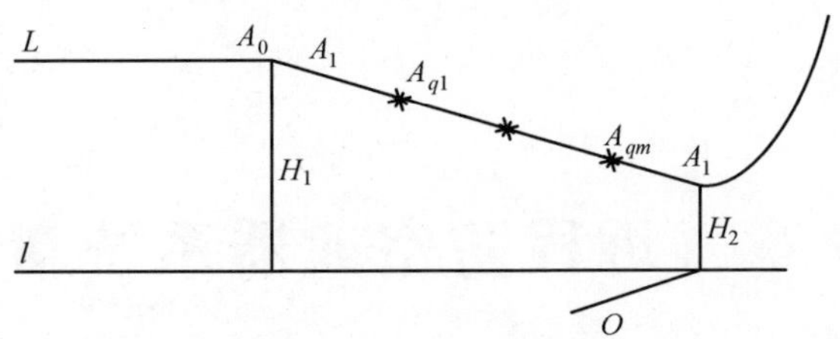

图 14-27　目标俯冲时射击点示意图

$$N=\frac{M}{n} \tag{14-76}$$

式中　M——有效射击组数；

n——一个航次齐射点(组)数。

4. 其他准备

试验时,要按照要求进行弹药保温、药温测量;对射表中要求的弹道修正参量和气象修正参量进行测量。

14.7.3　数据录取与处理

1. 试验数据录取

对空动态射击试验时,被试品可以参照动态飞行试验数据录取的内容录取被试品输出的目标现在点坐标和火控射击诸元数据。

弹目标偏差通常采用多站经纬仪录取弹丸与目标相遇前后三维弹目脱靶量,采样速率不低于被试品数据采样速率。

2. 试验数据处理

对空射击试验中,多站经纬仪录取的弹丸与目标相遇前后三维弹目脱靶量是相对于测试点的脱靶量,或者是三维距离脱靶量。根据高炮动态射击精度的定义,要根据被试品和多站经纬仪的位置关系,将脱靶量换算到相对于被试品位置的角度量。

第 15 章　近程防空武器系统新技术

近些年来,我国近程防空武器系统发展迅速,尤其是自行高炮和自行弹炮结合武器得到了长足发展,其主要战术技术指标和综合作战效能已达到国际同类武器先进水平,部分关键指标优于国际先进水平。实现了数字化、信息化、通用化、系列化的要求,功能和性能可以满足现代高技术条件下的作战需求。

国际形势日趋复杂,我国国防形势受其影响也随之变化。我国未来可能遭遇的战争模式与空中威胁的变化对未来防空体系和自行弹炮结合武器的发展提出了新的需求。因此,必须不断发展近程防空武器理论和技术,才能使近程防空武器与不断发展的空袭兵器相抗衡,并在未来战争中掌握制空权,从而获得制胜权。

15.1　目标探测和跟踪与火控技术

15.1.1　目标尾迹探测与跟踪

15.1.1.1　尾流探测技术

尾流又称为尾涡,是航空器、空中飞行物在飞行过程中在其尾部形成的气流,如图 15-1 所示。根据产生的机理,尾流分为滑流,由螺旋桨飞机的螺旋桨高速旋转而产生的尾流;紊流,飞机机翼表面由于横向流动的气流而产生的尾流;喷流,喷气发动机所产生的高温、高速尾流;翼尖涡流,飞机机翼翼尖产生的自下而上的气流,以翼尖为中心形成高速旋转并向后、向下延伸的螺旋形气流等。翼尖涡流是航空器、空中飞行物在飞行过程中形成的尾流的主体部分。尾流是飞行器飞行时特有的流体特征,

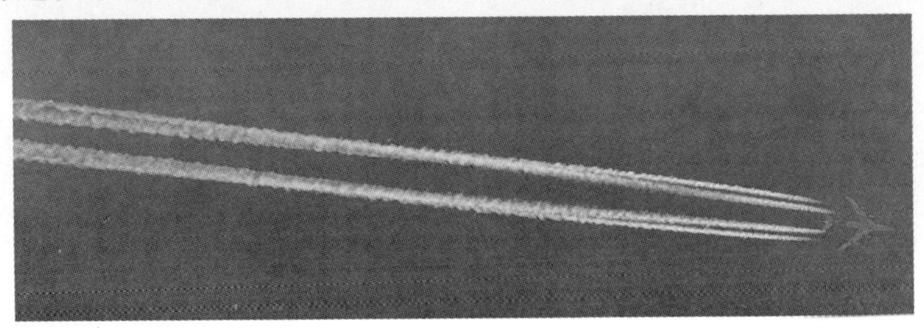

图 15-1　飞机尾流图

具有持续时间长、空间尺度大等特点，因此可被声光电等传感器有效探测。在反隐身、目标跟踪等方面具有广泛的应用潜力。

15.1.1.2　尾流探测技术特点

飞机、空中飞行物尾流的湍流特性使其具有独特的电磁散射特性，为雷达探测提供了可用于识别的条件。同时，由于雷达具有频率选择、探测距离等方面的优势，飞机、空中飞行物尾流的雷达探测日益受到重视，雷达尾流探测成为国内外相关的研究重点。

目前，针对飞行器的尾流探测技术主要有：脉冲多普勒雷达和脉冲激光雷达。脉冲多普勒雷达利用尾流的多普勒特性，实现尾流有效探测。脉冲激光雷达能在不可渗透的物体上产生可探测区域的红外图像，使其能够发现发动机尾流中的颗粒物，从而探测飞行器尾流。

15.1.1.3　尾流探测技术的发展

20 世纪 90 年代初，美国 Lincoln 实验室利用高功率脉冲多普勒雷达在太平洋西部的 Kwajalein 环礁探测到了距离 15km 处的 C- 5A 飞机尾流。法国 Thales 公司利用 X 波段 BOR -A550 雷达在巴黎附近的 Orly 机场实现了距离 0.7km 处客机尾流的可靠探测，并且其最远探测距离可达 7km。国防科技大学电子科学与工程学院利用某新型 X 波段多普勒天气雷达在南京某实验基地探测到了距离 1.4km 处的某型号运输机尾流。

目前，尾流探测的主要技术问题在于，由于飞行器的尾流信号普遍较弱，使得目前的尾流探测距离较短，还很难直接用于军事侦察与跟踪；同时，恶劣天气也会大大影响尾流探测的效果。因此，研究微弱尾流信号的提取与探测，大幅度提高尾流信号的探测距离，同时探索复杂气象条件下的尾流探测技术是尾流探测技术未来的发展方向。

随着空袭兵器速度提高、隐身技术加强，给防空武器目标探测能力提出了更高的要求。采用尾流探测目标或许会成为防空武器探测技术发展新的增长点。

15.1.2　电磁、红外隐身目标探测

15.1.2.1　电磁隐身目标探测

隐身技术的精确术语描述是“低可探测技术”。而电磁隐身技术就是通过一定的技术措施和方法控制装备的雷达特征信号，设法降低其可探测性，使之不易被地方发现、跟踪和攻击的专门技术。图 15-2 是美国的 F117A 隐形战机。红外隐身技术，是指通过一定的技术方法，使被探测目标的红外辐射特性能够随环境的红外辐射特性自动发生相应调整，实现目标与环境红外辐射特性的统一，消除目标与背景的红外探测特性差异，从而达到伪装掩护和隐身的目的。图 15-3 为采用红外隐身技术的战车。

图 15-2 F117A 隐形战机

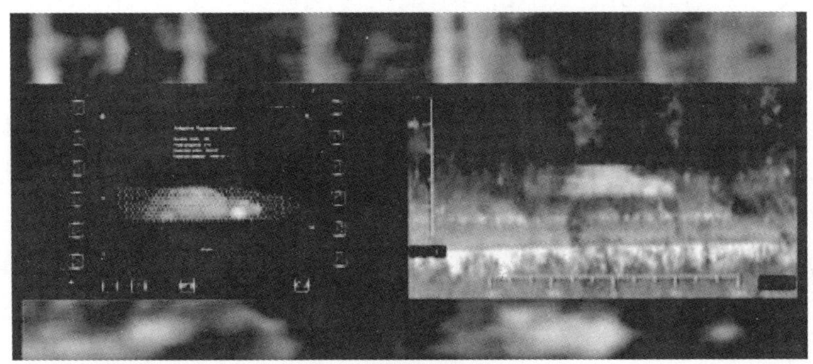

图 15-3 红外隐身战车

电磁隐身、红外隐身目标探测技术就是针对采用了电磁隐身、红外隐身技术的目标,通过对应的技术途径,实现对其进行有效探测的技术。

15.1.2.2 探测电磁隐身目标技术

对于电磁隐身目标,反隐身探测技术的途径主要有两个,一个是改进现有雷达,提高其探测能力;二是使用新型雷达或使用新的探测方法。目前,国际上主要的反隐身雷达和研究方向主要有:

1. 米波雷达

米波雷达在二战时期便被发明出来,并且至今仍在广泛使用。当前的飞机、无人机等隐身武器系统主要对抗的是的是频率为 0.2~29GHz 的厘米波搜索雷达和火控雷达。米波雷达的波长一般为几米到十几米。通常来讲,飞机的雷达横截面积随着照射雷达波长的增加而变大。当雷达波长与飞机或飞机部件处于同一数量级时,雷达波与飞机发生共振,从而扩大飞机的雷达反射横截面积,达到探测隐身飞机的目的。当今世界各国都在利用最新的电子技术和信号处理技术开发米波雷达。美军正在建造的 N/FPS-118 超视距预警雷达。澳大利亚、俄罗斯、英国、俄罗斯、日本等国都在部署米波雷达。

2. 无源雷达

无源雷达的特点在于其本身并不发射能量,而是被动地接受目标反射的非协同式辐射源的电磁信号,对目标进行跟踪定位。由于其采用接收目标雷达以及其他电磁辐射作为信号源,因此具有探测隐形目标的能力。美国于 1998 年研制的“沉默哨兵”,英国的“蜂窝”雷达以及捷克著名的“维拉”雷达(见图 15-4)是目前世界上无源雷达的典型代表。

图 15-4　捷克“维拉”无源雷达

3. 双基地或多基地雷达

这种雷达将发射机和接收机部署在不同地方,利用目标的前向或侧向回波,从不同方向上对目标进行探测,破坏了隐身目标通过减少后向反射进行隐身的目的。研究表明发射站和接收站相对目标夹角越大,探测隐身目标能力越强。

4. 毫米波雷达

毫米波雷达的工作频率超出了反雷达隐身技术的有效范围, 对隐身目标具有较强的探测能力。其波长短、绝对频带宽,能够达到极窄的天线波束和脉冲宽度,角度和距离的分辨率高,获得目标细微的散射中心,形成目标图像,提高识别目标隐身能力。

5. 现有雷达性能改进

通过频率技术、扩频技术、低旁瓣或旁瓣对消、窄波束、伪随机噪声、恒虚警电路等技术来提高探测隐身目标的能力,还可以通过功率合成技术和大时宽脉冲压缩技术,来增加雷达的发射功率。同时,改进和提高雷达接收信号处理能力,以提高雷达对隐身目标的探测能力。

6. 其他技术

正在研究的新体制雷达还有谐波雷达,它能够接受隐身兵器所辐射的入射波谐波,但由于辐射能量很低,目前还处在研究阶段。美国等国还在研究利用电台、通信基站等民用近地电磁波信号,通过区分和处理隐身目标反射的这些信号,探测识别隐身目标。

还有雷达组网数据融合技术,将多部单基地雷达组网从不同方位观测隐身飞机,某些雷达就有在短瞬间观测到较大雷达截面积从而发现隐身目标。利用雷达网中多部雷达截获的来自雷达、电视、激光和红外等多种类型传感器信道的数据进行融合,以产生防空系统所需要的战术图像,并从图像中分选出重点目标进行探测和识别。

15.1.2.3 探测红外隐身目标技术

与反电磁隐身类似,反红外隐身探测技术的途径也主要有两个,一个是改进现有红外探测设别提高其探测能力;二是针对目标特点,使用新型探测技术和方法。红外隐身目标的探测技术和方法主要有:

(1) 扩展红外探测系统的工作波段。目前,红外探测系统多采用 3~5μm 或 8~14μm 单一波段的红外探测器,探测设备只能接收相应波段的红外辐射信号,目前的红外隐身手段也多针对这个波段。扩展探测系统工作波段或者采用多光谱探测可有效提高探测性能。

(2) 提高红外探测系统性能。采用先进的信号处理技术充分利用目标的相位信息和方位信息,提高红外探测性能。采用目标能量积累技术,利用计算机信号叠加技术,将接收信号延迟与原信号叠加,可以提高信号信噪比,提高发现概率;对红外探测系统进行坐标、时间归一化处理,达到资源、信息共享。

(3) 开发多基红外探测系统。隐身目标相对于不同角度的隐身能力是不同的。多基红外探测系统利用不同位置的红外探测设备观测目标不同方向的红外辐射能量,对信息融合处理,达到探测红外隐形目标的目的。

(4) 多普勒激光雷达。相干多普勒激光雷达已经被证实可以用于飞行器的尾流成像和探测,但由于尾流很小,使得探测距离较短,加之易受恶劣天气的影响,目前还处在技术研究阶段。

(5) 复合探测技术。复合探测技术利用地面和空中现有光电探测装备和无线电探测装备协作,通过信息的互联互通实现信息资源共享;同时,也可使用空地数据链,利用指挥系统纵深梯次配置多种探测设备协同探测,提高探测能力。

15.1.3 复杂环境下三维侦察

1. 三维侦察技术

三维侦察技术是探测、获取并显示战场和目标的三维信息数据的技术。图 15-5

显示了传统二维目标态势与三维目标态势图的对比，很明显三维态势图包含更多也更清楚更详细的信息。现代战争对信息的获取要求越来越高，真实的战场就是三维的。但是，传统的技术中战场的态势和目标信息往往是以二维形式来显示的，因此三维侦察非常需要。

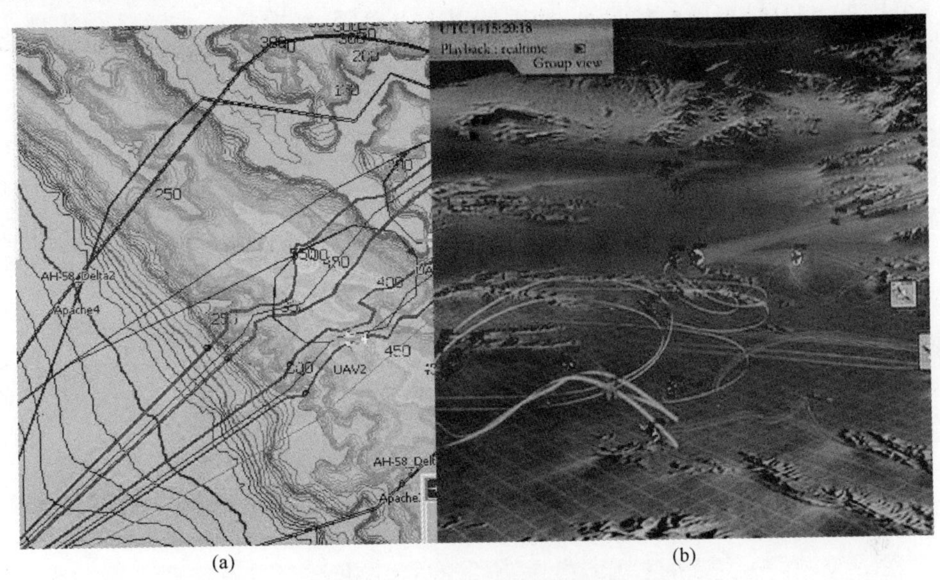

图 15-5　二维、三维目标态势图
(a) 二维地图；(b) 三维地图。

形成目前现状的原因主要有两方面：一方面，是由于传统的侦察技术水平的限制往往以探测到目标为目的，注重目标坐标、速度距离等数据，而无法获得目标的足够细节，也就无法实现目标三维信息的侦察；另一方面，由于过去设备水平以及处理能力的限制，目标信息处理系统或战场态势感知系统无法根据数据重构三维可视化战场。随着现代技术的发展，这两方面技术都获得了长足的进步，三维侦察技术已经开始应用于军事领域，一定会在未来战场上发挥巨大的作用。

2. 三维侦察技术的特点

三维目标识别是以物体表面朝向的三维信息来识别完整的三维物体模型，由于物体背面的形状未知，因此也可称之为从 2.5 维的识别。以三维图像和灰度图像识别对比为例，三维图像识别有着明显的优点，深度信息的获得仅依赖于物体的几何形状，与光的照度和对比度没有关系，它不受物体表面反射特性及物体阴影的影响，也不受阳光、火光等红外干扰源的影响，并且模型库中只需存一个三维模型。因而，在识别三维物体的形状时，它比二维灰度图像更加准确和可靠。

同时，由于三维侦察技术侦察和获取的都是三维形式的目标信息，因此使用者可以直观的观察到目标的状态和细节,处理系统也能根据目标的三维特征更准确地分析目标或战场信息。这种特性使得三维目标侦察技术科广泛应用于目标识别、威胁评估、战场态势显示和特定目标侦察等多个领域。

3. 三维侦察技术的发展现状

美国的SADARM155末敏弹、德国的SMART155末敏弹等武器已经实现了通过毫米波/红外双模工作模式,利用融合的三维数据实现精确制导攻击。近年来,美国休斯公司等部门开始利用毫米波的距离图像与红外图像融合得到的三维坦克数据,进行了三维目标识别的实验,取得了初步的成效。如果仅仅利用深度图像就能够产生目标表面的三维信息,但是所产生的三维信息仅是一些稀疏的点阵,常需要与质量较高的红外图像融合产生精确的三维形状,提高识别率。可以预计,如果这项实验获得成功,将会使采用该技术的导引头的制导精度再上一个新台阶。

美国的"红旗"军演训练系统是当今世界最先进的三维态势显示系统。作战训练系统可将任务的任一角度以三维立体展示,如图15-6所示;飞行员据此能清楚地判别战机位置、友机、目标与威胁源。空战训练系统是"红旗"演习的关键,因为它能直接评估任务效果。飞行员的记忆经常与空战训练系统记录的并不相符,在看过任务实况回放后,飞行员可清楚地看到他们是如何进行演习的。

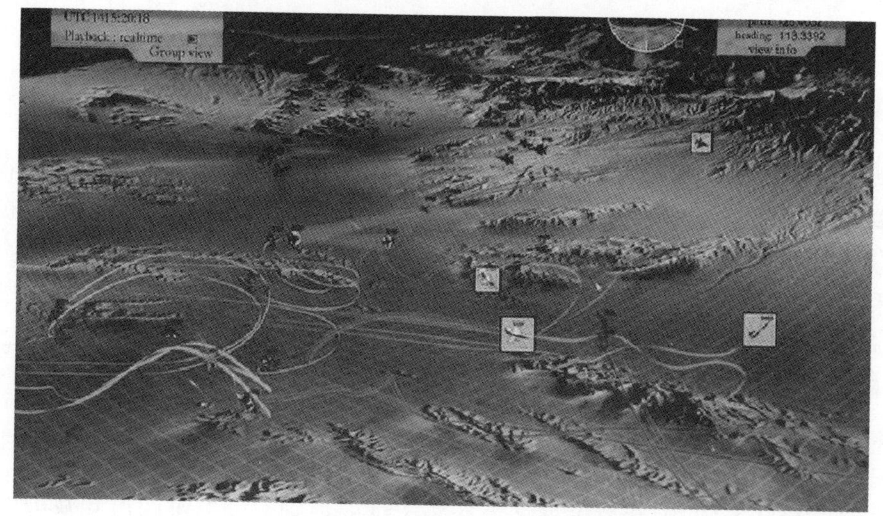

图15-6 美国"红旗"军演三维界面

无论是战场预警系统技术、自行弹炮结合武器目标探测技术,还是近程防空导弹导引头技术,或者是防空战场态势分析技术的发展,三维侦察技术的应用必将产生难以估量的作用。

15.1.4　多频谱识别与探测

1. 多频谱识别和探测技术

多频谱技术在光电领域亦称为多光谱技术。多频谱识别、探测技术是新一代光电探测技术,它能同时用多个不同的光波波段来观察目标, 从而获得高分辨率的图像。该技术利用具有一定光谱分辨率的多光谱图像进行目标探测,这种光谱图像数据具有“图谱合一”的特性,相比传统的单一宽波段光电探测技术,能够提供更加丰富的目标场景信息,在目标材质识别、异常目标检测、伪装目标辨识、复杂背景抑制等目标探测技术领域都有着极为重要的应用。

2. 多频谱识别和探测技术的发展现状

近年来, 美国中央 MASINT (Measurement and Signature Intelligence) 办公室发起了一些合作开发项目,为军事情报支援做准备。据称, 当前多频谱识别、探测技术和项目主要集中于:告警、反隐藏、伪装和诱骗,战区导弹防御,战场毁伤评估,以及生化战等。目前,最活跃的 MASINT 领域是光谱辐射测量学。然而,与传统的成像系统不同的是,MASINT 光谱装置不是捕捉目标的空间成像,而是在几十(多光谱) 、几百(高光谱) 甚至几千个(超光谱) 波段内搜索目标。

近年来, 德国推出了一种可用于空中拦截导弹(AIM: Air Interception Missile) 的红外多色高速成像仪。其寻的器采用一个中波红外碲镉汞(MCT) 焦平面阵列探测器,使用 25r/ s 高速 4 滤光片转轮机构进行光谱选择,采用红外双色比目标识别算法等技术;目前,该技术还在不断改进和提高。

“资源三号”卫星安装了一台高分辨率、宽覆盖多光谱相机。卫星在轨道高度约 506km,实现了星下点地面像元分辨率 5. 8m,覆盖宽度 51km。多光谱相机在测绘模式及资源模式下工作,生成蓝、绿、红、近红外 4 个谱段影像,能够提供假彩色及真彩色影像产品,并可与三线阵的正视相机图像进行融合,生成 2. 1m 分辨率的彩色正视影像产品。

传统的自行弹炮结合武器在目标探测中使用了射频(雷达) 、可见光(电视) 、红外(热像) 等频谱段。随着空中目标探测难度越来越大,无论从天基、空基向空中探测,还是从陆基、海基向空中探测,多频谱识别、探测技术都是一个重要的发展方向。

15.1.5　组网探测和云处理及识别

15.1.5.1　组网探测

针对各种类型的小目标,雷达的探测能力都将大幅度下降,同时各类小目标同时伴随着超低空突防、顶空攻击、超高速攻击等问题,若采用单台较高性能的搜索雷达来为一定区域的防空系统提供空情指示将面临以下问题:地形遮蔽、顶空攻击、高仰角探测等。

针对上述问题,分布式组网探测雷达对末端小目标更为有效。分析如下:

(1) 雷达分布后各自部署可降低遮蔽、减少盲区,提高对超低空目标的探测概率;

(2) 分布式组网探测可以相互弥补友邻雷达的探测顶部盲区;

(3) 分布式组网探测可以通过探测空域的协同互补而减少单部雷达的探测空域需求,进而有利提高单部雷达的作用距离;

(4) 战场生存能力好;

(5) 可实现协同抗干扰。

传统雷达组网采用基于有中心的点对点通信,雷达探测信息的传播受通信架构的限制仅限于其各自隶属的组织结构范围内,并在其范围内进行处理。在该方式下,空情信息逐级上报并在上级情报指挥系统中处理,形成融合后的综合空情用于情报指挥。这种组网模式作单纯的效率分析可能是最优的,但在战争中会因某一节点通信的中断,造成指挥能力下降,从而使整体能力丧失。解决该问题的方法是组网雷达采用扁平结构,组网雷达彼此相互交换探测信息并独自对接收其他雷达的探测信息进行融合,即分布式数据融合,实现探测信息的冗余、互补处理,提高发现概率,减少盲区,提高探测精度并改善雷达电子对抗能力。

分布式数据融合理论上与多平台数据融合无本质差异,但是由于分布式融合不存融合处理中心,系统的抗毁性会大大增强;防空武器系统对空情信息需求具有地域相关性,融合处理时可以对无关地域不进行处理从而降低数据容量;各分布处理平台之间,通过分布并行运算可降低各自融合所需的处理量,使融合处理的实时性更好。

15.1.5.2 云处理

传统雷达基于配属关系进行组网,并在配属范围内进行组网信息处理,而基于IP的全军统一军用网络或民用IP网络,可实现全域(此处全域可以理解为全球、全国、全军、军种等特定广域的集合)所有雷达探测信息的统一处理。通过云计算技术,对上报的全域雷达探测信息进行大数据处理,形成全域目标空情态势信息,并依据地理位置信息和作战任务按需自动分发态势信息、全域目标威胁处理和作战指挥决策等。

全域雷达组网也可通过商用Internet接入民航组织或接入ADS-B获取民航飞行信息,或通过敌我识别系统获取我方目标信息,用于雷达组网后的敌我民航鉴别。

在全域探测信息云计算的基础上,应用大数据处理技术实现数据挖掘,获取作战所需的各种有用数据,例如:雷达探测全域杂波环境、基于三维地理信息的全域探测效能和盲区分析等;对不同目标的探测能力分析形成全域的探测可视化图像,便于及时发现并弥补防空系统漏洞。云计算和大数据可使基层作战获得以往不可能获得的综合情报、资源保障等能力。

基于云计算的全域分布式雷达组网处理算法是一种规模庞大且复杂的雷达数据

算法,将会涉及众多的研究内容,如:网络的通信模型、数据安全保障、云计算数据分析算法、大数据下的融合算法、目标管理方法、各种资源数据的管理应用模型等,目前国外军事强国均已将云计算和大数据作为军事发展的重要方向。

15.1.5.3　目标识别

防空武器系统面对的主要是种类繁多的来袭武器,其结构尺寸、来袭速度和抗毁能力差异大,非某一种防空武器系统可以满足全部的作战需求。目标识别是提高防空作战指挥效能的重要因素之一,目标识别的重要性表现在以下方面:选择武器系统、选择攻击距离、选择弹药和战斗部类型、确定拦截窗口、选择拦截方向、目标作战意图的辨识识别、经济性等。

目标识别和认知一直是雷达领域的重点技术发展方向,但目前或未来一段时间内装备的雷达系统尚难于具备雷达识别或认知能力,利用雷达探测及处理过程中获得的目标特征属性是一种有效的分类方式。雷达探测和处理过程中可获知目标的特征属性包括:空间位置、运动速度、运动姿态、机动形态、雷达反射截面积等。通过上述特征属性数据,利用分类集合算法,可将目标锁定到一定的范围。

未来雷达不断通过提高分辨能力、多普勒鉴别能力,增加特征测量维数,并建立丰富的目标特征数据库来提高目标识别认知的准确度。目标特征数据库的建立繁复而工作量巨大,可通过情报收集目标参数,实际雷达测量或建立目标实体模型通过仿真手段获取。

15.1.6　多源信息融合

15.1.6.1　多源信息融合技术

多源信息融合又称为多传感器信息融合,就是充分利用不同时间与空间的多传感器信息资源,采用计算机技术对按时序获得的多传感器观测信息,在一定准则下加以自动分析、综合、支配,得到被测对象的一致性解释与描述,使系统获得更准确、更精确的目标信息。

多源信息融合技术起源于军事领域的需求。从军事应用角度,所谓多源信息融合,是通过对空间分布的多源信息,及各种传感器的时空采样,对所关心目标进行检测、关联、跟踪、估计和综合等多功能处理,以更高的精度、更高的概率和置信度得到所需要的目标状态和身份估计,以及完整、及时的态势和威胁评估,为指挥员提供决策信息。

多源信息融合研究的关键就是研究相关理论和方法,对具有相似或不同特征模式的多源信息进行处理,以获得具有相关和集成特性的融合信息。研究的重点是特征识别和算法,这些算法使得多传感信息的互补集成,改善不确定环境中的决策过程,解决把数据用于确定共同时间和空间框架的信息埋论问题,同时用来解决模糊的和矛盾的问题。

15.1.6.2 多源信息融合的优点

与单传感系统相比,多源传感系统主要具有以下优点:

(1) 较强的生存能力。多个传感器的测量信息之间有一定的冗余度,当其中若干传感器不能利用或受到干扰,或某个目标事件不能覆盖时,一般总会有其他传感器提供信息。

(2) 扩大空间覆盖范围。通过多个交叠覆盖的传感器作用区域,扩展了空间覆盖范围。

(3) 提高时间覆盖范围。多传感器的协同作用提高了检测概率和时间覆盖范围。

(4) 提高可信度。多传感器对同一目标或事件加以确认,因而提高了可信度。

(5) 降低信息模糊度。多传感器的联合信息降低了时间的不确定性。

(6) 改进探测性能。对目标或事件的多种测量有效融合,提高了探测的有效性。

(7) 提高空间分辨率。多传感器的合成可以获得比任何单一传感器更高的分辨率。

(8) 增加测量空间维数。系统不易受到敌方行动或自然现象的破坏,因而增加了测量空间维数。

15.1.6.3 多源信息融合的发展

数据融合技术作为一种交叉性极强的学科,与当今众多的新兴研究方向都有交叠;因此,态势感知技术成为近些年来国内外技术研究的热点。多源信息融合技术起源于军事领域,在军事领域已经得到了广泛的应用;包括海上监视、空空防御和空地防御、战场侦察、监视和目标捕获,战略防御与告警等领域。

例如,美国弗吉尼亚级核潜艇为了提高对水中和水面目标的探测能力,采用的探测系统为 AN/BQQ 型声纳系统,该系统包括首部球声呐、B-16D 和 TB29A 拖曳线列阵声纳、BQG-5A 宽孔径舷侧阵声呐、CHIN 高频声呐、LY-1 侦查声呐等多部声呐。通过对这些声纳的数据进行处理、融合、分析,潜艇能够在高背景噪声条件下获得高效、可靠的快速探测和准确定位目标的能力。

空中预警机是多源数据信息融合的典型代表。为更好地探测隐身目标,空中预警机利用信息总线将各种传感器传来数据进行汇总,同时通过战术数据链接受其他作战单元的各种数据和信息,并对内外各种数据通过预警机处理系统的融合、分析,形成敌方目标精确的方位、速度、类型、以及威胁度等信息,为指挥决策提供依据。

自行弹炮结合武器目标探测系统的情况类似,为了提高对隐身目标的探测、跟踪能力,必须采用数据融合技术。

15.1.7 战场态势综合

1. 技术内涵

战场态势是指战场中兵力分布及战场环境的当前状态和发展变化趋势。战场态势综合技术即利用多种数据信息,采用数据融合、处理等技术手段生成战场态势信息,并能够对战场态势进行估计、预测的技术。

战场态势应融合包括陆、海、空、天以及信息域在内的整个战场空间的火力、ISR(情报、监视、侦查)、后勤和机动等几乎所有的信息。如何利用这些信息,构建能够反映战场实际情况,能够指导我方作战行动的态势模型是其中的关键。

在战场上,交战各方都不遗余力地保守己方秘密,减少被敌探知的可能性,同时释放虚假消息,制造各种假象欺骗敌方;另一方面,作为体系对抗的支柱,信息是现代战争的决定性因素之一,战场信息激剧爆炸,由此造成的“战争炫目”使交战各方常常迷失于信息海洋。因此,战场态势其本质特征是信息的不确定性,这主要体现在交战各方对战场态势所展现的敌方兵力和装备部署、作战策略以及战场环境等情况缺乏全面真实的了解和掌握。如何根据不断变化和增加的信息资源,判断和分析得出不断变化的最新战场态势是战场态势综合技术的核心。

分析战场态势所需要的各种信息来源于分布于战场及后方的各种节点,有线或无线传感器网络收集的各种战场情报构成战场态势的信息基础。多源信息融合技术通过这些海量信息的分析和处理,综合形成最终的态势,构成了战场态势综合技术的技术基础。

2. 发展应用

国外战场态势研究起步较早,尤其以美国为代表。20 世纪 80 年代,美国兰德公司在关于分布式态势估计的网络结构研究报告中就指出,“战场态势由分布于战场的无线传感器网络收集的各种战场情报构成”。美国海军战力研究与发展中心于 1988 年推出态势估计知识系统研究报告,指出战场态势是通过现代传感器系统获取的战场当前情况,并且强调战场态势是战场各种情况的统一展现。

自行弹炮结合武器有联合作战、协同作战、主从作战和自主作战等多种作战方式。科学合理地利用战场态势综合信息,协同射击拦截目标可大幅度提高对目标的毁伤概率。而信息融合和战场态势综合是实现协同射击拦截目标的重要基础技术。

15.1.8 新火控技术

1. 非线性轨迹数学模型

传统高炮已经很好地解决了等速直线飞行、等加速飞行目标的搜索、跟踪,现在点坐标滤波、平滑问题。下一代高炮、弹炮结合武器要在提高目标探测能力的同时,大幅度改进火控理论和方法;其中最核心的问题之一是解决好高速、高机动目标的非线性轨迹预测等。

2. 非线性轨迹射击诸元算法

高炮火控的核心是解命中问题,即解算目标与弹丸相遇所需的火炮射击诸元。现有高炮已经很好地解决了线性轨迹目标未来点坐标计算以及其射击诸元解算问题。未来防空作战目标的运动学特性将会发生比较大的变化,例如制导弹药类目标的运动速度会达到 3~4*Ma*(甚至超过 5*Ma*),高超声速飞行器的运动速度会达到 5~6*Ma*(甚至超过 7*Ma*);其运动规律不再只是等速直线或等加速方式,而是比较复杂的非线性方式。因此,高炮拦截高速、高机动、非线性轨迹目标射击诸元算法研究是下一代新火控技术的重点之一。

15.2 高射速自动炮和供弹技术

15.2.1 高射速自动炮技术

15.2.1.1 转膛自动炮

转膛自动炮由于其射速高、结构紧凑、重量轻,在航炮、舰炮、陆基火炮方面得到广泛应用。

1. 组成及工作原理

1)基本组成

转膛自动炮一般由炮身、炮箱、转膛、拨弹机、扣机等组成,如图 15-7 所示。

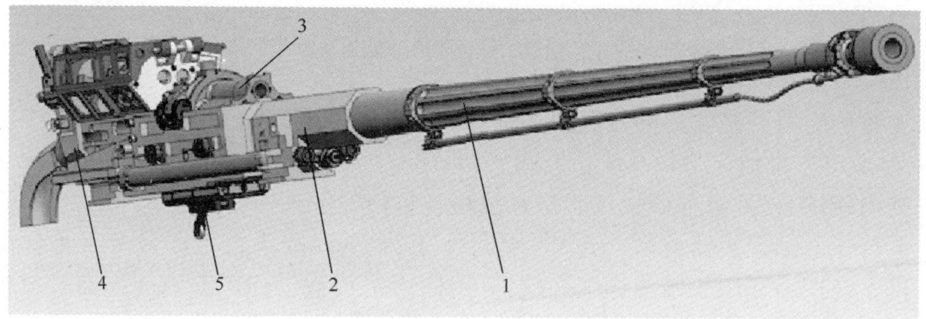

图 15-7 转膛自动炮组成示意图

1—炮身;2—炮箱;3—转膛;4—拨弹机;5—扣机。

某单管转膛自动炮的位移循环图如图 15-8 所示,主要工作过程说明见图 15-9 和图 15-10。该例所述转膛炮为导气式驱动方式、四个弹膛结构、弹链式拨弹轮方式供弹、两次输弹、液压驱动扣机工作、弹簧——液压式全武器缓冲器,具有液压驱动装填炮弹和退弹、供弹离合等功能。

	自动机位移循环图		
	后坐阶段 ⟶		
序号			
1	活塞	⌀6排气孔中心113　126	
2	主动滑板、滑筒、曲线滑板		
3	推弹、滑座、连接筒		
4	推弹杠杆	106 推弹杠杆开始向后回转-25°　-26.5°	
5	一次推弹块	106 推弹杠杆开始向后加速　总行程270	270
6	换向器	149 换向器逆时针转36°	188
7	退壳钩抛壳		
8	转膛体	45 转膛体转45°　与曲线滑板15°斜面撞击187	
9	拨弹轮	45	
10	除链	120 转膛体转8°	
		0 10 20 30 40 50 60 70 80 90 100 110 120 130 140 150 160 170 180	190
	复进阶段 ⟵		
序号			
1	活塞	126	
2	主动滑板、滑筒、曲线滑板		
3	推弹、滑座、连接筒		
4	推弹杠杆	向前加速 61	
5	换向器	2 顺时针转36° 49	
6	退壳钩张开、卡入	5 14	
7	转膛体	45	
8	拨弹轮	45	
9	一次推弹块	143	
10	二次推弹块	157	
		0 10 20 30 40 50 60 70 80 90 100 110 120 130 140 150 160 170 180	190

图 15-8　某转膛自动机的位移循环图

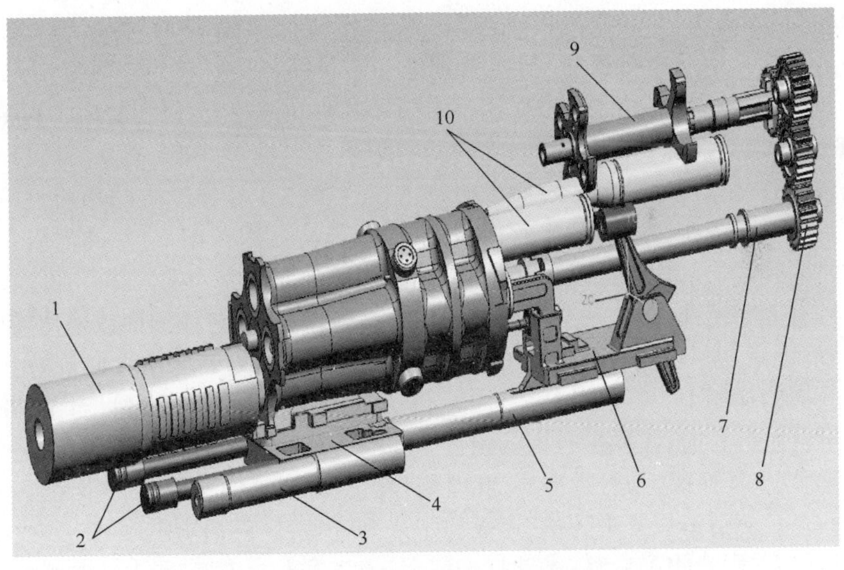

图 15-9　工作原理示意图(击发状态)

1—炮身;2—导气活塞;3—输弹滑筒;4—主动滑板;5—连接滑筒;6—推弹滑座;7—传动轴;8—传动齿轮;9—拨弹轮;10—炮弹。

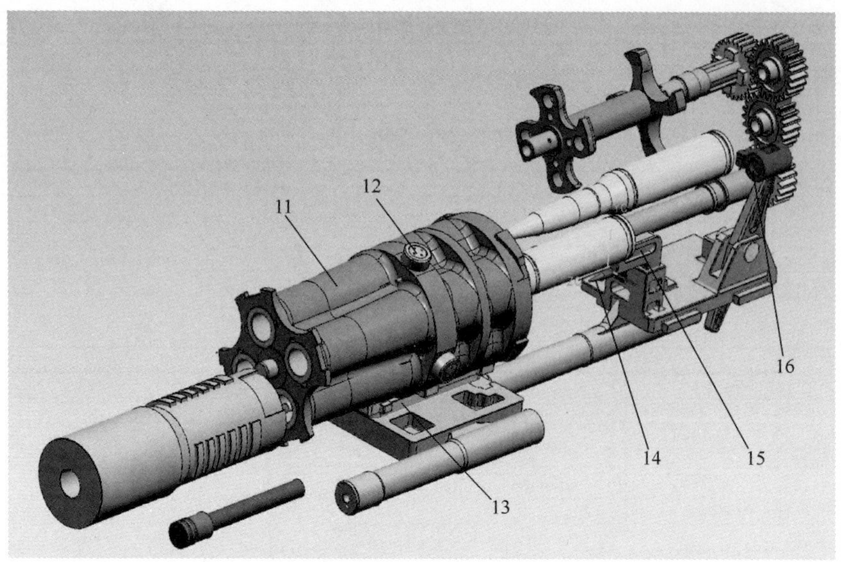

图 15-10　工作原理示意图(待输弹状态)

11—转膛;12—驱动滚轮;13—转膛滑板;14—击针;15—二次推弹臂;16——一次推弹臂。

2) 工作原理

击发后弹丸越过导气孔,膛内火药气体经身管导气孔进入气室,驱动活塞带动主动滑板(包括输弹滑筒、转膛滑板、推弹滑座、连接筒、推弹杠杆、转换器等)后坐。当主动滑板走完自由后坐行程时,转膛滑板上的定位凸榫与转膛体上的定位槽脱开。其后转膛滑板通过其上的曲线槽作用在转膛体的驱动滚轮上,使转膛体旋转,通过转膛轴和齿轮,带动拨弹轮同步转动,除链并将炮弹拨至输弹线上;输弹滑筒后坐时压缩输弹簧,储存复进能量;抛壳器后坐时将击发后留在 4 号弹膛内的药筒强行退出,并抛出自动机。当主动滑板后坐到位后,在输弹弹簧力的作用下,主动滑板复进;推弹滑座将输弹线上的炮弹推入 1 号弹膛,同时将前发炮弹完全推入 2 号弹膛;转膛滑板上设计有人字形曲线槽,在分叉口部位设计有转换器,通过换向曲线槽使换向器摆动,主动滑板后坐和复进时滚轮走不同的路线,使转膛始终朝一个方向旋转;转膛在滑板曲线槽的作用下,继续向同一方向旋转,并带动拨弹轮旋转拨弹;当主动滑板运动到复进自由行程时,主动滑板上的定位卡笥插入转膛体和炮箱上的定位槽,保持待击发的弹膛(3 号弹膛)与身管同心,此时炮弹已转到闭锁位置,弹壳底面抵在炮箱上的闭锁面上。然后滑板复进到位,退壳钩卡入弹壳底部抓壳沟槽,一次、二次推弹到位阻弹齿抬起,阻止炮弹后移;击针打击底火,炮弹击发。击发时,3 号弹膛处于最下方位置。后坐、复进期间转膛体、拨弹轮各转动 45°。主动滑板重复上述动作,依次完成开闩、抽壳、抛壳、挂机、解脱扣机、推弹、闭锁、击发、供弹等机构动作。连续射击时,扣击阻铁一直在处于解脱位置,主动滑板复进,重复上述循环射击动作。当停射时,阻铁抬起,主动滑板停留在挂机位置,射击停止。

转膛自动炮的供弹机构一般采用拨弹轮结构,拨弹轮轴与转膛轴相连,同步转动。拨弹过程中拨弹轮(或输弹线)上的弹始终对准相应的弹膛,以便分段推弹入膛(见图 15-9)。一般情况下,一次推弹完成 60%以上的输弹行程,二次推弹将炮弹推到位,以便转膛顺利转动完成闭锁。因此,一次推弹采用了传速比为 2 的杠杆加速机构(见图 15-10)。

各个弹膛工作位置的分工一般是:从炮尾向炮口看去,转膛逆时针方向转动,1 号膛为装填Ⅰ位置(完成 60%以上的输弹行程)、2 号膛为装填Ⅱ位置(炮弹推到闭锁位置,)、3 号膛为(闭锁)击发位置、4 号膛为抛壳位置(见图 15-11)。

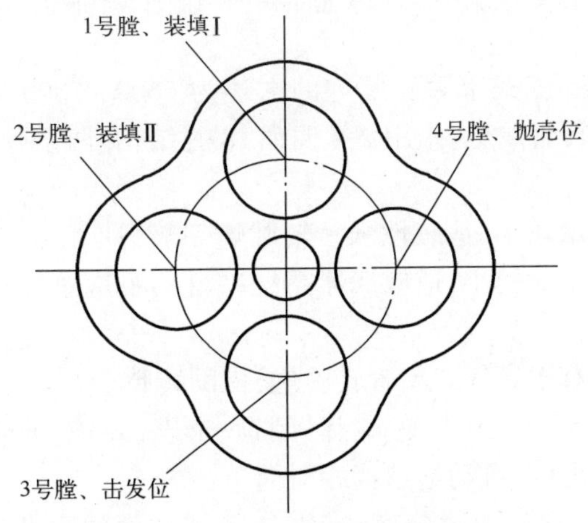

图 15-11　各弹膛的工作示意图

由于采用两次输弹,与一次输弹相比,缩短了主动件的运动行程,因此自动机完成一次循环的时间减短;供弹、输弹、击发、抛壳等循环动作分布在四个弹膛并行工作,相对于单个弹膛的串联循环动作节省了射击间隔时间,因此提高了射速。

在转膛自动炮设计中,关键技术是身管与转膛体的密封技术、转膛体减重技术、转膛体驱动定位技术、供输弹协调技术等。

美国 MK-11 型 20mm 转膛航炮是国外唯一列装的双管转膛炮,射速高达 2800 发/min,采用八膛结构,两条弹带同时供弹,两管同时射击,八个弹膛中有六个弹膛同时工作,火药气体驱动一次完成输弹入膛动作,自动工作的相互位置关系见图 15-12。

2. 技术特点

转膛自动炮具有如下特点:

(1) 射速较高。转膛炮采用多膛并行工作原理,缩短了自动工作循环时间,较大幅度地提高了射速。例如,瑞士的 35/1000 单管转膛自动炮的射速为 1000 发/min;

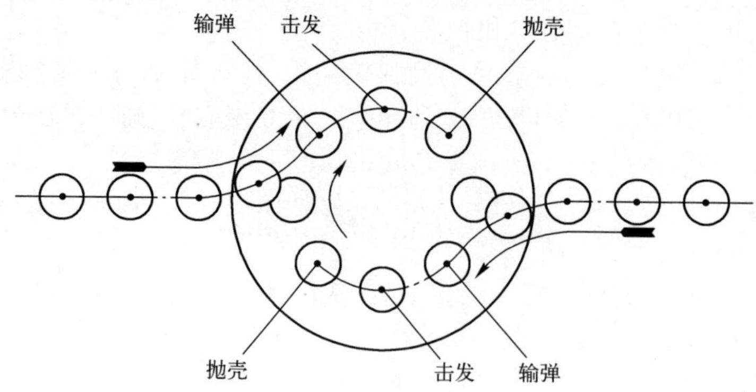

图 15-12 美国 MK-11 型 20mm 转膛航炮自动机动作位置图

法国的“德发”30mm 导气式单管转膛炮的射速为 1600～1800 发/min；美国 MK-11 型 20mm 管退式双管转管航炮，采用 2 个身管、8 膛结构、两条弹带同时供弹，射速高达 4200 发/min。

(2) 相对体积重量较小，适装性强。转膛炮一般只有 1～2 根身管，与转管自动炮相比，其体积、重量相对较小，适应武器系统平台的单炮总体布置、或中炮、边炮并装布置。

(3) 结构简单。对于导气式单管转膛炮，借助转膛滑板前后往复运动，带动转膛体和供弹、输弹机构工作，完成供弹、输弹、闭锁、击发、开锁、抽壳、抛壳等循环动作，并省去了专门的闭锁机构，自动炮结构相对简单。

(4) 主要缺点：身管与弹膛分离，带来二者结合面的火药气体密封、初速下降问题，一般初速下降量不大于 3%；身管与弹膛定位不可靠、不同轴，由此产生身管线膛加速磨损和弹丸在膛内运动不平稳问题，加之单管射速较高，因此身管寿命较短；转膛炮的各机构均作间歇运动，射击一发弹就重复一个循环，射速愈高、间歇运动频次愈高，对运动零部件的冲击载荷较大，对零部件的强度和冲击韧性要求很高；自动炮后坐部分的质心到身管轴线的距离较大，造成射击时的动力矩较大；采用内能源工作时，首发装填需要外能源驱动。如果遇到迟发火弹，有可能造成严重故障。

15.2.1.2 双联动自动炮

双管联动自动炮采用 Gast 原理，是一种高射速自动炮，该种自动炮结构紧凑，金属威力系数大。

1. 组成及工作原理

1) 基本组成

双管联动自动炮主要由炮管、供弹机、炮身、全武器缓冲器、滑板联动机构、闭锁机加速机构、击发发射机构等组成，如图 15-13 所示。

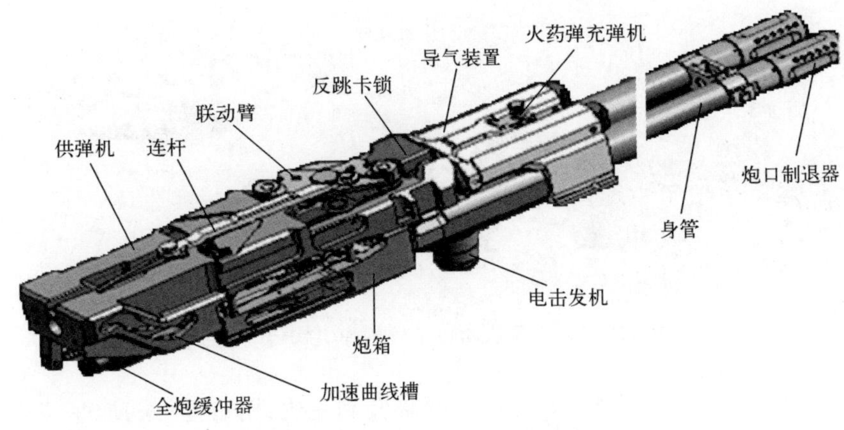

图 15-13　双管联动自动炮的组成

2）工作原理

某双管联动自动机的滑板联动机构如图 15-14。

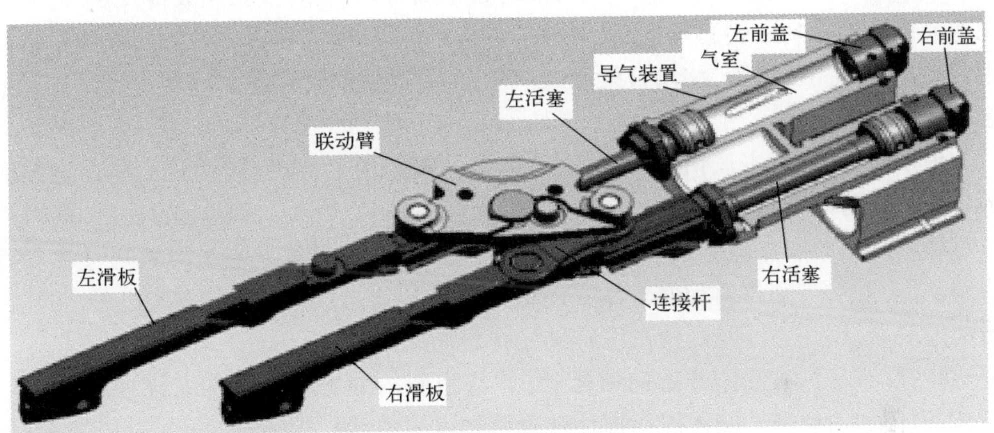

图 15-14　某双管联动自动机滑板联动机构图

双管联动自动机滑板联动机构主要由左右滑板、左右活塞、左右前盖、左右气室、联动臂、连接杆等组成。

某双管联动自动机供弹机构传动关系如图 15-15 所示。

滑板每运动一个单程，拨弹轮旋转 90°，弹被送进一个弹链距。向后运动的滑板操纵前控制器和后控制器，完成一次压弹动作。弹链上相应的一发炮弹被压入闩体抓弹钩内，并等待滑板复进时输入炮膛。

射击前，自动炮各运动件被反跳卡锁限制在各自的起始位置。若是右供弹时，右滑板处于最前位置；右后控制器和右前控制器和右闩体抬到最高位置；右闩体抓住一

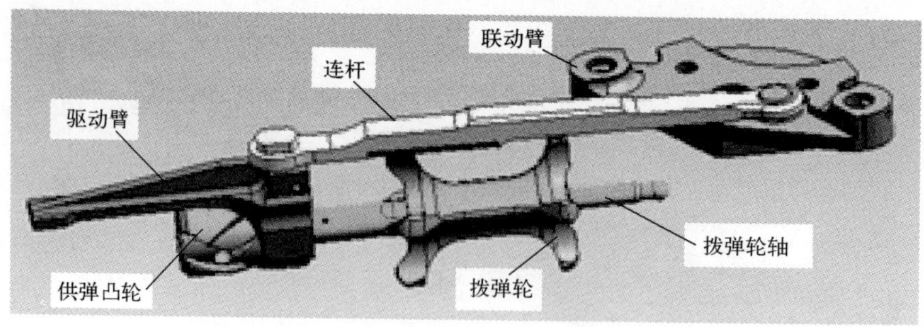

图 15-15　某双管联动自动机供弹机构传动关系图

发弹处于闭锁状态；右活塞将定位器和选择器转到左边；用右连杆的加厚部位将右托弹爪解脱并限制在一定的位置上；左滑板转换到最后位置，左闩体在最后位置被定位柱挡住，左闩体抓弹钩抓住炮弹底缘；左后控制器和定位器从上面对炮弹限位，左托弹爪从下方托住炮弹，托弹爪受闩体作用保持在托住状态；左前控制器处于最下方位置，将自动保险压在最下位置，并将击发转轴转到右方，被阻铁扣住成待发状态；自动保险使传感器杆接通传感器电路，射击准备指示灯亮；抛壳器转向右方。拨弹轮将弹带保持在一定的位置上，驱动臂处于最前位置。左供弹时，在射击前各运动件处于上述相反的位置上。

射击时，按下射击按钮，释放阻铁。在击发簧作用下，击发转轴转动撞击炮弹底火、击发。当弹丸通过身管上的导气孔时，火药气体越过导气筒体上的孔后，同时进入右活塞的前腔和左活塞的后腔。右滑板后退，左滑板复进。左右滑板通过联动臂协调工作，进而带动各运动件工作。滑板使前控制器与闩体一起下降、开锁。同时，右前控制器扳起击发转轴，使击发转轴扣在自动保险上。

开锁结束时，右闩体开始向后运动，并从弹膛内抽出弹壳。在右加速机构作用下，右闩体加速后退。闩体抓钩抓住弹壳后退过程中，通过抛壳器的抛壳弧面被引导下落。弹壳下落终了时，闩体解脱抛壳器卡锁，并操纵抛壳器转移到另一方。当右滑板后退到总行程的 70%～80%时，右前、后控制器工作。前后控制器将下一发弹压到炮膛轴线上，闩体抓钩抓住炮弹底缘，炮弹下方有一空弹壳。

右滑板后退时，左滑板复进。带有炮弹的左闩体在加速机构的作用下加速复进。当滑板复进一段距离时，后控制器抬起，左闩体与左前控制器一起上升。左前控制器停止上升，闩体闭锁完成。在左滑板复进终了时，左活塞通过选择器把定位器转换到另一方。

在滑板行程终了时，反跳卡锁凸部在弹簧的作用下进入联动臂凹部。在滑板的全行程上，联动臂通过连杆把驱动臂从一个极限位置带到另一个极限位置，驱动臂的菱形块在供弹凸轮的曲线槽中滑动，使拨弹轮轴和拨弹轮转动。在滑板的单行程内，拨弹轮使弹带前进一个弹链节距。

当复进的滑板快到最前位置时,后退的滑板带动前控制器上升,自动保险抬起,释放击发转轴,撞击另一侧的炮弹底火,实现连发射击。

火药弹装弹时的协同动作:按下装弹按钮,电流通过传感器的闭合触点到火药弹的电底火,火药燃烧产生的火药气体顶开火药弹室里的气阀,通过导气孔进入导气筒体并且推装弹活塞向后运动。装弹活塞强制推动处于前位的滑板向后运动,传动机构在惯性作用下完成一个工作行程。装弹活塞在另一个滑板复进到位时,被带回原位。在火药装弹时,传动机构的动作与射击时相同。

2. 技术特点

双联动自动炮具有如下特点:

(1) 射速较高。双联动自动炮采用 2 根身管、两套闩体和滑板互相联动结构;每个滑板的复进、后退都是在火药气体作用下完成的,后坐与复进时间相等,滑板一个运动循环射击 2 发弹;滑板与闩体之间的最大传速比约为 3.4,通过输弹加速机构,闩体运动行程与滑板运动行程之比约为 1.74,因此其射速得到大幅度提高,约是单管同口径自动炮的 2.5 倍。如 23-3 型 23mm(双管联动)航炮的射速可达 3400 发/min,“通古斯卡” 2A28 型 30mm 双管联动自动炮的射速为 2000~2500 发/min。

(2) 结构紧凑、零件较少。前控制器不仅带动闩体上下运动、完成开锁、闭锁动作,还兼有压弹除链、控制滑板复进到位击发功能等;一套供弹、抛壳、弹药定位、击发机构、全武器缓冲器为两根身管共用;两根身管中心距仅为两个弹链节距,全武器结构较为紧凑。

(3) 两根身管共有一套轮式供弹机构。采用一套轮式供弹机构为两根身管(炮闩)供弹,拨弹轮及凸轮驱动机构由联动臂带动、与左右滑板运动同步,保证了拨弹轮的拨弹与输弹(进弹)动作协调一致;拨弹与压弹除链同步进行,降低了弹带(供弹)速度,有利于提高射速。

(4) 连发密集度可调。身管口部装有身管连接器,通过调整螺钉就可以调节两根身管的相对位置,以控制各个身管的射弹散布方位,调节自动炮连发密集度。

(5) 采用火药弹,进行首发装填和排故。该自动炮设计有火药弹驱动机构,可进行首发装填或排故,改变了用冷气手段首发装填的传统方法,不用气瓶等设备、结构更简单。

(6) 主要缺点:一旦出现故障,当左右滑板不在前后极限位置时,供弹机打不开,人工退弹和排故的勤务性不太好;每次点射结束后,总有一发弹在膛内,连续射击弹药较多,膛内温度很高时存在弹药自燃的危险;两根身管中心距较大,方位散布密集度较差;零件形状复杂,工艺性较差,加工难度大,生产费用较高。

15.2.1.3 转管自动炮

转管自动炮是从加特林(Gatling)发明的手摇转管枪的原理发展而来,具有射速高、可靠性高等突出优点,并广泛得到应用。

1. 组成及工作原理

1) 基本组成

转管自动炮一般分为转管自动机、驱动装置、射击控制装置三部分。转管自动炮一般由星形体、炮箱、身管组、炮闩、供弹机、电击发器、抛壳器、后盖组件、火炮缓冲器等组成,如图 15-16 所示。

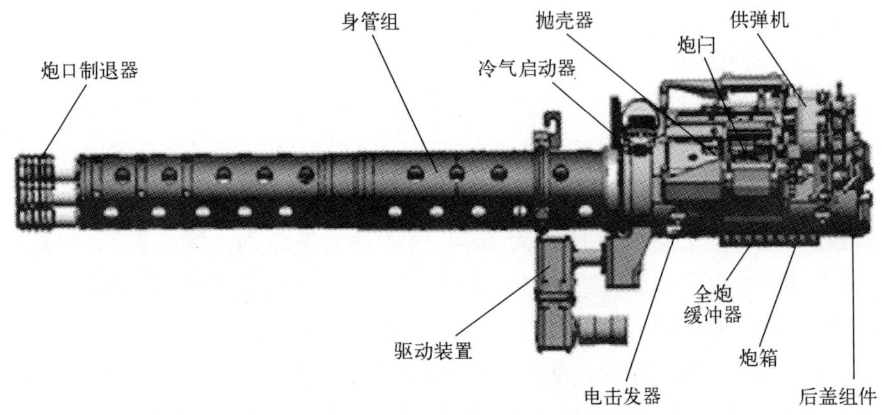

图 15-16 转管自动机组成示意图

转管自动机完成供弹、身管、闭锁、击发、开锁、抽壳、抛壳等一系列射击循环动作;驱动装置为转管自动机提高动力,驱动身管组达到额定转速、自动机达到额定射速;射击控制装置主要用于控制驱动装置启停、供弹离合、击发、射速和点射长度等。

2) 工作原理

转管自动机射击工作程序为:射击之前,炮弹置于供弹机的拨弹轮上,处于待供弹状态。射击时,射击控制装置发出指令,驱动装置带动身管组、星形体、炮闩等旋转,后盖组件上的大模数齿轮带动拨弹轮齿轮同步旋转。当供弹电磁阀通电,供弹离合器"结合"状态时,拨弹轮与身管组同步转动,拨弹、除链,并将炮弹压入炮闩的抓壳钩槽内。炮闩在星形体导轨和炮箱凸轮曲线槽强制作用下,沿星形体导轨前后运动,推弹入膛;在闭锁器作用下炮闩闭锁;在电击发器与击针通电后炮弹击发;待弹丸出膛口后,开锁器强制炮闩开锁;之后炮闩带着弹壳向后运动,完成抽壳、抛壳等动作。弹壳在抽出过程中,星形体、炮箱上的出弹挡块、抛壳器的抛壳导引面相互作用下,弹壳从炮闩抓壳钩槽中被铲出,沿抛壳导引曲面抛出自动机本体之外。

射击结束,断开供弹电磁阀电源,供弹离合器解脱,停止供弹;断开电击发器电源;切断驱动电机电源,炮身组减速、停止转动。自动机又处于射击之前的状态。

某六管转管自动机的工作循环图如图 15-17 所示。

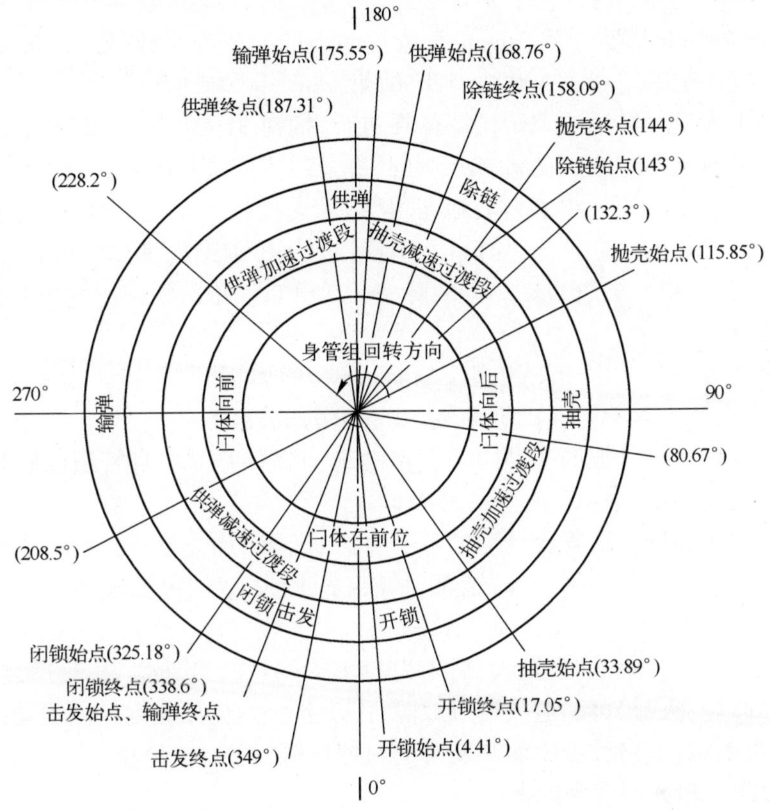

图 15-17 某六管转管自动机的工作循环图

驱动装置为转管自动机提高动力,驱动身管组达到额定转速、自动机达到额定射速。驱动能源方式的选择取决于配装武器平台可提供的能源种类和功率大小。电机驱动的优点是体积小、射速可调、无需首发启动机构,其缺点是所需瞬时功率大,对系统供电的稳定性有影响;液压马达驱动的优点是体积小、有储能机构所需功率较小、无需首发启动机构,其缺点是射速不易调整、管路泄漏问题。内能源驱动的优点是无需外部能源、适装性较好,其缺点是需一个首发启动机构、射速不稳定、射击密集度较差、射速不易调整。内外能源混合驱动方式使上述能源驱动的组合,保留了上述二者的优点,尽量避免二者的缺点,技术关键是控制内外能源使用比例。

2. 技术特点

转管自动炮具有如下特点：

（1）射速高。转管自动炮采用多根身管、每根身管对应配置一套闩体（或称为机心），各套闩体沿着炮箱曲线槽、强制并行重叠自动工作，其射速是一般单管自动炮的3~10倍（与管数有关，几乎是管数的倍数）。例如，某7管30mm舰载自动炮的射速为4200发/min，某11管30mm舰载自动炮的射速为9000发/min，俄罗斯的6管23mm转管航炮的射速为10000~12000发/min。

（2）可靠性高。转管自动炮的闩体在进弹、输弹、闭锁、击发、开锁、抽壳、抛壳等各个射击循环运动阶段全部是机械强制的，各个闩体依次有序完成射击循环动作，每个闩体的运动速度并不比单管自动炮高，且运动速度较为平稳、撞击少，因而显著提高了自动循环工作的可靠性。另外，由于身管组的转动惯性，遇到瞎火弹会自动抛出武器之外，不会停射。转管自动炮的故障率较单管自动炮的故障率低一个数量级，可达到万分之几。

（3）火炮寿命长。由于采用多个身管、多套闩体，共同承担射击和分担射弹总数，其火炮寿命几乎是单管自动炮的数倍（管数的倍数）。

（4）可变射速。外能源驱动的转管自动炮，其驱动功率、身管组的转数可调，可在较宽范围内调整射速。

（5）可维护性好。转管自动炮的各个身管、闩体的结构相同，模块化设计，拆装方便。若采用外能源驱动时，自动炮无导气装置，无需清洗火药气体残渣，维护保养方便。

（6）主要缺点：体积和重量大，后坐力较单管同口径自动炮大，对适装平台有较高要求；遇到迟发火弹，可能造成严重故障；由于各个闩体都在炮箱内运动，一旦出现故障，排故很困难；射击过程中前几发弹的射速较低，待3~5弹后才到达设定射速。

15.2.1.4 串并联发射武器

用串并联发射技术的典型武器是“金属风暴”，它利用串式弹药和串式发射技术，多身管并行发射整体串式弹药。

1. 组成及工作原理

1）基本组成

串并联发射装置由多个身管组成，多身管并行发射整体串式弹药。在单个身管内装填串式弹药，串式弹药主要由若干个弹丸和发射装药交替排列在弹药筒中构成，在计算机和电子发控装置的控制下，按发射速率和顺序依次点燃每个弹丸的发射装药，使弹丸依次进行发射，如图15-18所示。

“金属风暴”整装集束弹药主要由弹夹底板，串装弹药及炮弹定位销组成，如图15-19所示。供弹采用整装集束弹夹，每个弹药筒通过定位销实现在弹夹中的固定。

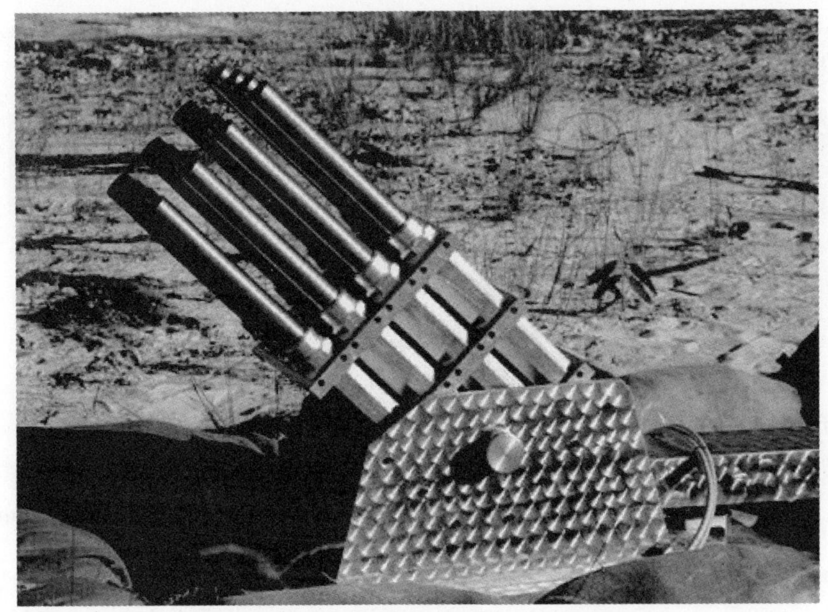

图 15-18　16 管 40mm“金属风暴”发射系统

图 15-19　整装集束弹药结构示意图

2）工作原理

弹幕武器系统串式发射技术原理如图 15-20 所示。在身管内装填串式弹药，串式弹药主要由若干个弹丸和发射装药交替排列在弹药筒中构成，在计算机和电子装置的控制下，按发射速率和顺序依次点燃每个弹丸后的发射装药，使弹丸依次进行发射。在同一串式弹药发射过程中，没有供弹、击发、退壳等一系列机构动作，射速取决于电子点火频率和发射装药膛内燃烧时间，因此，单管可实现大于 1.5 万发/min 的理论超高射速。

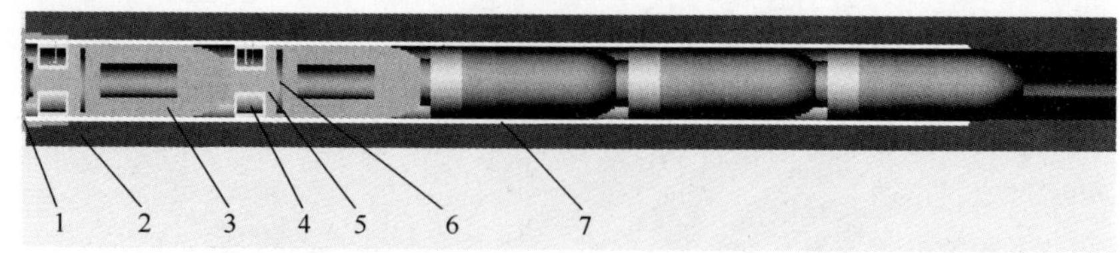

图 15-20　连发串式发射技术原理示意图

1—底座；2—身管；3—弹丸；4—药盒；5—弹托；6—弹丸闭气环；7—药筒。

2. 技术特点

串并联发射武器具有如下特点：

（1）射速高。采用串并联发射技术，可实现超高射速（单管≥1.5 万发/min）。

（2）威力大。可实现弹幕“窗口”拦截等反导新机理，提高拦截概率。

（3）可变射速。利用电子控制点火技术，可在较宽范围内调整射速。

（4）作战反应快。多发弹丸装填在发射身管内，无需供弹、输弹过程，电子控制点火发射，武器系统作战反应时间很短。

（5）主要缺点：后坐力较单管同口径自动炮大，对适装平台有较高；武器的转动惯量较大，对随动系统的功率要求较大；一组射弹发射结束后，再次装填需要较长时间，单个武器要拦截多批次目标较为困难。

15.2.2　快速供弹技术

15.2.2.1　弹鼓无链供弹技术

对于需要长点射、抗击多批敌方目标的高射速小口径自动炮，多采用弹鼓式无链供弹结构。

1. 组成及工作原理

下面以俄罗斯“卡什坦”弹炮共架武器的弹鼓式无链供弹系统为例，说明弹鼓式无链供弹系统组成及工作原理。

1）基本组成

“卡什坦”弹炮共架武器系统配装有两门 ГШ-30К 型 30mm 自动机，每门自动机配有一套弹鼓式无链供弹系统，两门自动机中心对称“边炮”布置，并随炮旋回、俯仰，如图 15-21 所示。弹鼓式无链供弹系统由弹鼓和供弹机构两部分组成，如图 15-22 所示。

弹鼓主要由外鼓、内鼓和端盖等组成，如图 15-23 所示。弹鼓的主要作用是贮存一个弹药基数，在射击时将贮存的弹药从弹鼓出弹口连续供送给与之相接的供弹

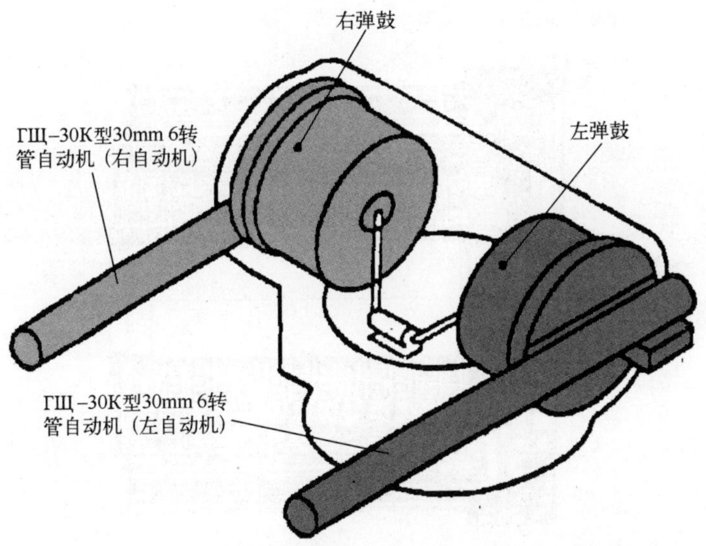

图 15-21　“卡什坦”武器自动炮和弹鼓供弹结构总体布局

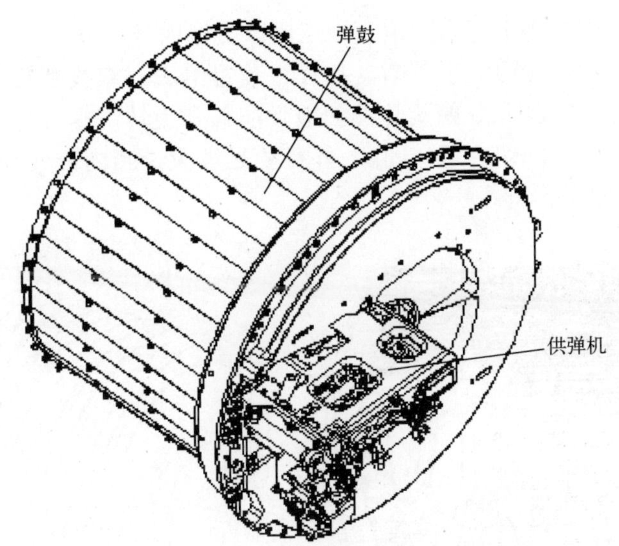

图 15-22　弹鼓式无链供弹系统组成

机。炮弹主要贮存在外鼓隔室中，沿内鼓双线螺旋片螺旋排列；集弹器隔室和戽斗装置拨弹轮上也可贮存少量炮弹。

外鼓是储弹的部件，如可容纳 30mm 炮弹 500 发，如图 15-24 所示。它是一个由 n 个 L 形的铝合金隔板箍成的大圆筒，炮弹就存放在两个隔板所形成的直隔室中，弹底缘卡在隔板的抓钩上以轴向定位。出口和入口的两个相邻隔室在任何时间都是空

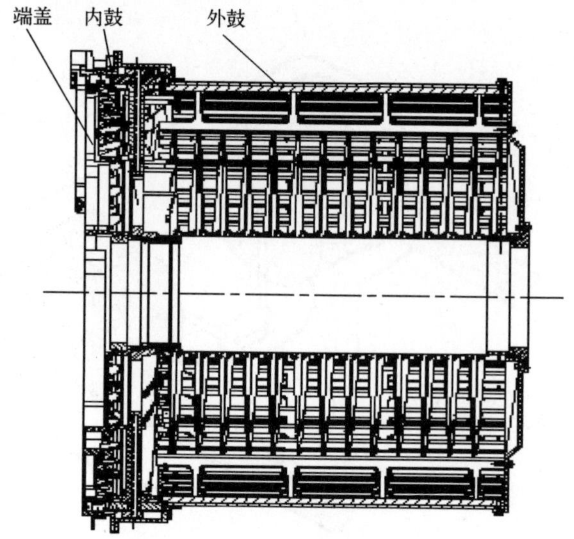

图 15-23　弹鼓结构图

的，以免拥塞。外鼓后盖上还有一滚动轴承用以支撑内鼓的外端。

内鼓主要由双线螺旋片、出弹圆盘和戽斗装置组成。双线螺旋片由薄钢板冲压焊接而成，如图 15-25 所示。螺旋片推动炮弹前移和旋转。螺旋片横截面与炮弹外形基本一致，片与弹之间留有适当间隙，外径要足够大。当内鼓转动时，螺旋片沿外鼓隔室纵向推动炮弹。

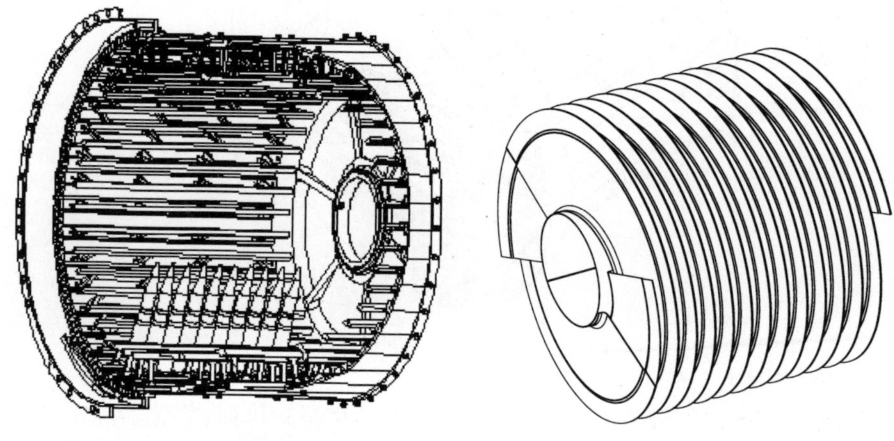

图 15-24　弹装在外鼓中的情况　　　　图 15-25　双线螺旋片形内鼓

2）工作原理

（1）射击时工作原理。如图 15-26 所示，假设外鼓隔室数为 $n=32$，弹鼓已装满弹，且第 1 发炮弹正好位于两空隔室的右侧第一个隔室。射击时，在内鼓双线螺旋片的推动下,贮存于外鼓隔室中的炮弹沿隔室直导轨向弹鼓出弹口方向前进。炮弹到达螺旋片终点后,经戽斗装置拨弹轮的拨送进入集弹器隔室。内鼓转动一圈,第一戽斗从外鼓 32 个隔室中收集第 1~30 发炮弹,进入集弹器。因两个戽斗装置中心对称于内鼓布置,当第一戽斗装置开始收集第 17 发炮弹时,第二戽斗装置开始收集第 31 发炮弹。靠弹鼓周转轮系的同步,能够确保第二戽斗收集的第 31 发炮弹与第一戽斗收集的第 30 发炮弹首尾相连,第一戽斗收集的第 61 发炮弹与第二戽斗收集的第 60 发炮弹首尾相连。如此循环,实现弹药连续不断地经弹鼓出弹口供给供弹机。

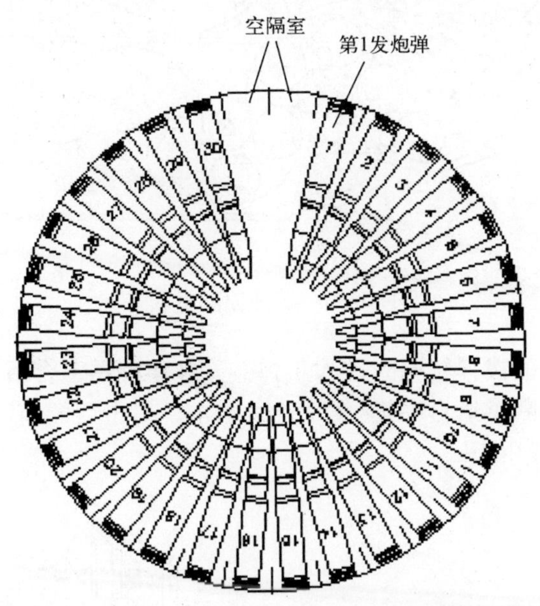

图 15-26　炮弹在外鼓中排列的初始状态

(2) 装弹时工作原理。装弹过程是射击过程的逆过程,其动作顺序与射击过程相反。

弹鼓式无链供弹系统通过多组拨弹轮、集弹器、双线螺旋片、弹底导槽和固定导轨等实现对炮弹的全程约束、强制供弹;通过供弹机定轴轮系和弹鼓周转轮系实现定比传动;射击时供弹系统的工作动力来自 ГШ-30К 型 30mm 6 转管自动机,并通过自动机上的拨弹齿轮和供弹机上的齿轮,定比传动实现供弹率与射速严格一致。

如图 15-27 所示,装弹时先安上装满弹的弹夹,再将自动机上的活动箱盖抬起,使弹夹和供弹机之间形成完整的装弹通道。当供弹机处于“装弹”状态时,通过供弹机将炮弹逐发从弹夹上送入弹鼓。

如图 15-28 所示,射击时活动箱盖在扭簧的作用下始终保持下落姿态,供弹机与自动机之间形成完整的供弹通道。弹鼓外鼓中的炮弹在内鼓双线螺旋片的推动

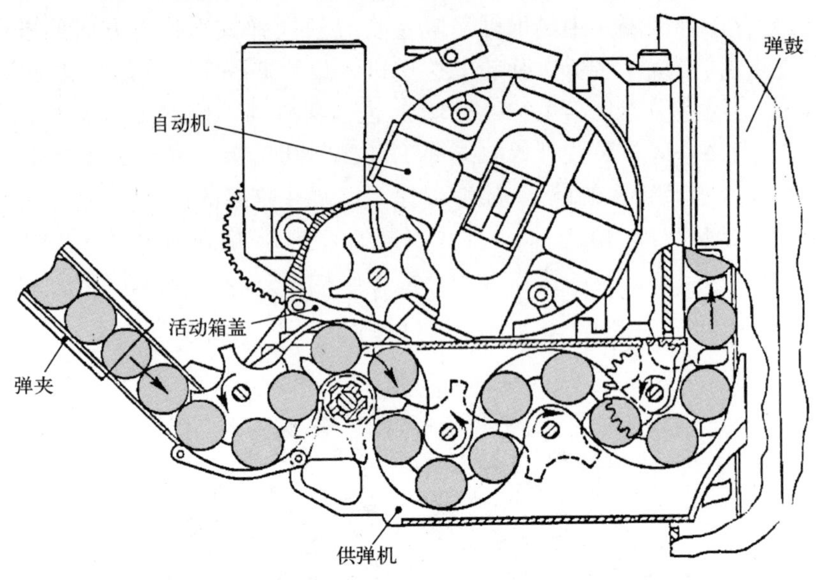

图 15-27　装弹原理示意图

下，分两路经戽斗上的拨弹轮同时进入集弹器。在集弹器汇合后，再经供弹机上的四组拨弹轮，将炮弹不断供给自动机，实现连续射击。射击后的药筒或未击发弹经排壳器排至药筒收集箱或甲板。

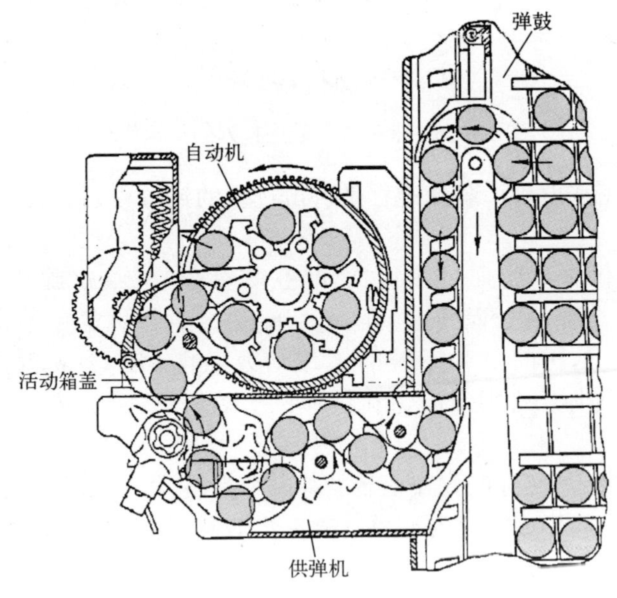

图 15-28　射击供弹过程示意图

2. 技术特点

（1）组成复杂，结构紧凑。供弹线路短且固定，弹在整个供弹线路上全程约束、全程强制供送，供弹可靠性高，特别适合高射频自动炮。该供弹技术从原理上确保了供弹率与发射率的一致，不存在供弹及时性问题。

（2）弹药容量适宜。操作简便，尤其补弹容易，提高了火炮的持续打击能力。

（3）弹鼓体积较大。对陆基装载平台和武器总体布局要求较高。

（4）供弹功率较大。射击时一个弹鼓中所有弹都要跟随运动，运动质量大。

3. 典型应用

美国"密集阵"20mm 6 转管舰炮、"守门员"30mm 7 转管舰炮、M61A1 型 6 管 20mm 转管航炮和 GAU-8 型 7 管 30mm 转管航炮；俄罗斯"卡什坦"弹炮共架武器系统。某 7 管 30mm 转管舰炮、内能源 6 管 30mm 转管舰炮改进型、外能源 11 管 30mm 转管舰炮等均采用弹鼓式无链供弹系统。

15.2.2.2　弹箱无链供弹技术

弹箱式无链供弹机构属于大容量无链供弹系统，既可以用于小口径自动炮，也可用于大口径机枪。

1. 组成及工作原理

下面以瑞士 GDF-003 型双管 35mm 自动高炮的弹箱式无链供弹系统无力，说明其基本组成及工作原理。

1）基本组成

如图 15-29 所示，GDF-003 型双管 35mm 自动高炮左右两个自动各配一个供弹箱，分别刚性地固定在摇架两侧，随火炮进行高低俯仰，通过摇架上的大耳轴孔的向左右自动机输送炮弹。下面以左自动供弹箱为例来说明。自动供弹箱的作用是将其内的炮弹输送到进弹口，再由炮箱盖上的进弹机构将炮弹拨至输弹线上，炮闩推弹入膛。

如图 15-30 所示，箱体是弹箱式无链供弹机构的主体。推弹机构安装在箱体底座上，其他机构及电器开关、电缆等均安装在箱体上。在箱体的前方安装有供弹电机、行星齿轮减速器、弹簧马达。后方安装有压弹机构链条和弹夹导槽，箱体右方与摇架左侧的耳轴相连接，使箱体右方的大圆孔正对着左环行耳轴的大圆孔，以利于箱体右侧的仰弹机构提升的炮弹由此进入自动机的进弹口。推弹机构和炮弹导引机构位于箱体的下部。弹箱上装有纽子开关（10/3）、弹簧马达开关、供弹电机开关和弹药中止开关。

2）工作原理

弹箱式无链供弹机构的工作原理如图 15-31 所示。当托弹板处于最高位置时，装入一个空弹夹，再将装满炮弹的弹夹（一夹弹 7 发），由上至下压入弹箱中，此时推弹机构的推弹齿正位于最下方的满弹夹左侧，压弹机构的压弹齿依次压住弹箱内弹夹的凸起部。

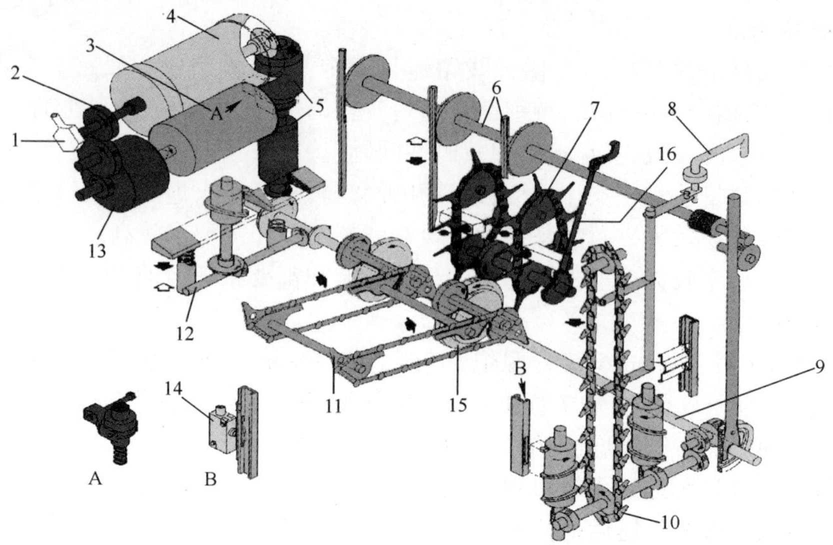

图 15-29　弹箱式无链供弹机构的基本组成

1—棘轮扳手；2—超越离合装置；3—供弹电机；4—弹簧马达；5—离合传动机构；6—限位机构；7—扬弹机构；8—退弹杠杆；9—主轴；10—压弹机构；11—推弹机构；12—炮弹导引机构；13—减速器；14—弹药中止开关；15—齿轮；16—插杆。

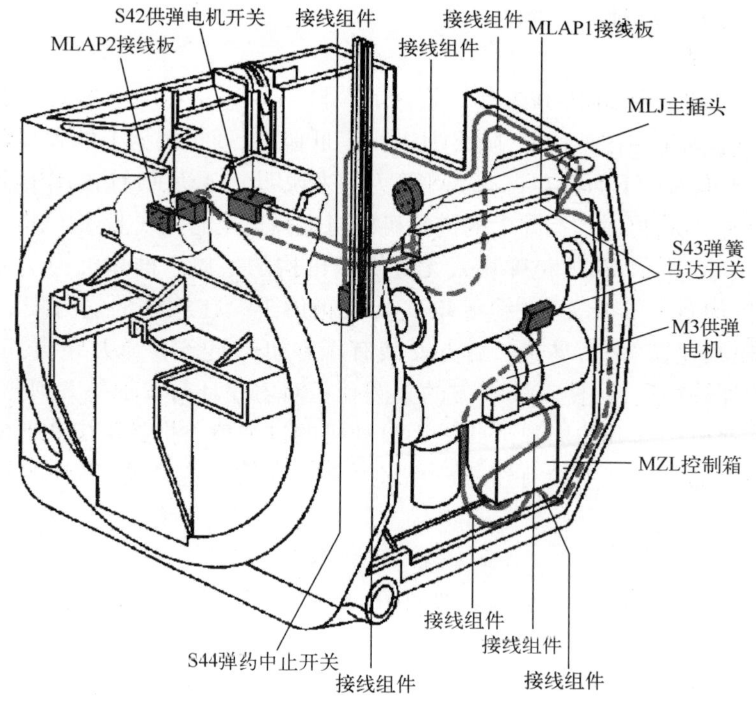

图 15-30　箱体轮廓和电缆布置图

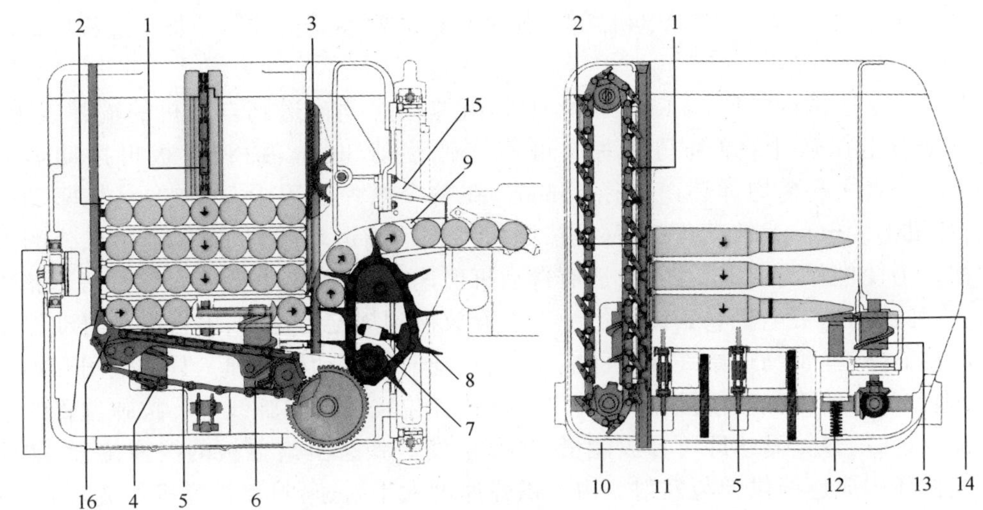

图 15-31　弹箱式无链供弹的基本原理示意图

1—压弹齿;2—弹夹;3—限位齿条;4—传动蜗杆;5—前推弹链;6—传动蜗杆;
7—扬弹机;8—提弹齿;9—阻弹齿;10—供弹机箱体;11—后推弹链;12—弹簧;
13—传动蜗杆;14—托弹板;15—进弹口座;16—推弹齿。

通电后,余弹选择开关(10/3)置于“10”位置,供弹电机开关置于“ON”位置。供弹电机通过减速器和超越离合装置与弹簧马达连接,且减速器的传速比为 25.5∶1。电机带动弹簧马达,通过离合传动机构、主轴、推弹机构、扬弹机构、炮弹导引机构等,将最下方弹夹内的炮弹向自动机输弹线位置输送,当第 1 发炮弹被送到输弹线时,供弹运动终止。此刻供弹电机旋紧弹簧马达内的蜗线簧,当蜗线簧力矩达到设定值时,弹簧马达内的离合螺母向左移动,与位于弹簧马达内的微动开关触点断开,切断供弹电机的电源,使供弹电机停止转动。使用棘轮扳手,拧紧蜗线簧,直接驱动弹簧马达带动传动系统,也可将第 1 发炮弹供到输弹线上。供弹到位后,用棘轮扳手将弹簧马达拧紧到设定力矩值。

在火炮射击过程中,在蜗卷簧力矩作用下,弹簧马达末端锥齿轮与离合传动机构轴上的锥齿轮啮合,使离合传动机构旋转,离合传动机构的锥齿轮与主轴锥齿轮啮合,将输出扭矩传给主轴。主轴上的齿轮和蜗轮蜗杆机构再驱动其他机构同步协调工作。压弹机构上链条的压弹齿下压弹夹,使弹夹上的炮弹被推弹齿推动;推弹齿将最下方的满弹弹夹中的第一发炮弹推动一个弹距。扬弹机构将这一发炮弹上提,同时上一个扬弹齿将另一发炮弹输送一个弹距。限位机构的三跟齿条下降 1/7 个弹距,挡住扬弹机构的炮弹,防止弹夹中最后一发炮弹在进入扬弹机构后因重力下落进入推弹机构。炮弹导引机构的托弹板支撑炮弹头部,使弹夹中的炮弹保持水平状态。在弹簧马达释放簧力后,其内部的离合螺母沿轴向右移动,使弹簧马达内微动开关的触点闭合,接通电源,使供弹电机工作,弹簧马达的蜗卷簧被拧紧。整个过程周而复始,实现连发射击。

通过上述机构的协调工作,可将炮弹由弹箱连续输送到自动机的输弹线上。在每个射击循环中,弹簧马达每次可使炮弹移动 30mm,拨弹滑板再拨动炮弹 25mm,两者之和为炮弹药筒直径 55mm。在整个供弹过程中,由弹簧马达驱动主轴,各机构的位移或转动角度,都是按照传动比精确运动的,从而保证了供弹的可靠性。为使供弹与射速相匹配,适应自动机射速,在传动链上设置有弹簧马达储能器,当弹簧马达被电机卷紧或因供弹工作而放松到规定力矩时,电机都会自动停止或启动,这样弹簧马达始终处于储能状态,可随时给自动机供弹。只要炮闩开锁后坐,炮盖板中的拨弹板便被驱动,将炮弹从拨弹位置拨至输弹线上。拨弹位置的炮弹被拨走时,弹簧马达即可释放能量,将下一发炮弹挤至炮盖板的拨弹位置,如此往复循环构成连续供弹与发射。由于供弹速度大于射速,只要供弹机不被卡滞,总能满足射速要求。

在射击结束后,将供弹电机开关由"ON"位置扳到"OFF"位置,退弹杠杆扳到"OFF"位置,压弹机构上的压弹齿收回。这时可将带弹的弹夹从弹箱中取出。然后打开炮盖板,传送机构被扬弹机构链轮轴上的棘轮插杆锁住,防止弹簧马达放松,取出托弹板上的 4 发炮弹。其后关闭炮盖板,插杆解脱棘轮,弹簧马达驱动传送机构,重复此过程直至取完炮弹为止,这时弹簧马达完全释放簧力。

2. 技术特点

该供弹式无链供弹机构具有如下特点:

(1) 供弹及时。弹簧马达始终处于储能状态,给供弹机构一驱动力矩,供弹速度为 800 发/min,大于火炮自动机的射速 450~610 发/min。该弹箱能容纳 8 个满弹夹炮弹,每个弹夹 7 发,一个弹箱携带 56 发炮弹,装弹、退弹较为方便。

供弹电机的工作与否受弹簧马达内微型开关、离合螺母的位置控制,及时拧紧弹簧马达卷簧,供弹驱动力矩几乎保持恒定不变。

(2) 供弹安全。在供弹的传输链中,设置有安全解锁机构,确保在出现故障时,能解脱弹簧马达的簧力,避免意外人身伤害。

(3) 主要缺点。该种无链供弹机构储弹量较小,体积较大,结构复杂,加工工艺性较差。

3. 典型应用

该种无链供弹机构在瑞士的 GDF-003、GDF-005 型双管 35mm 自动高炮中得到应用。

15.2.2.3 弹链式供弹技术

弹链式供弹是指通过具有一定刚度和柔度的弹链结合炮弹,形成弹带给自动炮供弹的一种形式。

1. 组成及工作原理

下面以某自行高炮的弹链式供弹机构为例说明一般弹链式供弹机构的组成及工作原理。

1）基本组成

弹链式供弹机构一般主要由弹箱、进弹口、刚性导引、柔性导引、扬弹机以及辅助拨弹机等组成，如图 15-32 所示。

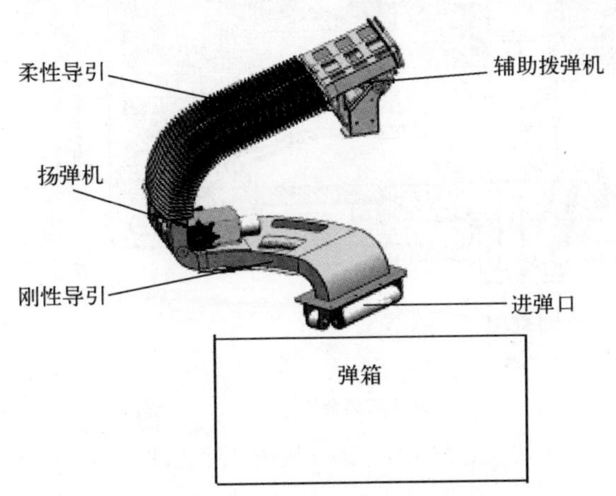

图 15-32　弹链式供弹机构组成图

刚性导引的作用是为弹带提供不随火炮高低射角变化的供弹通道导引，采用薄钢板冲压焊接而成为箱形结构，截面尺寸如图 15-33 所示。

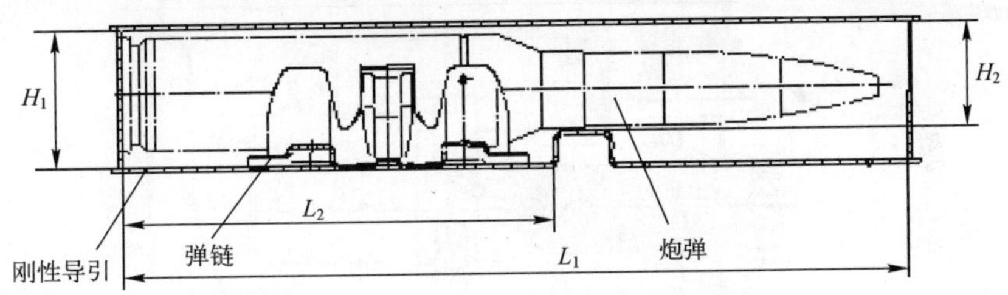

图 15-33　刚性导引截面结构示意图

在刚性导引直角转弯处安装有扬弹机，用于将弹舱中的弹带提升到柔性导引中，扬弹机结构如图 15-34 所示。

在柔性导引与自动机进弹口之间安装有辅助拨弹机，其结构如图 15-35 所示，主要用于将柔性导引中的弹带推入自动机拨弹机中，减轻自动机拖弹阻力、稳定射速。

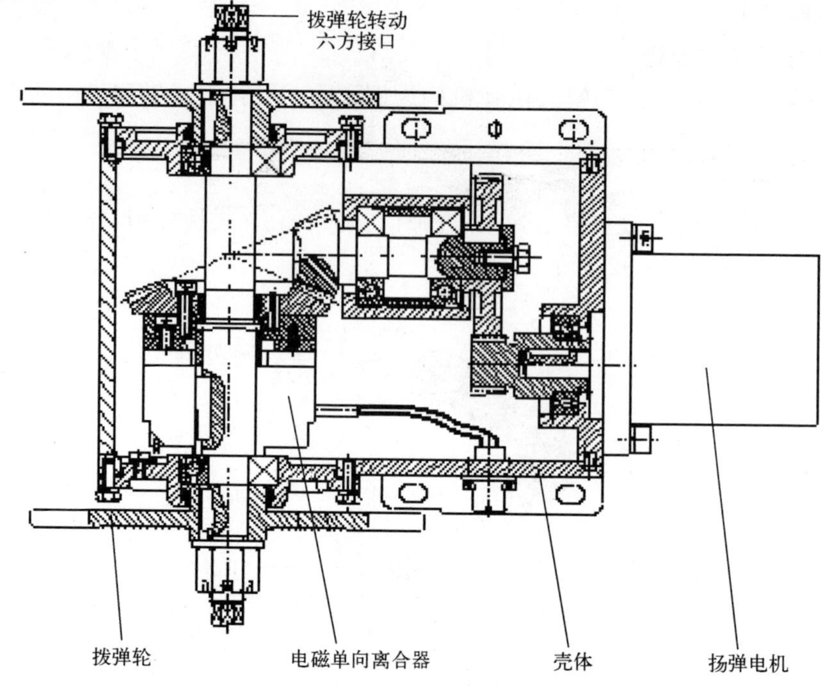

图 15-34 扬弹机传动示意图

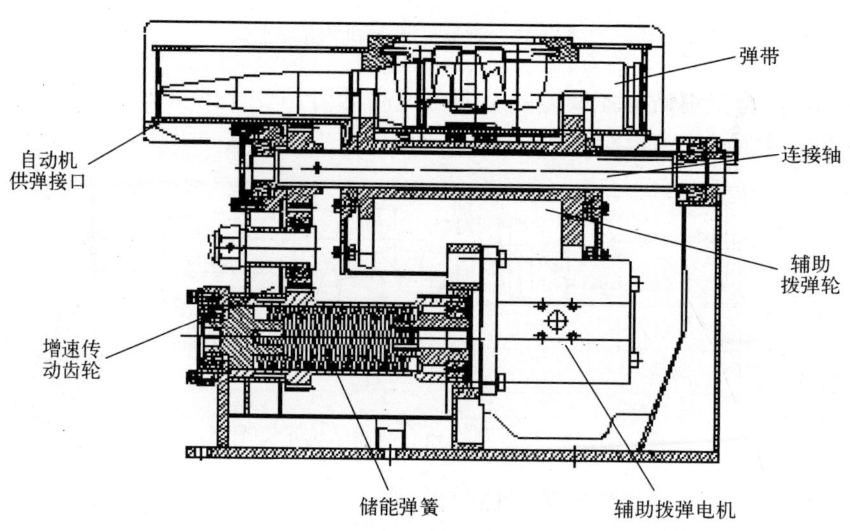

图 15-35 辅助拨弹机结构示意图

柔性导引采用叠片结构,如图 15-36 所示,用于满足高低射角范围内的弹带顺利运动。一般高炮和舰炮的柔性导引要满足-20°~+89°高低射角射击要求,车载自动炮的柔性导引要满足-15°~+65°高低射角射击要求,航炮的柔性导引则要满足

±90° 方位射角的要求。

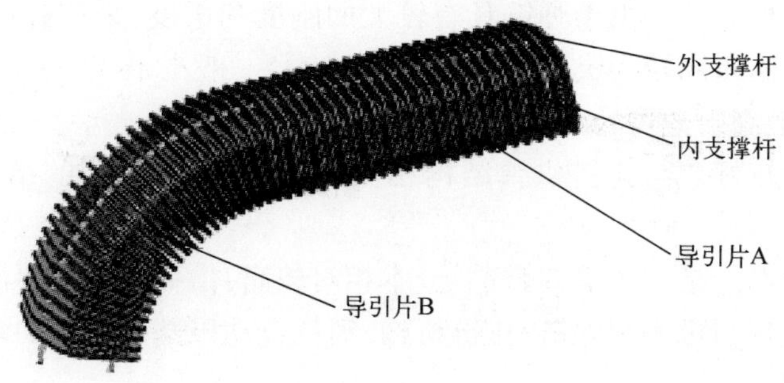

图 15-36　柔性导引组成图

进弹口由前后、左右 4 个塑料滚轮及安装轴等组成,装在刚性导引入口、弹箱的出口位置,用于准确导向处于波动状态下的弹带顺利加入刚性导引,结构如图 15-32 所示。

弹箱作用时储存规定发数的炮弹,由薄钢板冲压、焊接而成,一般为弧形箱式结构,可分为几个弹箱并装以满足携弹量要求。在弹药即将用完时,弹箱设置有弹尽传感器,用于告知弹箱内的炮弹即将用完。

2）工作原理

图 15-32 所示的弹链式供弹机构主要用于满足自动炮射角情况下,为自动炮及时、通畅供弹,使自动炮实现持续连发射击。

自动机射击时,在射击控制装置控制下,扬弹机和辅拨弹机电机提前一定时间启动,扬弹机拨弹轮、辅拨弹机拨弹轮的带动弹带,提前将炮弹送至自动机拨弹口,其后按射速要求将炮弹持续送至自动机拨弹机内。一般情况下,扬弹机和辅拨弹机电机的最大输出力矩为带动阻力矩的 1.2～1.5 倍,扬弹机的扬弹速率为最高射速的 1.1～1.2 倍,辅助拨弹机的拨弹速率为最高射速的 1.2～1.5 倍,以保证供弹速率与射速的匹配性和及时性。每次点射结束,弹带在重力作用下,主拨弹机可实现被动反转,弹带自动下落到弹箱中,有利于将柔性导引中的弹由涌弹状态变成自由拉伸状态,保证每次点射前弹带在供弹导引中的状态一致。

为了保证首发射弹的供弹及时性,在击发控制程序中一般设置扬弹机和辅拨弹机电机启动时间比击发时间提前一定时间,其时间提前量与扬弹机到自动炮供弹接口的距离大小有关。此距离较大,则时间提前量应大一些,具体时间提前量通过调试确定。

给供弹装置内续装弹药时,将辅助拨弹机中的供弹接口拆开,解脱辅助拨弹机的拨弹轮,将弹带从该供弹接口装入,用摇把插入扬弹机拨弹轮轴的六分接口,手动转动扬弹机拨弹轮,将弹带送至弹箱中。从弹箱中退弹时,其过程与续装弹过程相反。

2. 技术特点

(1) 总体布局灵活。由于弹链具有较大的刚度和柔度,采用弹链式供弹机构的自动炮武器的总体布局较为灵活。可适应火炮口径一般小于 37mm、高低射速的自动武器供弹需求,最高射速可达 10000 发/min;

(2) 工艺性较好。与无链供弹结构相比,弹链式供弹机构的结构简单、工艺性较好。

(3) 主要缺点。是需要消耗弹链,成本相对较高;供弹故障主要出现在供弹接口处,可靠性较差;自动机需有除链、排链机构,消耗自动机基础构件的动力。

3. 典型应用

弹链式供弹机构在陆基、舰载、机载小口径自动炮上得到广泛应用。典型应用实例有俄罗斯 ГШ-623М 型 6 管 23mm 转管航炮(射速 10000 发/min)、ГШ-630 型 6 管 30mm 转管航炮(射速 6000 发/min)、装于 AK630M、AK306 型舰炮的 OA-18 型 6 管 30mm 转管炮(射速 4200~6000 发/min)、“通古斯卡”自行高炮配装的 2A38M 型 30mm 自动机(射速 2100~2500 发/min)。

15.3 智能弹药和炮控技术

15.3.1 高炮新型弹药技术

1. 近炸毁伤弹药

近炸毁伤弹药利用近炸引信,使武器在入侵目标周围的合适位置上爆炸,利用爆炸后分布的预制破片,攻击目标,对目标造成毁伤。从近几年的军事研究来看, 近炸毁伤是高炮弹药和防空导弹的重要终点毁伤方法。近炸毁伤的毁伤效能与弹药的炸点和作战目标的相对位置有关。目前,在导弹和目标平行交汇的情况下,拦截武器的炸点在其飞行方向上相对于攻击目标是随机散布的,而未来的近炸弹药的应用中,炸点的随机分布缺点将可能被精确炸点预测所改善,而且破片将被定向抛射。联合考虑定向抛射弹药和近炸毁伤弹药未来的发展趋势,二者在未来可能产生融合;特别是当攻击具体的目标时,可以按照需求合理使用定向抛射和近炸毁伤等不同的毁伤模式的组合。

2. 集束动能弹药

串联集束动能弹药、并联集束动能弹药从大的范畴讲属于脱壳穿甲弹,其包含有多个串联或并联布置的穿甲弹芯,由多瓣弹托包裹而成。通过提高弹芯的速度,提高空中反装甲能力,尤其是对于航空制导炸弹等大壁厚的空袭武器,具有较好的空中精确拦截和毁伤能力。

3. 聚能破甲弹药

采用聚能射流原理,聚能破甲弹可以在采用较少装药的情况下获得更大的破甲深度。在未来信息化防空弹药序列中,具备了精确拦截能力的聚能破甲弹将是应对大壁厚钻地弹等装甲空袭兵器的有效手段之一。

4. 布雷毁伤弹药

信息化防空体系和信息弹药技术的进展将可能催生新的拦截方式。空中布雷毁伤弹药可以看作是一种无人的信息感知和拦截平台。这种弹药可在来袭目标抵达前,预先被部署在作战空域,当来袭目标抵达并被检测到后,由决策系统控制最大攻击效能的弹药进行拦截。

5. 软毁伤弹药

软毁伤弹药可分为两类:一是对有生力量的非致命效应;二是使武器装备失能。例如,对于制导弹药、无人机和空地导弹等,可以应用软毁伤弹药进行毁伤,可使其光电探测、电磁探测、信息感知、制导控制机构等相对脆弱的部件失灵或失效,改变或终止其预定的空袭进程,最大限度地降低其空袭效果。

15.3.2　弹道修正与弹药炮控技术

在火炮发射到与目标交会过程中存在弹丸飞行时间,如果在弹丸飞行时间内目标发生机动,那么命中概率会下降,下降的程度与弹丸飞行时间和目标机动程度密切相关,这是高炮发射常规弹药的一个明显缺陷。发展新型高炮弹道修正弹药,是解决此问题的可行途径。

弹道修正与控制能力是未来战场对防空弹药的基本要求。目前的主流弹道修正方式采用中口径尾翼稳定弹丸,应用激光或毫米波驾束导引,以导航舵或喷气发动机为执行部件完成弹道修正功能。未来可能出现中小口径基于旋转稳定的弹道修正弹,通过炮控或弹药自控的方式进行导航飞行,飞行路径按照毁伤效果被实时计算出来,并作为导航信息发给弹药。另外,中小口径基于旋转稳定的弹道修正弹也可能得到广泛应用,这种弹药将与现有发射平台兼容,有利于简化当前武器装备生产序列。

15.4　新概念防空反导武器

15.4.1　战术激光武器

激光武器是利用高能激光的强大能量对目标进行软杀伤或硬杀伤的武器,在战术防空领域应用具有较好的发展前景。

目前,激光武器发展较快、前景较好的主要有固体激光武器、光纤激光武器、自由电子激光武器。激光武器本身的关键技术有激光毁伤效应、激光大气传输、高能激光光源应用、跟踪瞄准发射等技术。战术防空目标具有突发性强、距离近、相对角速度大等特点。战术防空激光武器更强调武器系统的机动灵活、结构紧凑、补给方便、反应快、发射间隔短和工作时间长等。

战术防空激光武器系统主要由目标搜索指挥、高能激光发射、电源和辅助设备等组成。目标搜索指挥功能和设备与传统防空武器中相应部分类似。高能激光发射装置是武器系统的核心,主要有激光光源系统、激光测距、跟踪瞄准发射和自适应光学系统组成。图 15-37 为战术激光武器。

图 15-37 战术激光武器

作为新概念武器,战术防空激光武器在毁伤机理、作战模式和系统组成方面与传统的高炮、导弹武器系统差异很大。

防空火炮、防空导弹与防空激光武器有很好的互补作用,弹炮光结合的新型防空武器有望成为新趋势之一。

15.4.2 高功率微波武器

高功率微波武器(High Power Microwave Weapon,HPM)是一种通过定向发射高功率电磁脉冲来干扰、毁伤敌方带有精密电子仪器及电子设备的武器装备,甚至可以用来杀伤人员的一种新兴武器。其本质是使用工作在 1~300GHz 、辐射功率为数十吉瓦的高能微波脉冲来摧毁敌方电子信息系统中的关键电子器件、电路和传感器,引爆弹头和燃料库,从而达到“不战而屈人之兵”的效果。图 15-38 为高功率微波武器。

纵观高功率微波武器研究与应用现状,可将高功率微波武器分为陆基、海基、空基和天基四种应用模式。按发射平台可将陆基武器主要包括两种应用模式,一种是

图 15-38　高功率微波武器

陆基 HPM 防空武器;另一种是基于 HPM 的地面扫雷装备。其中,陆基防空武器主要有地基定向瞄准式 HPM 武器和 HPM 防空弹两种形式。

陆基定向瞄准式 HPM 武器可重复使用,主要由高功率微波源目标搜索跟踪、瞄准系统和发射天线等部分组成,通过向目标照射高能量的电磁脉冲来毁伤目标。根据其载体的不同,可将其分为固定式和机动式,固定式是安装在地面固定设施上的 HPM 武器,其优点是可以发射大功率的微波脉冲,对目标的作用范围大、毁伤概率高,适用于要地防空部署,以保护高价值目标;机动式是指安装在车辆上的 HPM 武器,其优点是机动能力强,能够灵活作战,但由于受到载重和体积的限制,发射的功率有限,只能杀伤有限的目标,主要部署在前沿阵地。

HPM 防空弹是一种基于地面防空武器的高功率微波弹,这是一种通过在防空导弹战斗部上加装高功率微波源和天线而构成的高功率微波弹,利用炸药爆炸产生的化学能转换成电磁能,再由天线将这些能量辐射出去毁伤目标。作战时,根据制导雷达给出的信息择机发射,在距离目标一定距离处,使用微波弹爆炸瞬间释放出的高能微波来毁伤目标,能够对防区外发射的目标实施远程打击,主要应用于远程攻击、防空反导等战略防空任务。

在未来的防空作战中,抗击导弹突防和精确化饱和攻击是对防空武器的巨大挑战。由于来袭的精确制导弹药上都装有大量的电子设备,且其导引头、通信雷达、引信以及导航天线等关键部件的毁伤阈值较低,采取 HPM 防空武器进行防御不仅代价小而且拦截成功率大;因此,陆基 HPM 防空武器有望成为未来信息化战争中的防空反导利器之一。

15.4.3 电磁发射武器

电磁发射武器的典型代表就是电磁炮。电磁炮一般是指用脉冲或交变电流产生磁场来驱动带有线圈的弹丸或磁性材料弹丸的发射装置。它利用驱动线圈和弹丸线圈之间的磁耦合对弹丸线圈产生电磁力,本质上是一台直线电机。

电磁炮分为:线圈炮、轨道炮、重接炮三种。线圈炮由若干个驱动线圈和一个或多个弹丸线圈组成,驱动线圈与电源连接,弹丸线圈绕在发射载荷之上。轨道炮和线圈炮相对成熟;重接炮发展较晚,是一种特殊的感应式线圈炮,以磁力线重接的原理推动发射体前进。图 15-39 为美国通用原子公司电磁轨道炮。

图 15-39 通用原子公司电磁轨道炮

电磁炮特点:初速高(大于 3km/s)、射程远(大于 200km)、能源受控性好、工作性能优良。但是,电磁炮也存在许多关键技术需要解决。例如,线圈炮存在驱动电源、驱动线圈结构、线圈发射高精确实时测控技术和电磁兼容等关键技术。轨道炮存在发射器结构设计与优化技术、脉冲电源工程化技术、一体化电枢研究、抗大电流、耐烧蚀轨道技术等关键技术。

与常规火炮相比,电磁炮在高初速等方面具有明显的优势,在炮弹发射、导弹发射、鱼雷发射、火箭弹发射、飞机弹射及航天发射等技术领域将得到广泛应用,使武器装备的性能和技术指标大幅度提高,从而在新军事变革中扮演重要角色。

15.4.4 电磁脉冲弹武器

电磁脉冲弹是以核爆炸时产生的辐射现象与大气反应,或用电子方法所产生的持续时间极短的宽频谱电磁能量脉冲,直接杀伤破坏目标或使目标丧失作战效能的一种武器,是一种专门用于摧毁和瘫痪电子设备与信息网络系统的特种炸弹。

电磁脉冲弹主要分为核电磁脉冲弹和非核电磁脉冲弹。其中,核电磁脉冲弹是一种以增强核爆炸时的电磁脉冲效应为主要特征的新型核武器。非核电磁脉冲弹，是利用炸药爆炸压缩磁通量的方法产生高功率微波辐射的电磁脉冲武器，因其不受“核战门槛”的限制而成为研制重点。它通常由能源、高功率微波发生器、定向能辐射天线和其他配套设备组成。它利用炸药“挤压”电磁场产生短时间的高强度电磁脉冲(峰值功率在 100 亿 W 以上、频率在 1～300GHz 之间)，在瞬间通过高增益定向窄波天线辐射出去，可使敌方半径几百米至几十千米范围内武器、通信、预警、导航等系统中的电子元器件、计算机芯片、电台、雷达瞬间失效或损毁。

防空电磁脉冲弹的发射装置可以通过传统高炮改型而成；防空电磁脉冲弹也可采用防空火箭炮发射。

15.4.5　等离子体武器

等离子体武器可将超高频电磁波束在大气中聚焦，使焦点处的空气极度电离，形成密度和电离度非常高的等离子体云团，当导弹或飞机一旦进入这些等离子体云团，就会灰飞烟灭。这种武器不用直接破坏目标，而是通过破坏来袭目标依赖的飞行环境，间接打击目标。因此，不用跟踪、捕捉和瞄准目标等普通的工作程序，只需在发现目标时，向目标区域发射电磁波，就能够实时地摧毁大量的目标。例如，俄罗斯研制出一种功率很大的等离子体武器，它由等离子体发生器和专用天线组成，当导弹或飞机来袭时，便发出超高频电磁能束或激光束在来袭目标前方附近的大气中聚焦，并形成高度电离化的等离子流动气团，其密度和电离度会比大气层中的电离层高出 10 万倍，这些流动气团产生的感应电流，能生成强度很大的电磁场，在这个危险区域中的导弹和飞机，会因内部电子器件受损而坠毁。

15.4.6　新材料武器

随着新材料技术的飞速发展，一些性能奇异的新材料陆续问世。有些材料的特异功能，对飞机、导弹和基础设施具有相当的破坏作用。因此，在未来的防空作战中，这些新材料均可被用来对付敌空袭兵器。例如，胶黏剂发射器，是由两种不同成分的塑料在发射中混合形成，是具有强黏合特性的塑料状物质，飞机和导弹发动机一旦吸入这种物质就会停转；瞄准具、测距仪粘上这种物质就会失效。在实战中，可将其制成中远程导弹或炮弹，发射到敌方机场、导弹发射基地等，使敌飞机和导弹不能使用。也可在飞机和导弹临空时向其喷撒，使其失去动力，自行坠毁。防空作战时，向目标飞行器发射聚苯乙烯颗粒弹，也可使之被吸附在发动机叶片上，造成“喘振”，以致停转、坠落。超级润滑剂是一种化学战剂，由润滑剂喷撒器喷出后，可使飞机跑道、道路变滑，造成飞机、车辆等机动目标或运载工具，失去附着摩擦力而无法运动。

参考文献

[1] 李魁武,等．现代自行高炮系统总体技术［M］．北京:国防工业出版社,2012.

[2] 薄煜明,郭治,等．现代火控理论与应用基础[M]．北京:科学出版社,2012.

[3] 肖元星,张冠杰．地面防空武器系统效费分析[M]．北京:国防工业出版社,2006.

[4] 马春茂,陈熙,侯凯,等．弹炮结合防空武器系统总体设计[M]．北京:国防工业出版社,2008.

[5] 丁天宝．弹炮结合防空武器特点与发展趋势[J]．陆军装备,2014(14):60-61.

[6] 丁天宝．俄罗斯精品弹炮结合防空武器"通古斯卡"发展之路[J]．陆军装备,2015(22):14-15.

[7] Martha Wood. Air Defence Command-and-control[J]. Combat Management, France. 2012(1).

[8] 丁天宝,王刚．基于 FlexRay 的新型复杂武器总线体系[J]．火炮发射与控制学报,2011(3):60-62.

[9] 丁天宝,赵凯,霍勇谋．CAN 总线通信实时性解决方案[J]．火炮发射与控制学报,2002(3):16-18.

[10] 王刚,丁天宝．FlexRay 数据传输协议研究[C]．博士后学术论坛——电子科学技术与信息产业发展论文集,2013:59-64.

[11] 杨维,丁天宝,赵凯．一种实时的机动目标多模型跟踪算法[J]．火炮发射与控制学报,2008(4):100-103.

[12] 于贵龙,吕元恒．车载搜索雷达波束稳定及坐标变换[C]．火控雷达技术论文集,2011:272-275.

[13] 苏效民．两轴稳定方式中牵联运动的补偿[C]．火控雷达技术论文集,2011:297-299.

[14] 赵斌,丁天宝．基于 HLA 的高炮跟踪瞄准仿真系统研究[J]．计算机仿真,2009,26(5):25-27.

[15] 于永强．AHEAD 技术[C]．国外先进防空反导弹药炮控系统技术发展译文集,2010:179-183.

[16] 郑友胜,王良明,林正才．小口径高炮弹道修正技术与仿真分析[J]．弹道学报,2008(1):34-37.

[17] Mehmet Türkuzan. Increaseing Air Defense Capability by Optimizing Burst Distance[J] (2). Journal of Middle East Technical University,2012.

[18] 于剑桥．战术导弹总体设计[M]．北京:北京航空航天大学出版社,2010.

[19] 张志鸿,等．防空导弹引信与战斗部配合效率与战斗部设计[M]．北京:宇航出版社,2010.

[20] 丁天宝．高炮防空信息化弹药发展思考．信息化弹药论坛论文集[C],2014.

[21] 王研,丁天宝,王刚．考虑目标姿态的毁伤概率研究[J]．火炮发射与控制学报．2013(2):71-73.

[22] 王亮宽,舒立鹏,程广伟．配用 AHEAD 弹高炮系统射击效率模型[J]．火炮发射与控制学报,2010(3):5-8.

[23] 李魁武,王宝元. 火炮射击密集度研究方法[M]. 北京:国防工业出版社,2012.

[24] Christian Wachsberger, Michael A. Lucas, Limitations of Guns as a Defence against Manoeuvring Air Weapons[J](1). DSTO Systems Sciences Laboratory, 2013.

[25] 丁天宝,吕启元. 用GPS技术解决大型试验中的数据采集同步问题[J]. 火炮发射与控制学报,2007(1):20-30.

[26] 王静,张春,丁天宝. 自行高炮陀螺寻北仪的标定方法[J]. 火炮发射与控制学报,2009(2):20-23.

[27] 石君友. 测试性分析与验证[M]. 北京:国防工业出版社,2015.

[28] 赵建中,刘建斌,等. 双管联动自动机技术现状与展望[J]. 火炮发射与控制学报,2012(1):92-96.

[29] 金文奇,冯三任,黄彦昌,等. 立靶精度的检验方法[C],兵器试验论文集,2011:695-705.

[30] 金文奇,米中贺. 基于虚拟空靶的有效射高/斜距试验技术研究[C],兵器试验论文集,2011:706-709.

[31] 王茂林. 国外几种高射速自动炮的技术发展[C]. 自动武器文集,2012:153-158.

[32] 丁天宝,杨东,何朝,等. 防空武器模拟动态飞行试验方法[J]. 兵工学报,2016,37(3):408-413.

[33] T. R. Ender. A Top-Down Hierarchical System-of-Systems [C]. Approach to the Design of an Air Defense Weapon, 2012.

后　记

自行弹炮结合系统是最复杂的防空武器系统之一,具有较高的技术门槛。鉴于我国国情和技术基础,现有自行弹炮结合系统的研制通常采用两步走的发展模式:第一步先发展自行高炮系统;第二步按照弹炮功能结合、性能匹配要求,对自行高炮进行改进并加挂防空导弹构成弹炮结合自行防空武器,同时对指挥车和保障装备进行适应性改进,最终形成自行弹炮结合系统。因此,自行弹炮结合系统与自行高炮系统存在相当一部分共用技术。

武器装备技术研究、型号工程项目研制需要团队的共同努力,自行弹炮结合系统的发展也不例外。本书的重要技术基础(某履带式自行弹炮结合系统的先期研发)是在李魁武院士领导下,在时任主管所领导马春茂、董文祥和杨东等鼎力支持下,在张春、王光华、余继良、张光辉等核心人员和全体团队成员的共同努力下完成的,在此表示感谢!

本书涉及的技术工作和编写工作得到很多同仁、同事和合作伙伴的支持和帮助;部分章节参考了他们的基础素材,这些同志是程广伟、霍勇谋、王茂林、张春、赵凯、王宝元、王光华、蒋晓阳、吕元恒、高剑、苏效民、于贵龙、侯建鹏、刘静、郝红宇、杨伦、张光辉、于永强、余继良、何浩、王亮宽、魏玮、金文奇等,在此表示感谢!

在本书编写过程中,也得到了作者指导的研究生的帮助,他们是:博士生——王刚,硕士生——史国清、李永锋、崔星毅、赵斌、杨维、范微、李芮欣、李凯凯、王研、王琨等。西北机电工程研究所为相关工作提供了支持,西北机电工程研究所第一研究部程广伟、杨东、范天峰等几任领导为相关工作提供了帮助;何朝、杨永亮、范继、王峰、林智伟、刘红庆、高鑫等参加了部分素材整理和插图绘制等工作;在此一并表示感谢!

作　者

内 容 简 介

近程防空武器系统是防空体系的重要组成部分,担负着最后一道防线的重任;而自行弹炮结合系统是近程防空武器系统的最重要的类型,尤其是在野战防空体系中,具有不可替代的作用。本书是根据作者多年的科研成果并充分融入部分同行已经公开的资料精心撰写的一部专著。全书共 15 章,包括自行弹炮结合系统、自行弹炮结合武器、自行弹炮结合武器系统信息化、信息总线网络、发射动力学、目标搜索和跟踪、火控系统、行进间作战、高炮弹药系统、弹炮结合防空导弹、高炮毁伤概率、自行弹炮结合武器系统效能分析、系统集成和测试、试验和鉴定与评估、近程防空武器系统新技术等。

本书可供从事近程防空武器系统研制,尤其是自行弹炮结合系统研制的科技人员参考,也可作为高等院校相关专业的教师和研究生的参考书。

Short range air defense weapon is amimportant part of systems of air defense, takes responsibility for the last line of defense. However, the anti-aircraft weapon system of self-propelled gun and missile is the most important type of short range air defense weapon, has an irreplaceable role in systems of air defense. This book is based on years of the writer's research achievement and other people's material published publicly. It is divided by fifteen chapters: Anti-aircraft Weapon System of Self-propelled Gun and Missile, Anti-aircraft Weapon of Self-propelled Gun and Missile, Informationization of Weapon System, Network Technology of BUS, Dynamics of Gun Fire, Search and Tracking of Target, System of Fire Control, AWSGM Firing and Operating in Moving, Ammunition of Anti-aircraft Gun, Surface to Air Missile, Kill Probability of AAG, Effectiveness Analysis for AWSSGM, Integration and Measurement of AWSGM, Test , Qualification and Evaluation, New Technology of Short Range Air Defense Weapon.

This book well been provided for the researchers engaged in research on Short range air defense weapon and engineering development. It also can be used as a reference book on relevant subjects for teachers and postgraduates.